U0607382

图1　2024年3月21日,《建筑卫生陶瓷行业节能减碳技术装备推荐目录》
在2024年中国建筑卫生陶瓷行业低碳发展论坛上发布

图2　2024年4月16日,2024年中国建筑陶瓷新质生产力发展大会上,协会、行业头部企业、
产区代表共同发起"陶瓷砖产品薄型化发展倡议"

图 3　2024 年 5 月 10 日，全国智能坐便器产品质量分级试点结果发布会在上海召开

图 4　2024 年 6 月 17 日，2024 中国生态健康陶瓷产业发展论坛在中国陶瓷产业总部基地举行

图 5　2024 年 6 月 19 日，中国建筑卫生陶瓷协会八届十次常务理事会暨 2024 年会长会议在广州召开

图 6　2024 年 6 月 19 日，"匠心打造，独具釉色"2024 中国陶瓷色釉料原辅材料技术发展论坛
在第 38 届中国国际陶瓷工业展览会上举办

图 7　2024 年 6 月 19 日，2024 年中国卫生陶瓷技术与装备论坛在广州陶瓷工业展 4.1 馆举办

图 8　2024 年 6 月 21 日，中国建筑卫生陶瓷协会卫浴分会 2024 年理事长会议
暨 2024 中国卫浴产业发展论坛在浙江宁波举行

图9　2024年7月25日，全国建筑卫生陶瓷标准化技术委员会（SAC/TC249）组织召开了《消费品质量分级　陶瓷砖》国家标准启动会

图10　2024年7月26日，新生代得新时代——中国建筑卫生陶瓷行业青年企业家思享会在广东省佛山市成功举办

图 11　2024 年 9 月 23 日，第七届"CHINA·中国"（敦煌）陶瓷艺术设计大赛系列活动开幕式暨颁奖典礼
在甘肃省敦煌市举行

图 12　2024 年 9 月 26 日，蒙娜丽莎全球首条陶瓷工业氨氢零碳燃烧技术示范量产线正式投产

图 13 2024 年 11 月 18 日至 19 日，2024 世界瓷砖论坛（World Ceramic Tiles Forum）在葡萄牙伊利亚沃举行

图 14 2024 年 12 月 10 日至 11 日，中国建筑卫生陶瓷协会 2024 年度标准、科技工作会议在广东省佛山市召开。会议期间还对 2024 年在行业标准化工作中表现突出的先进单位和个人进行表彰，并公布了 2024 年"中国建筑卫生陶瓷行业科技创新奖"获奖项目

图 15　2024 年 12 月 26 日，中国建筑卫生陶瓷协会主编、《陶瓷信息报》编著的《2024 陶瓷砖（瓦）产能调查》
在第十四届陶瓷人大会暨 2024 陶瓷品牌大会上发布

图 16　2024 年 12 月 27 日下午，中国建筑卫生陶瓷协会岩板定制家居分会 2024 年理事长会议在广东省佛山市召开

ALMANAC OF CHINA
BUILDING CERAMICS &
SANITARYWARE

中国
建筑陶瓷
卫生洁具
年鉴

2024

中国建筑卫生陶瓷协会 编

化学工业出版社
·北京·

内容简介

《中国建筑陶瓷卫生洁具年鉴（2024）》分章节论述2024年行业发展总体情况、行业大事、政策与法规、质量与标准、发明专利、上市公司运营情况、产业链细分领域运行情况、市场与营销、产区、全球产业发展情况等，全面、系统地记录行业创新成果、先进经验、发展成就。

本书全面反映我国建筑陶瓷、卫生洁具行业年度运行情况，收录行业主管部门重要政策法规文件，客观提供年度行业统计数据，是一部专业的资料性工具书。

本书适用于建筑陶瓷产业相关的政府、企业及研究机构人员参考阅读。

图书在版编目（CIP）数据

中国建筑陶瓷卫生洁具年鉴. 2024 / 中国建筑卫生陶瓷协会编. -- 北京：化学工业出版社，2025. 11.
ISBN 978-7-122-48876-3

Ⅰ．TQ174.76-54

中国国家版本馆CIP数据核字第2025LD5350号

责任编辑：李仙华　　　　　　　　　文字编辑：郝　悦
责任校对：宋　玮　　　　　　　　　装帧设计：张　辉

出版发行：化学工业出版社（北京市东城区青年湖南街13号　邮政编码100011）
印　　装：北京建宏印刷有限公司
880mm×1230mm　1/16　印张27¾　彩插4　字数689千字　2025年9月北京第1版第1次印刷

购书咨询：010-64518888　　　　　　售后服务：010-64518899
网　　址：http://www.cip.com.cn
凡购买本书，如有缺损质量问题，本社销售中心负责调换。

定　　价：320.00元
版权所有　违者必究

《中国建筑陶瓷卫生洁具年鉴（2024）》
编审委员会

主 任 委 员：缪　斌　中国建筑卫生陶瓷协会　会长

副主任委员：吕　琴　中国建筑卫生陶瓷协会　常务副会长

　　　　　　徐熙武　中国建筑卫生陶瓷协会　副会长

　　　　　　宫　卫　中国建筑卫生陶瓷协会　秘书长

顾　　　问：张柏清　景德镇陶瓷大学　教授

　　　　　　夏高生　中国建筑卫生陶瓷协会　高级顾问

　　　　　　尹　虹　佛山市陶瓷行业协会　会长

委　　　员：王　博　全国建筑卫生陶瓷标准化技术委员会　秘书长

　　　　　　吴建青　华南理工大学　教授

　　　　　　区卓琨　国家陶瓷及水暖卫浴产品质量监督检验中心　主任

　　　　　　陈淑贤　辽宁法库陶瓷协会　会长

　　　　　　刘延龙　黑龙江省陶瓷行业协会　会长

　　　　　　叶少芬　福建省陶瓷行业协会　秘书长

　　　　　　宁安全　夹江西部瓷都陶瓷协会　秘书长

　　　　　　李文聪　湖北省陶瓷工业协会　秘书长

　　　　　　张建民　长葛市卫生陶瓷行业协会　秘书长

　　　　　　张　扬　潮州市建筑卫生陶瓷行业协会　秘书长

　　　　　　李　勇　高安市陶瓷行业协会　秘书长

　　　　　　周建盛　《陶瓷信息报》　主编

《中国建筑陶瓷卫生洁具年鉴（2024）》
编写名单

主 编 单 位：中国建筑卫生陶瓷协会

主　　　　编：马德隆

副 主 编：蒲 瑶

主要参编单位：

景德镇陶瓷大学

中国陶瓷产业总部基地

中国陶瓷产业信息中心

全国建筑卫生陶瓷标准化技术委员会

国家陶瓷及水暖卫浴产品质量监督检验中心

山东工业陶瓷研究设计院有限公司

广东陶瓷协会

福建省陶瓷行业协会

湖北省陶瓷工业协会

河北省陶瓷玻璃行业协会

厦门市卫厨行业协会

福建省水暖卫浴阀门行业协会

山东省建筑卫生陶瓷行业协会

河南省建筑卫生陶瓷协会

浙江省水暖阀门行业协会

夹江西部瓷都陶瓷协会

佛山市陶瓷行业协会

景德镇建筑卫生陶瓷协会

长葛市卫生陶瓷行业协会

台州市智能马桶行业协会

唐山市陶瓷协会

成都浴室柜行业协会

慈溪市洁具行业协会

当阳市陶瓷产业协会

高安市陶瓷行业协会

开平市水口水暖卫浴行业协会

高邑县陶瓷行业协会

临澧县陶瓷行业协会

鹤山市水暖卫浴五金行业协会

辽宁法库陶瓷协会

中山市淋浴房行业协会

温州市五金卫浴行业协会

宣城市卫生洁具行业商会

《陶瓷信息报》

中洁网

CTS《中国瓷砖卫浴》杂志

《陶业要闻摘要》

华夏陶瓷网

中国陶瓷网

陶瓷资讯

卫浴新闻

色釉料网

主要参编成员： 朱保花　张译娴　张士察　王玉文　王丽丽　庄志伟　张一函

前　言

《中国建筑陶瓷卫生洁具年鉴（2024）》由中国建筑卫生陶瓷协会组织编纂，真实记载我国建筑陶瓷、卫生洁具行业年度运行情况，收录行业主管部门重要政策法规文件，客观提供年度行业统计数据，是一部专业的资料性工具书。

《中国建筑陶瓷卫生洁具年鉴（2024）》是 2008 年首部出版以来的第 17 部，分章节论述 2024 年行业发展总体情况、行业大事、政策法规、质量标准、发明专利、上市公司运营情况、产业链细分领域运行情况、营销与卖场、产区、全球产业发展情况等，全面、系统地记录行业创新成果、先进经验、发展成就。

第一章由马德隆、蒲瑶编写；第二章由马德隆、蒲瑶编写；第三章由庄志伟整理；第四章由马德隆、张译娴、蒲瑶、张一函编写；第五章由马德隆编写；第六章由蒲瑶编写；第七章由蒲瑶编写，庄志伟负责整理相关信息；第八章由朱保花、张译娴、马德隆、张士察、王玉文、王丽丽编写；第九章由蒲瑶编写；第十章由蒲瑶编写；第十一章由蒲瑶编写。附录由王丽丽、庄志伟整理。

《中国建筑陶瓷卫生洁具年鉴（2024）》在资料收集、数据核实、编辑出版过程中得到了全国建筑卫生陶瓷标准化技术委员会、各地方协会及产区政府、相关企业等单位的大力支持，并得到中洁网、华夏陶瓷网、中国陶瓷网、卫浴新闻、色釉料网等媒体的信息支持，谨致谢忱。为更好地为行业提供信息参考，提高年鉴的编写水平，诚请各界读者对本书中的不足之处给予批评、指正。

中国建筑卫生陶瓷协会

2025 年 5 月

目 录

第一章
2024 年建筑陶瓷、卫生洁具行业发展综述

第一节　2024 年整体经济与行业运行概况

一、2024 年全国经济形势及房地产发展概况

2024 年是中华人民共和国成立 75 周年，是实现"十四五"规划目标任务的关键一年。面对外部压力加大、内部困难增多的复杂严峻形势，全面贯彻落实党的二十大精神，按照党中央、国务院决策部署，坚持稳中求进工作总基调，完整准确全面贯彻新发展理念，加快构建新发展格局，着力推动高质量发展，全面深化改革开放，加大宏观调控力度，经济运行总体平稳、稳中有进，高质量发展扎实推进，新质生产力稳步发展，改革开放持续深化，重点领域风险化解有序有效，民生保障扎实有力，中国式现代化迈出新的坚实步伐。

初步核算，2024 年国内生产总值 1349084 亿元，比上年增长 5.0%（表 1-1）。其中，第一产业增加值 91414 亿元，比上年增长 3.5%；第二产业增加值 492087 亿元，增长 5.3%；第三产业增加值 765583 亿元，增长 5.0%。第一产业增加值占国内生产总值比重为 6.8%，第二产业增加值比重为 36.5%，第三产业增加值比重为 56.7%。最终消费支出拉动国内生产总值增长 2.2 个百分点，资本形成总额拉动国内生产总值增长 1.3 个百分点，货物和服务净出口拉动国内生产总值增长 1.5 个百分点。分季度看，2024 年一季度国内生产总值同比增长 5.3%，二季度增长 4.7%，三季度增长 4.6%，四季度增长 5.4%。2024 年人均国内生产总值 95749 元，比上年增长 5.1%。国民总收入 1339672 亿元，比上年增长 5.1%。2024 年全员劳动生产率为 173898 元 / 人，比上年提高 4.9%。

表 1-1　2020—2024 年国内生产总值（GDP）及其增长速度

时间	国内生产总值（GDP）	实际增长率
2020 年	1034868 亿元	2.3%
2021 年	1173823 亿元	8.6%
2022 年	1234029 亿元	3.1%
2023 年	1294272 亿元	5.4%
2024 年	1349084 亿元	5.0%

1.2024 年居民收入与消费支出情况

2024 年全国居民人均可支配收入 41314 元，比上年增长 5.3%，扣除价格因素，实际增长

5.1%。全国居民人均可支配收入中位数 34707 元，增长 5.1%。按常住地分，城镇居民人均可支配收入 54188 元，比上年增长 4.6%，扣除价格因素，实际增长 4.4%。城镇居民人均可支配收入中位数 49302 元，增长 4.6%。农村居民人均可支配收入 23119 元，比上年增长 6.6%，扣除价格因素，实际增长 6.3%。农村居民人均可支配收入中位数 19605 元，增长 4.6%。城乡居民人均可支配收入比值为 2.34，比上年缩小 0.05。按全国居民五等份收入分组，低收入组人均可支配收入 9542 元，中间偏下收入组人均可支配收入 21608 元，中间收入组人均可支配收入 33925 元，中间偏上收入组人均可支配收入 53359 元，高收入组人均可支配收入 98809 元。全国农民工人均月收入 4961 元，比上年增长 3.8%。脱贫县农村居民人均可支配收入 17522 元，比上年增长 6.9%，扣除价格因素，实际增长 6.5%。

2024 年全国居民人均消费支出 28227 元，比上年增长 5.3%，扣除价格因素，实际增长 5.1%（图 1-1）。其中，人均服务性消费支出 13016 元，比上年增长 7.4%，占居民人均消费支出比重为 46.1%。按常住地分，城镇居民人均消费支出 34557 元，增长 4.7%，扣除价格因素，实际增长 4.5%；农村居民人均消费支出 19280 元，增长 6.1%，扣除价格因素，实际增长 5.8%。全国居民恩格尔系数为 29.8%，其中城镇为 28.8%，农村为 32.3%。

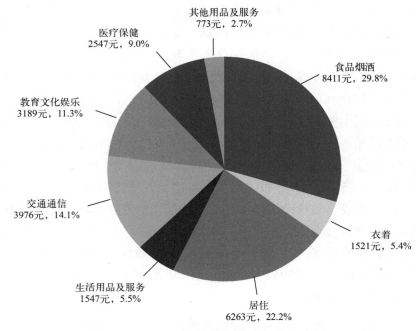

图 1-1　2024 年全国居民人均消费支出及其构成

2. 2024 年社会消费品零售市场

2024 年社会消费品零售总额 483345 亿元，比上年增长 3.5%（图 1-2）。按经营地分，城镇消费品零售额 417813 亿元，增长 3.4%；乡村消费品零售额 65531 亿元，增长 4.3%。按消费类型分，商品零售额 427165 亿元，增长 3.2%；餐饮收入 56180 亿元，增长 5.3%。服务零售额比上年增长 6.2%。

2024 年限额以上单位商品零售额中，粮油、食品类零售额比上年增长 9.9%，饮料类增长 2.1%，烟酒类增长 5.7%，服装、鞋帽、针纺织品类增长 0.3%，化妆品类下降 1.1%，金银珠宝类下降 3.1%，日用品类增长 3.0%，体育、娱乐用品类增长 11.1%，家用电器和音像器材类

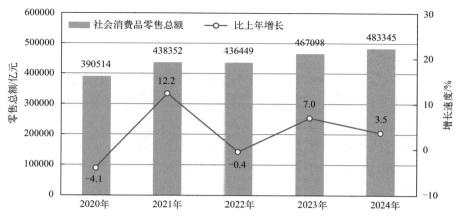

图 1-2　2020—2024 年社会消费品零售总额及其增长速度

增长 12.3%，中西药品类增长 3.1%，文化办公用品类下降 0.3%，家具类增长 3.6%，通信器材类增长 9.9%，石油及制品类增长 0.3%，汽车类下降 0.5%，建筑及装潢材料类下降 2.0%。按零售业态分，限额以上零售业单位中，便利店零售额比上年增长 4.7%，专业店增长 4.2%，超市增长 2.7%，百货店下降 2.4%，品牌专卖店下降 0.4%。

2024 年实物商品网上零售额 127878 亿元，比上年增长 6.5%，占社会消费品零售总额比重为 26.5%。

3. 2024 年主要价格指数与房地产市场

2024 年居民消费价格比上年上涨 0.2%。工业生产者出厂价格下降 2.2%。工业生产者购进价格下降 2.2%。农产品生产者价格下降 0.9%。12 月份，70 个大中城市中，新建商品住宅销售价格环比上涨的城市个数为 23 个，持平的为 4 个，下降的为 43 个；二手住宅销售价格环比上涨的城市个数为 9 个，持平的为 1 个，下降的为 60 个；新建商品住宅销售价格同比上涨的城市个数为 2 个，下降的为 68 个；二手住宅销售价格同比下降的城市个数为 70 个。

4. 制造业采购经理指数（PMI）

2024 年 12 月，制造业采购经理指数（PMI）为 50.1%，比上月下降 0.2 个百分点，制造业继续保持扩张（图 1-3）。

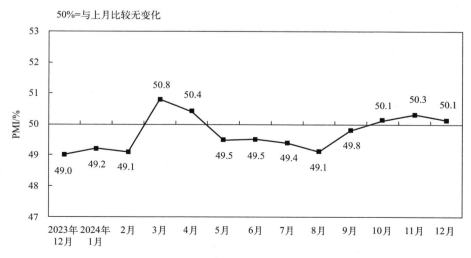

图 1-3　制造业 PMI 指数（经季节调整）

从企业规模看，2024 年 12 月，大型企业 PMI 为 50.5%，比上月下降 0.4 个百分点，高于临界点；中型企业 PMI 为 50.7%，比上月上升 0.7 个百分点，高于临界点；小型企业 PMI 为 48.5%，比上月下降 0.6 个百分点，低于临界点。

从分类指数看，2024 年 12 月，在构成制造业 PMI 的 5 个分类指数中，生产指数、新订单指数和供应商配送时间指数高于临界点，原材料库存指数和从业人员指数低于临界点。

2024 年 12 月，生产指数为 52.1%，比上月下降 0.3 个百分点，仍高于临界点，表明制造业企业生产活动保持较快扩张。新订单指数为 51.0%，比上月上升 0.2 个百分点，表明制造业市场需求继续改善。原材料库存指数为 48.3%，比上月上升 0.1 个百分点，仍低于临界点，表明制造业主要原材料库存量降幅收窄。从业人员指数为 48.1%，比上月下降 0.1 个百分点，表明制造业企业用工景气度略有回落。供应商配送时间指数为 50.9%，比上月上升 0.7 个百分点，表明制造业原材料供应商交货时间继续加快。

5. 全国规模以上工业企业运营情况

2024 年，全国规模以上工业企业实现利润总额 74310.5 亿元，比上年下降 3.3%。

2024 年，规模以上工业企业中，国有控股企业实现利润总额 21397.3 亿元，比上年下降 4.6%；股份制企业实现利润总额 56166.4 亿元，下降 3.6%；外商及港澳台投资企业实现利润总额 17637.9 亿元，下降 1.7%；私营企业实现利润总额 23245.8 亿元，增长 0.5%。

2024 年，采矿业实现利润总额 11271.9 亿元，比上年下降 10.0%；制造业实现利润总额 55141.1 亿元，下降 3.9%；电力、热力、燃气及水生产和供应业实现利润总额 7897.6 亿元，增长 14.5%。

2024 年，主要行业利润情况如下：电力、热力生产和供应业利润比上年增长 17.8%，有色金属冶炼和压延加工业增长 15.2%，石油和天然气开采业增长 14.2%，纺织业增长 3.4%，计算机、通信和其他电子设备制造业增长 3.4%，专用设备制造业增长 1.1%，通用设备制造业增长 0.7%，农副食品加工业下降 0.2%，电气机械和器材制造业下降 2.0%，汽车制造业下降 8.0%，化学原料和化学制品制造业下降 8.6%，煤炭开采和洗选业下降 22.2%，非金属矿物制品业下降 45.1%，黑色金属冶炼和压延加工业下降 54.6%，石油煤炭及其他燃料加工业由上年盈利转为亏损。

2024 年，规模以上工业企业实现营业收入 137.77 万亿元，比上年增长 2.1%；发生营业成本 117.31 万亿元，增长 2.5%；营业收入利润率为 5.39%，比上年下降 0.3 个百分点。

2024 年末，规模以上工业企业资产总计 178.54 万亿元，比上年末增长 4.5%；负债合计 102.71 万亿元，增长 4.8%；所有者权益合计 75.83 万亿元，增长 4.2%；资产负债率为 57.5%，比上年末上升 0.1 个百分点。

2024 年末，规模以上工业企业应收账款 26.06 万亿元，比上年末增长 8.6%；产成品存货 6.44 万亿元，增长 3.3%。

2024 年，规模以上工业企业每百元营业收入中的成本为 85.16 元，比上年增加 0.36 元；每百元营业收入中的费用为 8.59 元，比上年减少 0.01 元。

2024 年末，规模以上工业企业每百元资产实现的营业收入为 79.5 元，比上年末减少 2.7 元；人均营业收入为 186.1 万元，比上年末增加 6.9 万元；产成品存货周转天数为 19.2 天，比上年末增加 0.1 天；应收账款平均回收期为 64.1 天，比上年末增加 3.9 天。

6. 全国固定资产投资

2024 年全年全社会固定资产投资 520916 亿元，比上年增长 3.1%。固定资产投资（不含农户）514374 亿元，增长 3.2%，其中设备工器具购置投资增长 15.7%。在固定资产投资（不含农户）中，分区域看，东部地区投资增长 1.3%，中部地区投资增长 5.0%，西部地区投资增长 2.4%，东北地区投资增长 4.2%。

在固定资产投资（不含农户）中，第一产业投资 9543 亿元，比上年增长 2.6%；第二产业投资 179064 亿元，增长 12.0%；第三产业投资 325767 亿元，下降 1.1%。基础设施投资增长 4.4%。社会领域投资下降 2.5%。民间投资 257574 亿元，下降 0.1%；扣除房地产开发民间投资，民间项目投资增长 6.0%。分领域看，制造业民间投资增长 10.8%，基础设施民间投资增长 5.8%。

7. 全国房地产投资、开发及销售情况

2024 年，全国房地产开发投资 100280 亿元，比上年下降 10.6%（图 1-4），其中住宅投资 76040 亿元，下降 10.5%。

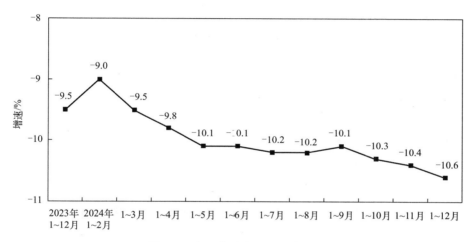

图 1-4   全国房地产开发投资增速

2024 年，房地产开发企业房屋施工面积 733247 万平方米，比上年下降 12.7%。其中，住宅施工面积 513330 万平方米，下降 13.1%。房屋新开工面积 73893 万平方米，下降 23.0%。其中，住宅新开工面积 53660 万平方米，下降 23.0%。房屋竣工面积 73743 万平方米，下降 27.7%。其中，住宅竣工面积 53741 万平方米，下降 27.4%。

2024 年，新建商品房销售面积 97385 万平方米，比上年下降 12.9%（图 1-5），其中住宅销售面积下降 14.1%。新建商品房销售额 96750 亿元，下降 17.1%，其中住宅销售额下降 17.6%。

2024 年末，商品房待售面积 75327 万平方米，比上年末增长 10.6%。其中，住宅待售面积增长 16.2%。

2024 年，房地产开发企业到位资金 107661 亿元，比上年下降 17.0%（图 1-6）。其中，国内贷款 15217 亿元，下降 6.1%；利用外资 32 亿元，下降 26.7%；自筹资金 37746 亿元，下降 11.6%；定金及预收款 33571 亿元，下降 23.0%；个人按揭贷款 15661 亿元，下降 27.9%。

2024 年 12 月，房地产开发景气指数（简称"国房景气指数"）为 92.78（图 1-7）。

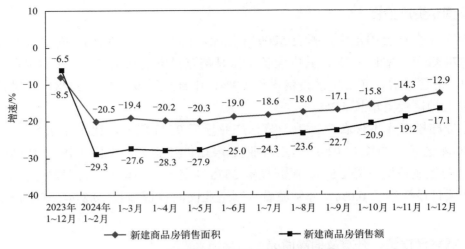

图 1-5　全国商品房销售面积及销售额增速

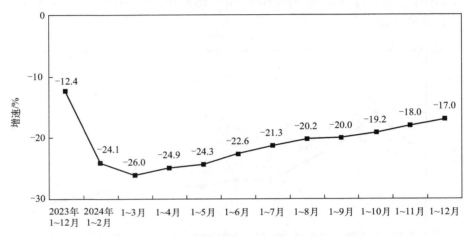

图 1-6　全国房地产开发企业本年到位资金增速

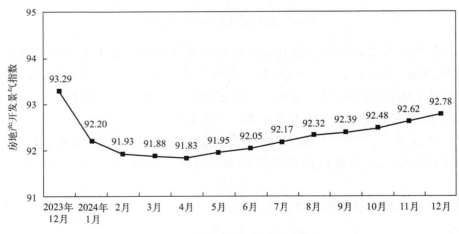

图 1-7　全国房地产开发景气指数

8.对外经济

2024 年全年货物进出口总额 438468 亿元，比上年增长 5.0%。其中，出口 254545 亿元，增长 7.1%；进口 183923 亿元，增长 2.3%。货物进出口顺差 70623 亿元。对共建"一带一路"国家进出口额 220685 亿元，比上年增长 6.4%。其中，出口 122095 亿元，增长 9.6%；进口 98589 亿元，增长 2.7%。对《区域全面经济伙伴关系协定》（RCEP）其他成员国进出口额 131645 亿元，比上年增长 4.5%。民营企业进出口额 243329 亿元，比上年增长 8.8%，占进出口总额比重为 55.5%，其中出口 164717 亿元，增长 9.4%。

2024 年全年服务进出口总额 75238 亿元，比上年增长 14.4%。其中，出口 31756 亿元，增长 18.2%；进口 43482 亿元，增长 11.8%。服务进出口逆差 11727 亿元。

2024 年全年新设外商投资企业 59080 家，比上年增长 9.9%。实际使用外资 8263 亿元，下降 27.1%，折 1162 亿美元，下降 28.8%。其中，共建"一带一路"国家（含通过部分自由港对华投资）对华新设外商投资企业 17172 家，增长 23.8%；对华直接投资 1147 亿元，下降 6.2%，折 161 亿美元，下降 8.4%。高技术产业实际使用外资 2864 亿元，下降 32.3%，折 403 亿美元，下降 34.0%。

2024 年全年对外非金融类直接投资额 10245 亿元，比上年增长 11.7%，折 1438 亿美元，增长 10.5%。其中，对共建"一带一路"国家非金融类直接投资额 2399 亿元，增长 6.5%，折 337 亿美元，增长 5.4%。

2024 年全年对外承包工程完成营业额 11820 亿元，比上年增长 4.2%，折 1660 亿美元，增长 3.1%。其中，对共建"一带一路"国家完成营业额 1388 亿美元，增长 3.4%，占对外承包工程完成营业额比重为 83.6%。对外劳务合作派出各类劳务人员 41 万人。

二、2024 年全国建筑陶瓷、卫生洁具行业运行概况

2024 年是新中国成立 75 周年，是实现"十四五"规划目标任务的关键一年。面对外部压力加大、内部困难增多的复杂严峻形势，我国建筑陶瓷与卫生洁具行业在绿色转型与市场深度调整中艰难突围。

国家环保与能耗政策持续收紧，多地碳排放制度陆续实施，企业免费配额比例调整倒逼低碳技术应用，绿色工厂扩容与零碳燃烧技术推广，推动行业向绿色低碳发展转型，落后产能加速出清，产业集中度进一步提高。

在市场端，推动消费品以旧换新相关政策的出台，为家居消费注入活力，尤其对以智能坐便器为代表的卫生洁具消费起到明显的带动作用；国内市场需求分化与渠道调整并行，整装快速崛起，冲击传统终端渠道；国际贸易挑战加剧，全年建筑陶瓷与卫生洁具出口额同比下降，出口"量增价降"特征显著，陶瓷砖、卫生陶瓷等品类单价普遍下滑，叠加欧盟、海合会反倾销税高企，年末出口退税率下调，进一步挤压企业利润空间。

先进标准引领和质量分级工作的开展，进一步规范行业发展，推动产业经济从"以量驱动"向"质效并重"转型；注重绿色环保、装饰效果、使用体验的产品创新推动产品迭代升级，为建设安全、舒适、绿色、智慧的好房子提供产品技术支撑；服务化转型加速推进，"全卫交付"模式通过标准化、模块化技术整合设计、施工与服务链条，探索整体空间交付新业态，进一步延伸价值链。

总体而言，在政策与市场倒逼下，行业向集约化、智能化、绿色化方向纵深发展，但产能过剩与成本压力仍是长期挑战，未来需以技术突破与模式创新持续破局。

2025 年是"十四五"规划的收官之年，也是进一步全面深化改革的重要一年。2025 年中国建筑陶瓷、卫生洁具行业整体上依旧面临着全球经济疲软、市场需求下滑、"双碳"战略进

一步落地实施、跨界竞争等因素的影响，同时，伴随行业供给侧方向持续优化、国家刺激性政策利好带来的机会。综合而言，2025年行业将继续维持加速淘汰的市场环境，产业集中度将进一步提升，分化趋势将更加明显。

1. 建筑陶瓷产业运行情况

2024年，建筑陶瓷行业在政策驱动与市场重构中加速转型，呈现多维度变革态势。"双碳"战略持续加码，《工业重点领域能效标杆水平和基准水平（2023年版）》等文件明确要求2025年底前淘汰低效产能，倒逼行业聚焦绿色生产与智能制造，碳交易政策落地进一步推动产业链绿色重构，清洁能源替代、窑炉节能改造成为技改核心方向。

与此同时，房地产市场结构性调整催生新机遇，存量住房翻新需求激增带动旧改市场崛起，推动行业向个性化、服务化方向发展，整体卫浴解决方案、适老化产品等细分领域快速成长。消费分级趋势重塑市场格局，高端定制化与高性价比路线并行发展，头部企业依托品牌、技术及成本优势加速市场集中，中端企业生存空间受挤压，行业两极分化加剧。整装模式异军突起，跨界竞争倒逼企业从单一产品供应商向空间解决方案服务商转型，定制化、融合化发展成为竞争新高地。在产品创新层面，智能坐便器、防滑抗菌功能瓷砖等健康化产品需求攀升，银发经济推动适老化改造成为新增长极。

多重变革中，行业正从规模扩张转向质量效益，在政策、市场与技术的三重驱动下探索高质量发展新路径。

2024年，全国陶瓷砖产量延续下行趋势，为59.1亿m²，较2023年下降12.18%（图1-8）。产能过剩导致生产端"年初开窑晚，年中停窑多，年末停窑早"的特征更趋明显，市场端引发产品价格持续下滑，价格竞争加剧，企业盈利能力减弱。

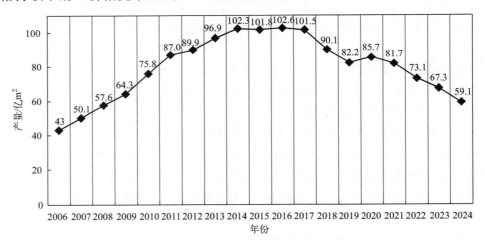

图1-8　2006—2024年陶瓷砖产量

2024年，建筑陶瓷工业规模以上企业单位共993家，较2023年减少29家，缩减幅度是自2020年前后环保政策收严以来最明显的，显示出市场淘汰力度加大（图1-9）。截至2024年，全国建筑陶瓷生产线数量由2022年的2485条减少至2193条，退出率为11.75%。近年来，由于大产能产线的增加，企业、产线退出率远大于产能退出率。

2024年，企业主营业务收入、利润总额、利润率全面下滑，主营业务收入下滑加剧，利润率下滑幅度收窄。不同于2023年企业业绩分化表现，2024年行业运营走势普遍偏弱，亏损企业数量增加，企业亏损面扩大，亏损额度增加。同时，库存金额有所降低，企业负债减少，

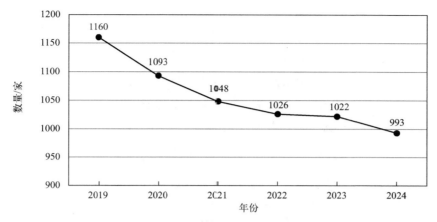

图 1-9 2019—2024 年建筑陶瓷规模以上企业数量

表明在市场下行的环境下，企业倾向于采取更加稳健的经营策略。

当前，我国建筑陶瓷各产区区域发展不平衡与产能普遍过剩两大问题并存。产区运行呈现明显分化，部分产区保持相对稳定。传统主产区中，广东、江西、山东产量下滑幅度接近或超过两位数。出口受阻对广东产区运行影响较大，江西产量下降主要受其他产区订单回流或转移的影响。福建、广西产区运行保持稳定，产量较 2023 年基本一致。黑龙江、安徽等新兴产区虽然增速显著，但基数较小，对全国产量影响有限。整体而言，南方产区的开窑率和产能利用率优于北方产区。市场需求支撑、能源成本差异、环保政策环境是造成分化的主要原因。

2024 年，我国陶瓷砖出口量维持在 6.00 亿平方米，较 2023 年的 6.2 亿平方米略有下降，在近年波动区间（5.8 亿～ 6.2 亿平方米）内（图 1-10）。

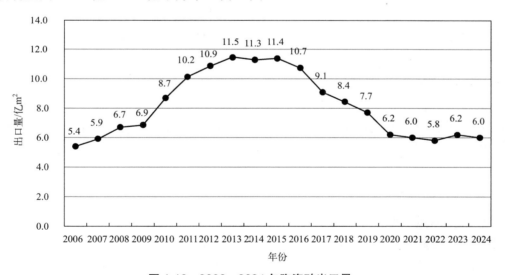

图 1-10 2006—2024 年陶瓷砖出口量

2024 年，中国陶瓷砖出口前十大目的地国家 / 地区的出口总量为 4.02 亿平方米，占总出口量的 66.92%，集中度较 2023 年提升约 2 个百分点。菲律宾、印度尼西亚、韩国连续三年稳居前三，仍是核心市场（图 1-11）。需要注意的是，2024 年 10 月，印度尼西亚开始对中国出口瓷砖加征 13446 ～ 94544 印尼盾 /m² 的反倾销税，这将严重冲击中国向印度尼西亚市场的出口。

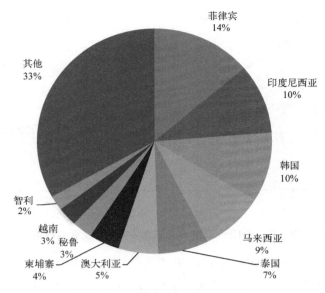

图 1-11　2024 年陶瓷砖出口流向

　　近年来，随着全球贸易保护主义抬头，多国针对中国陶瓷砖产品频繁发起反倾销调查并加征高额关税，导致我国瓷砖出口面临严峻挑战。为规避贸易壁垒、降低经营风险，陶瓷企业加速向海外转移产能，通过在非洲、东南亚及中东等地区投资建厂实现本地化生产。据不完全统计，目前海外中资陶瓷砖厂的合计年产能已达到约 4 亿平方米，产品凭借较高的性价比在国际市场上形成竞争优势。这一战略转型不仅使企业能够贴近消费市场、利用当地成本优势，还带动了陶瓷装备、色釉料等配套产业链的海外拓展，产业链协同出海态势逐渐形成。然而，在海外产能扩张的同时，上游色釉料等原材料产品因市场竞争加剧，价格竞争态势逐渐显现。

　　从全球层面看，2023 年，主要陶瓷砖生产国分别为中国、印度、巴西、伊朗、印度尼西亚、埃及、越南、西班牙、意大利和土耳其，2022 年名单基本一致。除印度、埃及外，主要生产国产量较 2022 年均出现不同程度的下滑。出口量排名前十的国家分别为中国、印度、西班牙、意大利、伊朗、巴西、土耳其、加纳、波兰和墨西哥。与 2022 年前相比，传统出口大国中国、西班牙、意大利的出口规模有所收缩，印度、伊朗、加纳出口增长势头强劲。2023 年，中国年人均消费量为 4 平方米，对比发达国家 1～3 平方米的年人均消费量，仍处于高位。

2. 卫生洁具行业运行情况

　　2024 年卫生洁具行业在多重趋势下加速变革重构。

　　以旧换新政策驱动内需复苏，成为消费新引擎，激发了存量市场消费活力。

　　智能坐便器质量分级工作的开展和卫浴产品质量分级标准系统的完善持续推动着行业规范化运营，智能坐便器 CCC 强制认证、老年用品产品推广目录等政策措施也正深刻影响着产品开发与市场格局，为行业智能、绿色、安全、可持续发展提供了方向。

　　在生产端，产业投资热度不减，龙头企业加码投资，加速扩建升级，推动智能制造与产业集群发展。企业出海步伐全面提速，以规避贸易风险，构建本地化运营能力。

　　智能卫浴普及持续推进，成为产品创新主要方向，适老康养需求释放，适老产品体系逐渐成型。

随着"一站式"消费模式的兴起，跨界融合竞争趋势凸显，围绕全卫交付，龙头企业主导的产业横向品类拓展和纵向服务延伸同时提速，重塑行业发展格局。

2024年，我国卫生陶瓷产量为1.81亿件，同比小幅下跌2.69%。近年来，尽管受房地产市场下行影响，卫生陶瓷产量整体呈下滑趋势，但整体市场需求仍保持韧性，近三年产量稳定在1.8亿～1.9亿件之间（图1-12）。

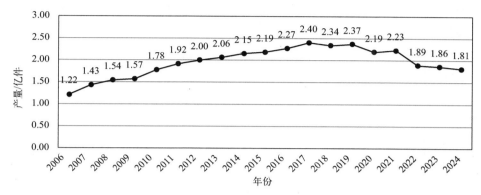

图1-12　2006—2024年卫生陶瓷产量

2024年，我国规模以上卫生陶瓷企业数量为397家，较2023年增加24家（图1-13）。企业主营业务收入小幅增长，但利润总额、利润率略有下滑，行业整体面临增收不增利的挑战。同时，亏损企业数量增加，亏损面扩大，亏损额度加大，经营压力增大。

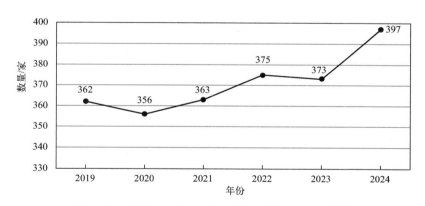

图1-13　2019—2024年卫生陶瓷规模以上企业数量

水暖管道和建筑金属装饰材料工业规模以上企业主营业务收入略有上涨，但盈利能力有所下滑。相较于建筑卫生陶瓷企业，水暖管道和建筑金属装饰材料工业产业企业亏损面收窄，亏损企业数量减少，但亏损额增加。企业负债、库存金额均有上涨。

2024年，我国卫生陶瓷产业区域格局呈现显著分化态势，头部集聚与结构重组并行。广东省凭借成熟的产业链与产业集群优势，产量保持两位数以上的高速增长，进一步巩固其绝对龙头地位，河北省作为北方卫生陶瓷代表产区，产量增速接近8%，两大产区成为全国重要增长极。传统主产区河南省受环保升级与转型滞后影响，产量跌幅超过10%，凸显产业升级压力。湖北省因环保整治力度持续加码，产能大幅收缩，区域洗牌加速。整体来看，产业资源加速向政策灵活、产业链完备的头部区域集中，环保标准提升与区域竞争加剧倒逼传统产区绿色转型，行业马太效应持续强化。

2024 年，卫生陶瓷出口量达 1.10 亿件（图 1-14），出口量占总产量的比重超过 60%，达到历史高点，显示出产业对外依存度增大。季度数据显示，2024 年四季度卫生陶瓷出口量同比增长显著，或与含瓷砖、卫生陶瓷在内的部分非金属矿物制品出口退税率下调引发的提前出货有关。卫生陶瓷出口单价从 64.85 美元 / 件下滑至 46.34 美元 / 件，创近十年新低，出口额从 62.21 亿美元降至 51.13 亿美元，降幅达 17.81%。这一变化表明，以量补价策略维持了市场总量，但利润空间被严重压缩。对比 2021 年峰值，2024 年出口额已缩水 48.2%，单价累计跌幅达 48.5%，凸显出高端市场失守与结构性困境。

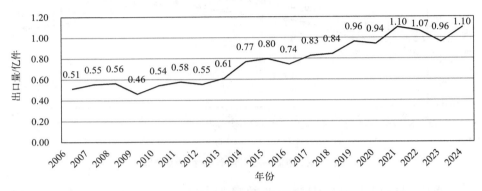

图 1-14　2006—2024 年卫生陶瓷出口量

2024 年，我国卫生洁具出口总额约为 156.37 亿美元，同比下降 4.69%，呈现"量增价跌"趋势。2019—2024 年，出口量持续增长，但出口单价普遍下滑，市场竞争加剧，利润空间压缩。淋浴房、水龙头等产品出口量增长显著，但高端市场失守，低价竞争成为主要挑战。我国卫生洁具出口主要流向美国、东南亚等市场，其中淋浴房、水龙头等产品出口集中在中国香港、美国、印度尼西亚等地。出口省份分布高度集中，主要分布在广东、浙江、福建等产区，尤其是广东省在淋浴房和水龙头出口中占据主导地位。

近年来，我国卫生洁具企业出海投资呈现强劲增长态势，产能布局主要聚焦东南亚、非洲等新兴市场，一方面规避反倾销政策带来的贸易风险，另一方面也通过本地化生产运营更高效地拓展当地市场。与此同时，针对欧美成熟市场，企业更多采取品牌收购或设立销售公司等模式，以规避贸易壁垒并提升品牌溢价能力。值得注意的是，在国际市场竞争加剧的背景下，全球头部品牌正加速并购扩张，进一步推动行业整合，倒逼中国卫浴企业加快全球化布局与高端化转型步伐。

2023 年，全球卫生陶瓷贸易在需求收缩的影响下显著下滑，出口总量为 345 万吨，同比下降 5.8%。亚洲作为最大出口地区，占比 67.6%，但出口量下降 4.5% 至 233 万吨，其中，中国出口下滑是亚洲整体出口减少的决定性因素。印度出口逆势增长（5.5%），成为区域亮点。欧盟出口量下降 16.6% 至 43.3 万吨，占比 12.6%，波兰、德国、葡萄牙均下滑约 16%。北美自由贸易区成为唯一增长区域，增长 18.4%，墨西哥出口增长 20% 至 30.2 万吨，主攻美国市场。其他地区如土耳其、南美洲显著下滑，非洲保持稳定。长期来看，亚洲主导地位增强，出口份额从 51% 升至 67.6%，中国贡献仍超 50%，欧盟份额萎缩，新兴市场如印度、非洲增长显著，地缘政治、能源成本对区域供应链的重构影响日益显现。

3. 2025 年建筑陶瓷、卫生洁具行业发展趋势展望与预判

2025 年是"十四五"规划的收官之年，也是行业向高质量发展转型升级的关键年。2025

年政府工作报告中，房地产依然被列为"有效防范化解重点领域风险"的首要内容，并强调"持续用力推动房地产市场止跌回稳"，释放了更加坚定的稳楼市基调。

根据《2025年国务院政府工作报告》对于推动传统产业改造提升的相关要求，2025年行业要积极开展高端化、智能化、绿色化、融合化转型升级，坚持走高质量发展之路。第一，响应国家深入实施制造业重大技术改造升级和大规模设备更新工程的号召，继续以智能制造转型为契机，实现产能的高效利用，提升产品柔性化生产能力；第二，以数字化技术创新推动产业创新，加快数字化转型升级，形成从生产、管理、营销、服务全链路的数字化体系，实现企业高效运营管理；第三，把握存量市场需求，配合提振消费以旧换新专项行动计划，为消费者提供定制化、高性价比的家居焕新方案；第四，深入落实标准提升引领传统产业优化升级行动，推进"增品种、提品质、创品牌"工作，加强全面质量管理，避免内卷式竞争；第五，满足个性化、多元化的市场需求，尤其是产品适老化、健康化、智能化的需求，积极研发推广相关技术、产品及配套服务，提升产业经济发展质量和效益；第六，推进服务化转型，构建"全卫交付"模式，融合产品与设计、安装、维保等全周期服务，延伸产业价值链条。

第二节 2024 年全国建筑卫生陶瓷进出口与反倾销

一、2024 年全国建筑陶瓷产品出口情况分析

2024年，各类建筑陶瓷产品出口总额从2023年的76.08亿美元锐减至45.96亿美元，降幅近四成（图1-15）。其中，陶瓷砖的出口额大幅下滑至32.41亿美元，较2023年下降33.26%，出口单价同比下跌31.30%，反映出全球市场需求收缩与价格竞争加剧的双重压力（表1-2）。其他建筑陶瓷因出口单价大幅下滑出口额腰斩（−55.45%），反映出价格竞争白热化与企业成

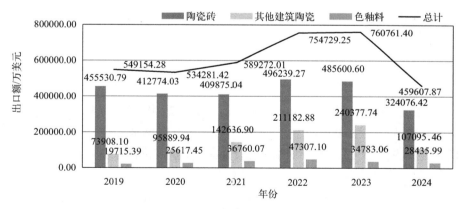

图 1-15　2019—2024 年我国建筑陶瓷产品出口额

表 1-2　2024 年我国建筑陶瓷出口量、出口额及出口平均单价

产品	出口量	较 2023 年增长	出口额	较 2023 年增长	出口平均单价	较 2023 年增长
陶瓷砖	60040.19 万 m²	−2.86%	324076.42 万美元	−33.26%	5.40 美元 /m²	−31.30%
色釉料	515944.36t	16.28%	28435.99 万美元	−18.25%	0.55 美元 /kg	−29.69%
其他建筑陶瓷	1035426.26t	−14.33%	107095.46 万美元	−55.45%	1.03 美元 /kg	−48.00%
合计			459607.87 万美元	−39.59%		

本优势的流失。这一断崖式下滑表明，传统依赖低价扩张的模式已难以为继，叠加新兴市场替代品崛起，产业亟须重塑竞争力。

1. 陶瓷砖

2024年，我国陶瓷砖出口呈现"量稳价跌、结构承压"的阶段性特征。2024年出口量较2023年微降2.86%（图1-16）。出口平均价格从7.86美元/m²下跌至5.40美元/m²（图1-17），导致出口额从48.56亿美元降至32.41亿美元，同比降幅达33.26%，为近八年新低，反映出出口产品在国际市场上面临的价格竞争困境。

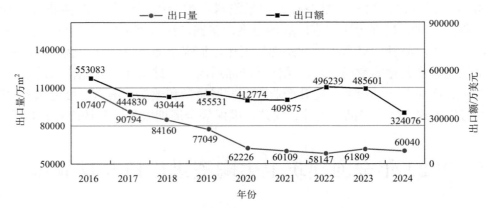

图1-16　2016—2024年陶瓷砖出口量及出口额

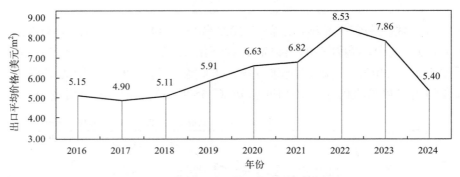

图1-17　2016—2024年陶瓷砖出口平均价格

2024年，陶瓷砖出口单价为5.40美元/m²，较2022年峰值（8.53美元/m²）累计缩水36.7%，表明前期产品升级成果被阶段性逆转。一方面，东南亚、中东等新兴市场基础建设需求为出口量的稳定提供了支撑，但中低端产品占比扩大导致价格下探；另一方面，多国实施贸易保护主义，倒逼企业降价保份额，出口高端化进程受阻。

菲律宾、印度尼西亚、韩国出口量分别为8303.72万m²、5977.18万m²、5967.91万m²，合计占比达33.73%，仍是核心市场。越南依然是出口单价最高的市场（13.20美元/m²），显著高于其他市场，但较2023年大幅下滑（表1-3）。

表1-3　2024年我国向前十大出口目的国出口的陶瓷砖总量、金额、平均单价

序号	国家	出口量/万m²	出口额/万美元	出口单价/（美元/m²）
1	菲律宾	8303.72	29628.00	3.57
2	印度尼西亚	5977.18	20550.65	3.44
3	韩国	5967.91	24481.44	4.10

序号	国家	出口量 / 万 m²	出口额 / 万美元	出口单价 / (美元 /m²)
4	马来西亚	5311.01	21996.35	4.14
5	泰国	4171.58	20230.65	4.85
6	澳大利亚	3294.72	20025.17	6.08
7	柬埔寨	2524.57	9363.62	3.71
8	秘鲁	1704.81	6057.51	3.55
9	越南	1631.10	21531.20	13.20
10	智利	1294.68	5127.82	3.96

2024 年，广东、福建、山东、辽宁、广西为我国陶瓷砖出口前五大省份，合计出口量占比达 91.93%，与 2023 年（92.51%）基本持平。与 2023 年相比，浙江跌出前五，广西上升至第 5 位（表 1-4）。

表 1-4　2024 年主要出口省份的陶瓷砖出口量、出口额、出口单价

序号	省份	出口量 / 万 m²	出口额 / 万美元	出口单价 / (美元 /m²)
1	广东省	37538.99	163547.44	4.36
2	福建省	12037.43	55936.44	4.65
3	山东省	2542.59	16354.12	6.43
4	辽宁省	2052.78	6098.4	2.97
5	广西壮族自治区	1106.05	19895.91	17.99

2. 色釉料

2024 年，我国共出口色釉料产品 51.59 万吨，同比上涨 16.28%，出口额 2.84 亿美元，同比下降 18.25%（图 1-18），出口平均单价为 0.55 美元 / 千克，同比下降幅度达 29.49%（图 1-19）。

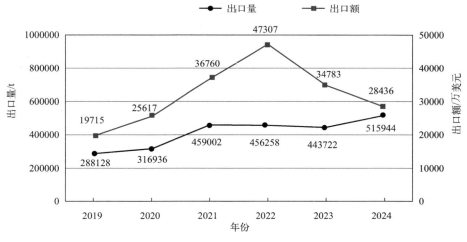

图 1-18　2019—2024 年色釉料出口量及出口额

近年来，随着我国陶瓷企业推进产能全球化布局，色釉料出口规模整体保持稳步增长，与此同时，产品出口平均单价在 2022 年达到历史高点后连续两年下降，2024 年降至 0.55 美元每千克的低点，量增价跌态势明显，应警惕低价竞争对利润的侵蚀。

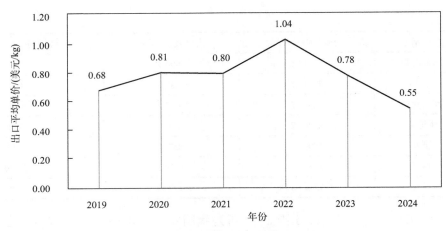

图 1-19   2019—2024 年色釉料出口平均单价

2024 年，我国向前十个主要国家或地区出口的色釉料产品总量为 37.44 万吨，占出口总量的 73%，集中度进一步下滑（较 2023 年下滑 4 个百分点），市场呈现分散趋势（图 1-20）。

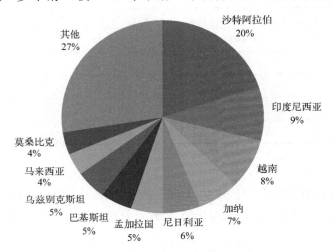

图 1-20   2024 年色釉料出口流向

表 1-5 中数据显示，色釉料出口高度集中于亚洲与非洲新兴市场，前十大出口国（沙特阿

表 1-5   2024 年我国向前十大出口目的国出口的色釉料总量、金额、出口单价

序号	国家	出口量 /t	出口额 / 万美元	出口单价 /（美元 /kg）
1	沙特阿拉伯	103025.1	3063.16	0.30
2	印度尼西亚	46548.36	1746.68	0.38
3	越南	43217.9	2866.82	0.66
4	加纳	34326.02	1296.11	0.38
5	尼日利亚	30683.07	2103.41	0.69
6	孟加拉国	26808.85	1068.48	0.40
7	巴基斯坦	26372.67	704.86	0.27
8	乌兹别克斯坦	24970.01	1156.23	0.46
9	马来西亚	19253.5	859.58	0.45
10	莫桑比克	19183.43	783.36	0.41

拉伯、印度尼西亚、越南、加纳、尼日利亚等）中，沙特阿拉伯以 10.3 万 t（占 20%）位居第一，但单价最低（0.30 美元每千克）；越南、尼日利亚等市场单价较高（0.66～0.69 美元每千克），反映出区域需求分化。

2024 年，出口色釉料产品主要来自广东、山东、上海、江苏、浙江，与 2023 年相比，广东、山东排名不变。五省市合计出口量占全国出口总量的 85.09%，集中度较 2023 年下降约 5 个百分点（表 1-6）。

表 1-6　2024 年主要出口省市的色釉料出口量、出口额、出口单价

序号	省市	出口量 /t	出口额 / 万美元	出口单价 /（美元 /kg）
1	广东省	294288.79	14516.06	0.49
2	山东省	86798.02	5916.63	0.68
3	上海市	21044.15	951.95	0.45
4	江苏省	19757.84	2064.46	1.04
5	浙江省	17149.08	900.42	0.53

3. 其他建筑陶瓷

2024 年，其他建筑陶瓷出口量为 103.54 万 t，同比下降 14.33%（图 1-21），出口单价为 1.03 美元 /kg，下降幅度为 48.24%（图 1-22），量价双跌，受此影响，出口额降至 10.71 亿美元，下降 55.45%。

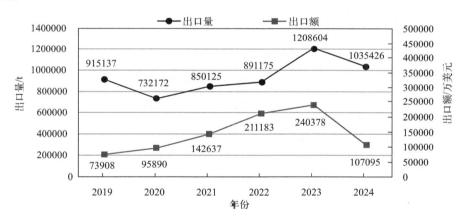

图 1-21　2019—2024 年其他建筑陶瓷出口量及出口额

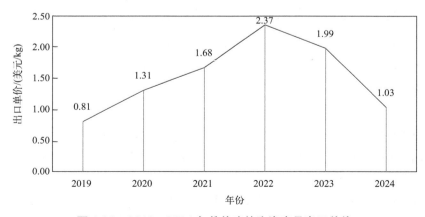

图 1-22　2019—2024 年其他建筑陶瓷产品出口单价

其他建筑陶瓷产品出口单价在 2019 年到 2022 年之间逐年攀升,在 2022 年达到历史高点后连续两年下滑,2024 年,出口单价已下滑至 2020 年前水平。

二、2024 年全国卫生洁具产品出口情况分析

2024 年,我国卫生洁具出口总额为 156.37 亿美元,同比下降 4.69%,整体呈现"量增价跌"趋势(图 1-23)。2019—2024 年,出口量持续增长,但出口平均单价普遍下滑,市场竞争加剧,利润空间被压缩。相较于 2023 年,各类产品出口量都实现了两位数增长,但出口平均单价普遍下跌,低价竞争成为主要挑战(表 1-7)。

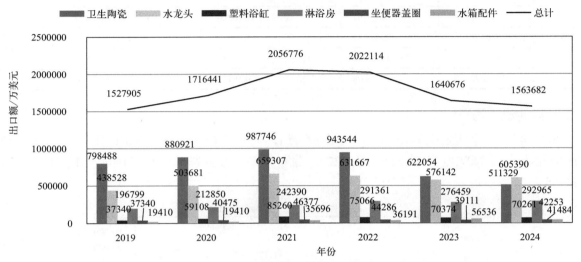

图 1-23　2019—2024 年我国卫生洁具产品出口额

表 1-7　2024 年我国卫生洁具产品出口量、出口额及出口平均单价

产品	出口量	较 2023 年增长	出口额	较 2023 年增长	出口平均单价	较 2023 年增长
卫生陶瓷	11034.62 万件	15.04%	511329 万美元	−17.80%	46.34 美元/件	−28.55%
水龙头	100045.58 万套	14.21%	605390 万美元	5.08%	6.05 美元/套	−8.00%
塑料浴缸	148178.93t	19.07%	70261 万美元	−0.16%	4.74 美元/kg	−16.15%
淋浴房	1508067.96t	10.66%	292965 万美元	5.97%	1.94 美元/kg	−4.24%
坐便器盖圈	107896.57t	18.91%	42253 万美元	8.03%	3.92 美元/kg	−9.15%
水箱配件	64875.23t	19.14%	41484 万美元	−26.62%	6.39 美元/kg	−38.41%

我国卫生洁具出口主要流向美国、东南亚等市场,出口省份分布高度集中,如广东、浙江、福建等产区,尤其是广东省在淋浴房和水龙头出口中占据主导地位。

1. 卫生陶瓷

2024 年,我国卫生陶瓷出口呈现"量增额减、单价承压"的复杂态势。出口量达 1.10 亿件,同比逆势增长 15.04%(图 1-24),但由于出口平均价格从 64.85 美元/件下滑至 46.34 美元/件(−28.54%)(图 1-25),出口额从 62.21 亿美元降至 51.13 亿美元,降幅达 17.81%。

2024 年,我国卫生陶瓷出口前十大目的地国家/地区的出口总量为 6257.66 万件,约占总出口量的 57%(图 1-26),市场集中度稳中有升。美国以 2849.47 万件的出口量、8.41 亿美元的出口额稳居第一,但出口单价低至 29.52 美元/件,延续低价走量模式。越南、泰国、马

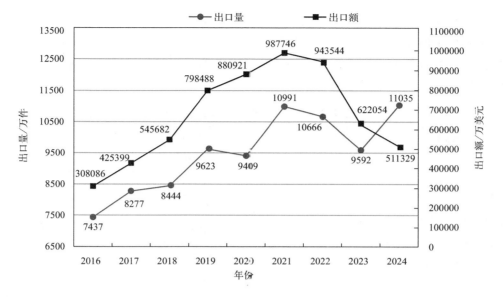

图 1-24　2016—2024 年卫生陶瓷出口量及出口额

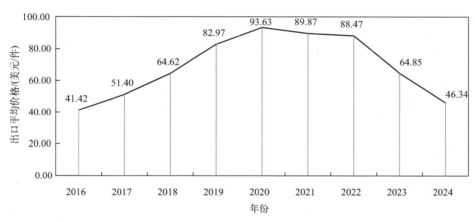

图 1-25　2016—2024 年卫生陶瓷出口平均价格

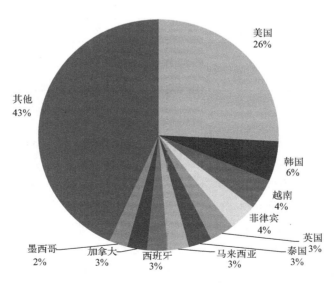

图 1-26　2024 年卫生陶瓷出口流向

来西亚分别以 475.53 万件（出口单价 80.74 美元 / 件）、342.59 万件（单价 67.29 美元 / 件）、321.46 万件（单价 81.16 美元 / 件）位列第三、第六、第七位，显示出东南亚市场对中高端产品的需求潜力。墨西哥进入前十（275.45 万件，出口单价 37.27 美元 / 件），反映出拉美市场增量空间（表 1-8）。

表 1-8　2024 年我国向前十大出口目的国出口的卫生陶瓷总量、金额、单价

序号	国家	出口量 / 万件	出口额 / 万美元	出口单价 /（美元 / 件）
1	美国	2849.47	84120.91	29.52
2	韩国	608.87	20787.32	34.14
3	越南	475.53	38394.33	80.74
4	菲律宾	419.50	20318.49	48.43
5	英国	370.18	12976.75	35.06
6	泰国	342.59	23053.19	67.29
7	马来西亚	321.46	26088.39	81.16
8	西班牙	301.63	15258.95	50.59
9	加拿大	292.98	11821.94	40.35
10	墨西哥	275.45	10267.52	37.27

2024 年，我国卫生陶瓷出口延续头部集中趋势，广东、河北、福建、山东、浙江前五省份出口总量达 8904.42 万件，占全国总量的 79.88%，与 2023 年持平。广东以 4392.23 万件稳居首位，规模优势显著。山东出口单价 71.68 美元 / 件仍为最高，但较 2023 年的 100.19 美元 / 件下降 28.5%（表 1-9）。

表 1-9　2024 年主要出口省份的卫生陶瓷出口量、出口额、出口单价

序号	省份	出口量 / 万件	出口额 / 万美元	出口单价 /（美元 / 件）
1	广东省	4392.23	170071.54	38.72
2	河北省	2186.68	56097.77	25.65
3	福建省	842.41	33644.76	39.94
4	山东省	815.13	58429.84	71.68
5	浙江省	667.97	30589.23	45.79

2. 水龙头

2024 年，我国共出口水龙头 10.00 亿套，同比增长 14.21%，出口额为 60.54 亿美元，同比增长 5.08%（图 1-27）。

2024 年，水龙头出口单价为 6.05 美元 / 套，同比下降 8.00%（图 1-28）。人力、物流成本增加，关税壁垒加剧等因素导致成本抬高，企业利润空间受到压缩。

水龙头出口前十大目的国依次为美国、印度尼西亚、菲律宾、墨西哥、俄罗斯、巴西、越南、沙特阿拉伯、泰国、土耳其，合计出口量 4.27 亿套，占总出口量 43%，较 2023 年集中度进一步下降 2 个百分点（图 1-29）。美国仍居首位，俄罗斯、土耳其、沙特阿拉伯等新兴市场增长显著，反映出地缘贸易重构趋势（表 1-10）。

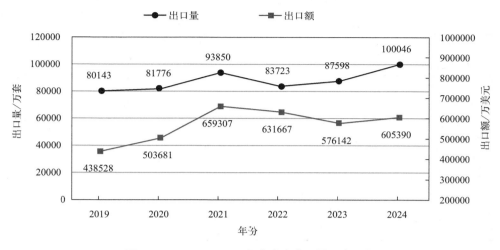

图 1-27　2019—2024 年水龙头出口量及出口额

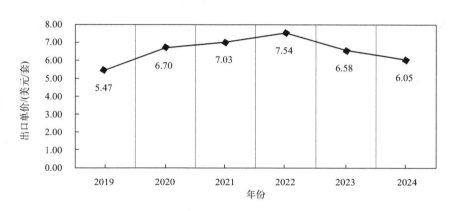

图 1-28　2019—2024 年水龙头出口单价

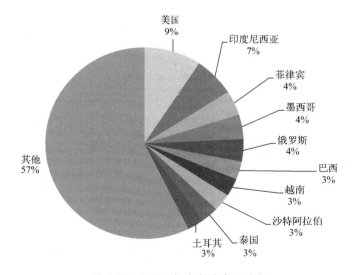

图 1-29　2024 年水龙头出口流向

表 1-10　2024 年我国向前十大出口目的国出口的水龙头总量、金额、单价

序号	国家	出口量 / 万套	出口额 / 万美元	出口单价 /（美元 / 套）
1	美国	9299.16	115606.24	12.43
2	印度尼西亚	6668.02	11886.87	1.78
3	菲律宾	4178.99	9470.45	2.27
4	墨西哥	4144.07	14761.98	3.56
5	俄罗斯	3812.75	38512.71	10.10
6	巴西	3035.29	7677.13	2.53
7	越南	3005.54	15409.84	5.13
8	沙特阿拉伯	2972.84	14858.42	5.00
9	泰国	2850.46	8615.93	3.02
10	土耳其	2715	4163.34	1.53

　　2024 年，浙江、福建、广东、上海、山东五省市水龙头出口量合计占全国 90% 以上。浙江省占比同比提升 2.3 个百分点，头部集聚效应持续强化，福建省占比同比下降 1.7 个百分点。出口单价呈现显著分化：广东省以 12.57 美元 / 套居首，较全国均价（6.05 美元 / 套）高出 108%；浙江省仅 4.07 美元 / 套，低价产品占主导；福建省（9.24 美元 / 套）、上海市（6.38 美元 / 套）、山东省（6.57 美元 / 套）均高于全国均值，反映产业梯度分工特征（表 1-11）。

表 1-11　2024 年主要省市水龙头出口量、出口额、出口单价

序号	省市	出口量 / 万套	出口额 / 万美元	出口单价 /（美元 / 套）
1	浙江省	64310.98	261665.56	4.07
2	福建省	13272.6	122620.57	9.24
3	广东省	9132.76	114817.12	12.57
4	上海市	2164.03	13809.62	6.38
5	山东省	2085.42	13696.56	6.57

3. 塑料浴缸

　　2024 年，塑料浴缸出口量为 14.82 万 t，同比增长 19.07%，出口额 7.03 亿美元，同比微降 0.16%（图 1-30）。

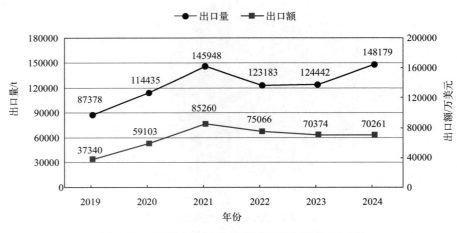

图 1-30　2019—2024 年塑料浴缸出口量及出口额

2024 年，塑料浴缸出口平均单价为 4.74 美元每千克，同比降低 16.25%，创 2020 年以来新低，反映出同质化竞争加剧（图 1-31）。

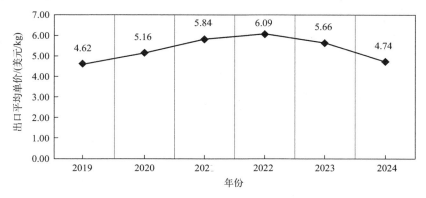

图 1-31　2019—2024 年塑料浴缸出口平均单价

2024 年，我国出口塑料浴缸主要流向美国、加拿大、英国、澳大利亚、波兰、法国、德国、比利时、荷兰、意大利等地，流向前十国的塑料浴缸合计占我国出口总量的 64%，较 2023 年下降了 2 个百分点（图 1-32）。美国的市场份额继续下降，而澳大利亚的市场份额有所上升，从 2023 年的十名开外升至 2024 年的第四名。总体来看，出口流向继续保持多元化趋势，主要市场集中在北美、欧洲和大洋洲，同时新兴市场的份额也在逐步增加。

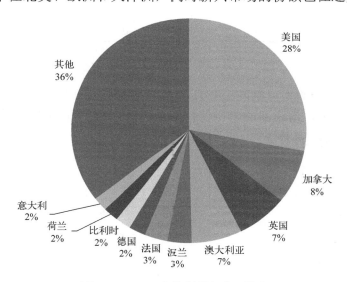

图 1-32　2024 年塑料浴缸出口流向

出口单价方面，2024 年塑料浴缸的平均出口单价为 4.74 美元每千克，与前十大目的国的出口单价（主要集中在 4 美元每千克到 5.4 美元每千克之间）差异不大，表明我国塑料浴缸在国际市场上的价格竞争力相对稳定（表 1-12）。

2024 年塑料浴缸的出口集中度保持稳定，五省市的合计出口量占全国出口总量的 88%，与 2023 年持平。与 2023 年相比，浙江省的出口占比继续提升，产业聚集优势进一步扩大。广东省的出口占比有所下降，但其出口单价仍高于全国平均水平，表明其产品在国际市场上具有较强的竞争力。安徽省的出口占比有所提升，但其出口单价较低（表 1-13）。

表 1-12　2024 年我国向前十大出口目的国出口的塑料浴缸总量、金额、单价

序号	国家	出口量 /t	出口额 / 万美元	出口单价 /（美元 /kg）
1	美国	41458.43	19631.74	4.74
2	加拿大	11343.09	4506.01	3.97
3	英国	10467.59	4319.19	4.13
4	澳大利亚	10290.28	5514.09	5.36
5	波兰	4918.30	2158.90	4.39
6	法国	4664.12	1637.82	3.51
7	德国	3406.97	1418.50	4.16
8	比利时	3184.95	1657.88	5.21
9	荷兰	3113.73	1673.13	5.37
10	意大利	2968.05	1065.27	3.59

表 1-13　2024 年主要省市塑料浴缸出口量、出口额、出口单价

序号	省市	出口量 /t	出口额 / 万美元	出口单价 /（美元 /kg）
1	浙江省	61922.18	28150.5	4.55
2	广东省	37892.78	18163.3	4.79
3	江苏省	15832.92	6680.55	4.22
4	上海市	8691.29	3410.68	3.92
5	安徽省	6145.61	2062.27	3.36

4. 淋浴房

2024 年，我国淋浴房的出口量为 150.81 万 t，同比增长 10.66%；出口额为 29.30 亿美元，同比增长 5.97%。近年来，淋浴房的出口保持增长趋势，2024 年与 2019 年相比，淋浴房的出口量增长了 73.20%，出口额增长了 48.87%（图 1-33）。

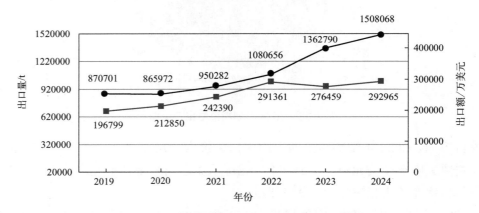

图 1-33　2019—2024 年淋浴房出口量及出口额

2024 年淋浴房的平均出口单价为 1.94 美元每千克，同比下降 4.43%。与 2019 年相比，平均出口单价下降了 25.95%（图 1-34）。这表明淋浴房的平均出口单价在近年来持续下降，这与市场竞争加剧以及产品结构变化有关。

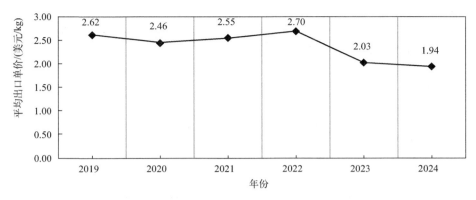

图 1-34　2019—2024 年淋浴房平均出口单价

2024 年，我国内地淋浴房主要出口至中国香港、美国、印度尼西亚、澳大利亚、俄罗斯、沙特阿拉伯、波兰、英国、法国和菲律宾等地，出口总量约占全国总出口量的 49%，与 2023 年相比，集中度有所下降（2023 年为 54%），显示出出口市场更加分散，新兴市场的占比有所提升。其中，中国香港的出口量仍居首位，但占比下降（图 1-35）。

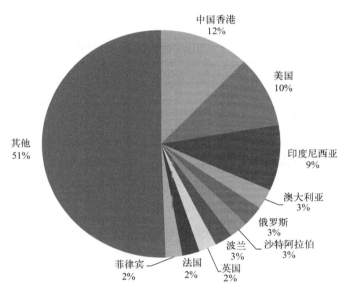

图 1-35　2024 年淋浴房出口流向

美国、澳大利亚等市场的出口单价较高，分别为 2.41 美元每千克和 2.49 美元每千克。相比之下，菲律宾和中国香港的出口单价较低，分别为 1.90 美元每千克和 1.01 美元每千克，以中低端产品为主（表 1-14）。总体来看，2024 年淋浴房出口市场呈现出高单价市场（如美国、澳大利亚、法国）与低单价市场（如菲律宾、中国香港）并存的格局。高单价市场继续保持领先地位，而新兴市场的增长潜力逐渐显现。

表 1-14　2024 年我国内地向前十大出口目的国家／地区出口的淋浴房总量、金额、单价

序号	国家／地区	出口量/t	出口额／万美元	出口单价／（美元/kg）
1	中国香港	184320.72	18657.99	1.01
2	美国	153001.32	36810.19	2.41
3	印度尼西亚	141195.88	18145.33	1.29

续表

序号	国家/地区	出口量/t	出口额/万美元	出口单价/（美元/kg）
4	澳大利亚	43628.57	10876.32	2.49
5	俄罗斯	43019.5	9791.78	2.28
6	沙特阿拉伯	38939.75	9144.91	2.35
7	波兰	36218.23	7381.73	2.04
8	英国	35971.53	7803.85	2.17
9	法国	35598.25	8723.86	2.45
10	菲律宾	34220.46	6515.82	1.90

2024年，我国淋浴房出口主要来自广东、浙江、山东、江苏和上海，五省市合计出口量占全国出口总量的77.11%，集中度较2023年有所回升。其中，广东出口量位居第一，但出口单价为1.67美元每千克，仍为五省市中最低；浙江省出口量紧随其后，出口单价为2.02美元每千克；江苏省出口单价最高，为2.26美元每千克，显示出其出口产品附加值较高；山东省和上海市的出口量分列第三和第五，出口单价分别为1.70美元每千克和1.88美元每千克（表1-15）。

表1-15 2024年主要省市淋浴房出口量、出口额、出口单价

序号	省市	出口量/t	出口额/万美元	出口单价/（美元/kg）
1	广东省	375366.43	62842.11	1.67
2	浙江省	357398.35	72300.6	2.02
3	山东省	221936	37680.18	1.70
4	江苏省	109893.18	24807.71	2.26
5	上海市	98269.22	18512.77	1.88

5. 坐便器盖圈

2024年，我国共出口坐便器盖圈10.79万t，同比增长18.91%，出口额为42253万美元，同比增长8.03%（图1-36）。自2019年以来，坐便器盖圈的出口量总体呈现上升趋势，反映

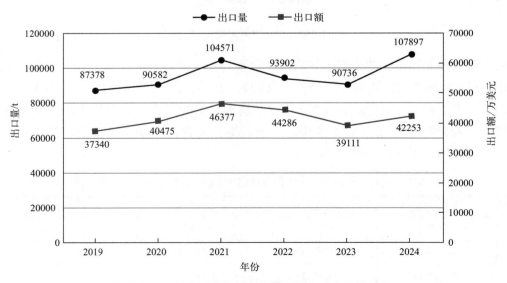

图1-36 2019—2024年坐便器盖圈出口量及出口额

出我国在该产品领域的生产能力和国际竞争力。

2024 年,坐便器盖圈的平均出口单价为 3.92 美元每千克,较 2023 年下降 9.05%,延续上一年的下降趋势(图 1-37)。

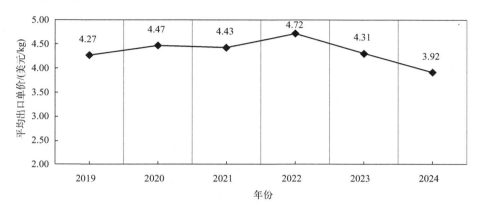

图 1-37　2019—2024 年坐便器盖圈平均出口单价

与 2023 年相比,2024 年坐便器盖圈的出口流向集中度有所下降,前十大目的国的出口量约占总出口量的 62%,显示出口市场的多元化趋势(图 1-38)。美国、德国和英国仍然是主要市场,但墨西哥、泰国等新兴市场的份额有所提升。总体来看,2024 年坐便器盖圈的出口流向继续保持多元化趋势,主要市场集中在北美、欧洲和亚洲,同时新兴市场的份额也在逐步增加。

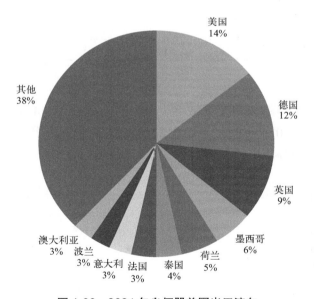

图 1-38　2024 年坐便器盖圈出口流向

出口单价方面,2024 年坐便器盖圈的平均出口单价为 3.92 美元每千克,与前十大目的国的出口单价(主要集中在 2.96 美元每千克到 4.97 美元每千克之间)差异不大,表明我国坐便器盖圈在国际市场上的价格竞争力相对稳定(表 1-16)。

2024 年,我国坐便器盖圈的出口集中度较高,前五大省份(福建、广东、浙江、江苏、河北)的合计出口量占全国出口总量的 92.71%,与 2023 年持平。其中,福建省仍然是我国坐便器盖圈的最大出口省份,占全国出口总量的 35.41%,广东省占全国的 22.55%,排名第二。浙江

表 1-16　2024 年我国向前十大出口目的国出口的坐便器盖圈总量、金额、单价

序号	国家	出口量 /t	出口额 / 万美元	出口单价 /（美元 /kg）
1	美国	15517.97	6663.8	4.29
2	德国	13339.93	3951.04	2.96
3	英国	10010.55	3671.03	3.67
4	墨西哥	5824.88	1738.38	2.98
5	荷兰	5517.02	1971.78	3.57
6	泰国	3820.98	1613.52	4.22
7	法国	3656.26	1280.05	3.50
8	意大利	3330.64	1071.83	3.22
9	波兰	3020.6	1159.44	3.84
10	澳大利亚	2968.56	1473.91	4.97

省的出口量占全国 17.91%，出口占比继续提升，显示出其产业聚集优势的进一步增强。江苏省（13.07%）和河北省（3.77%）也在全国出口中占据重要地位（表 1-17）。

表 1-17　2024 年主要省份坐便器盖圈出口量、出口额、出口单价

序号	省份	出口量 /t	出口额 / 万美元	出口单价 /（美元 /kg）
1	福建省	38207.02	15590.5	4.08
2	广东省	24335.25	9076.56	3.73
3	浙江省	19324.74	8079.00	4.18
4	江苏省	14100.31	3926.34	2.78
5	河北省	4070.87	1349.85	3.32

6. 水箱配件

2024 年，我国水箱配件的出口量为 6.49 万 t，同比增长 19.14%；出口额为 4.15 亿美元，同比下降 26.62%。2019—2024 年间，水箱配件的出口保持强劲增长，与 2019 年相比，水箱配件的出口量增长了 98.78%，出口额增长了 113.72%（图 1-39）。

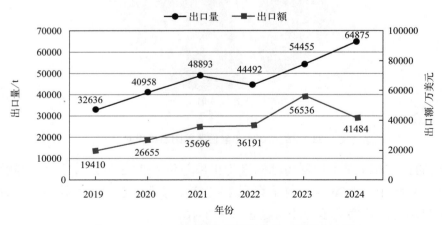

图 1-39　2019—2024 年水箱配件出口量及出口额

2024 年水箱配件的平均出口单价为 6.39 美元每千克，同比下降 38.44%（图 1-40）。水箱配件的出口单价在 2024 年大幅下降对出口导向型企业利润影响严重。

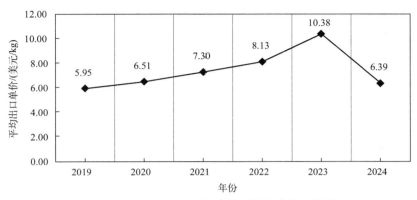

图 1-40　2019—2024 年水箱配件平均出口单价

2024 年，我国水箱配件的出口集中度保持稳定，前十个出口国家合计占全国出口总量的 54%，与 2023 年基本持平（图 1-41）。美国、俄罗斯、英国、印度、阿联酋、澳大利亚、日本、德国、泰国和越南依然是主要出口目的国，其中，美国仍然是最大市场，出口量为 9817.83 吨，占总出口量的 15.1%，但相比于 2023 年略有下降（表 1-18）。俄罗斯市场的出口

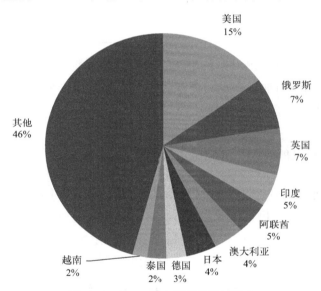

图 1-41　2024 年水箱配件出口流向

表 1-18　2024 年我国向前十大出口目的国出口的水箱配件总量、金额、单价

序号	国家	出口量 /t	出口额 / 万美元	出口单价 /（美元 /kg）
1	美国	9817.83	6571.68	6.69
2	俄罗斯	4821	2006.69	4.16
3	英国	4330.72	2737.95	6.32
4	印度	3031.91	1529.6	5.05
5	阿联酋	3022.74	1365.43	4.52
6	澳大利亚	2690.97	2000.77	7.44
7	日本	2685.73	1605.02	5.98
8	德国	1799.31	1446.97	8.04
9	泰国	1677.72	1270.07	7.57
10	越南	1323.25	951.18	7.19

占比进一步上升至 7.4%，延续了 2023 年的增长趋势，表明该市场需求持续增加。

从出口单价来看，澳大利亚、德国、泰国、越南出口单价高于我国全国平均水平（6.39 美元每千克）。俄罗斯、阿联酋、印度的出口单价仍然偏低，分别为 4.16 美元每千克、4.52 美元每千克和 5.05 美元每千克。

我国水箱配件的出口地仍然主要集中在浙江、福建、广东、上海和江苏，前五省市的合计出口量占全国总量的 84.68%，相比于 2023 年略有下滑，出口格局基本稳定。其中，浙江省的出口量达到 1.76 万 t，占全国的 27.1%，继续保持最大出口省份地位，福建省的出口量为 1.67 万 t，占比 25.7%，排名第二，两省出口占比均略有下降（表 1-19）。

表 1-19　2024 年主要省市水箱配件出口量、出口额、出口单价

序号	省市	出口量 /t	出口额 / 万美元	出口单价 /（美元 /kg）
1	浙江省	17556.81	9809.92	5.59
2	福建省	16679.22	11789.69	7.07
3	广东省	15022.68	8955.87	5.96
4	上海市	2940.38	1661.57	5.65
5	江苏省	2734.92	1514	5.54

从出口单价来看，福建省的出口单价最高，为 7.07 美元每千克，远高于全国均值，说明福建省出口的水箱配件多为高附加值产品。浙江省和广东省的单价分别为 5.59 美元每千克和 5.96 美元每千克，接近全国平均水平。

三、2024 年全国建筑陶瓷产品进口分析

2024 年我国各类建筑陶瓷产品合计进口额为 1.98 亿美元，同比下降 7.35%，表明进口市场总体收缩，但部分品类需求仍在增长（表 1-20）。陶瓷砖进口量价齐跌，反映出国内市场对进口的高单价产品需求疲软，替代品增多。色釉料进口量大增，但单价下降明显，显示出国内制造企业对低价原料的需求上升。其他建筑陶瓷进口量减少，但单价逆势上涨。

表 1-20　2024 年我国建筑陶瓷、卫生洁具产品进口量、进口额及进口平均单价

产品	进口量	较 2023 年增长	进口额	较 2023 年增长	进口平均单价	较 2023 年增长
陶瓷砖	252.31 万 m²	−19.73%	8129.08 万美元	−29.01%	32.22 美元 /m²	−11.56%
色釉料	23917.89t	57.94%	10423.52 万美元	22.35%	4.36 美元 /kg	−22.54%
其他建筑陶瓷	5832.35t	−26.88%	1249.09 万美元	−10.88%	2.14 美元 /kg	21.88%
合计			19801.69 万美元	−7.35%		

1. 陶瓷砖

2024 年，陶瓷砖进口贸易延续量价双跌的趋势，进口量为 252 万平方米，同比下降 19.75%，进口额为 8129 万美元，同比下降 29.01%，进口规模进一步收缩（图 1-42）。

2024 年，陶瓷砖进口平均单价 32.22 美元 /m²，较 2023 年下降 11.56%，仍处于近年来的高位（图 1-43）。

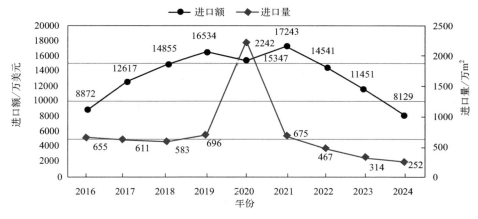

图 1-42　2016—2024 年陶瓷砖进口量及进口额

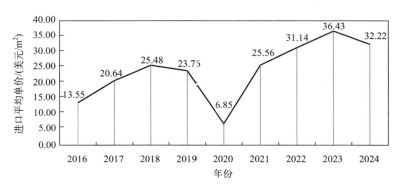

图 1-43　2016—2024 年陶瓷砖进口平均单价

2.色釉料

2024 年，色釉料产品进口量为 2.39 万 t，同比大涨 57.94%，进口额 1.04 亿美元，上涨 22.35%，显示出国内制造企业对进口原料需求的增长（图 1-44）。

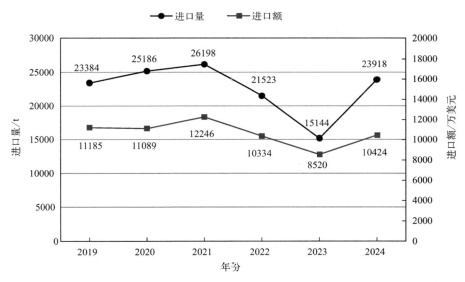

图 1-44　2019—2024 年色釉料进口量及进口额

2024 年色釉料产品进口平均单价下滑至 4.36 美元每千克，同比下降 22.56%，为近年来新低（图 1-45）。

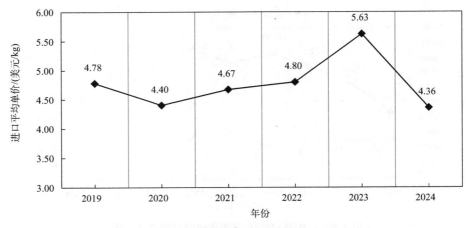

图 1-45   2019—2024 年色釉料进口平均单价

3. 其他建筑陶瓷产品

2024 年，其他建筑陶瓷进口量为 5832 吨，延续近年来下降趋势，同比降幅为 26.88%，进口额为 1249 万美元，同比下降 10.91%（图 1-46）。

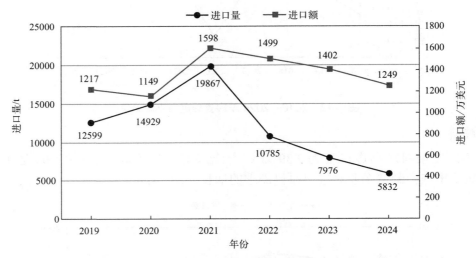

图 1-46   2019—2024 年其他建筑陶瓷产品进口量及进口额

2024 年，其他建筑陶瓷产品进口平均单价为 2.14 美元每千克，同比上涨 21.59%，延续了自 2020 年以来的上涨趋势，价格较近年低点上涨近两倍（图 1-47）。

四、全国卫生洁具产品进口分析

2024 年卫生洁具进口总额为 4.18 亿美元，同比下滑 9.12%（表 1-21）。分品类看，卫生陶瓷进一步延续进口量价双降的趋势，显示出本土企业在中高端市场逐步突破，替代效应进一步显现。水龙头延续量增价跌趋势，传统进口产品占据高端市场、国内产品瞄准中低端的市场格局逐渐被打破。淋浴房、塑料浴缸近年来进口单价保持增长或稳定，需求稳健，反映出国内高净值群体对进口产品的依赖。

1. 卫生陶瓷

2024 年，卫生陶瓷进口量为 86 万件，同比下降 18.10%，进口额为 6752 万美元，同比下降 22.02%，国产产品对进口产品的替代效应逐渐显现（图 1-48）。

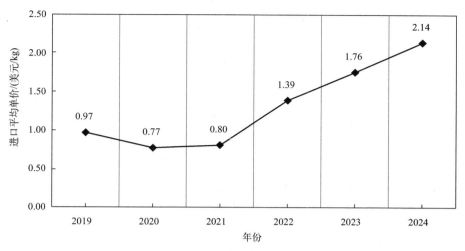

图 1-47　2019—2024 年其他建筑陶瓷产品进口平均单价

表 1-21　2024 年我国卫生洁具产品进口量、进口额及进口平均单价

产品	进口量	较 2023 年增长	进口额	较 2023 年增长	进口平均单价	较 2023 年增长
卫生陶瓷	85.76 万件	−18.19%	6751.69 万美元	−22.02%	78.73 美元/件	−4.69%
水龙头	1734.91 万套	28.27%	22611.91 万美元	−8.95%	13.03 美元/套	−29.01%
塑料浴缸	1959.75t	22.21%	1899.74 万美元	26.37%	9.69 美元/kg	3.40%
淋浴房	4564.44t	−26.45%	8641.97 万美元	−1.12%	18.93 美元/kg	34.45%
坐便器盖圈	276.3t	−16.15%	528.23 万美元	−4.65%	19.12 美元/kg	13.71%
水箱配件	1010.32t	−5.94%	1317.4 万美元	−20.32%	13.04 美元/kg	−15.29%
合计			41750.94 万美元	−9.12%		

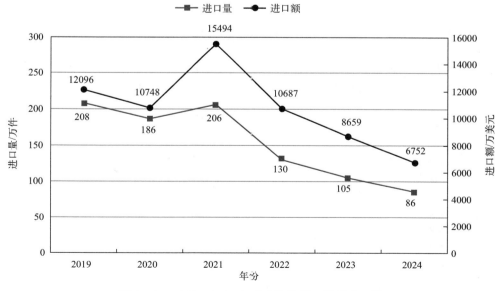

图 1-48　2019—2024 年卫生陶瓷进口量及进口额

2024 年，卫生陶瓷进口单价下滑，从 2023 年的高点下滑至 78.73 美元/件，降幅为 4.69%（图 1-49）。

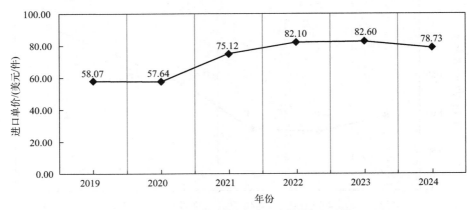

图 1-49　2019—2024 年卫生陶瓷进口单价

2. 水龙头

2024 年水龙头进口量为 1735 万套，进口额 22612 万美元。相比于 2023 年，进口量增长约 28%，但进口额下降约 9%（图 1-50）。

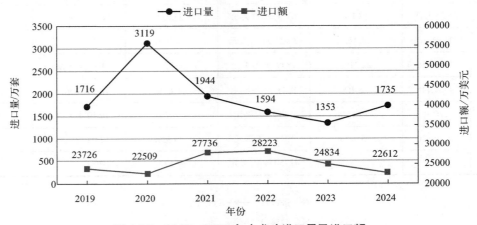

图 1-50　2019—2024 年水龙头进口量及进口额

2024 年水龙头平均进口单价约为 13.03 美元每套，明显低于 2023 年的 18.36 美元每套（下降约 29%），这是自 2020 年以来平均进口单价首次下跌（图 1-51）。

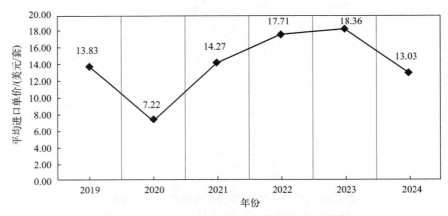

图 1-51　2019—2024 年水龙头平均进口单价

3. 塑料浴缸

2024 年塑料浴缸进口量为 1960 吨，进口额 1900 万美元。相比于 2023 年，进口量增加约 22%，进口额增加约 26%（图 1-52）。量价齐升反映出需求上升，进口规模扩大。进口额增幅略高于数量增幅，显示整体进口单价有所上扬。

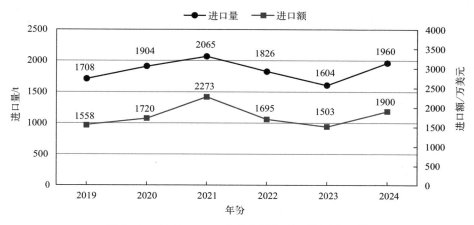

图 1-52　2019—2024 年塑料浴缸进口量及进口额

2024 年塑料浴缸平均进口单价为 9.69 美元每千克，略高于 2023 年的 9.37 美元每千克（上升约 3%）（图 1-53）。整体来看，近两年单价基本保持稳定，没有出现大幅波动。

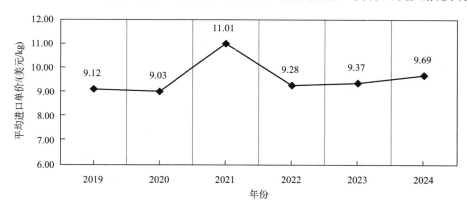

图 1-53　2019—2024 年塑料浴缸平均进口单价

4. 淋浴房

2024 年，淋浴房进口量为 4564 吨，进口额 8642 万美元，相比于 2023 年，进口量大幅减少约 26%，但进口额微降约 1%（图 1-54）。进口量下滑显著而金额基本持平，显示出进口的淋

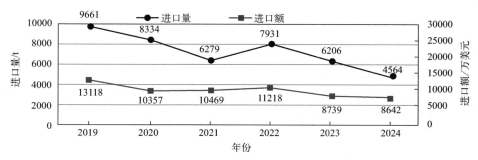

图 1-54　2019—2024 年淋浴房进口量及进口额

浴房产品结构发生变化，数量减少的同时单件价值提高。这主要是因为总需求比较疲软，同时国内替代产品增多，导致低价位产品进口减少，而保留下来的进口产品更多是高价值的产品。

2024 年淋浴房平均进口单价为 18.93 美元每千克，远高于 2023 年的 14.08 美元每千克（上涨约 34%）（图 1-55）。这一趋势反映了高端淋浴房产品进口占比上升、海外供应商提价以及运费上涨等因素的共同作用。

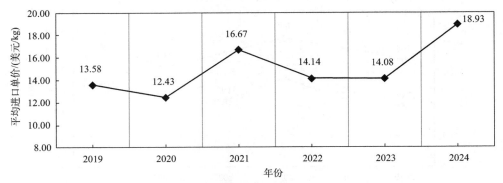

图 1-55　2019—2024 年淋浴房平均进口单价

5. 坐便器盖圈

2024 年坐便器盖圈进口量为 276 吨，进口额 528 万美元。相比于 2023 年，进口量下降约 16%，进口额下降约 5%，进口量降幅大于进口额降幅，显示平均进口价格有所上升（图 1-56）。总体来看，坐便器盖圈进口需求有所减弱，但进口市场向价值较高的产品倾斜。

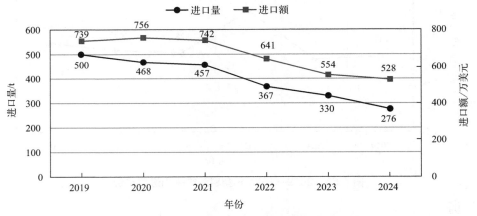

图 1-56　2019—2024 年坐便器盖圈进口量及进口额

2024 年坐便器盖圈平均进口单价为 19.12 美元每千克，高于 2023 年的 16.81 美元每千克（上涨约 14%）（图 1-57）。单价连续走高，说明进口的坐便器盖圈单件价值在提升。这与高价产品的进口占比提高，以及材料和物流成本上涨有关。

6. 水箱配件

2024 年水箱配件进口量为 1010 吨，进口额 1317 万美元。相比于 2023 年，进口量略减约 6%，而进口额大幅下降约 20%（图 1-58）。这表明进口数量小幅减少的同时，单价也有明显下跌，导致金额降幅远大于数量降幅。

2024 年水箱配件平均进口单价为 13.04 美元每千克，较 2023 年的 15.39 美元每千克的历史高位下降约 15%（图 1-59）。

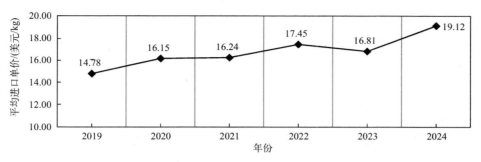

图 1-57　2019—2024 年坐便器盖圈平均进口单价

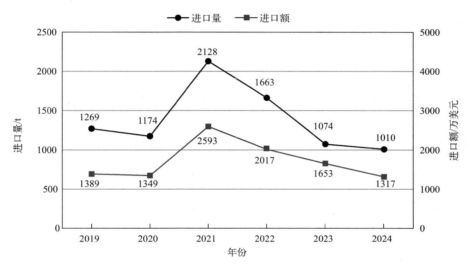

图 1-58　2019—2024 年水箱配件进口量及进口额

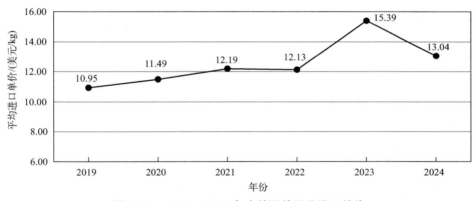

图 1-59　2019—2024 年水箱配件平均进口单价

五、2024 年对华建筑陶瓷、卫生洁具反倾销及国际贸易形势

1. 国际贸易形势

2024 年全球贸易额创下 33 万亿美元的纪录，增长 3.7%（约 1.2 万亿美元）。服务贸易推动了增长，全年增长 9%，增加 7000 亿美元，占总增长的近 60%。商品贸易增长 2%，贡献了 5000 亿美元。然而，2024 年下半年增长势头有所放缓。第四季度，商品贸易增长不到 0.5%，

服务贸易仅增长 1%。2024 年最后一个季度，随着贸易商品价格趋于稳定，贸易通胀率接近零。

2024 年，发展中经济体的表现优于发达国家，引领全球增长。全年进出口增长 4%，第四季度增长 2%，主要受东亚和南亚的推动。南南贸易全年增长 5%，第四季度增长 4%。中国和印度的贸易表现优于全球平均水平。相比之下，俄罗斯、南非和巴西的贸易在全年大部分时间里表现疲软，第四季度略有改善。与此同时，发达经济体的贸易停滞不前，全年进出口持平，第四季度下降 2%。

2024 年，全球贸易不平衡回到了 2022 年的水平。美国对中国的贸易逆差达到 3550 亿美元，第四季度扩大了 140 亿美元，而对欧盟（EU）的逆差增加了 120 亿美元，达到 2410 亿美元。

与此同时，中国强劲的出口推动其贸易顺差达到 2022 年以来的最高水平。欧盟在能源价格高企的帮助下扭转了之前的逆差，全年实现了贸易顺差。

2. 反倾销及其对出口格局的影响

在全球建筑陶瓷市场上，中国长期以其庞大的产能和强大的制造优势占据主导地位。然而，近年来随着国际贸易摩擦加剧、多国频繁对中国陶瓷产品发起反倾销调查，再加之国内出口退税政策调整等多重因素交织，中国陶瓷砖和卫生洁具的出口面临日益严峻的挑战。

中国建筑陶瓷出口量自 2016 年的 10.74 亿平方米下降至 2024 年的 6 亿平方米，累计降幅约 44%。与此同时，出口额也从 2016 年的 55.31 亿美元下滑至 2023 年的 48.56 亿美元。自 2020 年起，中国陶瓷砖出口量整体维持在 6 亿平方米上下，恢复乏力。造成这一局面的原因包括全球反倾销调查频发、生产成本上涨、出口结构调整，以及越南、印度等新兴产区的竞争加剧等。

2024 年，中国陶瓷砖出口再受新一轮政策冲击。财政部、税务总局于 2024 年发布的《关于调整出口退税政策的公告》中指出，自 2024 年 12 月 1 日起，将部分非金属矿物制品（包括陶瓷制品）的出口退税率由 13% 下调至 9%，涉及 209 个商品代码。与陶瓷行业直接相关的产品，涵盖了中国陶瓷砖出口的核心产品。这一政策的实施意味着出口企业将面临实质性的利润压缩，特别是本就受关税和运输成本挤压的中小出口企业，资金回流压力进一步加剧。

与此同时，多国持续对中国陶瓷砖与卫生洁具采取反倾销措施。欧盟于 2024 年 2 月决定继续对中国瓷砖征收 13.9% ～ 69.7% 的反倾销税；印度尼西亚 2024 年 10 月对中国瓷砖征收 13446 ～ 94544 印尼盾 /m² 的反倾销税，有效期 5 年；阿根廷于 2024 年 8 月维持原 27.7% 的反倾销税并延长至 2026 年。此外，海湾合作委员会于 2024 年 10 月决定对中国出口的陶瓷卫生洁具征收 32% ～ 45% 的平均税率，不合作企业甚至面临高达 55% 的惩罚性税率。英国维持原欧盟反倾销政策至 2027 年，取消了对部分大规格瓷砖的税收，是为数不多应诉反倾销案件的成功案例，但英国出口陶瓷砖本身体量较小，对全局影响不大。

以上案件中，印度尼西亚对原产于中国的进口瓷砖产品征收反倾销税的措施影响最大。自 2020 年以来，印度尼西亚一直是我国陶瓷砖第二大出口市场，2024 年向印度尼西亚出口的陶瓷砖占出口总量的 10%，考虑到近年来向该国出口的陶瓷砖单价为 3 ～ 4 美元 /m²，加征的反倾销税（基于当前汇率折算人民币为 5.91 ～ 41.59 元 /m²）将强烈冲击向该国的出口，并影响陶瓷砖整体出口格局。

3. 2024 年对华建筑陶瓷、卫生洁具反倾销案件

（1）欧盟继续维持对中国瓷砖产品的反倾销税

2024 年 2 月 13 日，欧盟委员会发布公告称，对原产于中国的瓷砖作出第二次反倾销日落复审终裁，裁定若取消反倾销措施，涉案产品的倾销以及该倾销对欧盟产业造成的损害会继续或再度发生，因此决定继续维持对中国涉案产品的反倾销税，反倾销税率为13.9% ～ 69.7%。

（2）阿根廷维持对原产于中国的釉面瓷砖、非釉面瓷砖的反倾销措施

2024 年 8 月 7 日，阿根廷经济部发布 2024 年第 691 号公告，对原产于中国的釉面瓷砖、非釉面瓷砖作出反倾销日落复审终裁，决定维持 2018 年第 77 号、第 124 号公告确定的反倾销措施，继续对涉案产品基于 FOB 价征收 27.7% 的反倾销税。措施自公告发布之日起生效，有效期为两年。

（3）英国不再对大规格中国瓷砖征收反倾销税

2024 年 10 月 8 日，英国贸易救济署向英国商业和贸易大臣提交对源自中国的瓷砖反倾销措施复核的终裁建议，英国商业和贸易大臣已决定批准该建议。英国调查机关最终接受了我方产品排除的建议，修改了产品排除的范围，将单块瓷砖当中有一边等于 600 毫米的砖纳入产品排除的范围不再征收反倾销税，该决定于 2024 年 10 月 8 日正式发布，并于 2024 年 10 月 9 日正式生效。

其他产品继续维持了原欧盟对中国瓷砖裁定的、英国脱欧后继承的反倾销措施至 2027 年 11 月 24 日，税率不变（仍按原欧盟反倾销税率执行，税率范围 13.9% ～ 69.7%，大部分企业为 30.6%）。

（4）印度尼西亚对原产于中国的进口瓷砖产品征收反倾销税

2024 年 10 月 14 日，印度尼西亚对华瓷砖反倾销税率正式发布。根据印尼反倾销委员会的调查，证明原产于中国的进口瓷砖产品存在倾销，造成国内产业损失，对印尼税号为 6907.21.24、6907.21.91、6907.21.92、6907.21.93、6907.21.94、6907.22.91、6907.22.92、6907.22.93、6907.22.94、6907.40.91、6907.40.92 的涉案产品，征收 13446 ～ 94544 印尼盾 $/m^2$ 的反倾销税。本决定自颁发之日起 10 个工作日后（即 10 月 28 日）生效，有效期 5 年。

（5）海合会对自中国进口的陶瓷卫浴产品征收反倾销税

2024 年 10 月，海合会国际贸易反损害行为技术秘书局发布对自中国进口的陶瓷卫浴等产品反倾销调查终裁。三家中国抽样合作企业的税率范围分别为：广东雅琦卫浴科技有限公司 28% ～ 40%，潮州市潮安区植如建筑陶瓷有限公司 30% ～ 40%，惠达卫浴股份有限公司 30% ～ 45%。中国平均（未被抽样合作企业）税率在 32% ～ 45% 之间，中国不合作企业的惩罚性税率在 40% ～ 55% 之间。

第三节　2024 年全国建筑卫生陶瓷市场与营销

一、家居建材市场运行概况

近年来，我国建筑陶瓷与卫生洁具行业经历了深刻的渠道变革，渠道结构的重构正在重塑行业格局。在消费端需求趋于多元与理性的大背景下，传统依赖线下经销商和建材市场的销售模式正逐步失去主导地位，取而代之的是更加多元化、服务化和平台化的渠道体系。

《2024 年全国 BHEI（中国城镇建材家居市场饱和度预警指数）数据报告》中的数据显示，2024 年全国 BHEI 指数为 126.31，较 2023 年出现一定程度下降，全国建材家居市场整体仍处

于饱和状态。

2024 年，全国规模以上建材家居市场面积约为 20495 万平方米，同比增长率为 -9.55%。近年来，规模以上建材家居市场面积增长率逐年递减：尤其近三年，其为负值；2024 年，同比降幅扩大。市场竞争愈发激烈，整体市场空置率上升。其他影响 BHEI 的关键因素继续分化：部分城市城镇人口、人均 GDP/ 收入水平等出现回落。

2024 年，全国 70 个大中城市 BHEI 中位数、平均数仍呈下降趋势。全国建材家居市场行业 95% 以上为民营企业，在"无形的手"的调控下，行业整体仍在不断优胜劣汰、自我完善。

一线城市中，北京迈入"绿色区域"，上海连续多年处于"绿色区域"，即未饱和状态。上海、北京、深圳和广州四个一线城市房地产投资吸引力优势明显，稳居全国前四。建材家居行业渠道仍在向三四线城市以及县域下沉。市场竞争已逐渐完成从高线城市向中低线城市转移，市场竞争愈演愈烈。

二、年度市场运行趋势

1. 精装渠道进一步萎缩，智能坐便器配套率上升

2024 年，我国房地产市场整体仍呈现调整态势，精装修市场新开盘项目 1222 个，同比下滑 21.9%，市场规模 66.41 万套，同比下滑 28.9%。

随着 2024 年 9 月 26 日中央政治局会议提出"要促进房地产市场止跌回稳"，为市场注入信心，第四季度以来，市场出现明显回升，精装规模为 21.76 万套，环比三季度上升 46%。

奥维云网（AVC）监测数据显示，在产品配套方面，瓷砖和卫生洁具等产品的配套规模也因受到市场整体下行的影响而继续下滑。智能坐便器的配置率持续上升。2024 年上半年，精装修市场智能坐便器的配套率达到 54.2%，较 2023 年的 42.2% 有显著提升。在品牌占比方面，科勒、TOTO 和杜拉维特等外资品牌在工程市场中占据主导地位，分别占据 24.0%、15.0% 和 9.2% 的市场份额。国产品牌如箭牌、恒洁和九牧则在零售渠道表现突出，尤其是在电商平台上，凭借性价比优势获得了较高的市场份额。

2. 零售渠道快速重构，整装渠道强势崛起

近年来，我国居住消费市场总规模达到 7.9 万亿元，大家居产业链迈向 5 万亿级别，家装行业产值突破 2.5 万亿元，行业格局正在经历一场深刻变革。传统以经销商和建材市场为核心的渠道体系逐步被整装、数字化平台和服务闭环所取代。整装模式的快速渗透已使其市场占比超过 60%，整体市场规模突破 1 万亿元，并预计在未来三年继续保持两位数增速。这一趋势直接推动了建筑陶瓷与卫生洁具等主材类产品渠道的重构，使其不再只是材料的堆叠，而成为整体方案价值链中的关键组成。

一体化、一站式解决方案催生跨界竞争。贝壳家装业务的快速增长正是这一行业大变局的缩影。2024 年，贝壳家装家居板块实现净收入 148 亿元，同比增长 36.1%，利润率提升至 30.7%。强化了"整装 + 平台"模式是贝壳快速推进的关键，通过整合设计、施工、主材、定制与家具家电，实现家装全流程一体化，并持续推进渠道下沉，代表了家装渠道从"商品流通"向"用户连接"与"方案集成"的演变。

总体来看，建筑陶瓷与卫生洁具行业正处于渠道重构与价值链再分配的关键阶段。整装崛起推动行业从"单品销售"向"整体解决方案"转型，渠道角色从"商品流通"走向"用

户连接"。企业唯有主动适应这一变局，构建面向整装、聚焦用户、强化服务的渠道体系，方能在竞争激烈的市场中赢得先机，实现可持续发展。

3.国家政策与市场需求共同推动服务化转型

根据《关于全面推进城镇老旧小区改造工作的指导意见》，全国老旧小区改造计划催生了大量存量房改造需求和家居适老化改造需求。同时，《推动大规模设备更新和消费品以旧换新行动方案》提出通过"以旧换新"补贴政策激活存量市场焕新需求，例如节水型卫浴产品、智能马桶等被纳入重点推广范畴。

在存量市场主导的背景下，国家政策与市场需求共同推动建筑陶瓷、卫生洁具行业向服务化转型升级。当下，适老化改造和二手房装修占比提升，传统产品与精细化需求的矛盾持续存在，进一步倒逼瓷砖、卫浴企业投入服务运营，延伸服务链条，从服务入手，以树立品牌口碑，占领市场份额。同时，部分生产企业与整装企业深度协同，通过数字化转型、产品服务创新等，提供从设计、研发到安装的一站式解决方案，解决旧改市场施工工期长、拆旧处理难的问题，匹配存量市场个性化改造需求。

与此同时，行业积极推进服务标准体系建设，打通产品、施工、辅材等领域的壁垒，以先进的服务标准，规范服务市场、提升工程质量、促进行业从"卖产品"向"卖空间"转型。

4.传统卖场经济持续下行，艰难探索新模式、新业态

根据2024年财报数据，红星美凯龙、居然智家、富森美三大卖场营收与净利润均呈现下滑趋势。红星美凯龙全年营收78.21亿元，同比下降32.08%，净利润亏损29.83亿元，亏损额同比扩大。居然智家营收129.66亿元，同比下降4.04%，主要是因为商户减免租金及管理费导致收入阶段性下滑。富森美营收14.3亿元，同比下降6.18%，净利润6.9亿元，下滑14.39%，核心业务市场租赁及服务毛利率72.26%，同比下降4.66个百分点。

面对压力，三大卖场通过业态融合、数字化转型和商户赋能寻求突破。红星美凯龙推进"3+星生态"战略，引入家电、汽车、餐饮等新业态，并通过"以旧换新"政策拉动四季度销售额；居然智家采用"一店两制"招商模式，并借助数字化平台洞窝覆盖1016家卖场；富森美发力线上营销，通过抖音、小红书实现销售额3.2亿元，但营销费用激增。卖场经济需平衡高分红与长期投入，深化全渠道融合以应对低频消费和流量碎片化挑战。

受卖场经济下行影响，建筑陶瓷与卫生洁具品牌撤店已成为较普遍的现象，尤其是品牌力较弱的品牌，卖场瓷砖卫浴品牌种类减少，但龙头企业、高端品牌仍通过入驻卖场，尤其是核心地段的地标性卖场，强化品牌形象，并通过店面升级提升消费体验。

第四节　2024年全国建筑卫生陶瓷技术创新与科技成果

一、科技成果鉴定

1."多色堆叠半流延纹理布料免烧无机生态石的关键技术研究及产业化"项目经鉴定总体达到国际领先水平

2024年1月5日，中国建筑材料联合会与中国建筑卫生陶瓷协会在广东省佛山市共同组织召开了由湖口东鹏新材料有限公司、华南理工大学、佛山市东鹏陶瓷有限公司、广东东鹏

控股股份有限公司、广东鹏鸿创新科技有限公司完成的"多色堆叠半流延纹理布料免烧无机生态石的关键技术研究及产业化"项目科技成果鉴定会。与会专家审阅了鉴定资料，听取了项目完成单位的汇报和专家现场考察报告。经质询和讨论，与会专家一致认为，项目成果总体达到国际领先水平。

项目的关键技术和主要创新点如下：

首次提出了无机人造石"分色进料、多色堆叠半流延"布料成型工艺，制备出具有天然石材通体纹理、装饰效果色彩丰富自然的无机生态石。基于功能性添加剂调控，开发出适应于多色堆叠半流延法生产工艺的材料配方体系，制备出高强度、低吸水率、性能稳定的无机生态石。开发了多色堆叠半流延数字化自动布料系统、纹理优化控制装置等成套核心设备，建成首条多色堆叠半流延法生产无机生态石生产示范线。

2."下沉式水箱排臭坐便器"项目经鉴定居国际领先水平

2024年1月25日，中国建筑卫生陶瓷协会组织专家在厦门市召开了由厦门颖锋科技有限公司完成的"下沉式水箱排臭坐便器"项目科技成果鉴定会。鉴定会上，专家组审阅了鉴定资料，听取了项目完成单位的工作汇报和专家现场考察报告，经质询和讨论，形成了鉴定意见。鉴定委员会一致认为"下沉式水箱排臭坐便器"项目居国际领先水平，同意通过鉴定。

项目关键技术和主要创新点如下：

发明并开发了坐便器排臭装置，可实现如厕时无臭味的效果。开发了气、水、皂定量发泡装置，使用家用洗手液，实现了即配即用，有效地解决了水溅臀部、水封部位污物粘壁的问题。开发了多项专利组合的气控液压排水控制装置、可机电一体化的自动多功能冲洗系统，提高了下沉式水箱坐便器冲水装置对供水管网低压力状态的适应性。研发了一种进水排沙技术，有效地预防了进水阀因水中杂质而引发的使用故障。

3."基于数字孪生的流线包覆式节能辊道窑"项目经鉴定达到国际领先水平

2025年3月12日，中国建筑卫生陶瓷协会组织专家组在广东佛山对广东中鹏热能科技股份有限公司和景德镇陶瓷大学共同完成的"基于数字孪生的流线包覆式节能辊道窑"项目进行了科技成果鉴定。与会专家审阅了鉴定资料，听取了项目完成单位的汇报和生产现场考察报告，经质询和讨论，鉴定委员会一致认为该成果总体技术达到国际领先水平，同意通过鉴定。

项目关键技术和主要创新点如下：

综合利用数字孪生、工业互联网、云服务及大数据、人工智能等技术于窑炉的生产控制，实现了云控组态、智能巡窑、火眼视觉、空窑管理等多种功能，提高了辊道窑的数字化和绿色节能水平、设备的使用安全性和劳动生产率，减轻了劳动强度，显著降低了能耗，促进了辊道窑的数字智能化升级，为建筑陶瓷智能工厂的实现提供了强有力的技术保障。采用自主研发的模块化自洁式空气预热器和烟气余热回收系统，具有除灰、高效换热与冷端防腐蚀功能，实现了烟气余热的高效利用。创窑炉快拆面板，实现了快拆、高效隔热隔温和降噪、安全防护等功能，将工业美学融入设备生产的安全、易操作、改善工作环境和人文关怀理念中。

4."凸纹耐磨素色陶瓷砖的研究与产业化"项目经鉴定总体技术达到国际先进水平，凸纹装饰技术居国际领先水平

2024年9月14日，中国建筑卫生陶瓷协会组织专家在广东省佛山市对广西宏胜陶瓷有限公司、广东宏宇新型材料有限公司、广东宏陶陶瓷有限公司、广东宏威陶瓷实业有限公司

及广东宏海陶瓷实业发展有限公司共同完成的"凸纹耐磨素色陶瓷砖的研究与产业化"项目进行了科技成果鉴定。鉴定会上，专家组审阅了鉴定资料，听取了项目完成单位的工作汇报和专家现场考察报告，经质询和讨论，形成了鉴定意见。鉴定委员会一致认为"凸纹耐磨素色陶瓷砖的研究与产业化"项目总体技术达到国际先进水平，凸纹装饰技术居国际领先水平，同意通过鉴定。

关键技术和主要创新点如下：

研究了陶瓷砖表面凸纹形成机理。利用透朗釉与干粒釉高温特性差异，在烧成过程中使透明釉凸出于表面。通过功能墨水憎水特性产生可控凸纹纹理。自主研发出能形成凸纹效果的透明釉及干粒配方体系和制备工艺。在干粒釉中引入特定粒径范围的煅烧氧化铝微粉，调整透明釉中熔剂组分及配比，优化其高温黏度和表面张力，使干粒釉与透明釉性能匹配、产品耐磨性好。

二、科技成果表彰

为鼓励建筑卫生陶瓷领域各企业加大科技创新力度，培育、壮大企业科技力量，贯彻落实科技创新带动企业高质量发展的理念，中国建筑卫生陶瓷协会组织了 2024 年"中国建筑卫生陶瓷行业科技创新奖"申报及评审工作。2024 年，共 23 项技术成果获得奖励，包括一等奖 2 项、二等奖 8 项、三等奖 13 项（表 1-22）。

表 1-22　2024 年"中国建筑卫生陶瓷行业科技创新奖"

序号	申报单位	项目名称	类型	等级
1	科达制造股份有限公司	基于 AI 视觉的建筑陶瓷墙地砖分级分色智能检测线关键技术研发及产业化	科技进步类	一
2	佛山东鹏洁具股份有限公司	全定制快装整体浴室的关键技术研究及产业化	科技进步类	一
3	箭牌家居集团股份有限公司	陶瓷坐便器自动化高压注浆成形关键技术和产业化应用	科技进步类	二
4	厦门颖锋科技有限公司	下沉式水箱排臭坐便器	科技进步类	二
5	湖口东鹏新材料有限公司	绿色低碳免烧无机生态石的关键技术研究及产业化	科技进步类	二
6	广东金牌陶瓷有限公司	具有金丝绒质感的超抗污易洁新型陶瓷岩板 / 陶瓷砖的研发	科技进步类	二
7	福建敏捷机械有限公司	全连续式球磨制浆装备的研发及产业化	科技进步类	二
8	蒙娜丽莎集团股份有限公司	陶瓷岩板烧结法表面隐形防伪技术研究	科技进步类	二
9	新明珠集团股份有限公司	高强陶瓷岩板的关键技术研究及应用	科技进步类	二
10	广东宏宇新型材料有限公司、广东宏陶陶瓷有限公司、广东宏威陶瓷实业有限公司、广东宏海陶瓷实业发展有限公司、广西宏胜陶瓷有限公司	湿态防滑陶瓷砖	科技进步类	二
11	科达制造股份有限公司	陶瓷行业重载高精度智慧导引车（AGV）与调度技术的研发及产业化	科技进步类	三
12	新明珠集团股份有限公司	色浆和数码复合装饰技术的研发及在大规格陶瓷岩板中的应用	科技进步类	三
13	佛山市三水区康立泰无机合成材料有限公司、山东国瓷康立泰新材料科技有限公司	数码微雕陶瓷砖产品开发及其产业化应用	科技进步类	三
14	厦门市欧立通电子科技开发有限公司	智能厨房龙头	科技进步类	三

序号	申报单位	项目名称	类型	等级
15	佛山市恒洁凯乐德卫浴有限公司	E系列美妆镜	科技进步类	三
16	威远县大禾陶瓷原料有限公司、重庆唯美陶瓷有限公司	高温钛白熔块的研发以及推广应用	科技进步类	三
17	厦门建霖健康家居有限公司	台上集成感应龙头研发	科技进步类	三
18	内蒙古建亨能源科技有限公司	利用粉煤灰、煤矸石等工业固废生产发泡陶瓷	科技进步类	三
19	厦门英仕卫浴有限公司	应用于健康厨卫龙头易安装装置	科技进步类	三
20	广东奔朗新材料股份有限公司	建筑陶瓷加工用金刚石圆锯片	科技进步类	三
21	福州锐洁源电子科技有限公司	新型多感应标识类抽拉水龙头	科技进步类	三
22	广东浪鲸智能卫浴有限公司	一种易洁超旋冲洗马桶	科技进步类	三
23	厦门建霖健康家居有限公司	水花脉冲强度可调节花洒	科技进步类	三

第二章
2024 年全国建筑陶瓷、卫生洁具大事记

第一节　2024 年建筑陶瓷、卫生洁具行业重点事件

一、2024 年建筑陶瓷、卫生洁具行业运行数据发布

2024 年，全国陶瓷砖产量延续下行趋势，为 59.1 亿 m^2，较 2023 年下降 12.18%。2024 年，行业运营走势普遍偏弱，企业主营业务收入、利润总额、利润率全面下滑，主营业务收入下滑加剧，利润率下滑幅度收窄，亏损企业数量增加，企业亏损面扩大，亏损额度增加。建筑陶瓷各产区区域发展不平衡与产能普遍过剩两大问题并存。产区运行呈现明显分化。整体而言，南方产区开窑率和产能利用率优于北方产区。市场需求支撑、能源成本差异、环保政策环境是造成分化的主要原因。

2024 年，我国卫生陶瓷产量为 1.81 亿件，同比小幅下跌 2.69%。我国规模以上卫生陶瓷企业数量为 397 家，较 2023 年增加 34 家。企业主营业务收入小幅增长，但利润总额、利润率略有下滑，行业整体面临增收不增利的挑战。同时，亏损企业数量增加，亏损面扩大，亏损额度加大，经营压力增大。卫生陶瓷产业区域格局呈现显著分化态势，头部集聚与结构重组并行。广东、河北等产区产量大幅增长，进一步巩固龙头地位。河南、湖北等产区受环保升级与转型滞后影响，产量收缩，区域洗牌加速。

二、2024 年我国建筑卫生陶瓷类产品出口额扩大，出口量微跌

2024 年，我国陶瓷砖出口呈现"量稳价跌、结构承压"的阶段性特征，出口量维持在 6.00 亿平方米，较 2023 年微降 2.86%。出口单价从 7.86 美元每平方米下跌至 5.40 美元每平方米，导致出口额从 48.56 亿美元降至 32.41 亿美元，同比降幅达 33.26%。2024 年，中国陶瓷砖出口前十大目的地国家 / 地区的出口总量为 4.02 亿平方米，占总出口量的 66.92%，集中度较 2023 年提升约 2 个百分点。菲律宾、印度尼西亚、韩国连续三年稳居前三，仍是核心市场。

2024 年，卫生陶瓷出口量达 1.10 亿件，同比逆势增长 15.04%，出口量占总产量比重超过 60%，达到历史高点，显示产业对外依存度增大。出口单价从 64.85 美元每件下滑至 46.34 美元每件，出口额从 62.21 亿美元降至 51.13 亿美元，降幅达 17.81%。这一变化表明，以量补价策略维持了市场总量，但利润空间被严重压缩。对比 2021 年峰值，2024 年出口额已缩水 48.2%，单价累计跌幅达 48.5%，凸显出高端市场失守与结构性困境。

2024 年，我国六类卫生洁具产品（卫生陶瓷、水龙头、塑料浴缸、淋浴房、坐便器盖圈、

水箱配件）出口总额为 156.37 亿美元，同比下降 4.69%，呈现出"量增价跌"趋势。2019—2024 年，出口量持续增长，但出口单价普遍下滑，市场竞争加剧，利润空间被压缩。淋浴房、水龙头等产品出口量增长显著，但高端市场失守，低价竞争成为主要挑战。我国卫生洁具出口主要流向美国、东南亚等市场，其中淋浴房、水龙头等产品出口集中在中国香港、美国、印度尼西亚等地。出口省份分布高度集中，主要产区为广东、浙江、福建等产区，尤其是广东省在淋浴房和水龙头出口中占据主导地位。

三、消费品以旧换新为建筑陶瓷、卫生洁具产品消费注入动力

2024 年 3 月 7 日，国务院印发《推动大规模设备更新和消费品以旧换新行动方案》，开展家电产品以旧换新，推动家装消费品换新。多家建陶卫浴企业积极响应国家政策和各地政府的号召，在全国开启线上线下以旧换新落地行动，通过政企双补、提升售后服务等方式，支持家电换智、厨卫焕新、居家适老化改造等。

四、智能坐便器实施强制性产品认证管理

2024 年 4 月 7 日，市场监管总局发布《关于对商用燃气燃烧器具等产品实施强制性产品认证管理的公告》，决定对电子坐便器等产品实施强制性产品认证（以下称 CCC 认证）管理。2025 年 7 月 1 日起，列入 CCC 认证目录的商用燃气燃烧器具、阻燃电线电缆、电子坐便器、可燃气体探测报警产品、水性内墙涂料，应当经过 CCC 认证并标注 CCC 认证标志后，方可出厂、销售、进口或者在其他经营活动中使用。

五、全国智能坐便器产品质量分级试点结果发布

5 月 10 日，全国智能坐便器产品质量分级试点结果发布会在上海召开。会议由国家市场监督管理总局指导，中国建筑卫生陶瓷协会主办，上海市市场监督管理局、上海市质量监督检验技术研究院、中国建筑卫生陶瓷协会智能家居分会承办。本次智能坐便器产品质量分级试点依据 T/CBCSA 15—2019《智能坐便器》协会标准开展，25 家企业的 37 款产品获 AAAAA 认定。

六、《消费品质量分级导则　卫生洁具》《陶瓷岩板》国家标准发布

2024 年 8 月 23 日，国家市场监督管理总局（国家标准化管理委员会）批准发布《消费品质量分级导则　卫生洁具》《陶瓷岩板》等 335 项国家标准，标准实施日期为 2025 年 3 月 1 日。

七、智能坐便器、陶瓷砖等产品开展产品质量分级

2024 年 9 月 26 日，市场监管总局官网发布了《市场监管总局关于开展产品质量分级的实施意见（征求意见稿）》，向社会公开征求意见。《实施意见（征求意见稿）》提出，2024 年，对智能坐便器、陶瓷砖、移动电源等 8 种产品开展产品质量分级。到 2027 年底，开展质量分级产品种类增至 60 种左右，促进形成产品优质优价的市场环境。

八、全球首条陶瓷工业氨氢零碳燃烧技术示范量产线正式投产

2024年9月26日，蒙娜丽莎全球首条陶瓷工业氨氢零碳燃烧技术示范量产线正式投产。该项目于2023年12月正式启动，由佛山仙湖实验室、蒙娜丽莎、德力泰、欧神诺、安清科技等联手研发，实现了氨氢零碳燃烧技术在陶瓷工业量产线上的产业化应用。改造后的示范量产线总长150米，年产量达150万平方米，以100%纯氨作为燃料，直接将燃料燃烧产生的二氧化碳排放量降为零，目前已正式投产。据悉，若本技术推广应用于佛山160条陶瓷板（砖）生产线，将直接减少二氧化碳排放66.5万吨每年。

九、建筑卫生陶瓷产品的出口退税率下调

2024年11月15日，财政部、税务总局联合发布《关于调整出口退税政策的公告》。其中，将陶瓷制建筑用砖、陶瓷制铺地砖、陶瓷制屋顶瓦、瓷／陶制脸盆、浴缸及类似卫生器具（包括洗涤槽、抽水马桶、小便池等）等17项建筑卫生陶瓷产品的出口退税率由13%下调至9%。该公告自2024年12月1日起实施。

十、《2024陶瓷砖（瓦）产能调查》发布

2024年12月26日，中国建筑卫生陶瓷协会主编、《陶瓷信息报》编著的《2024陶瓷砖（瓦）产能调查》在第十四届陶瓷人大会上发布。调查报告显示，2022—2024年，全国建筑陶瓷工厂退出率为9.81%，生产线由2485条减少至2193条，生产线退出率为11.75%。

第二节　2024年建筑陶瓷、卫生洁具行业重点活动与各月重点事件

一、中国建筑卫生陶瓷协会重点活动

（1）1月

2024年1月7日下午，第十三届全国陶瓷人大会暨2023中国陶瓷品牌大会在广东佛山举行。活动由中国建筑卫生陶瓷协会、中国贸促会建材行业分会、《陶瓷信息报》主办，广西藤县中和陶瓷产业园管理中心承办，罗斯福陶瓷集团、第40届佛山陶博会、2024第38届广州陶瓷工业展协办。

（2）3月

2024年3月5日，《仿瓷砖／板》标准启动会在新明珠集团总部召开。会议同期，中国建筑卫生陶瓷协会会长缪斌一行走访了鹰牌生活、广东省福美材料科学技术有限公司等绿色仿瓷材料企业，调研绿色仿瓷材料产品的研发及其与陶瓷产品在家居和公共空间中的融合应用情况。

2024年3月14日，中国建筑卫生陶瓷协会在北京组织召开了"高安市陶瓷产业高质量发展指导意见项目"专家评审会。评审专家组在听取了项目编制单位的工作汇报，审阅了相关资料，对项目服务内容执行情况进行了质询和讨论后认为，项目研究提出的分类管理政策符

合国家产业发展要求，路径清晰、指标合理、措施可行，对高安市建筑陶瓷产业的高质量发展具有很好的针对性、指导性和可操作性，因此一致同意该项目通过评审。

2024年3月21日，2024年中国建筑卫生陶瓷行业低碳发展论坛在佛山（中国陶瓷产业总部基地）举办。《建筑卫生陶瓷行业节能减碳技术装备目录》在2024年中国建筑卫生陶瓷低碳发展论坛上发布。

（3）4月

2024年4月2日，中国建筑卫生陶瓷行业花洒产品研究设计中心交流会在厦门召开，会议主要是针对卫浴行业模流分析准确预测及解决常见注塑成型问题的探讨与分析。

2024年4月11日至13日，全国建筑卫生陶瓷标准化技术委员会王博秘书长带队，到广东鹤山、开平、中山产区进行调研。调研组先后走访了广东汉特科技有限公司、开平柏斯高卫浴有限公司、广东华艺卫浴实业有限公司、开平市瑞霖淋浴科技有限公司、朗斯家居股份有限公司、中山德立洁具有限公司等企业，了解了企业的生产工艺、产品质量控制以及市场营销等方面的情况。

2024年4月15日，中国建筑卫生陶瓷协会《复合岩板》标准启动会在佛山市蓝之鲸科技有限公司召开。

2024年4月16日，2024年中国建筑陶瓷新质生产力发展大会在佛山市举办。会议期间，协会、行业头部企业、产区代表共同发起"陶瓷砖产品薄型化发展倡议"，并进行了2023中国建筑陶瓷高质量发展示范案例推介，展示行业在智能制造、绿色低碳、产品创新、服务转型、融合发展、高端化品牌建设等方面的发展成果。

2024年4月17日，中国建筑卫生陶瓷协会在佛山科达制造总部大楼组织召开《建筑陶瓷数字化车间设计通用规范》标准研讨会暨装备数字化技术应用介绍会议。

2024年4月中下旬，全国建筑卫生陶瓷标准化技术委员会王博秘书长带队，到广东佛山，福建厦门、漳州产区进行调研。调研组先后走访了广东浪鲸智能卫浴有限公司、佛山科勒有限公司、新乐卫浴（佛山）有限公司、厦门豪帝卫浴工业有限公司、厦门瑞尔特卫浴科技股份有限公司、路达（厦门）工业有限公司、厦门恩仕卫厨有限公司、厦门建霖健康家居股份有限公司、厦门佳浴智能卫浴有限公司、厦门市欧立通电子科技开发有限公司、东陶（福建）有限公司、漳州万晖洁具有限公司等12家企业。本次调研的产品涵盖了智能坐便器、普通坐便器、浴室柜、淋浴花洒、水嘴、浴缸等6大类。

2024年4月28日，中国建筑卫生陶瓷协会会长缪斌一行赴江西高安产区调研，先后走访高安产区头部陶企罗斯福陶瓷集团、太阳陶瓷集团，了解企业运营情况，交流产区发展趋势，探讨行业未来发展方向。

（4）5月

2024年5月10日，全国智能坐便器产品质量分级试点结果发布会在上海召开。会议由国家市场监督管理总局指导，中国建筑卫生陶瓷协会主办，上海市市场监督管理局、上海市质量监督检验技术研究院、中国建筑卫生陶瓷协会智能家居分会承办，国家陶瓷及水暖卫浴产品质量监督检验中心、国家智能马桶产品质量监督检验中心（浙江）、国家节水器具产品质量检验检测中心、威凯认证检测有限公司协办，并得到恒洁卫浴集团有限公司、广东汉特科技有限公司、宁波和本智能科技有限公司、广东国研新材料有限公司、厦门颖锋科技有限公司、台州市智能马桶行业协会、厦门市卫厨行业协会、潮州市建筑卫生陶瓷行业协会、古巷陶瓷协会、中洁网的大力支持。会议期间发布了智能坐便器产品质量分级结果，25家企业的37款产品获 AAAAA 认定。

2024 年 5 月 10 日，《智能浴缸》标准启动会在上海召开。

2024 年 5 月 11 日上午，以"智享机遇、质定未来"为主题的"2024 中国智能卫浴产业发展峰会"在上海举办，下午，2024 中国智能卫浴供应链提升会举办。

2024 年 5 月 14 日，第 28 届中国国际厨房、卫浴设施展览会在上海新国际博览中心举办。中国建筑卫生陶瓷协会会长缪斌一行参观展览会，出席相关活动，走访看望部分参展会员企业。

2024 年 5 月中下旬，全国建筑卫生陶瓷标准化技术委员会王博秘书长带队，到上海、浙江产区进行调研。调研组先后走访了汉斯格雅卫浴产品（上海）有限公司、上海科勒电子科技有限公司、宁波吉田智能科技股份有限公司、欧路莎股份有限公司、台州市产品质量安全检测研究院、西马智能科技股份有限公司、浙江怡和卫浴有限公司、浙江星星便洁宝有限公司、浙江喜尔康智能家居股份有限公司等 9 家企业。在调研过程中，国标编制组与各企业技术、标准、质量相关负责人就卫生洁具的体验感与水效的矛盾统一、各种洁具的性能指标及分级、消费者投诉的热点问题等内容进行了深入沟通和交流。

（5）6 月

2024 年 6 月 17 日，中国建筑陶瓷行业数字化成品交付创新示范平台评审会在广东简一（集团）陶瓷有限公司召开。按照《中国建筑卫生陶瓷协会专项工作创新示范平台考核实施细则》打分，中国建筑陶瓷行业数字化成品交付创新示范平台通过考核评审。

2024 年 6 月 17 日，2024 中国生态健康陶瓷产业发展论坛在中国陶瓷产业总部基地举行。

2024 年 6 月 18 日，2024 中国国际陶瓷工业展在广州广交会展馆 A 区开幕。中国建筑卫生陶瓷协会会长缪斌一行参观了唐山贺祥智能科技股份有限公司、黄冈市华窑中亚窑炉有限责任公司、广东中鹏热能科技有限公司、广东摩德娜科技股份有限公司、广东纳德新材料有限公司、广东金马领科智能科技有限公司、乾润智能装备（浙江）有限公司、佛山市山有海科技有限公司等企业展位，并就企业的发展运营情况、新产品开发、行业发展趋势、展示亮点等与各企业负责人进行了沟通和交流。

2024 年 6 月 19 日，中国建筑卫生陶瓷协会八届十次常务理事会暨 2024 年会长会议在广州召开。会议主题为"延伸产业价值链，发展新质生产力"。中国建筑卫生陶瓷协会秘书长宫卫作《第八届理事会重点工作回顾及下一届理事会重点工作建议》报告，向常务理事会汇报了新一届理事会换届工作筹备情况，并作《2024 年中国建筑陶瓷、卫生洁具行业运行趋势》主旨报告。与会代表围绕"延伸产业价值链，发展新质生产力"进行深入交流探讨，对协会工作报告以及新一届理事会领导班子提出反馈意见，并对其工作要求提出建议。

2024 年 6 月 19 日，"匠心打造，独具釉色"2024 中国陶瓷色釉料原辅材料技术发展论坛在第 38 届中国国际陶瓷工业展上举办。

2024 年 6 月 19 日，2024 年中国卫生陶瓷技术与装备论坛在广州陶瓷工业展 4.1 馆举办。

2024 年 6 月 20 日，中国建筑卫生陶瓷协会青年企业家联谊会（宁波站）在宁波奉化召开。会议以座谈会形式召开，来自广东、浙江、福建等地区相关卫浴企业的青年企业家参加了座谈会。

2024 年 6 月 21 日上午，中国建筑卫生陶瓷协会卫浴分会 2024 年理事长会议在浙江宁波举行。6 月 21 日下午，新质发展，品致未来——2024 中国卫浴产业发展论坛在浙江宁波举办。

2024 年 6 月 26 日，中国建筑卫生陶瓷协会秘书长宫卫、传媒中心主任马德隆带队，多家建陶卫浴行业头部企业代表赴松下家电（中国）有限公司走访调研，围绕全卫空间打造、家居装饰新材料应用以及空间交付能力建设等议题展开交流讨论。

（6）7月

2024年7月12日，由中国电研CVC威凯主办，中国建筑卫生陶瓷协会智能家居分会协办的"电子坐便器认证技术交流会暨首批CCC证书颁证会"在中国电研CVC威凯广州总部成功举办。

2024年7月25日，全国建筑卫生陶瓷标准化技术委员会（SAC/TC249）组织召开了《消费品质量分级　陶瓷砖》国家标准启动会。

2024年7月26日，新生代得新时代——中国建筑卫生陶瓷行业青年企业家思享会在广东省佛山市成功举办。来自中国建筑陶瓷、卫生洁具行业的青年企业家代表相聚一堂，共同探讨新时代、新趋势下的发展机遇与挑战，与行业导师一起分享对行业发展的创见与思考。会议期间发起了"肩负时代使命，勇担行业责任"倡议，中国建筑卫生陶瓷协会青年企业家联谊会轮值会长萧礼标、中国建筑卫生陶瓷协会秘书长宫卫、惠达卫浴集团总裁王佳、箭牌家居董事副总经理谢炜、恒洁卫浴集团高级总监特别助理谢泽淦、高安罗斯福陶瓷有限公司董事长罗群、太阳陶瓷集团总经理胡尧、广东华艺卫浴实业有限公司总裁冯育羡、佛山市一家建材有限公司总经理霍兆鸿、HBI首席执行官魏继国、玛缇陶瓷总经理梁伟权、依诺岩板副总裁田庆忠、金牌洁具总经理简伟权等行业青年企业家代表上台骑上象征时代前行的单车，为行业发展的新时代启幕，展现了新生代掌握企业前进方向、驾驭行业发展浪潮、肩负重大时代使命的决心与定力。

（7）8月

2024年8月27日，中国建筑卫生陶瓷协会组织多家建陶卫浴行业头部企业代表赴骊住科技（苏州）有限公司走访调研，围绕行业的跨界创新融合发展展开交流讨论。

2024年8月27日至28日，中国建筑卫生陶瓷协会副会长徐熙武一行到惠达智能家居（重庆）有限公司、重庆马可波罗陶瓷有限公司、重庆市东鹏智能家居有限公司、重庆帝王洁具有限公司等单位进行走访调研，了解企业发展现状，企业在生产经营、技术创新、市场拓展等方面的情况，以及企业面临的困难和问题。

2024年8月29日，中国建筑卫生陶瓷行业水龙头研究设计中心交流会在厦门召开，会议主要针对水龙头发展趋势、质量管理及持续改进和国外水龙头的最新节水要求进行了交流和探讨，本次会议由中国建筑卫生陶瓷行业水龙头研发设计中心主办，由路达（厦门）工业有限公司承办，并得到了厦门市卫厨行业协会的支持。

2024年8月30日至31日，在中国建筑卫生陶瓷协会组织下，松下卫浴卫浴营销部部长卢瑞东、松下住空间营业部部长俞丹赴佛山产区交流走访，围绕整体卫浴空间交付、局改旧改和适老化改造等问题进行调研并与多家企业相关负责人展开交流。

（8）9月

2024年9月5日至6日，中国建筑卫生陶瓷协会会长缪斌一行赴山东淄博产区调研，先后走访山东汇龙未来家居科技有限公司、山东工业陶瓷研究设计院有限公司、中国国检测试控股集团淄博有限公司，了解企业运营情况，交流产区发展趋势，探讨行业未来发展方向。

2024年9月10日至13日，《消费品质量分级　陶瓷砖》标准编制组到佛山进行国标编制调研。

2024年9月23日，由中国建筑卫生陶瓷协会、景德镇陶瓷大学、敦煌市人民政府共同主办，敦煌文旅集团有限公司和景德镇陶瓷大学陶瓷文化高等研究院共同承办的第七届"CHINA·中国"（敦煌）陶瓷艺术设计大赛系列活动开幕式暨颁奖典礼在甘肃省敦煌国际会展中心A馆四楼新闻发布厅举行。

2024 年 9 月 25 日，2024 年"中国建筑卫生陶瓷行业科技创新奖"结果公示。共 23 项技术成果获得奖励，包括一等奖 2 项、二等奖 8 项、三等奖 13 项。

（9）10 月

2024 年 10 月 17 日，《陶瓷砖密缝施工技术规程》团体标准启动会在广东简一（集团）陶瓷有限公司召开。

2024 年 10 月 18 日，中国建筑卫生陶瓷协会、佛山中国陶瓷城集团主办的 2024 全卫交付新趋势思享汇在中国陶瓷城展馆举办，交流全卫交付的最新趋势、理念，并分享相关实践案例。会上举办了中国陶瓷城·全卫定制区启动仪式。

2024 年 10 月下旬，《消费品质量分级 陶瓷砖》标准编制组到广西藤县、福建南安、江西高安、山东临沂、河北高邑等产区调研。此次调研围绕《消费品质量分级 陶瓷砖》标准草案内容，就消费者比较关注的陶瓷砖性能指标、投诉集中的热点，以及水波纹、辊棒印、防滑、耐磨、防污等问题，与产区代表企业进行了深入讨论、沟通和交流。

（10）11 月

2024 年 11 月 18 日至 19 日，2024 世界瓷砖论坛（World Ceramic Tiles Forum）在葡萄牙伊利亚沃举行。本届论坛由葡萄牙陶瓷与家用玻璃工业协会 APICER 主办。来自葡萄牙、美国、比利时、澳大利亚、意大利、巴西、日本、中国、西班牙、墨西哥、印度尼西亚、土耳其、乌克兰等十余个主要瓷砖生产国及地区的行业组织参加了此次会议。中国建筑卫生陶瓷协会代表团出席会议。

2024 年 11 月 19 日，第十七批"中国建筑陶瓷、卫生洁具行业企业信用评价"结果公示。9 家企业获评 AAA 级评价。

2024 年 11 月下旬，中国建筑卫生陶瓷协会会长缪斌一行赴西班牙卡斯特利翁陶瓷产区开展商务考察活动。协会代表团先后前往陶丽西（Torrecid）集团、Granulation System SL 公司、凯拉捷特（KERAjet）公司等企业进行调研交流，了解陶瓷产业发展趋势、前沿技术和运营情况。

（11）12 月

2024 年 12 月 10 日至 11 日，中国建筑卫生陶瓷协会 2024 年度标准、科技工作会议在广东省佛山市召开。中国建筑卫生陶瓷协会副会长徐熙武作《行业科技创新发展方向的思考》主旨报告，协会标委会秘书长张士察作 2024 年协会标准化工作总结和 2025 年工作计划报告。会议对《消费品质量分级导则 卫生洁具》《陶瓷岩板》国家标准进行解读，并发布《全卫空间交付标准体系探讨》报道。会议期间还对 2024 年在行业标准化工作中表现突出的先进单位和个人进行表彰，并公布了 2024 年"中国建筑卫生陶瓷行业科技创新奖"获奖项目。

2024 年 12 月 10 日至 11 日，中国建筑卫生陶瓷协会标准化技术委员会在佛山组织召开了《卫生洁具 恒温淋浴器》等七项协会标准审查会暨《轻智能坐便器》标准启动会。

2024 年 12 月 12 日，中国建筑卫生陶瓷协会青年企业家联谊会（四川夹江站）在夹江县召开。

2024 年 12 月 12 日，中国建筑卫生陶瓷协会青年企业家联谊会座谈会（开平水口站）在开平市水口镇召开。

2024 年 12 月 26 日，中国建筑卫生陶瓷协会主编、《陶瓷信息报》编著的《2024 陶瓷砖（瓦）产能调查》在第十四届陶瓷人大会上发布。

2024 年 12 月 27 日下午，中国建筑卫生陶瓷协会岩板定制家居分会 2024 年理事会在广东省佛山市召开，会议分享了行业运行的关键数据，分析了行业运行趋势，并探讨了行业转型升级的新方向。

二、各月行业重点事件

（1）1月

2024年1月5日，工信部公布2023年度绿色制造名单及试点推行"企业绿码"，对绿色工厂绿色化水平进行量化分级评价和赋码。2023年陶瓷卫浴行业有8家企业入选绿色工厂名单，包括广东金意陶陶瓷集团有限公司、唐山贺祥智能科技股份有限公司、安徽科达机电股份有限公司、山东国瓷功能材料股份有限公司、泉州科牧智能厨卫有限公司、漳州万晖洁具有限公司、福建省乐普陶板制造有限公司、江西省环球陶瓷股份有限公司。

2024年1月7日，中国轻工业联合会、中国建筑材料联合会、中国建筑卫生陶瓷协会、中国陶瓷工业协会、中国国际贸易促进委员会建筑材料行业分会、广东新之联展览服务有限公司、北京建展科技发展有限公司等单位发布声明，决定自2024年起联合举办"广州陶瓷工业展"。第38届广州陶瓷工业展定于6月18日至21日在广州·广交会展馆A区举办。至此，广州陶瓷工业展结束"轮流办展"，由新之联展览公司负责展会运营工作。

2024年1月11日，广东省生态环境厅印发《广东省2023年度碳排放配额分配方案》。广东省内陶瓷（建筑、卫生）行业年排放1万吨二氧化碳（或年综合能源消费量5000吨标准煤）及以上的企业被纳入2023年度碳排放管理和交易范围，其中涉及陶卫企业132家。该方案提到，陶瓷行业碳配额分配采用历史强度法，企业免费配额比例为97%。2023年度广东有偿配额计划发放50万吨，将于2024年第一季度和第二季度分两期竞价发放。

（2）2月

2024年2月13日，欧盟委员会发布公告称，对原产于中国的瓷砖作出第二次反倾销日落复审终裁，决定继续维持反倾销税，税率为13.9%～69.7%。

2024年2月22日，佛山市2024年广东省先进制造业发展专项资金（企业技术改造）项目资金安排计划公示，陶瓷卫浴行业9个项目拟获6803.61万元奖励。

2024年2月22日，佛山市生态环境局公示移除33家环境信息依法披露企业，涉及9家陶瓷卫浴及相关企业。

2024年2月26日，2023年佛山市数字化智能化示范车间评审结果公示，陶瓷卫浴行业方向陶瓷等5家企业车间入选，每家获50万元扶持资金。

2024年2月28日，佛山市陶瓷行业协会发布2023年统计数据：陶瓷墙地砖产量7.45亿 m^2（-7.7%），卫生陶瓷产量1822.23万件（-6.5%）。

2024年2月28日，第二届仙湖科技大会宣布世界首块零碳氨燃料建筑瓷砖研制成功，蒙娜丽莎集团计划8月实现量产。

2024年2月29日，陶业时讯报道江西家乐美陶瓷转锂生产线技改回归瓷砖生产，日产3万 m^2 仿古砖，高安满江红陶瓷更名为瑞鸿新材料并转产西瓦。

（3）3月

2024年3月7日，国务院印发《推动大规模设备更新和消费品以旧换新行动方案》，多家建陶卫浴企业积极响应，在全国开展线上线下以旧换新活动。

2024年3月上旬，《陶城报》报道北方产区点火进度：河北多数3月后点火；山东淄博、临沂8成已点火；山西多数点火但出砖延迟；辽宁、内蒙古自3月5日起陆续点火，预计3月中旬全面复产。

2024年3月，TOTO宣布自8月1日起上调部分商品零售价，卫生陶瓷涨5%，智能马桶涨 3%，水龙头涨 11%。KVK 和骊住也宣布自 4 月 1 日起涨价，骊住部分零部件最高涨幅达 240%。

2024 年 3 月，江西高安 17 家陶瓷企业联名建议调整集中供气政策，要求公平竞争并降低用气成本。

2024 年 3 月 27 日，第八届广东省政府质量奖公示，经形式审查，陶瓷卫浴行业有简一、新明珠、箭牌 3 家企业以及安华一线班组的质量管理模式入选。

2024 年 3 月 29 日，佛山市公示工业产品质量提升扶持名单，11 家建陶卫浴企业将获 160 万元奖金。

2024 年 3 月 29 日，淄博市发布《2024 年淄博市环境监管重点单位名录》，陶瓷行业有 46 家建筑陶瓷企业、1 家卫生陶瓷企业以及 1 家配套企业上榜。

2024 年 3 月 29 日，唐山市发布《唐山市 2024 年度环境监管重点单位名录》，13 家卫生陶瓷企业被纳入名录。

2024 年 2 月—3 月，陶瓷行业已有 12 家企业 19 条新生产线点火，日产量 2.8 万～4.5 万平方米。

（4）4 月

2024 年 4 月 7 日，市场监管总局发布公告，决定对电子坐便器等产品实施 CCC 认证管理，自 2025 年 7 月 1 日起未获认证产品不得出厂销售。

2024 年 4 月 18 日，第 40 届佛山陶博会开幕，三展馆共 800 多家企业参展，展出 30000+ 新品。

2024 年 4 月 18 日，2024 佛山潭洲陶瓷展开幕，600 多家海内外品牌参展。

2024 年 4 月 26 日，广东省公布 2023 年高新技术企业补充名单，5 家建陶卫浴企业通过认定。

2024 年 4 月 29 日，河南省公示 2024 年度智能车间名单，洛多卫浴和白特瓷业两家卫浴企业入围。

2024 年 4 月，广东、广西多家陶瓷企业发布涨价通知，4 月底 5 月初开始上调产品价格，主要因燃料、原材料及物流成本上涨。

国家统计局数据显示，1 月—3 月建材工业增加值增长 1.1%，卫生陶瓷产量、价格同比上升，建筑卫生陶瓷行业营收利润保持增长。

奥维云网数据显示一季度线上智能坐便器零售额 7.7 亿元（−20%）。

据《陶城报》统计，2024 年全国已有 26 家装饰公司破产，主要分布在浙江、安徽、江苏等地，多数因资不抵债。

（5）5 月

2024 年 5 月下旬，河北高邑、赞皇及山东淄博、临沂部分产能停窑，江西高安约 20% 产能因高气价、市场低迷停产，广东产区相对稳定。

2024 年 5 月 30 日至 31 日，江门 4 个超亿元卫浴项目成功摘牌，总投资 9.3 亿元，预计年产值合计超 14 亿元。东鹏控股等 5 家上市陶企公布分红计划，2023 年合计现金分红达 12.44 亿元，近三年累计分红 34.63 亿元。

2024 年 5 月，广东省 6 家卫浴企业扩产项目获批，总投资超 20 亿元，涵盖水龙头、浴室柜等多个品类。

市场调研显示，传统 5 月销售旺季遇冷，河北、河南、山东等地多家陶企停产，主要受环保和市场因素影响。

天猫618首波（5月20日至5月28日）销售数据显示，九牧、箭牌、恒洁等卫浴品牌表现亮眼，东鹏、简一等建材品牌也进入行业前列。

奥维云网数据显示，2024年1月—5月精装房开盘量同比下降23.1%，但智能坐便器配置率提升13.3%，普通坐便器配置率同比下降10.2%。

（6）6月

2024年6月4日，肇庆市公示2024年省级先进制造业发展专项资金项目，新明珠的高端多功能岩板生产线转型升级技术改造项目和璟盛陶瓷的陶瓷喷雾塔干法微煤直喷燃烧技术改造项目上榜，将分别获得1202.886万元和100.736万元扶持资金，共计1303.622万元。

2024年6月5日，中山市欧贝特智能卫浴生产基地项目动工，总投资2亿元，预计年产值4亿元，2025年投产。

2024上半年全国9家陶企破产，广东占3家，行业整体承压，唯广东产区因燃料成本下降略有好转。

2024年上半年，佛山26家陶企被罚179.56万元，涉及环保、安全生产等多类违规行为。

2024年6月中下旬，江西、湖南、湖北等产区出现大面积停窑，广东产区下旬开始面临库存压力。

2024年上半年，全国24家陶企37笔资产被拍卖，评估价超6.77亿元，广东7家陶企资产拍卖占比最高。

2024年上半年，北方、西南、华中产区多家陶企转产地铺石产品，新增生产线超15条，市场竞争加剧。

2023年至2024年上半年，福建、温州、山东陶企海外投资活跃，12个项目通过审批，总投资超4.26亿元。

（7）7月

2024年7月8日，潮州市建筑卫生陶瓷行业协会2023年会暨第三届理事会换届大会在潮州市临江酒店召开。中国建筑卫生陶瓷协会会长缪斌出席大会并讲话。

通过阿里拍卖网查询，2024年7月，广西等6省份6家陶企资产即将拍卖，涉及金额1.88亿元。

2024年7月上旬，因上海厨卫展收费新规，九牧等8家卫浴品牌宣布不参加2025年展会。

自2024年以来，截至7月初，全国33家瓷砖门店被拍卖，仅5家成交，拍卖金额缩水近1/3。

自2024年以来，截至7月初，全国陶瓷行业停窑率达50%，四川产区停窑超50条线，较2023年同期增10%。

2024年7月数据显示，北方多地产能持续低迷：山东临沂近5成停产，淄博开窑率约7成。

2024年7月26日，广西公布2024绿色制造名单，简一、宏胜陶瓷入选"绿色工厂"。

中国建材数量经济监理学会数据显示：2024年上半年，卫生陶瓷等产品产量同比保持增长。卫生陶瓷等行业出厂价格高于去年同期，涨幅在0.15%～3%之间。建材工业增加值连续4个月负增长。

奥维云网数据：2024年上半年智能坐便器行业销售额为25亿元，同比下滑19.9%；销量为115万台，同比下滑14.7%。从分渠道占比来看，2024年上半年智能坐便器抖音电商的销售额占比从去年同期的 15% 大幅提升至 27%。从产品类型看，一体机的市场占比超过八成。2024 年上半年智能一体机均价为 2597 元，智能马桶盖均价为 1237 元。

中国石材协会发布，2024 年上半年，全国石材规模以上企业板材产量 3.9 亿平方米，比上年同期下降 3.1%。其中，大理石板材产量 1.1 亿平方米，比去年同期下降 13.1%；花岗石材板材产量 2.8 亿平方米，比去年同期增长 1.3%。2024 年上半年，规模以上企业主营业务收入 1316.5 亿元，比去年同期下降 1.8%。利润总额 73.4 亿元，比去年同期下降 15.8%，利润率 5.58%，比上年同期减少 0.92%。

2024 年 7 月 30 日，佛山卫浴洁具行业协会、福建水暖阀门行业协会、成都浴室柜行业协会、开平水口水暖卫浴行业协会、台州智能马桶行业协会、厦门卫厨行业协会、杭州萧山智能家装行业协会、长葛卫生陶瓷行业协会、潮州市古巷陶瓷协会、鹤山水暖卫浴五金协会、潮州建筑卫生陶瓷行业协会、宣城市卫生洁具行业商会共同发函至上海厨卫展主办方。12 产区协会对上海厨卫展主办方提出以下建议：展位费适当折扣优惠；要做引流宣传，提高服务意识，不乱收费；给予国内民族卫浴品牌展位位置公平竞争机会。

（8）8 月

2024 年 8 月 1 日，2024 年江西省专精特新中小企业名单公示，建筑卫生陶瓷行业有 12 家企业上榜。

据不完全统计，2024 年全国已有 115 家陶瓷企业被列入"失信被执行人"名单，涉及金额超 3.5 亿元。

2024 年至今，10 家陶瓷企业进入破产清算阶段，合计债权金额达 3.79 亿元，主要分布在江西、沈阳等产区。

2024 年 8 月 10 日，福建晋江、南安两地陶瓷协会联合倡议全行业停产检修至 8 月 31 日，以配合环保整改要求。

2024 年 8 月 14 日，广东佛山市拟入选 2025 年广东省制造业当家重点任务保障专项企业技术改造资金与佛山市级技术改造资金项目库项目名单公示。其中，三水新明珠、贝斯特陶瓷、恒洁卫浴、箭牌家居、恒洁达辉卫浴 5 个技改项目同时入选"设备奖励"方向省级和市级项目库，拟获省级专项资金共计 3920.28 万元；安华陶瓷洁具、新润成陶瓷、法恩洁具 3 个技改项目入选市级项目库。三水新明珠还入选"银行贷款贴息"方向省级和市级项目库，拟获省级专项资金 148.7 万元。

2024 年 8 月 20 日，2024 河北·高邑赞皇淘瓷博览交易会成果发布会在高邑县凤城剧院举行。

2024 年 8 月 23 日，国家市场监督管理总局（国家标准化管理委员会）批准发布《消费品质量分级导则 卫生洁具》《陶瓷岩板》等 335 项国家标准，标准实施日期为 2025 年 3 月 1 日。

2024 年 8 月 23 日，由九牧厨卫股份有限公司、厦门卓标厨卫技术服务有限公司联合牵头的《恒温水嘴》（代替 GB/T 24293—2009）国家标准修订计划获国家标准委批准。

2024 年 8 月数据显示，除广东外，全国主要产区停窑率普遍超 50%，部分产区超 60%，泛高安产区仅少数企业维持生产。

2024 年 1 月—7 月，福建省塑料马桶盖出口额 6.25 亿元，同比增长 17.12%，占全国出口额 36.96%，位居全国第一。

2024 年 8 月北方产区陆续复产，但企业盈利能力持续下滑，如淄博产区 600mm×1200mm 产品价格连续下调。

2024 年 8 月 28 日，《江苏省"两高"项目管理目录（2024 年版）》正式发布。该目录显示，未经高温烧结的发泡陶瓷板制造除外的"建筑陶瓷制品制造"和"卫生陶瓷制品制造"纳入目录中。通知明确，该目录自 2024 年 10 月 1 日起施行，有效期至 2029 年 9 月 30 日。

2024 年上半年一线及新一线城市高端酒店智能卫浴配置率达 59.5%，同比增长 23%，TOP5 品牌分别为惠达、TOTO、恩仕、科勒、摩恩，合计份额为 42.1%，同比减少 6.3%，其中惠达增速明显，同比增加 8.7%。

据《陶城报》不完全统计，2024 年至今，全国 2355 家陶瓷企业被列为"经营异常"，广东以 962 家居首，福建 645 家次之。

（9）9 月

2024 年 9 月 5 日，2024 淄博陶博会开幕，据《陶城报》现场报道，展会聚焦胶水干粒、花砖、K 金工艺等 9 大产品趋势，其中 600mm×1200mm、750mm×1500mm 规格的墙地砖成为展示重点。

2024 年 9 月 10 日，广东省发布了《广东省陶瓷行业转型金融实施指南》，数据显示金融机构已向陶瓷企业提供 1.7 亿元授信，主要用于清洁能源采购等低碳转型项目。

2024 年 9 月中旬，据陶瓷资讯报道，江西头部陶企率先降价 8%～15%，随后多家企业跟进，而广东产区早在 3 月—4 月已降价 15%～20%，部分陶企 7 月—8 月销量同比缩水约 50%。

2024 年 9 月 19 日，福建省工商联发布 2024 福建省民营企业 100 强榜单，九牧、建霖、瑞尔特等 5 家陶卫企业上榜。

2024 年 9 月 23 日，佛山市工信局公示 2022 年工业互联网标杆示范项目验收结果，蒙娜丽莎等 5 家陶卫企业项目通过验收，共获 923.9 万元奖补资金。

2024 年 9 月 24 日，佛山生态环境局发布的数据显示，全市陶瓷污泥资源化利用率超过 94%，年减少危废量约 10 万吨。

2024 年 9 月 24 日，美国商务部公告对印度瓷砖作出反补贴初裁，初步裁定税率为 3.05%～3.15%。数据显示，2023 年美国自印度进口瓷砖 3662 万平方米，进口额 1.845 亿美元。

2024 年 9 月 25 日，江西金三角陶瓷大岩板智能生产线二期项目点火，据企业通稿，该生产线可生产 800mm×2600mm 等高端岩板产品，日产 2 万平方米。

2024 年 9 月 26 日，市场监管总局官网就《关于开展产品质量分级的实施意见》公开征求意见，拟对智能坐便器等 8 种产品开展质量分级。

2024 年 9 月 26 日，蒙娜丽莎全球首条陶瓷工业氨氢零碳燃烧技术示范量产线投产，企业数据显示该生产线年产量达 150 万平方米。

2024 年 9 月 23 日至 27 日，2024 意大利博洛尼亚陶瓷卫浴展览会举行，展览以"建筑设计空间"为主题，马可波罗、简一、欧文莱、诺贝尔等中国建陶品牌携最新产品参展。

2024 年 9 月 24 日至 27 日，2024 国际表面技术与供应展览会（TECNA）举办，科达、力泰、金刚、道氏等装备及配套企业亮相展会，展示中国建陶行业最新创新技术及产品。

2024 年 9 月 27 日，佛山市发布 2024 年企业榜单，市政府数据显示，东鹏、箭牌等 14 家陶卫企业入围利税、科技创新、国际化 TOP30 榜单。

据奥维云网监测，2024 年 1 月—8 月精装修市场配套卫浴整体（普通坐便器、智能坐便器、花洒、洗面盆、面盆龙头）项目 691 个，同比下降 18.4%；规模 168.82 万套，同比下降 23.7%，与去年同期相比，卫浴整体降幅收窄 19.3%。智能坐便器配置率逆势增长。2024 年

1月—8月精装修市场配套普通坐便器项目 587 个，规模 33.01 万套，同比下降 29.5%，配置率 85.1%；配套智能坐便器项目 384 个，规模 20.70 万套，同比下降 1.9%，配置率 53.3%，同比上升 12.7%，其中智能一体机占比超八成，规模 16.39 万套，同比上升 23.7%，配置率 42.4%，同比上升 16.9%。

陶业时讯调研显示，江西、湖北产区多数企业仅维持单线生产，北方市场亮面砖仍占据 70% 份额。

全国企业破产重整网数据显示，1月—9月全国共 10 家建筑陶瓷企业被裁定破产。

（10）10月

2024 年 10 月初，海合会国际贸易反损害行为技术秘书局发布终裁，对中国陶瓷卫浴产品征收 28% ～ 55% 的反倾销税，其中惠达卫浴税率为 30% ～ 45%。

2024 年 10 月 8 日，英国贸易救济署建议维持对中国瓷砖反倾销措施至 2027 年，税率保持 13.9% ～ 69.7%，但豁免部分单边大于或等于 600mm 的大规格产品。

2024 年 10 月 8 日，2024 石家庄百强企业榜显示，新玻尔瓷业以 20.53 亿元营收位列第 62 位。

2024 年 10 月 9 日，上市公司公告显示，东鹏控股等 4 家陶企三季度累计回购股份金额达 1100 万至 1.1 亿元不等。江西省工信厅同日公示第二批绿色建材名录，科勒、诺贝尔等 12 家企业 33 款产品入选。

2024 年 10 月 11 日至 12 日，由福建省工信厅指导，福建省节能中心主办的"2024 年福建省建筑卫生陶瓷行业节能技术产品推广暨供需对接活动"在福州举办。中国建筑卫生陶瓷协会徐熙武副会长、协会节能环保分会张士察秘书长分别就建筑卫生陶瓷单耗限额标准解读、"双碳"目标下陶瓷行业绿色低碳转型目标和路径、陶瓷行业节能降碳技术现状及发展趋势等作主题报告。

2024 年 10 月 18 日，第 41 届佛山陶博会筹备信息显示，展会设 14 个主题展区，超 800 个品牌参展。

2024 年 10 月 19 日，晋江建陶产业推介会上 10 家晋江企业与佛山企业签订产销协议，2025 福建建博会定于 3 月 17 日举办。

2024 年 10 月下旬，广东省投资项目监管平台显示，广东超 15 家卫浴企业扩产项目备案，涵盖智能马桶等品类。四川夹江、山东临沂多家陶企宣布 11 月 1 日起涨价，瓦片类产品涨幅 0.02 ～ 0.5 元 / 片。

2024 年 10 月 28 日，佛山市公示 863 家数字化改造奖补企业，新乐卫浴等 21 家陶卫企业获 2932 万元奖补。

2024 年 10 月 28 日，福建省省级专精特新中小企业拟认定名单公示，漳州松霖智能家居有限公司、晋江市骏陶陶瓷实业有限公司、福建科迪厨卫有限公司、福建省德化县宏跃陶瓷有限公司、福建省威尔陶瓷股份有限公司 5 家建陶、卫浴及相关企业上榜。

2024 年 10 月 29 日，"2024 广东民企 100 强"榜单发布，科达制造、马可波罗、新明珠、东鹏、箭牌家居、道氏技术、蒙娜丽莎 7 家建陶、卫浴及相关配套企业入选。

2024 年 10 月 29 日，胡润研究院发布百富榜，陶卫行业上榜企业家数量同比减半。

2024 年 10 月 30 日，南安市统计局数据显示前三季度石材陶瓷业增加值增长 13.1%。

上市公司三季报显示，15 家陶卫上市企业前三季度，仅 6 家实现营收增长，分别是科达制造（21.85%）、道氏技术（14.11%）、国瓷材料（6.42%）、建霖家居（22.22%）、四通股份

（44.83%）、瑞尔特卫浴（10.59%），其余 9 家营收均下降，降幅在 0.11% ～ 25.40% 之间；6 家净利润同比增长，分别是天安新材（7.11%）、惠达卫浴（净利润 0.9 亿，去年同期亏损 0.27 亿）、松霖科技（5.49%）、建霖家居（36.66%）、道氏技术（633.87%）、国瓷材料（9.38%），其余 9 家净利润下降，降幅在 28.15% ～ 130.38% 之间。东鹏控股、蒙娜丽莎、帝欧家居、箭牌家居、悦心健康、海鸥住工 6 家上市公司营收、净利润双降，且降幅普遍较半年报数据扩大；仅建霖家居、道氏技术以及国瓷材料 3 家实现营收、净利润双增长。

2024 年 10 月 31 日，中鹏热能新三板挂牌（证券代码 874655），财报显示 2024 上半年营收 3.27 亿元。

《陶城报》统计显示，截至 2024 年 10 月底，全国 18 家陶企破产，广东占 9 家。

随着产品辊棒印、水波纹等成为消费者的关注重点，2024 年下半年，多产区知名企业聚焦"超平"类系列推出新品。

（11）11 月

2024 年 11 月 1 日，广西工商联发布 2024 广西制造业民企百强榜，广西蒙娜丽莎新材料（第 68 名）和广西欧神诺陶瓷（第 90 名）两家建陶企业入选。

2024 年 11 月 15 日，财政部、税务总局公告显示，自 2024 年 12 月 1 日起，建筑卫生陶瓷产品出口退税率由 13% 下调至 9%，涉及陶瓷砖、卫生器具等 17 类产品。

2024 年 11 月 18 日，工信部对 655 项行业标准及 6 项行业标准外文版予以报批公示。67 项建材行业标准中，涉及《空气净化陶瓷砖》《轻质陶瓷砖》《卫生陶瓷 特殊人群用坐便器》《坐便器坐圈和盖》《陶瓷岩板自动成型成套设备技术要求》《蹲便器》《卫生陶瓷包装》等 11 项建陶、卫浴及相关标准。

2024 年 11 月中旬，阿里拍卖平台信息显示，潮州、佛山等地 7 家卫浴企业债权招商总额超 7 亿元，其中 4 家单笔债权超 1 亿元。

《陶城报》统计显示，2024 年 1 月—11 月全国 31 家陶企资产被拍卖，评估价超 7.3 亿元，广东占比最高。

开平市水口镇三个卫浴项目集中动工，其中开利达卫浴项目投资 1 亿元。

阿里拍卖数据显示，截至 11 月 20 日，全国 20 家陶企 23 笔债权正在招商，总额 18.2 亿元，含 6 笔过亿债权。

奥维云网监测数据显示：2024 年前三季度 19 城新开业 3 ～ 5 星连锁酒店，智能坐便器配置率高达 65%，较 2023 年配置率提升 21%。卫浴产品 TOP 品牌主要为科勒、惠达、TOTO、恩仕、九牧、摩恩等，TOP10 品牌份额合计 59.8%，同比上升 1.5%，其中惠达、摩恩增长明显，分别同比上升 7.2%、4.8%。

多产区陶企因天然气涨价和环保管控集体调价，涉及山东、广东等地产区。

据司法拍卖平台数据，2024 年 1 月—11 月全国陶企债权招商总额超 18.7 亿元，但仅成交 3 笔，合计 963 万元。

开利达卫浴洁具生产项目、特耀新材料卫浴生产项目和博美智能卫浴生产项目相继在开平市水口镇动工，生产项目总投资分别为 1 亿元、1.28 亿元、1.2 亿元。

（12）12 月

2024 年 12 月 16 日，2024 年度绿色制造名单公示，陶瓷、卫浴行业有东鹏、蒙娜丽莎、简一、恒洁卫浴、宏胜陶瓷、鑫来利陶瓷等 15 家企业上榜"绿色工厂"和"绿色供应链管理企业"。

2024 年 12 月中旬，《陶城报》调研显示北方产区全面停窑，淄博企业重点研发胶水干粒、800mm×1350mm 规格等新品。

2024 年 12 月 20 日，慈溪市洁具行业协会第二届第一次会员大会在慈溪市召开。中国建筑卫生陶瓷协会会长缪斌、副会长王巍出席大会。

2024 年 12 月下旬，广东、江西、广西、山东等多产区陶企发布涨价通知，涉及 300mm×600mm 等常规规格产品，主因是能源及原材料成本上涨。

2024 年 12 月 24 日，2025 年江门市企业技术改造资金项目计划（第一批）公示。其中，江门市依洛娜卫浴有限公司的"年产 50 万只水龙头精密加工生产线以及研发测试设备升级项目"和广东盛世鲲鹏陶瓷有限公司的"生产线提产升级技术改造项目"将获资金扶持。

2024 年 12 月 30 日，2024 年第二批通过评价的佛山标准产品名单公示。其中，卫浴行业有新乐卫浴（佛山）有限公司的"智能坐便器"和广东沃维伽家居科技有限公司、佛山市法恩洁具有限公司、佛山市高明安华陶瓷洁具有限公司、广东尚高科技有限公司、恒洁卫浴集团有限公司、广东浪鲸智能卫浴有限公司、箭牌家居集团股份有限公司 7 家企业的"浴室柜"入选。

据《陶城报》不完全统计，截至 2024 年年底，全国合计有超过 49 家瓷砖门店被公开拍卖。其中，拍卖成功的瓷砖门店有 5 家，分别为浙江 2 家、江西 2 家、广西 1 家。

2024 年 12 月 30 日，山西省阳城县人民法院发布民事裁定书，同意阳城县金龙陶瓷有限公司管理人提出的申请，批准金龙陶瓷重整计划草案，并终止其重整程序。

2024 年 12 月 30 日，2024 年度佛山市工程技术研究中心动态评估结果公示。据不完全统计，建陶、卫浴行业有 1 家被评为优秀，28 家被评为"合格"。另有 9 家陶卫及相关企业的工程技术研究中心不合格（撤销）及撤并，3 家自行撤销。

第三节 2024 年建筑陶瓷、卫生洁具行业其他事件

（1）1 月

2024 年 1 月 3 日，江门市生态环境局公示缇派卫浴 6 亿元投资项目，将年产浴室柜 28 万套、智能镜 7 万个。

2024 年 1 月 4 日，帝欧家居取得 5 项发明专利，涉及密缝铺贴陶瓷岩板、相变调温材料等技术。

2024 年 1 月 4 日，企查查数据显示，同日华艺卫浴股权变更，林长春转让 5.05% 股权给冯育超。

2024 年 1 月 4 日，力泰陶机签约宏宇集团两条 750mm×1500mm、900mm×1800mm 规格全抛釉产品生产线。

2024 年 1 月 5 日，科达制造间接控股成立峔福家居，注册资本 1000 万元，主营家居用品销售。

2024 年 1 月 8 日，蒙娜丽莎获"分级纳米序构强韧化建筑陶瓷"发明专利授权。

2024 年 1 月 9 日，箭牌家居获"喷头及出水装置"发明专利（专利申请号 CN202311044636.1）。

2024 年 1 月 9 日，KVK 宣布自 4 月 1 日起龙头类产品涨价 10%。

2024 年 1 月 11 日，汇亚陶瓷与金牌陶瓷签署战略合作协议，将在产品研发、智能制造等

领域合作。

2024 年 1 月 11 日，贺祥智能公告终止北交所上市辅导。

2024 年 1 月 15 日，粤传媒拟挂牌转让华美洁具 32.42% 股权，首次挂牌价 5524.63 万元。

2024 年 1 月 15 日，禧屋科技公告拟投建盐城子公司，规划 10 万套整体卫浴生产线。

2024 年 1 月 16 日，中创陶瓷 1200mm×1200mm 高端生产线开建，设计日产量 5 万 m^2。

2024 年 1 月 17 日，吉博力公布 2023 年销售额下降 9.1% 至 255.56 亿元，预计 2024 年中国市场需求继续下滑。

2024 年 1 月 18 日，科达制造三水智能制造基地一期进入设备调试阶段，规划 7 条焊接线、6 条加工线。

武汉星泉管业智能卫浴项目投产，设计年产智能马桶 10 万件。

（2）2 月

2024 年 2 月 2 日，科达承建的福建铭盛陶瓷 1 号高端仿古生产线点火，设计日产量 25800m^2。

2024 年 2 月 2 日，科达为德胜建造的第二条发泡陶瓷辊道窑生产线点火。

2024 年 2 月 3 日，格仕祺企业吉利生产基地新七线、新八线点火，双线日产能 8 万 m^2，主要生产 600mm×1200mm 等规格产品。

2024 年 2 月 17 日，临沂金昌建筑陶瓷家兴陶瓷第二条生产线点火，日产量 45000m^2，覆盖 400mm×800mm 至 900mm×1800mm 规格。

2024 年 2 月 17 日，临沂连顺建陶大板生产线点火，日产量 30000m^2。

2024 年 2 月 18 日，江西高安罗斯福陶瓷集团扬帆 1 号智能生产线点火，专产 400mm×800mm 中板，年产量 1500 万 m^2。

2024 年 2 月 22 日，陕西康特陶瓷仿古砖新线点火，生产 600mm×600mm 等规格产品，日产量 33000m^2。

2024 年 2 月 29 日，福建彩联陶瓷高端仿古砖兼地铺石生产线点火，日产量 25000m^2。

厦门融技精密智能卫浴产业园开工，预计 2025 年 10 月投产后年产智能一体机 10 万台。

（3）3 月

2024 年 3 月 2 日，湖北新明珠绿色建材二期项目开工，总投资 8.5 亿元，规划年产 2600 万 m^2 大规格及石墨烯智暖产品。

2024 年 3 月 6 日，佛山中陶城集团宣布"中国陶瓷总部"升级为"中国陶瓷卫浴总部"，拓展泛家居业态。

2024 年 3 月 8 日，福建铭盛陶瓷年产 2000 万 m^2 墙地砖技改项目获批，计划 2025 年 3 月投产。

衡阳阳光陶瓷 5.99 兆瓦光伏项目开工，预计 2024 年 6 月并网。

2024 年 3 月 11 日，道氏技术陶瓷创新中心落户佛山，配备数码釉线研发设备。

河北浩锐陶瓷第二条数智整线点火，日产量 25000m^2。

2024 年 3 月 16 日，广西藤县蒙娜丽莎 85MW 光伏项目并网，预计年减排 6.6 万吨。

2024 年 3 月 20 日，马可波罗沙田数智工厂点火。该工厂拥有意大利 (SACMI) 宽体超高速连续成型辊压机；车间采用全新一代智能化辊道窑，配备了全生产线智能云控哨兵系统、意大利 SYSTEM 公司 3D 数码装饰系统、高精度数控伺服磨边系统、无人值守储砖系统、自动包装系统、AI 产品质量检测系统、激光打码追溯系统、种类齐全的表面装饰智能化设备。

2024年3月21日，新福润企业2号窑点火，可柔性转产400mm×800mm至750mm×1500mm产品。

2024年3月22日，蒙娜丽莎卫浴3638万元竞得广州花都工业用地，规划建筑面积83305m²。

2024年3月24日，沈阳佳得宝二期大板线点火，日产量35000m²。

欧雅岩板肇庆基地1600mm宽体岩板线投产，总投资2.5亿元。

2024年3月25日，广东中创陶瓷恩平基地1200mm×1200mm生产线点火，设计日产量50000m²。

2024年3月29日，陶莹精密研发智造基地签约佛山南庄，总投资10亿元建设新材料总部。

2024年3月30日，广东利多邦卫浴开平基地投产，投资6亿元，涵盖智能马桶等多条生产线。

（4）4月

2024年4月3日，惠达卫浴启动女性主题公益活动，发布《从容不迫拥抱变化》短片。

2024年4月18日，多项重要活动在佛山潭洲陶瓷展举行：冠珠瓷砖发布"韶华"岩板新品，宏宇陶瓷推出行业首个全场景数字展厅，新明珠岩板品牌升级并发布四大系列新品，依诺瓷砖推出"东方玉"系列新品，白兔瓷砖国际首店开业并签署国际贸易协议，汇成新材料与欧洲SMALTICERAM达成战略合作。

2024年4月18日，世博地铺石宜丰基地第3条生产线点火，日产能达2.6万m²。

2024年4月19日，大将军瓷砖发布"仰望·石刻"系列新品。

2024年4月19日，志昇陶瓷与科达制造签约日产5.5万m²中板智能整线。

2024年4月20日，科达制造与江西金绿能科技签约日产能350m³发泡陶瓷智能整线。

2024年4月下旬，松霖科技越南制造基地奠基，总投资8000万美元，预计2025年第二季度投产。

2024年4月28日，广东家美陶瓷原料车间获"全国工人先锋号"称号。

2024年4月30日，高安市举行第二次重大招商引资项目集中签约仪式。高安市新瑞景陶瓷技改项目签约投资额超10亿元。

（5）5月

2024年5月5日，福建贝雅特陶瓷高端仿古、幕墙大板生产线点火，生产750mm×1500mm至1200mm×1200mm规格产品。

2024年5月13日，恒洁卫浴在上海豫园举办"总有美好在此间"新品发布会。

2024年5月15日，昊晟企业三水基地6号窑炉点火，科达制造提供智能整线，日产量35000m²。

2024年5月16日，九牧集团与京东集团启动"卫浴以旧换新"行动，投入10亿补贴。

2024年5月16日，夹江华兴陶瓷完成煤改气改造，预计实现节能10%。

2024年5月18日，广乐建陶清远基地点火，生产600mm×1200mm等规格产品。

2024年5月18日，广西新权业陶瓷2#窑炉点火，专产400mm×800mm中板，日产能65000m²。

2024年5月27日，莎丽科技新产业园区封顶，总投资2亿元，预计年产值5.5亿元。

（6）6月

2024年6月15日，方向集团5号岩板窑点火仪式在肇庆宏景制造中心举行。

2024年6月18日，由摩德娜城建精心打造的重庆东鹏2号智能窑炉生产线圆满竣工。

2024年6月17日，瑞阳陶瓷集团瑞源生产基地2号全新智能化生产线正式点火。该生产线日产400mm×800mm中板达4.5万m²。

2024年6月18日，得普技术（广东）有限公司与美国EFI公司在第38届广州陶瓷工业展会上进行了EFI Cretaprint快达平陶瓷建材项目全球战略合作签约仪式。EFI授权DPI为Cretaprint快达平陶瓷建材行业全球运营商。DPI将在陶瓷建材行业开发、销售和提供打印机产品及服务。

2024年6月20日，金美圣企业小仿古地砖线改造后重新点火温窑，旨在满足企业对产品规格、花色、釉线效果的升级需求，实现生产线全线提产增效，节能减碳。

2024年6月24日，国瓷康立泰芦苞新工厂年产10万吨釉料的生产线正式启动。

2024年6月25日，九牧集团全球总部暨家用机器人产业园开工。该项目总投资58亿元，规划用地330亩（1亩≈666.67m²），项目建成后，预计年销售额超200亿元，提供就业岗位超6000个。

2024年6月25日，湖北新明珠陶瓷销售有限公司揭牌成立暨浠水冠珠瓷砖开业。

2024年6月25日，白兔瓷砖小规格墙地砖投产庆典在广东珠海举行。此次投产的小规格墙地砖生产线，主要生产从150mm×150mm、200mm×200mm、300mm×300mm到400mm×800mm、600mm×600mm、600mm×1200mm等规格的产品，涵盖普通仿古、精雕、粗细干粒、糖果、复刻釉、抛釉、窑变仿古、窑变精雕等工艺面。

2024年6月27日，广东中鹏热能科技股份有限公司披露了公开转让说明书，公司新三板挂牌材料被正式受理。

2024年6月28日，广东玫瑰岛家居股份有限公司披露了公开转让说明书，公司新三板挂牌材料被正式受理。经营业绩方面，2022—2023年，公司的营业收入分别为7.52亿元和7.76亿元，净利润分别为1.08亿元和9540.33万元，综合毛利率分别为32.63%和33.36%。

2024年6月28日，厦门建霖健康家居股份有限公司大健康产业园开工仪式举行。该产业园位于厦门集美区，项目预计未来总投资5亿元，建设总用地3.8万m²，总建筑面积12.35万m²，汇集龙头产品线、健康照护产品线、净水产品线、智能马桶产品线、智能家居产品线等，预计于2026年建成投产。

2024年6月30日，金绿能科技景德镇基地3号窑生产线成功点火。该线设计日产350m³，窑炉配置了双层冷却窑，全线长度近888m，创下行业新的历史纪录。

截至2024年年中，四川产区地铺石生产线超10条，产能排全国第五，存续9家地铺石厂，仅2家专线生产，业内预计未来一两年至少减半。

（7）7月

法国巴黎当地时间7月1日，九牧集团与法国THG集团签约，标志着双方合作进一步深化，同时也意味着九牧在欧洲奢华卫浴市场的深耕布局。

2024年7月3日，广东邦克厨卫有限公司总部项目主体大楼正式封顶。根据规划，该项目预计总投资3.8亿元，建设周期为3年，建筑面积超10万m²。项目建成投产后，预计年产值达6亿元，年纳税额超3220万元。项目计划打造为以生产不锈钢全屋定制智能家居、厨卫卫浴智能功能五金等多元化产品为主的数字化工厂及新总部，落成后将与马来西亚智造基地并驾齐驱。

2024年7月9日，兆邦陶瓷有限责任公司与临湘华润燃气有限公司成功签订"煤改气"

项目合作框架协议。

2024 年 7 月 11 日，伟翔陶瓷工厂点火仪式暨跨国合并项目新闻发布会在其福建晋江基地举行。

2024 年 7 月 12 日，开平市国际卫浴创新基地内的瑞霖智能卫浴生产项目正式动工。该项目总投资高达 5 亿元，占地面积达 86.43 亩，主要产品为成套的淋浴设备（包括花洒、水龙头等）。

2024 年 7 月 18 日，比亚迪股份有限公司董事长兼总裁王传福一行来到福建泉州，与九牧集团党委书记兼董事长林孝发进行座谈，双方就中国制造与技术创新研发、中国新能源汽车发展与中国卫浴的发展、品牌联合出海等话题进行深入交流与探讨。

2024 年 7 月 24 日，金意陶与意大利 ABK 集团旗下高端岩板品牌 UNICA 签署战略合作协议。

2024 年 7 月 26 日，高安建陶园区的亚威陶瓷日产 4.5 万 m² 中板技改线点火。

位于永川三教产业园区的重庆市东鹏智能家居有限公司三期工程项目厂房主体部分已经基本建成。据了解，三期项目共计 2 条线，其中 1 条线有望今年 10 月正式建成。

甘肃金杭瑞建材科技有限公司目前投产的第一条生产线，日产量 2 万 m²，生产 750mm×1500mm、900mm×1800mm 等大规格瓷砖新产品，填补了西北地区大规格瓷砖生产领域的空白。

浙江高霖科技有限公司年产 1000 万套高端智能卫浴洁具项目主体建筑均已完工通过初验，预计 2024 年 9 月即可进入试生产阶段，包含智能龙头、语音龙头、智能马桶等高端智能卫浴洁具的研发生产。项目达产后，公司年产值预计可达 10 亿元，年纳税额约 3000 万元。

（8）8 月

潮州市潮安区自然资源局于 8 月 1 日挂牌出让 CASJ-2024-01 宗国有土地使用权，由广东艺博轩陶瓷有限公司竞得，成交价 1088.94 万元。另外，该局挂牌出让的 CASJ-2024-02 宗国有土地使用权，由潮州市乐盈弘陶瓷有限公司竞得，成交价 1279.5289 万元。

2024 年 8 月 3 日，雄朗卫浴高端龙头生产项目正式动工。该项目总投资 4000 万元，用地面积 6.94 亩，主要从事生产高端智能全铜卫浴龙头。8 月 6 日，东鹏瓷砖重庆生产基地入选重庆市"无废工厂"名单。

2024 年 8 月 8 日，广东中创陶瓷 1 号生产线点火，生产 750mm×1500mm 等规格抛釉砖，日产能 5.5 万 m²。

2024 年 8 月 12 日，广东省生态环境厅公告显示，389 家控排企业完成 2023 年度碳排放配额清缴。

2024 年 8 月中旬，科达首条全线伺服控制陶瓷包装线在广西远方陶瓷投产，兼容多规格产品。

2024 年 8 月中旬，皇冠环球集团收购珠海名实陶瓷阀 75% 股权。

2024 年 8 月 14 日，媒体报道森大集团考虑 2025 年初在香港 IPO，拟募资 1 亿～2 亿美元。

2024 年 8 月下旬，朵纳智能家居产业园二期工程完成 90%，预计 9 月底完工。

2024 年 8 月下旬，乐家集团宣布投资欧洲数字健康基金 CRB Health Tech。

2024 年 8 月 28 日，金利源陶瓷上高基地 2 号窑点火，生产 600mm×600mm 至 750mm×1500mm 仿古砖。

韶关市乐华陶瓷洁具有限公司筹建的陶瓷洁具二分厂项目基础作业已完成，生产将实现全流程智能管控，年产值能达到 1 亿～3 亿元。

（9）9 月

2024 年 9 月 2 日，福建省工业和信息化厅公开《关于福建宏华集团有限公司年产 400 万平方米墙地砖技改项目节能报告的审查意见》，同意所报项目节能报告通过审查。文件显示，该项目新增烧成辊道窑、压机、生物质热风炉、施釉线、抛光机等主要生产设备，利用旧球磨机、喷雾干燥塔、烘干窑，以及配套的公用工程和辅助生产设施，建设 1 条年产 400 万 m^2 的陶瓷砖生产线。项目总投资 2000 万元，拟于 2025 年 8 月建成投产。

汉斯格雅母公司马斯科公司 2024 年 9 月 3 日宣布，该公司已签署最终协议，将其 Kichler 照明业务以约 1.25 亿美元的价格出售给 Kingswood Capital Management 的附属公司。

2024 年 9 月 3 日，广东志昇企业新兴基地中板线点火，日产能 5.5 万 m^2。

2024 年 9 月 4 日，天安新材公告显示，法院判决深圳恒大需偿还石湾鹰牌 1.3 亿元借款及利息。

2024 年 9 月 12 日，江门市投资促进局发布消息，由江门市库兰卫浴科技有限公司投资建设的高端龙头生产项目动工。该项目总投资 1.5 亿元，用地面积 22 亩，主要生产经营智能卫浴洁具、软管、塑料花洒系列产品，预计达产年产值 2 亿元。

2024 年 9 月 12 日，2024 华为全屋智能设计大赛·佛山站在依诺全球营销中心（华为全屋智能授权专区）启幕。赛事由华为终端有限公司、广州设计周联合主办，华海智家、依诺企业承办。

开平市凯赛德水暖配件有限公司自动恒温阀芯项目用地摘牌。该项目总投资 1.2 亿元，用地面积 20 亩，主要生产卫浴行业用的自动恒温阀芯、分水器、双把铜阀芯，建成后预计年产值达 9000 万元。

2024 年 9 月 13 日，国瓷康立泰东营工厂窑炉点火。该项目计划投资 5000 多万元，建设 2 条色料生产线，1 年内达产 1000 吨 / 月的规模，3 年内预计达产 1500 吨 / 月的规模。此次点火的生产线年产色料 15000 吨，打造了两条"4.0 能效标杆数智时代"隧道窑，专业煅烧无机高温色釉料。

2024 年 9 月 26 日，湖北当阳产区的令君香陶瓷企业生产线举行了"煤改气"点火仪式。

2024 年 9 月，恒润高科卫浴产业园一期已完成全面落架，预计 2024 年内完成交付，2025 年年中企业入驻投产。该项目总投资 20 亿元，分两期建设，总规划用地 177 亩，总建筑面积 29 万 m^2。

2024 年国庆前夕，恒洁卫浴联合《中国国家地理》发布了"人生必驾 318"国庆出游自驾指南，推出恒洁"首个移动式全卫体验空间"，首发仪式在抖音、新浪微博、视频号等多平台直播就获得了 1200 万次直播观看量。

（10）10 月

惠达卫浴股份有限公司总裁王佳表示，河北丰南区惠达卫浴共享工厂生产线年产 280 万件卫生陶瓷等产品，累计实现销售收入 2 亿元。截至目前，惠达已为本地区、全行业提供各类配套产品"共享"生产服务 30 余次，年增加经济效益 8000 万元。

2024 年 10 月 8 日，江苏盐城麦宝卫浴二期项目 3 号、4 号厂房投产，新增 4 条现代化、智能化浴缸和台盆生产线。公司二期项目总投资 2.5 亿元，全部投产后年可生产高端浴缸 2 万件、亚克力浴缸 8 万件、智能镜 10 万件。

2024 年 10 月中旬，欧贝特智能卫浴生产基地项目封顶，项目占地约 18.6 亩，投资总额

2 亿元，达产年产值约 4 亿元，年税收超 3000 万元。该项目预计 2024 年底进入验收阶段，2025 年初投产。

湖北润长佳工艺陶瓷有限公司废气深度治理项目已申报进入湖北省生态环境厅环保建设项目资金库。据悉，该项目建设期为 12 个月，2025 年 1 月开工，2025 年 12 月竣工，总投资 250.04 万元。

2024 年 10 月 16 日，广西高峰陶瓷 2 号智能生产线点火，主要生产 800mm×800mm、750mm×1500mm 等规格抛釉产品，日产 50000m²。

肇庆达爱华智能卫浴基地竣工，总投资 2.4 亿元。该项目位于粤港澳大湾区生态科技产业园，由广东达爱华卫浴有限公司投资建设，计划总投资 2.4 亿元，用地面积约 30 亩，达产后预计年产值 3.6 亿元，年税收 0.192 亿元。主要生产不锈钢厨房水龙头、不锈钢水槽、智能感应水龙头等卫浴配套产品。

乐家集团完成收购西班牙 Royo 集团 100% 股权。

2024 年 10 月 30 日，玫瑰岛家居新三板挂牌，证券代码 873024。

2024 年 10 月 30 日，2024 年度广西瞪羚企业名单公布，广西宏胜陶瓷有限公司名列其中。

10 月底，恒洁宣布推出"企业专项补贴"加码以旧换新。在政府最高 2000 元补贴的基础上，再为消费者提供最高 2300 元补贴。政企双补叠加，消费者最高可享受 4300 元的优惠。

（11）11 月

2024 年 11 月 1 日，帝欧家居（002798）发布记录显示，2024 年 1 月—9 月营收下滑 25.4%，因工程渠道业务下滑，零售渠道第三季度也下滑。

同日，科达制造（600499）称上半年海外建材业务利润承压，因非洲汇兑损失和市场竞争。

2024 年 11 月 4 日，湖北十堰竹山县 1 宗工业用地成交，被湖北银超卫浴科技有限公司以 280 万元拿下。

2024 年 11 月 10 日，河北武安新峰集团展示建筑垃圾制的生态砖，新峰生态砖项目年初投产，已用于重点工程。

2024 年 11 月 12 日，雪狼岩板新窑炉在肇庆点火，公司预计年底、明年初再点火一条。

2024 年 11 月 13 日，瑞尔特计划投资 7.42 亿元在厦门海沧建"年产 10 万套装配式智能卫浴产品项目"。

2024 年 11 月 13 日，科达制造子公司 Tilemaster 拟 2 亿元受让森大集团 182 项建材商标。

2024 年 11 月 13 日，广东创沐卫浴科技有限公司成立，主营智能卫浴产品。

2024 年 11 月 14 日，江门沙湖陶瓷城屋顶光伏项目（一期）等 6 个项目动工，总投资约 1.8 亿元。

2024 年 11 月 15 日，科达承建的协进企业广西基地 5 号生产线点火，三期在建。

2024 年 11 月 18 日，佛山重大项目活动中，恒洁卫浴营销运营总部开工，沃尔曼现代家居产业园投产。

同日，东鹏控股拟回购 1 亿～2 亿元股份，回购价不超 9.08 元／股。

2024 年 11 月 19 日，冠陶瓷业与华信公司签约，华信为其设计、制造两条生产线，预计年后点火。

2024 年 11 月 20 日，广西宏胜陶瓷竞得梧州藤县两宗工业用地。

同日，内蒙古宁城县法院终结赤峰大世界陶瓷破产程序，其 2020 年 9 月宣告破产，负债 8565.87 万元。

2024 年 11 月 22 日，松霖科技（越南）厂房项目封顶，总投资 8000 万美元，预计 2025 年下半年投产。

2024 年 11 月 24 日，岑溪市新建球陶瓷有限公司名下资产以 5266.66 万元卖出。

2024 年 11 月 25 日，简一"大理石瓷砖"终审结果通报会召开，对厦门高时实业有限公司、高时（厦门）石业有限公司诉简一"大理石瓷砖"名称终审判决作了通报。福建省高级人民法院再审判决认定："大理石瓷砖"不构成虚假宣传，原审判决禁止简一公司使用"简一大理石瓷砖"是错误的，应予以纠正。

2024 年 11 月 29 日，"大国好货嘉年华——九牧以旧换新全国发布仪式"在厦门举行。

南安市云科高定数字产业园项目进度过半，预计明年 9 月完工投产，计划总投资 30 亿元。

2024 年 11 月，北方产区停产超 7 成，订单向淄博陶企集中，因冬季阶段性订单和 11 月、12 月集中涌入的出口订单，部分企业排产紧张。

（12）12 月

2024 年 12 月，帝欧家居（002798）表示，因当前瓷砖市场供需不平衡、行业有效需求偏弱，已启动景德镇瓷砖生产基地 C3 窑炉技术改造项目，拟投资不超 6000 万元，在原产线利旧基础上技改、优化产线。

2024 年 12 月 4 日，"三星与银河净界战略合作暨三星 IoT·智能卫浴发布会"在厦门举行，会上双方战略合作签约，三星 IoT·智能卫浴首发。

2024 年 12 月 5 日，广东航牌卫浴科技有限公司智能卫浴生产基地举行封顶仪式，基地占地 38 亩，建筑面积 9 万 m^2，预计明年 6 月正式投产，计划年产值约 2 亿元。

2024 年 12 月 9 日，广东省 2024 年国家级制造业单项冠军新申报企业及第三批、第六批复核企业拟推荐名单公示，科达制造股份有限公司"陶瓷砖抛光线"通过复核。

2024 年 12 月 12 日，广东省第 23 批省级企业技术中心拟认定名单公示，东莞市唯美陶瓷工业园有限公司上榜。

2024 年 12 月 13 日，恒洁 R9 智能一体机亮相央视二套《消费主张》专题节目《幸福晚年，智慧养老，这些适老产品很贴心》，因硬核技术和人性化设计获高度评价。

2024 年 12 月 13 日，南安市人民法院裁定宣告南安水晶卫浴有限公司破产并终结其破产程序，裁定确认债权金额为 13518756.88 元，该公司无财产，不能清偿债务且无重整、和解可能。

2024 年 12 月 13 日，裁定宣告福建省南安市美陶卫浴洁具有限公司破产并终结其破产程序，裁定确认债权总金额 2624259.16 元，该公司无其他财产可供分配，不能清偿债务且资产不足以清偿破产费用。

2024 年 12 月 16 日，2024 年度山东省瞪羚、独角兽企业拟认定通过名单公示，山东国瓷康立泰新材料科技有限公司入围拟新认定瞪羚企业名单。

Roca 集团宣布，在奥地利 Gmunden 的 LAUFEN 工厂投入使用全球首个电动隧道窑，致力于实现陶瓷产品生产脱碳，将使 Gmunden 工厂成为全球首个零 CO_2 排放的卫生洁具生产设施。

2024 年 12 月 24 日，成霖公告拟与深圳前海汇瑞企业管理有限公司进行成霖工业区城市更新项目合作，土地面积 27597.5 平方米，交易金额依合建分屋比例地主（成霖）预计分得 28%～32%，建主 68%～72%，预计 2025 年启动开发，2027—2028 年完工。

2024 年 12 月 26 日，蒙娜丽莎（002918）发布公告，全资子公司广东蒙娜丽莎投资管理有限公司投资 1000 万元认购青岛浑璞华芯十期创业投资基金合伙企业股权份额，成为有限合伙人，该基金专注投资半导体相关企业。

2024 年 12 月 27 日，R&T 瑞尔特正式上线发布首部品牌定制短剧《等一下，我懂了》。

2024 年 12 月 28 日，2024 年博白县亚山镇（广西农垦旺茂新型建材产业园）的土地使用权以及宿舍楼 4 不动产在淘宝网司法拍卖平台上成功拍卖，属广西博白县新盈邦陶瓷有限公司名下，评估价 2830.9248 万元，起拍价 2000 万元，成交价 2000 万元。

2024 年 12 月 29 日下午，蒙娜丽莎发布公告，同意公司及子公司与合作银行开展总额不超过 15 亿元人民币的资金池业务。

2024 年 12 月 30 日，广东江门市生态环境局开平分局公布开平市季诺卫浴有限公司中高端水龙头生产项目环境影响报告表的批复，季诺卫浴搬迁至新址，总投资 11000 万元，迁扩建后年产水龙头 70 万套，搬迁后原有项目不再生产。

2024 年 12 月 31 日，蒙娜丽莎（002918）发布关于取得发明专利证书的公告，公司及其子公司高安市蒙娜丽莎新材料有限公司和广西蒙娜丽莎新材料有限公司近日获得国家知识产权局颁发的 9 项发明专利证书。

2024 年 12 月 31 日，国家知识产权局信息显示，江西斯米克陶瓷有限公司取得一项名为"一种窑炉余热回收再利用系统"的专利，授权公告号 CN 116772595 B，申请日期为 2023 年 7 月。

2024 年 12 月 31 日，广东省江门市中级人民法院作出《民事裁定书》，裁定终结恩平市正德陶瓷有限公司破产重整程序。

第四节　2024 年楼市财经大事记

（1）1 月

据经济观察网消息，央行批复 1000 亿元住房租赁团体购房贷款，支持天津、成都等 8 个试点城市购买住宅类商品房（含产权型人才房、公寓）用作长租房。贷款年化利率约 3%，期限最长 30 年，严禁收购商办公寓。

据 CRIC 调研数据，2024 年 1 月，28 个重点城市预计新增商品住宅供应面积环比下降 25% 至 953 万 m²，同比上升 59%。其中，一线环比下降 44%，同比增长 34%；二线环比下降 21%，同比增长 66%；三四线环比微增 2%，同比增长 62%。

据国家统计局数据，2023 年全国房地产开发投资 11.09 万亿元，同比下降 9.6%；房屋新开工面积 9.5 亿 m²，下降 20.4%；商品房销售面积 11.2 亿 m²，下降 8.5%；销售额 11.7 万亿元，下降 6.5%；待售面积 67295 万 m²，增长 19.0%；到位资金 127459 亿元，下降 13.6%。

据国家统计局数据，12 月，70 城新房价格环比下跌 0.4%，同比下跌 0.9%，62 城环比下降；二手房价格环比跌 0.8%，同比下跌 4.1%，70 城全部下跌。

据证券时报消息，央行行长潘功胜宣布，2 月 5 日下调存款准备金率 0.5 个百分点，释放长期流动性 1 万亿元；1 月 25 日下调支农支小再贷款、再贴现利率 0.25 个百分点，分别降至 1.75%、2%。

（2）2 月

据贝壳研究院报告，1 月，9 城首套房贷利率下降，下降空间在 5 ～ 30bp。新增 8 城首套利率降至 4% 以内，截至 1 月中旬，百城中 60 城首套房贷利率进入"3 时代"。

据国家统计局数据，1月70城新房价格环比下跌0.4%，同比下跌1.2%，房价环比下降城市数量减少，上涨城市数量增加。

据统计，1月销售额TOP30上市房企销售金额1469.56亿元，同比下降38.05%，环比下降40.65%；销售面积922.29万平方米，同比下降42.24%，环比下降41.62%。

据中指研究院数据，1月百强房企拿地总额856亿元，同比大幅增长44.8%，招商蛇口和中国雄安集团新增货值居前。

据易居研究院报告，1月50个重点城市新建商品住宅成交面积1233万平方米，同比下降7%，降幅收窄。

据中指法拍数据库监测数据，1月全国法拍市场挂拍房源10.04万套，同比增长48.2%；成交约1.27万套，同比增长18.3%，成交率12.63%。

据中国人民银行数据，1月新增人民币贷款4.92万亿元，住户贷款增加9801亿元，社会融资规模存量384.29万亿元，同比增长9.5%。

据中指研究院数据，1月至2月TOP100房企销售总额4762.4亿元，同比下降51.6%；拿地总额1577亿元，同比增长30.6%；房地产行业债券融资总额879.8亿元，同比降11.1%。

据住建部、金融监管总局会议信息，截至2月28日，全国31个省份276个城市已建立城市融资协调机制，提出项目约6000个，银行审批通过贷款超2000亿元。

（3）3月

2024年3月5日，政府工作报告提出，"优化房地产政策、标本兼治化解房地产风险"成为2024年房地产工作重要方向。报告还提出，今年发展主要预期目标是：国内生产总值增长5%左右。从今年开始拟连续几年发行超长期特别国债，专项用于国家重大战略实施和重点领域安全能力建设，今年先发行1万亿元。

2024年3月9日下午3时，住房城乡建设部党组书记、部长倪虹在十四届全国人大二次会议民生主题记者会上回答记者提问时表示："我们打算，今年再改造5万个老旧小区，建设一批完整社区。"

据奥维云网数据，2024年1月至2月全国精装修新开盘项目84个，项目渗透率32.7%，同比下降0.4个百分点；开盘规模4.46万套，同比下降20.5%。2月因春节因素，新开盘项目30个，同比下降47.4%，开盘项目规模1.69万套，同比下降49.8%。

据杭州市房地产市场平稳健康发展领导小组办公室通知，杭州优化二手住房限购政策，购买二手住房不再审核购房人资格。

据万科2023年度业绩公告，万科营业收入4657.4亿元，同比降7.6%；归属上市公司股东净利润121.6亿元，同比降46.4%。总负债1.102万亿元，有息负债3200.5亿元，货币资金998亿元，同比减少374亿元。2023年度不派发股息，8位高管自愿放弃奖金，部分高管降薪。

据克而瑞地产研究，3月TOP100房企实现销售操盘金额3583.2亿元，较2月环比提升92.8%，较去年3月同比降低45.8%；1至3月实现销售操盘金额7792.4亿元，同比降幅47.5%。

（4）4月

据中国人民银行数据，3月人民币贷款增加3.09万亿元，同比少增8000亿元，环比多增1.64万亿元；新增社融4.87万亿元，同比减少5142亿元，环比多增3.31万亿元，社融增速回落至8.7%。

据国家统计局数据，3月社会消费品零售总额39020亿元，同比增长3.1%。建筑及装潢材料类零售总额 148 亿元，同比增长 2.8%；家具类零售总额 121 亿元，同比增长 0.2%。1 月至 3 月，社会消费品零售总额 120327 亿元，同比增长 4.7%。

据国家统计局数据，1 月至 3 月全国房地产开发投资 22082 亿元，同比下降 9.5%；销售面积 22668 万平方米，下降 19.4%；待售面积 74833 万平方米，增长 15.6%；到位资金 25689 亿元，同比下降 26.0%。

据国家统计局数据，3 月 70 城商品住宅销售价格环比降幅收窄，新房环比上涨城市数量 11 个，较上月增加 3 城。

据统计，截至 4 月 23 日，年内各地优化楼市政策 310 次，覆盖约 180 个城市。

据奥维云网消息，2024 年 1 月至 3 月全国新开盘项目 575 个，同比下降 5.9%，新开盘套数 38.5 万，同比下降 17.3%；精装修新开盘项目 192 个，精装渗透率 33.4%，同比下降 2.1 个百分点，开盘规模 10.6 万套，同比下降 21.5%。

据自然资源部办公厅通知，商品住宅去化周期超 36 个月暂停宅地供应。据上海易居研究院数据，3 月百城新建商品住宅库存去化周期 25.3 个月，41 个城市去化周期超 36 个月。

（5）5 月

据中指研究院监测数据，4 月房地产企业债券融资总额 539.5 亿元，同比下降 27.2%，环比下降 19.4%，行业债券融资平均利率 3.07%。

据 CRIC 调研数据，5 月 28 个重点城市预计新增商品住宅供应面积 766 万平方米，环比下降 24%，同比下降 27%。一线同环比齐增，二三线同环比齐降，降幅均在 3 成左右。

据杭州、西安发布的通知，两地先后取消住房限购措施。

据中指研究院监测数据，截至 5 月 10 日，重点 22 城中 15 城发布 2024 年供地计划，供应规模整体同比下降约 10%。

据央行通知，5 月 18 日起下调个人住房公积金贷款利率 0.25 个百分点，5 年以下（含 5 年）首套利率调为 2.35%，5 年以上调为 2.85%。同时取消全国层面首套和二套住房商贷利率政策下限，首套商贷最低首付款比例调为不低于 15%，二套调为不低于 25%。

（6）6 月

据国家统计局数据，5 月社会消费品零售总额 38764 亿元，同比增长 3.5%。建筑及装潢材料类零售总额 138 亿元，同比下降 0.6%；家具类零售总额 116 亿元，同比下降 1.2%。1 月至 5 月，社会消费品零售总额 197634 亿元，同比增长 4.5%。

据国家统计局数据，1 月至 5 月全国房地产开发投资 36983 亿元，同比下降 9.3%；销售面积 37896 万平方米，下降 17.6%；待售面积 75623 万平方米，增长 15.4%；到位资金 40826 亿元，同比下降 23.8%。

据国家统计局数据，5 月 70 城商品住宅销售价格环比降幅扩大，新房环比上涨城市数量 7 个，较上月减少 4 城。

据央行授权全国银行间同业拆借中心公布的数据，6 月 1 年期 LPR 为 3.45%，5 年期以上 LPR 为 4.05%，均与上月持平。

据贝壳研究院数据，6 月重点 100 城中 35 城首套房贷利率下降，下降幅度在 5～20bp。截至 6 月中旬，百城中 65 城首套房贷利率进入"3 时代"。

据中指研究院数据，2024 年 1 月至 5 月，TOP100 房企销售总额 16137.6 亿元，同比下降 44.2%；拿地总额 3562 亿元，同比增长 18.6%；房地产行业债券融资总额 2483.6 亿元，同比下降 18.7%。

据易居研究院报告，2024 年 5 月，中国 50 个重点城市新建商品住宅成交面积 1422 万平方米，同比下降 12%。

（7）7 月

据国家税务总局政策解读，继续实施个人换购住房个人所得税退税优惠政策至 2025 年 12 月 31 日。

据中国人民银行数据，6 月人民币贷款增加 2.31 万亿元，同比少增 4010 亿元，环比多增 6500 亿元；新增社融 5.37 万亿元，同比减少 3000 亿元，环比多增 5000 亿元，社融增速回落至 8.4%。

据国家发展改革委《关于恢复和扩大消费的措施》，提出支持刚性和改善性住房需求，整治房地产市场秩序等。

据中指研究院数据，6 月房地产企业债券融资总额 487.3 亿元，同比下降 30.8%，环比下降 9.7%，行业债券融资平均利率 3.12%。

据国家统计局数据，6 月社会消费品零售总额 40445 亿元，同比增长 3.8%。建筑及装潢材料类零售总额 146 亿元，同比增长 2.9%；家具类零售总额 124 亿元，同比增长 0.8%。1 月至 6 月，社会消费品零售总额 238079 亿元，同比增长 4.4%。

据国家统计局数据，1 月至 6 月全国房地产开发投资 45343 亿元，同比下降 9.2%；销售面积 46440 万平方米，下降 16.2%；待售面积 76176 万平方米，增长 14.8%；到位资金 50527 亿元，同比下降 22.3%。

据国家统计局数据，6 月 70 城商品住宅销售价格环比继续下降，新房环比上涨城市数量 5 个，较上月减少 2 城。

（8）8 月

据中国人民银行数据，7 月人民币贷款增加 3459 亿元，同比少增 3498 亿元，环比大幅减少；新增社融 5282 亿元，比上年同期少 2703 亿元，社融增速进一步回落至 8.2%。

据国家统计局数据，7 月 CPI 同比下降 0.3%，居住价格同比下降 1.1%，其中住房租金价格同比下降 1.2%，自有住房服务价格同比下降 0.8%。

据中指研究院数据，2024 年 7 月，房地产企业债券融资总额 423.6 亿元，同比下降 35.2%，环比下降 13.1%，行业债券融资平均利率 3.18%。

据国家统计局数据，1 月至 7 月全国房地产开发投资 51881 亿元，同比下降 9.0%；销售面积 53943 万平方米，下降 14.7%；待售面积 76524 万平方米，增长 14.4%；到位资金 57249 亿元，同比下降 21.0%。

据国家统计局数据，7 月 70 城商品住宅销售价格环比、同比继续下降，新房环比上涨城市数量 4 个，较上月减少 1 城。

（9）9 月

据贝壳研究院数据，9 月重点 100 城中 40 城首套房贷利率调整，主要集中在三四线及部分二线城市，调整幅度在 5 ～ 25bp。

据国家统计局数据，8 月 CPI 同比下降 0.2%，居住价格同比下降 1.0%，住房租金价格同比下降 1.1%，自有住房服务价格同比下降 0.7%。

据中指研究院数据，2024 年 8 月，房地产企业债券融资总额 387.2 亿元，同比下降 38.6%，环比下降 8.6%，行业债券融资平均利率 3.22%。

据国家统计局数据，1 月至 8 月全国房地产开发投资 58389 亿元，同比下降 8.8%；销售面积 61463 万平方米，下降 13.3%；待售面积 76843 万平方米，增长 13.9%；到位资金 63874 亿元，同比下降 19.8%。

据国家统计局数据，8 月 70 城商品住宅销售价格环比、同比下降态势持续，新房环比上涨城市数量 5 个，较上月增加 1 城。

（10）10 月

据国家统计局数据，9 月 CPI 同比持平，居住价格同比下降 0.9%，住房租金价格同比降 1.0%，自有住房服务价格同比下降 0.6%。

据中指研究院数据，2024 年 9 月，房地产企业债券融资总额 412.5 亿元，同比下降 34.8%，环比上升 6.5%，行业债券融资平均利率 3.19%。

据国家统计局数据，1 月至 9 月全国房地产开发投资 64895 亿元，同比下降 8.6%；销售面积 69031 万平方米，下降 11.8%；待售面积 77132 万平方米，增长 13.4%；到位资金 70412 亿元，同比下降 18.6%。

据国家统计局数据，9 月 70 城商品住宅销售价格环比下降态势持续，新房环比下降城市数量减少至 62 个，较上月减少 2 城。

（11）11 月

据贝壳研究院数据，11 月重点 100 城中 30 城优化房贷政策，包括降首付比例、下调房贷利率等。

据国家统计局数据，10 月 CPI 同比上涨 0.1%，居住价格同比下降 0.8%，住房租金价格同比下降 0.9%，自有住房服务价格同比降 0.5%。

据中指研究院数据，2024 年 10 月，房地产企业债券融资总额 395.8 亿元，同比下降 36.4%，环比下降 4.0%，行业债券融资平均利率 3.20%。

据国家统计局数据，1 月至 10 月全国房地产开发投资 71445 亿元，同比下降 8.4%；销售面积 76532 万平方米，下降 10.3%；待售面积 77457 万平方米，增长 12.9%；到位资金 76960 亿元，同比下降 17.4%。

据国家统计局数据，10 月 70 城商品住宅销售价格环比下降，城市数量继续减少，新房环比下降城市数量为 60 个，较上月减少 2 城。

（12）12 月

据国家统计局数据，11 月 CPI 同比上涨 0.2%，居住价格同比下降 0.7%，住房租金价格同比下降 0.8%，自有住房服务价格同比下降 0.4%。

据中指研究院数据，2024 年 11 月，房地产企业债券融资总额 438.7 亿元，同比下降 31.6%，环比上升 10.8%，行业债券融资平均利率 3.18%。

据国家统计局数据，1 月至 11 月全国房地产开发投资 77955 亿元，同比下降 8.2%；销售面积 83982 万平方米，下降 8.8%；待售面积 77783 万平方米，同比增长 12.4%；到位资金 83548 亿元，同比下降 16.2%。

据国家统计局数据，11 月 70 城商品住宅销售价格环比下降，城市数量进一步减少，新房环比下降城市数量为 58 个，较上月减少 2 城，同比下降幅度持续收窄。二手房市场价格环比、同比也呈现类似积极变化。

年底多地进一步放宽公积金贷款政策，如提高贷款额度、降低贷款门槛，加大购房补贴力度，涵盖首套房、改善型住房等，以此促进房地产市场平稳健康发展。

第三章
政策法规节选

第一节 《产业结构调整指导目录（2024年本）》

2024年2月1日起，《产业结构调整指导目录（2024年本）》正式实施。

《产业结构调整指导目录（2024年本）》由鼓励、限制和淘汰三类目录组成。政策导向为：推动制造业高端化、智能化、绿色化，巩固优势产业领先地位，在关系安全发展的领域加快补齐短板，构建优质高效的服务业新体系。

在建筑陶瓷、卫生洁具领域，鼓励：陶瓷集中制粉、陶瓷园区清洁煤制气生产技术开发与集中应用；建筑陶瓷干法制粉技术与装备应用；电烧辊道窑技术与装备开发及应用；单块面积大于1.62平方米（含）的陶瓷板生产线和工艺装备技术开发与应用；利用尾矿、废弃物等生产的轻质发泡陶瓷隔墙板及保温板材生产线和工艺装备技术开发与应用；基于氢能利用的节能陶瓷干燥窑及烧成窑炉装备；一次冲洗用水量6升及以下的坐便器、蹲便器，节水型生活用水器具及节水控制设备，智能坐便器、卫浴集成系统，满足装配式要求的整体卫浴部品开发与生产。

在建筑领域，鼓励先进建造技术研发与应用：智能建造产品与设备的生产制造与集成技术研发，集中供热系统计量与调控技术、产品的研发与推广，高强、高性能结构材料与体系的应用，建筑补强及修复用复合材料技术及应用，先进适用的建筑成套技术、产品和住宅部品研发与推广，钢结构住宅集成体系及技术研发与推广，工厂化全装修技术推广；鼓励绿色建筑技术研发与应用：既有房屋抗震加固、建筑隔震减震结构体系及产品研发、工程应用与推广，建筑节能、绿色建筑、装配式建筑、太阳能光伏等可再生能源建筑应用相关产业，建筑高性能门窗技术和产品的研发与推广，绿色建造技术体系的研发与推广，建筑信息模型（BIM）相关技术研发与应用，零碳建筑技术体系及关键技术研发与应用，高性能隔声门、窗和通风隔声窗产品研发与应用。

在建筑陶瓷、卫生洁具领域，限制150万平方米每年及以下的建筑陶瓷（不包括建筑琉璃制品）生产线，60万件每年（不含）以下的隧道窑卫生陶瓷生产线；淘汰100万平方米每年（不含）以下的建筑陶瓷砖、20万件每年（不含）以下卫生陶瓷生产线，建筑卫生陶瓷（不包括建筑琉璃制品）土窑、倒焰窑、多孔窑、煤烧明焰隧道窑、隔焰隧道窑、匣钵装卫生陶瓷隧道窑，建筑陶瓷砖成型用的摩擦压砖机。

第二节 《工业领域碳达峰碳中和标准体系建设指南》

2024 年 2 月 4 日，工业和信息化部办公厅关于印发《工业领域碳达峰碳中和标准体系建设指南》的通知，与建筑陶瓷、卫生洁具行业相关内容如下。

一、总体要求

（一）基本原则

（1）统筹规划、协调配套　全面覆盖工业低碳转型发展各相关领域，从制造流程、技术发展、生命周期、产业链条等多个维度统筹规划工业领域碳达峰碳中和标准体系，综合考虑产品、企业、园区、供应链等层面的碳排放。注重与现有的节能与综合利用、绿色制造等标准体系协调配套，推动国家标准、行业标准和团体标准协调发展。

（2）稳步推进、急用先行　加强工业领域低碳转型与保持制造业比重基本稳定、产业链供应链安全协同，稳步推进碳达峰碳中和相关标准化工作。聚焦钢铁、建材、有色金属、石化化工等碳排放重点行业，以及重点产品降碳、工艺过程控碳、协同降碳等方面，加快急需标准的制定，及时修订现有标准。

（3）创新驱动、数字赋能　鼓励工业领域的低碳技术创新和管理创新，推动将低碳新技术、新工艺融入相关标准，加快低碳创新技术的推广应用。围绕 5G、工业互联网、人工智能等新一代信息技术在工业低碳领域的应用创新，加快相关标准研制，以数字化、智能化赋能绿色化，培育壮大低碳发展新动能。

（4）开放共享、国际接轨　结合我国工业领域的发展实际，积极参考和借鉴国际应对气候变化等方面的标准化工作基础和发展趋势，不断提升我国低碳标准的国际化水平。加强国内外碳达峰碳中和相关标准化工作的交流与合作，积极参与全球低碳标准制定，贡献中国的技术方案和实践经验。

（二）建设目标

到 2025 年，初步建立工业领域碳达峰碳中和标准体系，制定 200 项以上碳达峰急需标准，重点制定基础通用、温室气体核算、低碳技术与装备等领域标准，为工业领域开展碳评估、降低碳排放等提供技术支撑。到 2030 年，形成较为完善的工业领域碳达峰碳中和标准体系，加快制定协同降碳、碳排放管理、低碳评价类标准，实现重点行业重点领域标准全覆盖，支撑工业领域碳排放全面达峰，标准化工作重点逐步向碳中和目标转变。

二、建设方案

工业领域碳达峰碳中和标准体系框架包括基础通用、核算与核查、技术与装备、监测、管理与评价等五大类标准。

1. 基础通用标准

基础通用标准是指工业领域碳达峰碳中和相关的基础共性标准，包括术语定义、数据质量、标识标志、报告声明与信息披露等 4 类。

（1）术语定义标准

主要规范工业领域温室气体活动的相关概念，为其他各部分标准的制定提供支撑，包括温室气体有关基本概念、技术、方法、管理和服务等相关的术语和定义标准。

（2）数据质量标准

主要规范温室气体数据源、数据库、活动数据及排放因子等，为温室气体核算与核查、监测、评价和管理等相关的数据统计分析提供支撑，包括数据统计方法、数据质量管理、数据质量评价等标准。

（3）标识标志标准

主要规范温室气体排放量或减排量相关的标识标志、产品碳标签，以及低碳评价相关的标识标志等。

（4）报告声明与信息披露标准

主要规范温室气体排放核算、低碳评价等相关的报告声明与信息披露的要求和程序等，包括碳披露导则、环境声明指南、碳排放量及减排量报告声明（信息披露）要求与指南等标准。

2. 核算与核查标准

核算与核查标准包括组织温室气体排放量核算与核查、项目温室气体减排量核算与核查、产品碳足迹核算与核查、机构／人员资质能力要求核查等相关标准。其中，核算标准是摸清工业领域各行业温室气体排放底数的重要基础，也是评估温室气体减排量和评价行业、企业、产品碳排放水平高低的依据。核查标准是为确保核算数据的准确性及真实性，对碳排放核算报告做出统一规范的数据核查。

（1）温室气体核算标准

根据核算对象和核算边界的不同，分为组织温室气体排放量核算、项目温室气体减排量核算、产品碳足迹核算等。

组织温室气体排放量核算标准主要包括工序／单元、企业、园区等组织层面的温室气体排放量核算标准。其中，在工序／单元层面，重点针对温室气体排放量占全流程排放量比例较高的工序或单元制定温室气体排放量核算标准；在企业和园区层面，重点针对工业生产中直接能源消耗量大、电力热力等间接能源消耗量大、生产过程温室气体排放量大的企业和园区制定温室气体排放量核算标准。

项目温室气体减排量核算标准主要规范项目层面的温室气体排放量的基准选取、核算方法、核算范围、排放因子等，包括温室气体减排量评估通用要求、基于具体项目的温室气体减排量评估技术规范等标准。重点针对储能及余能回收利用、资源综合利用、原／燃料替代等具有显著节能降耗效果、能大幅减少温室气体排放量的项目制定温室气体减排量核算标准。

产品碳足迹核算标准主要规范工业产品在其生命周期内直接和间接排放的温室气体总量的核算，包括产品种类规则、碳足迹评估等标准。重点针对量大面广或生命周期内碳排放强度高的典型工业产品制定碳足迹核算标准。

（2）温室气体核查标准

主要包括组织温室气体排放量核查、项目温室气体减排量核查、产品碳足迹核查，以及温室气体机构／人员核查资质能力要求等。其中，组织温室气体排放量核查、项目温室气体减排量核查、产品碳足迹核查标准主要规范对相关温室气体核算结果的核查原则、核查依据、核查程序、核查报告要求等内容。温室气体机构／人员核查资质能力要求主要规范核查机构、团队和人员的资质和能力要求等。

3. 技术与装备标准

主要指能够有效降低工业领域温室气体排放的相关技术和装备标准，包括温室气体的源头控制、生产过程控制、末端治理以及协同降碳等4类。

（1）源头控制标准

主要是指从源头上预防、避免和减少温室气体排放的相关技术与装备标准，包括原／燃料替代与可再生能源利用、化石能源清洁低碳利用、低碳设计等标准。

原／燃料替代与可再生能源利用标准主要包括低碳、无碳原料的使用和替代，可再生能源及新能源的使用和替代等方面。其中，在原料替代方面，重点制定氢氯氟烃（HCFCs）、氢氟烃（HFCs）类制冷剂替代，非碳酸盐原料替代，再生钢铁原料、再生铜铝原料、再生铅、风电叶片等再生资源利用，冶炼渣、焦油渣、电石渣、铝灰渣、赤泥、尾矿、煤矸石、废塑料、废橡胶等工业废物再利用等技术和装备标准。在燃料替代方面，重点制定生物质燃料替代技术，氢冶金，炉窑氢燃料替代，玻璃熔窑窑炉氢能煅烧、水泥窑窑炉氢能煅烧、燃氢燃气轮机、氢燃料内燃机等氢能替代，高排放非道路移动机械（如工程机械、农业机械等）原燃料结构优化，工业电加热炉、工业汽轮机、空气源热泵采暖等电气化替代等技术和装备标准。在可再生能源利用方面，重点制定太阳能、风能、光热、地热、潮汐能、生物质能等可再生能源开发、输送、储存、利用以及分布式应用等相关技术和装备标准。

化石能源清洁低碳利用标准主要包括煤炭、石油、天然气等化石能源的清洁高效燃烧，煤基产品的清洁低碳高效利用，煤炭废弃物及资源综合利用，石油天然气清洁低碳运输，汽油、航煤、柴油等石化产品的低碳高效利用等方面。

低碳设计标准主要指在设计阶段从全生命周期角度对工业产品及其生产过程进行低碳设计，包括产品、工艺、装备、企业、园区等层面的低碳设计标准。重点围绕碳属性突出的产品和工艺制定低碳设计标准。

（2）生产过程控制标准

主要是指工业产品在生产过程中有关温室气体排放控制的技术与装备标准，包括节能提效降碳、生产工艺优化等标准。

节能提效降碳标准主要是指通过能源的高效利用或降低能源消耗，以减少二氧化碳排放为特征的技术与装备标准。重点制定能量系统优化、能源梯级利用、储能及余能回收利用、多效精馏系统提升、全／富氧燃烧、用能设备系统能效提升等相关技术与装备标准。

生产工艺优化标准主要是指通过改变传统生产工艺流程，或优化现有生产工艺实现降碳的技术与装备标准。重点制定氢冶金、熔融还原炼铁、氧气高炉、短流程电弧炉炼钢、连铸连轧工艺、石化化工过程副产氢气高值利用、原油直接裂解制乙烯、低碳炼化技术、合成气一步法制烯烃、铜锍连续吹炼、液态高铅渣直接还原、浮法玻璃一窑多线技术、陶瓷干法制粉工艺、低能耗高效加氢裂化（改质）技术、可再生能源低成本制氢等技术与装备标准。

（3）末端治理标准

主要是指温室气体捕集、利用与封存相关的技术与装备标准，包括碳捕集利用与封存（CCUS）、直接空气碳捕集（DACS）等方面。重点制定工业领域二氧化碳捕集、分离、资源化利用、封存等技术与装备标准。

（4）协同降碳标准

主要是指通过企业内部协同、上下游协同、产业链协同等方式实现协同降碳的相关技术与装备标准，包括数字化绿色化协同、减污降碳协同、产业链协同等标准。

数字化绿色化协同标准主要是指 5G、工业互联网、大数据等新一代信息技术在工业绿色化生产中的应用标准，包括智慧能源管控、数字化碳排放管理平台、"工业互联网＋能效管理"、智能分析检测等。

减污降碳协同标准主要是指工业生产过程中污染物与温室气体协同减排相关的技术与装备标准，包括工业尾气、废气、废水、固废、危废等污染物与温室气体的协同控制、综合治理、系统治理等。

产业链协同标准主要是指不同产业间强化资源协同利用的相关技术与装备标准，包括液态冶炼渣直接生产岩矿棉，工业副产石膏、铝灰渣、赤泥、大修渣等深度处理用于建材，高固废掺量的低碳水泥，全固废胶凝材料，工业炉窑协同处置垃圾衍生燃料、危险废物、污泥，煤气化装置协同处理化工废物，钢化联产，炼化集成，产城融合等。

4. 监测标准

监测标准主要是指能够量化温室气体排放浓度、强度以及其对环境影响的相关检测和监测标准，包括监测技术、监测分析方法、监测设备及系统等 3 类。

（1）监测技术标准

主要规范不同层面温室气体的监测方案、布点采样、监测项目与分析方法、量值传递、质量控制、数据处理等内容，包括固定源温室气体监测技术、无组织温室气体监测技术等标准。

（2）监测分析方法标准

主要规范各温室气体监测分析方法所涉及的试剂材料、仪器与设备要求、分析测试条件、测定操作步骤、结果表示等内容，包括原／燃料碳含量测定、温室气体采样／检测、温室气体在线监测等方法标准。

（3）监测设备及系统标准

主要规范温室气体测定范围、性能要求、检验及操作方法、校验设备及系统等内容，包括碳含量测定设备、温室气体采样／检测设备、温室气体在线监测设备及系统等标准。

5. 管理与评价标准

管理与评价主要指为实现减碳目标而进行的一系列管理活动与评价。管理与评价标准包括低碳评价、碳排放管理、碳资产管理等 3 类。

（1）低碳评价标准

低碳评价主要是依据特定的评价指标体系和评价方法，对工业产品、企业、园区以及供应链的温室气体排放水平进行的综合评价。主要包括低碳产品评价、低碳企业评价、低碳园区评价，以及低碳供应链评价等标准。重点制定量大面广、能源属性突出的工业产品低碳评价标准，以及钢铁、建材、有色金属、石化化工等重点碳排放行业的低碳企业评价导则、评价指标体系等标准。

（2）碳排放管理标准

主要指与碳排放活动相关的管理标准，包括碳排放管理体系、碳排放限额等标准。碳排放管理体系标准主要规范工业企业在温室气体管理机制、策划设计、系统配备、实施运行、绩效改进等方面的内容，包括管理体系通用要求、分行业的实施指南等标准。碳排放限额标准主要规范工业生产过程或典型工业产品的碳排放限额，是约束工业领域碳排放量的重要手段。

（3）碳资产管理标准

主要用于指导企业对配额排放权、减排信用额、国家核证自愿减排量及相关活动的管理，包括碳资产管理体系、碳资产管理平台等标准。

三、组织实施

加强组织协调　加强相关标准化技术组织建设，强化产业链上中下游标准之间的有效衔接，国家标准、行业标准和团体标准之间的协调配套。引导行业内的龙头企业、科研院所、社会团体、检测认证机构、行业低碳标准化技术组织、地方工业和信息化主管部门等积极参与标准化工作，鼓励企业制定严于国家标准和行业标准的企业标准，推动企业加快实现低碳转型。

推进宣贯实施　做好《工业领域碳达峰碳中和标准体系建设指南》的宣传解读工作。支持各行业协会、标准化技术委员会和标准化专业机构等组织开展工业绿色低碳标准的宣传培训，引导和帮助企业执行标准。地方工业和信息化主管部门应组织本地区企业宣贯并实施标准。建立标准实施效果评估制度，及时修订相关标准，保证标准的实用性和时效性。

加强国际合作　积极参与国际标准化组织（ISO）、国际电工委员会（IEC）和国际电信联盟（ITU）等国际标准组织的绿色低碳标准化活动。参与基础通用、温室气体排放核算与核查、低碳技术与装备、温室气体监测、碳排放管理与评价等重点领域标准的研究与制修订，适时提出国际标准提案，分享中国在碳达峰碳中和方面的标准化实践经验。

第三节　《推动大规模设备更新和消费品以旧换新行动方案》

2024 年 3 月 7 日，国务院关于印发《推动大规模设备更新和消费品以旧换新行动方案》的通知，与建筑陶瓷、卫生洁具行业相关内容如下。

一、总体要求

坚持市场为主、政府引导　充分发挥市场配置资源的决定性作用，结合各类设备和消费品更新换代差异化需求，依靠市场提供多样化供给和服务。更好发挥政府作用，加大财税、金融、投资等政策支持力度，打好政策组合拳，引导商家适度让利，形成更新换代规模效应。

坚持鼓励先进、淘汰落后　建立激励和约束相结合的长效机制，加快淘汰落后产品设备，提升安全可靠水平，促进产业高端化、智能化、绿色化发展。加快建设全国统一大市场，破除地方保护。

坚持标准引领、有序提升　对标国际先进水平，结合产业发展实际，加快制修订节能降碳、环保、安全、循环利用等领域标准。统筹考虑企业承受能力和消费者接受程度，有序推动标准落地实施。

到 2027 年，工业、农业、建筑、交通、教育、文旅、医疗等领域设备投资规模较 2023 年增长 25% 以上；重点行业主要用能设备能效基本达到节能水平，环保绩效达到 A 级水平的产能比例大幅提升，规模以上工业企业数字化研发设计工具普及率、关键工序数控化率分别超过 90%、75%；报废汽车回收量较 2023 年增加约一倍，二手车交易量较 2023 年增长 45%，废旧家电回收量较 2023 年增长 30%，再生材料在资源供给中的占比进一步提升。

二、实施设备更新行动

推进重点行业设备更新改造。围绕推进新型工业化，以节能降碳、超低排放、安全生产、数字化转型、智能化升级为重要方向，聚焦钢铁、有色、石化化工、建材、电力、机械、航空、船舶、轻纺、电子等重点行业，大力推动生产设备、用能设备、发输配电设备等更新和技术改造。加快推广能效达到先进水平和节能水平的用能设备，分行业分领域实施节能降碳改造。推广应用智能制造设备和软件，加快工业互联网建设和普及应用，培育数字经济赋智赋能新模式。严格落实能耗、排放、安全等强制性标准和设备淘汰目录要求，依法依规淘汰不达标设备。

三、实施消费品以旧换新行动

（1）开展家电产品以旧换新 以提升便利性为核心，畅通家电更新消费链条。支持家电销售企业联合生产企业、回收企业开展以旧换新促销活动，开设线上线下家电以旧换新专区，对以旧家电换购节能家电的消费者给予优惠。鼓励有条件的地方对消费者购买绿色智能家电给予补贴。加快实施家电售后服务提升行动。

（2）推动家装消费品换新 通过政府支持、企业让利等多种方式，支持居民开展旧房装修、厨卫等局部改造，持续推进居家适老化改造，积极培育智能家居等新型消费。推动家装样板间进商场、进社区、进平台，鼓励企业打造线上样板间，提供价格实惠的产品和服务，满足多样化消费需求。

四、实施标准提升行动

（1）加快完善能耗、排放、技术标准 对标国际先进水平，加快制修订一批能耗限额、产品设备能效强制性国家标准，动态更新重点用能产品设备能效先进水平、节能水平和准入水平，加快提升节能指标和市场准入门槛。加快乘用车、重型商用车能量消耗量值相关限制标准升级。加快完善重点行业排放标准，优化提升大气、水污染物等排放控制水平。修订完善清洁生产评价指标体系，制修订重点行业企业碳排放核算标准。完善风力发电机、光伏设备及产品升级与退役等标准。

（2）强化产品技术标准提升 聚焦汽车、家电、家居产品、消费电子、民用无人机等大宗消费品，加快安全、健康、性能、环保、检测等标准升级。加快完善家电产品质量安全标准体系，大力普及家电安全使用年限和节能知识。加快升级消费品质量标准，制定消费品质量安全监管目录，严格质量安全监管。完善碳标签等标准体系，充分发挥标准引领、绿色认证、高端认证等作用。

（3）强化重点领域国内国际标准衔接 建立完善国际标准一致性跟踪转化机制，开展我国标准与相关国际标准比对分析，转化一批先进适用国际标准，不断提高国际标准转化率。支持国内机构积极参与国际标准制修订，支持新能源汽车等重点行业标准走出去。加强质量标准、检验检疫、认证认可等国内国际标准衔接。

五、强化政策保障

（1）加大财政政策支持力度 把符合条件的设备更新、循环利用项目纳入中央预算内投资等资金支持范围。坚持中央财政和地方政府联动支持消费品以旧换新，通过中央财政安排的节能减排补助资金支持符合条件的汽车以旧换新；鼓励有条件的地方统筹使用中央财政安排的现代商贸流通体系相关资金等，支持家电等领域耐用消费品以旧换新。持续实施好老旧营运车船更新补贴，支持老旧船舶、柴油货车等更新。鼓励有条件的地方统筹利用中央财政安排的城市交通发展奖励资金，支持新能源公交车及电池更新。用好用足农业机械报废更新补贴政策。中央财政设立专项资金，支持废弃电器电子产品回收处理工作。进一步完善政府绿色采购政策，加大绿色产品采购力度。严肃财经纪律，强化财政资金全过程、全链条、全方位监管，提高财政资金使用的有效性和精准性。

（2）完善税收支持政策 加大对节能节水、环境保护、安全生产专用设备税收优惠支持力度，把数字化智能化改造纳入优惠范围。推广资源回收企业向自然人报废产品出售者"反向开票"做法。配合再生资源回收企业增值税简易征收政策，研究完善所得税征管配套措施，优化税收征管标准和方式。

（3）优化金融支持 运用再贷款政策工具，引导金融机构加强对设备更新和技术改造的支持；中央财政对符合再贷款报销条件的银行贷款给予一定贴息支持。发挥扩大制造业中长期贷款投放工作机制作用。引导银行机构合理增加绿色信贷，加强对绿色智能家电生产、服务和消费的金融支持。鼓励银行机构在依法合规、风险可控前提下，适当降低乘用车贷款首付比例，合理确定汽车贷款期限、信贷额度。

第四节 市场监管总局关于《对商用燃气燃烧器具等产品实施强制性产品认证管理》的公告

2024 年 3 月 21 日，市场监管总局发布《对商用燃气燃烧器具等产品实施强制性产品认证管理》的公告，决定对商用燃气燃烧器具等产品实施强制性产品认证（以下称 CCC 认证）管理，对低压元器件恢复 CCC 认证第三方评价方式。与建筑陶瓷、卫生洁具行业相关内容如下。

对商用燃气燃烧器具、阻燃电线电缆、电子坐便器、电动自行车乘员头盔、可燃气体探测报警产品、水性内墙涂料、防爆灯具及控制装置实施 CCC 认证管理。

2025 年 7 月 1 日起，列入 CCC 认证目录的商用燃气燃烧器具、阻燃电线电缆、电子坐便器、可燃气体探测报警产品、水性内墙涂料，应当经过 CCC 认证并标注 CCC 认证标志后，方可出厂、销售、进口或者在其他经营活动中使用。

2024 年 7 月 1 日起，指定认证机构开始受理 CCC 认证委托，涉及的认证工作由现已具备相应产品种类指定业务范围的认证机构承担，实验室将另行指定。

CCC 认证目录新纳入产品描述与界定见表 3-1。

表 3-1 CCC 认证目录新纳入产品描述与界定

产品大类	产品种类及代码	对产品种类的描述	产品适用范围	对产品适用范围的描述或列举	说明
家用和类似用途设备	电子坐便器（0720）	（1）额定电压不超过 250V； （2）以存储、干燥或者销毁方式处理人体排泄物，或喷洗、烘干人体的电子坐便器； （3）还包括与普通坐便器一同使用的电子设备	电子坐便器	模制式电子坐便器、包装式电子坐便器、冷冻式电子坐便器、真空式电子坐便器；自动盖板装置、加热坐圈、喷洗坐圈	（1）适用标准：GB 4706.1、GB 4706.53。 （2）不包括打算使用在经常产生腐蚀性或爆炸性气体的特殊环境场所的坐便器。 （3）不包括用化学方式、燃烧方式处理人体排泄物的坐便器。 （4）不包括不与自动盖板装置、加热坐圈、喷洗坐圈组合使用的切碎组件、抽吸水组件、冲洗用水加热组件

第五节 《推动工业领域设备更新实施方案》

2024 年 3 月 27 日，工业和信息化部等七部门关于印发《推动工业领域设备更新实施方案》的通知，与建筑陶瓷、卫生洁具行业相关内容如下。

一、总体要求

到 2027 年，工业领域设备投资规模较 2023 年增长 25% 以上，规模以上工业企业数字化研发设计工具普及率、关键工序数控化率分别超过 90%、75%，工业大省大市和重点园区规上工业企业数字化改造全覆盖，重点行业能效基准水平以下产能基本退出，主要用能设备能效基本达到节能水平，本质安全水平明显提升，创新产品加快推广应用，先进产能比重持续提高。

二、重点任务

（一）实施数字化转型行动

（1）推广应用智能制造装备　以生产作业、仓储物流、质量管控等环节改造为重点，推动数控机床与基础制造装备、增材制造装备、工业机器人、工业控制装备、智能物流装备、传感与检测装备等通用智能制造装备更新。重点推动装备制造业更新面向特定场景的智能成套生产线和柔性生产单元；电子信息制造业推进电子产品专用智能制造装备与自动化装配线集成应用；原材料制造业加快无人运输车辆等新型智能装备部署应用，推进催化裂化、冶炼等重大工艺装备智能化改造升级；消费品制造业推广面向柔性生产、个性化定制等新模式的智能装备。

（2）加快建设智能工厂　　加快新一代信息技术与制造全过程、全要素深度融合，推进制造技术突破、工艺创新、精益管理、业务流程再造。推动人工智能、第五代移动通信（5G）、边缘计算等新技术在制造环节深度应用，形成一批虚拟试验与调试、工艺数字化设计、智能在线检测等典型场景。推动设备联网和生产环节数字化链接，实现生产数据贯通化、制造柔性化和管理智能化，打造数字化车间。围绕生产、管理、服务等制造全过程开展智能化升级，优化组织结构和业务流程，打造智能工厂。充分发挥工业互联网标识解析体系作用，引导龙头企业带动上下游企业同步改造，打造智慧供应链。

（3）加强数字基础设施建设　　加快工业互联网、物联网、5G、千兆光网等新型网络基础设施规模化部署，鼓励工业企业内外网改造。构建工业基础算力资源和应用能力融合体系，加快部署工业边缘数据中心，建设面向特定场景的边缘计算设施，推动"云边端"算力协同发展。加大高性能智算供给，在算力枢纽节点建设智算中心。鼓励大型集团企业、工业园区建立各具特色的工业互联网平台。

（二）实施绿色装备推广行动

（1）加快生产设备绿色化改造　　推动重点用能行业、重点环节推广应用节能环保绿色装备。钢铁行业加快对现有高炉、转炉、电炉等全流程开展超低排放改造，争创环保绩效 A 级；建材行业以现有水泥、玻璃、建筑卫生陶瓷、玻璃纤维等领域减污降碳、节能降耗为重点，改造提升原料制备、窑炉控制、粉磨破碎等相关装备和技术；有色金属行业加快高效稳定铝电解、绿色环保铜冶炼、再生金属冶炼等绿色高效环保装备更新改造；家电等重点轻工行业加快二级及以上高能效设备更新。

（2）推动重点用能设备能效升级　　对照《重点用能产品设备能效先进水平、节能水平和准入水平（2024 年版）》，以能效水平提升为重点，推动工业等各领域锅炉、电机、变压器、制冷供热空压机、换热器、泵等重点用能设备更新换代，推广应用能效二级及以上节能设备。

（3）加快应用固废处理和节水设备　　以主要工业固废产生行业为重点，更新改造工业固废产生量偏高的工艺，升级工业固废和再生资源综合利用设备设施，提升工业资源节约集约利用水平。面向石化化工、钢铁、建材、纺织、造纸、皮革、食品等已出台取（用）水定额国家标准的行业，推进工业节水和废水循环利用，改造工业冷却循环系统和废水处理回用等系统，更新一批冷却塔等设备。

第六节　《2024—2025 年节能降碳行动方案》

2024 年 5 月 23 日，国务院关于印发《2024—2025 年节能降碳行动方案》的通知，与建筑陶瓷、卫生洁具行业相关内容如下。

一、总体要求

2024 年，单位国内生产总值能源消耗和二氧化碳排放分别降低 2.5% 左右、3.9% 左右，规模以上工业单位增加值能源消耗降低 3.5% 左右，非化石能源消费占比达到 18.9% 左右，重点领域和行业节能降碳改造形成节能量约 5000 万吨标准煤、减排二氧化碳约 1.3 亿吨。

2025 年，非化石能源消费占比达到 20% 左右，重点领域和行业节能降碳改造形成节能量约 5000 万吨标准煤、减排二氧化碳约 1.3 亿吨，尽最大努力完成"十四五"节能降碳约束性指标。

二、重点任务

（一）化石能源消费减量替代行动

（1）严格合理控制煤炭消费　加强煤炭清洁高效利用，推动煤电低碳化改造和建设，推进煤电节能降碳改造、灵活性改造、供热改造"三改联动"。严格实施大气污染防治重点区域煤炭消费总量控制，重点削减非电力用煤，持续推进燃煤锅炉关停整合、工业窑炉清洁能源替代和散煤治理。对大气污染防治重点区域新建和改扩建用煤项目依法实行煤炭等量或减量替代。合理控制半焦（兰炭）产业规模。到 2025 年底，大气污染防治重点区域平原地区散煤基本清零，基本淘汰 35 蒸吨每小时及以下燃煤锅炉及各类燃煤设施。

（2）优化油气消费结构　合理调控石油消费，推广先进生物液体燃料、可持续航空燃料。加快页岩油（气）、煤层气、致密油（气）等非常规油气资源规模化开发。有序引导天然气消费，优先保障居民生活和北方地区清洁取暖。除石化企业现有自备机组外，不得采用高硫石油焦作为燃料。

（二）非化石能源消费提升行动

（1）加大非化石能源开发力度　加快建设以沙漠、戈壁、荒漠为重点的大型风电光伏基地。合理有序开发海上风电，促进海洋能规模化开发利用，推动分布式新能源开发利用。有序建设大型水电基地，积极安全有序发展核电，因地制宜发展生物质能，统筹推进氢能发展。到 2025 年底，全国非化石能源发电量占比达到 39% 左右。

（2）提升可再生能源消纳能力　加快建设大型风电光伏基地外送通道，提升跨省跨区输电能力。加快配电网改造，提升分布式新能源承载力。积极发展抽水蓄能、新型储能。大力发展微电网、虚拟电厂、车网互动等新技术新模式。到 2025 年底，全国抽水蓄能、新型储能装机分别超过 6200 万千瓦、4000 万千瓦；各地区需求响应能力一般应达到最大用电负荷的 3%～5%，年度最大用电负荷峰谷差率超过 40% 的地区需求响应能力应达到最大用电负荷的 5% 以上。

（3）大力促进非化石能源消费　科学合理地确定新能源发展规模，在保证经济性前提下，资源条件较好地区的新能源利用率可降低至 90%。"十四五"前三年节能降碳指标进度滞后地区要实行新上项目非化石能源消费承诺，"十四五"后两年新上高耗能项目的非化石能源消费比例不得低于 20%，鼓励地方结合实际提高比例要求。加强可再生能源绿色电力证书（以下简称绿证）交易与节能降碳政策衔接，2024 年底实现绿证核发全覆盖。

（三）建材行业节能降碳行动

（1）加强建材行业产能产量调控　严格落实水泥、平板玻璃产能置换。加强建材行业产量监测预警，推动水泥错峰生产常态化。鼓励尾矿、废石、废渣、工业副产石膏等综合利用。到 2025 年底，全国水泥熟料产能控制在 18 亿吨左右。

（2）严格新增建材项目准入　新建和改扩建水泥、陶瓷、平板玻璃项目须达到能效标杆水平和环保绩效 A 级水平。大力发展绿色建材，推动基础原材料制品化、墙体保温材料轻型化和装饰装修材料装配化。到 2025 年底，水泥、陶瓷行业能效标杆水平以上产能占比达到 30%，平板玻璃行业能效标杆水平以上产能占比达到 20%，建材行业能效基准水平以下产能完成技术改造或淘汰退出。

（3）推进建材行业节能降碳改造　优化建材行业用能结构，推进用煤电气化。加快水泥原料替代，提升工业固体废弃物资源化利用水平。推广浮法玻璃一窑多线、陶瓷干法制粉、低阻旋风预热器、高效篦冷机等节能工艺和设备。到 2025 年底，大气污染防治重点区域 50% 左右水泥熟料产能完成超低排放改造。2024—2025 年，建材行业节能降碳改造形成节能量约 1000 万吨标准煤、减排二氧化碳约 2600 万吨。

（四）建筑节能降碳行动

（1）加快建造方式转型　严格执行建筑节能降碳强制性标准，强化绿色设计和施工管理，研发推广新型建材及先进技术。大力发展装配式建筑，积极推动智能建造，加快建筑光伏一体化建设。因地制宜推进北方地区清洁取暖，推动余热供暖规模化发展。到 2025 年底，城镇新建建筑全面执行绿色建筑标准，新建公共机构建筑、新建厂房屋顶光伏覆盖率力争达到 50%，城镇建筑可再生能源替代率达到 8%，新建超低能耗建筑、近零能耗建筑面积较 2023 年增长 2000 万平方米以上。

（2）推进存量建筑改造　落实大规模设备更新有关政策，结合城市更新行动、老旧小区改造等工作，推进热泵机组、散热器、冷水机组、外窗（幕墙）、外墙（屋顶）保温、照明设备、电梯、老旧供热管网等更新升级，加快建筑节能改造。加快供热计量改造和按热量收费，各地区要结合实际明确量化目标和改造时限。实施节能门窗推广行动。到 2025 年底，完成既有建筑节能改造面积较 2023 年增长 2 亿平方米以上，城市供热管网热损失较 2020 年降低 2 个百分点左右，改造后的居住建筑、公共建筑节能率分别提高 30%、20%。

第七节　《广东省以标准提升牵引设备更新和消费品以旧换新行动方案》

2024 年 4 月 6 日，广东省人民政府办公厅关于印发《广东省以标准提升牵引设备更新和消费品以旧换新行动方案》的通知，与建筑陶瓷、卫生洁具行业相关内容如下。

一、总体要求

坚持标准引领、有序提升，全力落实"四个一批"，即牵头制修订一批强制性标准、宣传贯彻一批急需急用标准、组织实施一批涉民生领域强制性标准、监督检查一批涉安全环保卫生等领域先进标准，明确执行强制性国家标准 51 项，拟制定强制性地方标准 18 项，拟制定推荐性地方标准 339 项，拟参与制定国际标准、湾区标准 73 项，通过配套政策协同发力，以标准提升牵引设备更新和消费品以旧换新，扎实推动标准提升行动落地见效。

二、重点工作任务

（1）以高标准促进优质消费品升级 贯彻落实国家对汽车、家电、家居产品、消费电子、民用无人机等大宗消费品标准升级要求。支持涉及家电、家居、汽车、电动自行车及电池等产品更新换代和以旧换新等领域的地方标准、团体标准、企业标准制修订项目。推进以标准升级带动消费品升级，研究制定我省制修订标准清单，联合相关行业主管部门开展相关标准研制。加快智能家电标准化建设，实施《广东省推动智能家电标准化发展三年行动方案（2023—2025 年）》。开展汽车智能制造标准化系统集成、家居个性化定制智能制造、印刷包装产业链协调标准应用试点等智能制造标准应用试点项目建设。

（2）健全质量安全标准体系 根据国家消费品质量安全监管目录要求，严格质量安全监管。严格执行燃气软管、切断阀等燃气用具等产品强制性标准。加快制定电梯主要零部件报废标准，促进节能低碳，减少安全隐患，推动 15 年以上老旧电梯更新，提高居民生活质量。加大气瓶安全专项整治力度，监督充装单位严格执行燃气气瓶报废规定。引导大型游乐设施经营者对超设计使用年限大型游乐设施实施更新，提升设备安全性。联合港澳方面协同推进高品质食品"湾区标准"研制、推广实施和跟踪评价。持续推动食品安全标准体系完善，加大对地方特色食品、新兴产业食品以及食品检验检测技术等地方标准或团体标准研制力度，加快推进预制菜等重点食品产业标准出台，顺应智能化、绿色化、融合化发展趋势，着力提升行业管理水平，构建食品领域高质量发展体系。

（3）推动完善能耗排放标准 推进节能标准体系优化升级，严格落实国家能耗限额、产品设备效能强制性国家标准要求，优化提升大气、水污染物等排放控制水平，推进生态环境、安全等领域强制性地方标准制修订。推动开展炼化、钢铁、矿物、轮胎、化工、轻纺、电子等方面标准研制，提升应用锅炉、电机、泵、冷水机组等重点用能设备的能耗标准，推广应用更新的检测方法标准。发布实施《水产养殖尾水排放标准》《畜禽养殖业污染物排放标准》等强制性地方标准。制定工业园区绿色低碳标准，开展绿色园区低碳标准化试点示范建设。做好《企业环境安全、社会责任、公司治理（ESG）合规管理体系技术规范》等地方标准研制，助力企业提升合规管理水平。落实《广东省碳达峰碳中和标准体系规划与路线图（2023—2030 年）》，加快制定碳测量、碳核算、碳评价等领域相关标准。组织实施《广东省节能标准化工作行动方案》《广东省建立健全碳达峰碳中和标准计量体系实施方案》等提出的碳达峰碳中和相关标准，健全节能标准化管理机制，推动能耗排放标准实施。

（4）加强循环利用标准供给 落实国家材料和零部件易回收、易拆解、易再生、易制造等绿色设计标准要求。提升企业标准化能力水平，鼓励企事业单位、行业协会参与清洁生产、循环利用、能耗等领域标准制定和修订。推动制定、修订一批涉及废旧家电、二手电子产品、报废汽车、动力电池、退役光伏风电设备等产品设备和材料零部件回收利用的团体标准和企业标准。引导二手电子产品经销企业建立信息安全管理体系和信息技术服务管理体系，研究制定二手电子产品可用程度分级标准。严格落实强制性国家标准，督促企业落实以旧换新、绿色低碳等相关标准主体责任。

（5）提高重点领域国内国际标准衔接 推进标准制度型开放，开展我国标准与相关国际标准比对分析，推动中国标准海外应用。支持我省企事业单位、科研机构积极参与国际标准制修订。支持新能源汽车等重点行业标准走出去，加强质量标准、检验检疫、认证认可等国内国际标准衔接。加强粤港澳大湾区标准合作，继续拓展"湾区标准"深度和广度，加大智能家电、日用消费品等领域"湾区标准"的研制力度，以"湾区标准"引领产业提质升级。联合港澳加强"湾区认证"制度宣传和采信推广，拓展"湾区认证"项目领域，推进"湾区认证"项目实施，促进高品质产品和服务在大湾区流通。开展粤港澳大湾区产品碳足迹认证试点建设，推动广东碳标签评价。

（6）提升企业标准化能力　提升企业安全应急标准水平。推动开展企业标准"领跑者"活动。开展标准创新型企业梯度培育，培育一批先导型、创新型企业。加强对参与国际标准、国家标准、地方标准等制定和修订的资金扶持，引导企事业单位对标先进水平和标杆水平，积极参与对标达标工作。加强对新制定标准的宣贯，严格落实强制性国家标准，发挥行业领军企业的示范作用。

（7）推动企业质量管理水平提升　从研发设计、生产制造、检验检测等全过程加强质量管控，持续提升全生命周期质量水平。推动企业应用新技术、新设备、新材料、新工艺，深化机器视觉、人工智能等技术应用，以企业生产技术的整体提升，带动消费品品质提升。聚焦质量技术创新、质量管理水平提升、质量品牌竞争力增强等方面，选树一批精益求精、质量卓越的质量强国建设领军企业。充分发挥质量标杆示范引领作用，支持企业建立先进质量管理体系。

（8）推动产品质量安全提升　深入推进重点产品区域产业集群质量整治，持续开展城镇燃气安全、电动自行车及电池产品质量安全等专项整治行动。依托"粤品通"质量技术服务平台开展"提质、助优、强链"行动。选择部分消费品推动实施质量分级管理，推动产品向高端品质方向发展，实现产品优质优价，促进消费提质升级。贯彻落实绿色产品认证制度，开展绿色建材、绿色家电下乡等活动，推广采用绿色产品。推动主流电商平台建立"质量安全共治、优质产品优先"合作机制。

（9）加强标准实施监督执法　开展燃气用具、电动自行车质量安全执法检查，依法严厉打击生产、销售不符合国家强制性标准的电动自行车的违法行为，推动省内生产、销售的燃气用具、电动自行车及配件符合国家标准要求。探索在燃气用具、电动自行车及电池、电线电缆等重点产品建立质量安全追溯机制。持续推进电梯安全筑底三年行动，切实落实电梯生产、使用单位主体责任，集中整治非法电梯使用。开展重点用能单位能源计量审查，推动能源计量与碳计量工作衔接，探索开展重点排放单位碳计量审查，引导重点用能单位和重点排放单位合理配备能源计量器具和碳排放计量器具。开展能效、水效标识和供热、供能等计量器具计量监督检查。

（10）积极营造放心消费环境　持续开展放心消费"双承诺"活动，修订和完善"放心消费承诺"和"线下无理由退货承诺"活动规则。推动、引导电商平台上的商家参与"以旧换新"活动并加入"放心消费承诺"单位。鼓励家电品牌企业积极加入"以旧换新"活动，助力我省家电消费提质升级。引导消费者关注了解"以旧换新"政策，提醒消费者注意家电产品安全使用年限等问题，鼓励消费者及时更换老旧家电。开展消费投诉信息公示，促进经营者履行消费维权主体责任，积极从源头化解消费纠纷。规范投诉举报处理流程，依法及时处置消费者在"以旧换新"活动遇到的消费纠纷，提升消费者维权体验。

第八节　《河南省建材行业碳达峰行动方案》

2024 年 3 月，河南省工业和信息化厅、省发展和改革委员会等联合印发《河南省建材行业碳达峰行动方案》。与建筑陶瓷、卫生洁具行业相关内容如下。

"十四五"期间，建材产业结构调整将取得明显进展，行业节能低碳技术持续推广，水泥、建筑玻璃、建筑陶瓷和卫生陶瓷等重点产品单位能耗和碳排放强度不断下降，行业能效标杆水平以上的产能比例达30%以上，水泥熟料单位产品综合能耗水平降低3%以上，建筑陶瓷和卫生陶瓷行业能效标杆水平以上的产能比例达到30%，建筑玻璃行业能效标杆水平以上的产能比例达到20%，建材行业绿色工厂建设及低碳技术工艺装备产品研发、示范、推广取得显著成效，行业碳达峰基础得到夯实。

强化总量控制，引导低效产能退出，同时大力培育壮大绿色建材产业。积极推动水泥生产骨干企业向砂石骨料、机制砂、商品混凝土、装配式部品部件和预制构件等方向发展。发展壮大先进陶瓷材料、特种水泥、建筑陶瓷和卫生洁具、新型墙体材料、保温隔热材料、防水密封材料、装饰装修材料、玻璃门窗幕墙、暖通空调、光伏照明材料等绿色建材产业。

培育一批建材绿色供应链企业、专精特新"小巨人"企业和制造业单项冠军企业（产品），推动建材产业向高端化、集成化及产业集群化、绿色生态化方向发展。

转换用能结构，加快技术创新，推进绿色制造，强化建材企业全生命周期绿色管理。

第四章
建筑陶瓷、卫生洁具产品质量与标准

第一节 产品质量国家监督抽查结果

一、2024年陶瓷砖产品质量国家监督抽查结果：24批次产品不合格

2024年，在广东、福建、山东、山西、安徽、江西等11个省份217家生产单位抽查217批次产品，抽查发现24批次产品不合格，合格率88.9%。其中，有1批次产品安全项目放射性不合格，11批次产品吸水率不合格，8批次产品尺寸不合格，6批次产品破坏强度不合格，1批次产品断裂模数不合格。

2013—2024年陶瓷砖产品质量国家监督抽查合格率见表4-1。

表4-1　2013—2024年陶瓷砖产品质量国家监督抽查合格率

时间	抽查企业数	合格率
2013年	180	93.9%
2014年	180	89.4%
2015年	180	95.0%
2016年	120	90.8%
2017年	144	91.7%
2018年	212	90.2%
2019年	297	87.3%
2020年	114	86.0%
2021年	245	90.4%
2022年	229	86.5%
2023年	256	92.58%
2024年	217	88.9%

陶瓷砖产品质量国家监督抽查不合格的产品及其企业名单见表4-2。

表 4-2 陶瓷砖产品质量国家监督抽查不合格的产品及其企业名单

序号	产品种类	受检单位	标称生产单位	标称生产单位所在地	产品名称	规格型号	生产日期/批号	主要不合格项目	承检机构	备注
1	陶瓷砖	建平新翔陶瓷有限公司	建平新翔陶瓷有限公司	辽宁省	高级内墙砖	300mm×600mm×8.0mm	2024年7月5日/C2319	破环强度	初检机构：中国国检测试控股集团陕西有限公司（国家建筑卫生陶瓷质量检验检测中心）复检机构：淄博市产品质量检验研究院（国家陶瓷与耐火材料产品质量检验检测中心）	复检仍不合格
2	陶瓷砖	福建泉州市神舟龙陶瓷有限公司	福建泉州市神舟龙陶瓷有限公司	福建省	高级罗马柱线石（陶瓷砖）	600mm×300mm，23A02	2024年7月3日	吸水率	淄博市产品质量检验研究院（国家陶瓷与耐火材料产品质量检验检测中心）	
3	陶瓷砖	江西金泰源陶瓷有限公司	江西金泰源陶瓷有限公司	江西省	全瓷配套地砖（陶瓷砖）	400mm×400mm，JT5053	2024年4月5日	尺寸（厚度）	淄博市产品质量检验研究院（国家陶瓷与耐火材料产品质量检验检测中心）	
4	陶瓷砖	淄博新福来特陶瓷有限公司	淄博新福来特陶瓷有限公司	山东省	釉面砖	300mm×600mm×9.0mm	2024年4月28日/D3	尺寸（厚度）	中国国检测试控股集团陕西有限公司（国家建筑卫生陶瓷质量检验检测中心）	
5	陶瓷砖	河南安阳日日顺陶瓷有限公司	佛山市融晟润华陶瓷有限公司	广东省	瓷抛砖	800mm×400mm×7.8mm	2024年5月26日	吸水率	福建省产品质量检验研究院	
6	陶瓷砖	四川三帝新材料有限公司	佛山市烁达瓷业有限公司	广东省	现代质感仿古砖	600mm×600mm×（9.5±0.5）mm	2024年4月11日	吸水率	福建省产品质量检验研究院	
7	陶瓷砖	佛山市海雅陶瓷有限公司	佛山市海雅陶瓷有限公司	广东省	防脱落通体大理石中板	400mm×800mm	2024年3月18日	尺寸（厚度）	福建省产品质量检验研究院	
8	陶瓷砖	湖北雄陶陶瓷有限公司	佛山市欧领陶瓷有限公司	广东省	通体大理石瓷砖	800mm×800mm×9.2mm	2024年5月30日	吸水率	福建省产品质量检验研究院	
9	陶瓷砖	山东宏狮陶瓷科技有限公司	佛山市鑫美粤陶瓷有限公司	广东省	钻石釉陶瓷砖	800mm×800mm×11mm	2024年3月16日/A2	尺寸（厚度）	中国国检测试控股集团陕西有限公司（国家建筑卫生陶瓷质量检验检测中心）	
10	陶瓷砖	安阳昶聚陶瓷有限公司	佛山市碧梵陶瓷有限公司	广东省	通体大理石瓷砖	800mm×800mm×10mm	2024年6月8日	尺寸（厚度）	福建省产品质量检验研究院	

序号	产品种类	受检单位	标称生产单位	标称生产单位所在地	产品名称	规格型号	生产日期/批号	主要不合格项目	承检机构	备注
11	陶瓷砖	广西新舵陶瓷有限公司	佛山市天纬陶瓷有限公司	广东省	通体大理石瓷砖（陶瓷砖）	400mm×800mm，XW48033	2024年2月29日	吸水率	初检机构：淄博市产品质量检验研究院（国家陶瓷与耐火材料产品质量检验检测中心）复检机构：福建省产品质量检验研究院	复检仍不合格
12	陶瓷砖	江西好望角实业有限公司	佛山市狼牌陶瓷有限公司	广东省	防脱落背纹中板（陶瓷砖）	400mm×800mm，SMD8453	2024年6月26日	吸水率、破坏强度	淄博市产品质量检验研究院（国家陶瓷与耐火材料产品质量检验检测中心）	
13	陶瓷砖	清远市贝斯特瓷业有限公司	佛山市金马世第建材有限公司	广东省	通体能量中板（陶瓷砖）	400mm×800mm，TU4801	2024年5月16日/C1	破坏强度	淄博市产品质量检验研究院（国家陶瓷与耐火材料产品质量检验检测中心）	
14	陶瓷砖	清远市新金山陶瓷有限公司	清远市新金山陶瓷有限公司	广东省	现代仿古砖	600mm×600mm，CF5039	2024年4月15日	吸水率	福建省产品质量检验研究院	
15	陶瓷砖	临沂朗宇建陶有限公司	佛山市粤美佳陶瓷有限公司	广东省	全瓷通体中板	400mm×800mm×7.4mm	2024年5月18日/001	吸水率	初检机构：中国国检测试控股集团陕西有限公司（国家建筑卫生陶瓷质量检验检测中心）复检机构：淄博市产品质量检验研究院（国家陶瓷与耐火材料产品质量检验检测中心）	复检仍不合格
16	陶瓷砖	肇庆德一新材料有限公司	佛山市富居陶瓷有限公司	广东省	现代高清仿古砖	600mm×600mm×9.0mm	2024年6月4日/WK1	吸水率	中国国检测试控股集团陕西有限公司（国家建筑卫生陶瓷质量检验检测中心）	
17	陶瓷砖	临沂沂州陶有限公司	佛山市剑牌陶瓷科技有限公司	广东省	抛釉砖	800mm×800mm×11mm	2024年3月5日/八	放射性*	初检机构：中国国检测试控股集团陕西有限公司（国家建筑卫生陶瓷质量检验检测中心）复检机构：淄博市产品质量检验研究院（国家陶瓷与耐火材料产品质量检验检测中心）	复检仍不合格

序号	产品种类	受检单位	标称生产单位	标称生产单位所在地	产品名称	规格型号	生产日期/批号	主要不合格项目	承检机构	备注
18	陶瓷砖	临沂市罗庄区家兴建陶厂	佛山市富客来陶瓷有限公司	广东省	通体中板	400mm×800mm×7.4mm	2024年7月12日	尺寸（厚度）	初检机构：中国国检测试控股集团陕西有限公司（国家建筑卫生陶瓷质量检验检测中心）复检机构：淄博市产品质量检验研究院（国家建筑陶瓷与耐火材料产品质量检验检测中心）	复检仍不合格
19	陶瓷砖	淄博嵩岳建筑陶瓷有限公司	佛山市罗马名都建筑陶瓷有限公司	广东省	通体大理石	400mm×800mm×7.5mm	2024年4月1日/2404A1	尺寸（厚度）	中国国检测试控股集团陕西有限公司（国家建筑卫生陶瓷质量检验检测中心）	
20	陶瓷砖	新兴县存兴建材有限公司	新兴县存兴建材有限公司	广东省	白聚晶（陶瓷砖）	600mm×600mm×8.5mm，P6001	2024年4月6日/31	尺寸（厚度）	中国国检测试控股集团陕西有限公司（国家建筑卫生陶瓷质量检验检测中心）	
21	陶瓷砖	宜丰万众陶瓷有限公司	佛山市远峰陶瓷有限公司	广东省	通体仿古砖（陶瓷砖）	600mm×600mm，XL60013	2024年6月6日	吸水率、断裂模数	淄博市产品质量检验研究院（国家陶瓷与耐火材料产品质量检验中心）	
22	陶瓷砖	湖南华盛陶瓷有限公司	佛山市天童陶瓷有限公司	广东省	生态大理石（陶瓷砖）	400mm×800mm	2024年4月7日/TZL9126A	吸水率、破坏强度	淄博市产品质量检验研究院（国家陶瓷与耐火材料产品质量检验中心）	
23	陶瓷砖	阳城县华冠陶瓷有限公司	佛山市美特佳陶瓷有限公司	广东省	天鹅绒质感砖	400mm×800mm×8.0mm	2024年6月13日/N8951-B01	破环强度	初检机构：中国国检测试控股集团陕西有限公司（国家建筑卫生陶瓷质量检验检测中心）复检机构：淄博市产品质量检验研究院（国家建筑陶瓷与耐火材料产品质量检验检测中心）	复检仍不合格
24	陶瓷砖	云浮市辉鹏陶瓷有限公司	云浮市辉鹏陶瓷有限公司	广东省	仿古砖	300mm×300mm×8.3mm	2024年7月9日	破环强度	初检机构：中国国检测试控股集团陕西有限公司（国家建筑卫生陶瓷质量检验检测中心）复检机构：淄博市产品质量检验研究院（国家建筑陶瓷与耐火材料产品质量检验检测中心）	复检仍不合格

二、2024 年陶瓷坐便器产品质量国家监督抽查结果：98 批次产品不合格

共抽查 384 批次产品，其中在广东、浙江、北京、湖北、河北、河南等 15 个省（自治区、直辖市）179 家销售单位抽查 192 批次产品，在广东、福建、河南、上海、河北、湖北等 15 个省（自治区、直辖市）192 家生产单位抽查 192 批次产品，抽查发现 98 批次产品不合格。其中，有 1 批次产品涉嫌假冒，已交由属地市场监管部门处理。74 批次产品安全水位不合格，62 批次产品坐便器水效等级不合格，61 批次产品便器用水量不合格，54 批次产品坐便器水效限定值不合格，18 批次产品洗净功能不合格，16 批次产品水封回复功能不合格，10 批次产品进水阀 CL 标记不合格，2 批次产品水封深度不合格，1 批次产品坐便器水封表面尺寸不合格。

2021—2024 年陶瓷坐便器产品质量国家监督抽查合格率见表 4-3。

表 4-3 2021—2024 年陶瓷坐便器产品质量国家监督抽查合格率

时间	抽查批次数	不合格批次数	合格率
2021 年	259	32	87.64%
2022 年	326	30	90.80%
2023 年	477	51	89.31%
2024 年	384	98	74.48%

陶瓷坐便器产品质量国家监督抽查不合格的产品及其企业名单见表 4-4。

三、2024 年智能坐便器产品质量国家监督抽查结果：9 批次产品不合格

在浙江、安徽、上海、广东、福建、江西等 9 个省（自治区、直辖市）123 家销售单位抽查 126 批次产品，涉及广东、浙江、福建、上海、河北、江苏等 11 个省（自治区、直辖市）88 家生产单位，抽查发现 9 批次产品不合格。其中，有 1 批次产品涉嫌假冒，已交由属地市场监管部门处理。有 7 批次产品接地措施不合格，5 批次产品对触及带电部件的防护不合格，3 批次产品螺钉和连接不合格，3 批次产品输入功率和电流不合格，均为安全项目；3 批次产品智能坐便器冲洗平均用水量不合格，3 批次产品智能坐便器清洗平均用水量不合格，1 批次产品智能坐便器能效水效限定值不合格。

2018—2024 年智能坐便器产品质量国家监督抽查合格率见表 4-5。

智能坐便器产品质量国家监督抽查不合格的产品及其企业名单见表 4-6。

四、2024 年陶瓷片密封水嘴产品质量国家监督抽查结果：81 批次产品不合格

共抽查 309 批次产品，其中在北京、福建、广东、浙江、广西、贵州等 11 个省（自治区、直辖市）130 家销售单位抽查 153 批次产品，在广东、福建、浙江、上海、江苏、河北等 8 个省（自治区、直辖市）156 家生产企业抽查 156 批次产品，抽查发现 81 批次产品不合格。其中，有 1 批次产品安全项目金属污染物析出不合格；59 批次产品表面耐腐蚀性能不合格，58 批次产品抗使用负载不合格，14 批次产品螺纹不合格，10 批次产品流量不合格，5 批次产品流量均匀性不合格，1 批次产品水嘴水效等级不合格。

表 4-4 陶瓷坐便器产品质量国家监督抽查不合格的产品及其企业名单

序号	产品种类	受检单位	标称生产单位	标称生产单位所在地	产品名称	规格型号	生产日期/批号	主要不合格项目	承检机构	备注
1	陶瓷坐便器	上海益高卫浴科技有限公司	上海益高卫浴科技有限公司	上海市	连体坐便器	397	—	便器用水量、安全水位、坐便器水效等级	初检机构：北京建筑材料检验研究院检测股份有限公司（国家节水器具产品质量检验检测中心）复检机构：上海建科检验有限公司	复检仍不合格
2	陶瓷坐便器	湖北向日葵家居建材有限公司	埃飞灵卫浴科技集团有限公司开发区分公司	浙江省	坐便器	AL-11275	2023 年 6 月 20 日	洗净功能	上海建科检验有限公司	
3	陶瓷坐便器	永康市群鑫卫浴经营部（个体工商户）	福建帝央厨卫有限公司	福建省	卫生陶瓷（坐便器）	DY-08071	2024 年 3 月 24 日	便器用水量、安全水位、坐便器水效等级、坐便器水效限定值	中国国检测试控股集团陕西有限公司（国家建筑卫生陶瓷质量检验检测中心）	
4	陶瓷坐便器	樟树市湘飞电器营业部	泉州市杭陶集成卫浴有限公司	福建省	卫生陶瓷（坐便器）	8008	2023 年 8 月 7 日	便器用水量、安全水位、坐便器水效等级、坐便器水效限定值	中国国检测试控股集团陕西有限公司（国家建筑卫生陶瓷质量检验检测中心）	
5	陶瓷坐便器	郑逸林（个体工商户）	泉州洁美瑞卫浴有限公司	福建省	连体坐便器	2806	2023 年 11 月 25 日	便器用水量、安全水位、坐便器水效等级、坐便器水效限定值	中国国检测试控股集团陕西有限公司（国家建筑卫生陶瓷质量检验检测中心）	
6	陶瓷坐便器	金华市久陶卫浴有限公司	福建泉州地之龙卫浴有限公司	福建省	陶瓷坐便器	8191	2022 年 11 月 2 日	便器用水量、安全水位、坐便器水效等级、进水阀 CL 标记	中国国检测试控股集团陕西有限公司（国家建筑卫生陶瓷质量检验检测中心）	
7	陶瓷坐便器	南昌市青云谱云升汇水电经营部	泉州苹果王卫浴有限公司	福建省	坐便器	1155	2023 年 12 月 8 日	便器用水量、安全水位、坐便器水效等级、坐便器水效限定值	中国国检测试控股集团陕西有限公司（国家建筑卫生陶瓷质量检验检测中心）	
8	陶瓷坐便器	南宁市志发水暖五金交电经营部	福建宏塑科技发展有限公司	福建省	卫生陶瓷（坐便器）	HS32047	2024 年 6 月 3 日	便器用水量、安全水位、坐便器水效等级、坐便器水效限定值	中国国检测试控股集团陕西有限公司（国家建筑卫生陶瓷质量检验检测中心）	
9	陶瓷坐便器	宁波市北仑区新碶联顺工浴商行	福建环球岛卫浴有限公司	福建省	卫生陶瓷（坐便器）	HQD-2110	—	便器用水量、安全水位、坐便器水效等级、坐便器水效限定值	中国国检测试控股集团陕西有限公司（国家建筑卫生陶瓷质量检验检测中心）	

序号	产品种类	受检单位	标称生产单位	标称生产单位所在地	产品名称	规格型号	生产日期/批号	主要不合格项目	承检机构	备注
10	陶瓷坐便器	南宁市家佳亮装饰经营部	福建省景厨卫科技有限公司	福建省	连体坐便器	LJ-26018	2024年3月29日、2024年3月25日	便器用水量、坐便器水效等级、坐便器水效限定值	初检机构：台州市产品质量安全检测研究院［国家智能马桶产品质量监督检验中心（浙江）］复检机构：中国检测试验控股集团陕西有限公司（国家建筑卫生陶瓷质量检验检测中心）	复检仍不合格
11	陶瓷坐便器	宜昌市伍家岗区鑫豹卫浴店	吉时雨厨卫科技（福建）有限公司	福建省	卫生陶瓷（坐便器）	11035	2024年6月10日	便器用水量、安全水位、坐便器水效等级、坐便器水效限定值	上海建科检验有限公司	
12	陶瓷坐便器	新郑市龙湖镇日日兴洁具商行	泉州市豪马厨卫有限公司	福建省	卫生陶瓷（坐便器）	8687	2024年5月3日	便器用水量、坐便器水效等级、坐便器水效限定值	上海建科检验有限公司	
13	陶瓷坐便器	襄阳市襄州区韩梦祺陶瓷批发部	福建大红鹰卫浴发展有限公司	福建省	连体坐便器	2381	2024年	便器用水量、功能、安全水位、水封回复、坐便器水效等级、坐便器水效限定值	上海建科检验有限公司	
14	陶瓷坐便器	襄阳市襄州区子言洁具经销部	福建省法歌卫浴有限公司	福建省	连体坐便器	391	2023年	便器用水量、安全水位、坐便器水效等级、坐便器水效限定值	上海建科检验有限公司	
15	陶瓷坐便器	宜昌开发区桓丰建材经营部	泉州市天之蓝卫浴有限公司	福建省	卫生陶瓷（坐便器）	MT-11	2024年4月19日	便器用水量、安全水位、坐便器水效等级、坐便器水效限定值	上海建科检验有限公司	
16	陶瓷坐便器	河南泉陶卫浴有限公司	南安市广宇水暖洁具有限公司	福建省	卫生连体坐便器	1196	2024年1月20日	便器用水量、功能、安全水位、水封回复、坐便器水效等级、坐便器水效限定值	上海建科检验有限公司	
17	陶瓷坐便器	桥西区大河卫浴经销处	泉州市李锡尼卫浴有限公司	福建省	坐便器	6991	—	便器用水量、安全水位、坐便器水效等级、进水阀CL标记	台州市产品质量安全检测研究院［国家智能马桶产品质量监督检验中心（浙江）］	

序号	产品种类	受检单位	标称生产单位	标称生产单位所在地	产品名称	规格型号	生产日期/批号	主要不合格项目	承检机构	备注
18	陶瓷坐便器	天津市滨海新区迪卡洛厨卫经销处	厦门唐明卫浴科技有限公司	福建省	卫生陶瓷（连体坐便器）	6891	—	水封回复功能、安全水位	台州市产品质量安全检测研究院［国家智能马桶产品质量监督检验中心（浙江）］	
19	陶瓷坐便器	许昌胜超瓷业有限公司	许昌胜超瓷业有限公司	河南省	坐便器	L-001	2024年5月15日	安全水位	上海建科检验有限公司	
20	陶瓷坐便器	北京龙琪盛兴商贸有限公司	禹州市宝澜陶瓷制品有限公司	河南省	卫生陶瓷（坐便器）	BL-11016		洗净功能、进水阀CL标记	台州市产品质量安全检测研究院［国家智能马桶产品质量监督检验中心（浙江）］	
21	陶瓷坐便器	天津西青区华丰五金建材商行	禹州市天利和卫生陶瓷有限公司	河南省	卫生陶瓷（坐便器）	606连体	—	坐便器水封表面尺寸、安全水位、进水阀CL标记	台州市产品质量安全检测研究院［国家智能马桶产品质量监督检验中心（浙江）］	
22	陶瓷坐便器	洛阳市伊滨区东城政富水暖卫浴店	洛阳恒豫陶瓷有限公司	河南省	连体坐便器	8104	2024年6月21日	便器用水量、坐便器水效等级、坐便器水效限定值	初检机构：上海建科检验有限公司 复检机构：台州市产品质量安全检测研究院［国家智能马桶产品质量监督检验中心（浙江）］	复检仍不合格
23	陶瓷坐便器	宜昌市伍家岗区东胜建材经营部	长葛市莱菲特卫浴有限公司	河南省	卫生陶瓷（坐便器）	207#	2024年7月	洗净功能、安全水位、进水阀CL标记	上海建科检验有限公司	
24	陶瓷坐便器	广东几奥米卫浴科技有限公司	广东几奥米卫浴科技有限公司	广东省	连体式坐便器	8831	—	洗净功能	北京建筑材料检验研究院股份有限公司（国家节水器具产品质量检验检测中心）	
25	陶瓷坐便器	潮州市潮安区古巷镇鹏宇陶瓷厂	潮州市潮安区古巷镇鹏宇陶瓷厂	广东省	卫生陶瓷（坐便器）	8103	2024年6月7日	安全水位	北京建筑材料检验研究院股份有限公司（国家节水器具产品质量检验检测中心）	
26	陶瓷坐便器	潮州市枫溪区泰和陶瓷厂	广东圣欧卫浴有限公司	广东省	连体坐便器	S58	—	洗净功能	北京建筑材料检验研究院股份有限公司（国家节水器具产品质量检验检测中心）	

续表

序号	产品种类	受检单位	标称生产单位	标称生产单位所在地	产品名称	规格型号	生产日期/批号	主要不合格项目	承检机构	备注
27	陶瓷坐便器	潮州市潮安区登塘镇东泳陶瓷厂	潮州市潮安区登塘镇东泳陶瓷厂	广东省	坐便器	DY809	2024年6月2日	洗净功能	北京建筑材料检验研究院股份有限公司（国家节水器具产品质量监督检验中心）	
28	陶瓷坐便器	潮州市潮安区丹尼斯陶瓷实业有限公司	潮州市潮安区丹尼斯陶瓷实业有限公司	广东省	卫生陶瓷（坐便器）	3035	—	安全水位	台州市产品质量安全检测研究院[国家智能马桶产品质量监督检验中心（浙江）]	
29	陶瓷坐便器	浙江杭州湾建材装饰城向金毛建材商行	广东省铭煌卫浴有限公司	广东省	卫生陶瓷（坐便器）	8061		便器用水量、水封回复功能、安全水位、坐便器水效等级、坐便器水效限定值	中国国检测试控股集团陕西有限公司（国家建筑卫生陶瓷质量检验检测中心）	
30	陶瓷坐便器	宁波市鄞州东郊兰芝建材商行	潮州市潮安凤塘启航陶瓷厂	广东省	连体坐便器	879	2024年4月15日	便器用水量、坐便器水效等级、坐便器水效限定值	中国国检测试控股集团陕西有限公司（国家建筑卫生陶瓷质量检验检测中心）	
31	陶瓷坐便器	潮州市潮安区法郎鑫卫浴商行	潮州市潮安区法即止卫浴有限责任公司	广东省	卫生陶瓷坐便器	1079		洗净功能	北京建筑材料检验研究院股份有限公司（国家节水器具产品质量检验检测中心）	
32	陶瓷坐便器	宁波市海曙区石碶鸿鑫卫浴商行	广东蓝亿智能厨卫有限公司	广东省	连体坐便器	1005	2024年4月24日	便器用水量、安全水位、坐便器水效等级、进水阀CL标记	中国国检测试控股集团陕西有限公司（国家建筑卫生陶瓷质量检验检测中心）	
33	陶瓷坐便器	杭州市西湖区卓堡建材经营部	深圳市楷杰卫浴有限公司	广东省	卫生陶瓷（坐便器）	8006	—	便器用水量、水封回复功能、安全水位、坐便器水效等级、坐便器水效限定值	中国国检测试控股集团陕西有限公司（国家建筑卫生陶瓷质量检验检测中心）	
34	陶瓷坐便器	潮州市潮安区古巷镇鑫隆陶瓷厂	潮州市潮安区古巷镇鑫隆陶瓷厂	广东省	卫生陶瓷（坐便器）	JTO-0897	2024年3月5日	洗净功能	初检机构：北京建筑材料检验研究院股份有限公司（国家节水器具产品质量检验检测中心）复检机构：上海建科检验有限公司	复检仍不合格
35	陶瓷坐便器	南昌市青云谱区彬柄贸易经营中心	开平市彬马实业卫浴有限公司	广东省	坐便器	9230	2024年6月17日	水封回复功能	中国国检测试控股集团陕西有限公司（国家建筑卫生陶瓷质量检验检测中心）	

序号	产品种类	受检单位	标称生产单位	标称生产单位所在地	产品名称	规格型号	生产日期/批号	主要不合格项目	承检机构	备注
36	陶瓷坐便器	宁波市海曙石硬欧陆家居用品商行	广东威迪亚陶瓷实业有限公司	广东省	卫生陶瓷（坐便器）	2098	2024年4月30日	便器用水量、坐便器水效等级、进水阀CL标记	中国国检测试控股集团陕西有限公司（国家建筑卫生陶瓷质量检验检测中心）	
37	陶瓷坐便器	潮州市潮安区威丽莎陶瓷实业有限公司	潮州市潮安区威丽莎陶瓷实业有限公司	广东省	卫生陶瓷坐便器	340	2023年7月3日	洗净功能	上海建科检验有限公司	
38	陶瓷坐便器	南安市仑苍吴关小强水暖洁具店	潮州市潮安区远泰智能卫浴	广东省	连体坐便器	YT-235	—	便器用水量、安全水位、坐便器水效等级定值	中国国检测试控股集团陕西有限公司（国家建筑卫生陶瓷质量检验检测中心）	
39	陶瓷坐便器	南昌市青云谱区姐妹建材经营部	潮州市潮安区双合卫浴有限公司	广东省	连体陶瓷坐便器	6970	2024年1月3日	便器用水量、安全水位、坐便器水效等级定值	中国国检测试控股集团陕西有限公司（国家建筑卫生陶瓷质量检验检测中心）	
40	陶瓷坐便器	潮州市满洁陶瓷有限公司	潮州市满洁陶瓷有限公司	广东省	连体坐便器	M6	2024年6月26日	坐便器水效等级	上海建科检验有限公司	
41	陶瓷坐便器	南昌市青云谱区佰达亿嘉营销中心	佛山市尚典卫浴有限公司	广东省	坐便器	9288	2019年5月5日	便器用水量、安全水位、坐便器水效等级定值	中国国检测试控股集团陕西有限公司（国家建筑卫生陶瓷质量检验检测中心）	
42	陶瓷坐便器	杭州佳好佳居饰商城湾成装饰材料商行	潮州市格林陶瓷实业有限公司	广东省	陶瓷坐便器	2163	—	便器用水量、安全水位、坐便器水效等级定值	中国国检测试控股集团陕西有限公司（国家建筑卫生陶瓷质量检验检测中心）	
43	陶瓷坐便器	南昌市青云谱区佰达亿嘉经营部	潮州市尚座卫浴科技有限公司	广东省	坐便器	SZ-1115	2024年6月19日	便器用水量、安全水位、坐便器水效等级定值	中国国检测试控股集团陕西有限公司（国家建筑卫生陶瓷质量检验检测中心）	
44	陶瓷坐便器	杭州市上城区凯牧装饰材料商行	潮州市潮安区古巷镇金丽佳陶瓷制作厂	广东省	连体坐便器	8912	—	便器用水量、安全水位、坐便器水效等级定值	中国国检测试控股集团陕西有限公司（国家建筑卫生陶瓷质量检验检测中心）	
45	陶瓷坐便器	宁波市鄞州区超益卫浴设备经营部	潮州市枫溪区威士尼陶瓷厂	广东省	卫生陶瓷坐便器	9071	2023年5月4日	便器用水量、水封回复功能、坐便器水效等级、进水阀CL标记	中国国检测试控股集团陕西有限公司（国家建筑卫生陶瓷质量检验检测中心）	

序号	产品种类	受检单位	标称生产单位	标称生产单位所在地	产品名称	规格型号	生产日期/批号	主要不合格项目	承检机构	备注
46	陶瓷坐便器	潘青青（个体工商户）	广东跳跳兔厨卫科技有限公司	广东省	连体坐便器	901	—	便器用水量、安全水位、坐便器水效等级效限定值	中国国检测试控股集团陕西有限公司（国家建筑卫生陶瓷质量检验检测中心）	
47	陶瓷坐便器	广东简一家居有限公司	广东简一家居有限公司	广东省	连体坐便器	JY2002	—	洗净功能	初检机构：北京建筑材料检验研究院股份有限公司（国家节水器具产品质量检验检测中心）复检机构：上海建科检验有限公司	复检仍不合格
48	陶瓷坐便器	潮州市鸥德厨卫科技有限公司	潮州市鸥德厨卫科技有限公司	广东省	坐便器	2267	—	便器用水量、安全水位、坐便器水效等级效限定值	台州市产品质量安全检测研究院[国家智能马桶产品质量监督检验中心（浙江）]	
49	陶瓷坐便器	广东米岛厨卫科技有限公司	广东米岛厨卫科技有限公司	广东省	卫生陶瓷（坐便器）	9268	—	便器用水量、安全水位、坐便器水效等级	台州市产品质量安全检测研究院[国家智能马桶产品质量监督检验中心（浙江）]	
50	陶瓷坐便器	佛山市禅城区尊利洁具营销中心	佛山市禅城区尊利洁具营销中心	广东省	卫生陶瓷（坐便器）	A-8942	2024年4月5日	便器用水量、安全水位、坐便器水效等级效限定值	北京建筑材料检验研究院股份有限公司（国家节水器具产品质量检验检测中心）	
51	陶瓷坐便器	宁波市海曙区硬诺恩建材商行	广东大和宫野科技有限公司	广东省	连体坐便器	8173	—	便器用水量、安全水位、坐便器水效等级效限定值	中国国检测试控股集团陕西有限公司（国家建筑卫生陶瓷质量检验检测中心）	
52	陶瓷坐便器	佛山市禅城区鹏嘉陶瓷营销中心	佛山市禅城区鹏嘉陶瓷营销中心	广东省	卫生陶瓷（坐便器）	9210	2024年6月2日	安全水位	初检机构：台州市产品质量安全检测研究院[国家智能马桶产品质量监督检验中心（浙江）]复检机构：上海建科检验有限公司	复检仍不合格
53	陶瓷坐便器	容城县琅铠卫浴经营部	潮州市潮安区登塘镇博泰陶瓷厂	广东省	连体坐便器	8988	—	便器用水量、安全水位、坐便器水效等级效限定值	台州市产品质量安全检测研究院[国家智能马桶产品质量监督检验中心（浙江）]	

序号	产品种类	受检单位	标称生产单位	标称生产单位所在地	产品名称	规格型号	生产日期/批号	主要不合格项目	承检机构	备注
54	陶瓷坐便器	潮州市潮安区古巷镇美纳洁瓷厂	潮州市潮安区古巷镇美纳洁瓷厂	广东省	陶瓷坐便器	2901	2024年6月16日	安全水位	上海建科检验有限公司	
55	陶瓷坐便器	佛山市鹏瑞陶瓷有限公司	佛山市鹏瑞陶瓷有限公司	广东省	卫生陶瓷（坐便器）	6012	2024年5月13日	便器用水量、安全水位、坐便器水效等级、效限定值	上海建科检验有限公司	
56	陶瓷坐便器	佛山市禅城区新洁洁具经营部	佛山市禅城区新洁洁具经营部	广东省	卫生陶瓷（坐便器）	3076	2023年7月22日	便器用水量、安全水位、坐便器水效限定值	北京建筑材料检验研究院股份有限公司（国家节水器具产品质量检验中心）	
57	陶瓷坐便器	北京谷川商贸中心	广东省圣堡露卫浴有限公司	广东省	卫生陶瓷（坐便器）	893	—	安全水位、进水阀CL标记	台州市产品质量安全检研究院[国家智能马桶产品质量监督检验中心（浙江）]	
58	陶瓷坐便器	佛山市禅城区梦岗佳卫浴商行	佛山市禅城区梦岗佳卫浴商行	广东省	连体坐便器	8008	2024年6月25日	便器用水量、安全水位、坐便器水效限定值	北京建筑材料检验研究院股份有限公司（国家节水器具产品质量检验中心）	
59	陶瓷坐便器	佛山市华纳斯卫浴有限公司	佛山市华纳斯卫浴有限公司	广东省	坐便器（陶瓷坐便器）	2178	2024年5月10日	便器用水量、安全水位、坐便器水效限定值	北京建筑材料检验研究院股份有限公司（国家节水器具产品质量检验中心）	
60	陶瓷坐便器	佛山市禅城区格尔利洁具展销部	佛山市禅城区格尔利洁具展销部	广东省	卫生陶瓷（坐便器）	8071	2024年6月26日	洗净功能	北京建筑材料检验研究院股份有限公司（国家节水器具产品质量检验中心）	
61	陶瓷坐便器	广西潮之南建材有限公司	融野实业（广东）有限公司	广东省	连体坐便器	K83-3	2024年6月12日	便器用水量、水封回复功能、安全水位、坐便器水效等级、坐便器水效限定值	台州市产品质量安全检研究院[国家智能马桶产品质量监督检验中心（浙江）]	
62	陶瓷坐便器	北京顺益铭杨洁具经销部	广东贺岁军陶瓷科技有限公司	广东省	卫生陶瓷坐便器	GJT-58140	—	洗净功能	北京建筑材料检验研究院股份有限公司（国家节水器具产品质量检验中心）	
63	陶瓷坐便器	天津市河西区强土三兴五金经营部	广东壹陶科技有限公司	广东省	卫生陶瓷（坐便器）	8938		便器用水量、水封回复功能、安全水位、坐便器水效等级、坐便器水效限定值	台州市产品质量安全检研究院[国家智能马桶产品质量监督检验中心（浙江）]	

序号	产品种类	受检单位	标称生产单位	标称生产单位所在地	产品名称	规格型号	生产日期/批号	主要不合格项目	承检机构	备注
64	陶瓷坐便器	北京市院中南装饰材料经销部	广东小艾智能卫浴有限公司	广东省	坐便器	209	—	便器用水量、安全水位、洗净功能、坐便器水效等级、坐便器水效限定值	台州市产品质量安全检测研究院[国家智能马桶产品质量监督检验中心（浙江）]	
65	陶瓷坐便器	宁波市北仑区新暎联顺卫浴商行	潮州市潮安区欧斯特陶瓷有限公司	广东省	卫生陶瓷（坐便器）	2199	—	便器用水量、安全水位、坐便器水效等级、坐便器水效限定值	中国国检测试集团陕西有限公司（国家建筑卫生陶瓷质量检验中心）	
66	陶瓷坐便器	佛山市禅城区卡普东尔卫浴经营部	广东彩洲卫浴实业有限公司	广东省	坐便器	WC-0628	2020年12月27日	洗净功能、水封回复功能	初检机构：北京建筑材料检验研究院股份有限公司（国家节水器卫浴产品质量检验检测中心）；复检机构：上海建科检验有限公司	复检仍不合格
67	陶瓷坐便器	潮州市潮安区美艺陶瓷有限公司	潮州市潮安区美艺陶瓷有限公司	广东省	连体坐便器	2071	—	洗净功能	北京建筑材料检验研究院股份有限公司其产品质量检验检测中心	
68	陶瓷坐便器	宜都市销奕商贸经营部	潮州市应龙智能厨卫有限公司	广东省	连体坐便器	2041	2024年4月	便器用水量、水封回复功能、安全水位、坐便器水效等级、坐便器水效限定值	上海建科检验有限公司	
69	陶瓷坐便器	宜都市宜美家装饰经营部	潮州市朗森卫浴有限公司	广东省	陶瓷坐便器	900	2023年5月13日	便器用水量、安全水位、坐便器水效等级、坐便器水效限定值	上海建科检验有限公司	
70	陶瓷坐便器	佛山市东进科技有限公司	佛山市东进科技有限公司	广东省	卫生陶瓷（连体坐便器）	8041	—	便器用水量、安全水位、坐便器水效等级、坐便器水效限定值	北京建筑材料检验研究院股份有限公司（国家节水器水器具产品质量检验检测中心）	
71	陶瓷坐便器	佛山市禅城区鸿昇卫浴商行	潮州市潮安区塘镇天生陶瓷厂	广东省	卫生陶瓷（坐便器）	6046	—	便器用水量、便器用水量、水封回复功能、安全水位、坐便器水效等级、坐便器水效限定值	北京建筑材料检验研究院股份有限公司（国家节水器水器具产品质量检验检测中心）	
72	陶瓷坐便器	佛山市禅城区钻驰陶瓷经营部	佛山市禅城区钻驰陶瓷经营部	广东省	卫生陶瓷（坐便器）	668	2024年7月10日	洗净功能	北京建筑材料检验研究院股份有限公司（国家节水器水器具产品质量检验检测中心）	

序号	产品种类	受检单位	标称生产单位	标称生产单位所在地	产品名称	规格型号	生产日期/批号	主要不合格项目	承检机构	备注
73	陶瓷坐便器	佛山市禅城区满意陶卫洁陶卫洁营销中心	佛山市禅城区满意陶卫洁营销中心	广东省	卫生陶瓷（坐便器）	A-816	2024年6月14日	洗净功能、安全水位	北京建筑材料检验研究院股份有限公司（国家节水器具产品质量检验检测中心）	
74	陶瓷坐便器	佛山市欧乐伦卫浴经营部	佛山市欧乐伦卫浴有限公司	广东省	连体坐便器	D81	2024年6月20日	水封深度、便器用水量、水封回复功能、坐便器水效等级、效限定值	北京建筑材料检验研究院股份有限公司（国家节水器具产品质量检验检测中心）	
75	陶瓷坐便器	佛山市禅城区楷美龙卫浴经营店	潮州市潮安区海博陶瓷有限公司	广东省	陶瓷坐便器	2165	2024年7月15日	洗净功能	北京建筑材料检验研究院股份有限公司（国家节水器具产品质量检验检测中心）	
76	陶瓷坐便器	佛山市丹利亚卫浴科技有限公司	佛山市丹利亚卫浴科技有限公司	广东省	卫生陶瓷坐便器	329	2024年7月18日	安全水位	北京建筑材料检验研究院股份有限公司（国家节水器具产品质量检验检测中心）	
77	陶瓷坐便器	佛山市禅城区亮都洁具经营部	佛山市禅城区亮都洁具经营部	广东省	坐便器	8055	2024年7月19日	安全水位	北京建筑材料检验研究院股份有限公司（国家节水器具产品质量检验检测中心）	
78	陶瓷坐便器	德州经济技术开发区莱笠普厨卫经营部	广东亚莱笠厨卫科技有限公司	广东省	连体坐便器	8017	—	便器用水量、水封回复功能、坐便器水效等级	台州市产品质量安全检验研究院[国家智能马桶产品质量监督检验中心（浙江）]	
79	陶瓷坐便器	德州经济技术开发区莱笠普厨卫经营部	中山市深科电器有限公司	广东省	卫生陶瓷（连体坐便器）	G3125	—	便器用水量、安全水位、坐便器水效等级	台州市产品质量安全检验研究院[国家智能马桶产品质量监督检验中心（浙江）]	
80	陶瓷坐便器	徐永飞（个体工商户）	广东唯范卫浴有限公司	广东省	陶瓷坐便器	1174	2024年	便器用水量、坐便器水效等级、坐便器水效限定值	上海建科检验有限公司	
81	陶瓷坐便器	佛山市禅城区粤陶佳卫洁洁具批发部（个体工商户）	佛山市禅城区粤陶佳卫洁洁具批发部	广东省	卫生陶瓷（坐便器）	2040	2024年7月21日	安全水位	北京建筑材料检验研究院股份有限公司（国家节水器具产品质量检验检测中心）	
82	陶瓷坐便器	佛山市禅城区增辉建材批发部	中纤（潮州）科技有限公司	广东省	连体坐便器	8317	2024年7月15日	便器用水量、坐便器水效等级、坐便器水效限定值	北京建筑材料检验研究院股份有限公司（国家节水器具产品质量检验检测中心）	涉嫌假冒

续表

序号	产品种类	受检单位	标称生产单位	标称生产单位所在地	产品名称	规格型号	生产日期/批号	主要不合格项目	承检机构	备注
83	陶瓷坐便器	天津市滨海卡丹尼洁具营销中心	广东卡丹尼卫浴有限公司	广东省	卫生陶瓷（坐便器）	165	—	水封回复功能、安全水位	台州市产品质量安全检测研究院[国家智能马桶产品质量监督检验中心（浙江）]	
84	陶瓷坐便器	河北瞻川商贸有限公司	佛山市洁尔曼卫浴有限公司	广东省	卫生陶瓷（坐便器）	JM-3118	—	安全水位	台州市产品质量安全检测研究院[国家智能马桶产品质量监督检验中心（浙江）]	
85	陶瓷坐便器	佛山市高勤陶瓷有限公司	潮州市潮安区凤塘镇建信瓷业制作厂	广东省	连体坐便器	835	2024年7月15日	便器用水量、坐便器水效等级、坐便器水效限定值	北京建筑材料检验研究院股份有限公司（国家节水器具产品质量检验检测中心）	
86	陶瓷坐便器	天津市滨海新区天来好五金经营店	潮州市悍鲸厨卫有限公司	广东省	连体坐便器	5005	—	便器用水量、坐便器水效等级、坐便器水效限定值	台州市产品质量安全检测研究院[国家智能马桶产品质量监督检验中心（浙江）]	
87	陶瓷坐便器	佛山市禅城区恒乐源嘉源水暖器材商行	广东小牧优品厨卫科技有限公司	广东省	卫生陶瓷（坐便器）	6001	2024年5月16日	安全水位	北京建筑材料检验研究院股份有限公司（国家节水器具产品质量检验检测中心）	
88	陶瓷坐便器	佛山市禅城区恒乐源嘉源水暖器材商行	广州科勒厨卫有限公司	广东省	陶瓷坐便器	8643	2024年6月3日	便器用水量、安全水位、坐便器水效等级、坐便器水效限定值	北京建筑材料检验研究院股份有限公司（国家节水器具产品质量检验检测中心）	
89	陶瓷坐便器	佛山市禅城区千叶红洁具有限公司	佛山市禅城区千叶红洁具有限公司	广东省	卫生陶瓷便器	3888	2024年3月15日	安全水位	北京建筑材料检验研究院股份有限公司（国家节水器具产品质量检验检测中心）	
90	陶瓷坐便器	桥西区王洁卫浴洁具经销处	深圳市箭牌王卫浴有限公司	广东省	卫生陶瓷（坐便器）	914	—	安全水位	台州市产品质量安全检测研究院[国家智能马桶产品质量监督检验中心（浙江）]	
91	陶瓷坐便器	佛山市禅城区铜箭水暖洁具批发部	乐家瓷业（潮州）有限公司	广东省	连体坐便器	065	2024年7月15日	便器用水量、坐便器水效等级、坐便器水效限定值	北京建筑材料检验研究院股份有限公司（国家节水器具产品质量检验检测中心）	
92	陶瓷坐便器	佛山市澳星洲卫浴有限公司	佛山市澳星洲卫浴有限公司	广东省	坐便器	01-03316	2024年7月27日	便器用水量、坐便器水效等级、坐便器水效限定值	初检机构：北京建筑材料检验研究院股份有限公司（国家节水器具产品质量检验检测中心）；复检机构：上海建科检验有限公司	复检仍不合格

序号	产品种类	受检单位	标称生产单位	标称生产单位所在地	产品名称	规格型号	生产日期/批号	主要不合格项目	承检机构	备注
93	陶瓷坐便器	天津市河西区富鑫装饰建材商行	深圳乐高卫浴科技有限公司	广东省	卫生陶瓷（坐便器）	2113	—	便器用水量、安全水位、坐便器水效等级、效限定值	台州市产品质量安全检测研究院[国家智能马桶产品质量监督检验中心（浙江）]	
94	陶瓷坐便器	天津市河东区鹏宇建材经营店（个体工商户）	潮州市潮安区易斯路陶瓷有限公司	广东省	卫生陶瓷（坐便器）	3269	—	进水阀CL标记	台州市产品质量安全检测研究院[国家智能马桶产品质量监督检验中心（浙江）]	
95	陶瓷坐便器	石家庄星泽瑞卫浴有限公司	逸箭卫浴（深圳）有限公司	广东省	卫生陶瓷坐便器	8007	—	安全水位	台州市产品质量安全检测研究院[国家智能马桶产品质量监督检验中心（浙江）]	
96	陶瓷坐便器	北京西三旗家居家具建材商贸有限公司	华洁科技（广东）有限公司	广东省	陶瓷坐便器	HJ	—	便器用水量、安全水位、坐便器水效等级、效限定值	北京建筑材料检验研究院股份有限公司（国家节水器具产品质量检验中心）	
97	陶瓷坐便器	北京北七家金桔洁具经销部	潮州市潮安区古巷镇鹰塘卫浴洁具厂	广东省	卫生陶瓷（坐便器）	0020	—	便器用水量、安全水位、坐便器水效等级、效限定值	北京建筑材料检验研究院股份有限公司（国家节水器具产品质量检验中心）	
98	陶瓷坐便器	广西壮族自治区黎塘工业瓷厂	广西壮族自治区黎塘工业瓷厂	广西壮族自治区	卫生陶瓷坐便器	LZN-23	2024年6月28日	便器用水量、安全水位、坐便器水效等级、效限定值	台州市产品质量安全检测研究院[国家智能马桶产品质量监督检验中心（浙江）]	

表 4-5 2018—2024 年智能坐便器产品质量国家监督抽查合格率

时间	抽查批次数	不合格批次数	合格率	时间	抽查批次数	不合格批次数	合格率
2018年	70	4	94.29%	2022年	126	4	96.83%
2019年	75	3	96.00%	2023年	215	13	93.95%
2020年	75	2	97.33%	2024年	126	9	92.86%
2021年	106	9	91.51%				

表 4-6　智能坐便器产品质量国家监督抽查不合格的产品及其企业名单

序号	产品种类	受检单位	标称生产单位	标称生产单位所在地	产品名称	规格型号	生产日期/批号	主要不合格项目	承检机构	备注
1	智能坐便器	泰兴市智峰建材商行	上海日丰卫浴洁具有限公司	上海市	智能坐便器	6932	—	智能坐便器冲洗平均用水量、对触及带电部件的防护*、接地措施*、螺钉和连接	上海市质量监督检验技术研究院	涉嫌假冒
2	智能坐便器	温岭市城东鑫欣建筑装饰材料经营部	浙江安玛卫浴有限公司	浙江省	智能坐便器	AM-TC79753	—	输入功率和电流*	初检机构：安徽省产品质量监督检验研究院　复检机构：上海市质量监督检验技术研究院	复检仍不合格
3	智能坐便器	南宁市志发水暖五金交电经营部	福建宏塑科技发展有限公司	福建省	智能坐便器	HS33027	2024年5月21日	智能坐便器清洗平均用水量、对触及带电部件的防护*、接地措施*	安徽省产品质量监督检验研究院	
4	智能坐便器	台州市椒江徐文花厨卫商行	厦门贝多卫浴有限公司	福建省	智能坐便器	811A	2024年5月22日	输入功率和电流*	初检机构：安徽省产品质量监督检验研究院　复检机构：上海市质量监督检验技术研究院	复检仍不合格
5	智能坐便器	宁波市鄞州鑫韵建材商行	潮州市潮安区古巷镇博者陶瓷厂	广东省	智能坐便器	1212	2024年4月5日	智能坐便器冲洗平均用水量、接地措施*、螺钉和连接	安徽省产品质量监督检验研究院	
6	智能坐便器	佛山市禅城区鸿昇卫浴商行	佛山杰座智能卫浴有限公司	广东省	智能坐便器	817A	2024年7月9日	对触及带电部件的防护*、接地措施*、螺钉和连接	上海市质量监督检验技术研究院	
7	智能坐便器	嘉兴市南湖区城东旭晖卫浴用品商行	广东昌野智能科技有限公司	广东省	智能坐便器	953	2024年6月18日	智能坐便器冲洗平均用水量、智能坐便器能效水效限定值、对触及带电部件的防护*、接地措施*	初检机构：安徽省产品质量监督检验研究院　复检机构：上海市质量监督检验技术研究院	复检仍不合格
8	智能坐便器	南宁市桂都卫浴经营部	广东箭牌卫浴有限公司	广东省	智能坐便器	1206CS	2024年4月20日	智能坐便器清洗平均用水量、对触及带电部件的防护*、接地措施*	安徽省产品质量监督检验研究院	
9	智能坐便器	宁波市鄞州东郑汇洲建材商行	广东洁立方厨卫科技有限公司	广东省	智能坐便器	A5	—	智能坐便器清洗平均用水量、输入功率和电流*、接地措施*	安徽省产品质量监督检验研究院	

2018—2024 年陶瓷片密封水嘴产品质量国家监督抽查合格率见表 4-7。

表 4-7 2018—2024 年陶瓷片密封水嘴产品质量国家监督抽查合格率

时间	合格率	时间	合格率
2018 年	91.10%	2022 年	81.90%
2019 年	86.90%	2023 年	91.75%
2020 年	83.70%	2024 年	73.79%
2021 年	83.10%		

陶瓷片密封水嘴产品质量国家监督抽查不合格的产品及其企业名单见表 4-8。

表 4-8 陶瓷片密封水嘴产品质量国家监督抽查不合格的产品及其企业名单

序号	产品种类	受检单位	标称生产单位	标称生产单位所在地	产品名称	规格型号	生产日期/批号	主要不合格项目	承检机构	备注
1	陶瓷片密封水嘴	北京颐天艳阳商贸有限公司	北京创亿鑫水暖科技有限公司	北京市	洗衣机龙头	A90 高维把	2024 年 5 月 15 日	抗使用负载、表面耐腐蚀性能	福建省产品质量检验研究院	
2	陶瓷片密封水嘴	杭州余杭欣越越日用品店	上海宜歆科技有限公司	上海市	陶瓷阀芯龙头角阀（陶瓷片密封水嘴）	XQ-014	—	抗使用负载、表面耐腐蚀性能	福建省产品质量检验研究院	
3	陶瓷片密封水嘴	杭州余杭区良渚郑雨欣五金商行	上海坤旻机电科技有限公司	上海市	铜快开洗衣机龙头 14cm（送网嘴）	SY150111	—	抗使用负载	福建省产品质量检验研究院	
4	陶瓷片密封水嘴	温州升田卫浴有限公司	温州升田卫浴有限公司	浙江省	单冷水龙头	ST8002	2024 年 7 月 25 日	螺纹（管螺纹精度）	北京市产品质量监督检验研究院（国家家具及室内环境质量监督检验中心）	
5	陶瓷片密封水嘴	上海市宝山区小翁建材经营部	台州市路桥绿太阳水嘴厂	浙江省	高级精品陶瓷水龙头	—	—	抗使用负载、表面耐腐蚀性能	北京市产品质量监督检验研究院（国家家具及室内环境质量监督检验中心）	
6	陶瓷片密封水嘴	温州市龙湾海城乐伦卫浴洁具厂	温州市龙湾海城乐伦卫浴洁具厂	浙江省	陶瓷芯水龙头	LL-SZ2006	2024 年 7 月 5 日	表面耐蚀性能	北京市产品质量监督检验研究院（国家家具及室内环境质量监督检验中心）	

序号	产品种类	受检单位	标称生产单位	标称生产单位所在地	产品名称	规格型号	生产日期/批号	主要不合格项目	承检机构	备注
7	陶瓷片密封水嘴	福州高新区春建建材商行	宁波史智金卫浴有限公司	浙江省	陶瓷片密封水嘴	DN15、SZJ-1075	—	抗使用负载	福建省产品质量检验研究院	
8	陶瓷片密封水嘴	杭州百德嘉厨卫科技有限公司	杭州百德嘉厨卫科技有限公司	浙江省	单把面盆龙头	H210035LN	2020年4月14日	流量均匀性	初检机构：北京市产品质量监督检验院（国家家具及室内环境质量监督检验中心） 复检机构：福建省产品质量检验研究院	复检仍不合格
9	陶瓷片密封水嘴	梧州市长洲区美佳乐卫浴用品店	温州卡朋卫浴科技有限公司	浙江省	陶瓷片密封水嘴	DN15、KX28平嘴	2022年	抗使用负载、耐腐蚀性能	上海市质量监督检验技术研究院	
10	陶瓷片密封水嘴	宁波阿发厨卫有限公司	宁波阿发厨卫有限公司	浙江省	单冷水嘴	AF-AV04	2022年8月3日	螺纹（管螺纹精度）、抗使用负载	北京市产品质量监督检验院（国家家具及室内环境质量监督检验中心）	
11	陶瓷片密封水嘴	上海百安居家居建材有限公司	浙江德利福科技股份有限公司	浙江省	拖布池水嘴	DLFSZ-004（中）	2023年12月13日	螺纹（管螺纹精度）	初检机构：北京市产品质量监督检验院（国家家具及室内环境质量监督检验中心） 复检机构：福建省产品质量检验研究院	复检仍不合格
12	陶瓷片密封水嘴	南昌市西湖区鸿顺德国际商贸城顺顺发水暖配件批发部	泉州市龙牧卫浴具有限公司	福建省	陶瓷芯水龙头	电镀单孔	2023年4月20日	流量均匀性	北京市产品质量监督检验院（国家家具及室内环境质量监督检验中心）	

序号	产品种类	受检单位	标称生产单位	标称生产单位所在地	产品名称	规格型号	生产日期/批号	主要不合格项目	承检机构	备注
13	陶瓷片密封水嘴	南昌市西湖区鸿顺德商贸城浪丽建材批发部	泉州市水之龙卫浴科技有限公司	福建省	长江单孔（陶瓷片密封水嘴）	SZL-8364	2023年12月1日	螺纹（管螺纹精度）、金属污染物析出（铅析出统计值Q）、表面耐腐蚀性能	北京市产品质量监督检验研究院（国家家具及室内环境质量监督检验中心）	
14	陶瓷片密封水嘴	北京镒鑫商贸中心	福建省博亿水暖科技有限公司	福建省	特长平口龙头	DN15	2024年5月13日	流量、抗使用负载、表面耐腐蚀性能	福建省产品质量检验研究院	
15	陶瓷片密封水嘴	衡阳县弘锦建材有限公司	福建省南安市领尊卫浴有限公司	福建省	亚加厚洗衣机（陶瓷片密封水嘴）	DN15	—	抗使用负载、表面耐腐蚀性能	上海市质量监督检验技术研究院	
16	陶瓷片密封水嘴	南安市腾思特水暖洁具厂	南安市腾思特水暖洁具厂	福建省	单把面盆（陶瓷片密封水嘴）	DN15、TST-MP11	2024年7月3日	流量均匀性、水嘴水效等级	上海市质量监督检验技术研究院	
17	陶瓷片密封水嘴	福建水少爷厨卫集团有限公司	福建水少爷厨卫集团有限公司	福建省	水龙头	S-1014	2024年6月20日	流量、抗使用负载	北京市产品质量监督检验研究院（国家家具及室内环境质量监督检验中心）	
18	陶瓷片密封水嘴	南安市溪美佳顺五金店	南安市志辉卫浴洁具厂	福建省	大中长长明（陶瓷片密封水嘴）	DN15	—	螺纹（管螺纹精度）、抗使用负载、表面耐腐蚀性能	福建省产品质量检验研究院	
19	陶瓷片密封水嘴	斗门区白蕉镇建利家建材销售部	泉州市昂然厨卫有限公司	福建省	厨房龙头	高仪大弯	—	螺纹（管螺纹精度）、表面耐腐蚀性能	北京市产品质量监督检验研究院（国家家具及室内环境质量监督检验中心）	
20	陶瓷片密封水嘴	吴中区郭巷东方商城得利家建材经营部	泉州市亿联卫浴洁具有限公司	福建省	陶瓷芯水龙头	—	—	抗使用负载、表面耐腐蚀性能	北京市产品质量监督检验研究院（国家家具及室内环境质量监督检验中心）	
21	陶瓷片密封水嘴	茶陵县汉塑管业销售部	南安市九头鸟卫浴洁具有限公司	福建省	带叶水明（陶瓷片密封水嘴）	DN15	—	流量、抗使用负载、表面耐腐蚀性能	上海市质量监督检验技术研究院	
22	陶瓷片密封水嘴	南安市溪美日兴五金店	泉州潮桐花电气有限公司	福建省	秋羽龙头（陶瓷片密封水嘴）	DN15、LJ-202	—	流量、抗使用负载、表面耐腐蚀性能	福建省产品质量检验研究院	

序号	产品种类	受检单位	标称生产单位	标称生产单位所在地	产品名称	规格型号	生产日期/批号	主要不合格项目	承检机构	备注
23	陶瓷片密封水嘴	上海市闵行区浦江镇范永健建材经营部	泉州市固陶卫浴发展有限公司	福建省	铜中长尖嘴（水嘴）	GT-6879X	—	抗使用负载、表面耐腐蚀性能	北京市产品质量监督检验研究院（国家家具及室内环境质量监督检验中心）	
24	陶瓷片密封水嘴	红花岗区柯美特水暖经营部	福建泊瓷厨卫有限公司	福建省	铜中长洗衣机龙头（陶瓷片密封水嘴）	DN15	—	表面耐腐蚀性能	上海市质量监督检验技术研究院	
25	陶瓷片密封水嘴	泉州市荣祥厨卫科技有限公司	泉州市荣祥厨卫科技有限公司	福建省	中宇单冷（陶瓷片密封水嘴）	DN15	2024年7月13日	表面耐腐蚀性能	上海市质量监督检验技术研究院	
26	陶瓷片密封水嘴	南昌市西湖区鸿顺德国际商贸城联达水暖器材批发部	福建省申雷达厨卫实业有限公司	福建省	单把面盆龙头	SW271-391	2024年1月11日	螺纹（管螺纹精度）、表面耐腐蚀性能	北京市产品质量监督检验研究院（国家家具及室内环境质量监督检验中心）	
27	陶瓷片密封水嘴	南安市美林斯柏力建材店	中怀（厦门）卫浴有限公司	福建省	中长洗衣机龙头（陶瓷片密封水嘴）	DN15, 940-313	2023年8月4日	抗使用负载	初检机构：福建省产品质量检验研究院　复检机构：上海市质量监督检验技术研究院	复检仍不合格
28	陶瓷片密封水嘴	北京天悦康达商贸中心	泉州市犇鲸厨卫实业有限公司	福建省	快开龙头	HJ-529	2024年3月15日	抗使用负载、表面耐腐蚀性能	福建省产品质量检验研究院	
29	陶瓷片密封水嘴	岳塘区国龙建材店	泉州市银卡厨卫有限公司	福建省	陶瓷片密封水嘴	DN15	—	抗使用负载、表面耐腐蚀性能	上海市质量监督检验技术研究院	
30	陶瓷片密封水嘴	茶陵县水隆洁具店	泉州市戏水鲸卫浴科技有限公司	福建省	洗衣机头咀（陶瓷片密封水嘴）	DN15	—	抗使用负载、表面耐腐蚀性能	上海市质量监督检验技术研究院	
31	陶瓷片密封水嘴	茶陵县闽航建材经营部	南安市淋牧洁具厂	福建省	陶瓷片密封水嘴	DN15, 中三角淋浴	—	流量、表面腐蚀性能	上海市质量监督检验技术研究院	
32	陶瓷片密封水嘴	北京市晨光聚源板材销售部	泉州得勒卫浴有限公司	福建省	陶瓷芯水龙头	—	—	抗使用负载、表面耐腐蚀性能	福建省产品质量检验研究院	

序号	产品种类	受检单位	标称生产单位	标称生产单位所在地	产品名称	规格型号	生产日期/批号	主要不合格项目	承检机构	备注
33	陶瓷片密封水嘴	红花岗区尚高日丰卫浴经营部	福建爱浪厨卫有限公司	福建省	洗衣机龙头（陶瓷片密封水嘴）	DN15、ALX23003	—	螺纹（管螺纹精度）、抗使用负载	上海市质量监督检验技术研究院	
34	陶瓷片密封水嘴	曹县谷昕厨具销售店	泉州固洁厨卫有限公司	福建省	陶瓷芯水龙头	W-6103B	—	抗使用负载、表面耐腐蚀性能	福建省产品质量检验研究院	
35	陶瓷片密封水嘴	北京京创美科机电设备经销中心	泉州市玉霸卫浴设备有限公司	福建省	快开龙头	36042	2024年3月8日	抗使用负载、表面耐腐蚀性能	福建省产品质量检验研究院	
36	陶瓷片密封水嘴	北京晶华兴商贸有限公司	泉州市世欧卫浴有限公司	福建省	陶瓷芯水龙头	4分	2023年12月21日	螺纹（管螺纹精度、抗使用负载、表面耐腐蚀性能	福建省产品质量检验研究院	
37	陶瓷片密封水嘴	北京上阀汉威机械设备销售中心	泉州翰龙卫浴有限公司	福建省	陶瓷芯水龙头	DN15	2024年6月20日	抗使用负载、表面耐腐蚀性能	福建省产品质量检验研究院	
38	陶瓷片密封水嘴	福建省洁芳卫浴工贸有限公司	福建省洁芳卫浴工贸有限公司	福建省	快开龙头（陶瓷片密封水嘴）	DN15、JF-2801	2024年5月5日	抗使用负载	上海市质量监督检验技术研究院	
39	陶瓷片密封水嘴	北流市强盛五金水暖商行（个体工商户）	泉州市兰伯乐水暖卫浴有限公司	福建省	洗衣龙头（陶瓷片密封水嘴）	DN15、LG(中)	2023年11月	抗使用负载、表面耐腐蚀性能	上海市质量监督检验技术研究院	
40	陶瓷片密封水嘴	泉州金牛建材有限公司	泉州市金牛建材有限公司	福建省	陶瓷片密封水嘴	DN15、1042	2024年6月16日	抗使用负载	上海市质量监督检验技术研究院	
41	陶瓷片密封水嘴	南安市灿茹卫浴洁具厂	南安市灿茹卫浴洁具厂	福建省	陶瓷片密封水嘴	DN15	2024年7月15日	表面耐腐蚀性能	上海市质量监督检验技术研究院	
42	陶瓷片密封水嘴	南安市溪美日兴五金店	泉州市长准五金制造有限公司	福建省	铜快开洗衣机（陶瓷片密封水嘴）	DN15、F71016	—	抗使用负载、表面耐腐蚀性能	福建省产品质量检验研究院	
43	陶瓷片密封水嘴	北京森唯装饰材料销售中心	南安市仓苍广荣水暖厂	福建省	特大龙头A	—	—	流量、抗使用负载、表面耐腐蚀性能	福建省产品质量检验研究院	
44	陶瓷片密封水嘴	杭州临平世森五金店	泉州市恒莎卫浴有限公司	福建省	陶瓷芯水龙头	铜尖咀	—	抗使用负载、表面耐腐蚀性能	福建省产品质量检验研究院	
45	陶瓷片密封水嘴	杭州余杭区良渚街道颜至辉建材商行	泉州丽驰科技有限公司	福建省	陶瓷片密封水嘴	5314	—	流量、抗使用负载	福建省产品质量检验研究院	

序号	产品种类	受检单位	标称生产单位	标称生产单位所在地	产品名称	规格型号	生产日期/批号	主要不合格项目	承检机构	备注
46	陶瓷片密封水嘴	洁豹厨卫科技（福建）有限公司	洁豹厨卫科技（福建）有限公司	福建省	陶瓷片密封水嘴	DN15、JB-YP102	2024年5月15日	表面耐腐蚀性能	上海市质量技术监督检验研究院	
47	陶瓷片密封水嘴	北京乾元盛泰建筑材料有限公司	大白优品（泉州）厨卫科技有限公司	福建省	陶瓷芯水龙头	DN15	2024年5月20日	抗使用负载、表面耐腐蚀性能	福建省产品质量检验研究院	
48	陶瓷片密封水嘴	杭州余杭东塘家电经营部	泉州市泉兴水暖科技有限公司	福建省	陶瓷芯龙头	钥匙尖咀A型	2024年6月5日	表面耐腐蚀性能	福建省产品质量检验研究院	
49	陶瓷片密封水嘴	闽侯县南通家城五金店	泉州市子顺卫浴洁具有限公司	福建省	子顺关大刀把尖嘴龙头（陶瓷片密封水嘴）	DN15	—	抗使用负载、表面耐腐蚀性能	上海市质量技术监督检验研究院	
50	陶瓷片密封水嘴	闽侯县荆溪程锋五金店	福建洛华斯智能厨卫有限公司	福建省	铜中长洗衣机（陶瓷片密封水嘴）	DN15	2024年6月	表面耐腐蚀性能	上海市质量技术监督检验研究院	
51	陶瓷片密封水嘴	北流市亚八五金经营部	南安市跃群卫浴有限公司	福建省	陶瓷片密封水嘴	DN15、YQ-1527	2023年9月	抗使用负载、表面耐腐蚀性能	上海市质量技术监督检验研究院	
52	陶瓷片密封水嘴	北京晨光聚源板材销售部	泉州市馆尚卫浴洁具有限公司	福建省	加厚平咀（陶瓷片密封水嘴）	GJ-SZ-104	—	流量、抗使用负载、表面耐腐蚀性能	福建省产品质量检验研究院	
53	陶瓷片密封水嘴	北京京献鸿达水暖器材商店	福建南安市韶河卫浴洁具厂	福建省	陶瓷芯水龙头	—	—	流量、抗使用负载、表面耐腐蚀性能	福建省产品质量检验研究院	
54	陶瓷片密封水嘴	北京东旭田装饰材料经营部	泉州市久洁水暖器材有限公司	福建省	特种陶瓷龙头系列	—	—	抗使用负载、表面耐腐蚀性能	福建省产品质量检验研究院	
55	陶瓷片密封水嘴	北京市宏运佳装饰板材经营部	泉州市格思达卫浴有限公司	福建省	陶瓷芯水龙头	16311-A	—	抗使用负载、表面耐腐蚀性能	福建省产品质量检验研究院	
56	陶瓷片密封水嘴	北流市富顺五金店（个体工商户）	泉州品创卫浴有限公司	福建省	快开龙头（陶瓷片密封水嘴）	DN20、5329（6分）	2024年3月	抗使用负载、表面耐腐蚀性能	上海市质量技术监督检验研究院	
57	陶瓷片密封水嘴	贵州省燕飞建材有限公司	福建康菲厨卫科技发展有限公司	福建省	快开龙头（陶瓷片密封水嘴）	DN15、8001X	—	抗使用负载、表面耐腐蚀性能	上海市质量技术监督检验研究院	
58	陶瓷片密封水嘴	观山湖区歌华卫浴经营部	泉州威神卫浴有限公司	福建省	陶瓷片密封水嘴	DN15	—	抗使用负载、表面耐腐蚀性能	上海市质量技术监督检验研究院	
59	陶瓷片密封水嘴	观山湖区莱斯诺建材经营部	南安市广宁水暖洁具有限公司	福建省	中长龙头（陶瓷片密封水嘴）	DN15、5805	—	抗使用负载、表面耐腐蚀性能	上海市质量技术监督检验研究院	

序号	产品种类	受检单位	标称生产单位	标称生产单位所在地	产品名称	规格型号	生产日期/批号	主要不合格项目	承检机构	备注
60	陶瓷片密封水嘴	杭州余杭区仁和街道万金明五金店	南安市几米水暖洁具厂	福建省	陶瓷芯水龙头	90洗衣机龙头	—	表面耐腐蚀性能	福建省产品质量检验研究院	
61	陶瓷片密封水嘴	贵阳市观山湖区芬格卫浴店	南安市东鑫卫浴洁具厂	福建省	铜四分鱼尾洗衣机（陶瓷片密封水嘴）	DN15、0053	—	抗使用负载、表面耐腐蚀性能	上海市质量监督检验技术研究院	
62	陶瓷片密封水嘴	杭州余杭区良渚郑雨欣五金商行	南安市勤姿卫浴洁具厂	福建省	陶瓷芯水龙头	—	—	抗使用负载、表面耐腐蚀性能	福建省产品质量检验研究院	
63	陶瓷片密封水嘴	观山湖区通惠洁具营部	福建省花轮整体卫浴有限公司	福建省	HL-304尖咀洗衣机（陶瓷片密封水嘴）	DN15	—	抗使用负载、表面耐腐蚀性能	上海市质量监督检验技术研究院	
64	陶瓷片密封水嘴	观山湖区通惠洁具营部	南安市辉鹤水暖洁具厂	福建省	铜五年质保尖咀（陶瓷片密封水嘴）	DN15	—	流量、抗使用负载、表面耐腐蚀性能	上海市质量监督检验技术研究院	
65	陶瓷片密封水嘴	杭州余杭区良渚街道姬凤波百货店	南安市津水洁具有限公司	福建省	陶瓷片密封水嘴	—	—	抗使用负载、表面耐腐蚀性能	福建省产品质量检验研究院	
66	陶瓷片密封水嘴	杭州余杭区仁和街道万金明五金店	泉州市沃宇卫浴有限公司	福建省	陶瓷片密封水嘴	WY-7303	—	抗使用负载、表面耐腐蚀性能	福建省产品质量检验研究院	
67	陶瓷片密封水嘴	杭州临平区世霖五金店	南安市秀瓷卫浴洁具厂	福建省	陶瓷片密封水嘴	加厚网咀	—	抗使用负载、表面耐腐蚀性能	福建省产品质量检验研究院	
68	陶瓷片密封水嘴	红花岗区珍珠路清河建材经营部	南安市德金亮卫浴洁具厂	福建省	铜咀（陶瓷片密封水嘴）	DN15	—	抗使用负载、表面耐腐蚀性能	上海市质量监督检验技术研究院	
69	陶瓷片密封水嘴	闽侯县上街怡福水暖五金店	福州市福龙泉仪表有限公司	福建省	加厚大网咀（陶瓷片密封水嘴）	DN15	—	螺纹（管螺纹精度）、抗使用负载、表面耐腐蚀性能	福建省产品质量检验研究院	
70	陶瓷片密封水嘴	吉时雨厨卫科技（福建）有限公司	吉时雨厨卫科技（福建）有限公司	福建省	铜三角淋浴（陶瓷片密封水嘴）	DN15、55501T	2024年5月6日	螺纹（管螺纹精度）、表面耐腐蚀性能	上海市质量监督检验技术研究院	
71	陶瓷片密封水嘴	曹县团团圆圆五金建材销售店（个体工商户）	梁园区君祥洁具加工部	河南省	陶瓷芯水龙头	4分合锌龙头、8163/B	2024年5月19日	螺纹（管螺纹精度）、抗使用负载、表面耐腐蚀性能	福建省产品质量检验研究院	

续表

序号	产品种类	受检单位	标称生产单位	标称生产单位所在地	产品名称	规格型号	生产日期/批号	主要不合格项目	承检机构	备注
72	陶瓷片密封水嘴	汕头市新泰华水暖洁具实业有限公司	汕头市新泰华水暖洁具实业有限公司	广东省	304水咀（陶瓷片密封水嘴）	6325	2024年5月28日	抗使用负载	福建省产品质量检验研究院	
73	陶瓷片密封水嘴	鹤山市址山镇雅诺卫浴厂	鹤山市址山镇雅诺卫浴厂	广东省	单孔面盆龙头	F11020C	2024年7月13日	流量均匀性	福建省产品质量检验研究院	
74	陶瓷片密封水嘴	开平市艺莎卫浴有限公司	开平市艺莎卫浴有限公司	广东省	洗衣机水嘴	3001	2024年6月21日	抗使用负载	福建省产品质量检验研究院	
75	陶瓷片密封水嘴	南安星辰灯饰有限公司	佛山西陶卫浴科技有限公司	广东省	快开水龙头（陶瓷片密封水嘴）	DN15	—	抗使用负载、表面耐腐蚀性能	福建省产品质量检验研究院	
76	陶瓷片密封水嘴	斗门区白蕉镇鑫华建材商行	开平市卓川卫浴实业有限公司	广东省	面盆龙头	940-1A	2024年6月21日	流量均匀性	北京市产品质量监督检验研究院（国家家具及室内环境质量监督检验中心）	
77	陶瓷片密封水嘴	斗门区白蕉镇发水暖洁具经营部	开平市水口镇麦加嘭卫浴厂	广东省	洗衣机龙头	—	2024年7月11日	螺纹（管螺纹精度）	北京市产品质量监督检验研究院（国家家具及室内环境质量监督检验中心）	
78	陶瓷片密封水嘴	珠海市斗门区华利建材商铺（个体工商户）	佛山市格璐斯卫浴有限公司	广东省	厨房龙头	802-312	—	螺纹（管螺纹精度）	北京市产品质量监督检验研究院（国家家具及室内环境质量监督检验中心）	
79	陶瓷片密封水嘴	开平市祥吉卫浴科技有限公司	开平市祥吉卫浴科技有限公司	广东省	*阀门龙头*水龙头	JX-8.88020B	2024年7月12日	抗使用负载	福建省产品质量检验研究院	
80	陶瓷片密封水嘴	梧州市长洲区欧牌卫浴经营部	广东马丁古驰卫浴有限公司	广东省	谜里小T洗衣机4分（陶瓷片密封水嘴）	DN15、4029	2024年3月	表面耐腐蚀性能	上海市质量监督检验技术研究院	
81	陶瓷片密封水嘴	梧州灏东装饰工程有限公司	开平市水口镇景祥卫浴厂	广东省	洗衣机（陶瓷片密封水嘴）	DN15	2024年6月	抗使用负载	上海市质量监督检验技术研究院	

五、2024 年卫浴家具产品质量国家监督抽查结果：5 批次产品不合格

在四川、江苏、广东、浙江、重庆、上海等 7 个省（自治区、直辖市）125 家销售单位抽查 127 批次产品，涉及广东、四川、浙江、福建、上海、江苏等 12 个省（自治区、直辖市）127 家生产单位，抽查发现 5 批次产品不合格。其中，有 3 批次产品安全项目木质产品有害物质限量不合格；1 批次产品台盆柜台面理化性能不合格，1 批次产品木质部件表面漆膜理化性能不合格。

浴室家具产品质量国家监督抽查不合格的产品及其企业名单见表 4-9。

表 4-9　浴室家具产品质量国家监督抽查不合格的产品及其企业名单

序号	产品种类	受检单位	标称生产单位	标称生产单位所在地	产品名称	规格型号	生产日期/批号	主要不合格项目	承检机构	备注
1	卫浴家具	昆山红星美凯龙装饰材料有限公司	富俊汇赢科技（上海）有限公司	上海市	浴室柜	柜体：BC5101-002GR；台盆：BC5104-802	2024 年 7 月 22 日	木质部件表面漆膜理化性能（耐液性）	初检机构：成都产品质量检验研究院有限责任公司 复检机构：苏州市产品质量监督检验院	复检仍不合格
2	卫浴家具	南京市雨花台区史艳军卫浴经营部	亳州美太卫浴有限公司	安徽省	浴室镜	90	—	木质产品有害物质限量（甲醛释放量）*	成都产品质量检验研究院有限责任公司	
3	卫浴家具	南京市雨花台区山鼎卫浴销售中心	长葛市格林兰浴室柜厂	河南省	生态实木浴室柜	701 白	—	木质产品有害物质限量（甲醛释放量）*	成都产品质量检验研究院有限责任公司	
4	卫浴家具	南京市雨花台区卡地尔洁具销售中心	长葛市金狮浴柜厂	河南省	轻奢浴室柜	611-80	—	木质产品有害物质限量（甲醛释放量）*	成都产品质量检验研究院有限责任公司	
5	卫浴家具	青白江鑫洁尔卫浴经营部（个体工商户）	广东潮州乐吉	广东省	卫浴柜	几何无缝-60	2024 年 6 月	台盆柜台面理化性能（抗冲击强度）	苏州市产品质量监督检验院	经查询企业信息公示系统，关联企业为：广东乐吉卫浴科技有限公司

第二节　各省市质量监督抽查结果

一、安徽省市场监督管理局：陶瓷砖、阀门抽查未发现不合格，3 批次水嘴产品不合格，1 批次智能坐便器产品不合格

① 阀门。本次抽查 10 批次产品，其中生产领域 8 批次，流通领域（实体店）2 批次，抽

查未发现不合格。

② 水嘴。本次抽查 12 批次产品，均在流通领域（实体店），抽查发现 3 批次产品不合格，不合格项目为螺纹、流量、表面耐腐蚀性能。

③ 智能坐便器。本次抽查 10 批次产品，均在流通领域（实体店），抽查发现 1 批次产品不合格，不合格项目为清洗平均用水量、标志和说明、对触及带电部件的防护、接地措施。

④ 陶瓷砖产品。本次抽查 28 批次，其中生产领域 4 批次，流通领域（实体店）24 批次，抽查未发现不合格。

二、山东省市场监督管理局：2 批次陶瓷砖不合格，1 批次卫生陶瓷不合格，1 批次智能坐便器不合格

① 陶瓷砖。2024 年第 4 批产品质量省级监督抽查共抽查陶瓷砖产品 45 批次。其中生产环节 30 批次，销售环节 10 批次，电商平台 5 批次。本次抽查依据 GB/T 4100—2015《陶瓷砖》、GB 6566—2010《建筑材料放射性核素限量》标准的要求，对陶瓷砖产品的尺寸、吸水率、破坏强度、断裂模数、无釉砖耐磨性、抗釉裂性、抗化学腐蚀性、耐污染性、放射性核素等项目进行了检验。本次抽查发现淄博伊柏特商贸有限公司、淄川区美嘉电子商务服务部等 2 家销售者销售的 2 批次产品不符合相关标准的要求，不合格项目为吸水率、破坏强度。

② 卫生陶瓷。2024 年第 1 批产品质量省级监督抽查共抽查卫生陶瓷产品 20 批次，其中，生产领域 2 批次，流通领域 18 批次。本次抽查发现高青县明晓厨卫城 1 家销售者销售的 1 批次产品不符合相关标准的要求，不合格项目为便器用水量、坐便器水效等级、坐便器水效限定值。

③ 智能坐便器。山东省市场监督管理局公布 2024 年智能坐便器产品质量省级监督抽查结果。2024 年第 7 批产品质量省级监督抽查共抽查智能坐便器产品 31 批次，其中，生产环节 1 批次，销售环节 24 批次，电商平台 6 批次。本次抽查发现烟台申岐乐智能科技有限公司 1 家销售者销售的 1 批次产品不符合相关标准的要求，不合格项目为智能坐便器清洗平均用水量、智能坐便器能效水效限定值。

三、海南省市场监督管理局：2 批次陶瓷砖不合格，4 批次智能坐便器不合格

2024 年下半年，海南省市场监督管理局对全省流通领域陶瓷砖、智能坐便器产品进行了监督抽查。

① 陶瓷砖。抽查了 15 批次产品，经检验，不合格 2 批次，不合格率为 13.33%。涉及的不合格项目为：放射性核素限量。

② 智能坐便器。抽查了 15 批次产品，经检验，不合格 4 批次，不合格率为 26.7%。本次抽查发现涉及安全性指标的项目有 4 批次不符合标准要求，涉及的不合格项目为：对触及带电部件的防护、耐潮湿、结构、接地措施；另有 3 批次产品不符合使用性要求，涉及的不合格项目为：智能坐便器冲洗平均用水量、双冲智能坐便器冲洗全冲用水量、双冲智能坐便器半冲平均用水量、智能坐便器能效水效限定值。

2025 年 3 月，2024 年海南省流通领域第二批陶瓷砖产品质量监督抽查结果公布。第二批抽查了 15 批次产品，经检验，未发现不合格产品。

四、重庆市市场监督管理局：2批次陶瓷砖产品不合格

2024年7月，重庆市市场监督管理局公布2024年眼镜等9种产品质量省级监督抽查情况。本次抽查涉及巴南区等23个区县的50批次陶瓷砖产品。抽查发现2批次产品不合格，不合格率为4.0%。不合格项目涉及吸水率、破坏强度。

五、江西省市场监督管理局：1批次陶瓷砖产品不合格

2024年9月，江西省市场监督管理局公布了陶瓷砖产品质量省级监督抽查结果，共抽查陶瓷砖产品20批次，发现不合格产品1批次，抽查不合格率为5%。

六、西藏自治区市场监督管理局：1批次智能坐便器不合格

2024年9月，西藏自治区市场监督管理局发布2024年瓶装液化石油气调压器、室内消火栓、消防水带等10种产品的质量监督抽查情况。

智能坐便器。在拉萨等2个地市抽查了3家销售单位的5批次产品，涉及广东、福建2个省份的4家生产单位。抽查发现1批次产品不合格，不合格率20%。重点对单位周期能耗、智能坐便器清洗平均用水量、智能坐便器能效水效限定值、水温特性、喷头自洁、坐圈加热功能、对触及带电部件的防护、输入功率和电流、发热、工作温度下的泄漏电流和电气强度、耐潮湿、非正常工作（不含19.11条款试验）、稳定性和机械危险、机械强度、结构（不含22.46条款试验）、内部布线、电源连接和外部软线、外部导线用接线端子、接地措施、螺钉和连接、耐热和耐燃、吹风温度、清洗水流量、清洗力、清洗面积、暖风温度等27个项目进行了检验。不合格项目涉及智能坐便器能效水效限定值。

七、辽宁省市场监督管理局：阀门、水嘴、卫生洁具未发现不合格，淋浴用花洒管螺纹精度等项目不合格

2024年10月，辽宁省市场监督管理局网站通报2024年汽车轮胎等产品质量监督抽查情况。

① 阀门、水嘴。本次监督抽查依据GB/T 12237—2021《石油、石化及相关工业用的钢制球阀》、GB 18145—2014《陶瓷片密封水嘴》等国家标准及有关要求，对产品的阀杆直径、阀体壁厚、壳体试验、上密封试验、高压密封试验、阀体材质成分分析、管螺纹精度、抗水压机械性能、流量、抗安装负载、抗使用负载、表面耐腐蚀性能等项目进行了检验。本次抽查未发现有产品不符合标准规定。

② 卫生洁具。本次监督抽查依据GB/T 26712—2021《卫生洁具及暖气管道用角阀》、GB/T 6952—2015《卫生陶瓷》等国家标准及有关要求，对产品的坐便器排污口尺寸、水封深度、坐便器水封表面尺寸、存水弯最小通径、坐便器水封回复试验、坐便器污水置换试验、螺纹精度、耐腐蚀性能、密封性能、抗水压机械性能、抗裂性、蹲便器用水量、蹲便器洗净功能、蹲便器排污口外径等项目进行了检验。本次抽查未发现有产品不符合标准规定。

③ 淋浴用花洒。本次监督抽查依据GB/T 23447—2023《卫生洁具　淋浴用花洒》、GB 28378—2019《淋浴器水效限定值及水效等级》等国家标准及有关要求，对产品的管螺纹精度、

耐急冷急热性能、耐腐蚀性能、密封性能、机械强度、流量、整体抗拉性能、手持式花洒防虹吸性能、喷射力、流量均匀性、淋浴器水效等级、跌落测试等项目进行了检验。本次抽查发现的质量问题是管螺纹精度、手持式花洒防虹吸性能等项目不合格。

八、浙江省市场监督管理局：1 批次智能坐便器不合格

2024 年 11 月，浙江省市场监督管理局发布 2024 年度浙江省级打印机、校服、智能坐便器等 34 种产品质量监督抽查情况。

智能坐便器。抽查 32 批次智能坐便器产品，其中 1 批次产品不合格。不合格项目是智能坐便器冲洗平均用水量、智能坐便器能效水效限定值。

九、宁夏回族自治区市场监督管理厅：1 批次陶瓷砖产品不合格

2024 年 11 月，宁夏回族自治区市场监督管理厅网站发布 2024 年度建筑装饰装修材料产品质量专项监督抽查结果。

陶瓷砖。依据 GB/T 4100—2015《陶瓷砖》、GB 6566—2010《建筑材料放射性核素限量》等标准规定，主要对陶瓷砖的尺寸、吸水率、断裂模数、破坏强度、无釉砖耐磨性、抗釉裂性、抗化学腐蚀性、耐污染性、放射性核素等项目进行了检验，所抽检产品共 5 批次，合格 4 批次，不合格 1 批次，不合格项目为吸水率、抗釉裂性。

十、陕西省市场监督管理局：11 批次陶瓷片密封水嘴不合格，7 批次卫生陶瓷不合格

2025 年 1 月，陕西省市场监督管理局发布 2024 年第三批产品质量省级监督抽查情况。不合格产品包括陶瓷片密封水嘴 11 批次、卫生陶瓷 7 批次。

十一、江苏省市场监督管理局：智能坐便器未发现不合格

2025 年 2 月 21 日，江苏省市场监督管理局网站发布关于 2024 年除湿机、电冰箱等 60 种产品的质量省级监督抽查情况。

智能坐便器。抽查产品 40 批次，未发现不合格。

十二、贵州省市场监督管理局：卫生陶瓷未发现不合格

2025 年 3 月，贵州省市场监督管理局发布 2024 年流通领域陶瓷砖等 12 种产品质量监督抽查情况。本次共对 19 家销售者销售的 21 批次产品开展了监督抽查，抽查区域为贵阳市、遵义市、六盘水市、安顺市、毕节市、铜仁市、黔东南苗族侗族自治州、黔南布依族苗族自治州、黔西南布依族苗族自治州。本次监督抽查依据 GB/T 6952—2015《卫生陶瓷》等标准进行检验。经检验，未发现不合格产品。

第三节　全国智能坐便器产品质量分级试点工作

为贯彻《中共中央　国务院关于开展质量提升行动的指导意见》和《关于促进消费扩容提质加快形成强大国内市场的实施意见》文件精神，受国家市场监督管理总局产品质量安全监督管理司委托，中国建筑卫生陶瓷协会负责实施开展全国智能坐便器产品质量分级试点工作，现就试点工作情况汇报如下。

一、工作背景

近年来，我国主要智能坐便器生产企业在研发、制造、市场服务等方面加大投入，行业整体质量水平得以大幅提升。中国建筑卫生陶瓷协会统计，目前我国生产智能坐便器企业有150多家，品牌数量500余个，主要分布在浙江、福建、广东、上海、江苏等地。2023年智能坐便器产量1108万台，同比增长近12%；国内市场销售量925万台，增长19%；家庭普及率达到6.9%；智能坐便器国抽合格率从2015年的60%提高到2022年的96.83%，2023年国抽合格率为93.95%。智能坐便器国内品牌出口量逐年增加，从2016年不足万台，目前达到70万台的体量，而另一个数据显示，国际品牌的出口数量在逐步下降，表明国内企业在培育国际市场上有所成效，智能坐便器整体技术质量水平提升明显。

全国智能坐便器产量和质量均稳步提升。智能坐便器产品使用需求大、使用频次高，消费者对智能坐便器的关注度、产品体验感和质量要求也越来越高。但各品牌之间产品质量仍存在较大差异，生产商与消费者的质量信息不对等，导致消费者难以判断产品质量好坏，无法实现优质优价，严重影响了智能坐便器行业的高质量发展。

2019年，中国建筑卫生陶瓷协会制定了T/CBCSA 15—2019《智能坐便器》协会标准。该标准在保持和国家标准测试方法一致的基础上，突出质量要素，在产品的舒适性、功能性、耐用性等性能上做了三个等级划分。同时，在一些必要的基本性能和更安全的控制指标上提出更高要求，以满足消费升级的要求。

2019年至2022年间，中国建筑卫生陶瓷协会组织开展了4次智能坐便器产品质量测评活动，参加测评活动的企业共计199家，共有262个型号产品参与测评。从企业参与情况和质量测评结果看，智能坐便器具备开展产品质量分级试点的基础。

二、组织安排

1. 组织结构

本次质量分级试点工作由中国建筑卫生陶瓷协会牵头实施，联合地方市场监管部门和检测机构，组织生产企业自愿参与产品质量分级试点工作。

参与的地方市场监管部门为：广东省市场监督管理局、上海市市场监督管理局、浙江省市场监督管理局和台州市市场监督管理局。

承担测试任务的检测机构为：国家陶瓷及水暖卫浴产品质量监督检验中心、上海市质量监督检验技术研究院、国家节水器具产品质量监督检验中心及国家智能马桶产品质量监督检验中心。

2. 检测评价

为保证试点产品分级结果科学严谨，试点前期协会对行业内具备智能坐便器检测能力的国家级检测机构的检测能力进行了筛选，并组织 4 家国家检测机构依据 T/CBCSA 15—2019《智能坐便器》协会标准进行了标准样品的比对试验，比对结果基本一致，符合试点条件。

3. 检测项目

一体机检测项目——共 10 项。其中包含分级项目 6 项：球排放功能、颗粒排放功能、水温稳定性、清洗水流量、整机寿命、坐圈温度均匀性；其他项目 4 项：水温响应特性、清洗力、防虹吸性能、功能安全。

分体机检测项目——共 8 项。其中包含分级项目 4 项：水温稳定性、清洗水流量、整机寿命、坐圈温度均匀性；其他项目 4 项：水温响应特性、清洗力、防虹吸性能、功能安全。

三、参与分级的企业

外资参与分级的企业有东陶、松下、骊住、科勒、汉斯格雅、富俊（摩恩）、杜拉维特、乐家 8 家企业。内资参与分级的企业主要有恒洁、九牧、箭牌、浪鲸、惠达等 21 家企业。

四、工作进度

① 2023 年 9 月 27 日，国家市场监督管理总局产品质量安全监督管理司下发了《关于开展智能坐便器产品质量分级试点的复函》，智能坐便器产品质量分级试点工作正式开始。

② 2023 年 10 月 16 日，全国智能坐便器产品质量分级试点工作启动会在上海召开。国家市场监督管理总局、检测机构及智能坐便器生产企业等的 150 余名代表参加了会议。

③ 会后中国建筑卫生陶瓷协会秘书处依据《申报指南》组织智能坐便器生产企业开始申报工作，截至 2023 年 10 月 30 日，共有 29 家智能坐便器生产企业的 41 个型号申报参加试点工作，与检测机构的检测能力相匹配。其中，智能一体机 36 个产品、智能分体机 5 个产品送样全部为即热式智能坐便器。

④ 2023 年 11 月 1 日下午，中国建筑卫生陶瓷协会组织检测机构及参加智能坐便器产品质量分级试点工作的申报企业以腾讯会议的形式，进行了全国智能坐便器产品质量分级试点送检样品随机分配检测机构线上直播。直播结束后，中国建筑卫生陶瓷协会将随机分配结果在会议上进行了公示。

⑤ 截至 2024 年 2 月底，全国智能坐便器产品质量分级试点工作，目前已经完成全部 41 个样品的分级检测项目，其中 37 个样品全部指标均达到 AAAAA 级水平，3 个样品达到 AAAA 级水平，1 个样品达到 AAA 级水平。

⑥ 2024 年 5 月 10 日，在上海召开了全国智能坐便器质量分级结果发布会。

第四节　2024年建筑陶瓷、卫生洁具标准化工作

一、行业现状与发展趋势

　　建筑卫生陶瓷标准体系由建筑陶瓷、卫生陶瓷、卫生洁具及卫浴制品、原辅材料、绿色节能与高质量组成。

　　建筑陶瓷分为陶瓷砖、陶瓷板、陶瓷马赛克、建筑琉璃制品、新型建筑陶瓷，包括建筑内墙、外墙、天花板、屋顶、广场及道路上所使用的建筑陶瓷制品。卫生陶瓷包括各类便器（坐便器、蹲便器、小便器）、洗面器、洗涤槽、小件卫生陶瓷等陶瓷制品。卫生洁具及卫浴制品由水嘴、卫生洁具、卫生洁具配件组成，包括卫生间和厨房用各种水嘴、冲洗装置、花洒、软管、智能坐便器、淋浴器、厨盆、浴缸、浴室柜等。建筑卫生陶瓷原辅材料包括了建筑卫生陶瓷色釉料、坯料和辅料等。绿色节能与高质量包括了绿色节能、安全环保及卫生、质量分级及其他等。

　　2023年我国陶瓷砖产量67.3亿平方米，同比下滑8.0%，已经连续4年呈现下降趋势；卫生陶瓷产量1.86亿件，下滑1.59%。2022年至2024年全国建筑陶瓷生产企业数量由1040家减少至938家，生产线由2485条减少至2193条。2024年1月至11月，我国建筑陶瓷累计出口量1254万吨，同比下降1.0%；出口额3825191万元，同比下降29.9%。其中，11月份建筑陶瓷出口量126万吨，同比下降3.9%；出口额336388万元，同比下降41.9%。从单价看，今年1月我国建筑陶瓷出口均价为4681.47元/吨；至11月，单月出口均价已经跌落至2669.75元/吨，价格近乎腰斩。前11个月的出口单价平均约为3050.39元/吨，比去年同期的6137.33元/吨下降50.3%。尽管建筑陶瓷行业的整体运行数据呈下滑趋势，岩板的市场规模从2016年的62.7亿元增长到2023年的212.4亿元，产量则从2016年的631万平方米增长至2023年的22850万平方米，但整体产能有所过剩，明显供过于求。2024年1月至9月，卫生陶瓷出口36.35亿美元，同比下滑12%。此外，受国家鼓励、地方支持和企业让利等因素带动，与家装相关的家具零售、卫生洁具零售同比分别增长13.9%和10.5%；2024年9月，家具零售、卫生洁具销售收入同比分别增长7%和6.2%。

　　2024年，建筑卫生陶瓷产业发展呈下降趋势，房地产等各种原因导致下游需求减少，国内市场产品价格、生产规模骤减。国家发布一系列拉动经济、促进消费政策推动市场转好，国务院发布《以标准升级助力经济高质量发展工作方案》和《推动大规模设备更新和消费品以旧换新行动方案》两个方案的部署，市场监管总局等七个部门联合印发《以标准提升牵引设备更新和消费品以旧换新行动方案》，工业和信息化部等四部门联合印发《标准提升引领原材料工业优化升级行动方案（2025—2027年）》。上述政策都相继要求加快实施新一轮标准提升行动，更好支撑设备更新和消费品以旧换新，以标准提升引领原材料工业供给高端化、结构合理化、发展绿色化、产业数字化、体系安全化发展。《以标准提升牵引设备更新和消费品以旧换新行动方案》围绕设备更新、消费品以旧换新和回收循环利用三个方面布置标准提升工作任务：一是加快提升能耗能效标准，持续完善污染物排放标准，加强低碳技术标准攻关，提升设备技术标准水平，筑牢安全生产标准底线。今明两年完成重点国家标准制修订113项，持续引领设备更新。二是推动汽车标准转型升级，加快家电标准更新，强化家居产品标准引领，加大新兴消费标准供给。今明两年完成重点国家标准制修订115项，有效促进消费品以

旧换新。三是推进绿色设计标准建设，健全二手产品交易标准，提升废旧产品回收利用标准，完善再生材料质量和使用标准，加大回收循环利用标准供给。今明两年完成重点国家标准制修订 66 项，有力推动产业循环畅通。《以标准提升牵引设备更新和消费品以旧换新行动方案》明确了相关保障措施，提出要推动标准和政策统筹布局、协同实施。大力推进绿色产品、高端品质认证。建立消费品质量安全监管目录，强化产品质量监督抽查。配套出台一批"新三样"中国标准外文版，推动我国优势技术、产品、服务走出去。同时要加强监督检查，监测评估标准实施成效和问题，扎实推动《以标准提升牵引设备更新和消费品以旧换新行动方案》落地见效，最大程度释放标准化效能。关于建筑卫生陶瓷行业行动方案要求，强化家居产品标准引领：制修订绿色建材评价标准，制定卫生洁具、陶瓷砖等质量分级标准，助力提升家居产品消费档次。《标准提升引领原材料工业优化升级行动方案（2025—2027 年）》要求到 2027 年，引领原材料工业更高质量、更好效益、更优布局、更加绿色、更为安全发展的标准体系逐步完善，标准工作机制更加健全，推动传统产业深度转型升级、新材料产业创新发展的标准技术水平持续提升。第一是标准体系更加优化：建材行业重点研制基础共性、智能装备接口、智能矿山、智能工厂、智慧园区等标准，优先制修订智能服务、智能赋能技术、集成互联等标准；推动绿色化标准升级工程，重点制修订单位产品能耗限额、"六零"示范工厂评价、绿色建材评价、工业固废等资源综合再利用等标准。第二是标准供给能力大幅提升：加强新材料产品标准培育，围绕推动重点产业链高质量发展，突出应用场景和产业研发紧密结合，同步推进关键标准研制实施；强化产业链协同创新，鼓励跨行业应用，制定一批通用性强的重点先进基础材料标准。第三是标准实施应用不断深化：面向数字化转型、绿色低碳、新材料等原材料重点领域，加强标准贯标推广和实施应用效果的跟进评估，探索遴选一批标准应用的优秀案例和典型场景。

经过几十年的发展，本行业从一个技术水平严重落后、基础薄弱的产业已经发展成为技术水平达到国际中等水平的产业，部分产品的技术已经接近国际先进水平，建筑陶瓷已经基本上实现了自动化。目前，建筑卫生陶瓷发展主要定向于四个方向：善用资源、功能化、表面处理技术、生产过程自动化。

善用资源的研究方向包括陶瓷砖薄型化、短流程生产技术、免烧釉技术、原料均化和劣质原料的使用等五个子方向。功能化即赋予建筑陶瓷除了装饰效果以外的功能，其研究方向包括基于噪声吸收功能研究、防静电功能研究、太阳能与光伏技术结合陶瓷砖的研究、环境调节功能陶瓷砖的研究等。表面处理技术主要包括超平滑自洁釉面技术、非釉质表面处理技术和表面修补技术。

二、标准现状

1. 现行的标准

截至 2024 年底，由全国建筑卫生陶瓷标准化技术委员会（SAC/TC249）归口的现行标准 92 个。其中国家标准 59 个，行业标准 33 个；基础通用类标准 3 个，产品类标准 53 个，方法类标准 36 个。涵盖了通用类、建筑陶瓷、卫生陶瓷、卫浴制品、原辅材料、绿色节能与高质量等领域。

基础通用类标准包括建筑卫生陶瓷领域产品分类及术语、卫生间设备要求以及产品统计规则和方法等。主要规定了卫生间分类、配套设置要求、建筑卫生陶瓷领域的定义和分类以及卫生陶瓷产品数量统计规则等方面的通用技术要求。

产品类标准包括建筑陶瓷（陶瓷砖、陶瓷板、陶瓷马赛克、新型陶瓷、绿色产品类）、卫生陶瓷、卫生洁具及卫浴制品、原辅材料等产品。主要规定了陶瓷砖、卫生陶瓷、薄型陶瓷砖、花洒、软管、水嘴、智能坐便器、卫浴配件、熔块、硅酸锆等产品的技术要求。

方法类标准主要规定了陶瓷砖抽样、尺寸、表面质量、力学性能、有釉砖耐磨性、抗冻性、耐化学腐蚀性、耐污染性等测试方法，陶瓷砖胶黏剂和填缝剂的技术要求等。

建筑陶瓷：我国现行陶瓷砖标准在技术内容上采用国际标准 ISO 13006，并根据我国国情，增加了抛光砖光泽度要求，增加了对大规格产品尺寸偏差的要求；首次对干压陶瓷砖的厚度提出了限制，目的是促进建筑陶瓷砖行业节材节能、转型升级，实现可持续发展，加快结构调整，大力推进陶瓷砖产品薄型化；首次规定了地砖摩擦系数单个值 ≥ 0.50（干法）；首次规定了陶瓷外墙砖背纹的要求，标准规定背纹深度 $h ≥ 0.7mm$，这一要求确保了外墙砖铺贴后的牢固度。陶瓷砖试验方法标准采用 ISO 10545 标准，共 16 项，其中根据我国国情，增加了大规格产品的变形测试方法和有关项目的制样方法，另外抛光砖光泽度试验方法引用了我国制定的通用试验方法，与国际标准相比，增加了摩擦系数试验方法。

卫生陶瓷、卫生洁具及卫浴制品：目前我国卫生陶瓷的产品标准的技术要求基本上与国外先进标准接轨，产品内在理化性能要求和功能要求的指标等同或修改采用先进国家标准，在个别指标上严于国外标准，如坐便器用水量，我国要求最大用水量不大于 8 升，美国和日本标准都高于此。我国标准中对坐便器水封表面面积的要求低于美国标准，但欧盟标准中无此要求。由于卫生陶瓷需要与各国建筑设计规范相适应，所以各国在对产品的安装尺寸上要求有差异。

同时我国也制定了与卫生陶瓷配套的水嘴、便器盖、水箱配件等卫浴配件产品的标准，基本采用了欧美先进国家标准。因此，可以说我国卫生陶瓷及卫浴制品的标准目前已全面与国外先进国家标准接轨，达到了国外先进水平。

我国自主知识产权的相关标准：有些标准为我国自主知识产权的新产品，无国外先进国家标准，有些是我国首创，所制定的标准均达到国内先进水平。如：GB/T 23266—2009《陶瓷板》、JC/T 1095—2009《轻质陶瓷砖》、JC/T 2195—2013《薄型陶瓷砖》、JC/T 2194—2013《陶瓷太阳能集热板》、JC/T 2334—2015《陶瓷雕刻砖》、GB/T 34549—2024《卫生洁具　智能坐便器》、JC/T 994—2019《微晶玻璃陶瓷复合砖》、GB/T 39156—2020《大规格陶瓷板技术要求及试验方法》、JC/T 2567—2020《户外装饰瓷砖》、GB/T 41661—2022《陶瓷盲道砖》、GB/T 42350—2023《粉煤灰质陶瓷砖》、GB/T 44309—2024《陶瓷岩板》、GB/T 44460—2024《消费品质量分级导则　卫生洁具》等。

2. 国际标准现状及国际标准转化情况

与国外发达国家相比，我国标准总体水平存在差距。

ISO/TC 189 目前已发布的标准共 35 项，建筑卫生陶瓷领域国际标准的转化情况是：已转化 24 项，正在转化 7 项，未转化 2 项，不宜转化 2 项。国际标准转化率为 93.9%。

我国现行陶瓷砖标准 GB/T 4100—2015 在技术内容上修改采用国际标准 ISO 13006，陶瓷砖试验方法标准 GB/T 3810.1 ~ 16 采用 ISO 10545.1 ~ 16 标准，20231295-T-609《陶瓷砖试验方法　第 18 部分：光反射值（LRV）的测定》采用 ISO 10545-18，20231298-T-609《陶瓷砖试验方法　第 20 部分：曲率半径计算用挠度的测定》采用 ISO 10545-20，共 21 项。

GB/T 12954.1—2008《建筑胶粘剂试验方法　第1部分：陶瓷砖胶粘剂试验方法》、GB/T 41059—2021《陶瓷砖胶粘剂技术要求》、GB/T 41081—2021《陶瓷砖填缝剂技术要求》、GB/T 41156—2021《外墙砖用弹性胶粘剂》分别采用 ISO 13007-2:2013、ISO 13007-1：2014、ISO 13007-3:2010、ISO 14448:2019，共4项。

GB/T 35154—2017《陶瓷砖填缝剂试验方法》采用了 ISO 13007-4:2013，共1项。

20221713-T-609《陶瓷砖表面抗菌活性的定量测定　试验方法　第1部分：含有抗菌剂陶瓷砖表面》、20221712-T-609《陶瓷砖表面抗菌活性的定量测定　试验方法　第2部分：含有光催化抗菌剂陶瓷砖表面》分别采用 ISO 17721-1:2021、ISO 17721-2:2021，共2项。

20243090-Z-609《陶瓷砖　安装指南：第1部分　陶瓷墙地砖的安装》、20243403-Z-609《陶瓷砖　安装指南：第3部分　通过机械方式安装大规格陶瓷砖和陶瓷板至支撑结构》、20243109-T-609《陶瓷砖体系　陶瓷砖和铺贴材料的可持续性　第1部分：陶瓷砖规范》，共3项。

不宜转化国际标准2项。ISO 13007-5:2015、ISO 13007-6:2020。

未转化国际标准2项（ISO 17889-2:2023、ISO/TR 17870-2:2015），已列入2025年度计划。

陶瓷砖铺贴材料方法标准采用 ISO 13007 系列标准，共4项，根据我国使用实际情况，增加了对混凝土基材和陶瓷砖基材的要求；增加了陶瓷砖压剪黏结强度计算公式；增加了对横向变形试验材料和器具中压块的要求等。

陶瓷砖产品可持续发展规范等同采用 ISO 17889-1:2021，主要规定了陶瓷砖可持续性要求及评估方法和评估方案，包括从原材料制造、使用和售后管理的整个生命周期的相关要求，提供了一个陶瓷砖产品全生命周期内的环境指标、经济和功能指标、社会指标的评估系统。相关要求目前与国际标准保持一致，陶瓷砖可持续性评价标准的建立有利于健全可持续发展体系，引导行业发展，增强产品国际竞争力。

3. 标准实施情况

2015年发布实施的《节水型卫生洁具》（GB/T 31436—2015）国家标准，首次对高效节水卫生洁具给出定义，并明确了高效节水型产品的技术要求和试验方法。标准对节水型坐便器、蹲便器、小便器、陶瓷片密封水嘴、机械式压力冲洗阀、非接触式给水器具、延时自闭水嘴、淋浴用花洒等8类常用产品提出了具体技术要求。目前，水资源紧缺已成为我国经济社会发展的重要制约因素，卫生洁具被老百姓广泛使用，成为公共建筑、家庭装修中不可或缺的装饰装修材料，卫生洁具用水约占家庭或生活用水的80%。《节水型卫生洁具》标准的颁布实施，将更加有效地推进居民生活节水进程，将节约厨卫用水量30%以上。对缓解城市生活水资源短缺和水环境污染、推动节水型社会更好更快发展将发挥出十分重要的作用。

2015年发布实施的《陶瓷砖》（GB/T 4100—2015）国家标准，对干压陶瓷砖厚度作出规定：表面积小于 3600cm² 的厚度要小于 10mm；表面积在 3600 ~ 6400cm² 之间的厚度要小于 11mm；表面积大于 6400cm² 的厚度不能超过 13.5mm。据测算，仅此一项就可节约大量黏土矿产资源，降低10%以上的能耗，每年将节约1700万吨标准煤。对进一步优化调整产业结构、节约土地资源、更好地保护环境将发挥出十分重要的促进作用。

2016年12月，GB/T 6952—2015《卫生陶瓷》国家标准开始实施，本标准的实施，将会大大促进我国节水型社会的建设。本次修订将普通型坐便器的用水量由9L减少为6.4L；节水型坐便器的用水量由6L减少为5.0L；普通型蹲便器的用水量由11L减少为8.0L；节水型蹲便器的用水量由8L减少为6.0L。平均用水量减少了2.2L。按每人每天用便器8次算，每人每天可节约生活用水 17.6L。公用和民用的水费会大大减少。如果能使更多的人选择节水型便器，将会节约更多的生活用水。

2019 年 11 月 1 日，JC/T 994—2019《微晶玻璃陶瓷复合砖》行业标准开始实施。本标准适用于建筑物内、外墙及地面装饰用微晶玻璃复合砖。该标准实现了陶瓷行业的绿色生产和智能制造，达到资源节约、环境友好的目的，积极推进智能化装备与制造，实现信息化与自动化的融合，实现个性化柔性定制。微晶玻璃复合陶瓷砖的生产制造不仅仅是与时俱进，与国际流行趋势同步，更是有利于我国建筑陶瓷产业智能制造水平、柔性化定制水平、产品设计水平、铺贴应用水平、跨界整合能力等全方位、系统化提升。目前，中国的陶瓷板技术在国际标准上拥有一定的发言权，这将有利于我国开展对美、日、欧、俄等新材料技术领先国家及地区标准化动态研究，及时将研究成果纳入新材料标准化和科技、产业发展政策。同时，该标准的实施将促进经贸往来、项目合作等方面"走出去"，加快将所涉新材料产品、检测、管理等标准翻译成外文版。探索在"一带一路"共建国家建立新材料产业标准化示范园，帮助建立新材料产业标准体系，提供标准化信息服务，推动新材料国际产能合作。

2019 年 8 月 30 日，GB/T 23448—2019《卫生洁具　软管》国家标准发布。本标准的修订，进一步提高软管产品的质量水平，解决了新材料、新结构等软管产品技术指标缺失的问题；增加了产品铅、镉等重金属的析出限量和有机物化合物析出限量，提升了与饮用水接触类软管的卫生安全，与国际接轨；增加了配合尺寸的规范，提升了产品的互换性。该标准的修订与实施，将会对软管产品质量的提高、促进国际贸易、保护消费者健康安全起到技术支撑作用。

GB/T 39156—2020《大规格陶瓷板技术要求及试验方法》于 2020 年 11 月 19 日发布。随着陶瓷砖行业转型升级的不断深入，陶瓷大板应运而生。陶瓷大板的诞生为市场提供更多元化的应用，为建筑装饰业领域提供了更新、更丰富的建筑材料。产品可以整体应用，也可以切割使用；可以用于建筑装饰，也可以用于家居装饰面板。大板拥有的诸多优秀特质也是传统规格瓷砖难以比拟的。

GB/T 41059—2021《陶瓷砖胶粘剂技术要求》、GB/T 41081—2021《陶瓷砖填缝剂技术要求》和 GB/T 41156—2021《外墙砖用弹性胶粘剂》三项国家标准于 2021 年 12 月 31 日发布。这三项国家标准皆为 ISO 国际标准等同或修改采用转化为我国标准，三项国家标准转化为国家标准后，一方面，规范了我国陶瓷砖胶黏剂生产秩序，提高了我国的陶瓷砖胶黏剂的产品质量，保证了消费者的利益；另一方面，本标准采用最新国际标准，提高了我国陶瓷砖胶黏剂行业的国际水平，为我国的陶瓷砖胶黏剂产品"走出去"奠定了良好基础。

GB/T 41661—2022《陶瓷盲道砖》国家标准已于 2022 年 7 月 11 日正式发布，并于 2023 年 2 月 1 日实施。陶瓷盲道砖用于站台等无障碍设施的地面安全警示线铺贴。该标准的制定有效促进陶瓷盲道砖产品设计、生产、应用，为我国建筑物无障碍建设提供强有力的技术支撑，有利于公共设施的不断完善，同时提高我国陶瓷盲道砖产品的竞争力，为我国的陶瓷盲道砖产品"走出去"奠定了坚实基础。

GB/T 23447—2023《卫生洁具　淋浴用花洒》于 2023 年 8 月 6 日发布，2024 年 3 月 1 日实施。修订后的标准从实际使用的角度出发，补充了一系列的测试，对原有的标准进行了修订和扩充，重点加严了产品的力学要求，对产品使用性能进行了科学合理的提升和完善，进一步提高花洒产品的质量水平，提升了与饮用水接触类花洒的卫生安全水平。测试方法的设备和计算方法与国际接轨，测试内容与国内卫浴行业的其他标准保持一致。该标准的实施，将提高花洒产品质量，加快我国花洒行业的转型升级。对标美国标准、欧盟标准，关键技术内容与国际标准等效一致，使花洒机械功能测试结果在国际上具有可比性，与国际标准水平一致，有利于促进我国卫生洁具产品进出口贸易的发展，深化国内外技术交流。

GB/T 12956—2023《卫生间配套设备要求》于 2023 年 8 月 6 日发布，2024 年 3 月 1 日实施。修订后的标准重点规定了"整体卫生间"和"第三卫生间"的要求，新标准的实施对消费者选用卫生间配套设备具有指导意义，对于国内民生问题的改善具有积极推进作用，标准的实施落实《国家标准化发展纲要》、全面加快推进社会适老化改造的要求，加快城乡建设和社会标准化进程，完善乡村建设及评价标准，以农村卫生厕所建设改造、公共基础设施建设等为重点，加快推进农村人居环境改善。标准对卫生间进行了详细的分类，对住宅卫生间、农村卫生间、整体卫生间配套的要求进行了科学合理的规定，对适老化向纵深发展等方面的推动具有一定的现实意义，同时标准的实施加快了我国卫生间设备的转型升级，新增了卫生间配套设备，规范了市场上现有的配套设备，极大程度地推动卫浴行业市场发展，带动企业升级，加快了我国传统卫生间配套设备产业转型升级。

2024 年 4 月 25 日，新版 GB/T 34549—2024《卫生洁具　智能坐便器》国家标准发布。新版标准聚焦需求导向，新增冲洗噪声、坐圈和盖的抗冲击性、水温稳定性等指标，提高产品质量，引领智能坐便器更新升级，满足消费者的需求，提高消费者对产品的信任度，增强消费者对产品的购买意愿，推动消费市场高质量发展。新版标准重点规定了智能坐便器的术语和定义、分类与功能、通用要求、使用功能、性能要求、电气安全、试验方法等，明确了智能坐便器的定义，增加了对智能坐便器噪声的要求，增加了对智能坐便器双冲用水量的要求，更改了清洗水接触人体后达到规定温度的时间要求及进水温度的要求，完善了清洗喷嘴伸出和回收时间的要求，明确了喷嘴伸出和回收时间的定义，规范了检测要求，提高了速热式智能坐便器水温稳定性，更改了水温偏差的要求，更改了智能坐便器整机能耗，增加了智能坐便器试验用标准化供水系统的要求等。新版标准的实施提高我国智能坐便器产品的质量水平，加快我国智能坐便器的转型升级，强化对外贸易交流，促进我国智能坐便器产品进出口贸易的发展，深化国内外技术交流。

2024 年 6 月 29 日，新版 GB/T 35603—2024《绿色产品评价　卫生陶瓷》发布。新版标准增加智能坐便器的内容，明确卫生陶瓷产品的五大属性的具体要求，包括资源属性、能源属性、品质属性、环境属性以及低碳属性，同时针对清洁燃料、产品包装、绿色供应链、碳排放等内容，根据行业特点，进行重新调整，以更好地引领行业绿色发展。新版标准主要规定了卫生陶瓷绿色产品的评价要求，描述了评价方法。明确了五类产品的绿色评价指标要求，增加了五大类产品评价节能环保的基本要求、低碳属性、一体式智能坐便器的评价要求、环境属性中放射性核素限量的要求，取消了环境产品声明 EPD 的要求，根据单件质量（陶瓷部分）将产品轻量化的基准值分为绿色标杆产品值和绿色产品值等。新版标准的实施将促进我国卫生陶瓷产业更新升级，培育一批具有绿色发展意识和品牌影响力的绿色产品示范企业，促进卫生陶瓷产品的更新升级和能效提升，引导和推动行业转型升级，增加设备改造升级的投资，对实施"节能、减排和降耗"战略以及发展"低碳经济"起到促进作用。

2024 年 10 月 26 日，新版 GB/T 35610—2024《绿色产品评价　陶瓷砖（板）》发布。新版标准增加了产品标准，明确陶瓷砖（板）产品的五大属性的具体要求，包括资源属性、能源属性、品质属性、环境属性以及低碳属性，同时针对清洁燃料、产品包装、绿色供应链、碳排放等内容，根据行业特点，进行重新调整，以更好地引领行业绿色发展。新版标准规定了陶瓷砖（板）绿色产品的评价要求与评价方法，适用于陶瓷砖（板）的绿色产品评价，重点对陶瓷砖（板）产品的资源属性、能源属性、环境属性、品质属性、低碳属性五大属性进行评价。标准的发布实施，可带动企业开展相关领域技术改造，促进产业升级，淘汰一批落后产品，提升综合管理水平和清洁生产水平，从而培育一批具有绿色发展意识和品牌影响力的绿色产品示范企业，促进陶瓷砖产品的更新升级和能效提升，引导和推动行业转型升级，增加设备改造升级的投资，对实施"节能、减排和降耗"战略以及发展"低碳经济"起到促进作用。

2024 年 8 月 23 日，GB/T 44460—2024《消费品质量分级导则　卫生洁具》国家标准发布。标准规定了智能坐便器、坐便器、浴室柜、淋浴花洒、淋浴房、水嘴、软管、角阀、浴缸等九大类卫生洁具质量分级的基本要求、指标要求、试验方法、判定规则、分级标识。基本要求规定九大类产品应符合相关国家标准的要求，在基本要求的基础上对九大产品的关键技术指标进行分级，分为 5A、4A、3A 三个级别，要求每个指标达到 5A 才算产品达到 5A，否则就按照指标等级最低的定义。本标准的实施，对于提升消费品质量、引导市场优质优价、促进产业转型升级等方面具有重要的意义。为消费者提供明确的产品质量参考，帮助消费者更好地了解卫生洁具产品的质量水平，从而做出更明智的购买决策，引导企业提升产品质量，促进行业向高质量发展转型升级，进一步发挥基础性、引领性、标杆性作用。统筹考虑行业现状和市场消费需求，推动建立行业质量分级制度，为卫生洁具行业基础性制度建设提供重要组成部分，规范市场上卫生洁具产品的质量和性能，减少低质量产品的流通，营造更加公平、有序的市场竞争环境，更好地满足消费者对高品质卫生洁具产品的需求。

2024 年 8 月 23 日，GB/T 44309—2024《陶瓷岩板》国家标准发布。本标准规定了陶瓷岩板的分类与规格、要求、试验方法、检验规则、标志和包装及运输和贮存，重点对吸水率、破坏强度、断裂模数、可加工性、抗冲击性等指标进行规定。从定义和分类可以看出，陶瓷砖作为基础类产品，在此基础上，根据吸水率、尺寸厚度、用途等因素衍生出不同类型的产品，对于陶瓷岩板而言，更注重的是不同场景的使用用途及良好的加工性。更多的是朝着家居领域、定制化和多元化的方向发展。标准的实施将提高产品质量、规范市场，引导陶瓷生产企业研发出性能更好、更稳定的高端产品，进而拓宽了我国陶瓷行业的应用领域，带动了陶瓷业产品结构调整，加快建筑陶瓷行业的转型升级，对行业的技术创新发展、绿色低碳起到积极的推动作用，全面且多方位促进岩板、家居两个领域的联动融合发展，加快建材家居产业链发展，真正发挥岩板多元化应用的作用。

三、年度工作完成情况

1. 标准制修订工作情况

（1）年度标准计划项目立项情况

2024 年申报国标计划项目 9 项，下达计划 13 项。

《国家标准化管理委员会关于下达 2024 年第三批推荐性国家标准计划及相关标准外文版计划的通知》（国标委发〔2024〕25 号）下达 2 项：《消费品质量分级　陶瓷砖》（计划号：20241770-T-609）、《卫生陶瓷抗菌性能试验方法　荧光法》（计划号：20241457-T-609）。

《国家标准化管理委员会关于下达 2024 年第七批推荐性国家标准计划及相关标准外文版计划的通知》（国标委发〔2024〕44 号）下达 4 项：《陶瓷砖试验方法　第 4 部分：断裂模数和破坏强度的测定》（计划号：20242985-T-609）、《陶瓷砖试验方法　第 14 部分：耐污染性的测定》（计划号：20243025-T-609）、《陶瓷砖试验方法　第13部分：耐化学腐蚀性的测定》（计划号：20243031-T-609）、《陶瓷砖试验方法　第15部分：陶瓷砖铅和镉溶出量的测定》（计划号：20243049-T-609）。

《国家标准化管理委员会关于下达2024年第八批推荐性国家标准计划及相关标准外文版计划的通知》（国标委发〔2024〕50号）下达6项：《陶瓷砖　安装指南：第1部分　陶瓷墙地砖的安装》（计划号：20243090-Z-609）、《陶瓷砖体系　陶瓷砖和铺贴材料的可持续性　第1部分：陶瓷砖规范》（计划号：20243109-T-609）、《卫生陶瓷》（计划号：20243111-T-609）、《陶瓷砖试验方法　第3部分：吸水率、显气孔率、表观相对密度和容重的测定》（计划号：20243293-T-609）、《陶瓷砖试验方法　第10部分：湿膨胀的测定》（计划号：20243306-T-609）、《陶瓷砖试验方法　第2部分：尺寸和表面质量的检验》（计划号：20243308-T-609）。

《国家标准化管理委员会关于下达2024年第九批推荐性国家标准计划及相关标准外文版计划的通知》（国标委发〔2024〕53号）下达1项：《陶瓷砖　安装指南：第3部分　通过机械方式安装大规格陶瓷砖和陶瓷板至支撑结构》（计划号：20243403-Z-609）。

2024年申报行标计划项目4项，目前还在评估中。

（2）年度计划项目进展情况

2024年，全国建筑卫生陶瓷标准化技术委员会（标委会）共承担了国家标准制修订项目22项，行业标准制修订项目14项。

2024年度国家标准、行业标准计划进展表见表4-10。

表4-10　2024年度国家标准、行业标准计划进展表

序号	计划号	计划名称	进展情况
1	20213137-T-609	绿色产品评价　卫生陶瓷	已发布
2	20214028-T-609	卫生洁具　智能坐便器	已发布
3	20214823-T-609	陶瓷岩板	已发布
4	20221020-T-609	绿色产品评价　陶瓷砖（板）	已发布
5	20222171713-T-609	陶瓷砖表面抗菌活性的定量测定　试验方法　第1部分：含有抗菌剂陶瓷砖表面	已报批
6	20221712-T-609	陶瓷砖表面抗菌活性的定量测定　试验方法　第2部分：含有光催化抗菌剂陶瓷砖表面	已报批
7	20230643-T-609	消费品质量分级导则　卫生洁具	已发布
8	20231295-T-609	陶瓷砖试验方法　第18部分：光反射值（LRV）的测定	送审阶段
9	20231298-T-609	陶瓷砖试验方法　第20部分：曲率半径计算用挠度的测定	送审阶段
10	20241457-T-609	卫生陶瓷抗菌性能试验方法　荧光法	征求意见阶段
11	20241770-T-609	消费品质量分级　陶瓷砖	征求意见阶段
12	20243111-T-609	卫生陶瓷	起草阶段
13	20243308-T-609	陶瓷砖试验方法　第2部分：尺寸和表面质量的检验	起草阶段
14	20243293-T-609	陶瓷砖试验方法　第3部分：吸水率、显气孔率、表观相对密度和容重的测定	起草阶段
15	20242985-T-609	陶瓷砖试验方法　第4部分：断裂模数和破坏强度的测定	起草阶段
16	20243306-T-609	陶瓷砖试验方法　第10部分：湿膨胀的测定	起草阶段
17	20243031-T-609	陶瓷砖试验方法　第13部分：耐化学腐蚀性的测定	起草阶段
18	20243025-T-609	陶瓷砖试验方法　第14部分：耐污染性的测定	起草阶段
19	20243049-T-609	陶瓷砖试验方法　第15部分：陶瓷砖铅和镉溶出量的测定	起草阶段

序号	计划号	计划名称	进展情况
20	20243090-Z-609	陶瓷砖　安装指南：第1部分　陶瓷墙地砖的安装	起草阶段
21	20243109-T-609	陶瓷砖体系　陶瓷砖和铺贴材料的可持续性　第1部分：陶瓷砖规范	起草阶段
22	20243403-Z-609	陶瓷砖　安装指南：第3部分　通过机械方式安装大规格陶瓷砖和陶瓷板至支撑结构	起草阶段
23	2018-2264T-JC	蹲便器	已报批
24	2018-2265T-JC	卫生陶瓷表面质量评价方法	已报批
25	2019-0227T-JC	卫生陶瓷　特殊人群用坐便器	已报批
26	2019-0345T-JC	卫生陶瓷包装	已报批
27	2019-0346T-JC	坐便器坐圈和盖	已报批
28	2020-1284T-JC	空气净化陶瓷砖	已报批
29	2020-1595T-JC	轻质陶瓷砖	已报批
30	2021-1581T-JC	机械式便器冲洗阀	已报批
31	2021-1582T-JC	卫生洁具用流量调节器	已报批
32	2021-1583T-JC	面盆水嘴	已报批
33	2023-0269T-JC	非接触感应给水器具	报批阶段
34	2023-0270T-JC	非陶瓷类卫生洁具	报批阶段
35	2023-0271T-JC	卫生间便器扶手	报批阶段
36	2023-0806T-JC	卫生陶瓷釉面耐化学腐蚀性能评价方法	征求意见阶段

2024年应报批计划为4项：《陶瓷砖表面抗菌活性的定量测定　试验方法　第1部分：含有抗菌剂陶瓷砖表面》（计划号：20221713-T-609）、《陶瓷砖表面抗菌活性的定量测定　试验方法　第2部分：含有光催化抗菌剂陶瓷砖表面》（计划号：20221712-T-609）、《绿色产品评价　陶瓷砖（板）》（计划号：20221020-T-609）、《消费品质量分级导则　卫生洁具》（计划号：20230643-T-609）。现4项标准都完成报批。2024年2月，根据国家标准制修订过程的实际情况，对《陶瓷砖表面抗菌活性的定量测定　试验方法　第1部分：含有抗菌剂陶瓷砖表面》《陶瓷砖表面抗菌活性的定量测定　试验方法　第2部分：含有光催化抗菌剂陶瓷砖表面》《绿色产品评价　陶瓷砖（板）》三项国家标准项目申请延期调整至10月份完成报批。其中，陶瓷砖抗菌两项标准属于方法类标准，皆等同采用国际标准，因此在转化为国家标准过程中需要展开大量的试验验证工作，与我国陶瓷砖抗菌活性测定的实际情况进行有效的比对，现已增加不同的实验检测机构进行测试，因此试验验证工作还需较长时间进行深入开展，因此申请延期。《绿色产品评价　陶瓷砖（板）》属于绿色建材产品类标准，涉及产品的资源属性、能源属性、品质属性、环境属性以及低碳属性，根据国家绿色产品总体组的要求，需要增加陶瓷砖（板）的低碳指标，因此对产品的五大属性等内容需要更深入研究和审定，因此申请延期。上级主管部门已通过这三项标准的延期申请，已按照要求完成报批。

2024年，根据《以标准升级助力经济高质量发展工作方案》和《推动大规模设备更新和消费品以旧换新行动方案》"两个方案"的要求，实施新一轮标准提升行动，更好支撑设备更新和消费品以旧换新。《推动大规模设备更新和消费品以旧换新行动方案》要求，强化家居产品标准引领：制修订绿色建材评价标准，制定卫生洁具、陶瓷砖等质量分级标准，助力提升家居产品消费档次。承担"两个方案"的5项重点项目专项计划，其中4项标准已按期发布，还有 1 项正按计划有序推进。

其中，GB/T 34549—2024《卫生洁具　智能坐便器》属于"两个方案"中《以标准升级助力经济高质量发展工作方案》中的项目；GB/T 35603—2024《绿色产品评价　卫生陶瓷》属于"两个方案"中回收循环利用领域；GB/T 44460—2024《消费品质量分级导则　卫生洁具》属于"两个方案"中以旧换新领域；GB/T 35610—2024《绿色产品评价　陶瓷砖（板）》属于"两个方案"中回收循环利用领域。《消费品质量分级　陶瓷砖》属于"两个方案"中以旧换新领域，现正按计划有序推进，现处于征求意见阶段，根据要求，该项目应于 2025 年 1 月 1 日前完成组织起草，2025 年 3 月 30 日前完成征求意见，2025 年 5 月 30 日前完成技术审查，2025 年 6 月 30 日前完成项目报批。目前，已于 2024 年 7 月完成项目启动；2024 年 11 月至 2025 年 1 月，面向各企事业单位、检测机构、消费者等开展项目征求意见工作；2025 年 3 月，计划组织审查工作；2025 年 4 月，计划完成报批工作。根据进度安排，计划提前完成报批工作。

（3）标准审查会情况

2024 年 3 月 19 日，全国建筑卫生陶瓷标准化技术委员会（SAC/TC249）组织召开了《机械式便器冲洗阀》《面盆水嘴》《卫生洁具用流量调节器》《卫生陶瓷　特殊人群用坐便器》《卫生陶瓷包装》和《轻质陶瓷砖》六项行业标准审查会。此次会议采用线上视频方式召开，共有委员 99 人，通过 80 人，通过率 80.8%，超过 3/4。

2024 年 6 月 26 日，全国建筑卫生陶瓷标准化技术委员会（SAC/TC249）在成都组织召开了《消费品质量分级导则　卫生洁具》《绿色产品评价　陶瓷砖（板）》《陶瓷砖表面抗菌活性的定量测定　试验方法　第 1 部分：含有抗菌剂陶瓷砖表面》和《陶瓷砖表面抗菌活性的定量测定　试验方法　第 2 部分：含有光催化抗菌剂陶瓷砖表面》四项国家标准审查会。参加审查会的委员共有 99 人，通过 86 人，通过率 86.9%，超过 3/4。

（4）标准批准发布情况

2024 年发布 7 项国家标准，其中包括 2 项国家标准外文版：

2 项国家标准外文版：GB 18145—2014《陶瓷片密封水嘴》、GB/T 6952—2015《卫生陶瓷》。

5 项国家标准：GB/T 34549—2024《卫生洁具　智能坐便器》、GB/T 35603—2024《绿色产品评价　卫生陶瓷》、GB/T 44460—2024《消费品质量分级导则　卫生洁具》、GB/T 44309—2024《陶瓷岩板》、GB/T 35610—2024《绿色产品评价　陶瓷砖（板）》。

2. 标准体系建设和维护情况

（1）最新标准体系框架及明细表

根据建筑卫生陶瓷技术标准体系的构建原则，建立适合行业发展的技术标准体系。建筑卫生陶瓷技术标准体系分三个层次。

第一层是建筑卫生陶瓷的子领域，共分 6 个子领域：通用类、建筑陶瓷、卫生陶瓷、卫生洁具及卫浴制品、原辅材料、绿色节能与高质量。

第二层为每个子领域的细分。如通用类进一步细分为三类：基础通用标准、通用方法标准、通用管理标准。

第三层为子领域的具体标准。

建筑卫生陶瓷技术标准体系见图 4-1。

（2）按标准体系开展标准制修订工作情况

2024 年申报国标计划项目 9 项，下达计划 13 项。

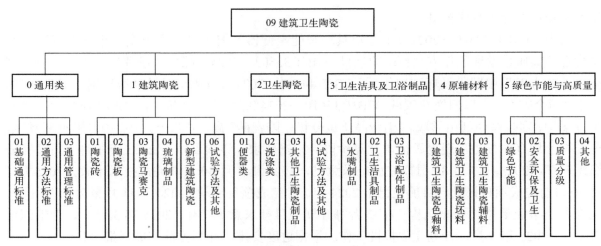

图 4-1　建筑卫生陶瓷技术标准体系

《消费品质量分级　陶瓷砖》（计划号：20241770-T-609）（位于体系中 09.5.03 建筑卫生陶瓷中绿色节能与高质量中的质量分级）、《卫生陶瓷抗菌性能试验方法　荧光法》（计划号：20241457-T-609）（位于体系中 09.5.02 建筑卫生陶瓷中绿色节能与高质量中的安全环保及卫生）；

《陶瓷砖试验方法　第 4 部分：断裂模数和破坏强度的测定》（计划号：20242985-T-609）、《陶瓷砖试验方法　第 14 部分：耐污染性的测定》（计划号：20243025-T-609）、《陶瓷砖试验方法　第 13 部分：耐化学腐蚀性的测定》（计划号：20243031-T-609）、《陶瓷砖试验方法　第 15 部分：陶瓷砖铅和镉溶出量的测定》（计划号：20243049-T-609）、《陶瓷砖试验方法　第 3 部分：吸水率、显气孔率、表观相对密度和容重的测定》（计划号：20243293-T-609）、《陶瓷砖试验方法　第 10 部分：湿膨胀的测定》（计划号：20243306-T-609）、《陶瓷砖试验方法　第 2 部分：尺寸和表面质量的检验》（计划号：20243308-T-609）7 项国家标准修订计划（位于体系中 09.1.06 建筑卫生陶瓷中建筑陶瓷中的试验方法及其他）；

《陶瓷砖　安装指南：第 1 部分　陶瓷墙地砖的安装》（计划号：20243090-Z-609）、《陶瓷砖　安装指南：第 3 部分　通过机械方式安装大规格陶瓷砖和陶瓷板至支撑结构》（计划号：20243403-Z-609）2 项标准（位于体系中 09.1.06 建筑卫生陶瓷中建筑陶瓷中的试验方法及其他）；

《陶瓷砖体系　陶瓷砖和铺贴材料的可持续性　第 1 部分：陶瓷砖规范》（计划号：20243109-T-609）（位于体系中 09.5.04 建筑卫生陶瓷中绿色节能与高质量中的其他）；

《卫生陶瓷》（计划号：20243111-T-609）（位于体系中 09.2.01、09.2.02 建筑卫生陶瓷中卫生陶瓷中的便器类和洗涤类）。

2024 年下达的计划标准主要分布在建筑陶瓷、卫生陶瓷、绿色节能与高质量等子领域。

2024 年发布的国家标准共 5 项：

GB/T 34549—2024《卫生洁具　智能坐便器》国家标准位于 09.3.02 建筑卫生陶瓷中卫生洁具及卫浴制品中的卫生洁具制品；

GB/T 35603—2024《绿色产品评价　卫生陶瓷》国家标准位于 09.5.01 建筑卫生陶瓷中绿色节能与高质量中的绿色节能；

GB/T 44460—2024《消费品质量分级导则　卫生洁具》国家标准位于 09.5.03 建筑卫生陶瓷中绿色节能与高质量中的质量分级；

GB/T 44309—2024《陶瓷岩板》国家标准位于 09.1.05 建筑卫生陶瓷中建筑陶瓷中的新型

建筑陶瓷；

GB/T 35610—2024《绿色产品评价　陶瓷砖（板）》国家标准位于09.5.01建筑卫生陶瓷中绿色节能与高质量中的绿色节能。

2024年6月26日，全国建筑卫生陶瓷标准化技术委员会（SAC/TC249）五届二次年会在四川成都召开。标委会秘书长王博就2023年度标委会的工作进行了总结，主要介绍了标准化工作基本情况、标准现状、年度标准化工作完成情况，涉及标准复审、标准宣贯、重点标准实施效果分析、国际标准化工作等，以及存在的问题和主要成绩，还审查了标委会章程和标准体系明细表。经99位委员审查，一致通过现行标准体系表不作调整，表明现行标准体系明细表科学合理、可行，符合建筑卫生陶瓷行业的发展方向。

（3）统筹各层级标准，与产业链上下游及交叉融合领域的标准体系衔接配套情况

建筑卫生陶瓷标准体系与产业链上下游衔接配套情况：建筑卫生陶瓷产业的上游主要涉及原辅材料等，相关标准配套有GB/T 23460.1—2009《陶瓷釉料性能测试方法　第1部分：高温流动性测试　熔流法》、GB/T 38985—2020《陶瓷液体色料性能技术要求》、JC/T 1046.1—2007《建筑卫生陶瓷用色釉料　第1部分：建筑卫生陶瓷用釉料》、JC/T 1046.2—2007《建筑卫生陶瓷用色釉料　第2部分：建筑卫生陶瓷用色料》、JC/T 2333—2015《锆英砂》、JC/T 2395—2017《霞石正长岩粉（砂）》、JC/T 1094—2009《陶瓷用硅酸锆》等，这些标准几乎涵盖了产业上游原料要求、试验方法、辅料要求等，对行业上游产业起到了一定的引领规范作用，但根据近几年国家绿色低碳、固废循环利用等政策的要求，固废、绿色低碳新原料的使用也在日益发展，因此将根据产业发展及时配套相关标准，保证产业标准协调一致，做到有标可依。

建筑卫生陶瓷产业的中下游领域主要为房地产，最直接的则是涉及建材装修装饰产品标准，相关标准配套涉及瓷砖类和卫浴类，其中瓷砖类主要包括GB/T 4100—2015《陶瓷砖》、GB/T 44309—2024《陶瓷岩板》以及陶瓷砖系列试验方法、功能性瓷砖标准等，卫浴类主要包括GB/T 6952《卫生陶瓷》、GB/T 23447—2023《卫生洁具　淋浴用花洒》、GB/T 23448—2019《卫生洁具　软管》、JC/T 1043—2007《水嘴铅析出限量》、GB/T 34549《卫生洁具　智能坐便器》等相关卫浴类标准，这些标准几乎涵盖产业下游涉及的卫生陶瓷、卫生洁具、卫浴配件等产品，对行业下游产品起到一定的规范作用，但随着近几年国家消费市场发展减缓，如何通过标准拉动引领市场升级、拉动产业投资成为一个重要课题，根据国家政策的要求，《消费品质量分级导则　卫生洁具》《消费品质量分级　陶瓷砖》质量分级标准的发布实施将成为拉动产业下游发展的重要手段，GB/T 35603《绿色产品评价　卫生陶瓷》、GB/T 35610《绿色产品评价　陶瓷砖（板）》绿色评价类标准则成为产业发展过程中的大型企业绿色低碳提升必经之路的重要支撑。未来将根据市场发展，重点关注服务类、适老化、整装领域的发展，及时配套相关标准，促进传统产业转型升级。

3. 标准复审工作情况

根据《国家标准化管理委员会关于开展推荐性国家标准复审工作的通知》，为了落实国家标准化管理委员会（以下简称国标委）《国家标准化发展纲要》中"加强标准复审和维护更新"和《中华人民共和国标准化法》有关要求，有序推进标准复审工作，提升标准复审工作质量。2024年，根据国标委的要求，开展了12项国家标准复审工作以及1项强制性国家标准复审工作。具体情况如下。

按照《国家标准化管理委员会关于开展 2024 年推荐性国家标准复审工作的通知》（国标委发〔2024〕47 号）的要求，由标委会对本批复审标准中归口管理的 12 项推荐性国家标准进行复审。

收到上级主管单位下达的复审通知以后，标委会即开始部署安排复审工作，并按以下步骤组织实施。

首先，标委会秘书处将复审计划中归口标准项目整理汇总，对标准实施情况先行调研征询，对标准中的关键技术指标展开了重复验证，并且组织相关专家对复审标准进行评估，依据符合国家现行的法律法规和国家产业发展政策要求，满足市场和企业的需要，技术指标应反映当前的技术发展水平，遵循对指导生产、规范市场秩序、提高经济效益和社会效益有推动作用的原则，形成预复审意见。

2024 年 11 月 18 日，标委会向全体委员发出了通知，征求全体委员和行业专家对复审标准的复审意见，对归口的 12 项国家标准进行复审。根据委员和专家的复审意见，秘书处组织相关专家和主要起草单位对复审标准进行了评估与审查，得出初步复审结论，其中结论为修订的标准共 3 项，继续有效的标准共 9 项。2024 年 12 月 2 日至 10 日，标委会在国家标准制修订工作管理信息系统平台上填了 12 项国家标准的复审工作表，提交至各位委员对复审结论进行审查投票表决。

标委会共 99 位委员，截至复审工作结束日，共 99 位委员参与了 12 项国家标准复审投票。其中结论为继续有效的标准共 9 项，整合修订 0 项，修订的标准共 3 项，废止 0 项。其中，复审结论为修订的 GB/T 6952—2015《卫生陶瓷》已于 2024 年 6 月 18 日申报修订计划，于 2024 年 10 月 26 日计划下达，目前正在开展项目调研工作。复审结论为修订的 GB/T 26750—2011 和 GB/T 26730—2011 两项标准已完成草案和项目申报书。

根据《国家标准化管理委员会关于开展 2024 年强制性国家标准复审工作的通知》（国标委发〔2024〕30 号）的要求，加快推动强制性国家标准升级，持续提升标准的适用性、规范性、时效性和协调性，作为标准复审单位，受工业和信息化部、中国建筑材料联合会的委托组织对 GB 18145—2014《陶瓷片密封水嘴》强制性国家标准进行复审。收到上级主管单位下达的复审通知以后，标委会即开始部署安排复审工作，并按以下步骤组织实施：

根据国标委要求，秘书处首先开展了标准复审的第一个阶段工作——标准复审。秘书处依据国家现行的法律法规和国家产业发展政策要求，满足市场和企业的需要，技术指标应反映当前的技术发展水平，遵循对指导生产、规范市场秩序、提高经济效益和社会效益有推动作用的原则，对标准的适用性、规范性、时效性、协调性等方面先行调研征询。2024 年 8 月 10 日，标委会向全体委员发送了通知，对 GB 18145—2014《陶瓷片密封水嘴》强制性国家标准进行复审，面向委员征集强制性国家标准复审意见。标委会共 99 位委员，截至复审工作结束日，标委会共收到 26 位委员的复审意见表，其中建议修订 17 份，建议修订转化为推荐性国家标准 6 份，继续有效 3 份，废止 0 份。根据全体委员返回的意见，形成初步的复审结论为修订。

2024 年 8 月 21 日，标委会秘书处开展了标准复审的第二个阶段工作——专家论证。标委会向行业专家发起通知，对初步复审结论进行专家论证，13 位专家对 GB 18145—2014《陶瓷片密封水嘴》强制性国家标准的适用性、规范性、时效性、协调性 4 个方面进行论证，结论为：本标准的修订对保障人身健康和生命财产安全、国家安全、生态环境安全意义重大，有助于扩大国际影响力，提升我国在国际标准化组织的话语权，复审结论为修订。

4. 参与国际标准化工作情况

（1）国际标准制定情况

2024 年，我国主导在研 1 项国际标准 ISO 10545-23 Ceramic tiles— Part 23：Determination of elastic modulus for substrates and glaze layer（陶瓷砖基材和釉层弹性模量的测定），该项目已成功通过 DIS 投票。

（2）主持或参加国际标准化会议情况

2024 年 11 月 21 日至 24 日，国际标准化组织 ISO/TC 189 第 32 届全体会议在葡萄牙伊利亚沃召开。来自中国、澳大利亚、巴西、意大利、日本、墨西哥、西班牙、美国、加拿大、印度、德国、英国、葡萄牙、以色列、土耳其、马来西亚、挪威、菲律宾、印度尼西亚、捷克、约旦、摩洛哥等 22 个国家和国际组织的 70 多名代表参加了本次大会。中国代表团团长咸阳陶瓷研究设计院有限公司标准室主任、标委会（SAC/TC249）秘书长王博率团参会。中国代表团共有 6 名国际标准工作组注册专家出席了本次会议：王博（WG1、WG2、WG3）、刘小云（WG10）、包亦望（WG1、WG2、WG4）、张旗康（WG1、WG2、WG3、WG4)、刘一军 (WG7)、聂光临 (WG7)。

会议期间，各个工作组的召集人对议题做了简要概述，各工作组成员结合各国的情况进行讨论。WG1 工作组讨论了由我国主导的项目 ISO/CD 10545-23：Ceramic tiles-Part 23：Determination of elastic modulus for substrates and glaze layer（陶瓷砖基材和釉层弹性模量的测定），项目负责人包亦望教授汇报了该项目的进展，就该项目 DIS 阶段投票情况和意见处理情况进行了说明，对各国专家提出的问题进行逐一解答，并对下一阶段的工作安排进行了汇报。该项目是我国主导的成功通过 DIS 投票的国际标准，标准在相对法的基础上，建立一个简单可行的测试陶瓷基体和釉面层弹性模量的方法，该项国际标准的制定，既完善了陶瓷砖领域的国际标准体系，更重要的是提高了我国在陶瓷砖领域的技术标准话语权和国际影响力，对于提升我国的国际竞争力、助力对外贸易高质量发展方面发挥着支撑性、引领性作用。

WG1 工作组还讨论了 ISO/CD 10545-22 关于陶瓷砖耐磨性 RR 试验结果，并对下一步工作进行了说明，我国参与了该项目 RR 试验，为工作组提供了科学合理的试验数据，这是我国首次深度参与国际标准试验验证工作，提升了我国在陶瓷砖领域的话语权。WG2 工作组集中讨论了 ISO 13006 陶瓷砖的修订问题，重点是对 BIa 类陶瓷砖有釉和无釉的技术要求等相关内容展开深入讨论，我国代表团就有釉砖和无釉砖的标识问题表达了意见，并提出删除该条款的建议。

WG10 工作组讨论了目前全球范围内各种防滑性检测方法，我国代表团就中国陶瓷砖的防滑性测试标准进行了介绍，希望为后续建立科学合理的陶瓷砖防滑性国际标准贡献中国力量。WG12 工作组讨论了 ISO 22267-1 的草案进展情况以及陶瓷砖碳排放未来的发展，制定了后续的工作计划，我国代表团介绍了全球首条有关零碳排放的建筑陶瓷辊道窑炉的情况，为我国陶瓷砖在国际上话语权的提升起到了积极的作用。

5. 标准化科研情况

包括 TC 承担的标准化研究课题及完成情况、取得的研究成果、产出的国家标准和行业标准数量。

根据 TC 掌握的情况，反馈目前与 TC 负责领域相关的国家级重大科研项目情况，以及已发布标准或立项计划中由科技项目转化情况等。

① 国家绿色产品评价标准化总体组科技计划项目，研究项目输出标准两项：《绿色产品评价　卫生陶瓷》（计划号：20213137-T-609）、《绿色产品评价　陶瓷砖（板）》（计划号：20221020-T-609）。

② 根据国家标准化管理委员会的统一部署，组织完成了建筑卫生陶瓷领域2024年消费品标准一致性评估工作，编制了《建筑卫生陶瓷领域标准一致性程度报告》。

③ 2024年"两个方案"重点国家标准专项计划。根据国家标准化管理委员会的统一部署，完成了建筑卫生陶瓷领域5项"两个方案"重点标准申报和发布，加快建筑卫生陶瓷行业转型升级。

④ 碳达峰碳中和标准体系报告。根据国家标准化管理委员会的统一部署，做好《碳达峰碳中和标准体系建设指南》编制工作，完成了碳达峰碳中和标准计划申报工作，指导今后几年建筑卫生陶瓷行业"双碳"工作的开展。

⑤ 建筑卫生陶瓷行业对口国际标准转化情况研究报告。根据工业和信息化部安排，组织完成了建筑卫生陶瓷领域对口国际标准转化情况报告，并编制了拟开展国际标准对标达标工作的相关材料。

第五章
2024 年建筑陶瓷、卫生洁具发明专利

第一节　2024 年建筑陶瓷产品发明专利申请情况分析

　　发明专利是发明人运用自然规律而提出解决某一特定问题的技术方案，是我国三类专利中含金量最高的专利类型。发明专利申请数和涉及领域可以直观地反映出行业当前技术进展的品类方向，也反映出行业对该品类产品研发工作关注的重点领域。本节将总结 2024 年 1 月 1 日至 2024 年 12 月 31 日由建筑陶瓷产业链上下游企业及相关研究者申请的发明专利情况，供行业人员参考。

　　本书中专利检索依据国家知识产权局官方专利检索及分析网站，检索申请日期在 2024 年 1 月 1 日至 2024 年 12 月 31 日的相关专利。2024 年，经检索，建筑陶瓷类产品共申请专利 808 项，申请数量同比增长 15.76%，建筑陶瓷行业继续维持加速研发与持续创新的态势，同时受国家政策导向影响，技术研发朝着更绿色、更智能、更环保的方向发展。2024 年度发明专利的关键词包括 "防滑" "耐磨" "固废利用" "瓷砖胶" "铺砖机器人" "发泡陶瓷"。

　　本次检索将建筑陶瓷类专利分为陶瓷砖类产品、陶瓷板类产品、其他类建筑陶瓷产品、色釉料及原辅材料、生产加工装备与技术、性能测试技术与装备，以及施工工艺与装置等。其中，当各项专利出现交叉的情况时，以专利内容更为注重的方面为准进行分类。各类申请数如表 5-1 所示。

表 5-1　2023 年和 2024 年建筑陶瓷产品各类专利申请数据

产品类别	2024 年发明专利申请数	2024 年各类发明专利申请数占比	2023 年发明专利申请数	2023 年各类发明专利申请数占比	发明专利申请数同比增减
陶瓷砖类产品	216	26.73%	209	29.94%	+3.35%
陶瓷板类产品	63	7.80%	52	7.45%	+21.15%
色釉料及原辅材料	49	6.06%	26	3.72%	+88.46%
瓷砖粘接材料	73	9.03%	32	4.58%	+128.13%
生产加工装备与技术	129	15.97%	141	20.20%	−8.51%
性能检测技术与装备	36	4.46%	37	5.30%	−2.70%
施工工艺与装置	169	20.92%	174	24.93%	−2.87%
其他类建筑陶瓷产品	73	9.03%	27	3.87%	+170.37%
总计	808	100.00%	698	100.00%	+15.76%

一、陶瓷砖类产品

检索关键词："陶瓷砖""瓷砖""釉面砖""抛釉砖""地砖""墙砖"。

经筛选后，2024 年针对陶瓷砖类产品的相关专利共计 216 项，与 2023 年（209 项）相比基本保持稳定。其中，防滑、防污等功能性能 41 项，增强、增韧、耐磨等结构性能 36 项，外观设计及美化 94 项，固废利用 18 项，结构性能＋外观设计 14 项，结构性能＋功能性能 8 项，功能性能＋外观设计 5 项（图 5-1）。

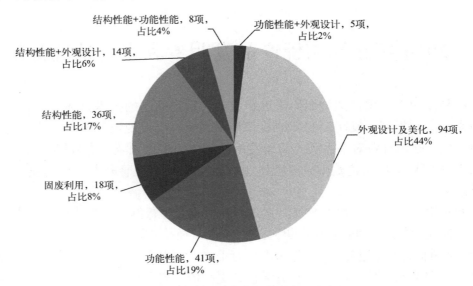

图 5-1　陶瓷砖类产品发明专利分布

通过发明专利分布可以看出，陶瓷砖类产品在外观设计及美化方面的专利合计 94 项，占据该类别总专利数量的 44%，相关专利中，与 2023 年"洞石""木纹""大理石"等模仿自然纹理方向风格不同，2024 年外观设计方向专利出现频次较高的关键词变为"哑光""质感""仿古""幻彩""透光"。

功能性能相关专利合计 41 项，占陶瓷砖类产品专利的 19%，仍是研究的一个重要方向。作为瓷砖安全应用最重要的功能性能，防滑性能延续 3 年，依旧是 2024 年功能方向中出现频率最高的词，也是长期以来行业关注的焦点。除此之外，除甲醛、防污自洁等与健康相关的专利与去年同期相比也有显著提升。

增强、增韧、耐磨等结构性能提升类的专利 36 项，占陶瓷砖类产品专利的 17%，与去年相比有了一定的提升，除了在耐磨性能方面维持关注热点外，通过对瓷砖生产工艺、背纹设计等方面的改进，提升瓷砖的黏结强度成为 2024 年陶瓷砖在结构性能提升、创新的一大亮点。

在行业向绿色低碳方向转型的大背景下，叠加企业降本增效的切实需求，固废利用依旧是研究关注的焦点，相关专利申请单位主要为行业头部企业、高校和科研单位。

二、陶瓷板类产品

检索关键词："陶瓷板""大板""薄板""岩板"。

经筛选后，2024 年针对陶瓷板类产品的相关专利共计 63 项，与去年相比增长了 21.15%，主要增长来自岩板应用家居领域的相关创新。其中，外观设计及美化 29 项，耐磨、热弯、增强等结构性能 16 项，防污、除甲醛等功能性能 9 项，家居应用 9 项（图 5-2）。

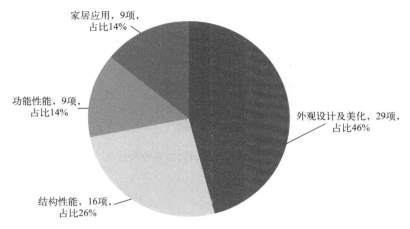

家居应用，9项，
占比14%

功能性能，9项，
占比14%

外观设计及美化，29项，
占比46%

结构性能，16项，
占比26%

图 5-2　陶瓷板类产品发明专利分布

陶瓷板类产品外观设计及美化的相关专利共计 29 项，占总数的 46%，与 2023 年同期相比，出现了明显增长，企业更加关注陶瓷板的装饰效果。另一方面，与陶瓷砖类产品类似，陶瓷板类产品的外观设计及美化方向的关键词同样是"幻彩""透光""质感"。

陶瓷板结构性能的相关专利共计 16 项，占总数的 26%，其中在提升产品强度、耐磨性能方面，以及曲面岩板的专利数量上，均占明显优势，这是陶瓷板类产品面向实际应用过程的痛点问题，尤其是针对岩板、大板产品的应用。

陶瓷板类产品功能性能的相关专利 9 项，占总数的 14%，与 2023 年同期相比出现了明显的下降。防污依旧是陶瓷板类产品功能提升关注的重点，但受到目前整体市场环境下行影响，消费者对于产品选择更为理性，原先部分细分研究领域市场尚未打开，例如发热岩板方向，企业在相关领域的研发投入也出现明显收缩。

陶瓷板类产品家居应用的相关专利 9 项，占总数的 14%。家居应用是当前陶瓷岩板应用领域中的主要增长点之一，企业在相关技术创新方面也更加关注，尤其是在整体橱柜、一体台盆等领域。

三、色釉料及原辅材料

检索方式：检索陶瓷砖与陶瓷板专利中涉及色釉料及原辅材料的部分。

经筛选后，针对色釉料及原辅材料类产品的相关专利共计 49 项，本年度（2024 年）在统计过程中，将瓷砖黏结材料板块单独进行了划分，因此，色釉料及原辅材料类产品相关专利较 2023 年出现明显增长。其中，外观设计及美化类专利 24 项，结构性能类专利 6 项，防滑、防污等功能性能类专利 11 项，原辅材料类专利 8 项（图 5-3）。

色釉料及原辅材料对建筑陶瓷表面装饰与结构性能、功能性能起到关键作用，相关专利历来与陶瓷砖、陶瓷板相关板块高度匹配，2024 年色釉料及原辅材料整体专利中，出现频率最高的关键词为"耐磨""防滑""防污"。

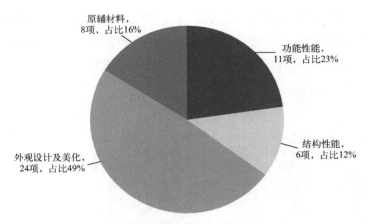

图 5-3　色釉料及原辅材料发明专利分布

四、瓷砖粘接材料

检索方式：检索陶瓷砖与陶瓷板专利中涉及瓷砖粘接材料的部分。

经筛选后，2024 年针对瓷砖粘接材料的相关专利共计 73 项，该领域技术研究在近几年发展迅猛，故单独列出进行详细展示。其中，高粘接强度、柔性、防裂等结构性能 31 项，防水、耐候、降低异味等功能性能 32 项，生产设备与技术 10 项（图 5-4）。

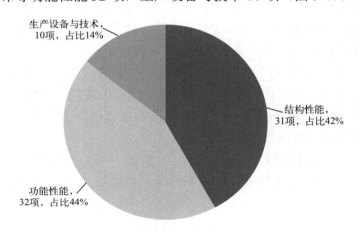

图 5-4　瓷砖粘接材料发明专利分布

近年来瓷砖粘接材料，尤其是瓷砖胶产品专利数量的激增是自 2021 年 12 月 14 日住房和城乡建设部发布的《房屋建筑和市政基础设施工程危及生产安全施工工艺、设备和材料淘汰目录（第一批）》（以下简称《目录》）直接触发的。根据《目录》，"饰面砖水泥砂浆粘贴工艺"被列入淘汰目录，可替代的施工工艺、设备、材料为"水泥基粘接材料、粘贴工艺等"。

瓷砖粘接材料作为瓷砖铺贴的辅材，瓷砖胶的质量是瓷砖铺贴质量的关键影响因素。相关企业近年来研究的重点集中在提升瓷砖粘接材料的结合强度、长期使用寿命、耐水性等性能。同时瓷砖胶产品的迅猛发展，也激发了相关装备与生产技术的研发。

五、生产加工装备与技术

检索方式：检索陶瓷砖与陶瓷板专利中涉及装备的部分。

经筛选后，2024年针对生产加工装备与技术的相关专利共计129项。其中，原料9项，成型17项，施釉13项，烧成9项，加工44项，码垛、运输、存储12项，生产控制系统15项，其他10项（图5-5）。

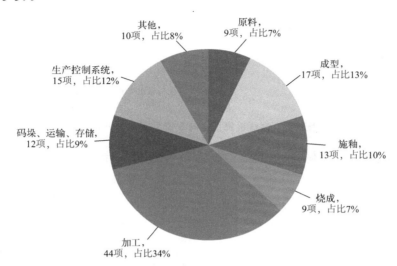

图 5-5 生产加工装备技术发明专利分布

与2023年相比，建筑陶瓷生产、加工过程中的工艺、技术与装备的发明专利申请数降低约10%。其中，建筑陶瓷加工装备与技术仍是行业关注的重点，专利申请数占比最高。针对全流程生产控制系统以及运输、码垛、存储等过程的智能化改造方面的相关专利占比仅次于加工，较去年相比也有较大幅度提升。成型、施釉等方面的相关专利占比也比较高，可以看出这几个流程仍存在较大研发空间。与之相比，针对原料、烧成工艺的技术研发相对比较成熟。

六、性能检测技术与装备

检索方式：检索陶瓷砖与陶瓷板专利中涉及性能检测技术与装备的部分。

经筛选后，2024年针对性能检测技术与装备的相关专利共计36项，其中，结构与功能性能检测11项，外观与表面缺陷检测12项，铺贴安装检测13项（图5-6）。

建筑陶瓷性能检测技术与装备发展至今，本征性能的评价技术相对比较成熟，目前针对物理与功能性能，重点针对防滑长效性评价、可切割性评价以及强度无损测试技术。针对外观与功能性能的评价，2024年关注的重点依旧是瓷砖表面缺陷的识别技术。2024年对铺贴技术主要是针对瓷砖铺贴后的表面平整度与空鼓检测，证明空鼓问题依旧是瓷砖铺贴质量关注的重点。

七、施工工艺与装置

检索方式：检索陶瓷砖与陶瓷板专利中涉及施工工艺与装置的部分。

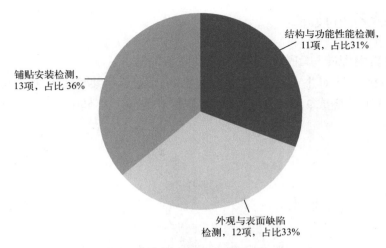

图 5-6 性能检测技术与装备发明专利分布

经筛选后，2024 年针对施工工艺与装置的相关专利共计 169 项。其中，铺贴安装技术 105 项，自动铺贴装备 23 项，美缝修复 30 项，装配式安装技术 11 项（图 5-7）。

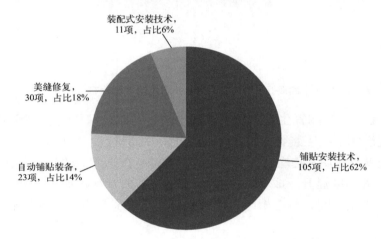

图 5-7 施工工艺与装置发明专利分布

近年来企业在陶瓷砖 / 板铺贴安装等后续配套服务方面继续维持研究力度，2024 年的发明专利申请数量继 2022 年与 2023 年大幅上涨后，基本维持平稳。针对陶瓷岩板、发泡陶瓷等产品的安装技术的发明专利申请数量出现增长，大板干挂技术、瓷砖美缝、空鼓修复、密缝铺贴等技术与工艺的发明专利申请数量也出现了大幅增长。另一方面，自动铺贴装备的发明专利申请数量出现了明显下降。

八、其他类建筑陶瓷产品

检索关键词："陶板""陶瓷瓦""发泡陶瓷"。

经筛选后，2024 年针对其他类建筑陶瓷产品的相关专利共计 73 项（图 5-8）。

2024 年，发泡陶瓷类产品的专利共计 65 项，相比 2023 年出现了近 3 倍的增长。发泡陶瓷在 2024 年成为整个建筑陶瓷板块关注的热点产品，其中专利申请绝大部分是针对利用各类矿产尾渣制备发泡陶瓷板的技术与装备研究以及发泡陶瓷构件的研究。陶瓷瓦、陶板类产品的技术发展相对成熟，专利数量较少。

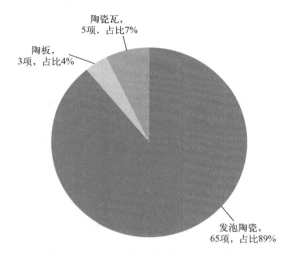

图 5-8　施工工艺与装置发明专利分布

第二节　2024 年卫生洁具产品发明专利申请情况分析

　　本节将总结 2024 年 1 月 1 日至 2024 年 12 月 31 日由卫生洁具产业链上下游企业及相关研究者申请的发明专利情况，供行业人员参考。本书中专利检索依据国家知识产权局官方专利检索及分析网站，检索申请日期在 2024 年 1 月 1 日至 2024 年 12 月 31 日的相关专利。

　　2024 年，经检索，卫生洁具产品共申请专利 1057 项，较 2023 年微增 4.34%，各品类申请数如表 5-2 所示。其中传统坐便器、水嘴、智能坐便器为申请专利数量最多的三大品类，三者合计申请量超过 600 项。

　　2023 年和 2024 年卫生洁具产品各类专利申请数据见表 5-2。

表 5-2　2023 年和 2024 年卫生洁具产品各类专利申请数据

类别	2024 年发明专利申请数	2023 年发明专利申请数	发明专利申请数同比增减
传统坐便器	222	212	+4.72%
智能坐便器	234	199	+17.59%
水嘴	187	194	−3.61%
花洒	124	106	+16.98%
浴缸	52	37	+40.54%
地漏	46	60	−23.33%
淋浴房	39	52	−25.00%
浴室柜	49	35	+40.00%
台盆和水槽	60	61	−1.64%
小便器和蹲便器	34	34	0.00%
角阀	10	20	−50.00%
总计	1057	1013	+4.34%

卫生洁具行业技术研发与持续创新持续推进。一方面，受国家政策导向影响，朝着更绿色、更智能、更环保的方向高质量发展；另一方面，由于消费者健康意识与体验需求的提升，与健康相关的产品技术创新更加活跃，智能坐便器的健康监测功能，水嘴的净水装置系统，其他卫浴设备对清洁、防臭、安全等性能提升的研究，以及无障碍设计的融入都显示了研究者对健康相关需求的重视。

同时，智能坐便器、浴室柜、水嘴、水槽等产品创新体现出多功能集成的趋势，用户需求主导的场景化创新成为驱动行业技术进步的重要力量。

2024年度发明专利的关键词包括"智能化""健康""集成""适老化"。

一、传统坐便器

检索关键词："马桶""坐便器"（不包括智能坐便器相关专利）。

经筛选后，2024年针对传统坐便器产品的相关专利共计222项，与2023年基本持平。

从传统坐便器发明专利分布来看，冲水方法及装置类（57项）和产品整体结构设计类（44项）发明专利占比最高，表明技术创新主要集中于提升冲水效果和结构优化。冲水方法及装置类发明专利57项，同比增长70%以上，显示冲水技术是创新重点，涉及高效冲水等核心功能。结构优化是另一技术热点，涵盖外形设计、空间利用、安装便捷性等方面，以提升用户体验和产品竞争力。节水节能、自清洁、防臭、防堵等产品功能类发明专利18项，较2023年大幅减少，结合智能坐便器相关专利数量来看，相关研究并未减少，而是相关研究重心进一步集中到智能类产品领域。产品组件（34项）相关专利与2023年基本持平，说明阀体、管道等内部零部件的功能改进持续受到关注。马桶盖及连接装置类发明专利28项，较2023年小幅增长。其他类（装备、安装、搬运、检测等）发明专利27项，较2023年减少约20%，主要涉及注浆、施釉等生产工艺，以及包装运输环节的效率提升。适老化等无障碍应用类发明专利14项，较2023年增长180%，专利显示，可升降装置和扶手是主要的辅助手段。产品组件类发明专利34项，说明阀体、管道等内部零部件的功能改进持续受到关注。马桶盖及连接装置（28项）受关注程度大幅提高（图5-9）。

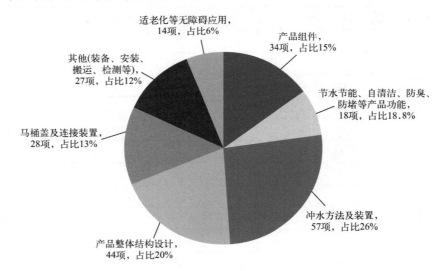

图5-9 传统坐便器发明专利分布

二、智能坐便器

检索关键词："智能马桶""智能坐便器"。

经筛选后，2024 年针对智能坐便器产品的相关专利共计 234 项，同比增长 17.59%。

2024 年智能坐便器相关专利中，加热、冲水、清洗等组件类别数量最多，达 84 项，占比 36%，同比增长 37.70%，显示了对基础功能模块性能提升的重视，尤其是对冲水系统与人体冲洗功能的优化提升。控制系统类（46 项，占比 20%）和环保节水、抗菌、除臭、消毒等产品功能类（26 项，占比 11%）增长幅度显著，分别增长 53.33% 和 62.50%，反映出产品向智能化与健康环保方向加速发展。相比之下，产品结构设计类（23 项，占比 10%）专利下降明显，同比减少 45.24%，表明结构设计阶段趋于成熟，创新空间暂时收窄。整体来看，2024 年智能坐便器专利重心由硬件结构转向功能优化和智能控制，体现行业创新方向的转变（图 5-10）。

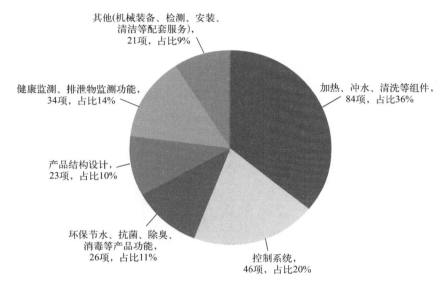

图 5-10　智能坐便器发明专利分布

三、水嘴

检索关键词："水嘴""水龙头""龙头"。

经筛选后，2024 年水嘴产品的相关专利共计 187 项，较 2023 年略有下滑。

产品功能类（61 项，占比 33%）专利中，净化、水质处理成为高频词，防烫、恒温等基础功能的研究占比有所下滑。产品结构类（53 项，占比 28%）仍占较大比例。阀芯、抽拉组件等产品配件或配套装置类（32 项，占比 17%）专利数量较 2023 年有大幅提升，由市场需求驱动的产品创新活跃。生产工艺与装备类（25 项，占比 14%）专利数量保持稳定。感应装置类（8 项，占比 4%）专利有所减少，表明相关技术趋于成熟。其他类（装备、安装、搬运、检测等）专利 8 项（图 5-11）。

四、花洒

检索关键词："花洒""淋浴器"。

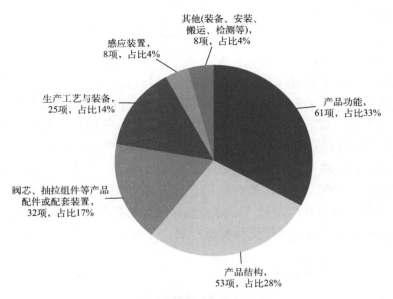

图 5-11　水嘴发明专利分布

2024 年花洒相关专利共 124 项，同比增长 16.98%，创新活跃（图 5-12）。

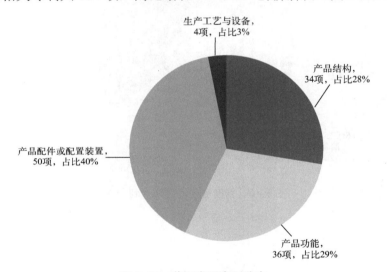

图 5-12　花洒发明专利分布

产品配件或配置装置类（50 项，占比 40%）专利数量增长最为显著，从 2023 年的 25 项翻倍至 50 项，增幅达 100%，反映出企业对花洒功能拓展与配件优化的高度重视，相关研究主要集中在水型切换、增压等装置方面。

产品结构类（34 项，占比 28%）专利数量增长 54.55%，表明结构创新持续推进。

相比之下，产品功能类（36 项，占比 29%）专利从 53 项降至 36 项，下降 32.08%。自动除垢技术受到较多关注。生产工艺与设备类（4 项，占比 3%）专利数量则小幅下降。

总体上看，花洒行业正在从单一功能创新转向结构与配件的综合升级。

五、浴缸

检索关键词："浴缸"。

2024年浴缸相关专利总数为52项，同比增长40.54%，显示出技术创新较为活跃（图5-13）。

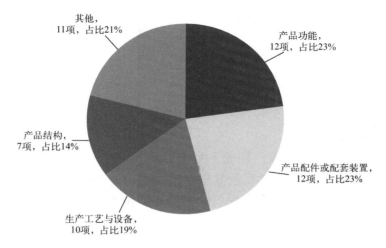

图5-13　浴缸发明专利分布

产品功能类（12项，占比23%）发明专利数量增长33.33%，显示企业在功能优化方面持续发力，温控、按摩是该类专利中的高频词，显示市场对相关功能的强需求。

产品结构类（7项，占比14%）发明专利数量较2023年有所提升，但整体占比仍较低，显示产品结构方面的创新较少。相比之下，产品配件或配套装置类（12项，占比23%）发明专利数量保持稳定，研究主要集中在泡沫发生装置、水质过滤装置和水温数显装置等方面。

生产工艺与设备类（10项，占比19%）专利数量增长最显著，增幅达150%，这表明制造环节的工艺设备受到企业的关注。

其他类（11项，占比21%）专利涉及健康监测、清洗等，数量增长57.14%，表明浴缸产品在综合性方面创新逐步加强。

六、地漏

检索关键词："地漏"。

经筛选，2024年地漏相关专利共46项，总量较2023年有所下降（图5-14）。

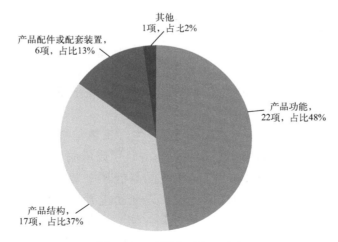

图5-14　地漏发明专利分布

产品功能类专利达 22 项，同比增长 144.44%，同时占比最高（48%），其中，防臭功能研究占比最大，表明产品在应用中仍存在痛点，排水、防堵等功能也受到关注。产品结构类专利为 17 项，依然保持较高水平，反映企业持续在外观造型与空间优化等方面进行创新。此外，未检索到生产工艺及装备相关的专利。

七、淋浴房

检索关键词："淋浴房"。

2024 年淋浴房相关专利共 39 项，同比下降 25%。

其中产品配件或配套装置仍为专利数量最多的类别，达 15 项，占比 38%，虽较 2023 年减少 25%，但仍是研发重点，主要涉及房门的结构、防撞设计、地盘防滑等。产品结构类 9 项，与 2023 年基本持平，占比 23%；此类专利与结构安全性、稳固性相关的专利较多。产品功能类（8 项，占比 21%）专利下降幅度最大，同比减少 38.46%，显示企业在该领域创新热度有所下降（图 5-15）。

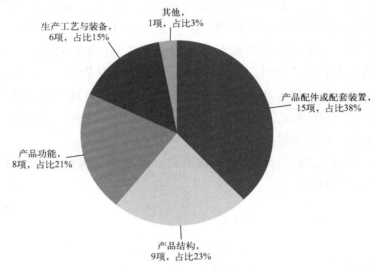

图 5-15　淋浴房发明专利分布

八、浴室柜

检索关键词："浴室柜""浴室镜"。

2024 年，浴室柜产品的相关专利共计 49 项。随着浴室柜产品普及率提高，相关技术创新更加活跃。

产品组件或配套装置类（19 项，占比 39%）、生产工艺与装备类（14 项，占比 29%）主导该领域的创新活动，并呈现出快速增长的态势，专利数量同比增长 100% 以上。产品组件或配套装置中，研究主要涉及与镜子、灯光相关的智能控制装置、照明装置等。生产工艺与装备专利主要聚焦柜体板材的加工和表面处理，以全面提升浴室柜的整体性能。产品功能类（10 项，占比 20%）专利数量较 2023 年有所下降，防潮仍是关注的重点。产品结构专利占比较小，数量也有所下降，表明产品结构相关技术比较成熟（图 5-16）。

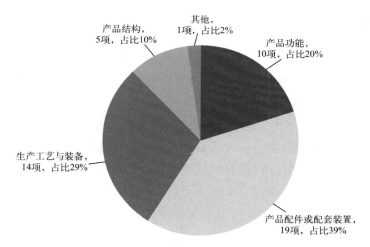

图 5-16　浴室柜发明专利分布

九、水槽和台盆

检索关键词："水槽""洗涤槽""洗手盆""面盆""洗面器"。

经筛选后，2024 年水槽、台盆产品的相关专利共计 58 项，较 2023 年，水槽和台盆的专利数量均有所下滑。水槽的产品创新活跃度总体高于台盆，主要是由于台盆洗面器与浴室柜融合趋势。

产品结构（15 项，占比 26%）、产品组件（13 项，占比 22%）、产品功能（12 项，占比 21%）是研究的重点。水槽的产品结构创新向着集成式方向发展，与水处理系统、洗碗机、垃圾处理器等厨房设备的集成受到关注。产品组件主要与水槽置物、连接件相关。产品功能类专利涉及水槽的烘干、消毒、防臭、清洁功能的提升（图 5-17）。

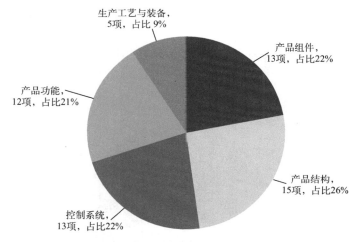

图 5-17　水槽和台盆发明专利分布

控制系统类（13 项，占比 22%）专利的快速增长是水槽产品创新的一大亮点，产品的智能化、集成化发展催生控制系统方向的创新发展。

十、小便器和蹲便器

检索关键词："小便器""便斗""蹲便器"。

经筛选后，2024年针对小便器产品的相关专利共计34项，与2023年基本持平，与其他类别产品相比，相关创新活动较少。

其中，产品结构类专利13项，占比38%，仍占主导地位。产品功能类专利5项，同比下降44%，显示对产品功能提升的关注度下降。生产工艺与装备等相关专利数量都同比下降。唯一出现增长的是产品配件或配件装置专利数量，同比增长100%，研究方向较为分散，涉及清洗、稳流、过滤等组件（图5-18）。

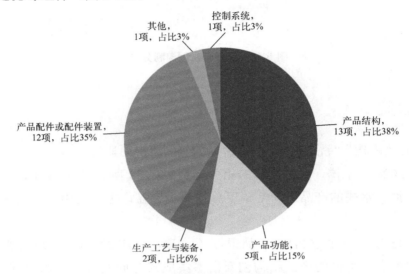

图5-18　小便器和蹲便器发明专利分布

十一、角阀

检索关键词："角阀"。

经筛选后，角阀产品的相关专利共计10项，同比下降50%，专利申请重点围绕产品的结构改进（图5-19）。

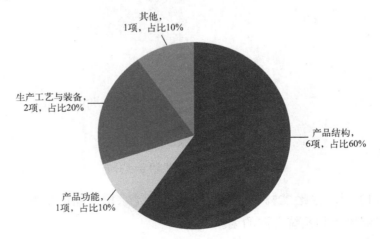

图5-19　角阀发明专利分布

第六章

中国建筑陶瓷、卫生洁具行业高质量发展案例

第一节 品质筑基，创新驱动，服务领航，恒洁卫浴引领卫浴行业高质量发展——恒洁卫浴高质量发展案例

质量是产业发展的基石。在家居消费领域，实施消费品质量提升行动，开展质量分级活动，不仅有助于优化产品市场供给，满足人民群众多样化、多层级消费需求，也是升级品质人居、提振家居消费的重要引擎。

近期，全国智能坐便器产品质量分级试点结果发布。智能坐便器是入选国家质量分级管理产品试点工作的重要产品，是家居消费升级的代表性消费品。全国智能坐便器产品质量分级试点工作由国家市场监督管理总局指导，中国建筑卫生陶瓷协会组织开展，是我国消费品质量评价标准从"合格率"向"满意度"跃升的标志性事件，对卫浴空间的智能化升级意义重大。

一、获 AAAAA 级质量认定，恒洁智能坐便器产品质量全面领先

恒洁卫浴集团有限公司申报的 R9（HCE109A01）和 M3（HCE311A01）智能坐便器产品，通过严格的盲样检测，整体质量达到 AAAAA 级（最高等级），对标国际领先水平，意味着恒洁智能坐便器产品的功能性、舒适性、耐用性、体验感在同类产品中处于全面领先地位。

全国智能坐便器产品质量分级试点活动依据《智能坐便器》（T/CBCSA 15—2019）协会标准，在符合性检测基础上的评价性检测，涉及产品性能标准等检测项目，并针对与产品功能性、体验感高度相关的冲洗功能、清洗水流量、水温稳定性、坐圈温度均匀性、整机寿命等关键指标进行了评价性检测，只有在所有评价性检测项目中通过一级评价的产品才能获 AAAAA 质量等级认证，是以更高标准、更全指标对产品进行检验和区分。

获 AAAAA 质量等级认证的恒洁卫浴 R9 搭载 100 余项专利技术，首创恒流技术、AI 智导巡航清洗模式、单孔最多水型组合切换等关键技术，使技术更好地服务于人的需求，并突破了 0 压冲水等技术难题，为老旧小区焕新提供了重要的技术解决方案。

M3 智能坐便器融合水科技与智能科技，搭载超导冲水系统、一键旋钮、水净技术全新釉面、双落座错位感应等技术与功能，为消费者提供舒适、便捷、洁净的卫浴体验。

二、品质领先是科研智造实力的外显

领先、稳定的质量水平是包括质量管理水平、技术研发能力、生产制造能力在内的企业

综合竞争力的集中体现。

恒洁卫浴专注于卫浴行业发展，不断深挖专业护城河，掌握国家专利两千多项。自2012年起，恒洁卫浴持续投入智能坐便器的研发创新，首创便捷式旋钮交互操控智能一体机，推出第一台即热式智能一体机，率先实行智能一体机整机六年质保，R9智能坐便器实行八年质保，再次拉高行业服务高线。此外，恒洁获智能一体机水效备案001号，首创一键旋钮、恒流技术、AI智导巡航清洗模式、单孔最多水型组合切换等关键技术，为我国智能卫浴行业进步贡献了重要解决方案。

强大的综合科研实力是技术进步的基础。由于恒洁卫浴在解决行业关键共性技术难题、提升产品质量水平、布局前沿储备技术方面的突出贡献，"中国建筑卫生陶瓷行业智能坐便器研发中心"落户恒洁卫浴集团。2023年，该中心入选中国建筑卫生陶瓷行业先进专项工作创新示范平台。

坚持标准引领质量提升，恒洁卫浴长期致力于我国卫浴行业的质量基础设施建设，是T/CBCSA 15—2019《智能坐便器》第一起草单位，并参与GB/T 34549—2024《卫生洁具　智能坐便器》等数十项国家、行业、团体标准的编制。2024年7月，凭借卓越的产品质量、严格的智造标准，恒洁卫浴成为行业首批全机种获得中国质量认证中心电子坐便器CCC认证的企业。以智提质，恒洁率先在行业内采用一物一码，完成产品全生命周期追溯，实现质量统一数字化管理，将质量管控贯穿产品生产的始终。

恒洁卫浴建成了行业领先的全品类（绿色）生产基地和标杆式灯塔工厂，拥有全国水效标识备案实验室。恒洁卫浴在行业内首创"工业上楼＋数字化工厂"生产线模式，实现"传输带生产，产品不下线"；建成高度集成的全数字化系统，实现工业大数据平台高效管理与互联互通；采用行业领先1.5层宽体窑和高压注浆线、机器人打磨修坯工作站等先进装备和技术，持续引领中国卫浴产业从传统制造到先进制造转型升级。

三、产品、品牌、服务，共同助力"品质人居"升级

技术的牵引和市场的拉动对于促进我国卫浴产业转型升级缺一不可。升级品质人居环境，培育以"焕新"为主题的家居消费生态环境，不仅需要优化以智能坐便器为代表的关键产品的质量供给，还需要把握宏观趋势，创新消费场景，改善消费条件，强化品牌对消费的引领作用。

全国智能坐便器产品质量分级结果发布会同期举办的2024中国智能卫浴产业发展峰会上，恒洁卫浴向行业传递了以品质为基石，坚持品牌创新、服务创新，满足消费者升级"品质人居"需求的发展经验。

品牌是企业与消费者之间沟通的语言。发挥品牌的引领作用至关重要。在新的市场环境下，恒洁卫浴敏锐把握市场动向，全面升级品牌定位、品牌价值、品牌形象、产品系统，从专业品牌向消费者品牌、"品质生活方式品牌"转型，打造"总有美好在此间""恒洁焕新城市计划""这空间很中国"等IP活动，树立行业品牌创新标杆。品牌传播产生的流量与消费意愿需要质价比、颜价比过硬的产品来承接。唯有以高度的专业性和品质感在"新"产品与"旧"产品的功能、体验上积累显著的对比落差，才能蓄积起足够的消费势能，完成流量的转换。获AAAAA质量等级认证的恒洁R9和M3智能坐便器等优质产品，正是为满足不同群体品质消费需求的解决方案。

优质的服务是释放家居消费潜力的重要一环，也是提升消费体验、树立品牌口碑的关键。恒洁卫浴始终注重服务基础设施的建设，在400多座城市建立了3000多个服务网点，推出"1350"服务体系、"恒洁在线"卫浴24小时远程排忧服务和"春节不打烊"等升级服务，建立起空间和时间上无死角的服务链条，并针对旧改、局改市场推出"焕新闪装"等服务方案，精准解决消费体验的痛点，树立起中国卫浴行业服务能力建设的标杆。

以品质为基石，以创新为驱动，以服务为保障，恒洁卫浴不断提升品牌实力与市场影响力，引领我国卫浴行业发展，也成为唯一连续三次入选《人民日报》"品牌强国计划"，且唯一同时荣登国货消费品牌和中国创新品牌两个"五百强"榜单的卫浴品牌。

恒洁卫浴是我国卫浴行业品质创新、品牌创新、服务创新的代表，以恒洁卫浴为代表的优质卫浴企业以智能化为契机，不断提高产品和服务的供给质量和水平，锻造出包含质量管理水平、技术研发能力、生产制造能力在内的强大综合竞争力，为智能化、品质化品质人居空间升级奠定了产业基础，为释放家居消费潜力、共建优质消费环境发挥了重要的带动作用。

第二节 从卫浴革新到公共健康：技术创新打造"健康中国"实践样本——惠达卫浴高质量发展案例

一直以来，"洁净卫生"是消费者对于卫浴产品和空间的基本诉求，然而，以科学的、可衡量的方式度量卫浴产品和空间的洁净程度，并证明其作为健康屏障的可靠性，是拉平生产者与消费者之间的信息差、实现卫浴产品"放心消费"的关键。

卫生洁具的抗菌、易洁、环保等健康相关功能的提升一直是行业重点研究方向。以技术驱动产品健康化升级，打造健康环保的家居空间、公共人居空间，既是我国卫浴行业创新发展的重要方向，也是满足人民日益增长的对美好生活需求的必然选择。

一、解决行业关键共性技术难题，推动陶瓷抗菌技术走向世界前沿

目前，围绕陶瓷抗菌功能提升，发展出两六技术路径：一种是在陶瓷釉层表面喷涂固定金属银浆或光催化类抗菌材料，这种抗菌涂层的耐久性较差，在外力冲刷和强酸环境中易遭到破坏，从而导致抗菌性能受损；另一种是在陶瓷釉料中掺入抗菌材料，制成抗菌釉，以规避外部环境对抗菌层的影响，但长久以来釉料中添加的抗菌成分在高温烧制过程中不稳定、分布不均匀，同样导致陶瓷表面抗菌效果不理想。

针对现有技术存在的问题，惠达卫浴历时多年，研发出抗菌性能远超行业一般水平的抗菌釉面，解决了长久以来困扰行业的陶瓷内壁抗菌层不耐久、抗菌效果差、性能不稳定等问题。

经检验，惠达卫浴抗菌陶瓷抗细菌性能和抗菌耐久性能均高于99%，远高于行业标准JC/T 897—2014规定的90%和85%，达到国际标准ISO 22196：2011的要求，这在消费品关键质量指标与国际接轨的背景下意义重大。

"越来越多的人将健康视为生活方式的首选。我们希望专注于自己的研发能力、专注于自己的产品、专注于顾客，以更好的健康卫浴产品满足消费者的需求。"惠达卫浴总裁王佳表示。

基于对健康化消费的深入洞察，惠达卫浴独立研发出陶瓷抗菌釉技术，极大地提升了陶瓷产品的抗菌性能，为卫浴产品的健康化升级提供了重要技术支撑。惠达卫浴在陶瓷抗菌技术领域的突破源于其长期对陶瓷材料的精研以及对跨领域前沿技术的融合创新，对推动中国陶瓷抗菌技术发展、实现国内卫浴产品质量与国际接轨具有重要示范作用。

二、构建技术体系、产品体系，持续引领我国卫浴空间健康化升级

就企业而言，率先研发出优于行业一般水平的技术与产品是其参与市场竞争所倚仗的长板，但就消费者而言，要保证整个空间的洁净健康，则要求卫浴产品系统的相关性能与功效在时间和空间维度上没有短板。

为打造健康洁净的卫浴空间，企业需要给出全面的解决方案。

除釉面抗菌技术外，惠达卫浴将另一项自主研发的核心技术——纳米自洁釉技术应用于陶瓷体洗面器、普通坐便器、智能坐便器、小便器上。釉面易洁性通常用粗糙度来表征，惠达易洁釉面通过配方设计和工艺控制，形成一个连续均匀的玻璃涂层，填平釉面的微小凹陷，实现易洁性，粗糙度仅为十几纳米，较常规的易洁釉面粗糙度（100多纳米）大幅降低，极大地提升了釉面易洁性，减小污渍残留对健康的影响。

在普通坐便器相关健康技术的基础上，惠达卫浴在智能坐便器上还应用了目前已发展成熟的电解水杀菌、紫外线杀菌、魔术泡等技术，构建起以使用需求为核心的健康功能矩阵，贯彻落实到产品使用的每一个环节，为用户树立了可靠的健康安全屏障。

惠达卫浴的抗菌釉面和纳米易洁釉两项重大技术突破叠加多项健康型技术的全面应用，成倍放大了产品的健康功能，将"健康"这一原本感性的、模糊的概念转译为数据可呈现、可描述、可衡量的科学指标，并以客观数据与事实证明，健康产品和环境的可得、易得始终依赖专业的深耕和技术的进步。

惠达卫浴对五金龙头、五金花洒新产品进行全面的健康化升级。惠达五金龙头采用低铅、无铅材料，过水实验显示，惠达龙头含铅量远低于国家标准对"无铅龙头"的规定。经过表面工艺处理，实现了五金龙头和花洒的表面易洁，不仅极大降低了污渍、细菌等附着的可能性，同时提升了产品的易保养性和美观性。

浴室柜是卫浴空间消费升级的重要产品，但柜类产品的板材使用情况不透明的现象长期存在，造成卫浴空间中甲醛等VOC气体释放量超标，给消费者造成了严重的健康隐患。惠达浴室柜类产品全部采用E1或严于E1级标准的免漆板，从供应链源头把关，前置赋能产品的健康、安全属性。

惠达卫浴以高度的专业性和开放性持续搭建健康化技术体系、产品体系，将"健康卫浴定制专家"贯穿产品研发制造的方方面面，持续引领我国卫浴产品及空间升级迭代，为满足消费的健康需求提供了重要的解决方案和实践参考。

三、践行健康中国战略，为公共人居环境治理贡献行业智慧

如果说构建健康的家居空间是惠达基于"健康卫浴定制专家"品牌的应有之义，那么，跨出家居环境，投身厕所革命，构建健康的公共人居环境，则是站在环境治理、乡村建设、可持续发展的多重维度上，为健康中国战略作出的重要脚注。

"能否让人民用上干净卫生的厕所，是每个卫浴企业的责任"是惠达卫浴董事长、中国厕所革命联盟发起人王彦庆在其合著作品《厕所革命》中表达的一个核心观点，也总结了惠达卫浴致力于改善公共卫生条件、破解乡村治理难题的初心和使命。

2014年，惠达卫浴推出了"千县万镇厕所革命"计划，致力于改善农村地区的卫生生活条件。2015年，惠达成为中国厕所革命智库的重要战略合作伙伴，以实际行动推动中国厕所革命的发展。2018年，惠达厕所革命研究所成立，成为国内首个厕所革命研究所。随后，惠达发布了装配式厕所解决方案，为农村地区提供了更为卫生和环保的厕所解决方案。2020年，惠达联合发起的"新基建厕所革命研究所"正式启动，生态厕所在全国范围内得到推广和应用。2024年1月，惠达成为中国健康产业指数实验室理事单位，加速推进厕所革命，持续提升公共卫生条件和全民卫浴健康水平。

凭借四十余年在卫浴领域的技术积累和运营经验，惠达卫浴以专家的身份投身到以厕所革命为重点的公共环境治理的社会事业中，不仅身体力行地推动该事业的普及和发展，更在新技术、新材料、新模式应用方面提供了专业的解决思路和方法。惠达卫浴推动厕所革命的实践也成为企业发展与公益事业相结合的样本，为企业如何将自身战略目标更好地融入社会发展、国家战略提供了重要的借鉴和启示。

从研发健康相关前沿技术，到打造健康卫浴产品空间，再到投身公共健康事业，惠达卫浴将其在健康卫浴领域积累的专业性发挥到极致，树立起"健康卫浴定制专家"的品牌形象，为中国卫浴产业向健康化、高端化、融合化方向转型升级作出了重要探索，并为打造健康的公共卫生环境、提升全民卫浴健康水平贡献了宝贵的行业智慧和力量。

第三节 数字化成品交付，开拓建筑陶瓷融合化发展新路径——简一集团高质量发展案例

2025年2月19日，《陶瓷砖密缝铺贴施工技术规程》团体标准技术交流暨密缝铺贴技术专家诊断会在广东简一（集团）陶瓷有限公司召开。《陶瓷砖密缝铺贴施工技术规程》是我国建筑陶瓷行业的第一份服务标准，该会议首次将陶瓷砖制造企业、施工工程专家和密缝铺贴技术人员、一线服务商组织在一起，共同探讨如何将陶瓷砖服务链上的各方相协同，提高交付服务的标准化程度。

2021年，"大理石瓷砖密缝铺贴关键技术及产业化与应用研究"项目成果总体技术经评定达到"国际领先水平"。

2024年6月，"中国建筑卫生陶瓷行业建筑陶瓷数字化成品交付创新示范平台"落户简一，以肯定简一为推动行业服务化转型的科研成果和行业贡献，并打造了行业探索服务技术创新、模式创新的重要阵地。《陶瓷砖密缝铺贴施工技术规程》标准编制将以简一等企业的先进经验沉淀为技术与方法，为进一步构建全球领先的服务体系、打造高品质人居空间奠定制度基础。

一、服务产品化，延伸陶瓷行业价值链

为解决传统瓷砖行业长期存在的交付难的痛点，近年来，瓷砖行业逐步推动交付服务的

产品化进程，旨在将原本分散、随机、不透明的落地服务流程标准化、系统化、结构化，为消费者提供稳定优质的消费体验。

2016年起，简一开始推出明码实价，2017年推出以肖氏服务法为代表的瓷砖管家专属服务，2018年对外推出密缝铺贴，对交易、服务流程、铺贴等环节进行规范，为交付服务产品化奠定了基础。

"一站式"消费趋势的崛起加速了产品与服务的融合，整体解决方案的需求促使原本分散的服务资源加速集中整合，瓷砖交付逐步升级为一种产品化的服务模式。

2021年，简一率先在陶瓷行业推出成品交付，将服务链条上消费者的共性需求转换成具有普适性的服务内容，主导涵盖选材、设计、购买、加工、安装、售后的服务链条，进一步提高交付服务的透明度和一致性，成为推动建筑陶瓷行业向服务化转型的标志性事件。

2023年，简一升级数字化成品交付平台，通过引进数字化手段，将瓷砖交付流程进一步分解成精准量尺、深化设计、工地勘察、基层整改、精细加工、专属配送、施工交底、密缝铺贴、标准验收、全屋美缝、十年质保11个核心环节，全程严控安装的重点，以提升22个客户服务触点的体验，并将提炼出的108项标准固化至品控系统，实现了服务的可视、可控、可预测，将服务从无形、非标准化的过程转变为一种具备可重复性、标准化特征的产品。

从"规范化"到"标准化"再到"产品化"，简一通过引入数字化技术，不断推动产品与服务的融合，全面革新了瓷砖交付服务的生产组织方式、流通方式和流程管理方式，将传统的交付服务转变为高效、透明、可控的产品化模式，为建筑陶瓷行业服务化转型提供了成功的范例，为延伸行业服务链条、提升行业价值提供了重要的牵引。

二、服务化、数字化赋能行业品牌创新

无法直接触达用户是陶瓷企业等传统消费品制造者普遍面临的问题，对中间渠道的高度依赖导致品牌与消费者之间的互动有限。当行业从工厂时代、市场时代加速到用户时代，以"卖产品"为核心的传统企业运营模式，缺乏对消费者真实需求和反馈的及时获取，使得企业在产品开发、服务改进等方面决策迟缓。同时，企业多依赖于广告和渠道，缺乏精准营销渠道，难以满足消费者日益增长的个性化需求。

服务化、数字化转型使瓷砖品牌直接触达消费者成为可能。

随着成品交付服务的落地，以简一为代表的陶瓷企业从生产品牌向消费者品牌转变，并带动传统陶瓷经销商向服务商转型，首次在品牌与消费者之间搭建起直接沟通的桥梁。

数字化技术的引入极大地提升了服务效率、服务体验，也改变了品牌与消费者之间的互动方式。

简一美好家小程序实现成品交付服务全过程的可视化，消费者可以直观地了解瓷砖铺贴的前、中、后环节，可实现在线实时查看施工进度、全程监管施工环节。直达董事长的专项沟通反馈机制，使了解、响应消费者的需求和反馈成为可能，并为数据驱动服务化发展、提升服务质量、优化资源配置、提升运营效率奠定了基础。美好家小程序上的在线云逛工地功能让客户可以根据定位查看周边工地的实时情况，甚至可以看到自家小区同楼栋的施工进展。通过在线云逛工地或在线预约线下参观工地，消费者能够清晰、便捷地了解施工流程、规范以及最终落地效果，从而对成品交付形成整体认识，提升了对品牌和服务商的信任感，显著提高了转化率。数字化平台上线以来的数据显示，该功能对潜在客户具有显著的引流效果，

有效促进了成交和转化。

简一品牌建设不仅体现在产品和服务的升级上，更通过与用户建立长期关系、践行社会责任、推动可持续发展，提升了品牌的社会价值和客户忠诚度。最高"十年质保"的售后服务，增强了消费者对品牌的信任感。

秉持"一次交易，终身朋友"的理念，简一通过深度互动和数据驱动的数字化系统，了解用户需求，推动会员裂变增长，并以"简一美好家俱乐部"为平台，积极参与公益和绿色行动，使用户在品牌体验中获得文化和价值共鸣。简一的"产品＋服务"转型将品牌与用户的关系升华为共同成长的长期伙伴关系，助力品牌实现了更深远的市场和社会价值。

在数字化和服务化转型的浪潮下，以简一为代表的陶瓷品牌加速从生产导向向消费者导向的深度转型，带动了传统经销商向服务商角色的转型。简一的数字化成品交付中心通过可视化交付流程、实时反馈机制等功能，提升了服务效率和用户体验，增强了客户对品牌的信任与参与感。

三、数字化技术推动服务平台经济增长

数字化成品交付平台的创新不仅体现在技术进步，其作为生产力新的组织方式，将数字化技术融入产业服务创新，高效协同品牌方、服务商、瓦工和消费者，寻求更高效率的分工协作方式，促进服务产业链优化重构，成为驱动建筑陶瓷经济增长的新动力。

简一的数字化成品交付平台集成了设计、测量、配送、施工、维护等多个服务环节的相关方，形成了一个完整的服务生态。对于客户而言，平台的组建提供了一站式的完整解决方案，简化了传统烦琐的瓷砖购买和安装流程。

数字化成品交付平台大幅提升了运营能力，突破服务半径和人力成本的限制，显著扩大了服务范围，实现更大地理尺度上的流通。经过两年多的运营，简一成品交付服务的影响力持续增强，简一拥有300多个城市服务网点、300多个数字化成品交付体验馆、5000多名认证瓦工和600多名自有管家，全国城市服务覆盖率超过90%。通过数字化工地监控大屏，可以轻松查看全国各地的工地情况，实现了对各区域服务的实时监控与管理。

平台的开放性支持服务链各方的资源共享与协调，确保服务过程中的信息流和资源流高效流转。简一平台上服务团队能够实时共享数据，同步推进各环节工作。资源共享避免了重复操作和信息滞后，使交付过程更高效，同时为客户带来透明、快捷的服务体验。

简一数字化成品交付平台为各服务方提供了基于客户需求和反馈的协同创新空间。通过共享客户数据和市场趋势，简一平台上的不同角色能够共同优化服务内容，例如推出更符合客户需求的定制化铺贴方案或环保型施工流程。

开放的数字化平台帮助简一整合了各地的服务资源，不同服务商能够灵活接入，不仅提升了服务链条的丰富性和便捷性，同时使品牌能够跨区域地快速响应市场需求，不同区域的消费者可以通过平台享受到同样标准化的成品交付服务。

随着我国建筑陶瓷行业进一步向数字化、服务化转型，以简一数字化成品交付平台为代表的平台经济日益成为行业重要的创新力量和重要的生产组织方式，通过多方参与、资源共享、协同创新和数据驱动的融合，平台的发展为服务产品优化提供了强有力的支持，为提升服务价值、优化服务体验、推动建筑陶瓷经济的创新发展提供了新的动力。

以服务化转型为契机，建筑陶瓷行业正从产品导向向服务导向加速转型，以满足消费者

日益增长的个性化需求和提升高质量消费体验。以简一为代表的陶瓷品牌在这一进程中不断创新，构建了数字化成品交付平台，推动交付服务标准化进程，为突破发展边界，推动行业服务创新、品牌创新、模式创新发挥了关键引领作用，并为行业构建第二增长曲线带来重要启示。

第四节　向新，向绿，向上，金意陶打造差异化发展新路径——金意陶集团高质量发展案例

中国建筑陶瓷工业的崛起无疑是影响世界陶瓷工业经济体系最重要的变量，这不仅在于其巨大的产业规模，也在于中国建筑陶瓷研发、制造、设计能力的提升，以及经营理念的进步和品牌意识的觉醒。

在大规模、低成本、本土化的发展模式之外，中国建筑陶瓷行业能否培育出一批小体量、高价值、国际化品牌，形成以质驱动、以品牌驱动的发展动能，既是中国建筑陶瓷行业实现由大到强转变必须回答的时代之问，也将更进一步影响世界陶瓷经济的走向与格局。

一、向新，差异化发展构建金意陶价值根基

中国建筑陶瓷行业经过 20 余年的发展，在佛山等产业聚集地，已经形成了一批具有规模制造优势的陶瓷企业，要实现市场突围，后来者必须采取不一样的竞争策略。深耕专业化赛道，打造差异化产品优势，成为部分企业成立之初的战略选择，并在日后的实践中逐渐构建起企业独特的核心竞争力和文化属性，沉淀为差异化经营的经验与方法。

金意陶集团是我国建筑陶瓷行业实行差异化经营的代表，以技术、设计、营销创新打造差异化的产品、服务、品牌形象，为赢得市场认可、驱动品牌向上发展发挥了关键作用。

金意陶专注于仿古类产品的研发与推广。2004 年，金意陶推出经典仿古砖，极大地推动了仿古砖的市场普及。2010 年，金意陶首次将喷墨打印技术应用在仿古砖的生产上，显著提高了仿古砖的装饰效果和生产效率，引领了仿木纹砖等仿古类产品的技术与风格趋势。2015 年，金意陶引入国际先进表面装饰技术，再次对仿古类产品进行升级并进行风格细分，陆续打造出糖果釉、真石釉、艺术金属釉等具有持久生命力的系列产品。2023 年，金意陶真石釉釉料制备技术经鉴定居国际领先水平，再次确立了金意陶在仿古类产品技术上的领先地位。金意陶在仿古类产品上持续的产品与技术创新为该品类的发展注入了持久动力。同时，这些引领时代趋势的产品也构成了金意陶"不一样"的产品风格，打造了金意陶具有辨识度的品牌形象。

2021 年，金意陶大规格岩板智能制造生产线顺利点火，标志着 KLAX 凯莱仕岩板进入新发展阶段，也进一步丰富了金意陶品牌高端化的内涵。

在消费需求从产品交付转向空间交付的时期，金意陶推出重体验、多元化、一站式的交付服务，打造覆盖售前、售中、售后的"不一样"的服务闭环，推动行业从材料提供商向服务提供商转型。

设计与营销是金意陶差异化品牌建设的重要支撑。

金意陶早在 2004 年即提出"设计即生产力"的理念，将产品设计、展厅设计、应用设计与消费者需求相结合，提高产品的设计感和文化内涵。2005 年，金意陶推出首个思想馆，将

产品设计与空间美学相融合，开启行业设计、品牌、文化融合发展的先河。截至2024年，金意陶共建立300多家思想馆、1800多家专卖店，打造场景化的空间体验和品牌与消费者的连接触点。

金意陶是行业内最早实施体育营销的企业之一。2008年，金意陶与英格兰超级联赛切尔西足球俱乐部合作，引入国际顶级足球品牌，通过与该足球俱乐部的合作提升品牌影响力。随后，金意陶开启明星签售模式，进一步提升品牌知名度和市场影响力。

"差异化经营是金意陶企业的DNA，贯穿企业发展的历程。"金意陶董事长何乾总结道。

差异化经营是行业实现高质量发展的重要路径。金意陶集团坚持差异化创新，打造了以仿古砖为核心的差异化品牌矩阵，同时以设计、服务、营销进一步树立品牌形象，打造了中国建筑陶瓷行业差异化发展的示范案例，为激发建筑陶瓷经济活力、推动行业高质量发展提供了重要动力。

二、向绿，技术创新扩宽金意陶发展格局

绿色化既是倒逼企业转型升级的一道必答题，也是为行业注入发展动能、创造增长空间的新契机。

发泡陶瓷是我国完全拥有独立知识产权的绿色建筑材料，是中国建筑陶瓷行业为全球建筑绿色化发展贡献的原创性解决方案。发泡陶瓷是以陶瓷尾料、粉煤灰、炉渣等工业固废为主要原料的绿色产品，生产原材料85%为固体废料，产品生命周期结束后，经过切割加工可实现材料的100%循环利用。

发泡陶瓷具有防水、防潮、隔声、强度高等性能特点，广泛应用于室内隔墙和外墙保温领域。近年来，随着生产技术的进步与设计、加工等配套产业的完善，发泡陶瓷作为建筑装饰构件的应用潜能和市场潜能快速显现，成为近年来建筑陶瓷行业为数不多的增长亮点。

金意陶集团早在2017年即投资设立广东金绿能科技有限公司，率先占领绿色发展高地，截至2024年，广东金绿能科技有限公司拥有数十项大宗固废资源化处置和利用专利技术，拥有3条发泡陶瓷生产线，合计日产能为800立方米，占全国总量的15%，研发实力和制造规模在全国乃至全球均处于领先地位。

作为一种新型绿色建筑材料，发泡陶瓷行业的规范健康发展有赖于标准体系的完善。作为发泡陶瓷行业领军企业，广东金绿能科技有限公司充分发挥技术引领优势，积极推动行业标准化进程，以创新的技术与实践经验为标准化工作提供科学依据，不仅为自身企业的发展创造了更为有利的外部环境，更为行业的高质量发展奠定了制度基础。

"解决固废之困，是实现传统陶瓷行业转型与城市以及人类的可持续发展的关键。"金意陶董事长何乾总结了将金绿能新材作为集团"一核两翼"战略之一翼的原因。

瞄准真问题，下足真功夫，给出新解法。金意陶在人类生存、社会进步和行业转型的重大议题中去思考、定义企业的发展方向，前瞻性地提出绿色发展战略，数年如一日地坚持产品绿色化、生产绿色化发展，2009年，获生态环境部环境发展中心"中国环境标志优秀企业"称号，2023年，入选国家"绿色工厂"。

金意陶在废物资源化、生产洁净化、能源低碳化方向的实践成果为我国建筑陶瓷行业的绿色化转型拓宽了技术路径，为提升我国陶瓷经济发展质量、培育行业绿色生产力提供了关键驱动，为构建环境友好型、资源节约型社会贡献了技术力量。

三、向上，国际化战略推动金意陶品牌升级

在全球化趋势放缓、贸易保护主义兴起的环境下，长期以来依靠成本优势参与国际市场竞争的方式已经难以为继，中国陶瓷企业要走向国际化，除了需要立足长期持续进行品牌建设，走出价值竞争的新路径，更要完成企业战略布局的国际化，资本、管理、人员、技术、供应链等整个企业资源配置的国际化，塑造适应国际化发展的企业文化，完成从国际贸易商到国际化企业的跨越。

国际化是金意陶文化的重要组成部分。金意陶崛起于中国陶瓷经济全面拥抱全球化浪潮的大时代，凭借出色的产品质量和市场口碑在国际贸易上快速打开局面，与意大利、西班牙等国顶级陶瓷品牌建立合作关系，产品远销 100 多个国家和地区，在实践中形成了参与国际竞争与合作的视野与能力。

早在 2010 年，金意陶与北美最大陶瓷运营商 Interceramic 合资创建 ICC 瓷砖品牌，探索品牌国际化发展的新路径。ICC 整合了 Interceramic 在产品设计、服务、品牌建设方面的资源和金意陶在制造、渠道等方面的优势，以设计和服务为导向，为消费者提供不一样的生活方式和空间体验。在产品层面，ICC 持续发力高端仿古砖市场，进一步加强金意陶集团在仿古砖赛道的优势，同时完成了金意陶的差异化品牌矩阵上的高端布局。

2015 年，金意陶与意大利陶瓷企业 Ceramica Valsecchia 股份公司达成合作协议，该企业成为金意陶在意大利的生产基地，制造 MUSE 经典仿古系列产品，首次实现了"中国品牌，意大利制造"。该合作促进了中国模式和意大利模式在生产理念与技术层面的交流互鉴，成为金意陶进一步实现国际化、高端化又一里程碑。

2015 年，金意陶成立中意联合研发中心，从文化、艺术、美学的交流融合中汲取创新的灵感，持续发力现代仿古系列，其中，经过 8 年研发 6 次迭代的糖果釉产品制造工艺达到全球领先水平，哑光类产品经过多年深耕建立了牢固的市场地位，成为金意陶"不一样"产品的代表。该研发中心在人才管理、产品研发、技术交流方面的国际化探索成为金意陶国际化基因的重要组成部分，为陶瓷企业的国际化运营积累了先行先试的宝贵经验。

2024 年，金意陶与意大利 ABK 集团合作，再次以国际化推进品牌战略升级，进一步提升品牌的时尚、艺术属性，通过引入全球前沿产品和设计，提供融合高端产品、生活美学的人居空间解决方案，深度链接设计师、装企、高端定制等渠道，搭建国际化、高端化的产品和销售体系，进一步树立品牌高端形象，占领高端消费者心智。

金意陶自成立以来，始终坚持国际化。通过引进意大利人才，与意大利著名设计单位、意大利知名企业、全球最知名的西班牙釉料公司合作，不断整合国际优质资源。独家引进意大利 UNICA 岩板，联合西班牙陶丽西打造 Oscar 系列，力求将全球最前沿的产品设计、最先进的技术工艺、当代的美学空间体验和国际营销服务体系带给中国高端消费者。

在国内市场需求持续下行的环境下，"出海"成为中国陶瓷企业共同关注的话题，以国际化拓宽企业发展的物理边界，以高端化提升品牌价值，金意陶在十余年身体力行的实践中形成了面向国际、面向高端的企业文化与组织能力，进一步打造了兼具差异化和多元化的品牌矩阵，为中国陶瓷向外发展、向上攀升沉淀了宝贵的经验与方法，树立了中国陶瓷国际化发展的一面旗帜。

金意陶在二十年的发展历程中持续以创新为驱动打造差异化的竞争优势，推动仿古砖品类的技术进步与风格演变，并以设计、服务、营销为支撑打造差异化的品牌形象，率先探索

出了一条从品质领先、产品领先到品牌领先的转型升级之路。立足新的发展阶段，金意陶提出以"金意陶瓷砖为核心，金绿能新材与金岩板家居为翼"的"一核两翼"战略，进一步推进差异化、绿色化、国际化进程，在实现自身高质量发展的同时，为中国建筑陶瓷行业向新、向绿、向上发展积累了宝贵经验。

第五节　新质生产力为擎，推动传统制造业高质量发展——马可波罗瓷砖高质量发展案例

建筑陶瓷产业是国民经济的重要组成部分，是改善民生、满足人民日益增长的美好生活需要的不可或缺的传统基础制品业。

2023 年 12 月工业和信息化部等八部门联合印发《关于加快传统制造业转型升级的指导意见》，文件指出，传统制造业是我国制造业的主体，是现代化产业体系的基底。推动传统制造业转型升级，是主动适应和引领新一轮科技革命和产业变革的战略选择，关系现代化产业体系建设全局。

在 2024 年《政府工作报告》中，将"建设现代化产业体系、发展新质生产力"列为政府工作的首要任务，发展新质生产力不是忽视、放弃传统产业，而是用新技术改造、提升传统产业，积极促进产业高端化、智能化、绿色化。

新质生产力的特点就是创新，关键在质优，本质是先进生产力。科技创新起主导作用，是发展新质生产力的核心要素。

作为中国建筑陶瓷行业高质量发展的代表企业，马可波罗瓷砖数十年来坚持以创新驱动品牌建设，在绿色生产、智能制造、文化融合、产品创新等方面积极探索，持续引领行业向高质量发展转型升级。

数字化、绿色化为制造业加快形成新质生产力提供重要动能。马可波罗瓷砖在全球五大生产基地均实现"机器换人"，智能化生产、数字化管理及各项指标均达到行业先进水平，以强大的智造实力为产品品质保驾护航。

以"美化人类生活"为己任，马可波罗瓷砖积极践行绿色生产，率先在行业内推行"煤改气"，窑炉使用清洁能源进行生产。公司旗下东莞市唯美陶瓷工业园有限公司、江西和美陶瓷有限公司、江西唯美陶瓷有限公司、重庆唯美陶瓷有限公司四个生产子公司均被工业和信息化部授予国家级"绿色工厂"。

马可波罗瓷砖屋面光伏发电站项目落成后，发电规模将超 200MW，年发电量超 2 亿千瓦时。

创新驱动高质量发展是加快形成新质生产力的关键。马可波罗瓷砖坚持创新驱动，先后成功组建中国轻工业工程技术研究中心、中国轻工业工业设计中心、省级企业技术中心、省级工程中心、博士后科研工作站等多个高水平创新平台，不断加强研发技术人才队伍建设，提升自主创新能力，持续在关键技术上取得突破，为绿色智造和产品革新赋能。

此外，马可波罗瓷砖积极与国内外高等院校、科研机构展开合作交流，加强产学研深度融合，不断推动科技成果落地转化，激发创新活力。

以科技创新为动能，市场需求为导向，马可波罗瓷砖推出仿古砖、马可波罗真石、马可波罗曲面岩板等引领行业趋势的产品，特别是在行业里首创的马可波罗曲面岩板，问鼎

2024iF 设计奖，不仅改变了大众对建筑陶瓷棱角分明的刻板印象，拓展了建筑陶瓷的应用领域，也标志着国际设计界对中国瓷砖品牌在材质创新、空间美学与科技实力上的高度认可，树立了马可波罗瓷砖在中国乃至世界舞台的地位。

文化创新为新质生产力发展提供有力支撑。品牌唯有树立起牢固的文化自信根基，才能保持创新定力、激发创新勇气、迸发创新活力。

2007 年，马可波罗瓷砖创建行业首座建陶博物馆，向公众展示辉煌灿烂的中国建陶发展史，重塑了行业的文化自信。以博物馆为平台，马可波罗瓷砖从历史长河中汲取文化创新的基因，自主研发马可波罗文化陶瓷，在北京大兴国际机场、昆明地铁 5 号线、佛山地铁 2 号线、南通地铁 2 号线、东莞地铁 2 号线等大型工程中精彩绽放，为建设美丽中国添砖加瓦。

用品质好砖和真诚服务为消费者打造美好生活，是马可波罗瓷砖高质量发展道路中不变的坚守。未来，希望以马可波罗瓷砖为代表的建筑陶瓷优质企业继续秉承科技创新与文化创新驱动发展的理念，持续培育新质生产力，坚持以智能制造、绿色生产、服务提升为导向，探索智能化、绿色化、高端化、融合化、服务化深度融合的创新发展之路，带领中国建筑陶瓷在世界舞台上彰显中华民族品牌力量！

第六节　抢跑传统制造业，蒙娜丽莎打通氨氢零碳燃烧技术产业化"最后一公里"——蒙娜丽莎高质量发展案例

党的二十届三中全会提出，聚焦建设美丽中国，加快经济社会发展全面绿色转型，健全生态环境治理体系，推进生态优先、节约集约，推动绿色发展，促进人与自然和谐共生。建筑陶瓷行业是国民经济和社会发展的重要基础产业，也是工业领域能源消耗和碳排放的重点行业。加快行业绿色低碳发展，深入实施节能降碳改造，对推进新型工业化、加快制造强国建设意义重大。

《建筑卫生陶瓷行业低碳发展路径》研究表明，实现建筑陶瓷领域碳达峰碳中和目标，需要综合技术节能、能源调整、产量调整合力推动。考虑以上三方面现有技术的进一步推广，至 2060 年，我国建筑陶瓷行业二氧化碳排放较 2020 年将下降近 80%，在匹配国家整体减排规划方面，仍有 20% 以上的排放减量缺口。落实国家低碳发展战略，实现行业碳达峰碳中和，必须在关键低碳技术研发上实现重大突破。

2024 年 9 月 26 日，全球首条陶瓷工业氨氢零碳燃烧技术示范量产线在蒙娜丽莎集团正式投产，标志着我国陶瓷工业低碳技术产业化应用取得历史性突破，为举世公认的"难以减碳"的行业的绿色化发展打通了全新的技术实施路径，为形成资源节约、环境友好的产业格局提供了关键支撑，推动中国陶瓷工业绿色化技术走向全球最前沿。

一、从零到一，打破氨氢能源产业化应用技术壁垒

氨是极具发展潜力的清洁能源载体和零碳燃料。然而，在很长一段时间内，氨作为低碳燃料的研究应用大部分都处在起步阶段，全球陶瓷行业也一直未能在工业化条件下验证氨作为低碳燃料大规模使用的可行性。

2023年12月，蒙娜丽莎氨氢零碳燃烧技术项目正式启动，由此，该技术从实验研究到产业应用迈出至关重要的一步。

在佛山仙湖实验室、蒙娜丽莎、德力泰、欧神诺、安清科技等共同研发的技术成果的基础上，蒙娜丽莎主导关键核心技术转化的协同攻关，首次将先进氨氢零碳燃烧技术、大流量氨燃料供应系统、烟气排放控制技术、氨氢零碳工业陶瓷窑炉控制、高温高湿环境烟气激光在线监测系统和数值仿真等技术集成于陶瓷工业量产线上，实现了终端能源无碳排放，氨逃逸可控，氮氧化物排放远低于国家标准。

该示范量产线总长150米，年产量达150万平方米，以100%纯氨作为燃料，直接将二氧化碳排放量降为零，打造了真正意义上的"零碳工业窑炉"，实现了氨氢融合新能源技术在陶瓷砖生产应用领域从零到一的突破。

二、聚焦前沿，蒙娜丽莎持续引领中国建筑陶瓷绿色化发展

绿色能源、绿色产品、绿色制造的技术研发和应用是中国建筑陶瓷行业绿色化发展的三大方向。在行业实现绿色低碳发展的过程中，蒙娜丽莎积极发挥科技创新及产业化应用的主体作用，面向产业需求凝练科技问题，开展联合科技攻关，积极促进科技成果的转化。

"实现核心技术自主可控、推进产业绿色化、优化产业结构高端精益，这三大要素贯穿着蒙娜丽莎发展的始终。"蒙娜丽莎集团董事长萧礼标表示。

氨氢零碳燃烧技术示范量产线原为蒙娜丽莎为陶瓷产业绿色发展所打造的标杆示范线，该产线的建成与技术升级构成了中国建筑陶瓷绿色发展史上的多个里程碑事件。作为蒙娜丽莎与科达公司合作建成的国内第一条"干压成型陶瓷薄板生产线"，该产线曾承担国家"十一五"科技支撑重大项目、国家"十二五"规划纲要重点发展项目，其建成投产开启了中国建筑陶瓷由砖到板延伸的历史，更为建筑陶瓷薄型化、绿色化发展开辟了全新的技术路径。通过新技术、新模式的引入和大规模的设备更新，蒙娜丽莎在超薄高强韧陶瓷大板岩板领域屡获创新突破，将传统陶瓷板材有效减薄至3mm，持续推动产业绿色化、高质量协同发展。

一直以来，蒙娜丽莎集团都是行业绿色能源应用的先行者。国内首个液化天然气烧成陶瓷板生产线诞生于蒙娜丽莎。此外，蒙娜丽莎在藤县生产基地实现了厂区屋顶光伏全覆盖，建成了中国单体容量最大的工商业屋顶分布式光伏项目。投运后预计年平均发电量为8166万千瓦时，每年可节约标准煤3.27万吨，减少碳排放8.14万吨。

以智能化技术赋能建筑陶瓷产业绿色发展，蒙娜丽莎不断为行业探索高质量可持续发展之路。集结行业绿色创新顶尖技术的零碳示范生产线，蒙娜丽莎为行业提供一个高度自动化、全面智能化的可复制零碳智造解决方案。

习近平总书记指出，"绿色发展是高质量发展的底色，新质生产力本身就是绿色生产力。"蒙娜丽莎集团是中国建筑陶瓷行业践行绿色发展的代表，为推动原创性绿色技术攻关、加快绿色创新成果转化发挥了不可替代的作用，持续引领行业绿色化发展走向新的高地。

三、创新引领，中国建陶行业为全球陶瓷工业贡献"绿色方案"

我国是全球最大的建筑陶瓷生产国、消费国、出口国，对于科技成果转化具有强大的产业基础优势和市场规模优势。运用新技术改造提升陶瓷制造水平，是我国陶瓷工业实现绿色

化发展的必然选择。

在以绿色能源驱动行业低碳发展的技术路径上，全球首条陶瓷工业氨氢零碳燃烧技术示范量产线的正式投产标志着相关核心关键技术点的攻克。以蒙娜丽莎为代表的链主企业与上游机械装备企业、科学实验室、研究机构等科技力量的协同联动，形成了建筑陶瓷产业链上对相关技术研究应用的支撑。

面向未来，建筑陶瓷行业将在绿色低碳技术的推动下持续创新，进一步提升产业链的协同效应。随着氨氢零碳燃烧技术在全球首条量产线的成功应用，中国建筑陶瓷行业为全球绿色低碳发展树立了新的标杆。蒙娜丽莎集团等龙头企业的探索与实践，不仅推动了行业内部技术创新的整合，也为全球陶瓷工业贡献了可复制、可迁移的"绿色方案"。

未来，随着新技术的推广和产业结构的进一步优化，建筑陶瓷行业有望在减排目标上取得更大进展，为实现全球碳中和作出积极贡献。同时，行业内的科技合作与标准化进程将进一步加快，绿色制造将逐步成为中国建筑陶瓷行业的核心竞争力，引领全球陶瓷行业进入更加环保、可持续的新时代。

第七节　标准支撑、科技引领，诺贝尔瓷砖打造高端装饰材料系统服务商——诺贝尔瓷砖高质量发展案例

2014年至2024年，是中国陶瓷工业经济从增量市场转入存量市场、由量驱动转向质驱动的重要转折期。未来，行业淘汰洗牌的速度和烈度将进一步加剧，如何围绕"三个转变"进一步打造企业的核心竞争力，是企业持续生存与发展的基础，也是中国陶瓷企业参与国际竞争的关键。

诺贝尔瓷砖自1992年创立以来即秉承创新品质服务的理念，致力于"无止境"创新、"零缺陷"产品、"零距离"服务，走品牌化、高端化发展道路，在传统的工程、零售渠道和互联网新零售平台均树立起良好的品牌形象。强制造、提品质、树品牌，诺贝尔瓷砖不仅在市场环境急剧变化、行业发展高低起落中实现了自身的稳健发展，更为中国陶瓷企业如何在不同的市场环境下实现高质量发展提供了重要参考。

一、标准引领，诺贝尔持续推动陶瓷砖产品质量提升

标准是产品质量治理的依据，是企业科学组织生产、维持产品质量的根本保障，也是提升产业基础性制度建设水平、构建规范健康的市场竞争环境的关键。

国家发展改革委等部门《关于新时代推进品牌建设的指导意见》提出，"鼓励企业推广先进质量管理模式，鼓励企业制定高于国际标准、国家标准水平的企业标准，推动形成一批具有引领带动作用的企业标准'领跑者'。"

在三十余年的发展历程中，诺贝尔始终关注质量建设，一直以严于国家标准的内控标准为基础，建立实施了一套覆盖从原材料采购，到产品生产，再到出厂检验的全周期全流程质量内控管理体系，确保产品在各项性能指标上均达到或超过行业标准。同时，每年通过一系列的管理体系检查，推动内控标准建设与落地持续优化。

在中国建筑卫生陶瓷协会组织开展的全国首批陶瓷岩板质量测评活动中，诺贝尔产品符合中国建筑卫生陶瓷协会标准《陶瓷岩板》（T/CBCSA 40—2021）要求，达到一级水平。通过领先行业的高品质内控标准组织生产，诺贝尔不仅确保了自身产品的高质量，将自身的先进技术和管理经验贡献给行业，不仅为自身的高质量发展创造了更加有利的外部环境，也提升了整个行业的标准化水平。

截至目前，诺贝尔主持和参与了 9 项国家标准、6 项行业标准和 7 项团体标准的制修订工作，通过对陶瓷产品的技术要求、性能指标、测试方法等方面的规范，增强了产品的一致性和可靠性，提升了行业整体质量水平。

诺贝尔是建筑陶瓷行业标准化进程的主要推动者，充分发挥了技术引领作用，创新的技术和实践经验为标准制定提供了科学依据，确保了标准的前瞻性与实用性，不仅为自身企业的发展提供了技术保障，更推动了行业的规范化建设，为行业高质量发展奠定了基础。

二、制造为基，诺贝尔推动建筑陶瓷产业向先进制造转型升级

制造是陶瓷经济发展的基石。当前，我国陶瓷砖行业面临"低端产能过剩，高端产能不足"的困境，提高制造水平，以更低的资源消耗、更小的环境影响、更高的生产效率生产出质量更优、装饰性更强的陶瓷砖产品既是企业实现市场突围的关键，也是建筑陶瓷行业实现新型工业化的前提。

诺贝尔是推动我国建筑陶瓷行业从传统制造向先进制造转型升级的重要代表。目前，诺贝尔拥有德清、九江、芜湖三大生产基地，引进了世界一流的生产设备，结合先进的制造技术，不断提升生产效率、产品质量和制造规模。

诺贝尔芜湖生产基地计划投建 14 条陶瓷生产线，分两期建设，全部建成投产将实现年产1 亿平方米的产能，成为全球单体产能最大的制造基地。芜湖基地打造了高效互联的智能化生产线，采用智能化立体仓库和两层制造车间，基建要求高、工程量大，项目建成后将成为世界陶瓷工业的工程奇观。

绿色制造是先进制造的重要内涵。诺贝尔积极响应国家节能、降耗、减排发展战略，推动建筑陶瓷行业的绿色可持续发展。自 2019 年起，诺贝尔连年被工业和信息化部授予"国家级绿色工厂"称号，多项产品获得绿色产品及绿色建材认证，为构建资源节约型、环境友好型社会作出了积极贡献。

三、创新引领，诺贝尔将先进技术转化为新质生产力

科技创新是发展新质生产力的核心要素，诺贝尔的生产技术迭代也反映了我国建筑陶瓷制造技术不断革新的过程。

2008 年，诺贝尔引进亚洲首台数码喷墨陶瓷装饰机，实现了陶瓷装饰的非接触式喷墨，提升了装饰效果与生产效率。2016 年，诺贝尔引进亚洲第一套意大利 system GEA2.0 4.4 万吨成型系统，推动了瓷砖向岩板转型，开拓了泛家居领域的市场。2022 年，诺贝尔对传统生产线进行改造，实现多规格兼容，多厚度任意切换，多工艺、多功能按需组合，可实现 10 余种工艺类型，不仅大幅提升了生产效率、产品丰富度和装饰效果，更提高了生产线的灵活性和定制化能力，推动建筑陶瓷从标准化生产向柔性化生产迈进。

技术的自强是我国建筑陶瓷突破行业技术壁垒、提高产品竞争力的关键。通过自主研发智能肌理通体技术，融合高精度多彩通体技术、智能识别对位技术、数码渗透喷墨技术三项专利技术，实现材质通体、色彩通体、纹理通体，成为瓷砖从装饰效果、产品性能、安全环保等维度全面超越天然石材的划时代产品。该技术获得两项发明专利，获评 2021 年度中国建筑卫生陶瓷行业科技创新一等奖。自 2017 年起，"中国建筑卫生陶瓷行业瓷抛板材 / 岩板研究中心"落户诺贝尔集团，成为建筑陶瓷创新技术研发的重要阵地。

由于在科技创新中的突出贡献，诺贝尔技术中心率先获评"国家认定企业技术中心"，获批建立了"博士后科研工作站"。此外，诺贝尔先后获得"浙江省高新技术企业""浙江省专利示范企业""国家重点支持领域的高新技术企业"等荣誉称号，成为建筑陶瓷行业技术驱动高质量发展的典范，持续引领我国建筑陶瓷产品技术革新。

四、立足高端，诺贝尔将品质淬炼成品牌

《关于加快传统制造业转型升级的指导意见》明确高端化是传统制造业转型升级的重要方向之一。增加建筑陶瓷高端产品供给、加快产品迭代升级、打造中国消费名品是提升我国陶瓷经济发展质量和效益、加快实现高质量发展的重要举措。

当前，受宏观经济形势的影响，全球陶瓷砖产业整体处于需求缩减的阶段，从各主要陶瓷生产国的出口情况来看，出口单价低于 3 美元每平方米的产品市场竞争尤为激烈，为应对国际贸易保护主义的兴起和来自印度、巴西等出口大国的竞争压力，中国建筑陶瓷产品由价格竞争转向价值竞争，由价值链中低端向高端攀升势在必行。

在中国建筑陶瓷产业快速崛起的历史中，诺贝尔始终立足高质量、高效益、高科技发展思路，旨在成为"全球领先的高端装饰材料系统服务商"。

经过三十余年的发展，诺贝尔凭借优质的产品和服务树立了良好的市场知名度和美誉度，为企业的可持续、高端化发展奠定了坚实的基础。当前，诺贝尔拥有近 40 家分公司、近 3000 家门店，覆盖全国 95% 中大型城市，远销全球 110 多个国家，广泛应用于我国北京大兴机场和杭州亚运村、马来西亚 TRX 中央公馆等全球高端标杆项目。

在素有全球陶瓷行业风向标之称的意大利博洛尼亚国际陶瓷卫浴展上，诺贝尔八次代表中国陶瓷品牌亮相，与全球顶级陶瓷品牌同台竞技，展现了中国陶瓷行业在前沿技术研发和空间审美设计方面的硬实力，为中国陶瓷品牌赢得了国际同行的尊重和认可。

谈及高端化发展经验，诺贝尔集团董事长骆水根总结道："高端化发展不仅仅是一个企业发展模式和发展路径的选择，更是一个关于品牌定位和品牌初心的话题。'诺贝尔'奖项是世界级最高奖项。我们瓷砖品牌以'诺贝尔'命名，初心就是要做最好的产品、提供最好的服务，用最好的产品和最好的服务打造最好的口碑。"

高端化是我国建筑陶瓷实现高质量发展的主要任务之一。在以诺贝尔为代表的先进企业的推动下，我国建筑陶瓷行业生产技术正从追随者转变为并行者甚至领跑者，为陶瓷行业的高端化发展奠定了基础。同时，随着国内外市场环境的变化，牵引我国建筑陶瓷产品向中高端升级的动力正在逐渐形成，我国建筑陶瓷产业正向着技术领先、品质精良、引领潮流的高端化发展。标准引领、技术创新、制造领先，诺贝尔的高质量发展不仅为建设新型建筑陶瓷工业注入了新的动能，更为我国陶瓷行业的高端化建设开辟了重要的示范路径。

第八节 设计驱动，构建高端化品牌创新体系——欧文莱瓷砖高质量发展案例

近年来，我国建筑陶瓷行业在产能过剩和需求不足的双重压力下逐渐陷入价格竞争的困境。行业创新动能不足，市场缺少差异化产品；品牌缺少标志性元素，大多数企业只能在产品高度同质化的红海中寻求生存。围绕客户价值，打造差异化竞争优势，是陶瓷企业通往高质量发展的一道窄门。

聚焦一个赛道，在差异化价值点上反复锤炼产品力，打造该品类的核心标杆和定义性符号，塑造消费者对该品类的整体印象，是实现品牌化运营的重要策略。

"挖深井，不多挖井"是欧文莱瓷砖的发展原则。欧文莱始终专注素色瓷砖的设计创新、技术创新、价值传递，将"素色瓷砖"发展为高端家居设计的重要元素，同时不断强化欧文莱在该领域的主导地位，为陶瓷企业从价格竞争向价值竞争转型做出了重要探索，成为建筑陶瓷专业化、差异化品牌发展的蓝本。

一、设计、研发、生产协同创新，构建欧文莱差异化发展硬实力

以打造产品力为核心，建立专业研发体系，提升生产制造能力，推动工艺技术升级，欧文莱素色瓷砖的专业化发展路径逻辑清晰且坚定。

"为什么要坚持专业化道路？这是基于企业核心能力的战略选择。"欧文莱陶瓷执行总裁汪加武表示。

自1999年从事国际贸易以来，欧文莱长期与国际高端品牌合作，从依靠外部品牌或客户的设计要求进行生产，到为客户提供产品设计和开发服务，深入研究市场需求和产品趋势，尤其在哑光类产品的开发上，欧文莱完成了制造能力、技术能力、设计能力和团队能力的储备，为产品自主研发奠定了基础。

2017年，欧文莱进入国内市场，正式开启品牌化运营道路。在产品方面，进一步聚焦发力方向，定位素色瓷砖赛道，在此后的八年间每年推出一代符号产品，不断提升产品质感和空间表现力，引领行业的技术与风格趋势。

欧文莱创立了以"色、纹、光、触、肌"五维融合为核心的T-GBST研发模式，从注重单向度的性能提升，转向融合质感、视觉和触觉等多重感官体验的优化和统一，在传统的产品评价维度上引入场景化体验的概念，为瓷砖从单一建材产品向空间构建核心元素的定位转变构建了技术框架。

色彩是设计的核心。灰度理论的建立和完善是欧文莱在素色瓷砖这一细分领域不断推陈出新的理论依据。欧文莱对标国际通行色彩标准，将灰色参数化，同时依据视觉效果和情感联想进一步区分灰色的冷暖度，不仅确保了素色瓷砖设计、生产的精准性，为不同代际的产品研发的视觉呈现构建了稳定、统一的色彩体系。

风格的呈现有赖于技术的精进。欧文莱第九代符号产品"人文主义"超越自然，以不同特性材质相互叠加一次熔烧的难题，研发出"肌纹共生""弹性柔抛"技术，以温润的质地、温厚的色感等展现东西方人文美学的底蕴，为现代家居提供有温度的情绪价值。

技术工艺的创新和综合运用与高标准、小批量的生产模式结合，塑造了欧文莱灵活、高

效的制造体系，形成了设计、研发、生产相协同的产品创新体系，成为欧文莱素色瓷砖实现专业化、差异化发展的硬实力。

凭借科技创新、知识产权、专利技术等方面的领先优势，2024年，欧文莱获评"国家知识产权优势企业"。

"一米宽，一万米深"，欧文莱在锻造自身产品设计、研发、制造能力的同时，不断推动我国素色瓷砖领域的进步，也定义了素色瓷砖产品迭代逻辑。2024年，欧文莱以"大地风格，自然主义"为主题作为中国陶瓷行业代表企业之一参加意大利博洛尼亚国际陶瓷卫浴展，与来自全球的顶级品牌同台竞技，展示了中国瓷砖品牌不输于国际同行的技术水平与产品实力。

欧文莱快速崛起于我国陶瓷经济全面拥抱全球化的时代，在新形势下把握国内国际双循环的经济发展新格局，完成了从外贸型向国内外市场双轮驱动型的战略转型。欧文莱的成功转型既立足于对宏观形势和市场环境变化的前瞻性把握，更得益于对产品价值的创新与坚守。从模仿跟随到科技自立，欧文莱在近三十年的发展历程中，快速实现了在全球素色瓷砖赛道的技术领先、产品领先，树立了以专业化驱动企业高质量发展的典范。

二、设计融合文化，构建品牌价值共识

从陶瓷制造大国向制造强国转变，我国建筑陶瓷工业必须实现从产品领先到品牌领先的升维。

差异化的品牌创新之路，成为欧文莱瓷砖向上破局的发力点。

2017年，欧文莱在行业中率先推出素色瓷砖，将"素色"从辅助元素提升为空间美学的核心表达，填补了市场空白，凭借先发优势占据市场高地，成为品类的开创者和引领者。锚定素色瓷砖赛道，欧文莱每年推出一代符号产品，持续进行产品的迭代创新，夯实技术与文化壁垒，引领行业趋势，并通过品牌传播持续强化消费者认知，持续巩固品牌与品类的绑定关系。基于差异化的品牌定位，欧文莱确立了素色瓷砖领军品牌的市场认知，完成了从建筑陶瓷制造商、供应商到消费者品牌的进阶。

基于对消费新趋势的把握，欧文莱围绕设计、文化与体验三大核心创新品牌建设体系，进一步打造了具有差异化特点的品牌形象，传递品牌价值，实现了从产品功能到情感共鸣与文化认同的跃升。

以设计为驱动，欧文莱进一步确立其在产品趋势上的引领地位，强化品牌的专业化、高端化定位。在产品层面，欧文莱基于技术与设计创新，打造出具备独特风格的瓷砖产品，并融入"人文主义"理念，将人文内涵、自然关切与情感价值相结合，满足消费者精神层面的审美追求，确立差异化的品牌形象。在空间层面，欧文莱与国内外知名设计师的合作，持续探索空间设计美学，赋予产品更强的艺术表现力和更大的空间应用潜力，使其超越了传统建材的范畴，成为现代美学空间和生活方式的载体。

2023年，欧文莱推出DCT门店新基建2023战略并快速推进，打破了传统建材门店陈列单一、缺乏体验感的局限，通过场景化、沉浸式的体验空间，让消费者更直观地感知产品的质感与情感价值。在门店设计中，欧文莱将自然元素、生活场景与瓷砖展示进行有机结合，打造了一个兼具场景体验和艺术体验的零售空间。以场景驱动的营销策略不仅提升了门店的运营效率，也为品牌输出了系统化、高端化的零售体验标准，进一步增强了品牌与消费者之

间的情感链接，让每一个空间都成为消费者理解和认同品牌的窗口。

欧文莱总部新展厅既是设计理念和品牌形象的集中体现，也是欧文莱门店新基建系统的金字塔尖。2022年，欧文莱总部展厅素色美学馆获 iF 设计奖与德国红点奖，标志着其产品设计、空间应用、品牌价值获得国际专业组织的权威认可，再一次确立了欧文莱品牌在全球高端市场上的地位。2024年，欧文莱总部展厅升级为大地主义展馆，结合自然材质与空间设计，将素色融入空间营建、情绪表达和生活理念，丰富了素色美学的内涵，进一步传递了品牌的时尚属性与高端生活理念。

文化是欧文莱品牌重要的差异化属性。2019年，欧文莱产品进驻单向空间的地标项目，联手打造简约素雅的高品质人文空间。2023年，欧文莱与单向空间联合成立了素色文化研究院，旨在深入了解用户需求，为新品研发提供文化内容参考，并共同推出具有文化内涵的材质产品。此外，欧文莱与敦煌研究院合作，依托莫高窟文化遗产地和学术资源，开展设计文化研学之旅，组织设计师在敦煌戈壁共创大地艺术作品，深化了品牌的人文内涵。

从文化中汲取品牌生长的力量，在文化中构建价值的共识。将品牌建设置于文化传承的语境下，欧文莱赋予品牌更丰富的文化符号与精神内涵，也让其产品超越单纯的功能价值，成为传递生活哲学与审美理念的艺术符号，增强了品牌在国际市场上的辨识度与竞争力，为品牌国际化发展注入独特的文化价值。

欧文莱深耕素色瓷砖赛道，持续引领行业趋势，构建了以技术、设计和制造协同的系统化创新体系，打通了专业化、差异化的发展路径，完成了"品牌即品类"的认知构建，并以设计与文化为驱动，不断延展品牌内涵，拉高品牌价值，发展出了具有美学价值、人文内涵的独特品牌文化，形成了从建筑陶瓷制造商、贸易商向品牌商转型升级的高质量发展案例，为中国陶瓷品牌参与国际竞争、输出文化价值积累了重要经验。

第九节　明珠日新，以智提质——新明珠集团高质量发展案例

经历了多年高速发展，我国建筑陶瓷产业累积了诸多亟待破解的问题，主要表现为低端产能过剩、高端供给不足、创新能力薄弱等。同时，资源约束趋紧，要素成本上升，传统比较优势逐步消失，来自发达国家和一些发展中国家的双重挤压日益加剧，中国建筑陶瓷行业站在亟须转型升级的重要历史关口。发展新质生产力，培育产业发展新动能，重塑产业竞争优势，成为中国建筑陶瓷产业必须回答的时代课题。

2024年4月16日，2024年中国建筑陶瓷新质生产力发展大会召开，分享行业向智能化、绿色化、服务化、融合化转型升级的优秀案例与经验，共谋行业破局重构之道。新明珠集团股份有限公司副总裁、董事会秘书高世杰做"明珠日新，以智提质"专题演讲，分享新明珠集团加速培育新质生产力、赋能企业高质量发展的创新探索与发展经验。

一、发展数字生产力，锻造先进制造优势长板

智能化是促进我国建筑陶瓷产业转型升级的有效手段。在数字技术和实体经济深度融合的当下，新明珠集团利用5G、人工智能、大数据等信息技术对陶瓷制造进行全方位、全链条改造，进一步锻造先进制造优势长板，提高生产效率，降低生产成本，提升产品质量，为行

业数字化转型贡献了重要的解决方案和发展经验。

制造业的数字化转型升级是个长期课题。自 2017 年起，新明珠集团开始实施数字化转型战略，在寻求装备技术引进受阻后，踏上自主创新之路，以跨行业的智能化技术整合全世界陶瓷装备的单项冠军，建成了行业首个绿色智能工厂。

2021 年，新明珠集团建成数字化示范工厂，通过 5G 数智化中央控制系统，实现了工厂内数据全面贯通，打通了研发、设计、物流、仓储、销售等环节，极大地提升了生产效率、产品质量、柔性制造水平，降低了生产成本，同时使产品创新更加以用户需求为导向。

2019 年，新明珠集团与阿里达摩院视觉算法科学家团队联手，融合应用光学、摄像、AI 算法、大数据、边缘计算等领域前沿技术，成功研发出 AI 表面缺陷检测系统，检测准确率稳定在 98% 以上，同时提高了人均效能。该系统内置的大数据系统，可针对砖面瑕疵与缺陷的记录进行回溯分析，及时发现并解决上游生产的相关问题，使陶瓷产品质检的自动化、智能化水平得到了质的提升。

新明珠集团数智化转型实践打造了中国建筑陶瓷新型数智化生产范式，成为行业以数字化驱动高质量发展的标杆。同时，新明珠集团始终立足中国建陶行业转型升级的大局，以开放的心态与行业共享陶瓷制造技术与智能化技术融合创新发展经验，为推动行业整体向数字化、智能化制造转型升级发挥了基础性、引领性作用。

二、发展绿色生产力，构建健康美好人居环境

作为建陶行业唯一拥有三家"绿色工厂"的企业，新明珠集团致力于生产清洁化、能源低碳化、产品绿色化的建设，一直走在行业向绿色低碳转型升级的前沿。

2018 年，"中国建筑陶瓷绿色智能制造示范基地"落户新明珠集团，标志着新明珠绿色智能工厂成为中国建筑陶瓷行业绿色智能制造的标杆。2021 年，新明珠数字化示范工厂建成，进一步推进数智化驱动的绿色可持续发展。

新明珠集团自主建成了目前世界上最长的双层节能辊道窑（长达 415.8 米），集中应用了多项国内外先进节能技术，使窑炉的燃烧更充分、温度更均匀、热能利用效率更高，在保证产品质量的同时，降低窑炉的能耗 15% 以上，二氧化碳排放量预计减少 14.64 吨 / 天。同时，综合余热源头减量、余热高效回收、余热梯级利用等节能方法，提高了能源的利用效率，大幅降低能耗和碳排放。

新明珠集团是行业内率先使用天然气等能源的企业之一。近年来，新明珠集团与中国电建开展生产基地光伏发电合作项目，已完成近 17 万平方米的光伏并网发电。

与此同时，新明珠集团积极探索绿色环保新材领域，从不同性能、美学的岩板，到轻薄易施工的生态软瓷，从环保安全性更高、可塑性更强的石晶新材，到低碳环保的生态无机石，为消费者提供绿色健康的整体空间解决方案。

"没有污染的企业，只有污染的老板"，凝练了新明珠集团对建筑陶瓷行业绿色发展的理解。新明珠集团践行绿色环保的理念，形成了以智能化为典型特征的绿色低碳发展体系，不仅为构建绿色健康人居环境提供了重要解决方案，更改变了公众对陶瓷行业高污染、高能耗的刻板印象。

三、培育创新动能，以技术服务生活

企业是科技创新的主体，是最活跃的创新力量。在消费趋势和市场竞争方面发生转变的关键时期，新明珠集团在创新发展中把握战略主动，在致力于质量提升和产品升级的同时，推动建筑陶瓷产业高端化、融合化、服务化发展转型，加速向价值链中高端迈进。

新明珠集团持续深挖产品创新内涵，加大研发投入。新明珠当代陶瓷研究院通过对原材料质量源头的把控，深入在新产品、新技术、新装备方面的不断研究，并联合华南理工大学、中山大学等高校进行产学研合作，探索陶瓷领域的前沿技术，在陶瓷的功能性等方面进行创新，结合健康家居和绿色建筑需求，开发出抗菌瓷砖、光催化瓷砖、太阳热反射瓷砖、防静电陶瓷等结构功能一体化陶瓷砖（板），将科研成果转化为产业成果，让技术切实服务于生活。

德宇艺术陶瓷通过和艺术家合作，将艺术作品产品化，为用户提供兼具艺术价值和实用价值的个性化岩板产品；通过打造冠珠瓷砖的华珍、华脉岩板等文化IP产品，以陶瓷诠释国韵新潮，打造富有文化底蕴的美好人居空间。

新明珠集团通过产品创新、模式创新、文化创新，实现了企业高质量发展与高品质消费的统一，不断为建筑陶瓷产业发展注入新的动能，形成了具有行业示范效应的创新发展案例。

在产业变革大潮中，以新明珠集团为代表的中国建筑陶瓷企业将自身的高质量发展融入践行国家战略、满足人民群众消费需求的时代课题中，前瞻性地探索转型升级路径，一方面以智能化技术推动行业从传统制造向先进制造转型，提升全要素劳动生产率；另一方面立足"建筑表面装饰系统化解决方案提供商"战略，打造"设计＋材料＋交付"的服务生态圈，拓宽发展赛道，延伸产业链条，提高企业发展质量、发展效益和核心竞争力，为破解传统陶瓷制造转型升级难题贡献出宝贵的发展经验。

第七章

建筑陶瓷、卫生洁具及上下游上市公司运营情况

第一节　建筑陶瓷类上市公司运营情况

2024 年，国内建筑陶瓷行业整体仍处于下行调整阶段，多家上市公司表现承压明显。由于房地产行业持续低迷、市场需求不足、供需失衡加剧，整体市场竞争加剧，迫使各企业聚焦内部管理提升、渠道优化和成本控制以维持经营稳定。从经营数据上看，各主要公司营业收入普遍下滑，部分企业出现明显亏损或盈利下滑的局面，整体行业进入了存量竞争阶段，行业盈利能力下降，盈利模式面临调整压力。

一、主要财务数据

整体而言，2024 年建筑陶瓷上市公司财务表现压力显著，行业处于盈利水平普遍下降阶段，企业需强化成本控制和精细化管理以实现经营稳健。

国内建筑陶瓷上市公司主要财务数据见表 7-1。

表 7-1　国内建筑陶瓷上市公司主要财务数据

公司名称	2024 年营业收入 / 元	营业收入同比增减 /%	2024 年归属于上市公司股东的净利润 / 元	归属于上市公司股东的净利润同比增减 /%	2024 年归属于上市公司股东的扣除非经常性损益的净利润 / 元	归属于上市公司股东的扣除非经常性损益的净利润同比增减 /%
东鹏控股	6469491045.17	−16.77	328461979.68	−54.41	299997275.49	−55.88
蒙娜丽莎	4630837053.19	−21.79	124961794.26	−53.06	102876140.03	−57.53
帝欧家居	2740584084.72	−27.12	−569068442.34	+13.53	−576229135.39	+9.78
天安新材	3100303743.39	−1.32	101004899.32	−16.49	90493268.16	+23.40
悦心健康	1204147736.16	−5.79	−147124591.55	−393.87	−167586639.58	−42.12

2024 年，陶瓷砖行业上市公司整体面临显著压力，多数企业营业收入和净利润出现下滑。东鹏控股和蒙娜丽莎营业收入分别下降 16.77% 和 21.79%，归属于上市公司股东的净利润分别下降 54.41% 和 53.06%，反映出市场需求疲软、成本压力上升或渠道竞争加剧等。帝欧家居虽延续亏损，但亏损幅度略有收窄。天安新材的表现相对稳健，营收小幅下降 1.32%，但归属于上市公司股东的扣除非经常性损益的净利润实现 23.40% 的增长，表明其主营业务质量有所提升。悦心健康则出现较大亏损，尽管扣非净利润亏损同比有所改善，但整体盈利能力仍面临挑战。

整体来看，行业正处于调整期，企业需通过提升运营效率、优化产品结构和布局新业务以应对外部压力。

二、陶瓷砖生产与销售情况

2024 年瓷砖上市公司生产与销售环境面临明显挑战，产销量及盈利水平多数下滑，立足海外市场的科达制造表现积极，成为行业中少数逆势增长企业之一。

国内建筑陶瓷上市公司生产与销售数据见表 7-2。

表 7-2　国内建筑陶瓷上市公司生产与销售数据

公司名称	2024 年瓷砖产量 / 万 m²	产量同比增减 /%	2024 年瓷砖营业收入 / 元	营业收入同比增减 /%	2024 年瓷砖毛利率 /%	毛利率相比 2023 年的变动幅度
东鹏控股	12806.31	−2.07	5387092141.51	−18.15	30.97	下降 2.51 个百分点
蒙娜丽莎	11064.55	−25.70	4550631031.68	−22.61	27.75	下降 1.72 个百分点
帝欧家居	6750.81	−22.12	2066214978.73	−31.44	18.17	下降 3.86 个百分点
天安新材	4560	+3	1456475926.18	−7.20	25.49	上升 1.72 个百分点
悦心健康	2879.78	+6.93	1015533923.66	−7.20	18.26	下降 0.98 个百分点
科达制造	1.76	+17.62	4715000000.00	+28.99	31.20	下降 4.49 个百分点

2024 年，陶瓷砖行业整体延续调整趋势，多数企业在产量和利润率方面双双承压。

东鹏控股、蒙娜丽莎、帝欧家居三家龙头企业瓷砖产量分别同比下降 2.07%、25.70% 和 22.12%，反映出行业整体需求不振、企业主动压缩产能或市场订单不足的现实背景。在产量下滑的同时，毛利率也同步降低：东鹏控股瓷砖毛利率下降 2.51 个百分点，蒙娜丽莎下滑 1.72 个百分点，帝欧家居更是下降 3.86 个百分点，显示成本控制难度上升以及价格竞争加剧。这些企业的净利润降幅普遍超过 50%，部分企业如帝欧家居陷入大额亏损，表明其在运营效率、渠道转化和产品结构上面临严峻挑战。

相对而言，天安新材和悦心健康在产量上实现正增长，分别同比增长 3.00% 和 6.93%，但利润表现出现分化。天安新材是唯一一家实现毛利率上升（上升 1.72 个百分点）的企业，其归属于上市公司股东的扣除非经常性损益的净利润增长 23.40%，表明其产品结构和成本控制均有所优化。而悦心健康尽管产量提升，但毛利率下滑 0.98 个百分点，加之费用负担较重，导致净利润大幅亏损，反映其增长未能有效转化为盈利。

2024 年，科达制造瓷砖产量大幅增长 17.62%，营业收入增长 28.99%，形成量价齐升的局面。尽管毛利率下降 4.49 个百分点，仍体现出其在海外布局、产线效率或成本优势方面的竞争力。总体来看，科达制造虽面临一定成本压力，但凭借规模扩张与市场突破，已在行业调整期中展现出相对稳健的发展态势。

三、总结

2024 年国内建筑陶瓷行业整体经营环境严峻，市场需求收缩及房地产行业的持续低迷直接影响上市企业的收入与利润。企业之间经营业绩明显分化，部分公司表现出较强的经营韧性，而大多数公司仍在调整中艰难前行。未来行业的发展需更加注重成本控制、渠道优化、创新产品与服务的开发，以应对市场需求的长期变化与挑战。

四、建筑陶瓷上市公司情况分述

1. 东鹏控股

（1）公司简介

东鹏控股是我国建筑卫生陶瓷行业的头部企业之一，致力于成为国内领先的整体家居解决方案提供商。主营业务涵盖瓷砖、岩板、卫浴、集成墙板、辅材、生态新材等产品和服务，为用户提供装修一站式多品类硬装产品及服务解决方案。此外，通过墙地搭配设计以及"装到家"交付服务，实现产品＋交付＋服务全链条创新升级，给用户提供一站式空间交付方案，满足用户对品质、效率和服务的多元追求。

公司以"融合科技艺术，缔造美好人居，让中国陶瓷受世界尊敬"为使命，秉持"以此为生，精于此道"的企业精神，专注于为用户提供高品质的健康绿色家居建材产品。公司持续推出降甲醛、抗菌、防滑等健康瓷砖/岩板、墙面岩板、石墨烯智暖岩板、免烧生态石等创新性绿色低碳产品，以及干法制粉等创新生产工艺，引领行业转型与进步。东鹏控股坚持技术创新，已累计投入建设各类创新平台36个，是获得专利数量最多的建陶企业（截至报告期末，拥有各类型有效专利1447项，其中包括发明专利404项），并参与起草了138项瓷砖及卫浴产品标准，推动行业规范化发展。

（2）业绩情况

2024年，建陶行业需求继续减弱，供过于求问题突出，市场竞争从增量竞争转为存量竞争，行业整体面临进一步挑战。本报告期，公司实现营业收入64.69亿元，归属于上市公司股东的净利润3.28亿元。市场环境变化对行业造成一定冲击，公司本期营业收入、利润同比下滑，但较行业整体情况仍表现出一定韧性。卫浴和生态新材业务仍处于发展期，需进一步提升规模效应，以改善对公司的盈利贡献。

面对市场变化，2024年公司坚持聚焦主业，瓷砖产品实现营业收入53.87亿元。公司通过产品创新、精细运营，实现零售业务稳健发展。东鹏瓷砖零售门店全年净增188家；推出"奶油风""轻奢风"系列产品，为消费者提供无忧设计和选购服务；积极响应家装消费品以旧换新政策，荣获"建材行业以旧换新行动重点推广企业"称号。公司通过持续多年深耕新零售赛道，蝉联天猫、京东"双十一"瓷砖品类排行榜TOP1；发力工长、大包等小B渠道，有效提升终端流量运营能力。布局高端赛道，发布dpi casa高奢品牌战略，IW品牌迎来升级。工程业务坚持稳健发展策略，积极开拓专业工程细分市场和工程运营平台。同时，通过严控信用政策、加强回款、积极去库存、优化库存结构，使得减值损失有效下降。

在供应链与运营管理方面，公司被工业和信息化部列入建陶行业唯一的"绿色供应链管理企业"名单。通过持续苦练内功，实施有效的供应链管理和精益制造举措，公司瓷砖产品的单位制造成本进一步降低3.1个百分点，以应对市场下行压力。同时，公司通过实施严格的费用控制措施，进一步降低了销售及管理费用，提升运营效率。

东鹏控股2022年至2024年年报主要财务数据见表7-3。

东鹏控股2023年至2024年产品销售情况见表7-4。

表 7-3　东鹏控股 2022 年至 2024 年年报主要财务数据

财务指标	2024 年	2023 年	2022 年
营业收入 / 元	6469491045.17	7772762529.53	6929863316.18
归属于上市公司股东的净利润 / 元	328461979.68	720432999.09	202009954.37
归属于上市公司股东的扣除非经常性损益的净利润 / 元	299997275.49	679912993.25	203618469.19
经营活动产生的现金流量净额 / 元	858896504.71	1765972596.79	415960407.75
基本每股收益 / 元	0.28	0.61	0.17
稀释每股收益 / 元	0.28	0.61	0.17
加权平均净资产收益率 /%	4.27	9.63	2.80
总资产（年末）/ 元	12006436364.97	12559214082.55	12760004364.42
归属于上市公司股东的净资产（年末）/ 元	7648971417.34	7784333447.08	7186107983.57

表 7-4　东鹏控股 2023 年至 2024 年产品销售情况

分类	项目	2024 年金额 / 元	2024 年金额占营业收入比例 /%	2023 年金额 / 元	2023 年金额占营业收入比例 /%	金额同比增减 /%
营业收入合计	—	6469491045.17	100	7772762529.53	100	−16.77
分行业	瓷砖	5387092141.51	83.27	6581316633.69	84.67	−18.15
	洁具	915898067.48	14.16	979590603.55	12.60	−6.50
	其他	166500836.18	2.57	211855292.29	2.73	−21.41
分产品	有釉砖	5258551112.67	81.28	6291491396.94	80.94	−16.42
	无釉砖	128541028.84	1.99	289825236.75	3.73	−55.65
	卫生陶瓷	493657845.58	7.63	552771741.54	7.11	−10.69
	卫浴产品	422240221.90	6.53	426818862.01	5.49	−1.07
	其他	166500836.18	2.57	211855292.29	2.73	−21.41
分地区	华北地区	1166062007.59	18.02	1382241671.59	17.78	−15.64
	华南地区	2077882360.09	32.12	2456751176.07	31.61	−15.42
	华中地区	1836645797.61	28.39	2185145104.67	28.11	−15.95
	西北地区	466329740.93	7.21	525297519.78	6.76	−11.23
	西南地区	763149767.97	11.80	1032593927.90	13.28	−26.09
	境外	159421370.98	2.46	190733129.52	2.45	−16.42
分销售模式	直销	2409559839.60	37.24	3050630157.24	39.25	−21.01
	经销	3974680819.18	61.44	4630112466.52	59.57	−14.16
	其他	85250386.39	1.32	92019905.77	1.18	−7.36

东鹏控股 2024 年持股 5% 以上的股东或前 10 名股东持股情况见表 7-5。

（3）重要事项

"东鹏"是中国建筑卫生陶瓷行业的头部品牌之一，荣获中国建筑陶瓷、卫生洁具行业"龙头企业奖"，连续多年被世界品牌实验室评为行业内最有价值的品牌。公司大力推进绿色制造和高质量可持续发展，被工业和信息化部评为建陶行业唯一的"绿色供应链管理企业"

表 7-5　东鹏控股 2024 年持股 5% 以上的股东或前 10 名股东持股情况

股东名称	股东性质	持股比例	报告期末持股数	报告期内持股数增减	持有有限售条件的股份数	持有无限售条件的股份数	股份状态	质押、标记或冻结股份数
宁波利坚创业投资合伙企业（有限合伙）	境内非国有法人	30.28%	350379778	0	0	350379778	不适用	0
佛山华盛昌陶瓷有限公司	境内非国有法人	14.00%	162000000	0	0	162000000	不适用	0
宁波市鸿益升股权投资合伙企业（有限合伙）	境内非国有法人	11.71%	135482100	0	0	135482100	不适用	0
北京红杉坤德投资管理中心（有限合伙）- 上海喆德投资中心（有限合伙）	境内非国有法人	3.05%	35292367	0	0	35292367	不适用	0
HSG Growth I Holdco B, Ltd.	境外法人	2.93%	33933743	0	0	33933743	不适用	0
宁波客喜徕投资合伙企业（有限合伙）	境内非国有法人	2.02%	23370800	−775400	0	23370800	不适用	0
广东裕和商贸有限公司	境内非国有法人	1.56%	18000000	0	0	18000000	不适用	0
徐州旭胜企业管理合伙企业（有限合伙）	境内非国有法人	1.19%	13728700	−14206800	0	13728700	不适用	0
罗思维	境内自然人	1.12%	12944795	10338600	0	12944795	不适用	0
香港中央结算有限公司	境外法人	0.92%	10648451	−36350296	0	10648451	不适用	0

和第一批绿色工厂示范单位，荣获"广东省政府质量奖"，是北京 2022 年"冬奥会""冬残奥会"官方瓷砖供应商，是国内首个正式加入联合国全球契约组织的建陶企业，作为行业首家发布 ESG 报告的企业，荣获"中国 ESG 最佳实践企业奖""最具社会责任上市公司"、金牛奖 ESG 百强等荣誉。公司产品线丰富，涵盖瓷砖、卫浴、辅材（瓷砖胶、美缝剂等）等系列产品和"装到家"服务；凭借"1+N 绿建解决方案"、幕墙干挂、一体保温等技术，以"产品＋交付＋服务"的模式解决用户采购、施工和使用痛点，满足用户对品质、效率和服务的多重追求，不断提高产品竞争力和品牌美誉度。公司是建陶行业中获得专利数量最多的企业，成立了行业第一家博士后工作站以及 CNAS 国家级实验室，是目前建陶行业唯一具有国家博士后科研工作站和广东省博士工作站双博士工作站的企业，在产品研发、生产技术、营销渠道、品牌影响力、专业服务能力等方面位居行业前列，是建陶行业的头部一线品牌。

2.蒙娜丽莎

（1）公司简介

报告期内，蒙娜丽莎始终致力于高品质建筑陶瓷产品研发、生产和销售，主营业务没有发生变化。公司拥有佛山、清远、藤县、高安四个生产基地，以"美化建筑与生活空间"为理念，对"蒙娜丽莎""QD""美尔奇"品牌进一步向高端打造升级，销售渠道以国内市场为主，国际市场为辅。

公司以"大瓷砖、大建材、大家居"为发展战略，依托国家认定企业技术中心、广东省大尺寸陶瓷薄板重点实验室、博士后科研工作站、广东省科技专家工作站、广东省工程技术研究开发中心、广东省企业技术中心、广东省工业设计中心、中国轻工业蒙娜丽莎工业设计中心、中国轻工业陶瓷装饰板材工程技术研究中心、中国轻工业无机材料重点实验室、中国陶瓷薄板技术应用中心等核心科研创新平台，实施艺术化、绿色化、智能化的战略路径，是行业陶瓷大板、岩板的开拓者和领跑者，属于行业头部品牌。

公司在四个生产基地均建立了建筑陶瓷技术研究院，并全部获"绿色工厂"称号。在建筑陶瓷产品研发设计、基础研究、智能制造、应用技术和环保治理等多方面，展开多层次研究，产品与服务再次升级。公司通过对产品的绿色化、艺术化、智能化生产工艺升级，在建筑陶瓷向家居场景的应用方面得到进一步拓展，带动了岩板、大板风潮，突破了建筑陶瓷产品的传统应用领域。

公司主要产品为建筑陶瓷制品，包括陶瓷砖、陶瓷板（岩板）、薄型陶瓷砖等。其中陶瓷砖可分为瓷质有釉砖、瓷质无釉砖、非瓷质有釉砖。公司的产品稳定可靠，富于艺术内涵，不仅广泛应用于住宅装修装饰、公共建筑装修装饰、家居家具应用领域，还包括陶瓷板在建筑幕墙工程、户外和室内陶瓷艺术壁画中的应用，主要客户为建材经销商、房地产公司、整装企业、家居制造企业等。

依托产品创新和完善的服务体系，公司已构建成熟的战略合作伙伴网络，与多家房地产商建立战略合作关系。通过打造涵盖定向研发、供货保障、物流配送、应用开发及运营服务的全链条解决方案，公司在标杆工程项目实施中展现出显著的专业优势。

（2）业绩情况

2024年度，公司合并营业收入463083.71万元，同比下降21.79%；归属于上市公司股东的净利润12496.18万元，同比下降53.06%。主要原因为：受房地产行业调整影响，市场竞争加剧，全年营业收入与净利润同比下降。公司坚持稳健经营原则，加强经销业务，主动减小了部分经营风险较大的房地产客户的销售规模，落实多项提质增效措施，但仍未能覆盖销量及售价下降带来的影响。此外，部分资产出现减值迹象，公司按照《企业会计准则》对可能发生减值损失的各类资产计提减值准备，导致净利润同比下降。

蒙娜丽莎2022年至2024年年报主要财务数据见表7-6。

表7-6　蒙娜丽莎2022年至2024年年报主要财务数据

项目	2024年	2023年	2022年
营业收入/元	4630837053.19	5920790370.26	6228584308.47
归属于上市公司股东的净利润/元	124961794.26	266238358.55	−380700560.27
归属于上市公司股东的扣除非经常性损益的净利润/元	102876140.03	242254878.23	−420253267.89
经营活动产生的现金流量净额/元	806556125.17	934050200.61	602043051.22
基本每股收益/元	0.31	0.64	−0.92
稀释每股收益/元	0.24	0.67	−0.92
加权平均净资产收益率/%	3.64	7.95	−10.86
总资产（年末）/元	7710231542.38	9694429864.69	10179535986.80
归属于上市公司股东的净资产（年末）/元	3333408789.10	3456324873.32	3251405678.29

蒙娜丽莎2023年至2024年产品销售情况见表7-7。

蒙娜丽莎2024年持股5%以上的股东或前10名股东持股情况见表7-8。

表 7-7　蒙娜丽莎 2023 年至 2024 年产品销售情况

分类	项目	2024 年金额 / 元	2024 年金额占营业收入比例 /%	2023 年金额 / 元	2023 年金额占营业收入比例 /%
分地区	华南区	1111219724.43	24.00	1597581561.16	26.98
	华中区	551300741.12	11.90	659986512.30	11.15
	西北区	302155806.03	6.52	360564022.11	6.09
	西南区	491214674.43	10.61	706175313.10	11.93
	境外	27847839.59	0.60	38586716.65	0.65
分销售模式	经销渠道	3541164892.27	76.47	3826835517.29	64.63
	战略工程渠道	1089672160.92	23.53	2093954852.97	35.37

表 7-8　蒙娜丽莎 2024 年持股 5% 以上的股东或前 10 名股东持股情况

股东名称	股东性质	持股比例	报告期末持股数	报告期内持股数增减	持有有限售条件的股份数	持有无限售条件的股份数
萧华	境内自然人	30.13%	125080560	0	93810420	31270140
霍荣铨	境内自然人	13.81%	57328590	0	42996442	14332148
邓啟棠	境内自然人	9.41%	39087675	0	29315756	9771919
张旗康	境内自然人	9.41%	39087675	0	29315756	9771919
佛山市美尔奇投资管理合伙企业（有限合伙）	国内非国有法人	2.16%	8973199	0	0	8973199
毛红实	境内自然人	1.55%	6414852	0	0	6414852
中国农业银行股份有限公司 - 工银瑞信战略转型主题股票型证券投资基金	其他	1.46%	6057973	+597573	0	6057973
玄元私募基金投资管理（广东）有限公司 - 玄元科新 172 号私募证券投资基金	其他	1.01%	4204757	0	0	4204757
香港中央结算有限公司	境外法人	0.30%	1243849	+1792505	0	1243849
中信建投证券 - 中信银行 - 中信建投价值增长混合型集合资产管理计划	其他	0.20%	846200	0	0	846200

3. 帝欧家居

（1）公司简介

帝欧家居瓷砖品牌"欧神诺"诞生于 1998 年，是国内高端瓷砖品牌。秉持着打造百年企业、引领高端生活方式的美好愿望，欧神诺自成立以来就将创新作为品牌发展的基因，关注品牌的长期发展，始终定位于建筑瓷砖的中高端市场。凭借雄厚的品牌实力和产品力，欧神诺在 2024 年获得多项殊荣。2024 年 6 月，在 2024 中国泛家居行业高质量发展思想大会暨年度"建筑卫生陶瓷十大品牌榜"中荣获"瓷砖十大品牌"奖项。2024 年 10 月，在第 12 届中国意大利陶瓷大奖赛中揽获"全球瓷砖 30 强""全球瓷砖产量 30 强""先进技术奖""岩板优秀产品""优秀创意产品"五大奖项。2024 年 12 月，欧神诺在第十四届陶瓷人大会暨 2024 陶瓷品牌大会上，从众多企业中脱颖而出，蝉联年度"领军品牌"和"智造十强"两项殊荣。

公司卫浴品牌"帝王"洁具创立于 1994 年，为国内知名卫浴品牌。公司成立之初，创始股东就立志将公司发展成为国内一线卫浴品牌，成为民族品牌的优秀代表之一。多年来，公司坚守自主品牌建设的道路，在品牌塑造过程中，平面广告"小马可"形象为广大消费者所熟知，知名度与美誉度与日俱增。2024 年 9 月，在第十八届厨卫行业高峰论坛上帝王洁具品牌荣膺"十大卫浴品牌""长青奖"。2024 年 10 月，帝王洁具在中国民族卫浴发展峰会上再次荣登"中国民族卫浴品牌荣光榜"，获评"国民优选卫浴 TOP 品牌"。2024 世界卫浴大会上，帝王洁具被授予"2024 年度影响力品牌""2024 年度高质量发展·绿色健康家居奖""2024 年度创新先锋奖""2024 年度创意设计奖"和"2024 年度设计师喜爱品牌"。

（2）业绩情况

2024 年度，公司实现营业收入 27.41 亿元，同比下滑 27.12%，其中：经销渠道实现业务收入 20.64 亿元，同比下滑 12.29%；直营工程渠道实现业务收入 6.76 亿元，同比下滑 51.93%。公司收入下降的主要原因为报告期内房地产行业持续调整。一方面，直营工程渠道的市场需求持续收缩，公司在该领域的业务机会减少；另一方面，公司为平衡业务风险和经营质量，主动大幅收缩需要大量垫支的工程渠道业务。本报告期，公司持续加大对经销渠道资源支持与赋能，积极拓展经销渠道业务，公司经销渠道销售占比提升至 75.32%，较期初提升 12.74 个百分点。

2024 年度，公司实现归属于上市公司股东的净利润为亏损 5.69 亿元，较去年同期减亏 0.89 亿元；归属于上市公司股东的扣除非经常性损益净利润为亏损 5.76 亿元，较去年同期减亏 0.62 亿元，公司归属于上市公司股东的净利润亏损，主要原因为：公司坚持既定经营方针，积极实施了各项提振经营、降本增效的措施，显著巩固和加强了经销渠道业务拓展，鉴于终端市场的竞争态势加剧，仍未能覆盖销售收入和产品价格下降对净利润带来的影响；公司按照《企业会计准则》对发生减值损失的各类资产进行减值测试/评估，对存在减值迹象的各项资产共计提减值准备 29530.44 万元；公司可转换公司债券于本报告期内实际兑付（兑息）1499.64 万元，根据《企业会计准则》摊销但实际无须支付的财务费用 8130.74 万元，该金额影响当期净利润。

2024 年度，公司实现经营性现金流量净额为 1.33 亿元且连续三年为正。报告期内，公司持续加强经营风险管控，采取多种措施开展应收账款催收工作，应收账款期末余额较期初下降 46.27%。

帝欧家居 2022 年至 2024 年年报主要财务数据见表 7-9。

表 7-9 帝欧家居 2022 年至 2024 年年报主要财务数据

财务指标	2024 年	2023 年	2022 年
营业收入 / 元	2740584084.72	3760453033.29	4112036002.60
归属于上市公司股东的净利润 / 元	−569068442.34	−658098088.56	−1507523205.91
归属于上市公司股东的扣除非经常性损益的净利润 / 元	−576229135.39	−638689693.57	−1507414859.88
经营活动产生的现金流量净额 / 元	132890354.01	492946190.91	99403367.39
基本每股收益 / 元	−1.56	−1.78	−3.91
稀释每股收益 / 元	−1.56	−1.78	−3.91
加权平均净资产收益率 /%	−30.31	−26.22	−40.90
总资产（年末）/ 元	5892712569.49	6587606891.10	7900953747.69
归属于上市公司股东的净资产（年末）/ 元	630698274.85	2180684200.37	2838722024.75

帝欧家居 2023 年至 2024 年产品销售情况见表 7-10。

表 7-10　帝欧家居 2023 年至 2024 年产品销售情况

分类	项目	2024 年金额 / 元	2024 年金额占营业收入比例 /%	2023 年金额 / 元	2023 年金额占营业收入比例 /%	金额同比增减 /%
营业收入合计		2740584084.72	100.00	3760453033.29	100.00	−27.12
分行业	制造业	2713919098.55	99.03	3735641486.44	99.34	−27.35
	其他	26664986.17	0.97	24811546.85	0.66	+7.47
分产品	陶瓷墙地砖	2066214978.73	75.39	3013851325.26	80.15	−31.44
	卫浴产品	540197919.03	19.71	635509480.87	16.90	−15.00
	亚克力板	107506200.79	3.92	86280680.31	2.29	+24.60
	其他	26664986.17	0.97	24811546.85	0.66	+7.47
分地区	东北	106854191.16	3.90	114040035.74	3.03	−6.30
	华北	358950547.80	13.10	416784770.75	11.08	−13.88
	华东	883292544.04	32.23	1237916569.01	32.92	−28.65
	华南	517868095.08	18.90	682873034.45	18.16	−24.16
	华中	340352600.12	12.42	548914596.71	14.60	−38.00
	西北	149431428.94	5.45	201261362.61	5.35	−25.75
	西南	365589404.91	13.34	556113953.94	14.79	−34.26
	境外	18245272.67	0.67	2548710.08	0.07	+615.86
分销售模式	经销渠道	2064214322.30	75.32	2353349561.80	62.58	−12.29
	直营工程渠道	676369762.42	24.68	1407103471.49	37.42	−51.93

帝欧家居 2024 年持股 5% 以上的股东或前 10 名股东持股情况见表 7-11。

表 7-11　帝欧家居 2024 年持股 5% 以上的股东或前 10 名股东持股情况

序号	股东名称	股东性质	持股比例	持股数	持股数增减	持有有限售条件的股份数	持有无限售条件的股份数	股份状态	质押 / 冻结股份数
1	刘进	境内自然人	7.87%	31016189	0	23262142	7754047	质押	30014142
2	吴志雄	境内自然人	7.72%	30421897	0	22816423	7605474	质押	14849998
3	陈伟	境内自然人	7.62%	30055597	0	22541698	7513899	不适用	0
4	鲍杰军	境内自然人	7.16%	28206351	0	0	28206351	质押	16400000
5	四川发展证券投资基金管理有限公司	其他	5.56%	21897600	−41100	0	21897600	不适用	0
6	陈家旺	境内自然人	1.78%	7018761	0	0	7018761	不适用	0
7	中信证券股份有限公司	国有法人	1.45%	5711887	−415973	0	5711887	不适用	0
8	杨子明	境内自然人	0.92%	3612100	+346800	0	3612100	不适用	0
9	吴桂周	境内自然人	0.91%	3584363	0	0	3584363	不适用	0
10	丁同文	境内自然人	0.77%	3049340	0	0	3049340	不适用	0

（3）重要事项

2025 年伊始，公司瓷砖、卫浴事业部通过改善渠道和产品结构，推出更具竞争力的产品与销售政策，市场反响良好，为全年经营向好奠定基础。2025年公司将延续稳健经营基调，积极开展一系列经营措施，重点经营计划如下：

① 持续产品研发和创新。好产品是企业的立足之本。在产品创新和研发方面，公司以强智能品质为根基，利用欧神诺"中央研究院"、卫浴空间研究院、博士后工作站等研发力量，持续对公司瓷砖产品和卫浴产品的工艺设计、产品性能等进行全面升级和迭代。

② 持续深化全渠道布局的经营体系。家居建材行业市场竞争日益激烈，公司将结合行业环境与市场竞争形势的变化，持续围绕经销零售、家装、整装、工程、新零售渠道深度布局，实施全渠道发展战略。在招商方面，制定有吸引力的招商支持政策，覆盖空白网点区域，促进新增合作网点落地；在家装、整装业务方面，以品牌牵头与整装家装企业推进战略合作，积极走访核心城市整装家装公司，深入一线市场打好战略抢位攻坚战；为积极响应2025年国补政策，公司组建了专门的国补工作小组深入细致解读国补政策内容，全方位助力公司和客户实现与区域国补项目的精准、高效对接。在外贸业务方面，为提升经营业绩并增强品牌国际影响力，公司成立了外贸工作小组积极开拓外贸业务，计划重点在俄罗斯、东南亚和中东地区寻求业务合作机会。

③ 提高精细化管理能力，深入实施降本增效。2025年公司在保持产品品质的前提下，继续全方位降本增效。在管理端实施组织架构调整和管理体系优化，进一步加强费用预算和费用管控，降低经营管理成本；在生产端持续实施技改和产能升级，提高和改进工艺并优化生产效能；在采购端，保持循环招标的同时和优质供应商共同挖掘降本空间，进一步降低采购成本；在供应端，优化供应商管理、库存管理与物流管理，实施精细化的供应链服务与管理，减少浪费，提升整体效率。

④ 持续提升品牌美誉度。聚焦欧神诺和帝王品牌建设和推广，推动线上、线下门店品牌形象一体化，推动品牌IP年轻化输出，通过多样化的模式，如视频、文案、视觉、终端和创意内容等，不断吸引年轻消费群体，提升品牌在新兴消费群体中的影响力。

4.悦心健康

（1）公司简介

报告期内，悦心健康建材业务主要致力于高端建筑陶瓷品牌"斯米克"瓷砖的研发、生产和销售，具有独立的采购、生产和销售体系。公司秉承以匠心智造产品、以品质塑造价值、以环保缔造健康、以创新引领时尚的企业宗旨，满足消费者对时尚空间和健康生活的追求。

公司瓷砖产品按产品外观特色分为玻化石、大理石、云石代、釉面砖、岩板、艺术瓷等大类，辅以挂贴产品、花砖等配件产品，可以满足各类室内外空间、各种档次以及风格的装修用砖需求，主要客户为国内中大型房地产开发公司、建材经销商、家装公司以及国外特约经销商等。

（2）业绩情况

悦心健康2022年至2024年年报主要财务数据见表7-12。

2024年，公司实现营业收入12.04亿元，同比下降5.79%。营业毛利额同比减少3007万元，减幅10.48%。主要影响因素如下：

瓷砖毛利额同比减少2498万元。其中：销量同比增加211.8万平方米，增幅7.70%，按上年毛利率计算增加毛利额1619万元；单位平均售价同比下降5.55元每平方米，降幅14%，影响毛利额减少16461.15万元；单位平均销售成本下降2.73元每平方米，降幅8.48%，影响

表 7-12　悦心健康 2022 年至 2024 年年报主要财务数据

项目	2024 年	2023 年	2022 年
营业收入 / 元	1204147736.16	1278144047.00	1162627690.56
归属于上市公司股东的净利润 / 元	−147124591.55	50063818.15	−277840793.72
归属于上市公司股东的扣除非经常性损益后的净利润 / 元	−167586639.58	−117920636.43	−218584538.93
经营活动产生的现金流量净额 / 元	82229306.63	123616172.02	25876824.30
基本每股收益 / 元	−0.1595	0.054	−0.2999
稀释每股收益 / 元	−0.1595	0.054	−0.2999
加权平均净资产收益率 /%	−16.30	5.06	−24.38
总资产（年末）/ 元	2057924527.48	2358838216.90	2507811062.53

毛利额增加 12344.6 万元。

大健康业务毛利额同比减少 172 万元。主要系：温州东方悦心中等职业技术学校本年度实现毛利 370 万元，较上年增加 300 万元；全椒有限受收入下滑影响，毛利额下降 200 万元；美国日星生殖中心有限公司业务受影响，毛利额下降约 300 万元。

投资性房地产租赁等业务毛利额同比减少 332 万元，主要系公司于 2023 年 5 月转让上海悦心健康科技发展有限公司股权后，对其丧失控制权，不再列入合并范围，上年度包含其转让前租赁业务毛利额约 542 万元，本年度由公司直接持有的投资性房地产租赁业务毛利额同比增加约 210 万元。

悦心健康 2023 年至 2024 年产品销售情况见表 7-13。

表 7-13　悦心健康 2023 年至 2024 年产品销售情况

分类	项目	2024 年金额 / 元	2024 年金额占营收比例 /%	2023 年金额 / 元	2023 年金额占营业收入比例 /%	金额同比增减 /%
营业收入合计		1204147736.16	100	1278144047.00	100	−5.79
分行业	建材 - 瓷砖及生态建材	1015533923.66	84.34	1094267145.86	85.61	−7.20
	大健康业务（康养 / 医疗 / 职业教育）	108309968.99	8.99	98172368.48	7.68	+10.33
	投资性房地产租赁业务等	80303843.51	6.67	85704532.66	6.71	−6.30
分产品	瓷砖 - 大理石	468814920.58	38.93	492872247.20	38.56	−4.88
	瓷砖 - 玻化石	91023943.71	7.56	126808420.31	9.92	−28.22
	瓷砖 - 仿古砖	324637963.22	26.96	308367660.04	24.13	+5.28
	瓷砖 - 瓷片	120129831.21	9.98	150552894.20	11.78	−20.21
	瓷砖 - 其他	7173348.93	0.60	13737513.94	1.07	−47.78
	生态建材	3753916.01	0.31	1928410.17	0.15	+94.66
	大健康（康养 / 医疗）	108309968.99	8.99	98172368.48	7.68	+10.33
	仓库租赁等	80303843.51	6.67	85704532.66	6.71	−6.30
分地区	国内	1192626009.34	99.04	1259219228.08	98.52	−5.29
	国外	11521726.82	0.96	18924818.92	1.48	−39.12
分销售模式	直营	801578336.16	66.57	866812553.06	67.82	−7.53
	经销	402569400.00	33.43	411331493.94	32.18	−2.13

悦心健康 2024 年持股 5% 以上的股东或前 10 名股东持股情况见表 7-14。

表 7-14　悦心健康 2024 年持股 5% 以上的股东或前 10 名股东持股情况

股东名称	股东性质	持股比例	报告期末持股数	报告期内持股数增减	持有有限售条件的股份数	持有无限售条件的股份数	股份状态	质押/标记/冻结股份数
斯米克工业有限公司	境外法人	37.35%	344206164	0	0	344206164	质押	100000000
太平洋数码有限公司	境外法人	6.68%	61607356	0	0	61607356	不适用	0
上海金曜斯米克能源科技有限公司	境内非国有法人	5.43%	50000000	+30000000	0	50000000	不适用	0
上海斯米克有限公司	境内非国有法人	2.47%	22725000	−30000000	0	22725000	不适用	0
上海杜行工业投资发展公司	境内非国有法人	2.30%	21161240	0	0	21161240	不适用	0
彭浩芳	境内自然人	1.52%	14011786	+2435800	0	14011786	不适用	0
李德俊	境内自然人	0.44%	4033900	未知	0	4033900	不适用	0
徐跃友	境内自然人	0.33%	3058690	+1579200	0	3058690	不适用	0
摩根士丹利国际股份有限公司	境外法人	0.23%	2128065	未知	0	2128065	不适用	0
陈建安	境内自然人	0.21%	1912000	+1712000	0	1912000	不适用	0

5. 天安新材

（1）公司简介

天安新材主营业务为建筑陶瓷以及汽车内饰饰面材料、家居装饰饰面材料、建筑防火饰面板材等高分子复合饰面材料的研发、设计、生产及销售以及整装交付服务。天安新材坚持泛家居发展战略，近年来通过内生增长以及收并购，推动公司业务点线面体多维发展，以多品牌、多渠道、多品类产品，逐步实现从材料供应商转型为环保艺术空间综合服务商，打造闭环的家居产业生态圈。报告期内，公司通过收购南方设计院、参股佛山隽业，布局 EPC 公装领域。公司通过收购南方设计院，在泛家居战略布局实现了产业链闭环，补强公司建筑设计和室内装饰等业务范围，丰富公司触达终端市场的切入点，为公司向装配式内装 EPC 和健康人居品牌的方向发展提供助力，为客户提供高性价比一站式环保、艺术空间解决方案；公司通过参股佛山隽业，进一步完善泛家居产业链生态圈，构建装配式公装的重要输出端口，整合国企优质资源，打开公装市场渠道，紧抓旧城改造、城市更新、保障性住房等政策窗口期，把握市场机遇，提高在公共建筑装饰领域的综合竞争力，打通公司各板块产业链条。

公司立足建筑陶瓷和饰面材料两大基业，通过材料板块与 EPC 板块相互赋能，以终端整装需求带动前端建材产品的销售，全面构建材料端技术领先、产业链闭环融合、各子公司各业务板块关联度极强的泛家居生态圈，以强化集团产业链优势，不断优化资源配置，寻求新的业绩增长点，推动公司高质量发展。

（2）业绩情况

2024 年，公司实现营业收入 310030.37 万元，同比略降 1.32%；实现归属于上市公司股东的净利润 10100.49 万元，同比降低 16.49%；实现归属于上市公司股东的扣除非经常性损益的净利润为 9049.33 万元，同比增加 23.40%。公司主营业务收入同比基本持平，高分子复合饰面材料、建筑陶瓷两大主业根基夯实，其中，在高分子复合饰面材料板块，公司通过抓住汽车行业及下游客户快速发展的市场机遇，加大项目开发力度，提升产品品质和服务质量，增强与客户的合作黏性，实现营业收入同比增长，汽车内饰饰面材料、薄膜产品营业收入同比分别增长约 12% 和 17%；在建筑陶瓷板块，公司稳住基本盘，实现销量超 4560 万平方米，同比增长约 3%，受终端价格影响，营业收入同比下降约 7%。报告期内，归属于上市公司股东的净利润同比下降，主要是 2023 年公司对外投资的参股企业年末公允价值评估增值、应收账款债务重组收益较大，导致同期基数较大。归属于上市公司股东的扣除非经常性损益的净利润实现较大增幅，主要得益于公司通过信息化、数字化打造，提升精细化管理水平，实现降本提效，有效控制成本费用的支出，提高经营利润以及减少期内非经常性损益项目。

天安新材 2022 年至 2024 年年报主要财务数据见表 7-15。

表 7-15　天安新材 2022 年至 2024 年年报主要财务数据

财务指标	2024 年	2023 年	2022 年
营业收入 / 元	3100303743.39	3141775549.53	2716228475.12
归属于上市公司股东的净利润 / 元	101004899.32	120947498.56	−165470846.62
归属于上市公司股东的扣除非经常性损益的净利润 / 元	90493268.16	73332258.13	−180486278.31
经营活动产生的现金流量净额 / 元	166468476.42	190950985.44	274477627.62
归属于上市公司股东的净资产（期末）/ 元	759957749.53	720839842.15	524042239.86
总资产（期末）/ 元	2853521176.04	2820828411.48	2864140891.99

天安新材 2024 年产品销售情况见表 7-16。

表 7-16　天安新材 2024 年产品销售情况

分类	项目	营业收入 / 元	营业成本 / 元	毛利率 /%	营业收入同比增减 /%	成本同比增减 /%	毛利率相比 2023 年的变动幅度
分行业	高分子复合饰面材料	1522127477.33	1228352555.06	19.30	+2.36	+3.84	下降 1.15 个百分点
	建筑陶瓷	1456475926.18	1085260937.66	25.49	−7.20	−9.29	上升 1.72 个百分点
	整装业务及其他	81055260.53	57381183.85	29.21	+69.09	+75.67	下降 2.65 个百分点
分产品	建筑陶瓷	1456475926.18	1085260937.66	25.49	−7.20	−9.29	上升 1.72 个百分点
	汽车内饰饰面材料	545931309.25	408253658.77	25.22	+12.02	+16.30	下降 2.76 个百分点
	薄膜	479062049.94	438455207.16	8.48	+17.43	+14.42	上升 2.41 个百分点
	家居装饰饰面材料	243622689.62	180611960.59	25.86	−3.23	−5.26	上升 1.59 个百分点
	建筑防火饰面板材	195890441.75	145252501.63	25.85	−25.24	−20.22	下降 4.67 个百分点
	人造革	57620986.77	55779226.91	3.20	−26.02	−26.61	上升 0.79 个百分点
	整装业务及其他	81055260.53	57381183.85	29.21	+69.09	+75.67	下降 2.65 个百分点
分地区	国内	2805943877.66	2177381388.12	22.40	−0.26	−0.62	上升 0.27 个百分点
	国外	253714786.38	193613288.45	23.69	−12.81	−12.46	下降 0.31 个百分点
分销售模式	直销	1883357344.36	1451266033.00	22.94	+12.09	+13.55	下降 0.99 个百分点
	经销	1176301319.68	919728643.57	21.81	−17.41	−18.89	上升 1.43 个百分点

天安新材 2024 年前 10 名股东持股情况（不含通过转融通出借股份）见表 7-17。

表 7-17　天安新材 2024 年前 10 名股东持股情况（不含通过转融通出借股份）

股东名称（全称）	股东性质	报告期内持股数增减	期末持股数	持股比例 /%	持有有限售条件的股份数	质押 / 冻结情况（股份状态）	质押 / 冻结股份数
吴启超	境内自然人	+30442240	106547840	34.95	18200000	无	0
沈耀亮	境外自然人	+5043382	17399337	5.71	0	无	0
孙泳慈	境内自然人	+2800000	9800000	3.21	0	无	0
洪晓明	境内自然人	+2394811	8220839	2.70	0	无	0
陈剑	境内自然人	+1359103	4756860	1.56	0	无	0
王进花	境内自然人	+1392432	4673512	1.53	0	无	0
华夏基金 - 信泰人寿保险股份有限公司 - 分红产品	其他	+3384000	3384000	1.11	0	无	0
徐芳	境内自然人	+1414101	3288902	1.08	0	无	0
陈汉鼎	境内自然人	+1004000	3249000	1.07	0	无	0
兴业银行 - 华夏兴阳 - 年持有期混合型证券投资基金	其他	+2973820	2973820	0.98	0	无	0

第二节　卫生洁具类上市公司运营情况

2024 年，受房地产行业持续调整、消费市场信心恢复缓慢等宏观环境影响，中国卫浴板块上市公司业绩分化显著，企业间运营表现冷热不均。部分具备智能化、高端化布局优势的企业保持较强韧性，如建霖家居、松霖科技和麦格米特依然实现了收入或利润的增长；而传统卫浴企业如箭牌家居、海鸥住工、帝欧家居则受到营收下滑、利润承压或持续亏损等问题困扰。此外，智能、健康成为行业关键趋势，出口市场成为部分企业利润增长亮点，企业普遍加大了研发、品牌和渠道体系建设的投入，以谋求未来的突破与可持续发展。

一、主要财务数据

2024 年国内卫生洁具上市公司主要财务数据见表 7-18。

表 7-18　2024 年国内卫生洁具上市公司主要财务数据

公司名称	2024 年营业收入 / 元	营业收入同比增减 /%	2024 年归属于上市公司股东的净利润 / 元	归属于上市公司股东的净利润同比增减 /%	2024 年归属于上市公司股东的扣除非经常性损益的净利润 / 元	归属于上市公司股东的扣除非经常性损益的净利润同比增减 /%
箭牌家居	7131473681.44	-6.76	66766590.35	-84.28	29038133.92	-92.59
建霖家居	5006716391.00	+15.53	481929251.52	+13.44	464569373.00	+19.53
惠达卫浴	3461754610.38	-3.93	138941666.19	不适用	67384066.41	不适用
松霖科技	3014989619.04	+1.06	446415013.59	+26.65	415747895.56	+16.22
瑞尔特	2358318408.01	+7.96	181052250.00	-17.17	159929633.78	-20.07
海鸥住工	2853957482.72	-1.73	-123812009.99	+46.75	-123765188.93	+49.17
麦格米特	6754241158.00	+21	629322786.30	-30.7	355496685.60	+3.07

从营收角度看，建霖家居（+15.53%）、麦格米特（+21%）实现两位数增长，松霖科技（+1.06%）和瑞尔特（+7.96%）维持平稳增长，但箭牌家居（−6.76%）、惠达卫浴（−3.93%）、海鸥住工（−1.73%）则不同程度下滑。

净利润方面，麦格米特实现归属于上市公司股东的净利润6.29亿元，居行业首位，但同比下降30.7%；松霖科技、建霖家居归属于上市公司股东的净利润分别实现两位数增长；瑞尔特归属于上市公司股东的净利润下滑17.17%，为1.81亿元；箭牌家居归属于上市公司股东的净利润同比大降84.28%，为6676.66万元，归属于上市公司股东的扣除非经常性损益的净利润仅2903.81万元；海鸥住工则继续亏损，虽同比减亏，但反映出结构性问题仍未解决。

从资产规模看，多数企业总资产变化不大；而海鸥住工总资产持续缩水，显示财务安全边际承压。箭牌家居经营现金流同比大降55.9%，而建霖家居、松霖科技现金流状况较好，具备较强的内部资金保障能力。

二、卫生洁具生产和销售情况

国内卫生洁具上市公司生产与销售数据见表7-19。

表7-19　国内卫生洁具上市公司生产与销售数据

公司名称	产品类别	2024年产品产量	产量同比增减/%	2024年产品营业收入/元	营业收入同比增减/%	2024年产品毛利率/%	毛利率相比2023年的变动幅度
箭牌家居	卫生陶瓷	936.43万件	−6.60	3494961448.68	+49.01	24.63	减少3.89个百分点
	五金龙头	1466.78万个	−6.33	2062597014.02	+28.92	24.11	减少2.47个百分点
	浴室家具	172.64万套	+12.53	789346203.89	+11.07	22.33	减少4.44个百分点
建霖家居	厨卫产品	26240.53万件	+6.04	3196892013.00	+11.40	25.80	减少0.33个百分点
惠达卫浴	卫生陶瓷	749.67万件	+15.70	1953885943.19	+12.69	27.42	增加2.30个百分点
	五金洁具	143.50万件	−29.40	489932315.51	−1.89	35.87	增加0.13个百分点
	浴缸浴房	15.46万套	+54.91	142196381.08	+8.81	34.89	增加5.31个百分点
	浴室柜	43.48万套	−13.06	247627648.24	−5.59	31.87	增加3.02个百分点
松霖科技	智能厨卫业务	5326万件	−5	2532369015.46	−1.63	33.90	增加0.71个百分点
瑞尔特	水箱及配件	—	—	638106062.10	+2.93	26.53	增加0.73个百分点
	智能坐便器及盖板	—	—	1435451316.23	+13.37	26.62	减少2.19个百分点
	同层排水系统产品	—	—	181221529.57	−13.54	—	—
海鸥住工	五金龙头类产品	—	—	1612349675.48	+10.69	13.50	减少3.38个百分点
	智能家居类产品	—	—	243334894.42	−9.35	—	—
	浴缸陶瓷类产品	—	—	132332850.55	−31.09	—	—
	整装卫浴	—	—	23624453.88	−65.53	—	—
麦格米特	智能家电电控产品	—	—	3737941510.92	+42.72	25.05	减少0.23个百分点

2024年，智能类产品在各上市公司中普遍实现稳定增长，并成为利润的重要来源。松霖科技的智能厨卫业务营业收入达到25.32亿元，尽管同比略降1.63%，但毛利率达到33.90%，同比增加0.71个百分点；其大健康业务毛利率更高达49.18%，表现尤为突出。瑞尔特的智能

坐便器及盖板营业收入同比增长 13.37%，占比超过六成，显示出智能产品对整体营业收入的强支撑，毛利率为 26.62%。麦格米特作为智能卫浴 ODM 供应商，也在该品类实现快速增长，智能家电电控产品营业收入同比提升 42.72%，毛利率为 25.05%。整体来看，智能类产品具有高成长性和高附加值特征，是各企业未来布局的核心方向。

卫生陶瓷依然是传统卫浴企业的重要基础业务，但企业间分化明显。惠达卫浴实现量价齐升，产量同比增长 15.7%，营业收入 19.54 亿元，同比增长 12.69%，毛利率提升至 27.42%，同比增加 2.3 个百分点，体现出较强的盈利能力。而箭牌家居则面临挑战，其卫生陶瓷产量同比下降 6.6%，收入同比下降，毛利率降至 24.63%，减少 3.89 个百分点，反映出市场竞争加剧及成本压力对其盈利形成挤压。整体来看，卫生陶瓷仍具体量优势，但对成本控制和产品结构提出更高要求。

五金龙头作为耐用品中的较高频更换品，收入占比较高，但整体毛利率承压。箭牌家居该类产品收入为 20.63 亿元，产量同比下降 6.33%，毛利率 24.11%，同比减少 2.47 个百分点。海鸥住工尽管营业收入同比增长 10.69% 至 16.12 亿元，但毛利率进一步下降至 13.50%，为各企业中最低，主要因出口市场竞争激烈及原材料成本上涨。总体来看，五金龙头产品面临严重的价格竞争，若缺乏差异化设计和技术溢价，盈利空间将持续受限。

浴室家具在整体卫浴方案中具有较强的搭配性和品牌提升空间，但 2024 年市场表现分化。箭牌家居该品类产量同比增长 12.53%，收入 7.89 亿元，但毛利率减少 4.44 个百分点至 22.33%，表明成本压力或促销因素拖累利润表现。惠达卫浴的浴室柜营业收入同比下降 5.59%，但毛利率提升至 31.87%，同比增加 3.02 个百分点，显示其通过优化产品结构提升了盈利能力。总体而言，该品类未来发展需依赖智能化、收纳功能设计和定制化方向实现盈利突破。

浴缸及淋浴房类产品受下游地产景气度和装修需求波动影响较大。惠达卫浴在该品类表现稳健，营业收入同比增长 8.81% 至 1.42 亿元，毛利率提升至 34.89%，同比增加 5.31 个百分点，反映出结构优化与成本控制成效明显。

三、卫生洁具类上市公司运营情况分述

1. 箭牌家居

（1）公司简介

箭牌家居是一家集研发、生产、销售与服务于一体的大型现代化制造企业，致力于为消费者提供一站式智慧家居解决方案，生产品类范围覆盖卫生陶瓷（含智能坐便器）、五金龙头、浴室家具、浴缸浴房、瓷砖等全系列家居产品，使用场景包括卫浴空间、厨房空间、客厅空间、卧室空间、阳台空间等家居生活场所，以及学校、医院、大型场馆、交通枢纽等公共场所，酒店、商场、写字楼等商业场所，应用场景广泛。

公司拥有 ARROW 箭牌、FAENZA 法恩莎、ANNWA 安华三个品牌，三个品牌具有不同的市场定位，能够满足不同消费群体的需求。公司掌握具有自主知识产权的研发及制造核心技术，是卫生陶瓷、节水型卫生洁具行业标准起草单位之一。

（2）业绩情况

受卫浴行业竞争加剧影响，公司 2024 年度实现营业收入 713147.37 万元，同比下降 6.76%，得益于消费品以旧换新政策的实施，公司第四季度收入降幅环比略有收窄。同时，受产品价格影响，2024 年度公司主营业务毛利率为 24.79%，同比下降 3.24%，销售费用为

57359.51 万元，同比下降 4.85%，管理费用为 65664.94 万元，同比下降 0.55%，研发费用为 37172.31 万元，同比增长 8.84%，期间费用为 163976.16 万元，期间费用率为 22.99%，同比上升 1.95 个百分点，导致归属于上市公司股东的净利润为 6676.66 万元，同比下降 84.28%；2024 年，公司经营活动产生的现金流量净额为 51421.63 万元，同比下降 55.90%。

箭牌家居 2022 年至 2024 年年报主要财务数据见表 7-20。

表 7-20　箭牌家居 2022 年至 2024 年年报主要财务数据

财务指标	2024 年	2023 年	2022 年
营业收入 / 元	7131473681.44	7648176491.41	7513463142.50
归属于上市公司股东的净利润 / 元	66766590.35	424642662.96	593321605.48
归属于上市股东的扣除非经常性损益的净利润 / 元	29038133.92	391847062.82	541023165.02
经营活动产生的现金流量净额 / 元	514216301.12	1166065213.98	400734916.33
基本每股收益 / 元	0.07	0.44	0.67
稀释每股收益 / 元	0.07	0.44	0.67
加权平均净资产收益率 /%	1.32	8.56	17.11
总资产（年末）/ 元	10071432360.72	10639546031.02	10079171172.05
归属于上市公司股东的净资产（年末）/ 元	4869494164.66	5001783422.44	4736580996.60

箭牌家居 2023 年至 2024 年产品销售情况见表 7-21。

表 7-21　箭牌家居 2023 年至 2024 年产品销售情况

分类	项目	2024 年金额 / 元	2024 年金额占营业收入比例 /%	2023 年金额 / 元	2023 年金额占营业收入比例 /%	金额同比增减 /%
营业收入合计		7131473681.44	100.00	7648176491.41	100.00	−6.76
分行业	制造业	7062029727.88	99.03	7598076924.26	99.34	−7.06
	其他行业	69443953.56	0.97	50099567.15	0.66	+38.61
分产品	卫生陶瓷	3494961448.68	49.01	3742029621.08	48.93	−6.60
	五金龙头	2062597014.02	28.92	2100776407.28	27.47	−1.82
	浴室家具	789346203.89	11.07	771002839.90	10.08	+2.38
	瓷砖	287475113.55	4.03	431254266.20	5.64	−33.34
	浴缸浴房	342901805.14	4.81	387237426.44	5.06	−11.45
	其他品类及配件	84748142.60	1.19	165776363.36	2.17	−48.88
	其他业务	69443953.56	0.97	50099567.15	0.66	+38.61
分地区	境内	6822298914.05	95.66	7518124006.71	98.30	−9.26
	境外	309174767.39	4.34	130052484.70	1.70	+137.73
分销售模式	经销	6061522180.61	85.00	6561370861.36	85.79	−7.62
	直销	1000507547.27	14.03	1036706062.90	13.55	−3.49
	其他	69443953.56	0.97	50099567.15	0.66	+38.61

箭牌家居 2024 年持股 5% 以上的股东或前 10 名股东持股情况见表 7-22。

表 7-22　箭牌家居 2024 年持股 5% 以上的股东或前 10 名股东持股情况

序号	股东名称	股东性质	持股比例	持股数	持股数增减	持有有限售条件的股份数	持有无限售条件的股份数	股份状态	质押 / 冻结股份数
1	佛山市乐华恒业实业投资有限公司	境内非国有法人	49.56%	480000000	0	480000000	0	—	0
2	谢岳荣	境内自然人	21.47%	208000000	0	208000000	0	冻结	45870039
3	佛山市霍陈贸易有限公司	境内非国有法人	8.26%	80000000	0	80000000	0	—	0
4	霍少容	境内自然人	3.30%	32000000	0	32000000	0	—	0
5	珠海峇恒股权投资合伙企业	境内非国有法人	2.50%	24245846	0	0	24245846	—	0
6	共青城乐华嘉悦投资合伙企业（有限合伙）	境内非国有法人	1.31%	12731110	−781100	0	12731110	—	0
7	工银瑞信创新动力股票型证券投资基金	其他	0.69%	6660000	+6660000	0	6660000	—	0
8	深圳市创新投资集团有限公司	国有法人	0.69%	6657721	0	0	6657721	—	0
9	西藏红星喜兆企业管理有限公司	境内非国有法人	0.43%	4116758	0	0	4116758	—	0
10	华泰柏瑞富利灵活配置混合型证券投资基金	其他	0.24%	2286700	+2286700	0	2286700	—	0

2. 建霖家居

（1）公司简介

建霖家居主要从事厨卫产品、净水产品、宜居空气产品、健康照护等产品的研发、设计、生产和销售；其中，厨卫产品包括淋浴系列、龙头系列、进排水系列和厨卫附属配件系列，净水产品包括净水器和净水配件，其他产品包括空气处理产品、护理产品、家电配件和管道安装等家居产品以及汽车配件等非家居产品。报告期内，公司主营业务未发生变化。

公司秉持技术驱动发展战略，坚持"智能、健康、绿色"的发展方向，聚焦并深耕大健康产业，依托深厚技术与高端制造优势，持续推动技研创新系统能力的建设，形成涵盖厨卫、净水、宜居空气、健康照护、制造服务、技术服务等在内的产业生态。公司以用户和市场需求为导向，以技术创新为动力，提供优质产品与解决方案，致力于持续改善大众的生活品质，并坚持产业高端化、数字化、绿色化发展，构建"健康家·生活""商用·工程""智造·定制"等多元化发展格局，致力于全面的健康家居产业发展。

（2）业绩情况

报告期内，公司实现营业收入 50.07 亿元，同比增长 15.53%；归属于上市公司股东的净利润 4.82 亿元，同比增长 13.44%；截至报告期末，公司总资产 49.26 亿元，同比增长 4.84%。

建霖家居 2022 年至 2024 年年报主要财务数据见表 7-23。

表 7-23　建霖家居 2022 年至 2024 年年报主要财务数据

财务指标	2024 年	2023 年	2022 年
营业收入 / 元	5006716391.00	4333760406.70	4186247515.14
归属于上市公司股东的净利润 / 元	481929251.52	424834196.19	458059061.85
归属于上市公司股东的扣除非经常性损益的净利润 / 元	464569373.00	388674257.56	425381054.87
经营活动产生的现金流量净额 / 元	759014923.13	611537842.38	816204312.64
归属于上市公司股东的净资产（年末） / 元	3281093127.36	3097705812.53	2872740614.78
总资产（年末） / 元	4926303065.42	4698686169.45	4400043738.27

建霖家居 2024 年产品销售情况见表 7-24。

表 7-24　建霖家居 2024 年产品销售情况

产品类别	营业收入 / 元	营业成本 / 元	毛利率 /%	营业收入同比增减 /%	营业成本同比增减 /%	毛利率相比 2023 年的变动幅度
厨卫产品	3196892013.00	2372190995.79	25.80	—	—	—
净水产品	738184865.57	546308677.15	25.99	—	—	—
其他家居产品	764098355.44	555080190.93	27.35	—	—	—
非家居产品	280740625.93	213772880.68	23.85	—	—	—
合计	4979915859.93	3687352744.55	25.96	—	—	—

建霖家居 2024 年前 10 名股东持股情况（不含通过转融通出借股份）见表 7-25。

表 7-25　建霖家居 2024 年前 10 名股东持股情况（不含通过转融通出借股份）

序号	股东名称	股东性质	持股比例 /%	期末持股数	报告期内持股数增减	持有有限售条件的股份数
1	JADE FORTUNE 有限公司	境外法人	20.19	90361531	—	0
2	PERFECT ESTATE 有限公司	境外法人	17.67	79083562	—	0
3	YUEN TAI 有限公司	境外法人	9.09	40664075	—	0
4	ESTEEM LEAD 有限公司	境外法人	9.09	40664075	—	0
5	ALPHA LAND 有限公司	境外法人	6.97	31173983	—	0
6	STAR EIGHT 有限公司	境外法人	4.49	20084000	—	0
7	NEW EMPIRE 有限公司	境外法人	3.70	16579741	—	0
8	HEROIC EPOCH 有限公司	境外法人	2.69	12050400	—	0
9	廖美红	境内自然人	2.67	11954094	−810100	0
10	香港中央结算有限公司	其他	1.67	7475027	+7475027	0

3. 惠达卫浴

（1）公司简介

惠达卫浴始创于 1982 年，位于河北省唐山市，由卫生陶瓷起步，并逐步向全品类卫浴产品延伸。公司主要拥有"HUIDA 惠达""DOFINY 杜菲尼"等品牌。其中，"惠达"作为主品牌，业务品类涉及卫生洁具、陶瓷砖、整体厨卫等。公司于 2017 年 4 月 5 日在上海证券交易所正式上市，多年来，公司始终坚持以满足消费者对高品质卫浴家居产品的需求为目标，凭借强大的设计研发能力、丰富的产品组合能力、敏捷的供应链管理能力、全面的营销网络布局以及精准的品牌战略定位，为全球消费者提供一站式卫浴产品综合解决方案，在国内外卫浴行业中建立起良好的企业形象。目前，公司拥有唐山、重庆、广西三大核心生产基地，产品主要包括卫生洁具、陶瓷砖、岩板和整体厨卫。公司产品广泛应用于地产、酒店、公寓、学校、医院、体育场馆、高铁站和机场等领域。

卫生洁具包括卫生陶瓷、五金洁具、浴缸、淋浴房和浴室柜，其中卫生陶瓷产品主要包括智能卫浴、坐便器、小便器和洗面盆等；五金洁具产品主要包括水龙头、淋浴器、水槽、恒温花洒和普通花洒等。公司推动阳台柜、浴室柜、淋浴房等多品类定制业务模式的快速发展，通过实施定制系统项目，搭建从消费者端到工厂端的桥梁，从而实现设计、生产、物流、安装服务的全流程数字化运营。报告期内，公司荣获"中国建筑卫生陶瓷产品质量金奖"和"全国卫浴行业质量领先品牌"。

陶瓷砖包括抛釉砖、抛光砖、仿古砖、内墙砖、景观砖等产品，公司产品品类丰富，花色齐全，规格多样，工艺领先，可广泛用于墙面、地面、背景墙等不同空间，满足各种家居风格的需求。2024年，惠达瓷砖获得建陶行业首届"新质杯"工艺创新金奖。惠达瓷砖作为超防滑瓷砖制备技术规范的参编单位，以超防滑产品逆势突围，通过不断研发新技术、新材料和新工艺，推动产品迭代升级。

陶瓷岩板薄板是由大吨位压机强力压制且经过1250℃高温烧制而成的大规格板材，适合于工艺雕琢，具有良好的韧性和可塑性，能满足不同风格建筑、空间的墙面、地面应用，还可用于家具门板、柜体、餐桌等场景。

整体厨卫主要包括整体浴室和整体厨房。公司整体厨卫产品，以SMC体系、瓷砖体系为主，材料零甲醛、无污染、强度高、耐老化，依托公司多元化生产能力、供应链整合能力和完善的售后服务体系，公司整体浴室/厨卫产品具备生产标准化、供货一站化、安装过程便捷化、售后服务一体化等优势，能够为用户提供一体化整体厨卫解决方案。惠达住工荣获"'宜居中国'装配式装修产业百强品牌领先企业"。

（2）业绩情况

2024年公司实现营业收入34.62亿元，同比下滑3.93%，营业成本25.33亿元，同比下滑6.63%，归属于上市公司股东的净利润为1.39亿元；截至报告期末，公司资产总额55.36亿元，同比减少5.28%；归属于上市公司股东的净资产37.82亿元，同比上升3.71%。

惠达卫浴2022年至2024年年报主要财务数据见表7-26。

表7-26　惠达卫浴2022年至2024年年报主要财务数据

财务指标	2024年	2023年	2022年
营业收入/元	3461754610.38	3603515473.52	3419453224.56
扣除无关收入后的营业收入/元	3429576677.14	3536806386.46	3377132851.34
归属于上市公司股东的净利润/元	138941666.19	−196647056.65	128197849.74
归属于上市公司股东的扣除非经常性损益的净利润/元	67384066.41	−310334263.55	92687292.30
经营活动产生的现金流量净额/元	181016268.05	504333564.38	461315551.10
归属于上市公司股东的净资产（项目期末）/元	3782147050.91	3646842685.72	3898901230.18
总资产（项目期末）/元	5535670035.12	5844174609.41	5981217197.57

惠达卫浴 2024 年产品销售情况见表 7-27。

表 7-27　惠达卫浴 2024 年产品销售情况

产品	营业收入 / 元	营业成本 / 元	毛利率 /%	营业收入同比增减 /%	营业成本同比增减 /%	毛利率比上年增减 / 百分点
卫生陶瓷	1953885943.19	1418164734.63	27.42	+12.69	+9.23	+2.3
浴缸淋浴房	142196381.08	92586379.00	34.89	+8.81	+0.61	+5.31
墙地砖	425143777.84	392619803.05	7.65	−41.31	−35.99	−7.67
五金洁具	489932315.51	314198879.68	35.87	−1.89	−2.08	+0.13
浴室柜	247627648.24	168719416.97	31.87	−5.59	−9.6	+3.02
其他	170790611.29	135247852.34	20.81	−8.26	−12.16	+3.52

惠达卫浴 2024 年前 10 名股东的持股情况见表 7-28。

表 7-28　惠达卫浴 2024 年前 10 名股东持股情况

股东名称	股东性质	持股比例 /%	期末持股数	报告期内持股数增减	持有有限售条件的股份数	质押 / 标记 / 冻结股份数
王惠文	境内自然人	17.60	66982269	—	—	—
唐山市丰南区黄各庄镇农村经济经营管理站	境内非国有法人	13.13	49963937	—	—	—
唐山曹妃甸区卓业企业管理有限公司	境内非国有法人	10.28	39133910	—	—	—
王彦庆	境内自然人	7.60	28912887	—	—	—
唐山曹妃甸区佳迪企业管理有限公司	境内非国有法人	5.00	19040350	—	—	—
唐山曹妃甸区助达企业管理有限公司	境内非国有法人	4.60	17527834	—	—	—
董化忠	境内自然人	3.33	12669991	—	—	—
王彦伟	境内自然人	2.96	11268954	—	—	—
唐山曹妃甸区伟铸企业管理有限公司	境内非国有法人	2.68	10208784	—	—	—
中国银行股份有限公司 - 招商量化精选股票型发起式证券投资基金	未知	1.02	3875500	—	—	—

4. 松霖科技

（1）公司简介

松霖科技主要业务包括大健康软硬件、智能厨卫，以模式共享、制造共享、技术共享为理念，聚焦产品的研发设计和智能制造，提升细分市场产品覆盖率，致力于为全球各大专业的知名品牌商、大型连锁零售商、品牌电商等提供具有"创意、设计、制造"高附加值的 IDM 硬件产品。

公司洞察市场需求，精准把握行业发展趋势，持续加大研发投入，推动大健康软硬件业务的融合与技术创新，将饮水健康、美容健康品类与智能健康硬件融合发展，积极布局，致力于打造智能化、多元化的大健康软硬件生态体系。产品涵盖健康水机、智能测肤仪、美容仪、冲牙器、脱毛仪、私密仪、智能止鼾枕、睡眠监测仪、智能瑜伽垫等。

目前，公司逐年加大该细分品类相关的研发人才、专业生产设备和实验设备的投入，坚持以技术创新唤醒消费者的健康需求，以技术提升生产制造能力和效率。该业务面向新兴快速成长的市场，具有极大的成长空间和发展前景。目前厨卫产品的升级方向主要以智能化、健康化和绿色化为出发点，为厨卫空间场景提供更优的健康生活创新方案，实现从满足消费者的基础生活需求升级为创造更具价值的智能健康、绿色环保的新需求。公司现阶段的主要产品包括护理龙头、智能马桶、花洒等。该品类产品在深耕厨卫产品的基础上，以技术创新带动公司业务的稳健增长，不仅仅局限于单一产品，而是向上集成为智能厨卫空间，打造集智能控制、健康呵护、节能环保于一体的智能厨卫体系将是公司后续重点的创新方向。

（2）业绩情况

报告期内公司实现营业收入301498.96万元，同比增长1.06%，其中，境外营业收入226413.23万元，同比增加16.69%，占营业收入的75.10%；境内营业收入75085.74万元，同比减少28.02%；实现归属于上市公司股东的扣除非经常性损益的净利润41574.79万元，同比增长16.22%。

松霖科技2022年至2024年年报主要财务数据见表7-29。

表7-29　松霖科技2022年至2024年年报主要财务数据

财务指标	2024年	2023年	2022年
营业收入／元	3014989619.04	2983419869.92	3180528353.42
归属于上市公司股东的净利润／元	446415013.59	352489798.47	261215301.40
归属于上市公司股东的扣除非经常性损益的净利润／元	415747895.56	357737426.74	287999404.00
归属于上市公司股东的净资产／元	3174455666.73	2571610584.04	2175327553.07
总资产／元	4364103578.46	4252186255.10	4417165140.01

松霖科技2024年产品销售情况见表7-30。

表7-30　松霖科技2024年产品销售情况

分类	项目	营业收入／元	营业成本／元	毛利率／%	营业收入同比增减／%	营业成本同比增减／%	毛利率相比2023年的变动幅度／百分点
分行业	制造业	3014989619.04	1948457767.50	35.37	1.06	0.33	+0.47
分产品	大健康业务	358865240.24	182375313.96	49.18	+18.00	+33.25	−5.81
	智能厨卫业务	2532369015.46	1673958215.19	33.9	−1.63	−2.66	+0.71
	其他	123755363.34	92124238.35	25.56	+69.60	+58.67	+5.13
分地区	境外地区	2264132267.09	1404098211.05	37.99	+16.69	+21.30	−2.35
	境内地区	750857351.95	544359556.45	27.5	−28.02	−30.62	+2.71
分销售模式	直销	3014989619.04	1948457767.50	35.37	+1.06	+0.33	+0.47

松霖科技2024年前10名股东持股情况（不含通过转融通出借股份）见表7-31。

5. 瑞尔特

（1）公司简介

报告期内，瑞尔特主要从事研发、生产、销售卫浴空间和家庭用水系统解决方案相关

表 7-31　松霖科技 2024 年前 10 名股东持股情况（不含通过转融通出借股份）

序号	股东名称	股东性质	持股比例 /%	期末持股数	报告期内持股数增减
1	松霖集团投资有限公司	境外法人	29.20	124751108	—
2	周华松	境内自然人	21.00	89736506	—
3	厦门松霖投资管理有限公司	境内非国有法人	20.82	88965300	—
4	吴文利	境内自然人	7.31	31243380	—
5	周华柏	境内自然人	1.39	5940376	—
6	深圳红荔湾投资管理有限公司 - 红荔湾山海策略价值成长 1 号私募证券投资基金	其他	0.85	3652800	—
7	周丽华	境内自然人	0.70	2970188	—
8	陈斌	境内自然人	0.59	2500000	+1000000
9	深圳红荔湾投资管理有限公司 - 红荔湾金路丰顺私募证券投资基金	其他	0.48	2031900	—
10	宋学军	境内自然人	0.42	1807800	—

产品。目前，公司产品主要包括卫浴冲水系统产品（节水型冲水组件、静音缓降盖板、挂式水箱等）、智能卫浴产品（一体式智能坐便器、智能坐便盖等）、同层排水系统产品（隐藏式水箱、卫浴管道等）、卫浴适老产品（升降坐便辅助器、无障碍抗菌扶手等）解决方案，同时，卫浴空间智慧互联解决方案和卫浴装配式整体解决方案也是公司产品体系的组成部分。其中，卫浴冲水系统是卫生洁具的基础，冲水组件属于卫浴冲水系统的核心部分，如同手表中的机芯，它决定便器的冲洗质量、安全性、节水效果和使用寿命等，是便器最核心的配套部件；智能坐便器是公司通过卫浴冲水系统设计结合智能化应用的体现，包括智能浴室镜、智能花洒及其他智能配件，构成整体卫浴空间的互联一体化，代表着卫浴行业的未来发展方向；隐藏式水箱在同层排水系统中广泛应用，是公司进入同层排水系统行业的明显优势之一。公司生产的卫浴冲水系统产品和智能卫浴产品主要应用在家庭住宅、宾馆酒店、商场、写字楼等房屋建筑的卫生间设施中。报告期内，公司的主要业务、主要产品及其用途未发生重大变化。

（2）业绩情况

报告期内，公司实现营业收入 235831.84 万元，同比增长 7.96%，实现净利润 17962.58 万元，同比下滑 16.53%；主营业务成本 171334.34 万元，同比增长 10.11%，销售费用 28027.46 万元，同比增长 26.77%，主要原因是开拓市场，提升智能卫浴产品的市场份额，市场推广费用投入增加，管理费用 10035.26 万元，同比下降 0.41%，公司投入研发费用 10793.15 万元，同比增长 18.42%，主要原因为智能卫浴产品更新迭代需求强烈以及市场竞争加剧，为提供符合市场需求趋势的产品以及提升产品竞争力，公司加大对产品的研发创新投入。公司经营活动产生的现金流量净额为 26852.74 万元，同比下降 38.46%，主要原因系应收账款增加。研发费用和销售费用的加大投入，虽然当下对净利润产生了一定影响，但从长期发展来看也进一步加强了公司在行业中的市场根基。

瑞尔特 2022 年至 2024 年年报主要财务数据见表 7-32。

表 7-32　瑞尔特 2022 年至 2024 年年报主要财务数据

财务指标	2024 年	2023 年（调整后）	2022 年（调整后）
营业收入 / 元	2358318408.01	2184423437.53	1959589038.38
归属于上市公司股东的净利润 / 元	181052250.00	218581659.78	211004730.05
归属于上市公司股东的扣除非经常性损益的净利润 / 元	159929633.78	200086498.20	192699762.03
经营活动产生的现金流量净额 / 元	268527389.69	436380701.75	363417464.43
基本每股收益 / 元	0.43	0.53	0.51
稀释每股收益 / 元	0.43	0.52	0.50
加权平均净资产收益率 /%	8.63	10.97	11.44
总资产（年末） / 元	2743762057.87	2694208111.23	2432904230.43
归属于上市公司股东的净资产（年末） / 元	2129443478.22	2080149046.65	1934767411.72

瑞尔特 2024 年产品销售情况见表 7-33。

表 7-33　瑞尔特 2024 年产品销售情况

分类	项目	2024 年金额 / 元	2024 年金额占营业收入比例 /%	2023 年金额 / 元	2023 年金额占营业收入比例 /%	金额同比增减 /%
营业收入合计		2358318408.01	100.00	2184423437.53	100.00	+7.96
分行业	工业	2358318408.01	100.00	2184423437.53	100.00	+7.96
分产品	水箱及配件	638106062.10	27.06	619941395.79	28.38	+2.93
	智能坐便器及盖板	1435451316.23	60.87	1266184194.34	57.96	+13.37
	同层排水系统产品	181221529.57	7.68	209590758.32	9.60	−13.54
	其他	103539500.11	4.39	88707089.08	4.06	+16.72
分地区	境内	1686073187.95	71.49	1648754585.26	75.48	+2.26
	境外	672245220.06	28.51	535668852.26	24.52	+25.50

瑞尔特 2024 年持股 5% 以上的股东或前 10 名股东持股情况见表 7-34。

表 7-34　瑞尔特 2024 年持股 5% 以上的股东或前 10 名股东持股情况

序号	股东名称	股东性质	持股比例 /%	持股数	报告期内持股数增减	持有有限售条件的股份数	持有无限售条件的股份数
1	邓光荣	境内自然人	12.50	52224000	—	39168000	13056000
2	罗远良	境内自然人	12.50	52224000	—	39168000	13056000
3	王兵	境内自然人	12.50	52224000	—	39168000	13056000
4	张剑波	境内自然人	12.50	52224000	—	39168000	13056000
5	王伊娜	境内自然人	2.94	12288000	—	0	12288000
6	庞愿	境内自然人	2.94	12288000	—	0	12288000
7	张爱华	境内自然人	2.94	12288000	—	0	12288000
8	中欧价值发现股票型证券投资基金	其他	2.73	11408487	+2268227	0	11408487
9	罗金辉	境内自然人	2.57	10752000	0	0	10752000
10	谢桂琴	境内自然人	2.21	9216000	0	0	9216000
11	邓佳	境内自然人	2.21	9216000	0	0	9216000

6.海鸥住工

（1）公司简介

海鸥住工业务处于以装配式整装厨卫为核心的内装工业化各部品的产业链。主业卫浴五金龙头以外销为主，国际贸易环境、外贸政策、汇率、海外航运价格等变化对公司业务有不同程度的影响。国内产业包含瓷砖、卫生陶瓷、橱柜、整装卫浴等业务，均受房地产相关装配式装修、家装家居、建筑陶瓷等产业政策和行业市场波动的影响。面对当前的竞争环境，无论是外销面临的贸易壁垒、汇率波动，还是内销遭遇的市场竞争加剧，都给企业带来诸多挑战，亟待企业积极应对，探寻新的发展路径。

（2）业绩情况

2024年度，公司以经营指导方针"执行力年"推动落实公司战略目标。公司2024年度实现营业收入285395.75万元，比去年同期290405.61万元下降1.73%；归属于上市公司股东的净利润为−12381.20万元，比去年同期−23252.91万元减亏46.75%（以上数据经审计）。

海鸥住工2022年至2024年年报主要财务数据见表7-35。

表7-35　海鸥住工2022年至2024年年报主要财务数据

财务指标	2024年	2023年	2022年
营业收入/元	2853957482.72	2904056074.39	3294840644.48
归属于上市公司股东的净利润/元	−123812009.99	−232529103.05	47409515.63
归属于上市公司股东的扣除非经常性损益的净利润/元	−123765188.93	−243467288.31	35060894.34
经营活动产生的现金流量净额/元	156154738.34	339104512.42	329732083.73
基本每股收益/元	−0.1915	−0.3599	0.0734
稀释每股收益/元	−0.1915	−0.3599	0.0734
加权平均净资产收益率/%	−7.89	−13.30	2.57
总资产（年末）/元	3496730613.17	3698279506.95	4194107131.54
归属于上市公司股东的净资产（年末）/元	1477515198.44	1631224625.69	1865495318.16

海鸥住工2024年产品销售情况见表7-36。

表7-36　海鸥住工2024年产品销售情况

分类	项目	营业收入/元	营业成本/元	毛利率/%	营业收入同比增减/%	营业成本同比增减/%	毛利率比上年增减/百分点
分行业	制造业	2853957482.72	2452737451.11	14.06	−1.73	+0.95	−2.28
	五金龙头类产品	1612349675.48	1394697617.72	13.50	+10.69	+15.20	−3.38
	瓷砖	679536633.89	568816268.11	16.29	−1.17	−1.98	+0.69
分地区	国内	1090586932.18	928862918.60	14.83	−22.21	−20.49	−1.85
	国外	1763370550.54	1523874532.50	13.58	+17.40	+20.80	−2.44
分销售模式	直销	2435662735.77	2123549494.55	12.81	−3.59	−0.06	−3.08
	分销	418294746.95	329187956.56	21.30	+10.77	+8.03	+1.99

海鸥住工 2024 年持股 5% 以上的股东或前 10 名股东持股情况见表 7-37。

表 7-37　海鸥住工 2024 年持股 5% 以上的股东或前 10 名股东持股情况

股东名称	股东性质	持股比例 /%	报告期末持股数	报告期内持股数增减	持有无限售条件的股份数
中㴌投资有限公司	境外法人	28.27	182622263	0	182622263
中盛集团有限公司	境外法人	6.77	43713340	0	43713340
上海齐煜信息科技有限公司	境内非国有法人	3.71	23958000	0	23958000
广州市裕进贸易有限公司	境内非国有法人	2.46	15906597	0	15906597
齐家网（上海）网络科技有限公司	境内非国有法人	1.38	8890893	0	8890893
广东东鹏文化创意股份有限公司	境内非国有法人	1.35	8723986	0	8723986
黄其娥	境内自然人	1.07	6895763	0	6895763
上海齐盛电子商务有限公司	境内非国有法人	1.04	6689661	0	6689661
中国农业银行股份有限公司 - 华夏中证 500 指数增强型证券投资基金	其他	0.92	5947558	+5947558	5947558
栗新民	境内自然人	0.56	4246381	+4246381	4246381

7. 麦格米特

（1）公司简介

麦格米特是以电力电子及相关控制技术为基础的电气自动化公司，专注于电能的变换、自动化控制和应用。公司致力于成为全球一流的电气控制与节能领域的方案提供者，目前已成为智能家电电控产品、电源产品、新能源及轨道交通部件、工业自动化、智能装备、精密连接领域的国内知名供应商，产品广泛应用于家用及商业显示、变频家电、智能卫浴、医疗、通信、数据中心、可再生能源应用、新能源汽车、轨道交通、工业自动化、智能生产装备、精密连接组件等消费和工业的众多行业，并不断在电气自动化领域延伸，外延技术范围，布局产品品类，持续在新领域进行渗透和拓展。

经过多年的研发投入，公司成功构建了功率变换硬件技术平台、数字化电源控制技术平台、自动化控制与通信软件等技术平台，并继续向机电一体化和热管理集成方向拓展，通过技术平台的不断交叉应用，完成了在各个领域的多样化产品布局，建立了跨领域的生产经营模式，也不断丰富了相关新产品快速拓展的技术平台基础。

根据应用领域划分，公司产品主要包括智能家电电控产品、电源产品、新能源及轨道交通部件、工业自动化、智能装备、精密连接六大类。其中，智能家电电控产品的主要细分产品包括各类变频家电功率控制器、空气源热泵控制器、智能卫浴整机及部件等；电源产品主要细分产品包括医疗设备电源、通信及服务器电源等网络能源产品、电力设备电源、工业导轨电源、LED 显示电源、显示设备相关电源及 OA 电源等；新能源及轨道交通部件主要细分产品包括新能源汽车电力电子集成模块、电机驱动器、车载充电机、车载压缩机、轨道交通车辆空调电气部件、热管理系统核心部件等；工业自动化主要细分产品包括伺服及变频驱动器、可编程逻辑控制器（PLC）、液压伺服泵、直线电机、编码器等；智能装备主要细分产品包括数字化焊机、工业微波设备、智能采油设备等；精密连接主要细分产品包括异形电磁线、同轴线、超微细扁线等。

报告期内，公司从事的主要业务、主要产品及其用途未发生重大变化。

（2）业绩情况

2024 年，公司智能家电电控产品销售收入 37.38 亿元，同比增长 42.72%，占公司营业收入的 45.74%。公司智能家电电控产品主要包括智能家用空调变频驱控系统、商用暖通空调驱控系统、空气源热泵驱控系统、热泵型洗干一体机驱控系统、各类家电控制器及智能卫浴整机及组件系统等消费类产品。公司智能家电驱控系统方案是公司为品牌电器制造商提供完整的端到端的系统创新与研发服务，为传统家用电器制造商赋予绿色、低碳、环保等年轻化的消费元素。

公司全资子公司怡和卫浴作为国内智能卫浴主流解决方案 ODM 服务厂商，近年来在国内外品牌商和电商方面的客户覆盖率越来越高，加之智能坐便器品类在国内市场的渗透率正逐年上升，2024 年公司智能卫浴业务实现了较快增长，也为公司贡献了超行业平均增速的业绩增量。从核心控制部件出发，经过多年的深耕研发与市场应用，不断整合上下游，公司现已具备完善的智能马桶全产业链优势，真正成为"智能卫浴一站式、全流程解决方案"的深度服务商。本报告期内，公司新斩获的多家国际龙头厂商的订单开始陆续进入批量交付阶段，未来几年公司将继续发挥大客户群优势，不断扩大在各客户采购体系内的供应份额，智能卫浴业务有望持续维持较高的增速水平。

公司总体在智能家电电控方向上将持续投入，扩大产能，提升品质，优化产品性价比，以全球视角进行更多业务布局及客户拓展，致力于进一步满足国内外客户的未来需求。

麦格米特 2022 年至 2024 年年报主要财务数据见表 7-38。

表 7-38　麦格米特 2022 年至 2024 年年报主要财务数据

项目	2024 年（调整后）	2023 年（调整后）	2022 年（调整后）
营业收入 / 元	6754241158	5477758610	5477758610
归属于上市公司股东的净利润 / 元	629322786.3	472695536.8	472695536.85
归属于上市公司股东的扣除非经常性损益的净利润 / 元	355496685.6	255724155.21	255724155.21
经营活动产生的现金流量净额 / 元	309929601.6	−20743557.48	−20743557.48
基本每股收益 / 元	1.2687	0.9500	0.9500
稀释每股收益 / 元	1.1922	0.9397	0.9397
加权平均净资产收益率 /%	15.52	14.14	14.14
总资产 / 元	10113413.37	8464779304.93	8464779304.93
归属于上市公司股东的净资产 / 元	4417012017.95	3703950033.63	3703950033.63

麦格米特 2024 年产品销售情况见表 7-39。

表 7-39　麦格米特 2024 年产品销售情况

产品	营业收入 / 元	营业成本 / 元	毛利率 /%	营业收入同比增减 /%	营业成本同比增减 /%	毛利率比上年增减 / 百分点
智能家电电控产品	3737941510.92	2801476900.14	25.05	+42.72	+43.16	−0.23

麦格米特 2024 年持股 5% 以上的股东或前 10 名股东持股情况见表 7-40。

表 7-40　麦格米特 2024 年持股 5% 以上的股东或前 10 名股东持股情况

股东名称	股东性质	持股比例 /%	报告期末持股数	报告期内持股数增减	持有有限售条件的股份数	持有无限售条件的股份数
童永胜	境内自然人	17.87	97483231	+2701056	73112423	24370808
王萍	境内自然人	6.64	36240117	0	0	36240117
香港中央结算有限公司	境外法人	3.79	20702793	−27190906	0	20702793
张志	境内自然人	2.92	15949050	0	11961787	3987263
李升付	境内自然人	2.63	14353858	−621968	0	14353858
林普根	境内自然人	1.31	7161995	−435000	0	7161995
王晓蓉	境内自然人	1.14	6200002	−287900	0	6200002
王建方	境内自然人	1.10	5977390	+71490	0	5977390
中国银行股份有限公司 - 宏利转型机遇股票型证券投资基金	其他	0.75	4109853	不适用	0	4109853
Yun Gao	境外自然人	0.74	4029325	−1486000	0	4029325

第三节　机械化工类上市公司运营情况

一、机械化工类上市公司总体运营情况

国内机械化工类上市公司主要财务数据见表 7-41。

表 7-41　国内机械化工类上市公司主要财务数据

企业名称	2024 年营业收入 / 元	营业收入同比增减 /%	2024 年归属上市公司股东的净利润 / 元	归属上市公司股东的净利润同比增减 /%	2024 年归属上市公司股东的扣除非经常性损益的净利润 / 元	归属上市公司股东的扣除非经常性损益的净利润同比增减 /%
科达制造	12600261900	29.96	1006311800	−51.90	920670200	−51.00
道氏技术	7751823800.17	6.25	156857263.86	662.33	120754600.41	333.47
国瓷集团	4046621338.14	4.86	604813567.70	6.27	580684110.45	7.05
奔朗新材	572563079.43	−0.24	24392136.45	−36.46	24392136.45	−32.55
东方锆业	1542942320.80	6.72	176856779.43	327.81	−109461684.41	−33.66

国内机械化工类上市公司陶瓷相关业务数据见表 7-42。

表 7-42　国内机械化工类上市公司陶瓷相关业务数据

企业名称	陶瓷相关业务板块	2024 年收入 / 元	收入同比增长 /%	备注
道氏技术	陶瓷材料	796870563.47	−27.45	主要产品为陶瓷墨水和陶瓷釉料，下游建筑陶瓷市场需求下滑导致收入下降
国瓷集团	数码打印及其他材料（含陶瓷墨水、陶瓷色釉料等）	970695191.38	−17.10	数码打印及其他材料板块收入下滑，但陶瓷墨水等产品仍具竞争力
奔朗新材	金刚石工具（应用于陶瓷等加工）	432385800	−5.44	金刚石工具业务受国内基础建设投资增速放缓影响，收入略有下降
科达制造	建筑陶瓷机械及相关服务	5605434700	25.20	核心产品包括陶瓷压机、窑炉、抛磨设备等，海外市场拓展成效显著

2024 年，陶瓷机械化工类上市企业整体呈现出复杂的运营态势，既面临市场需求下滑、竞争加剧等挑战，又通过技术创新、市场拓展、产品多元化等措施实现了不同程度的突破和发展。

2024 年，陶瓷行业整体面临市场需求下滑的压力。特别是建筑陶瓷市场，房地产市场的调整以及宏观经济环境的不确定性，导致下游需求不足。道氏技术的陶瓷材料业务收入同比下降 27.45%，国瓷集团的数码打印及其他材料板块收入同比下降 17.10%，反映出下游建筑陶瓷市场的疲软对上游企业的影响。此外，行业竞争加剧，企业之间的价格战愈发激烈，进一步压缩了利润空间。

尽管市场需求下滑，但企业通过技术创新和产品多元化实现了新的增长点。国瓷集团在电子材料和催化材料板块取得显著进展，推动了整体业绩的增长。科达制造通过拓展建筑陶瓷机械业务的海外市场，实现了收入的显著增长。奔朗新材则通过拓展稀土永磁元器件、先进陶瓷材料等新业务，逐步降低对传统陶瓷加工工具业务的依赖性。东方锆业通过开拓陶瓷基刹车片市场，展现了新的增长潜力。这些举措表明，企业在面对市场挑战时，通过技术创新和产品多元化来提升竞争力，寻找新的市场机会。

海外市场成为企业应对国内需求下滑的重要方向。科达制造通过全球化布局和本土化服务，实现了海外收入的持续增长，特别是在东南亚、中东、南亚等地区保持稳健增长，并在欧洲等高端市场实现突破。奔朗新材加快金刚石工具生产制造"走出去"，在土耳其设立子公司，进一步深化了国际化布局。海外市场的需求增长在一定程度上缓解了国内市场的压力，成为企业新的增长点。

在市场需求下滑和竞争加剧的背景下，企业通过精细化管理和成本控制来提升盈利能力。国瓷集团通过强化研发投入和精细化管理，保持了稳定的盈利水平。奔朗新材通过技术创新和降本增效，维持了金刚石工具业务的毛利率稳中有升。这些措施帮助企业优化了成本结构，提升了经营效率，增强了抗风险能力。

2024 年，陶瓷机械化工类上市企业内部出现分化。部分企业通过技术创新、市场拓展和成本控制实现了业绩增长，而另一些企业则面临较大的经营压力。例如，道氏技术和国瓷集团的陶瓷材料业务收入下滑，但国瓷集团的电子材料板块表现突出。科达制造通过海外市场拓展实现了业绩的显著增长，而奔朗新材则通过产品多元化和技术创新保持了稳健发展。这种分化趋势表明，企业在应对市场变化时，需要根据自身优势和市场需求进行战略调整。

2024 年，陶瓷机械化工类上市企业在市场需求下滑和竞争加剧的背景下，通过技术创新、产品多元化、海外市场拓展、成本控制和企业转型等措施，实现了不同程度的业绩增长。尽管行业整体面临较大的挑战，但部分企业通过积极应对市场变化，展现了较强的竞争力和发展潜力。未来，企业需要继续加强技术创新能力，优化产品结构，提升市场竞争力，以应对复杂多变的市场环境。

二、机械化工类上市公司运营情况分述

1.科达制造

（1）公司简介

科达制造的主要业务为建筑陶瓷机械及海外建材的生产和销售，战略投资以蓝科锂业为主体的锂盐业务，另有锂电材料及装备、液压泵、智慧能源等培育业务。

① 陶瓷机械业务：公司建材机械业务以建筑陶瓷机械为主，核心产品包括陶瓷压机、窑炉、抛磨设备、窑后智能整线等，主要为下游建筑陶瓷厂商的瓷砖生产提供制造装备。同时，公司亦为下游陶瓷厂商提供配件耗材销售、设备维修改造、数字化升级、整线运维的配套服务，通过"装备＋配件耗材＋服务"的组合纵向延伸服务链条，打造"全球建筑陶瓷生产服务商"，为全球客户创造价值。

在发展传统优势陶机主业的基础上，公司不断探索核心技术和能力的外延，持续丰富产品矩阵，目前公司压机设备已延伸应用于炊具压制生产、日用瓷等静压 /滚压成型、金属锻压、铝型材挤压等领域，窑炉设备已应用于卫生洁具、餐具、耐火材料及锂电行业产业链。

国内市场，在建陶行业面临市场需求下行、成本攀升等多重压力下，公司紧抓政策驱动、智能化升级与行业结构优化的机遇，通过数字化、柔性化、绿色化等装备及整体解决方案，聚焦存量市场对高效低耗、灵活生产模式的设备更新与效率提升需求。在海外市场，面对全球经济疲软与不确定性加剧的双重挑战，"质量优异、成本低廉"的中国陶瓷生产模式受到更多青睐，因此公司积极把握中高端市场老旧产线升级改造需求，亦深度挖掘新兴市场城镇化进程中的增量机遇，并协同配件耗材服务的开展，于报告期内实现陶瓷机械业务国内外收入及接单的同步增长。

② 海外建材业务：近年来，公司海外建材业务积极践行"大建材"战略，充分利用在非洲的渠道协调优势，持续优化产能布局并拓展产品品类，目前已基本形成"陶瓷＋洁具＋玻璃"的业务架构，并从区域上策略性延伸至其他具有发展潜力的地区，实现海外建材业务的可持续发展，巩固并提升其在全球建材市场的竞争力。截至 2024 年底，海外建材业务在非洲肯尼亚、加纳、坦桑尼亚、塞内加尔、赞比亚、喀麦隆 6 国拥有 10 个生产基地，运营 19 条建筑陶瓷产线、2 条洁具产线及 2 条玻璃产线。2024 年，公司建筑陶瓷产量约 1.76 亿平方米，并出口至东非乌干达、卢旺达、马拉维及西非多哥、贝宁、布基纳法索、科特迪瓦等多个国家，洁具产量突破 250 万件。

海外建材业务主要受益于非洲人口增长和城镇化进程，为业务拓展提供了广阔的发展空间。目前，公司在非洲六国拥有 10 个工厂，产能持续释放推动了业绩稳步增长。同时，公司正通过拓展卫生洁具和玻璃品类、推行本地化运营策略、实行精益管理等举措，进一步提升公司的综合竞争力。

③ 战略投资培育业务：

锂电材料及装备业务：公司已形成"负极材料＋锂电装备＋锂盐投资"的业务结构。负极材料业务主要以子公司福建科达新能源及其子公司为经营主体，目前已基本具备 9 万吨每年石墨化的产能。同时，公司于 2022 年通过子公司全面开启核心机械设备的锂电行业配适性应用，主要基于锂电材料的烧结环节，为正极材料、负极材料的生产以及锂云母提锂提供烧结装备等。作为行业内为数不多"材料＋装备"协同发展的企业，公司在锂电业务领域拥有综合竞争优势，依托自主研发的核心生产设备，赋能负极材料生产降本增效。此外，2017 年公司在原有负极材料相关业务的基础上，参股盐湖提锂企业蓝科锂业 48.58% 股权，目前蓝科锂业具备 4 万吨每年碳酸锂产能，是中国盐湖提锂的重要力量。

液压泵马达业务：科达液压专注高端柱塞泵、马达及液压系统的研制与技术创新，为客户提供系统解决方案，其所掌握的"高压柱塞泵"核心技术实现了批量国产化与应用，自主研发的大排量高压柱塞泵和斜轴柱塞马达在诸多工业、工程机械、海工船舶等行业龙头企业和国家重大工程项目中应用，已成为多个国家重点项目的牵头单位及中国高端高压柱塞泵重点企业，并获评国家级专精特新"小巨人"企业。目前，科达液压聚焦工业液压和行走机械两大领域，通过巩固核心应用市场份额、拓展新市场、开发适配产品以及推进国产化替代，提升市场竞争力；同时，在运营端通过降本增效、提升质量、开发新产品增强综合竞争力。此外，科达液压加快安徽基地建设，强化供应链体系，实现企业的可持续发展。

智慧能源业务：科达智慧能源专业开展 BIPV（建筑光伏一体化）研发制造、新能源光储一体化设计施工、电力及碳资产交易、配网运营、电力及电站运维等综合能源服务业务。目前已在安徽、广东、江苏、福建、浙江、山东，以及非洲（肯尼亚、塞内加尔、坦桑尼亚、加纳、赞比亚）等地布局综合能源服务业务。报告期内，安徽科达智慧能源在 Keda 肯尼亚基苏木洁具工厂光伏电站已并网，塞内加尔陶瓷厂的光伏电站实现部分成功送电。后续科达智慧能源将持续关注国内外电力市场情况，在为公司海外建材业务赋能的同时，适时拓展相关业务。

（2）业绩情况

报告期内，公司实现营业收入 126.00 亿元，同比增长 29.96%，海外业务收入占比超过 63%；归属于上市公司股东的净利润 10.06 亿元，其中因参股公司蓝科锂业实现的业绩较上年同期大幅减少超 80%，受其影响，公司归属于上市公司股东的净利润同比降低 51.90%。

科达制造近三年主要会计数据和财务指标见表 7-43。

表 7-43　科达制造近三年主要会计数据和财务指标

主要会计数据及财务指标	2024 年	2023 年	2022 年
营业收入 / 万元	1260026.19	969563.98	1115719.66
归属于上市公司股东的净利润 / 万元	100631.18	209199.64	425093.18
归属于上市公司股东的扣除非经常性损益的净利润 / 万元	92067.02	187875.40	421286.85
经营活动产生的现金流量净额 / 万元	55720.46	73083.20	99741.06
归属于上市公司股东的净资产 / 万元	1147893.62	1139844.17	1138847.95
总资产 / 万元	2695019.66	2360417.18	2115242.31
基本每股收益 / 元	0.534	1.095	2.229
稀释每股收益 / 元	0.534	1.095	2.229
扣除非经常性损益后的基本每股收益 / 元	0.488	0.984	2.209
加权平均净资产收益率 /%	8.80	18.42	46.73
扣除非经常性损益后的加权平均净资产收益率 /%	8.05	16.54	46.31

科达制造 2024 年产品销售情况见表 7-44。

表 7-44　科达制造 2024 年产品销售情况

产品	营业收入 / 万元	营业成本 / 万元	毛利率 /%	营业收入同比增减 /%	营业成本同比增减 /%	毛利率比上年增减 / 百分点
建材机械	560543.47	411654.49	26.56	+25.20	+28.34	−1.80
海外建材	471475.64	324354.20	31.20	+28.99	+38.00	−4.49
新能源装备	101138.24	81472.56	19.44	+170.01	+172.66	−0.78
锂电材料	88121.87	86032.65	2.37	+19.15	+28.05	−6.79
其他	37736.49	28868.46	23.50	−14.42	−12.02	−2.09

2024 年前 10 名股东持股情况（不含转融通出借股份）见表 7-45。

表 7-45　2024 年前 10 名股东持股情况（不含转融通出借股份）

股东名称	股东性质	股份种类	持股比例/%	期末持股数	报告期内持股数增减	持有有限售条件的股份数	持有无限售条件的股份数	质押/冻结状态	质押/冻结股份数
梁桐灿	境内自然人	人民币普通股	19.52	374456779	—	0	374456779	质押	238511000
广东联塑科技实业有限公司	境内非国有法人	人民币普通股	8.01	153600077	+17000000	0	153600077	无	0
卢勤	境内自然人	人民币普通股	6.57	125983334	—	0	125983334	无	0
香港中央结算有限公司	境外法人	人民币普通股	4.14	79419640	+48761304	0	79419640	无	0
广东宏宇集团有限公司	境内非国有法人	人民币普通股	3.35	64341152	+64341152	0	64341152	质押	64341152
佛山市新明珠企业集团有限公司	境内非国有法人	人民币普通股	2.76	52994111	+1000000	0	52994111	质押	27000000
关琪	境内自然人	人民币普通股	2.57	49349799	+49349799	0	49349799	无	0
边程	境内自然人	人民币普通股	2.57	49349799	-49349999	0	49349799	无	0
谢悦增	境内自然人	人民币普通股	2.20	42286000	-109289	0	42286000	无	0
石丽云	境内自然人	人民币普通股	1.62	31086400	-9084700	0	31086400	无	0

2. 道氏技术

（1）公司简介

道氏技术陶瓷材料板块的主要产品为陶瓷墨水和陶瓷釉料，主要用于建筑陶瓷行业。业务涵盖了标准化的陶瓷原材料研发、陶瓷产品设计、陶瓷生产技术服务、市场营销信息服务等领域，是国内唯一的陶瓷产品全业务链服务提供商，也是国内唯一的全品类釉面材料上市公司。报告期内，公司陶瓷材料业务主要以子公司广东道氏陶瓷材料有限公司为主体开展相关经营活动。

① 陶瓷墨水。一种含有无机颜料的液体，用于陶瓷喷墨打印工艺中，代替丝网印刷和辊筒印刷。通过喷墨打印，陶瓷墨水可在陶瓷釉面上形成各种图案或色彩。陶瓷墨水以无机颜料作为发色体，采用超细微纳米技术和微胶囊包裹技术，使微纳米级颜料均匀分散在有机载体的液体物质中，满足了喷墨打印的使用要求。陶瓷喷墨打印技术将喷墨技术引入陶瓷印刷领域，极大地推动建筑陶瓷生产控制的数码化和产品款式的个性化，目前已成为市场上主流的陶瓷印花技术。

② 陶瓷釉料。指经过加工精制后，施在坯体表面而形成光面或者亚光釉面或未完全玻化而起遮盖或装饰作用的物料。公司陶瓷釉料产品主要有基础釉、全抛印刷釉、熔块干粒釉。其中熔块干粒釉是公司的新产品，如大板干粒、普通熔块干粒、冰晶干粒、金砂干粒等，是引领大板行业发展的创新产品。

（2）业绩情况

2024 年是公司实施集团化管理、全面实现总经理负责制的第一年，对标年度目标，2024

年全年，公司实现营业收入 775182.38 万元，比上年同期增加 6.25%，其中海外业务营业收入占比超 65%；归属于上市公司股东的净利润 15685.73 万元，比上年同期增长 662.33%；归属于上市公司股东的扣除非经常性损益的净利润 12075.46 万元，比上年同期增长 333.47%。

公司 2024 年年度经营业绩扭亏为盈主要原因如下：

① 报告期内，公司三元前驱体和阴极铜出货量同比有所提升。

② 公司持续聚焦国际化战略的落地，积极拓展海外市场，报告期内，公司海外市场出货量占比提升，出口业务收入持续增加。

③ 报告期内，公司主要铜、钴产品产能释放，产量实现增长，综合规模效益显现：阴极铜产量 40883 吨，同比增长约 32%；钴中间品产量 1743 吨，同比增长约 227%。报告期内，金属铜市场价格维持较高水平，公司刚果（金）子公司 MJM 和 MMT 处于满产满销状态，为公司业绩做出重要贡献。

④ 报告期内，公司计提存货跌价准备较去年同期有所减少。

道氏技术 2022 年至 2024 年年报主要财务数据见表 7-46。

表 7-46　道氏技术 2022 年至 2024 年年报主要财务数据

财务指标	2024 年	2023 年	2022 年
营业收入 / 元	7751823800.17	7295640765.10	6862129848.40
归属于上市公司股东的净利润 / 元	156857263.86	−27894005.86	86189433.25
扣除非经常性损益的净利润 / 元	120754600.41	−51722303.80	61946311.12
经营活动产生的现金流量净额 / 元	672709756.22	326664414.48	−77349067.58
基本每股收益 / 元	0.2703	−0.0500	0.15
稀释每股收益 / 元	0.2703	−0.0500	0.15
加权平均净资产收益率 /%	2.70	−0.49	1.87
资产总额（年末）/ 元	14312017390.71	14868862916.92	11703301622.76
归属于上市公司股东的净资产（年末）/ 元	6748685173.26	6027784390.19	5411916581.60

道氏技术 2024 年产品销售情况见表 7-47。

表 7-47　道氏技术 2024 年产品销售情况

分类	项目	营业收入 / 元	营业成本 / 元	毛利率 /%	营业收入同比增减 /%	成本同比增减 /%	毛利率比上年增减 / 百分点
分业务	制造业	7749699324.28	6378811469.61	17.69	+6.26	+4.05	+1.74
分产品	陶瓷材料	796870563.47	576253370.98	27.69	−27.45	−28.37	+0.93
	锂电材料	3768899325.49	3550678015.36	5.79	+0.43	+1.37	−0.88
	碳材料	734760959.46	607726178.25	17.29	+2.36	−3.25	+4.80
	其他	2451292951.75	1644153905.02	32.93	+41.97	+37.57	+2.15
分地区	国内地区	2651411403.24	2283575320.94	13.87	−11.04	−15.67	+4.72
	海外地区	5100412396.93	4095236148.68	19.71	+18.20	+19.66	−0.98
分销售模式	直销	7751823800.17	6378811469.61	17.71	+6.25	+4.05	+1.74

道氏技术 2024 年持股 5% 以上的股东或前 10 名股东持股情况见表 7-48。

表 7-48　道氏技术 2024 年持股 5% 以上的股东或前 10 名股东持股情况

序号	股东名称	股东性质	持股比例 /%	持股数	报告期内持股数增减	持有有限售条件的股份数	持有无限售条件的股份数	股份状态	质押 / 冻结股份数
1	荣继华	境内自然人	17.91	123392428	0	92544321	30848107	质押	61923334
2	贾自强	境内自然人	4.51	31085220	+31085220	0	31085220	不适用	0
3	香港中央结算有限公司	境外法人	1.11	7625159	−2601543	0	7625159	不适用	0
4	招商银行 - 南方中证 1000ETF	其他	0.77	5305100	−4729200	0	5305100	不适用	0
5	广发红	境内自然人	0.48	3337000	+1526800	0	3337000	不适用	0
6	钱光海	境内自然人	0.46	3150000	+3150000	0	3150000	不适用	0
7	招商银行 - 华夏中证 1000ETF	其他	0.41	2856500	+2337000	0	2856500	不适用	0
8	徐留胜	境内自然人	0.41	2826713	+2826713	0	2826713	不适用	0
9	何祥勇	境内自然人	0.40	2760800	+2196700	0	2760800	不适用	0
10	应秀女	境内自然人	0.32	2232493	+259693	0	2232493	不适用	0

3. 国瓷集团

（1）公司简介

报告期内，国瓷集团主要从事各类高端陶瓷材料及制品的研发、生产和销售，已形成包括电子材料、催化材料、生物医疗材料、新能源材料、精密陶瓷、数码打印及其他材料在内的六大业务板块，产品应用涵盖电子信息和通信、汽车及工业催化、生物医疗、新能源汽车、半导体、建筑陶瓷等领域。

（2）业绩情况

2024 年公司实现营业收入 4046621338.14 元，比上年同期增长 4.86%；归属于上市公司股东的净利润 604813567.70 元，比上年同期增长 6.27%；归属于上市公司股东的扣除非经常性损益的净利润 580684110.45 元，比上年同期增长 7.05%。

国瓷集团 2022 年至 2024 年年报主要财务数据见表 7-49。

表 7-49　国瓷集团 2022 年至 2024 年年报主要财务数据

财务指标	2024 年	2023 年	2022 年
营业收入 / 元	4046621338.14	3859222799.29	3166888573.14
归属于上市公司股东的净利润 / 元	604813567.70	569135423.87	497042596.02
归属于上市公司股东的扣除非经常性损益的净利润 / 元	580684110.45	542450536.21	470321323.07
经营活动产生的现金流量净额 / 元	753587502.61	644895331.33	203576390.34
基本每股收益 / 元	0.61	0.57	0.50
稀释每股收益 / 元	0.61	0.57	0.50
加权平均净资产收益率 /%	9.28	9.32	8.55
资产总额（年末）/ 元	9122548872.46	8779636883.28	7501776603.03
归属于上市公司股东的净资产（年末）/ 元	6713921810.15	6313158110.27	5882401887.05

国瓷集团 2024 年产品销售情况见表 7-50。

表 7-50　国瓷集团 2024 年产品销售情况

分类	项目	2024 年金额 / 元	2024 年金额占营业收入比例 /%	2023 年金额 / 元	2023 年金额占营业收入比例 /%	金额同比增长 /%
营业收入合计		4046621338.14	100	3859222799.29	100	4.86
分行业	工业	4046621338.14	100.00	3859222799.29	100.00	4.86
分产品	电子材料板块	623753115.01	15.41	598493318.01	15.51	4.22
	催化材料板块	786680951.02	19.44	715082673.47	18.53	10.01
	生物医疗材料板块	910500916.23	22.50	854679488.32	22.15	6.53
	新能源材料板块	403916847.10	9.98	272291022.28	7.06	48.34
	精密陶瓷板块	351074317.40	8.68	247785865.51	6.42	41.68
	数码打印及其他材料板块	970695191.38	23.99	1170890431.70	30.33	−17.10
分地区	境内	2974405262.36	73.50	2881766087.79	74.67	3.21
	境外	1072216075.78	26.50	977456711.50	25.33	9.69
分销售模式	分销	351479020.15	8.69	381971655.33	9.90	−7.98
	直销	3695142317.99	91.31	3477251143.96	90.10	6.27

国瓷集团 2024 年持股 5% 以上的股东或前 10 名股东持股情况见表 7-51。

表 7-51　国瓷集团 2024 年持股 5% 以上的股东或前 10 名股东持股情况

股东名称	股东性质	持股比例 /%	报告期末持股数	报告期内持股数增减	持有无限售条件的股份数	持有有限售条件的股份数	股份状态	质押、标记或冻结的股份数
张曦	境内自然人	15.34	152988941	−49860000	152136706	852235	质押	46860000
香港中央结算有限公司	境外法人	7.89	78711615	−76033944	0	78711615	不适用	0
王红	境内自然人	5.00	49865000	+49864000	0	49865000	质押	49860000
东营奥运工贸有限责任公司	境内非国有法人	4.12	41047601	+11000	0	41047601	不适用	0
中国工商银行股份有限公司 - 富国天惠精选成长混合型证券投资基金（LOF）	境内非国有法人	3.11	31000000	+4795600	0	31000000	不适用	0
中国工商银行股份有限公司 - 易方达创业板交易型开放式指数证券投资基金	境内非国有法人	2.16	21545000	+9794749	0	21545000	不适用	0
张兵	境内自然人	2.12	21158082	0	15868561	5289521	质押	9750000
TEMASEK FULLERTON ALPHA PTE 有限公司	境外法人	2.02	20093792	+19881051	0	20093792	不适用	0
司留启	境内自然人	1.65	16438506	0	12328879	4109627	不适用	0
中国农业银行股份有限公司 - 嘉实新兴产业股票型证券投资基金	境内非国有法人	1.61	16017944	−613300	0	16017944	不适用	0

4. 奔朗新材

（1）公司简介

奔朗新材是一家专注于金刚石工具的研发、生产和销售的高新技术企业，是我国金刚石工具行业的龙头企业之一，在全球陶瓷加工金刚石工具细分市场的份额中排名前列。公司产品包括金刚石工具（含树脂结合剂金刚石工具、金属结合剂金刚石工具以及精密加工金刚石工具）、稀土永磁元器件以及碳化硅工具等，其中金刚石工具是公司主要产品。公司研发生产的金刚石工具产品具有锋利、耐用、稳定、性价比高、适应性强等特点，主要应用于陶瓷、石材、混凝土、耐火材料等硬脆材料的磨削、抛光等加工过程，并随着产品开发与应用的拓展，延伸至精密机械零部件、磁性材料、3C 电子产品等精密加工领域。在深耕金刚石工具行业的基础上，公司逐步开展稀土永磁元器件、先进陶瓷材料、精密加工技术及设备、金刚石功能化应用等领域的研发、生产及应用，致力于成为以金刚石材料为核心的新材料领域卓越企业。

公司及子公司新兴奔朗、湖南奔朗均为高新技术企业，公司及新兴奔朗被认定为广东省"专精特新"中小企业。公司多年来坚持自主研发，在金刚石及结合剂材料研究、配方设计、产品结构设计、产品生产工艺技术以及产品应用技术创新等方面形成了扎实雄厚的技术体系。公司是国内金刚石工具行业中少数同时具备金刚石及结合剂材料研究、配方设计、产品结构设计、生产工艺创新及产品应用拓展能力的企业。作为国内金刚石工具龙头企业之一，公司主导或参与制定并正式发布的国家标准和行业标准共 16 项。为进一步保护核心技术，巩固技术护城河，公司在研发过程中将技术研发成果转化为专利技术，截至报告期末，公司已取得 132 项专利，其中发明专利 43 项、实用新型专利 87 项、外观设计专利 2 项。

（2）业绩情况

报告期内，公司实现营业收入 57256.31 万元，同比下降 0.24%；营业成本 39888.66 万元，同比下降 1.25%；归属于上市公司股东的净利润 2439.21 万元，同比下降 36.46%，主要是受到全球经济增速放缓、下游陶瓷及石材行业竞争加剧的影响，公司部分客户回款周期延长，计提的信用减值损失较上年增加，同时，公司计提的存货跌价准备、商誉减值损失较上年增加，财务费用中利息收入减少。面对全球经济增速放缓、市场竞争等外部经营环境的多重挑战，公司坚持"技术领先、国际化、新业务拓展、人才引育"的发展战略，通过公司组织架构调整及经营管理机制变革，持续提质增效，加快谋新布局，保持了金刚石工具业务基本稳健运行，新业务稳步成长。

奔朗新材 2022 年至 2024 年年报主要财务数据见表 7-52。

表 7-52　奔朗新材 2022 年至 2024 年年报主要财务数据

财务指标	2024 年	2023 年	2022 年
营业收入 / 元	572563079.43	573946510.19	710410319.56
毛利率 /%	30.33	29.62	31.13
归属于上市公司股东的净利润 / 元	24392136.45	38390880.81	60636462.37
归属于上市公司股东的扣除非经常性损益的净利润 / 元	23466102.45	34790476.50	56334325.91
加权平均净资产收益率（依据归属于上市公司股东的净利润计算）/%	2.61	4.07	9.45
加权平均净资产收益率（依据归属于上市公司股东的扣除非经常性损益的净利润计算）/%	2.51	3.69	8.78
基本每股收益 / 元	0.13	0.21	0.44

奔朗新材 2024 年产品销售情况见表 7-53。

表 7-53　奔朗新材 2024 年产品销售情况

分类方式	类别	本期金额 / 元	上期金额 / 元
按销售模式分类	单品销售模式	362248521.79	361393280.07
	整线管理模式	206606688.39	204826708.02
按产品类别分类	树脂结合剂金刚石工具	237626840.58	243545066.08
	金属结合剂金刚石工具	175397314.20	195590498.55
	稀土永磁元器件	70766903.97	58956994.60
	碳化硅工具	20214187.71	23702406.87
	精密加工金刚石工具	19361674.84	18137813.83
	其他	45488288.88	26287208.16

奔朗新材 2024 年持股 5% 以上的股东或前 10 名股东持股情况见表 7-54。

表 7-54　奔朗新材 2024 年持股 5% 以上的股东或前 10 名股东持股情况

姓名	职务	期初持普通股股数	期内普通股股数增减	期末持普通股股数	期末普通股持股比例 /%	期末持有股票期权数	期末持有无限售条件的股份数
尹育航	董事、董事长	61187500	+200051	61387551	33.75	0	15346887
陶洪亮	董事、总经理	5512750	0	5512750	3.03	0	1378187
曲修辉	董事、副总经理、董事会秘书	0	0	0	0.00	0	0
刘芳芳	董事、财务负责人	104000	0	104000	0.06	0	26000
杨成	董事	3750000	0	3750000	2.06	0	937500
吴桂周	董事	6150000	0	6150000	3.38	0	1537500
刘祖铭	独立董事	0	0	0	0.00	0	0
林妙玲	监事会主席	61688	0	61688	0.03	0	15422
徐志斌	副总经理	375000	0	375000	0.21	0	93750
马邵伟	副总经理	322000	0	322000	0.18	0	80500

5. 东方锆业

（1）公司简介

东方锆业是一家专注于锆系列制品研发、生产和销售的国家火炬计划重点高新技术企业。公司拥有多个独立的规模化生产基地，包括广东汕头、韶关乐昌、河南焦作以及云南楚雄生产基地等。公司产品涵盖硅酸锆、氧氯化锆、电熔锆、二氧化锆、复合氧化锆、氧化锆陶瓷结构件六大系列共一百多个品种规格。公司自设立以来，主营业务未发生变化。

（2）业绩情况

报告期内，面对全球经济复苏动能趋缓、地缘政治局势复杂多变、全球供应链深度调整等外部环境挑战，公司管理层认清形势，统一思想，开拓创新，狠抓落实，通过深入推进降本增效工作，优化供应链管理，加强生产管理，积极进行市场开拓，大力加强研发工作，不断提升自主创新能力，公司在复杂的经济形势中实现了生产经营稳健运行，展现出了较强的韧性和抗风险能力。报告期内，公司实现营业收入 154294.23 万元，同比增长 6.72%；归属于上市公司股东的净利润 17685.68 万元，同比扭亏为盈；归属于上市公司股东的净资产 170884.39 万元，同比增长 18.00%。经营活动产生的现金流量净额 71825.77 万元，同比增长 943.81%。报告期内，在下游需求减弱的情况下，锆行业景气度不振，锆系产品的销售价格出现下跌的局面。由于原材料采购价格的下降幅度低于产品销售价格的下降幅度，盈利空间进一步缩小。面对严峻的市场环境，公司积极应对，一方面通过拓展新渠道、发展新客户来进一步稳定国内市场占有率，保证公司产品销量的稳定；另一方面，通过产品结构调整、市场结构调整，积极开拓新兴应用领域市场，大力开拓国际市场。通过以上努力，公司确保了营业收入的小幅增长，缓解了行业毛利率下降的不利影响，保障了公司主营业务的盈利能力。报告期内，受汇率波动影响，公司产生汇兑损失约 0.53 亿元。报告期内，鉴于铭瑞锆业明达里矿区需要持续的运营资金投入和较长的回报周期，铭瑞锆业在未来几年将面临较大的资金和盈利压力，公司下游新兴应用领域的业务布局亦受到较大影响，结合公司战略规划需要，公司转让了铭瑞锆业 79.28% 的股权，产生投资收益金额为 2.81 亿元，本次股权转让后，一方面，公司能够优化资产结构，实现资金的有效回笼，进而将资金投入到下游新兴应用领域的高科技、高附加值业务中，助力公司快速发展；另一方面，公司依然拥有对铭瑞锆业产出锆资源的优先购买权，这意味着公司在原材料供应端仍旧保持着竞争优势和持续稳健发展的坚实的基础。在本次股权转让前，报告期内，铭瑞锆业在归属公司合并报表范围的期间内产生归母净利润约 −1.14 亿元。面对 2024 年度的严峻挑战，公司在报告期内仍取得了一些积极进展。在经济周期下行、市场需求低迷的情况下，公司营业收入仍保持了持续增长，展现了良好的市场竞争力，同时，各生产基地的产品单位能耗及可控成本在稳步降低，这体现了公司精细化管理和技术创新的成效。在下游产业链延伸方面，齿科材料、氧化锆微珠、固态电池电解质材料等新兴业务领域的有序展开，以及新能源三元锂电池正极材料和光伏行业的蓬勃发展，有望打开公司新的增长点。

东方锆业 2022 年至 2024 年年报主要财务数据见表 7-55。

表 7-55　东方锆业 2022 年至 2024 年年报主要财务数据

主要财务指标	2024 年	2023 年	2022 年
营业收入 / 元	1542942320.80	1445804497.11	1369636736.45
归属于上市公司股东的净利润 / 元	176856779.43	−77633193.79	99059414.75
归属于上市公司股东的扣除非经常性损益的净利润 / 元	−109461684.41	−81897988.95	92517103.30
经营活动产生的现金流量净额 / 元	718257651.04	68811108.88	43952975.65
基本每股收益 / 元	0.23	−0.10	0.14
稀释每股收益 / 元	0.23	−0.10	0.14
加权平均净资产收益率 /%	11.15	−5.32	7.21
总资产 / 元	2724923449.63	3424259537.87	3131740194.51
归属于上市公司股东的净资产 / 元	1708843948.82	1448153213.93	1450894910.90

东方锆业 2024 年产品销售情况见表 7-56。

表 7-56　东方锆业 2024 年产品销售情况

分类	项目	2024 年金额 / 元	2024 年金额占营业收入比例 /%	2023 年金额 / 元	2023 年金额占营业收入比例 /%	金额同比增减 /%
营业收入合计		1542942320.80	100	1445804497.11	100	+6.72
分行业	锆行业	1542942320.80	100.00	1445804497.11	100.00	+6.72
分产品	重矿物	260732136.60	16.90	0.00	0.00	+100.00
	钛精矿	39277672.28	2.55	154702077.51	10.70	−74.61
	无机非金属锆产品	1140150529.97	68.72	1164490602.58	80.54	−2.09
	无机非金属材料产品	71269903.22	4.62	83865934.97	5.80	−15.02
	附产品	28367245.50	1.84	32133026.67	2.22	−11.72
	其他	3144833.23	0.11	10612855.38	0.73	−70.37
分地区	国内	1259392759.82	81.62	1254957038.27	86.80	+0.36
	国外	283549560.98	18.38	190847458.84	13.20	+48.56
分销售模式	直销	1542942320.80	100.00	1445804497.11	100.00	+6.72

东方锆业 2024 年持股 5% 以上的股东或前 10 名股东持股情况见表 7-57。

表 7-57　东方锆业 2024 年持股 5% 以上的股东或前 10 名股东持股情况

股东名称	股东性质	持股比例 /%	报告期末持股数	报告期内持股数增减	持有有限售条件的股份数	持有无限售条件的股份数	质押 / 冻结状态	质押 / 冻结股份数
龙佰集团股份有限公司	境内非国有法人	23.52	182210818	0	0	182210818	不适用	0
香港中央结算有限公司	境外法人	2.38	18453829	+11541721	0	18453829	不适用	0
黄超华	境内自然人	0.70	5400000	+4050000	1350000	0	无	0
乔竹青	境内自然人	0.68	5250000	+3937500	1312500	0	无	0
冯立明	境内自然人	0.68	5250000	+3937500	1312500	0	无	0
刘志强	境内自然人	0.48	3751050	+3751050	0	0	不适用	0
陈亮	境内自然人	0.47	3670900	+1679700	3670900	0	无	0
张洁	境内自然人	0.41	3200000	+3200000	3200000	0	无	0
李茂勋	境内自然人	0.36	2784781	+1970981	2784781	0	不适用	0
刘学昕	境内自然人	0.31	2380300	+1723400	2380300	0	无	0

第四节　定制家居类上市公司运营情况

一、定制家居类上市公司总体运营情况

国内定制家居类上市公司主要财务数据见表 7-58。

表 7-58　国内定制家居类上市公司主要财务数据

企业名称	2024 年营业收入 / 元	营业收入同比增减 /%	2024 年归属上市公司股东的净利润 / 元	归属上市公司股东的净利润同比增减 /%	2024 年归属上市公司股东的扣除非经常性损益的净利润 / 元	归属上市公司股东的扣除非经常性损益的净利润同比增减 /%
欧派家居	18924725414.70	−16.93	2599129018.13	−14.38	2315946230.66	−15.65
索菲亚	10494353781.39	−10.04	1370944152.08	+8.69	1093002667.05	−3.67
尚品宅配	3788795535.95	−22.67	−215366865.56	−432.12	−228494408.31	−684.15
志邦家居	5257845773.27	−14.04	385416653.25	−35.23	339514614.80	−38.06
金牌厨柜	3474720188.25	−4.68	199287030.02	−31.76	140735732.48	−39.8
好莱客	1909555688.47	−15.69	80521030.62	−62.93	51928161.73	−67.18
我乐家居	1432467926.07	−16.29	121466067.02	−22.5	86839850.99	−33.01
皮阿诺	885881177.03	−32.68	−374763336.60	−535.88	−386477684.90	−787.7
顶固集创	1026653379.65	−20.06	−175213419.89	−982.54	−183275962.89	−2746.86
顾家家居	18479717164.63	−3.81	1416539574.98	−29.38	1301498887.42	−26.92

　　定制家具类上市公司主要业务包括全屋定制及橱柜、衣柜、木门等产品的设计、研发、生产、销售和安装服务。这些企业通过线上线下渠道，为消费者提供一站式的家居解决方案。

　　2024 年，定制家具行业整体面临宏观经济波动、房地产市场调整以及消费习惯变化等多重挑战。根据 2024 年定制家具行业 9 家上市公司年报数据，行业整体呈现营收与净利润双降的态势。2024 年，定制家具类上市公司普遍面临营收和净利润下滑的压力。例如，欧派家居 2024 年营业收入为 189.25 亿元，同比下降 16.93%；净利润为 25.99 亿元，同比下降 14.38%。尚品宅配 2024 年营业收入为 37.89 亿元，同比下降 22.67%；净利润为 −2.15 亿元，同比下降 432.12%。皮阿诺 2024 年营业收入为 8.86 亿元，同比下降 32.68%；净利润为 −3.75 亿元，同比下降 535.88%。

　　在严峻的市场环境下，部分企业通过创新和战略调整，仍展现出一定的韧性。欧派家居和索菲亚等龙头企业通过全品类布局和整装渠道优势，实现了稳定的业绩增长。尚品宅配等企业则通过 AI 技术、下沉市场拓展等措施，提升市场竞争力。我乐家居通过创新驱动品牌升级、数智赋能全域增效、渠道变革应时求变等措施，实现经营活动产生的现金流量净额同比增长 5.46%。欧派家居通过零售大家居门店和海外渠道增长，探索出新的业务增长模式。

　　总体而言，行业仍面临较大的挑战。未来，企业需要继续加强创新能力，优化成本结构，提升运营效率，以应对复杂多变的市场环境。

二、定制家居上市公司情况分述

1. 欧派家居

（1）公司简介

　　欧派家居（OPPEIN）成立于 1994 年，深耕家居行业 31 年，现已发展成为国内定制家居领域的领军企业，作为国内领先的一站式高品质家居综合服务商，以"把欧派打造成世界卓越家居企业"为使命，构建起涵盖整体厨房、全屋定制、卫浴陶瓷、定制木门、金属门窗、软装陈设、智能家居等在内的完整家居生态链。公司主要从事全屋家居产品的个性化设计、研发、生产、销售、安装和室内装饰。公司以定制橱柜为起点，依托强大的研发设计能力、智能制造体系以及强大的渠道管理能力，逐步实现从单品定制向定装一体的跨越式升级。公司致力于为每一个家庭定制独一无二的家，让更多家庭享受高品质的家居生活。

（2）业绩情况

本报告期，公司主营业务收入18924725414.70元，同比下降16.93%。

欧派家居2022年至2024年年报主要财务数据见表7-59。

表7-59 欧派家居2022年至2024年年报主要财务数据

主要财务数据	2024年	2023年	2022年
营业收入/元	18924725414.70	22782089866.36	22479503474.56
归属于上市公司股东的净利润/元	2599129018.13	3035669691.30	2688425483.50
归属于上市公司股东的扣除非经常性损益的净利润/元	2315946230.66	2745661850.38	2592339337.77
经营活动产生的现金流量净额/元	5499268407.93	4878065634.96	2409760167.55
归属于上市公司股东的净资产（期末）/元	19052276878.56	18117248489.21	16508147251.70
总资产（期末）/元	35225310822.41	34347035481.71	28611007188.61

欧派家居前10名股东持股情况见表7-60。

表7-60 欧派家居2024年前10名股东持股情况

股东名称	股东性质	报告期内持股数增减	期末持股数	持股比例/%	持有有限售条件的股份数
姚良松	境内自然人	0	403200000	66.19	0
姚良柏	境内自然人	0	49578354	8.14	0
香港中央结算有限公司	未知	−6383789	9187831	1.51	0
全国社保基金一零九组合	未知	+5007106	5544906	0.91	0
中国人寿保险股份有限公司-传统-普通保险产品-005L-CT001沪	未知	+3063788	3990288	0.66	0
中国人寿保险股份有限公司-分红-个人分红-005L-FH002沪	未知	+3222177	3375273	0.55	0
中国农业银行股份有限公司-易方达消费行业股票型证券投资基金	其他	+962800	3274398	0.54	0
易方达基金管理有限公司-社保基金1104组合	未知	+3253848	3253848	0.53	0
中国工商银行股份有限公司-华泰柏瑞沪深300交易型开放式指数证券投资基金	其他	+2205200	3238501	0.53	0
全国社保基金一一五组合	未知	−3700913	3200000	0.53	0

2. 索菲亚

（1）公司简介

索菲亚为消费者提供全屋定制家居方案，从事全屋家具（包括衣柜、橱柜、门窗、墙板、地板、家电、卫浴等）的设计研发和生产销售，于2011年在深圳证券交易所成功上市，是行业内首家A股上市公司。公司旗下拥有多品牌、全渠道、全品类矩阵，实现定制家居市场全覆盖，包括以中高端市场为目标的"索菲亚"品牌、以大众市场为目标的"米兰纳"品牌、以轻高定市场为目标的"司米"品牌和以中高端中式人群细分市场为目标的"华鹤"品牌，四大品牌均拥有差异化竞争优势，全品类覆盖衣、橱、门、窗、墙、地、电、卫、配等，在公司产品研发赋能和供应链保障支持下，实现纵深渠道全面发展。

（2）业绩情况

索菲亚作为核心主品牌，始终坚守"工匠精神"与品质底线。2024年推出的整家4.0战略，是索菲亚对消费者需求的深刻洞察和积极回应。环保及质量标准方面，索菲亚更是在"超一级质量标准"基础上迭代出"中国定制家5A标准"，核心质量指标从12项增至14项，涵盖环保、耐用、五金、封边等维度，从"单一环保标准"迈向"整柜高标准"，这对于家居行业的长远发展、品质保障、公信力具有显著的提振作用。

尽管市场挑战重重，索菲亚凭借深厚的品牌底蕴和卓越的品质，稳住了市场份额。2024年，索菲亚品牌实现收入94.48亿元，客单价稳定增长，已达到23307元/单。消费者高度认可，让我们更加坚定地在品质之路上砥砺前行。

索菲亚2022年至2024年年报主要财务数据见表7-61。

表 7-61　索菲亚 2022 年至 2024 年年报主要财务数据

财务指标	2024 年	2023 年	2022 年
营业收入 / 元	10494353781.39	11665646381.23	11222541427.55
归属于母公司的净利润 / 元	1370944152.08	1261277793.86	1064303728.53
扣非净利润 / 元	1093002667.05	1134615935.75	937239765.13
经营活动现金流 / 元	1345427797.11	2653600254.53	1362986502.94
基本每股收益 / 元	1.43	1.38	1.17
加权平均净资产收益率 /%	19.29	20.87	18.22
总资产（期末）/ 元	16372088949.73	14554891671.56	12056813813.51
归属于母公司的净资产（期末）/ 元	7453414473.07	7015405934.64	5782391723.26

索菲亚2024年持股5%以上的股东或前10名股东持股情况见表7-62。

表 7-62　索菲亚 2024 年持股 5% 以上的股东或前 10 名股东持股情况

股东名称	股东性质	持股比例 /%	期末持股数	报告期内持股数增减	持有有限售条件的股份数	持有无限售条件的股份数
江沧钧	境内自然人	21.54	207422363	0	155566772	51855591
柯建生	境内自然人	21.54	207422363	0	155566772	51855591
香港中央结算有限公司	境外法人	7.52	72377669	−36794577	0	72377669
全国社保基金四一三组合	其他	—	—	—	—	—
索菲亚家居 -2024 员工持股计划	其他	2.15	20682968	+4943000	0	20682968
建设银行 - 中欧价值发现股票基金	其他	1.18	11344458	+11344458	0	11344458
中国人寿 - 传统 - 普通保险产品	其他	1.03	9956299	+2866299	0	9956299
中国银行 - 华夏回报证券投资基金	其他	1.01	9723900	+8243250	0	9723900
农业银行 - 中证 500ETF	其他	1.00	9595300	+4108100	0	9595300
中国人寿 - 个人分红保险产品	其他	0.86	8240458	+4726900	0	8240458
未具名股东	其他	0.86	8237000	−7225400	0	8237000

3. 尚品宅配

（1）公司简介

尚品宅配主要开展全屋板式家具的定制生产与销售、配套家居产品销售业务，同时为家居行业企业提供设计软件及信息化整体解决方案的设计、研发和技术服务，并向全国家装企业供应装修用主辅材及相关家居产品。

在 2C 消费者业务板块，公司推出 BIM 整装模式，实现软硬装一体化设计与销售，实现数字化、信息化的软硬装融合。该模式将每位客户的家庭空间进行数字化处理，通过前端所见即所得的设计，一站式配齐家装、家装主辅材、全屋定制家具（涵盖卧室、书房、儿童房、客厅、餐厅、厨房等家居空间所需的衣柜、橱柜、书柜、电视柜、床等全屋板式定制家居产品）、装配式背景墙、软装配饰、电器等全品类家居产品，致力于为消费者提供全屋整装、全屋定制、全屋配套等一体化服务。

在 2B 产业互联网领域，HOMKOO 整装云为家装行业赋能，构建家装行业互赢共生的新业态，并启动"圣诞鸟 BIM 整装大家居"项目。公司整合全屋整装全产业链资源，借助数据智能、服务集成、统一的品质保证、资源集中采购以及 SaaS 化工具等，助力中小家装企业提升全屋整装业务能力，实现服务模式升级，共同服务终端消费者，进而打造国内领先的家居产业互联网平台。

在 2B 海外产业布局领域，公司紧扣"定制＋配套＋技术"的核心战略，全力推进全球化布局。依托"一带一路"倡议带来的发展契机，以 Sunpina 为国际品牌标识，积极在中东、东南亚、非洲等地区开展招商活动，推动项目落地。同时，公司持续深耕"互联网＋家具制造"的柔性生产技术，通过"产品＋技术"的模式，为泰国、印尼、新加坡、缅甸等国合作伙伴提供全链路数字化系统支持。

（2）业绩情况

尚品宅配 2022 年至 2024 年年报主要财务数据见表 7-63。

表 7-63　尚品宅配 2022 年至 2024 年年报主要财务数据

项目	2024 年	2023 年	2022 年
营业收入 / 元	3788795535.95	4899829702.06	5314342114.84
归属于上市公司股东的净利润 / 元	−215366865.56	64845365.13	46297236.86
归属于上市公司股东的扣除非经常性损益的净利润 / 元	−228494408.31	39115696.60	−17353500.24
经营活动产生的现金流量净额 / 元	342509511.42	798718192.19	46817226.53
基本每股收益 / 元	−1.14	0.33	0.23
稀释每股收益 / 元	−1.14	0.33	0.23
加权平均净资产收益率 /%	−6.54	1.80	1.29
资产总额（年末）/ 元	8274814088.99	8791787868.05	8181265275.28
归属于上市公司股东的净资产（年末）/ 元	3412568992.53	3615279897.91	3581356096.30

尚品宅配 2024 年持股 5% 以上的股东或前 10 名股东持股情况见表 7-64。

4. 志邦家居

（1）公司简介

志邦家居创立于 1998 年，从"乐享厨房"到"专注家居更懂生活"，从"单品类橱柜"，

表 7-64　尚品宅配 2024 年持股 5% 以上的股东或前 10 名股东持股情况

股东名称	股东性质	持股比例 /%	报告期末持股数	报告期内持股数增减	持有有限售条件的股份数	持有无限售条件的股份数
李连柱	境内自然人	20.78	46659935	0	34994951	11664984
周淑毅	境内自然人	7.79	17493996	0	13120497	4373499
彭劲雄	境内自然人	7.71	17320185	0	12990139	4330046
付建平	境内自然人	3.90	8746535	0	6559901	2186634
李钰波	境内自然人	3.28	7355195	-195600	0	7355195
天津达晨创富创业投资基金中心（有限合伙）	境内非国有法人	1.64	3691997	-1254600	0	3691997
深圳市达晨财信创业投资管理有限公司	境内非国有法人	1.31	2934685	-2012000	0	2934685
深圳锦洋投资基金管理有限公司 - 锦洋 6 号私募证券投资基金	其他	1.08	2420000	-968800	0	2420000
颜建	境内自然人	0.78	1757600	+1663000	0	1757600
彭伟	境内自然人	0.62	1389800	+1060900	0	1389800

到"全屋定制"，再到"整家定制"，逐步发展至"整家一体化"的定制家居模式，是一家专注于整家定制且集研发、设计、生产、销售、服务为一体的公司。公司由定制橱柜起步，由整体厨房领先迈向整家定制，产品囊括九大空间，包括整体厨房、全屋定制、木门、墙板、成品家居等九大空间系列产品。公司始终坚持"以市场为导向，以客户为中心"的原则，围绕为客户"装修一个家"的核心开展业务，致力于向客户提供一体化、一站式的整体定制家居解决方案，真正满足客户拎包入住的需求，实现人们对家的美好想象。

（2）业绩情况

本报告期，实现营业收入 52.58 亿元，同比下滑 14.04%，归属于上市公司股东的净利润 3.85 亿元，同比下滑 35.23%，归属于上市公司股东的扣除非经常性损益的净利润 3.40 亿元，同比下滑 38.06%。

志邦家居 2022 年至 2024 年年报主要财务数据见表 7-65。

表 7-65　志邦家居 2022 年至 2024 年年报主要财务数据

主要财务数据	2024 年	2023 年	2022 年
营业收入 / 元	5257845773.27	6116473047.40	5388779742.51
归属于上市公司股东的净利润 / 元	385416653.25	595066026.42	537274422.51
归属于上市公司股东的扣除非经常性损益的净利润 / 元	339514614.80	548137238.03	498137766.80
经营活动产生的现金流量净额 / 元	490691242.73	756402281.12	765938956.91
归属于上市公司股东的净资产（年末）/ 元	3399325353.73	3288227003.83	2878781370.05
总资产（年末）/ 元	6714801159.91	6386807157.10	5780837376.15

志邦家居 2024 年前 10 名股东持股情况见表 7-66。

表 7-66　志邦家居 2024 年前 10 名股东持股情况

股东名称（全称）	股东性质	持股比例 /%	期末持股数	报告期内持股数增减	持有有限售条件的股份数	股份质押、标记或冻结情况
孙志勇	境内自然人	20.86	91063248	0	0	无
许帮顺	境内自然人	20.25	88411680	0	0	质押10300000
广发基金管理有限公司 - 社保基金四二零组合	其他	2.94	12825021	+12825021	0	无
蒯正东	境内自然人	2.36	10300069	−165900	0	无
孙家兵	境内自然人	2.33	10155481	0	0	无
安徽谨志企业管理有限公司	境内非国有法人	1.57	6832438	0	0	无
中国银行股份有限公司 - 招商产业精选股票型证券投资基金	其他	1.11	4840673	+4840673	0	无
安徽谨兴企业管理有限公司	境内非国有法人	1.00	4368000	0	0	无
中国建设银行股份有限公司	其他	0.89	3891716	+54758	0	无
华夏新兴消费混合型证券投资基金	其他（未提供数据）	—	—	—	—	—
交通银行股份有限公司	其他（未提供数据）	—	—	—	—	—
易方达科讯混合型证券投资基金	其他	0.79	3464180	+3464180	0	无

5. 金牌厨柜

（1）公司简介

金牌厨柜创立于 1999 年，是国内高端整体橱柜及定制家居的专业服务商，专业从事整体橱柜及定制家居的研发、设计、生产、销售、安装及售后等业务，旗下拥有涵盖整家的橱柜、衣柜、木门、厨电、智能家居、卫浴阳台、软装家具家品等多个子品类，为用户提供一站式整家定制解决方案。公司是全国工商联家具橱柜专委会会长单位、中国五金制品协会整体厨房分会会长单位，拥有国家认定的"厨房工业设计中心"，先后荣获国家级"智能制造示范企业"、工信部"智能制造综合标准化与新模式应用企业""中国驰名商标"等荣誉称号，连续13 年蝉联"中国房地产 500 强首选橱柜品牌"。

（2）业绩情况

在当前市场环境下，基于一站式消费需求的兴起、行业竞争的加剧等现状，公司全面推进战略规划的系统优化，对"四驾马车"（零售、家装、精装、海外）业务战略进行全面迭代升级，实现各业务板块齐头并进。报告期内，公司各项经营工作稳步有序推进，实现营业收入 34.75 亿元，较上年同期下降 4.68%，实现归属于上市公司股东的净利润 1.99 亿元，较上年同期下降 31.76%，归属于上市公司股东的扣除非经常性损益的净利润 1.41 亿元，较上年同期下降 39.80%。

金牌厨柜 2022 年至 2024 年年报主要财务数据见表 7-67。

表 7-67　金牌厨柜 2022 年至 2024 年年报主要财务数据

主要财务数据	2024 年	2023 年	2023 年（调整后）	2022 年	2022 年（调整前）
营业收入 / 元	3474720188.25	3645484510.39	3553346698.10	3553346698.10	—
归属于上市公司股东的净利润 / 元	199287030.02	292032805.69	277071681.88	277031462.31	—
归属于上市公司股东的扣除非经常性损益的净利润 / 元	140735732.48	233766157.73	191372773.06	191332553.49	—
经营活动产生的现金流量净额 / 元	381930626.56	644351648.67	247050616.51	247050616.51	—
归属于上市公司股东的净资产 / 元	2811163102.79	2768173589.91	—	2593913088.97	2593876064.61
总资产 / 元	6371711354.38	5972602679.01	—	4863771681.99	4863693735.34

金牌厨柜 2024 年前 10 名股东持股情况见表 7-68。

表 7-68　金牌厨柜 2024 年前 10 名股东持股情况

股东名称（全称）	持股比例 /%	报告期内持股数增减	期末持股数	持有有限售条件的股份数
厦门市建潘集团有限公司	41.52	0	64044322	0
温建怀	11.70	0	18049784	0
潘孝贞	6.98	0	10761403	0
温建北	3.09	0	4759055	0
潘美玲	2.47	0	3805214	0
何新海	1.71	+2640356	2640356	0
潘宜琴	1.29	0	1983124	0
温建河	1.28	0	1980008	0
全国社保基金一零三组合	0.91	+1402476	1402476	0
中国银行股份有限公司 - 博时消费创新混合型证券投资基金	0.87	+1336360	1336360	0

6. 好莱客

（1）公司简介

好莱客是集设计、研发、生产和销售于一体的全屋定制家居企业，公司坚持"定制家居大师"品牌定位，以"大师设计、大师品质、大师服务"作为内核和驱动力，布局衣柜、橱柜、木门、护墙、成品配套等全屋套系产品，为消费者提供一站式全屋定制解决方案，打造健康、潮流、舒适的现代家居生活方式。

（2）业绩情况

2024 年，公司主营业务收入 1824278043.87 元，同比减少 15.57%，主营业务成本 1211619437.53 元，同比减少 13.57%。根据《企业会计准则解释第 18 号》，主营业务成本的上年同期数已追溯调整。

好莱客 2022 年至 2024 年年报主要财务数据见表 7-69。

好莱客 2024 年前 10 名股东持股情况见表 7-70。

表 7-69　好莱客 2022 年至 2024 年年报主要财务数据

主要财务数据	2024 年	2023 年	2022 年
营业收入 / 元	1909555688.47	2264832923.68	2823166116.56
归属于上市公司股东的净利润 / 元	80521030.62	217238675.34	431063441.95
归属于上市公司股东的扣除非经常性损益的净利润 / 元	51928161.73	158207862.82	248452626.14
经营活动产生的现金流量净额 / 元	392803368.62	463350233.52	342575004.01
归属于上市公司股东的净资产（期末）/ 元	3126897104.44	3098741980.95	3043163560.68
总资产（期末）/ 元	4758594752.94	4553266402.27	4381367832.02

表 7-70　好莱客 2024 年前 10 名股东持股情况

股东名称（全称）	比例 /%	报告期内持股数增减	期末持股数	持有有限售条件的股份数
沈汉标	41.14	0	128047861	0
王妙玉	25.95	0	80766000	0
广州好莱客创意家居股份有限公司 -2023 年员工持股计划	3.57	0	11115580	0
银河金汇证券资管 - 青岛国信金融控股有限公司 - 银河金汇通盈 2 号单一资产管理计划	2.55	0	7932564	0
山东省国有资产投资控股有限公司	1.51	0	4694269	0
深圳市财富自由投资管理有限公司 - 财富自由启航一号私募证券投资基金	0.82	+1312400	2558800	0
林晓东	0.78	+472900	2421000	0
蔡楚芳	0.75	0	2332468	0
宫科	0.71	+226200	2200518	0
郭良如	0.70	0	2192895	0

7. 我乐家居

（1）公司简介

我乐家居秉承"设计让家更美"的理念和使命，主打原创设计，探寻极致美家。公司成立了国际家居设计中心（ODC），以自主开发、与全球优秀设计师合作开发的模式培养并打造了一支设计链条全覆盖、完全自主原创的强大设计师队伍，以更广的视野、更高的设计水平和更丰富的产品设计内容重建设计秩序，创造更具差异化、文化内涵、生活情感等高附加值产品，为我乐产品的原创性、独特性、领先性和时尚性提供有力支撑，保证我乐产品的持续创新和极具差异化。

同时，公司特别重视知识产权和专利保护，为所有原创设计产品申请著作权、外观设计专利后再推向市场，全资子公司我乐制造为南京市知识产权示范企业。截至报告期末，公司拥有以"我乐"为代表的商标的产品 198 件，具有有效授权专利的产品 324 件，有软件著作权的产品 136 件，有作品著作权的产品 158 件。

（2）业绩情况

2024 年，我乐家居坚持中高端品牌差异化战略，在行业深度调整中实现经营韧性发展。面对房地产市场下行、需求收缩及竞争加剧的挑战，公司围绕"产品领先、品牌升级、渠道扩张"三大战略主轴，推进业务结构动态升级与全价值链能力建设。在机遇端，公司积极把握存量房更新需求释放、消费智能化升级及绿色低碳转型趋势，通过整合设计、生产与服务体系打造一站式全屋定制解决方案，加速产品创新与整装生态协同，巩固差异化竞争力；在应对挑战方面，公司以数字化工具赋能全流程精益管理，通过优化区域市场布局、提高高毛利品类占比及提升终端运营人效挖掘增量空间，并依托分层化渠道策略增强抗风险能力。同时，公司始终重视投资者权益回报，持续完善分红机制，提高分红频次与稳定性，切实回馈股东支持。2024 年实现营业收入 143246.79 万元，较上年同期下降 16.29%；实现归属于上市公司股东的净利润 12146.61 万元，较上年同期下降 22.50%（剔除股权激励计划摊销费用对净利润的影响后，较上年同期下降 14.51%）。

我乐家居 2022 年至 2024 年年报主要财务数据见表 7-71。

表 7-71 我乐家居 2022 年至 2024 年年报主要财务数据

主要财务数据	2024 年	2023 年	2022 年
营业收入 / 元	1432467926.07	1711318922.99	1666284057.43
归属于上市公司股东的净利润 / 元	121466067.02	156735527.39	139324880.55
归属于上市公司股东的扣除非经常性损益的净利润 / 元	86839850.99	129640003.86	96988883.57
经营活动产生的现金流量净额 / 元	454971044.09	431398641.68	278463046.08
归属于上市公司股东的净资产（期末）/ 元	1215722196.03	1148043773.49	1024398647.22
总资产（期末）/ 元	2501670016.59	2442888386.44	2216033347.91

我乐家居 2024 年前 10 名股东持股情况见表 7-72。

表 7-72 我乐家居 2024 年前 10 名股东持股情况

股东名称（全称）	持股比例 /%	报告期内持股数增减	期末持股数
NINA YANTI MIAO	62.67	0	202319040
南京瑞起投资管理有限公司	3.56	0	11477760
南京开盛咨询管理合伙企业（有限合伙）	1.51	0	4886700
中国工商银行股份有限公司 - 中欧价值智选回报混合型证券投资基金	0.48	+1536450	1536450
招商银行股份有限公司 - 博道远航混合型证券投资基金	0.41	+1320300	1320300
瞿小刚	0.33	+1066400	1066400
摩根士丹利国际股份有限公司	0.25	−1652680	819044
刘珍	0.25	+812100	812100
李端兵	0.19	+607800	607800
付宁	0.18	+571776	571776

8. 皮阿诺

（1）公司简介

皮阿诺从事中高端定制橱柜、衣柜、门墙及其配套家居产品的研发、设计、生产、销售、安装与售后等业务，致力于通过独创设计为消费者提供个性化、定制化的大家居解决方案，为客户打造个性、时尚、舒适、美好的居住环境。作为科学艺术家居的倡导者和定制家居的践行者，公司凭借突出的独创设计、精益品质、市场开拓能力和以客户为中心的服务态度，经过多年的经营积累，获得了较高的市场口碑和品牌忠诚度，现已成为国内领先的定制家居产品企业之一。

公司秉承"忠于独创、生而不同"的品牌理念，致力于塑造定制家居轻高定新标杆，为追求品质的中高端消费人群提供家的美好生活方式。现有整体橱柜、全屋定制及门墙三大核心品类，其中，整体橱柜包括定制橱柜、卫浴柜、阳台柜等产品，全屋定制包括定制衣柜、书柜、酒柜等产品，门墙包括木门、墙板等产品。

（2）业绩情况

2024 年，公司始终坚持设计引领的轻高定为品牌定位。受行业整体景气度、消费趋势变化、市场竞争加剧等多重影响，报告期内，公司营业收入为 88588.12 万元，较去年同期下降 32.68%；实现归属于上市公司股东的净利润为 −37476.33 万元，较去年同期下降 535.88%。

皮阿诺 2022 年至 2024 年年报主要财务数据见表 7-73。

表 7-73　皮阿诺 2022 年至 2024 年年报主要财务数据

财务指标	2024 年	2023 年	2022 年
营业收入 / 元	885881177.03	1315979612.66	1451655225.39
归属于上市公司股东的净利润 / 元	−374763336.60	85978902.62	153607842.87
归属于上市公司股东的扣除非经常性损益的净利润 / 元	−386477684.90	56198183.52	110975072.80
经营活动产生的现金流量净额 / 元	−132820460.97	197183211.07	173990084.61
基本每股收益 / 元	−2.01	0.46	0.82
稀释每股收益 / 元	−2.01	0.46	0.82
加权平均净资产收益率 /%	−32.21	6.57	12.82
总资产（年末）/ 元	1535949425.27	2308421928.45	2421763638.80
归属于上市公司股东的净资产（年末）/ 元	939385447.64	1350731973.84	1264753071.22

皮阿诺 2024 年持股 5% 以上的股东或前 10 名股东持股情况见表 7-74。

表 7-74　皮阿诺 2024 年持股 5% 以上的股东或前 10 名股东持股情况

股东名称	股东性质	持股比例 /%	报告期末持股数	报告期内持股数增减	持有有限售条件的股份数	持有无限售条件的股份数
马礼斌	境内自然人	38.36	71553786	0	53665339	17888447
珠海鸿禄企业管理合伙企业（有限合伙）	境内非国有法人	12.75	23784200	0	0	23784200
朱泽	境内自然人	1.05	1958000	+1958000	0	1958000
保利（横琴）资本管理有限公司 - 共青城齐利股权投资合伙企业（有限合伙）	其他	1.01	1879875	0	0	1879875
杭州奥牛投资管理有限公司 - 共青城慧星股权投资合伙企业（有限合伙）	其他	0.88	1650700	0	0	1650700
中山金投创业投资有限公司	国有法人	0.84	1560062	0	0	1560062
王炳安	境内自然人	0.71	1327500	+1327500	0	1327500
朱开飞	境内自然人	0.66	1237500	+1237500	0	1237500
曾建宝	境内自然人	0.57	1070450	0	0	1070450
中信证券资产管理（香港）有限公司 - 客户资金	境外法人	0.50	939550	+939550	0	939550

9. 顶固集创

（1）公司简介

顶固集创是国内领先的全屋一体化高端整体定制家居解决方案综合服务商，公司主要从事定制家居、精品五金、智能门锁、智能晾衣机、门窗等产品的设计、研发、生产、销售、安装和室内装饰。根据《上市公司行业分类指引》，公司所属行业为"C21 家具制造业"。

（2）业绩情况

报告期内，公司围绕年度经营计划，有序开展各项工作，稳步推进各项业务发展。公司实现营业收入 102665.34 万元，较上年同期下降 20.06%，归属于上市公司股东的净利润 -17521.34 万元，较上年同期下降 982.54%，归属于上市公司股东的扣除非经常性损益的净利润 -18327.60 万元，较上年同期下降 2746.86%。业绩变动的主要因素有：近年来，受宏观环境影响，行业增速放缓，市场竞争持续加剧，公司市场开拓、销售订单不及预期，公司营业收入较上年同期下降 20.06%，固定成本较为刚性，毛利率较上年同期下降 4.45%，同时公司基于谨慎性原则，对存在可能发生资产减值迹象的相关资产计提信用减值损失及资产减值损失，导致公司归属于上市公司股东的净利润亏损。

顶固集创 2022 年至 2024 年年报主要财务数据见表 7-75。

表 7-75　顶固集创 2022 年至 2024 年年报主要财务数据

财务指标	2024 年	2023 年	2022 年
营业收入 / 元	1026653379.65	1284321988.71	1073442509.07
归属于上市公司股东的净利润 / 元	-175213419.89	19853289.25	24657920.82
归属于上市公司股东的扣除非经常性损益的净利润 / 元	-183275962.89	6924284.29	8535489.77
经营活动产生的现金流量净额 / 元	-50704396.00	281021777.13	69195850.10
基本每股收益 / 元	-0.85	0.10	0.12
加权平均净资产收益率 /%	-27.33	2.75	3.43
资产总额（期末）/ 元	1332473291.93	1681852677.93	1587749278.50
归属于上市公司股东的净资产（期末）/ 元	547449066.88	728698953.77	727365363.28

顶固集创 2024 年持股 5% 以上的股东或前 10 名股东持股情况见表 7-76。

表 7-76　顶固集创 2024 年持股 5% 以上的股东或前 10 名股东持股情况

股东名称	股东性质	持股比例 /%	报告期末持股数	报告期内持股数增减	持有有限售条件的股份数	持有无限售条件的股份数
林新达	境内自然人	31.05	63698400	0	47773800	15924600
林彩菊	境内自然人	6.12	12549600	0	0	12549600
中山市凯悦投资企业（有限合伙）	境内非国有法人	4.31	8845280	+632180	0	8845280
中山市建达饰品有限公司	境内非国有法人	2.12	4351500	0	0	4351500
林根法	境内自然人	1.68	3447300	-10000	0	3447300
曹岩	境内自然人	1.52	3110964	-4806059	0	3110964
境内自然人（未具名）	境内自然人	1.49	3060600	+3060600	0	3060600
中山市顶盛企业管理咨询有限公司	境内非国有法人	1.37	2802700	+67800	0	2802700
境内自然人（未具名）	境内自然人	1.32	2706500	0	0	2706500
境内自然人（未具名）	境内自然人	1.32	2700000	0	0	2700000

10. 顾家家居

（1）公司简介

顾家家居是享誉全球的家居品牌。公司自 1982 年创立以来，忠于初心，专于匠心，以"家"为原点，致力于客厅、餐厅、卧室、整家定制等全场景家居产品的研究、设计、开发、生产、销售与服务。公司携手事业伙伴为全球消费者提供匠心品质、领先设计、舒适享受、多元融合的一体化整家解决方案及覆盖用户全生命周期的优质服务。公司不仅仅是家居产品和服务的运营商，更是美好生活方式的创造者，用户对美好生活的向往，是公司不竭的动力。公司坚持与用户一同共建绿色发展、可持续发展！

以用户为中心，创造幸福依靠。公司业务覆盖全球 120 余个国家和地区，运营近 6000 家品牌专卖店。公司坚持以用户为中心，围绕用户需求持续创新，创立家居服务品牌"顾家关爱"，为用户提供全生命周期的优质服务。公司希望通过不断努力，为全球用户创造幸福依靠，成就美好生活！

以创新驱动发展，促进行业进步。"坚持奋斗创新"是公司的核心价值观之一，是支持公司发展壮大的基本精神。公司追求卓越品质，致力于全场景生活方式的探索和研究，汇集全球优秀设计资源，并在意大利米兰组建行业首屈一指的国际设计研发中心。公司汇聚众多国内外顶尖家居设计团队，集中大批技艺精湛的工匠，将创意与巧思置入每一件产品之中，淬炼出世界级的家居工艺与设计，并不断融入新科技，实现了家居产品时尚化、科技化和智能化。公司国际设计研发中心被列入"国家级工业设计中心"名单，并获得了百余项设计大奖、千余项原创专利，为中国家居行业自主创新做出卓越贡献。雄厚的设计研发能力，确保了公司的创新实力，不仅为用户持续带来高品质的家居产品，也促进中国家居行业不断进步。

创造美好生活，推进社会可持续发展。公司相信，随着时代的进步，越来越多的人将会过上更高品质的生活。公司一直致力于开展企业社会责任活动，积极投身公益事业，为社会做出积极而持续的贡献；投资新技术、研发新材料，延长产品的使用寿命，节能减排并倾力研发具备循环使用能力的产品，创造可持续的业务模式，构建良性循环的生态价值链；为用户提供可持续的健康环保生活方式，积极与各行各业共享可持续发展的经验，为全球的可持续发展而努力。展望未来，公司正向成为一家满怀激情、受人尊敬、世界领先的综合家居运营商的目标奋力前进。

（2）业绩情况

顾家家居 2022 年至 2024 年年报主要财务数据见表 7-77。

表 7-77　顾家家居 2022 年至 2024 年年报主要财务数据

主要财务数据	2024 年	2023 年	2022 年
营业收入 / 元	18479717164.63	19212030715.94	18010446853.78
归属于上市公司股东的净利润 / 元	1416539574.98	2005962847.90	1812047834.71
归属于上市公司股东的扣除非经常性损益的净利润 / 元	1301498887.42	1780988454.43	1544071758.37
经营活动产生的现金流量净额 / 元	2680411685.93	2442793282.26	2409505869.54
归属于上市公司股东的净资产（年末） / 元	9844875006.78	9608434186.14	8881356522.59
总资产（年末） / 元	17492854671.33	16779692136.82	16105634037.76

顾家家居 2024 年持股 5% 以上的股东或前 10 名股东持股情况见表 7-78。

表 7-78　顾家家居 2024 年持股 5% 以上的股东或前 10 名股东持股情况

股东名称（全称）	报告期内持股数增减	期末持股数	持股比例 /%	持有有限售条件的股份数
宁波盈峰睿和投资管理有限公司	+241838695	241838695	29.42	0
顾家集团有限公司	−10602710	103171483	12.55	0
TB Home 有限公司	−73641268	41176766	5.01	0
芜湖建信鼎信投资管理中心（有限合伙）	−787000	40307400	4.90	0
李东来	+3110300	16679431	2.03	0
中国建设银行股份有限公司 - 中欧养老产业混合型证券投资基金	+10970000	10970000	1.33	0
宁波双睿汇银股权投资合伙企业（有限合伙）	+4025520	10031520	1.22	0
香港中央结算有限公司	−30370756	9767570	1.19	0
全国社保基金四一三组合	+750200	7937400	0.97	0
红塔红土基金 - 安吉辰宁企业管理咨询合伙企业（有限合伙）- 红塔红土吉祥系列 1 号单一资产管理计划	−1899995	7400095	0.90	0

第五节　卖场类上市公司运营情况

一、卖场类上市公司整体运营情况

国内卖场类上市公司主要财务数据见表 7-79。

表 7-79　国内卖场类上市公司主要财务数据

企业名称	2024 年营业收入 / 元	营业收入同比增减 /%	2024 年归属上市公司股东的净利润 / 元	归属上市公司股东的净利润同比增减 /%	2024 年归属上市公司股东的扣除非经常性损益的净利润 / 元	归属上市公司股东的扣除非经常性损益的净利润同比增减 /%
美凯龙	7821265939.71	−32.08	−2983497056.49	不适用	−1679626705.97	不适用
居然智家	12965913209.23	−4.04	769372444.98	−40.83	890307909.64	−27.62
富森美	1429881171.12	−6.18	690257240.79	−14.39	681709696.12	−13.92

2024 年，家居卖场行业整体面临宏观经济波动、房地产市场调整以及消费习惯变化等多重挑战。根据中国建筑材料流通协会数据，2024 年全国规模以上建材家居卖场累计销售额为 1.49 万亿元，同比下降 3.85%。在这种背景下，家居卖场类上市公司普遍面临营收和净利润下滑的压力，但通过技术创新、数字化转型、成本控制和多元化业务拓展等措施，展现出一定的抗风险能力和适应能力。

2024 年，家居卖场行业整体市场需求下滑，主要受宏观经济形势和房地产市场调整的影响。美凯龙、居然智家和富森美等上市公司均出现营业收入下滑的情况。例如，美凯龙 2024 年营业收入为 78.21 亿元，同比下降 32.08%；居然智家营业收入为 129.66 亿元，同比下降 4.04%；富森美营业收入为 14.30 亿元，同比下降 6.18%。这反映出整个行业在经济下行压力下，消费需求受到抑制，市场竞争进一步加剧。

面对市场需求下滑，家居卖场类上市公司纷纷加快数字化转型和技术创新的步伐。居然智家通过打造"居然设计家""居然智慧家"和"洞窝"等数字化平台，提升运营效率和服务质量。美凯龙也积极推进"3+星生态"战略，通过数智化赋能业务运营，强化扶商力度。富森美则通过优化运营成本和提升服务体验，保持了较高的毛利率和净利率。这些举措表明，数字化转型和技术创新成为企业应对市场变化的重要手段。

在市场需求下滑的背景下，成本控制和运营效率提升成为家居卖场类上市公司的重要应对策略。美凯龙通过优化租金政策和提升运营效率，降低运营成本。居然智家通过数字化招商系统和"一店两制"招商模式，提升招商效率。富森美则通过优化运营成本，保持了较高的毛利率和净利率。这些措施帮助企业在市场竞争中保持一定的盈利能力。

为了应对单一业务模式的风险，家居卖场类上市公司纷纷拓展多元化业务。美凯龙通过引入家装、新能源汽车等品类，拓展业务边界。居然智家则通过购物中心和现代百货超市业务作为实体商业的第二增长曲线。富森美则通过业态、店态升级，不断满足消费者的需求偏好。这些多元化业务拓展举措不仅提升了企业的抗风险能力，也为未来业绩的增长奠定了基础。

富森美通过深耕成都等区域市场，凭借其在区域市场的优势和高盈利能力，展现出较强的抗风险能力。美凯龙和居然智家则通过全国化布局和品牌影响力，提升市场竞争力。区域市场深耕和差异化竞争成为企业在市场竞争中脱颖而出的重要策略。

尽管企业通过多种措施应对市场变化，但家居卖场行业仍面临诸多风险和挑战。首先，宏观经济形势的不确定性导致消费需求持续受到抑制。其次，房地产市场的调整对家居卖场的市场需求产生直接影响。此外，市场竞争加剧导致企业运营成本上升，利润空间受到挤压。最后，数字化转型和技术投入需要大量的资金和资源支持，这对企业的资金实力提出了更高的要求。

二、卖场类上市公司情况分述

1. 美凯龙

（1）公司简介

2024年，受国内经济形势和地产家居后周期消费的震荡调整的影响，行业加速出清，商场出租率同比阶段性下降；同时，美凯龙作为家居零售领域的领军企业，对部分商户减免了部分租金及管理费；此外，公司积极调整战略与商场品类布局，引入家装、新能源汽车等品类，使得短期内公司的相关收入呈暂时的下降态势。随着国家多部委出台的一揽子刺激政策扎实落地，如下调房贷利率等税费、进一步加力扩围实施大规模设备更新和消费品以旧换新政策等，公司所处行业的高质量发展获得持续支撑，相关消费需求迎来筑底反弹，公司将把握行业发展机遇，致力于提升运营效率、改善经营业绩。

截至2024年12月31日，公司经营77家自营商场（平均出租率为83.0%）、257家不同管理深度的委管商场（平均出租率为82.5%），通过战略合作经营7家家居商场，此外，公司以特许经营方式授权33家特许经营家居建材项目，共包括405家家居建材店/产业街。覆盖全国30个省、自治区、直辖市的202个城市，总经营面积20325659平方米。

（2）业绩情况

报告期内，公司实现营业收入7821265939.71元，较上年同期减少32.08%，变动主要系受相关产业发展波动影响，商场和商户的经营情况均受到影响，商场的出租率和租金出现阶段性下滑。同时，为支持商户，公司稳商留商优惠增加。另外，公司其他业务板块的项目数量减少、进度放缓，导致公司营业收入同比下滑。公司营业成本 3264973399.10 元，较上年同期减少 34.5%，主要是为了应对产业发展波动压力，促进公司可持续发展，进一步管控运营成本。

美凯龙 2022 年至 2024 年年报主要财务数据见表 7-80。

表 7-80　美凯龙 2022 年至 2024 年年报主要财务数据

主要财务数据	2024 年	2023 年	2022 年
营业收入 / 元	7821265939.71	11514982938.87	14138319840.14
扣除与主营业务无关的业务收入和不具备商业实质的收入后的营业收入 / 元	7819789787.22	11479769935.16	13285901644.36
归属于上市公司股东的净利润 / 元	−2983497056.49	−2216358759.33	558586068.27
归属于上市公司股东的扣除非经常性损益的净利润 / 元	−1679626705.97	−1228025025.00	594809539.55
经营活动产生的现金流量净额 / 元	216373750.36	2363640628.08	3879002978.96
归属于上市公司股东的净资产 / 元	46489696858.89	49615294277.92	52033511120.36
总资产 / 元	116237222752.57	121060638399.35	126091876698.67

美凯龙 2024 年前 10 名股东持股情况见表 7-81。

表 7-81　美凯龙 2024 年前 10 名股东持股情况

股东名称	股东性质	持股比例 /%	期末持股数	报告期内持股数增减	持有有限售条件的股份数	质押 / 冻结状态	质押 / 冻结股份数
厦门建发股份有限公司	国有法人	23.95	1042958475	0	0	无	—
红星美凯龙控股集团有限公司	境内非国有法人	21.53	937619721	−17270314	0	质押	934916596
香港中央结算（代理人）有限公司	境外法人	17.02	741085727	+3100	0	未知	—
杭州灏月企业管理有限公司	境内非国有法人	6.68	290747243	+290747243	0	无	—
联发集团有限公司	国有法人	6.00	261283961	0	0	无	—
常州美开信息科技有限公司	境内非国有法人	0.99	43023000	0	0	质押	43023000
中融人寿保险股份有限公司 - 分红产品	其他	0.99	42999969	0	0	无	—
红星美凯龙控股集团有限公司 - 质押专户	其他	0.98	42705632	0	0	无	—
华安基金 - 兴业银行 - 青岛城投金融控股集团	其他	0.56	24301336	0	0	无	—
香港中央结算有限公司	境内非国有法人	0.52	22734976	+10738988	0	无	—

2. 居然智家

（1）公司简介

居然智家是国内市场中少数搭建了全国线下零售网络的大型、综合家居渠道商，在市场中具有较高的认可度和美誉度，连续20年荣膺"北京十大商业品牌"，在中国连锁经营协会发布的"2023年中国连锁Top100"榜单中位列第二名。作为中国泛家居行业头部企业，公司在服务口碑、品牌知名度、业务规模、商业模式及数智化转型等多个方面具有领先的竞争优势。公司采用"轻资产"连锁发展模式快速拓展全国市场，出租率、坪效等经营指标领先同行。

公司是中国家居零售行业全链路AI技术融合的先行者和标杆企业。公司率先在行业内开展数智化转型，将AI前沿技术深度融入设计、智能家居和智能家装，已完成"居然设计家""居然智慧家"和"洞窝"三大家居产业数智化平台的建设。公司将以AI设计为新的流量入口，以智能家装和智能家居为新的消费场景，以产业服务平台为数字化底座，成为家居消费新模式的领跑者。

公司实体商业第二增长曲线树立区域范本。公司在长春、武汉等城市已运营4家"中商世界里"购物中心，其中长春"中商世界里"仅用3年时间就进入长春市商业项目销售额的前5名。同时，公司在武汉、黄石、咸宁、荆门等城市的核心商圈经营4家现代百货店和165家各类超市。公司在购物中心运营上围绕"数字化""智能化"和"内容IP"形成了独特的竞争力和经营特色。公司经营的现代百货和超市零售业务在湖北省区域内具有较高的知名度。

（2）业绩情况

报告期内公司主要业务如下。

① 连锁家居卖场业务。公司开展连锁家居卖场的运营和管理业务，通过直营和加盟模式进行卖场连锁扩张。截至2024年12月31日，公司在国内30个省、自治区、直辖市及海外经营407家家居卖场，包含83家直营卖场及324家加盟卖场。直营模式是指通过自有或租赁物业自主运营卖场，直接承担店面选址、物业建设或租赁、卖场装修、招商、商户管理、营销活动管理等一系列工作的自主运营管理模式。根据物业权属，直营模式下卖场可划分为自有物业和租赁物业两种。公司直营模式以租赁物业为主，截至2024年12月31日，公司经营的83家直营卖场中，17家为自有物业，66家为租赁物业。公司直营模式卖场多位于直辖市、省会城市等较发达城市。直营模式下，公司的收入来源是向商户收取的租金、物业管理费、按商户销售额的一定比例收取的各项管理费用，以及使用数字化管理系统收取的系统使用费和销售佣金等平台服务收入。加盟模式是指公司与加盟方签订加盟协议，授权加盟方使用公司的商标与商号等资源开展经营的商业模式。加盟模式下，公司负责提供数字化SaaS等系统协助加盟方进行日常运营，并根据加盟方需求派驻总经理等运营管理人员。加盟方主要负责提供用于经营的物业并与商户签署招商合同。公司加盟模式收入主要来自收取加盟方的招商运营费、按加盟门店年度营业收入的一定比例收取的品牌使用费及使用数字化管理系统收取的系统使用费和销售佣金等平台服务收入。

② 数智化创新业务。公司持续打造"居然设计家""居然智慧家""洞窝"三大数智化创新业务平台。居然设计家是公司和阿里巴巴共同打造的AI设计平台，通过AI、3D、大数据等底层技术驱动，赋能用户实现所想即所见、所见即所得，为泛家居行业品牌商、零售商提供智能导购、精准营销服务，以全球设计生态推动行业跨境出海。居然智慧家是公司为适应

万物互联时代的到来而打造的智慧生活服务平台，通过打造跨品牌、跨生态、跨终端互联互通的智能家居系统，连接智能手机、智能汽车、智能家电等各种智能终端设备，打造"人、车、家"的智慧生活新场景、绿色低碳生活新场景、智能养老和大健康智慧管理新场景，为消费者创造更好的智慧生活服务体验。洞窝是公司围绕家装家居全产业链打造的数字化产业服务平台，通过聚焦线上线下一体化的全场景营销、产业链上下游数据的互联互通、全渠道商业管理系统（DOS），全面赋能品牌商、渠道商和零售商，提升行业运营效率，改善消费者服务体验。

③ 智能家装业务。公司开展家装业务，推出个性化定制、高端大宅设计、整装套餐、局部改造等多种产品，为用户提供设计 - 施工 - 主材选配 - 售后的全链路装修服务。依托"居然设计家"和自研施工管理系统，实现装修服务全链路数字化管理，全角色线上参与，解决施工交付中的痛点问题，提升服务质量。公司通过重塑家装价值链，推动产业链上下游从价格博弈转为价值协同关系；顺应整装发展趋势，以"内容"和"体验"虹吸流量，为卖场和商户打造新的流量入口；实行管家式管理制度，提供"家装零增项""一次装修终身维保"等服务，为消费者提供全生命周期解决方案。

居然智家 2022 年至 2024 年年报主要财务数据见表 7-82。

表 7-82　居然智家 2022 年至 2024 年年报主要财务数据

财务指标	2024 年	2023 年	2022 年
营业收入 / 元	12965913209.23	13512033573.51	12982569555.46
归属于上市公司股东的净利润 / 元	769372444.98	1300245170.79	1647941655.59
归属于上市公司股东的扣除非经常性损益的净利润 / 元	890307909.64	1230074329.47	1696640638.80
经营活动产生的现金流量净额 / 元	2634712489.62	3835671776.37	3794973398.11
基本每股收益 / 元	0.12	0.21	0.25
稀释每股收益 / 元	0.12	0.21	0.25
加权平均净资产收益率 /%	3.83	6.59	8.52
总资产 / 元	49675287134.19	53681287572.66	53389198346.72
归属于上市公司股东的净资产 / 元	20215693483.18	19929678846.59	19771353855.23

居然智家 2024 年持股 5% 以上的股东或前 10 名股东持股情况见表 7-83。

表 7-83　居然智家 2024 年持股 5% 以上的股东或前 10 名股东持股情况

股东名称	股东性质	持股比例 /%	报告期末持股数	报告期内持股数增减	持有有限售条件的股份数	持有无限售条件的股份数	质押 / 标记 / 冻结情况	质押 / 标记 / 冻结股份数
北京居然之家投资控股集团有限公司	境内非国有法人	26.37	1648466346	0	0	1648466346	质押	375000000
霍尔果斯慧鑫达建材有限公司	境内非国有法人	11.44	715104702	0	0	715104702	质押	600000000
北京金隅集团股份有限公司	国有法人	10.06	628728827	0	0	628728827	不适用	—

股东名称	股东性质	持股比例/%	报告期末持股数	报告期内持股数增减	持有有限售条件的股份数	持有无限售条件的股份数	质押/标记/冻结情况	质押/标记/冻结股份数
杭州灏月企业管理有限公司	境内非国有法人	9.68	605189452	+28328611	0	605189452	不适用	—
汪林朋	境内自然人	5.95	372049824	0	279037368	93012456	不适用	—
杭州瀚云新领股权投资基金合伙企业（有限合伙）	境内非国有法人	4.61	288430465	0	0	288430465	不适用	—
泰康人寿保险有限责任公司	境内非国有法人	4.37	273237262	0	0	273237262	不适用	—
天津睿通投资管理合伙企业（有限合伙）	境内非国有法人	2.48	154776645	−75967700	0	154776645	不适用	—
武汉商联（集团）股份有限公司	国有法人	1.66	103627794	0	0	103627794	不适用	—
中意资管-工商银行-中意资产-卓越非凡23号资产管理产品	其他	0.80	50000000	0	0	50000000	不适用	—

3. 富森美

（1）公司简介

富森美是主攻装饰建材、家居的卖场运营商和泛家居平台服务商。报告期内，公司主要以卖场为载体，为商户、消费者和合作方提供门店运营、流量、金融、数据、供应链、策划、工具应用等全方位服务。公司建材家居卖场分为自营卖场和加盟及委托管理卖场两大类别。报告期内，自营模式是公司卖场的主要经营模式。截至报告期末，公司自营卖场规模超125万平方米，主要经营业态包括中高端家具馆、中高端建材馆、品牌家居独立大店、拎包入住生活馆、软装生活馆、楼宇式富森创意设计中心、装饰材料总部市场等专业卖场和体验馆，入驻商户数量3500余户。报告期内，公司着力稳定经营基本盘，全力优化租金政策，加大招商和营销的投放力度，调整股权投资和其他低毛利率业务，保持了经营的基本稳定。

（2）业绩情况

报告期内，公司生产经营稳定，财务和资产状况总体保持良好。2024年全年实现营业收入142988.12万元，营业利润84179.83万元，利润总额83736.11万元，归属于上市公司股东的净利润69025.72万元，同比分别下降6.18%、12.80%、13.48%、14.39%。报告期内，公司资产状况良好。截至2024年12月31日，公司总资产703375.02万元，较期初下降0.45%；归属于上市公司股东的净资产581214.86万元，较期初下降1.99%；每股净资产7.77元，较期初下降1.99%。报告期内，面对复杂的经济形势，在公司董事会的领导下，强力招商，大力营销，全力运营，努力拓展新兴业务，奋力推动各项工作全面开展。从全年经营目标总体实现情况来看，较2023年有所回落。新的一年里，公司将正视差距，自加压力，补足短板，知不足而奋进，努力推动新的一年各项经营目标顺利实现。

富森美2022年至2024年年报主要财务数据见表7-84。

表 7-84　富森美 2022 年至 2024 年年报主要财务数据

主要财务指标	2024 年	2023 年	2022 年
营业收入 / 元	1429881171.12	1524072551.32	1482730184.19
归属于上市公司股东的净利润 / 元	690257240.79	806270164.16	783050306.45
归属于上市公司股东的扣除非经常性损益的净利润 / 元	681709696.12	791962842.03	762030438.06
经营活动产生的现金流量净额 / 元	815737272.02	629131119.39	1102483770.69
基本每股收益 / 元	0.92	1.08	1.05
稀释每股收益 / 元	0.92	1.08	1.05
加权平均净资产收益率 /%	11.78	13.62	13.24
总资产 / 元	7033750216.19	7065300970.08	7067543978.47
归属于上市公司股东的净资产 / 元	5812148594.24	5930227008.65	5932292499.69

富森美 2024 年持股 5% 以上的股东或前 10 名股东持股情况见表 7-85。

表 7-85　富森美 2024 年持股 5% 以上的股东或前 10 名股东持股情况

股东名称	股东性质	持股比例 /%	期末持股数	报告期内持股数增减	持有有限售条件的股份数	持有无限售条件的股份数	质押 / 冻结状态	质押 / 冻结股份数
刘兵	境内自然人	43.70	327100886	0	245325664	81775222	不适用	0
刘云华	境内自然人	27.70	207345600	0	155509200	51836400	不适用	0
刘义	境内自然人	8.71	65165760	0	48874320	16291440	不适用	—
香港中央结算有限公司	境外法人	0.86	6434568	+1439324	0	6434568	不适用	0
刘鹏俊	境内自然人	0.32	2411199	+114700	0	2411199	不适用	0
唐丽	境内自然人	0.25	1879180	0	0	1879180	不适用	0
中国工商银行股份有限公司 - 国联高股息精选混合型证券投资基金	其他	0.24	1819293	不适用	0	1819293	不适用	0
中欧基金 - 北京诚通金控投资有限公司 - 中欧基金 - 诚通金控 5 号单一资产管理计划	其他	0.24	1776700	不适用	0	1776700	不适用	0
成都博源天鸿投资合伙企业（有限合伙）	境内非国有法人	0.19	1410000	−341670	0	1410000	不适用	0
中国银行股份有限公司 - 永赢股息优选混合型证券投资基金	其他	0.18	1325200	不适用	0	1325200	不适用	0

第六节　家装类上市公司运营情况

一、家装类上市公司整体运营情况

国内家装类上市公司主要财务数据见表7-86。

表 7-86　国内家装类上市公司主要财务数据

企业名称	2024 年营业收入 / 元	营业收入同比增减 /%	2024 年归属上市公司股东的净利润 / 元	归属上市公司股东的净利润同比增减 /%	2024 年归属上市公司股东的扣除非经常性损益的净利润 / 元	归属上市公司股东的扣除非经常性损益的净利润同比增减 /%
金螳螂	18329220950.08	-9.20	543837342.15	-46.89	418187701.64	-48.50
亚厦股份	12135761971.03	-5.70	302727579.74	+21.00	276781043.36	+36.21
广田集团	757687713.73	-24.42	-200632177.37	-109.43	-194756511.94	+90.24
宝鹰股份	2111820989.40	-48.63	-742299335.08	+23.52	-678035656.28	+29.96
东易日盛	1295951564.11	-55.84	-1171345157.80	-461.88	-942120831.05	-336.45
全筑股份	781927418.51	-24.78	-110136571.63	-216.07	-87658027.47	+84.72
瑞和股份	782737166.86	-49.56	-185864848.19	+50.12	-255038932.57	+42.96
中天精装	361673793.51	-56.05	-428364264.79	-5239.15	-410119198.95	-3232.16
郑中设计	1187042176.94	+8.49	95421891.90	+296.90	61516052.73	+179.67
名雕股份	673861171.13	-14.07	40681231.21	+4.08	40140561.00	+7.69

2024 年，受宏观经济环境复杂变化和房地产市场持续调整的影响，各企业整体呈现出营收和净利润双降的态势。在市场需求疲软、行业竞争激烈的背景下，部分企业通过业务转型和结构调整取得了一定成效，而另一些企业则面临盈利能力下滑和现金流紧张的问题。总体来看，行业内企业积极探索新业务增长点，智能化、绿色建筑和高端定制成为市场关注重点。

从营业收入来看，大型综合性企业的表现优于中小型企业。金螳螂作为行业龙头企业，2024 年实现营业收入 183.29 亿元，虽然同比下降 9.20%，但依旧保持较高的市场地位；而亚厦股份实现营业收入 121.36 亿元，同比下降 5.70%，仍显示出一定稳健性。相比之下，广田集团和东易日盛营业收入则大幅下滑，分别下降 24.42% 和 55.84%，反映出市场竞争加剧及经营困境。

净利润方面，盈利表现分化明显。亚厦股份归属于上市公司股东的净利润为 3.03 亿元，同比增长 21.00%，而郑中设计也实现了归属于上市公司股东的净利润 0.95 亿元，同比大幅扭亏。金螳螂归属于上市公司股东的净利润为 5.44 亿元，同比下降 46.89%，仍为盈利水平较高的企业之一。宝鹰股份和东易日盛则亏损严重，分别亏损 7.42 亿元和 11.71 亿元，且毛利率下滑，反映出成本压力和收入萎缩双重冲击。

现金流方面，部分企业有所改善。金螳螂经营活动产生的现金流量净额 4.05 亿元，同比增长 17.68%，显示出较好的现金回笼能力。而瑞和股份尽管收入下降，但经营活动产生的现金流量净额实现正值，达到 0.30 亿元，同比增长 13.69%，表明内部财务管理有所改善。相比之下，东易日盛和宝鹰股份经营活动产生的现金流量净额仍为负值，财务压力显而易见。

在业务结构方面，部分企业积极调整策略，寻求新兴市场突破。金螳螂和亚厦股份继续深化 EPC 模式，加强城市更新、绿色建筑和高端装饰项目布局，提升综合竞争力。郑中设计在高端定制和原创设计业务上取得突破，设计业务收入同比增长 9.51%，成为盈利增长的核心动力。

部分企业则在传统业务中寻求转型升级。全筑股份积极推进装配式建筑和绿色节能项目，但营业收入下滑 24.78%，反映出市场转型期的阵痛。名雕股份依托品牌积淀，在中高端家装市场表现相对稳健，归属于上市公司股东的净利润同比增长 4.08%，但受整体市场低迷影响，增长幅度有限。

智能化与数字化转型是家装企业的重要方向。东易日盛推出的"全屋智能精装"套餐在特定市场具有吸引力，但受消费需求下滑影响，实际销售不及预期。部分企业在 BIM（建筑信息模型）和智慧工地等技术创新方面有所突破，试图通过提高施工效率和降低成本来提升市场竞争力。

在经济下行周期，家装企业普遍面临成本上涨、市场需求不足和项目回款难等挑战。广田集团在完成重整后，尽管营业收入下降，但亏损大幅收窄，显示出一定的自救成效。然而，宝鹰股份和东易日盛因业务收缩和财务风险暴露，资产大幅缩水，债务问题突出。尤其是东易日盛，由于经营管理不善，归属于上市公司股东的净资产已经为负，显示出破产风险。

在应对策略上，企业普遍采取了加强成本控制、优化项目结构和提升现金流管理水平的措施。同时，拓展海外市场、布局智能化产业链和绿色建筑业务成为主流方向。值得一提的是，部分企业在产业链整合和战略合作上取得成效，如金螳螂通过加强全产业链服务能力和精细化管理，稳住了市场份额。

二、家装类上市公司运营情况分述

1. 金螳螂

（1）公司简介

金螳螂深耕于建筑装饰行业，业务遍及全国及部分海外市场。公司拥有建筑工程施工总承包一级、市政公用工程施工总承包一级、建筑装修装饰工程专业承包一级、建筑幕墙工程专业承包一级、古建筑工程专业承包一级、机电设备安装工程专业承包一级、特种设备工业管道（GC2）资质等建筑行业国家级设计资质 12 个，施工资质 41 个，具备承接各类建筑装饰工程的资格和能力，是建筑装饰企业中资质级别最高、资质种类最多的企业之一。公司始终坚持"不挂靠、不转包"的项目经营理念，基于多专业统筹协调的管理优势、全产业链设计施工的服务能力，深入拓展 EPC 业务领域，涵盖室内装饰、建筑、洁净科技、幕墙、景观、建筑智能化、软装等专业板块，为业主提供"一次性委托，全方位服务"的一站式服务。公司承接的项目包括公共建筑装饰和住宅装饰等，涵盖城市更新、洁净科技、智能建筑、装配科技、建筑幕墙、景观工程、室内设计装饰、软装艺术等多种业务领域。公司设计和施工项目的承接一般通过招投标、邀标的方式取得。报告期内公司主营业务未发生重大变化。

（2）业绩情况

金螳螂 2022 年至 2024 年年报主要财务数据见表 7-87。

表 7-87　金螳螂 2022 年至 2024 年年报主要财务数据

财务指标	2024 年	2023 年	2022 年
营业收入 / 元	18329220950.08	20186616814.57	21813290884.62
归属于上市公司股东的净利润 / 元	543837342.15	1024076199.78	1273812165.01
归属于上市公司股东的扣除非经常性损益的净利润 / 元	418187701.64	811979699.31	1015108036.05
经营活动产生的现金流量净额 / 元	404600512.55	343811579.49	302185498.64
基本每股收益 / 元	0.2048	0.3857	0.4800
稀释每股收益 / 元	0.2048	0.3857	0.4800
加权平均净资产收益率 /%	4.05	7.94	10.81
总资产 / 元	35289016240.57	37081776449.41	37062304885.54
归属于上市公司股东的净资产 / 元	13605817966.54	13306520821.73	12502735260.94

金螳螂 2024 年持股 5% 以上的股东或前 10 名股东持股情况见表 7-88。

表 7-88　金螳螂 2024 年持股 5% 以上的股东或前 10 名股东持股情况

股东名称	股东性质	持股比例	报告期末持股数	报告期内持股数增减	持有有限售条件的股份数	持有无限售条件的股份数
苏州金螳螂企业（集团）有限公司	境内非国有法人	24.58%	652805330	0	0	652805330
GOLDEN FEATHER 公司	境外法人	23.92%	635042264	0	0	635042264
苏州金螳螂建筑装饰股份有限公司 -2024 年员工持股计划	其他	1.01%	26937452	+26937452	0	26937452
香港中央结算有限公司	境外法人	0.85%	22650818	−2565939	0	22650818
朱兴良	境外自然人	0.69%	18327718	0	0	18327718
上海一村投资管理有限公司 - 一村基石 27 号私募证券投资基金	其他	0.59%	15771082	0	0	15771082
上海一村投资管理有限公司 - 一村扬帆 2 号私募证券投资基金	其他	0.59%	15621178	0	0	15621178
银华基金 - 农业银行 - 银华中证金融资产管理计划	其他	0.57%	15108597	−233600	0	15108597
上海一村投资管理有限公司 - 一村基石 7 号私募证券投资基金	其他	0.56%	14774699	0	0	14774699
上海一村投资管理有限公司 - 一村基石 22 号私募证券投资基金	其他	0.56%	14774699	0	0	14774699

2. 亚厦股份

（1）公司简介

亚厦股份主营业务为建筑装饰装修工程、建筑幕墙工程、智能化系统集成。公司作为中国建筑装饰行业领跑者，充分发挥企业标杆作用，推动产业化进程，引领科技创新，致力于打造"一体化"大装饰蓝海战略，在大型公共建筑装修，高端星级酒店、高档住宅精装修和智能化系统集成，工业化装配式装修领域独占鳌头。公司已连续 18 年蝉联"中国建筑装饰百强企业第二名"，亚厦幕墙连续 7 年获得"中国建筑幕墙行业百强企业第二名"，综合实力位居行业前列。公司是行业首家"国家高新技术企业"，同时也是"全国重合同守信用单位""全国建筑装饰行业首批 AAA 信用等级企业""亚太最佳上市公司 50 强"，是行业内唯一一家同时拥有国家住宅产业化基地和国家装配式建筑产业基地的公司。公司近年获批"国家级博士后科研工作站"，荣膺"浙江省人民政府质量奖"，是行业内第一家荣获省政府质量奖的企业。

（2）业绩情况

报告期内，公司实现营业收入 121.36 亿元，实现营业利润 3.46 亿元，实现归属于上市公司股东的净利润 3.03 亿元；实现基本每股收益 0.23 元。截至 2024 年 12 月 31 日，公司总资产为 227.68 亿元，归属于上市公司股东的净资产为 80.19 亿元。

亚厦股份 2022 年至 2024 年年报主要财务数据见表 7-89。

表 7-89 亚厦股份 2022 年至 2024 年年报主要财务数据

财务指标	2024 年	2023 年	2022 年
营业收入 / 元	12135761971.03	12868788679.48	12116212505.82
归属于上市公司股东的净利润 / 元	302727579.74	250185359.94	186240939.43
归属于上市公司股东的扣除非经常性损益的净利润 / 元	276781043.36	203200536.03	147183230.38
经营活动产生的现金流量净额 / 元	243165719.41	204373082.35	24990916.45
基本每股收益 / 元	0.23	0.19	0.14
稀释每股收益 / 元	0.23	0.19	0.14
加权平均净资产收益率 /%	3.83	3.21	2.49
总资产（年末） / 元	22768478211.60	23015548747.86	23180146268.43
归属于上市公司股东的净资产（年末） / 元	8019036603.00	7892429326.30	7656911837.72

亚厦股份 2024 年持股 5% 以上的股东或前 10 名股东持股情况见表 7-90。

表 7-90 亚厦股份 2024 年持股 5% 以上的股东或前 10 名股东持股情况

股东名称	股东性质	持股比例 /%	报告期末持股数	报告期内持股数增减	持有有限售条件的股份数	持有无限售条件的股份数
亚厦控股有限公司	境内非国有法人	32.77	439090032	—	—	439090032
张杏娟	境内自然人	12.61	169016596	—	—	169016596
丁欣欣	境内自然人	6.74	90250107	—	—	90250107
香港中央结算有限公司	境外法人	1.76	23560707	+10375978	—	23560707
浙江亚厦装饰股份有限公司 - 第四期员工持股计划	其他	1.26	16920000	—	—	16920000
中国银行股份有限公司 - 易方达稳健收益债券型证券投资基金	其他	1.02	13628285	-2404200	—	13628285
丁泽成	境内自然人	0.90	12000050	—	9000037	3000013
王文广	境内自然人	0.77	10331280	—	—	10331280
丁海富	境内自然人	0.75	9987859	—	—	9987859
金曙光	境内自然人	0.74	9859018	+675000	—	9859018

3. 广田集团

（1）公司简介

广田集团是一家集建筑装饰设计与施工、绿色建材研发为一体的上市集团企业，业态涵盖室内装饰及设计、幕墙、轨道交通、文旅、智能、消防、机电、新材料等领域，拥有建筑装修装饰工程专业承包一级等十余项一级、甲级资质，具备为客户提供建筑装饰施工设计一体化服务的能力。报告期内，公司主营业务、经营模式等未发生重大变化。

（2）业绩情况

2024 年，国内经济运行总体平稳、稳中有进，高质量发展扎实推进。公司抢抓机遇，克服重整后的阵痛，快速恢复信誉，全力以赴开拓市场，努力落实减亏提质目标，积极塑造和提升企业品牌形象，加强与控股股东产业协同。2024 年，公司累计新签订单 18.71 亿元，较上年增长 703%，实现营业收入 7.58 亿元，归属于上市公司股东的净利润 −2.01 亿元，经营亏损进一步收窄。

广田集团 2022 年至 2024 年年报主要财务数据见表 7-91。

表 7-91　广田集团 2022 年至 2024 年年报主要财务数据

财务指标	2024 年	2023 年	2022 年
营业收入 / 元	757687713.73	1002492959.83	3563727754.69
归属于上市公司股东的净利润 / 元	−200632177.37	2126750042.18	−5307588603.50
归属于上市公司股东的扣除非经常性损益的净利润 / 元	−194756511.94	−1994888980.86	−5228053373.72
经营活动产生的现金流量净额 / 元	−105117964.32	−99003298.57	−900342599.70
基本每股收益 / 元	−0.05	0.57	−1.42
稀释每股收益 / 元	−0.05	0.57	−1.42
加权平均净资产收益率 /%	−29.70	—	—
总资产（年末）/ 元	2507343836.29	2399292403.41	10788195825.60
归属于上市公司股东的净资产（年末）/ 元	575307679.25	775939856.62	−4787838576.38

广田集团 2024 年持股 5% 以上的股东或前 10 名股东持股情况见表 7-92。

表 7-92　广田集团 2024 年持股 5% 以上的股东或前 10 名股东持股情况

股东名称	股东性质	持股比例 /%	报告期末持股数	报告期内持股数增减	持有有限售条件的股份数	持有无限售条件的股份数
深圳市特区建工集团有限公司	国有法人	22.00	825211720	0	0	825211720
广田控股集团有限公司	境内非国有法人	15.29	573694098	0	0	573694098
深圳广田集团股份有限公司破产企业财产处置专用账户	其他	11.40	427578550	−327712168	0	427578550
叶远西	境外自然人	5.12	192000000	0	0	192000000
深圳前海基础设施投资基金管理有限公司 - 前海基础价值投资私募股权基金	其他	4.59	172000000	0	0	172000000
深圳市高新投集团有限公司	国有法人	4.30	161375176	−4624824	0	161375176
中原信托有限公司 - 中原信托 - 乐享（1）号信托	其他	3.27	122698537	0	0	122698537
沈阳盛利企业管理合伙企业（有限合伙）	其他	2.91	109154629	+109154629	0	109154629
交银金融资产投资有限公司	国有法人	1.22	45670821	0	0	45670821
中国中信金融资产管理股份有限公司	国有法人	0.80	30000000	0	0	30000000

4. 宝鹰股份

（1）公司简介

报告期宝鹰股份完成重大资产出售事项，公司及全资子公司宝鹰慧科将持有的宝鹰建设100% 股权出售给控股股东大横琴集团。公司作为控股平台型上市公司，立足建筑装饰行业，积极发展新兴产业，继续通过旗下宝鹰建科开展建筑、装饰工程施工等主营业务，以"弘扬工匠精神、打造精品工程"的服务理念，致力于为客户提供包括建筑装饰工程施工、承建管理在内的一体化综合解决方案。

宝鹰建科成立于 2014 年 3 月。2022 年 6 月，为充分利用国资控股股东的产业链上下游各项资源，紧抓粤港澳大湾区发展机遇，快速抢占市场份额，公司及全资子公司宝鹰慧科收购宝鹰建科 100% 的股权。宝鹰建科凭借宝鹰股份的品牌影响力，在国家重点发展粤港澳大湾区、横琴粤澳深度合作区的战略背景下，积极探索新基建、智慧城市、建筑工程、市政交通、光伏建筑等细分领域的产业布局，立足粤港澳大湾区，服务全国市场。

同时，上市公司平台下设控股子公司旦华复能、曜灵时代，旦华复能、曜灵时代以打造风电、太阳能等新能源投资、建设、运营一体化为战略目标，将公司主营业务由建筑装饰逐步向新能源业务转变，提升上市公司持续经营能力。截至报告期末，旦华复能、曜灵时代尚处于初创期，未实际产生营业收入，对公司经营状况未产生重大影响。

报告期内，公司的主营业务未发生重大变化。

（2）业绩情况

2024 年公司实现营业收入 21.12 亿元，实现归属于上市公司股东的净利润为 −7.42 亿元。2024 年公司以"稳根基、谋新篇"的总体布局为工作指引，全面贯彻落实公司年度经营发展计划，坚决采取有效措施，以稳住经营、清收账款、资本运作为公司三大重点工作任务，全力推进各项经营管理工作，努力化解历史包袱，大力激发经营活力，积极开展资本运作。

宝鹰股份 2022 年至 2024 年年报主要财务数据见表 7-93。

表 7-93　宝鹰股份 2022 年至 2024 年年报主要财务数据

财务指标	2024 年	2023 年	2022 年
营业收入 / 元	2111820989.40	4110786061.94	3727104747.54
归属于上市公司股东的净利润 / 元	−742299335.08	−970531591.08	−2187973450.17
归属于上市公司股东的扣除非经常性损益的净利润 / 元	−678035656.28	−968043977.40	−2179360642.62
经营活动产生的现金流量净额 / 元	−237346601.65	−369971508.44	−259610565.59
基本每股收益 / 元	−0.49	−0.64	−1.47
稀释每股收益 / 元	−0.49	−0.64	−1.44
加权平均净资产收益率 /%	—	−167.90	−105.19
总资产 / 元	1411518298.06	9457623665.39	9129293200.16
归属于上市公司股东的净资产 / 元	−6127507.99	90755823.79	1055379974.09

宝鹰股份 2024 年持股 5% 以上的股东或前 10 名股东持股情况见表 7-94。

表 7-94　宝鹰股份 2024 年持股 5% 以上的股东或前 10 名股东持股情况

股东名称	股东性质	持股比例 /%	报告期末持股数	报告期内持股数增减	持有有限售条件的股份数	持有无限售条件的股份数
珠海大横琴集团有限公司	国有法人	20.37	308888983	+13803660	0	308888983
珠海航空城发展集团有限公司	国有法人	11.54	174951772	0	174951772	0
古少明	境内自然人	4.05	61333658	0	0	61333658
大横琴股份（香港）有限公司 -1 号 -R	境外法人	2.00	30324645	+30324645	0	30324645
陈光亮	境内自然人	1.80	27298906	+27297006	0	27298906
黄红梅	境内自然人	1.78	26965886	+13563000	0	26965886
黄俊跃	境内自然人	1.06	16096900	+9937900	0	16096900
深圳市宝信投资控股有限公司	境内非国有法人	0.90	13655579	0	0	13655579
王万奎	境内自然人	0.66	9961200	−2080000	0	9961200
张昉	境内自然人	0.65	9918100	+1869200	0	9918100

5. 东易日盛

（1）公司简介

东易日盛成立于 1997 年，主要面向个人客户提供整体家装设计、工程施工、软装设计等服务。通过对生活方式的研究、总结和客户需求的数据积累，研发最适合家的设计和产品，并以数字化、专业化、产业化的工具使每位客户、每个家庭适合的生活方式得以实现，让更多人体验到有温度、有品质的美好家居生活。

"东易日盛"以"成为最受尊敬的卓越的家装品牌运营商"为愿景，以"装饰美好空间，筑就幸福生活"为使命，求实创新、稳健发展，专注于为追求品质的客户提供全案家装服务，致力于以完美、和谐的装饰效果，为居家生活打造安全、环保、舒适、高品质的空间环境和更加美好的生活方式，用专业设计缔造有思想的生活空间，赢得广大客户的喜爱。

公司旗下"创域家居（关镇铨）"为家装套餐产品，客户定位为新都市白领，主打产品为"999、1599 全屋智能精装"套餐，整合一线高端主材品牌，为客户提供整体家装解决方案，业务范围集中在上海及周边区域。"集艾室内设计"致力于开展顶级商业地产、酒店及度假村、高端会所、超高层办公楼等高级定制化设计业务，与众多一线地产公司和国际酒店管理集团都建立了长期稳定的战略合作关系。"邱德光设计"的灵魂人物邱德光先生被誉为中国设计界领军人物，开创了极具特色的新装饰主义设计风格，业务范围定位于顶级豪宅及高端楼盘样板间、会所商业空间。

（2）业绩情况

东易日盛 2022 年至 2024 年年报主要财务数据见表 7-95。

表 7-95　东易日盛 2022 年至 2024 年年报主要财务数据

财务指标	2024 年	2023 年	2022 年
营业收入 / 元	1295951564.11	2934413103.18	2524016553.42
归属于上市公司股东的净利润 / 元	−1171345157.80	−208468903.76	−744475759.83

财务指标	2024 年	2023 年	2022 年
归属于上市公司股东的扣除非经常性损益的净利润 / 元	−942120831.05	−215859250.63	−753544644.22
经营活动产生的现金流量净额 / 元	−105239104.72	−111083505.91	−390843600.91
基本每股收益 / 元	−2.79	−0.50	−1.77
稀释每股收益 / 元	−2.79	−0.50	−1.77
加权平均净资产收益率 /%	−224.75	−206.40	−120.71
总资产（年末）/ 元	1683324773.86	2930747294.52	3233835003.51
归属于上市公司股东的净资产（年末）/ 元	−1106831502.80	64474317.82	208686773.12

东易日盛 2024 年持股 5% 以上的股东或前 10 名股东持股情况见表 7-96。

表 7-96 东易日盛 2024 年持股 5% 以上的股东或前 10 名股东持股情况

股东名称	股东性质	持股比例 /%	报告期末持股数	报告期内持股数增减	持有有限售条件的股份数	持有无限售条件的股份数
天津东易天正投资有限公司	境内非国有法人	27.12	113780381	−21725608	0	113780381
天津晨尚咨询有限公司	境内非国有法人	15.87	66578594	0	0	66578594
小米科技（武汉）有限公司	境内非国有法人	5.01	21000000	0	0	21000000
陈永华	境内自然人	1.60	6730534	+6730534	0	6730534
陈辉	境内自然人	1.36	5711520	0	4283640	1427880
山西证券股份有限公司	境内非国有法人	1.08	4530238	+4530238	0	4530238
李永红	境内自然人	1.03	4320000	0	4320000	0
摩根士丹利国际股份有限公司	境外法人	0.92	3852936	+3852936	0	3852936
王光坤	境内自然人	0.72	3000000	+3000000	0	3000000
北京中金众鑫投资管理有限公司 - 众鑫顺为 1 号私募证券投资基金	境内非国有法人	0.55	2300000	+2300000	0	2300000

6. 全筑股份

（1）公司简介

全筑股份成立于 1998 年，是上海市装饰行业第一家沪市主板上市公司。二十余年来，全筑见证并推动了中国人居环境的发展。自 1998 年至今，全筑逐步形成设计、建造、制造、家居、科技五大事业群，拥有市场、设计、建造、生产、销售、服务于一体的整体解决方案。

（2）业绩情况

2024 年是公司完成重整后的关键年，公司管理层深入学习贯彻习近平新时代中国特色社会主义思想，贯彻"十四五"规划纲要。统一思想，端正认识，积极应对经济环境及行业变化，充分发挥自身优势，积极调整优化产业结构，努力推动公司的可持续发展。同时秉承"激情激励，务实求精"的企业精神，不断攻坚克难，积极推动企业信用、信誉修复，市场信心恢复，员工积极性调动等工作；不断完善公司内部治理体系，加强风险控制、降本增效；积极拥抱新技术，探寻创新发展之路。为实现高质量发展夯实基础。

报告期内，公司实现营业收入 7.82 亿元，同比减少 24.78%；归属于上市公司股东的净利润 −1.10 亿元；期末总资产 21.81 亿元，同比减少 23.17%。

全筑股份 2022 年至 2024 年年报主要财务数据见表 7-97。

表 7-97　全筑股份 2022 年至 2024 年年报主要财务数据

主要财务数据	2024 年	2023 年	2022 年
营业收入 / 元	781927418.51	1039516897.30	2008915587.35
扣除特殊收入后的营业收入 / 元	756641718.51	1030042092.04	2003636078.93
归属于上市公司股东的净利润 / 元	−110136571.63	94885709.99	−1197478122.87
归属于上市公司股东的扣除非经常性损益的净利润 / 元	−87658027.47	−573823585.52	−1183357172.71
经营活动产生的现金流量净额 / 元	−235588240.49	13825723.42	50152005.13
归属于上市公司股东的净资产（年末）/ 元	945550710.55	1031220785.32	−199843025.92
总资产（年末）/ 元	2180520678.77	2838247642.83	6031791989.98

全筑股份 2024 年持股 5% 以上的股东或前 10 名股东持股情况见表 7-98。

表 7-98　全筑股份 2024 年持股 5% 以上的股东或前 10 名股东持股情况

股东名称（全称）	持股比例 /%	报告期内持股数增减	期末持股数	持有有限售条件的股份数	质押 / 冻结情况	质押 / 冻结股份数
朱斌	10.90	+790280	143578861	0	冻结	119997399
王建郡	10.19	+4180000	134180000	0	无	0
大有科融（北京）科技中心（有限合伙）	7.97	0	105000000	0	无	0
盈方得（平潭）私募基金管理有限公司 - 盈方得财盈 6 号私募证券投资基金	4.78	0	63000000	0	无	0
费占军	4.71	−1000000	62000000	0	无	0
上海信洋私募基金管理有限公司 - 信洋 302 私募证券投资基金	4.56	0	60000000	0	无	0
宁波沅灿企业管理咨询合伙企业（有限合伙）	3.68	−1580700	48419300	0	无	0
深圳市银原投资合伙企业（有限合伙）	3.19	−600500	41999500	0	无	0
陈文	3.07	+524070	40493490	0	无	0
上海全筑控股集团股份有限公司破产企业财产处置专用账户	1.71	−63932823	22557168	0	无	0

7. 瑞和股份

（1）公司简介

报告期内，公司各项业务保持有序开展，公司主要从事政府机构、央国企、房地产开发商、大型企业、高档酒店、交通枢纽、园林绿化等综合性专业化装饰设计、工程施工业务以及光伏电站运营、光伏项目施工安装等业务。公司具备建筑装修装饰工程专业承包、建筑装饰工程设计专项、建筑幕墙工程专业承包、建筑幕墙工程设计专项、建筑机电安装工程专业承包、电子与智能化工程专业承包、新能源发电专业设计、消防设施工程设计专项、特种工程（限结构补强）专业承包、消防设施工程专业承包、建筑工程施工总承包、市政公用工程施工总承包、电力工程施工总承包、钢结构工程专业承包、古建筑工程专业承包、城市及道路照明工程专业承包、中国展览馆协会展览陈列工程设计与施工一体化、中国展览馆协会展览工程、承装电力设施许可证等资质，是行业内资质种类、等级齐全的建筑装饰企业之一。报告期内，公司从事的主要业务、主要产品及其用途、经营模式、主要的业绩驱动因素等无重大变化。

（2）业绩情况

2024 年，公司经受住了经营上的压力和挑战，全年营收较去年同期有所下降，归属于上市公司股东的净利润仍为负。面对困境，在董事会的前瞻部署与董事长的掌舵领航下，全体瑞和人拒绝在下行周期中被动沉沦，而是选择以韧性破困局，以求变谋突围。上下同欲，勠力同心，走向一条逆势突围的曙光之路。

瑞和股份 2022 年至 2024 年年报主要财务数据见表 7-99。

表 7-99　瑞和股份 2022 年至 2024 年年报主要财务数据

财务指标	2024 年	2023 年	2022 年
营业收入 / 元	782737166.86	1551943228.60	2149564670.44
归属于上市公司股东的净利润 / 元	−185864848.19	−372593261.90	9545465.34
归属于上市公司股东的扣除非经常性损益的净利润 / 元	−255038932.57	−447086046.73	−102157573.36
经营活动产生的现金流量净额 / 元	30403904.30	26743871.71	113327777.16
基本每股收益 / 元	−0.49	−0.99	0.03
稀释每股收益 / 元	−0.49	−0.99	0.03
加权平均净资产收益率 /%	−129.60	−86.70	1.52
总资产（年末）/ 元	3480854188.34	4067725163.63	4796814118.90
归属于上市公司股东的净资产（年末）/ 元	40623856.17	236341485.04	616036854.37

瑞和股份 2024 年持股 5% 以上的股东或前 10 名股东持股情况见表 7-100。

表 7-100　瑞和股份 2024 年持股 5% 以上的股东或前 10 名股东持股情况

股东名称	股东性质	持股比例 /%	报告期末持股数	报告期内持股数增减	持有有限售条件的股份数	持有无限售条件的股份数
李介平	境内自然人	20.21	76305925	0	57229444	19076481
深圳市瑞展实业发展有限公司	境内非国有法人	19.54	73770075	0	0	73770075
广州市裕煌贸易有限公司	境内非国有法人	4.01	15122983	−17	0	15122983
中国农业银行股份有限公司 - 华夏中证 500 指数增强型证券投资基金	其他	1.40	5266100	+5266100	0	5266100
元沣（深圳）资产管理有限公司 - 元沣价值成长 3 号私募投资基金	其他	0.95	3568600	0	0	3568600
方凯燕	境内自然人	0.83	3125000	0	0	3125000
潘卫明	境内自然人	0.70	2653400	2653400	0	2653400
林志远	境内自然人	0.55	2094600	523400	0	2094600
朱军	境内自然人	0.55	2066600	2066600	0	2066600
谷岩	境内自然人	0.53	2007300	2007300	0	2007300

8. 中天精装

（1）公司简介

中天精装是国内领先的精装修服务提供商，主要为国内大型房地产商等提供批量精装修施工和设计服务。批量精装修属于建筑装饰行业的一个新兴的细分市场，自 2007 年起至报告期内，其业务收入在公司整体收入中的占比持续高于 99%。

（2）业绩情况

本报告期，公司营业收入 36167.38 万元，较上年同期减少 56.05%；实现归属于上市公司股东的净利润 –42836.43 万元，主要系公司对存在减值迹象的资产计提了减值准备；公司为防范回款风险，加大了对承接项目及客户的甄选力度，主动收缩了业务规模；受市场竞争环境等因素影响，客户对成本管理要求更趋严格，导致公司项目毛利率下降；公司净资产 150209.88 万元，经营活动产生的现金流量净额为 2364.09 万元。公司资产负债率 34.51%，较上年同期下降 9.32 个百分点，进一步保障了公司运营的安全性。

中天精装 2022 年至 2024 年年报主要财务数据见表 7-101。

表 7-101　中天精装 2022 年至 2024 年年报主要财务数据

指标名称	2024 年	2023 年	2022 年
营业收入 / 元	361673793.51	822862890.35	1992753611.39
归属于上市公司股东的净利润 / 元	−428364264.79	8335312.67	67349696.36
归属于上市公司股东的扣除非经常性损益的净利润 / 元	−410119198.95	−12307909.15	49225564.44
经营活动产生的现金流量净额 / 元	23640860.46	−80133668.15	271622737.86
基本每股收益 / 元	−2.36	0.05	0.4
稀释每股收益 / 元	−2.36	0.05	0.4
加权平均净资产收益率 /%	−29.42	0.49	3.84
总资产 / 元	2293686539.15	2968524990.68	3623761713.58
归属于上市公司股东的净资产 / 元	1477688903.80	1667303171.46	1763579303.60

中天精装 2024 年持股 5% 以上的股东或前 10 名股东持股情况见表 7-102。

表 7-102　中天精装 2024 年持股 5% 以上的股东或前 10 名股东持股情况

股东名称	股东性质	持股比例 /%	报告期末持股数	报告期内持股数增减	持有有限售条件的股份数	持有无限售条件的股份数
宿迁市中天荣健企业管理有限公司	境内非国有法人	27.06	52800000	0	0	52800000
宿迁市中天安企业管理有限公司	境内非国有法人	16.37	31940379	+7404594	0	31940379
乔荣健	境内自然人	7.43	14496000	0	10872000	3624000
云虎（海南）科技产业发展有限公司	境内非国有法人	4.66	9085594	+9085594	0	9085594
宿迁天人和一企业管理合伙企业（有限合伙）	境内非国有法人	3.81	7434400	0	0	7434400
张安	境内自然人	2.58	5043000	+1680000	5043000	0
杜新龙	境内自然人	0.63	1223000	+1223000	0	1223000
段娟娟	境内自然人	0.60	1167190	+64190	0	1167190
宿迁顺其自然企业管理合伙企业（有限合伙）	境内非国有法人	0.52	1017100	0	0	1017100
王栋	境内自然人	0.44	864600	+864600	0	864600

9. 郑中设计

（1）公司简介

郑中设计成立于 1994 年，总部设于中国深圳，并在多地设立分支机构，公司专业提供原创设计及顾问服务，是室内设计领域的国际领先企业之一。作为"亚洲 500 强"唯一上榜的创意机构、室内设计国际竞争力排名第一的品牌，自创立至今，Cheng Chung Design（CCD）获得室内设计界最高荣誉——"Gold Key Awards（金钥匙奖）"最佳酒店设计奖在内的 200 余项顶级国际大奖，包括德国红点奖等，成为首家囊括全系列酒店设计大奖的华人设计公司。

（2）业绩情况

2024 年，公司实现营业收入 1187042176.94 元，较去年同期增加 8.49%，归属于上市公司股东的净利润为 95421891.90 元，同比扭亏为盈，经营活动产生的现金流量净额为 248699385.21 元。报告期内，公司设计业务取得良好发展，持续发挥品牌优势。2024 年，设计业务实现收入为 720698416.34 元，同比增长 9.51%，设计业务收入占营业收入的比例达到 60.71%，2023 年同期占比 60.14%，公司设计业务占营业收入的比例达到新高，进一步彰显公司设计业务的重要性。报告期内，设计业务新签订单为 11.02 亿元，加上软装新签订单 4.52 亿元，订单合计为 15.54 亿元，较上年同期增加 19.54%。

郑中设计 2022 年至 2024 年年报主要财务数据见表 7-103。

表 7-103　郑中设计 2022 年至 2024 年年报主要财务数据

指标名称	2024 年	2023 年	2022 年
营业收入 / 元	1187042176.94	1094197893.27	1096168642.58
归属于上市公司股东的净利润 / 元	95421891.90	−48463284.34	−174944795.39
归属于上市公司股东的扣除非经常性损益的净利润 / 元	61516052.73	−77209878.81	−189849957.70
经营活动产生的现金流量净额 / 元	248699385.21	375311292.84	260933189.51
基本每股收益 / 元	0.36	−0.18	−0.65
稀释每股收益 / 元	0.36	−0.18	−0.65
加权平均净资产收益率 /%	8.47	−4.08	−13.04
总资产 / 元	2555710131.91	2600212281.28	2648298116.12
归属于上市公司股东的净资产 / 元	1118020693.92	1165797011.92	1210081398.32

郑中设计 2024 年持股 5% 以上的股东或前 10 名股东持股情况见表 7-104。

表 7-104　郑中设计 2024 年持股 5% 以上的股东或前 10 名股东持股情况

股东名称	股东性质	持股比例 /%	报告期末持股数	报告期内持股数增减	持有有限售条件的股份数	持有无限售条件的股份数
深圳市亚泰一兆投资有限公司	境内非国有法人	51.87	141961723	0	0	141961723
郑忠	境外自然人	11.15	30516750	0	22887562	7629188
唐旭	境内自然人	1.71	4687900	−447400	0	4687900
林霖	境内自然人	1.39	3804425	−200000	0	3804425
邱卉	境内自然人	1.08	2946225	0	0	2946225

股东名称	股东性质	持股比例/%	报告期末持股数	报告期内持股数增减	持有有限售条件的股份数	持有无限售条件的股份数
邱艾	境外自然人	0.82	2247750	0	0	2247750
李新义	境内自然人	0.58	1596300	−373000	0	1596300
陈世辉	境内自然人	0.53	1463059	+1463059	0	1463059
刘炜	境内自然人	0.36	987600	+253500	0	987600
陈丽芳	境内自然人	0.30	810000	−220000	0	810000

10. 名雕股份

（1）公司简介

名雕股份于 1998 年在深圳经济特区正式成立，自成立以来，始终聚焦于建筑装饰和装修业务领域。凭借卓越的设计服务品质、精湛的工程施工技艺以及完善的一体化家装解决方案，公司在业内树立了良好口碑，尤其在为中大户型住宅客户群体提供专业服务方面表现卓越，在珠三角地区具有较高美誉度。

通过持续的稳健发展与资源的深度整合，公司成功构建起涵盖家居设计、工程施工、材料配送、木制品生产以及售后服务等全流程的完整产业链体系，为客户打造一站式家装服务体验。在核心竞争力方面，公司凭借在设计创新与品质管控方面的突出优势，多次荣膺重要奖项，品牌知名度与美誉度不断提升，在行业内稳居领先地位。

作为家装行业的领军企业之一，公司高度重视技术研发与创新，在工艺与材料方面取得了 160 余项国家专利，同时拥有多项自主品牌产品等丰富的研发成果，是行业内为数不多的具备研发实力与自主知识产权的企业典范。公司积极投身于行业标准的制定工作，为推动行业规范化发展贡献力量，并在服务模式创新方面发挥了积极的引领作用。

（2）业绩情况

名雕股份 2022 年至 2024 年年报主要财务数据见表 7-105。

表 7-105　名雕股份 2022 年至 2024 年年报主要财务数据

财务指标	2024 年	2023 年	2022 年
营业收入 / 元	673861171.13	784152946.01	828305766.88
归属于上市公司股东的净利润 / 元	40681231.21	39088119.15	18948730.75
归属于上市公司股东的扣除非经常性损益的净利润 / 元	40140561.00	37272947.87	18501219.74
经营活动产生的现金流量净额 / 元	25162798.25	87395323.67	−13541204.68
基本每股收益 / 元	0.31	0.29	0.14
稀释每股收益 / 元	0.31	0.29	0.14
加权平均净资产收益率 /%	6.08	5.85	2.88
总资产 / 元	1361094947.16	1453271504.43	1459982195.09
归属于上市公司股东的净资产 / 元	670275356.52	681351528.31	658264209.16

名雕股份 2024 年持股 5% 以上的股东或前 10 名股东持股情况见表 7-106。

表 7-106　名雕股份 2024 年持股 5% 以上的股东或前 10 名股东持股情况

股东名称	股东性质	持股比例 /%	报告期末持股数	报告期内持股数增减	持有有限售条件的股份数	持有无限售条件的股份数
蓝继晓	境内自然人	22.55	30073000	0	22554750	7518250
林金成	境内自然人	21.89	29188500	0	21891375	7297125
彭旭文	境内自然人	21.89	29188500	0	21891375	7297125
姜鑫	境内自然人	6.11	8144188	0	8144188	0
深圳泽源私募证券基金管理有限公司 - 泽源利旺田 17 号私募证券投资基金	其他	1.23	1641800	0	1641800	0
谢心	境内自然人	1.12	1500000	0	0	1500000
施侃	境内自然人	0.65	865200	+865200	0	865200
深圳泽源私募证券基金管理有限公司 - 泽源多策略 2 号私募证券投资基金	其他	0.50	660900	+660900	0	660900
马超	境内自然人	0.49	657400	+657400	0	657400
彭有良	境内自然人	0.43	580000	−20000	0	580000

第八章
建筑陶瓷、卫生洁具产业链细分领域运行情况

第一节　陶瓷砖领域发展报告

一、产业发展环境与总体运行态势

1. 政策环境及其影响

近年来，国家层面密集出台多项政策，明确引导包括陶瓷砖在内的建材行业向绿色低碳、智能制造、高端品质和服务化转型方向发展。面对全球碳中和目标的推进和国内产业结构升级的需求，建材行业不再仅以规模扩张为导向，而是被要求在节能降碳、工艺优化、智能改造、产品提质增效、服务模式创新等方面同步发力，全面提升发展质量和可持续竞争力。

在这一总体方向下，多个关键政策形成了系统支撑。《2024—2025年节能降碳行动方案》提出，到2025年底，陶瓷行业能效标杆水平以上产能占比要达到30%，并严格控制新增建材项目的能效和环保标准，推广节能减排工艺。《产业结构调整指导目录（2024年本）》将绿色建材、智能制造列为鼓励类，限制高能耗、高污染生产工艺，明确加速落后产能出清。《建材行业稳增长工作方案》强调推动建筑卫生陶瓷等行业绿色低碳转型，推广节能降碳技术，支持建设绿色工厂。《绿色建材产业高质量发展实施方案》则围绕"三品"行动，提出开展品种培优、推动品质强基和扩大品牌影响，加快形成绿色建材产业集群。《建筑和卫生陶瓷行业节能诊断服务指南》进一步细化到企业操作层面，指导开展节能诊断与改造。与此同时，《关于加快传统制造业转型升级的指导意见》《制造业数字化转型行动方案》要求到2027年关键工序数控化率达到70%以上，普及工业数字化研发工具，形成制造业高端化、智能化、绿色化的新格局。《政府工作报告》也明确提出，推动传统产业改造提升，加强全面质量管理，打造名品精品，提升制造业整体竞争力。

在此政策体系主导下，陶瓷砖行业发展面临结构性调整。首先，能耗和环保门槛显著提高，传统高能耗、高排放、小规模、低效率的生产线将加速退出，行业集中度提升，资源将向头部企业集中。企业必须加快设备更新，推广低氮燃烧、热能回收等节能减排技术，加快绿色低碳转型，才能在政策红线下生存。其次，智能制造成为刚性要求，不仅是部分环节的自动化升级，还包括生产流程的数据化监控、工艺参数的智能优化、供应链的数字化协同。设备投资和系统集成能力，正在成为行业竞争的新门槛。

此外，产品创新从外观设计转向功能性与绿色性能双重提升，如防滑、防污等功能性瓷砖需求增加。品牌建设也不再是简单的市场营销问题，而是要通过标准化、高质量生产和完善的服务体系形成真正的竞争壁垒。与此同时，面对存量房市场崛起，单一销售材料的模式

逐渐失效，陶瓷砖企业必须加强与整装公司、局部改造、适老化改造等服务商的合作，延伸服务全链条，向整体空间解决方案提供商转型。

总体来看，在政策持续加码和市场结构深度变化的双重作用下，陶瓷砖行业已站在转型升级的关口。未来，绿色低碳、智能制造、品质提升与服务延伸，将共同塑造陶瓷砖行业的新竞争格局。

2. 房地产运行趋势及其影响

近年来，中国房地产市场经历了由高位增长到深度调整的转变。2020 年和 2021 年，需求释放，房地产开发投资分别同比增长 7.0% 和 4.4%，新建商品房销售面积也连续上升。

自 2022 年起，受经济下行、政策调控及市场信心不足等因素影响，房地产开发投资连续三年下滑，2024 年降至 100280 亿元（图 8-1）；新建商品房销售面积持续缩减，2024 年为97385 万平方米（图 8-2）。

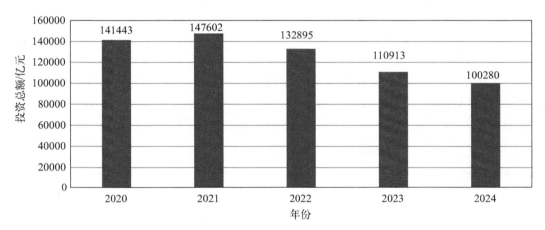

图 8-1　2020—2024 年房地产开发投资情况

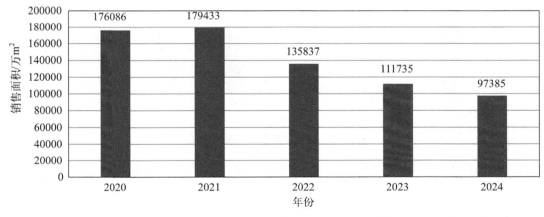

图 8-2　2020—2024 年新建商品房销售面积情况

2024 年，中央提出对商品房建设要"严控增量、优化存量、提高质量"，地方陆续出台取消限购、下调首付比例、降低交易税费等激励政策，鼓励以购代建、保交楼，释放宽松信号，四季度起市场止跌回稳迹象初现。一线城市率先回暖，二手房市场活跃。

2024 年全国二手房成交量持续增长，伴随新建商品房交易规模下探，存量房交易占比进一步提升。相关机构发布的数据显示，2024 年，全国重点城市二手房成交近 130 万套，同比增长约 9%，为近 5 年新高。一线城市二手房成交活跃，北京、上海、深圳二手房成交量同比均增长。其中，北京总成交量 17.47 万套，同比上升 12.6%；上海总成交量 23.79 万套，同比上升 30.0%；深圳总成交量 5.6 万套，同比上升 72.7%。"以价换量"背景下，低总价二手房成交占比提升。

整体来看，市场复苏基础仍显脆弱，需求规模收缩、投资热度减退，房地产行业仍处于由增量扩张转向存量优化和高质量发展的调整期。

在房地产市场整体下行、增量转存量的大背景下，陶瓷砖行业同步面临严峻挑战。首先，整体需求持续承压，无论工程渠道还是零售渠道均不同程度下滑，其中新房装修需求萎缩导致工程渠道订单量明显收缩，企业原有依赖大宗工程采购的模式受到冲击。零售渠道虽同样下滑，但仍是相对稳定的支撑力量。

随着二手房交易活跃，存量改造市场规模扩大，局部翻新、整屋改造需求上升，对陶瓷砖产品提出了更高的设计感、适配性与功能性要求。特别是在低总价、快速交付场景下，对灵活供应和一体化解决方案的需求增长。

3. 产业总体运行情况

如图 8-3 所示，2024 年，全国陶瓷砖产量延续下行趋势，为 59.1 亿平方米，较 2023 年下降 12.08%，产能利用率不足 50%。产能过剩导致生产端"年初开窑晚，年中停窑多，年末停窑早"的特征更趋明显，市场端引发产品价格持续下滑，价格竞争加剧，企业盈利能力降低。

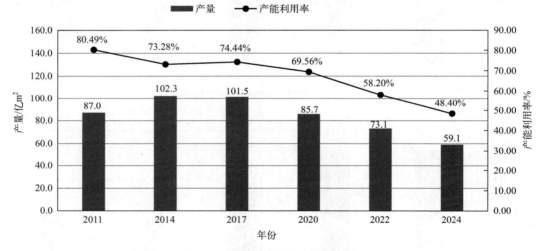

图 8-3　陶瓷砖产量及产能利用率

2024 年，建筑陶瓷工业规模以上企业共 993 家，较 2023 年减少 29 家（图 8-4）。截至 2024 年，全国建筑陶瓷生产线数量由 2022 年的 2485 条减少至 2193 条，退出率为 11.75%。近年来，由于大产能产线的增加，企业、产线退出率远大于产能退出率。

2024 年，企业主营业务收入、利润总额、利润率全面下滑，主营业务收入下滑加剧，利润率下滑幅度收窄。不同于 2023 年企业业绩分化表现，2024 年行业运营走势普遍偏弱，亏损企业数量增加，企业亏损面扩大，亏损额增加。同时，库存金额有所降低，企业负债减少，表明在市场下行的环境下，企业倾向于采取更加稳健的经营策略。

当前，我国建筑陶瓷各产区区域发展不平衡与产能普遍过剩两大问题并存。产区运行呈现明显分化，部分产区保持相对稳定。传统主产区中，广东、江西、山东产量下滑幅度接近

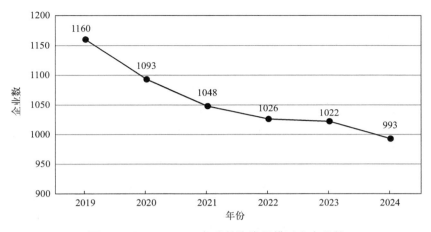

图 8-4　2019—2024 年建筑陶瓷规模以上企业数

或超过两位数。出口受阻对广东产区运行影响较大，江西产区产量下降主要受其他产区订单回流或转移的影响。福建、广西产区运行保持稳定，产量较 2023 年基本一致。黑龙江、安徽等新兴产区虽然增速显著，但基数较小，对全国产量影响有限。整体而言，南方产区开窑率和产能利用率优于北方产区。市场需求支撑、能源成本差异、环保政策环境是造成分化的主要原因。

二、市场运行趋势

1. 概述

2024 年，中国陶瓷砖行业在房地产需求收缩、存量竞争加剧的背景下，呈现出价格战白热化、需求结构分化、渠道深度变革的显著特征。市场整体承压，中低端产品价格持续下探，企业利润空间被严重压缩。

精装渠道进一步萎缩，旧改项目受关注。2024 年，我国房地产市场整体仍呈现调整态势，精装修市场新开盘项目 1222 个，同比下滑 21.9%，市场规模 66.41 万套，同比下滑 28.9%。奥维云网监测数据显示，瓷砖配套规模也受到市场整体下行的影响继续下滑。工程渠道被动转向城市更新、旧房改造等存量项目。

零售渠道快速重构，整装渠道强势崛起。受卖场经济下行影响，陶瓷砖品牌撤店已成为较普遍的现象，尤其是品牌力较弱的品牌，卖场瓷砖卫浴品牌种类减少，但龙头企业、高端品牌仍通过入驻卖场（尤其是核心地段的地标性卖场）强化品牌形象，并通过店面升级提升消费体验。与此同时，线上带货模式快速发展，抖音等电商平台成为低价走量新阵地，线下渠道则向县域市场下沉。以经销商和建材市场为核心的传统渠道体系受到整装、数字化平台和服务闭环冲击，这一趋势直接推动陶瓷砖等主材类产品渠道的重构。

以旧换新激活存量市场，满足消费者个性化需求成突围重点。在存量市场主导的背景下，国家政策与市场需求共同推动行业向服务化转型升级。当下，二手房装修占比提升，传统产品供给方式与精细化需求的矛盾凸显。同时，部分生产企业与整装企业深度协同，通过数字化转型、产品服务创新等，提供从设计、研发到安装的一站式解决方案，解决旧改市场施工工期长、拆旧难的问题，匹配存量市场个性化改造需求。

2. 产品结构变化

2024 年陶瓷砖各类产品产能占比见图 8-5。

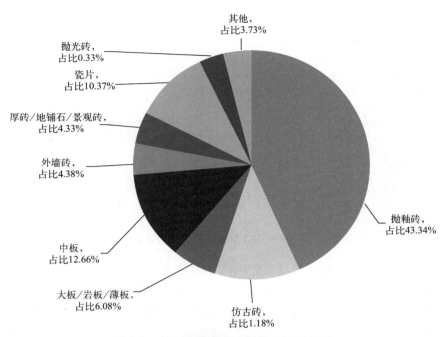

图 8-5　2024 年陶瓷砖各类产品产能占比

2024 年陶瓷砖各类产品产能情况见表 8-1。

表 8-1　2024 年陶瓷砖各类产品产能情况

产品类别	生产线 / 条	日产能 / 万 m²	年产能（按 310 天计）/ 万 m²
抛釉砖	677	1706.69	529073.9
仿古砖	274	464.6	144026
大板 / 岩板 / 薄板	164	293.37	74204.7
中板	160	498.5	154535
外墙砖	159	172.6	53506
厚砖 / 地铺石 / 景观砖	153	170.45	52839.5
瓷片	151	408.55	12660.5
抛光砖	55	130.5	40455
其他	156	146.79	45504.9
总计	1949	3992.05	1106805.5

注：其他包括黑砖、白砖、艺术砖、小地砖、耐磨砖、透水砖、地脚线、腰线、陶瓷马赛克、微晶石、手工砖、广场砖等。

　　近年来，抛釉砖的产能显著提升，2024 年相比 2022 年增长了 15.63%，在总体产能中占比达到四成以上。其产能快速扩张反映出市场偏好的转变。同时，抛釉砖生产线技术成熟、单位产能高，规模化生产效益显著，这也促使企业纷纷加码该品类产能。随着头部企业投入先进设备提高产能效率，抛釉砖在行业中的主导地位进一步巩固。

　　另一大亮点品类是厚砖 / 地铺石 / 景观砖。该类户外用砖产品 2024 年产能比 2022 年猛增 58.25%，增长率在所有品类中遥遥领先。厚砖产品具备高强度和耐候性，广泛用于市政景观、人行道、公园广场等户外铺装，其迅猛发展的趋势表明行业产品正向功能化、多元化方向延伸。

中板产能也出现小幅增长（+4.28%）。仿古砖产能基本持平（微增 0.91%），表明这一小众装饰风格拥有相对稳定的消费群体，但市场占比仍很小。

与新兴品类形成鲜明对比的是，传统瓷砖产品线加速萎缩，反映出消费结构变化和落后产能出清的过程。瓷片在 2024 年的产能较 2022 年大幅下降 36.61%，降幅居各品类之首。瓷片曾广泛用于厨房、卫生间墙面，但由于规格小、花色单一，正逐步被大规格瓷砖和其他新型墙面材料取代。

抛光砖的产能也显著萎缩，相比 2022 年下降了 32.33%。抛光砖曾在十多年前风靡一时，因其表面光亮、坚硬耐磨，被大量用于地面铺装，然而随着抛釉工艺成熟与审美风格变化，传统抛光砖需求大减。

大板 / 岩板 / 薄板这类超大规格瓷砖的产能也出现了明显下滑，2024 年比 2022 年减少了 22.24%。大板 / 岩板 / 薄板几年前曾是行业热点，不少企业投产大板生产线以求差异化。然而，大规格岩板的安装成本高，下游应用市场一时难以全面打开。近两年房产装修市场低迷，大板需求未及预期，部分企业开始缩减产量或转产他用。此外，前期盲目扩张导致供过于求，行业开始理性调整大板产能配置，这类产品产能占比降至约 6%。

同样呈现收缩趋势的还有外墙砖，2024 年外墙砖产能比 2022 年减少约 14.93%，十年间减少 80%，政策和市场因素导致外墙砖需求急剧萎缩。2021 年 7 月，住房和城乡建设部在《房屋建筑和市政基础设施工程危及生产安全施工工艺、设备和材料淘汰目录（第一批）》中明确：水泥砂浆不得用于高于 15m 外墙饰面砖的粘贴，强推外墙涂料或其他黏结材料（由于无成本和工艺兼顾的替代品，实质上等于禁止了高层外墙砖应用）。2003 年以来，北京、江苏、重庆等地相继对外墙砖使用出台了更加严格的政策，政策端持续收紧；与此同时，房地产工程需求大幅下滑、常规外墙砖缺乏技术和品类创新、利润下滑、原料与人工成本不断攀升等因素共同作用，导致市场"既没有量，也没有利润"，外墙砖产能因而大幅萎缩。此外，"其他"类别瓷砖产能也同比下降了约 18.51%。

总体而言，2024 年陶瓷砖行业年产能约 110.7 亿平方米。产能布局呈现"强者更强、弱者出局"的趋势，部分新兴品类逆势扩张，而落后产品线则加速淘汰。

3. 价格走势

2024 年，伴随着房地产市场下行压力加大、瓷砖消费市场需求萎缩与产能过剩矛盾进一步凸显，2024 年佛山陶瓷价格总指数继续呈低迷下行态势，全年指数值在 73.37 点至 80.23 点之间波动，低于 2023 年指数值 78.01 点至 86.50 点的波动范围，各分类指数下跌，市场行情进一步低迷下沉。详见第九章。

三、国际贸易

在全球建筑陶瓷市场中，中国以庞大的生产规模和高效的制造能力，长期占据主导地位。然而，近年来，随着国际贸易环境的变化，以及建筑卫生陶瓷出口退税率下调政策的实施，中国建筑陶瓷的出口之路变得愈发艰难。

近年来，中国建筑陶瓷的出口遭遇了重大挑战。欧盟、美国、印度尼西亚、马来西亚、阿根廷及英国等多个国家和地区纷纷对中国建筑陶瓷发起反倾销调查，并据此征收反倾销税。这些不利因素不仅提升了中国建筑陶瓷企业的出口成本，还削弱了中国瓷砖在国际市场上的竞争力，导致出口量和出口额逐年下滑。

2016 年至 2024 年，中国建筑陶瓷的出口量经历了显著下降，从 10.74 亿平方米减少至 6.00 亿平方米，同时出口额也从 55.31 亿美元下滑至 32.41 亿美元。特别是 2020 年以来，中国陶瓷砖的出口量稳定在 6 亿平方米左右，受多方面因素制约，已基本难以恢复到 2020 年之前的水平。导致这一状况的主要原因包括：全球范围内对中国陶瓷的反倾销；中国瓷砖的生产成本不断攀升；中国企业大批出海办厂；中国瓷砖生产制造制式输出；其他陶瓷生产国的快速崛起。

1. 出口情况分析

2024 年，我国陶瓷砖出口呈现"量稳价跌、结构承压"的阶段性特征。出口量维持在 60040 万 m²，较 2023 年的 61809 万 m² 微降 2.86%，在近年波动区间（58147 万～ 62226 万 m²）内，显示出海外市场需求的韧性支撑（图 8-6）。平均出口单价从 7.86 美元 /m² 下跌至 5.40 美元 /m²（−31.30%），反映出出口产品在国际市场上面临的价格竞争困境（图 8-7）。

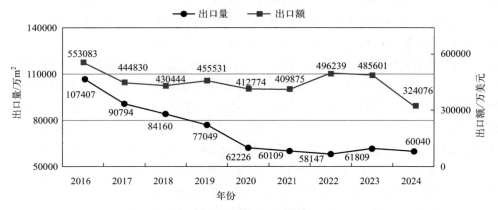

图 8-6　2016—2024 年陶瓷砖出口量及出口额

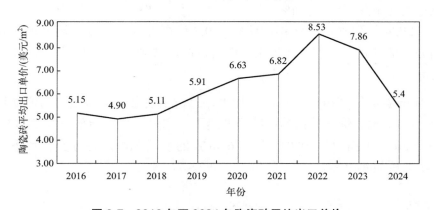

图 8-7　2016 年至 2024 年陶瓷砖平均出口单价

2024 年，陶瓷砖平均出口单价为 5.40 美元 /m²，较 2022 年峰值（8.53 美元 / m²）累计缩水 36.7%，表明前期产品升级成果被阶段性逆转。一方面，东南亚、中东等新兴市场基础建设需求为出口量的稳定提供了支撑，但中低端产品占比扩大导致价格下探；另一方面，多国实施贸易保护主义，倒逼企业降价保份额，出口高端化进程受阻。

2024 年陶瓷砖出口流向见图 8-8。

2024 年，中国陶瓷砖出口前十大目的地国家 / 地区的出口总量为 4.02 亿平方米，集中度较 2023 年提升约 2 个百分点。

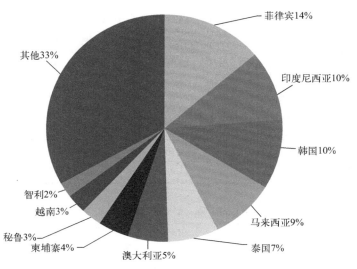

图 8-8　2024 年陶瓷砖出口流向

2024 年向前十大出口目的国出口的陶瓷砖出口量、出口额、平均出口单价见表 8-2。

表 8-2　2024 年向前十大出口目的国出口的陶瓷砖出口量、出口额、平均出口单价

序号	国家	出口量 / 万 m²	出口额 / 万美元	平均出口单价 /（美元 /m²）
1	菲律宾	8303.72	29628.00	3.57
2	印度尼西亚	5977.18	20550.65	3.44
3	韩国	5967.91	24481.44	4.10
4	马来西亚	5311.01	21996.35	4.14
5	泰国	4171.58	20230.65	4.85
6	澳大利亚	3294.72	20025.17	6.08
7	柬埔寨	2524.57	9363.62	3.71
8	秘鲁	1704.81	6057.51	3.55
9	越南	1631.10	21531.20	13.20
10	智利	1294.68	5127.82	3.96
全国总计		60040.19	324076.42	5.40

　　菲律宾、印度尼西亚、韩国连续三年稳居前三，出口量分别为 8303.72 万 m²、5977.18 万 m²、5967.91 万 m²，合计占比达 33.73%，仍是核心市场。越南依然是平均出口单价最高的市场（13.20 美元 /m²），显著高于其他市场，但较 2023 年大幅下滑。需要注意的是，2024 年 10 月，印度尼西亚开始对中国出口瓷砖加征 6.06 ～ 42.63 元 /m² 的反倾销税，将严重冲击向印度尼西亚市场的出口。

　　2024 年，广东、福建、山东、辽宁、广西为我国陶瓷砖出口前五名，合计出口量占比达 92.07%，与 2023 年（92.51%）基本持平。与 2023 年相比，浙江跌出前五，广西上升至第五位（表 8-3）。

　　2. 进口情况分析

　　2024 年，陶瓷砖进口贸易延续量价双跌的趋势，进口量为 252 万 m²，同比下降 19.75%，进口额为 8129 万美元，同比下降 29.01%，进口规模进一步收缩（图 8-9）。

表 8-3　2024 年主要出口省（自治区、直辖市）的陶瓷砖出口量、出口额、出口单价

序号	省（自治区、直辖市）	出口量 / 万 m²	出口额 / 万美元	出口单价 /（美元 /m²）
1	广东省	37538.99	163547.44	4.36
2	福建省	12037.43	55936.44	4.65
3	山东省	2542.59	16354.12	6.43
4	辽宁省	2052.78	6098.4	2.97
5	广西壮族自治区	1106.05	19895.91	17.99
	全国总计	60040.19	324076.42	5.40

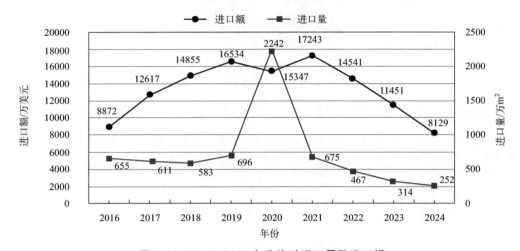

图 8-9　2016—2024 年陶瓷砖进口量及进口额

2024 年，陶瓷砖平均进口单价 32.22 美元 /m²，较 2023 年下降 11.56%（图 8-10）。

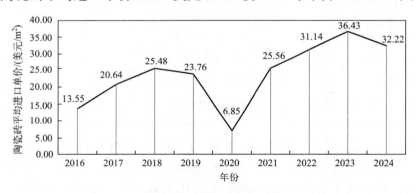

图 8-10　2016—2024 年陶瓷砖平均进口单价

四、质量与标准

1. 质量分析

2024 年，在广东、福建、山东、山西、安徽、江西等 11 个省份 217 家生产单位抽查 217 批次产品，抽查发现 24 批次产品不合格。其中，有 1 批次产品安全项目放射性不合格；11 批次产品吸水率不合格，8 批次产品尺寸不合格，6 批次产品破坏强度不合格，1 批次产品断裂模数不合格。

如图 8-11 所示，近年来，国家市场监督管理总局对陶瓷砖产品的质量监督抽查结果呈波动态势。2013 年到 2024 年，国抽合格率在 86.0%（2020 年最低）到 95.0%（2015 年最高）之间起伏，整体保持在 88%～92% 的区间。

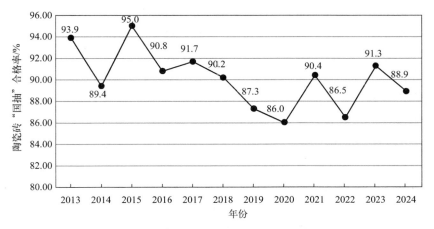

图 8-11　2013—2024 年陶瓷砖"国抽"合格率

从宏观趋势看，行业合格率呈现"先升后降再回稳"的态势：2013—2015 年随着设备更新和工艺优化，合格率一度攀升；2020 年前后受原材料波动、新增环保和能耗约束影响，合格率回落至 86% 左右，此后合格率在 86% 和 92% 之间波动，整体合格率低于 2020 年之前的水平。

中国质量新闻网报道指出，尽管生产环节抽查合格率常年在 90% 以上，销售环节仍有因尺寸偏差、吸水率和破坏强度等关键性能不达标而引发的投诉，这反映出生产与市场监管的脱节问题亟待解决。吸水率和破坏强度不合格，往往源于烧制温度与时间控制不到位；放射性核素不合格则与原料矿石中放射性元素含量波动密切相关。

从企业层面看，头部品牌凭借规模化、自动化生产线和完善的质量管理体系，合格率常年稳居 95% 以上；中小企业则因技术和资金限制，存在工艺配套不完善、在线检测手段薄弱的问题，其合格率多在 85%～90% 之间波动。市场竞争的加剧也加大了成本压力，部分企业在原料选购上趋于保守，未能及时采用进口高品质黏土和釉料，导致个别批次产品在耐磨性、色差稳定性方面表现不佳。

基于当前存在的质量问题，行业应进一步推进两大方向的工作：一是过程管控强化——推广在线质检与自动化反馈系统，实现从"出厂后检"向"生产中控"转变，降低因人为与设备波动带来的质量风险；二是技术与原料联合创新——通过建立原料放射性溯源体系和精准烧成模型，提升产品的一致性和安全性，确保核心指标持续达标。

总之，过去十余年陶瓷砖质量监督抽查虽整体合格率较高，但波动反映出行业在升级转型过程中仍面临技术与管理双重考验。只有政策与市场共同发力，强化标准执行和技术创新，才能保障陶瓷砖产品高质量、可持续发展。

2. 标准化工作

面对行业整体下行、需求萎缩的环境，标准化工作持续推进，以国家政策为导向，加快了陶瓷砖产品向绿色化、高端化、智能化方向的转型升级步伐。全年制修订并发布了一批重要标准，如《建筑卫生陶瓷和耐磨氧化铝球单位产品能源消耗限额》（GB 21252—2023）、《陶瓷岩板》（GB/T 44309—2024）等，强调产品的资源属性、能源属性、品质属性、环境属性及低碳属性，推动陶瓷砖产品的质量提升和绿色发展。此外，《消费品质量分级　陶瓷砖》等质量分级标准的制定有效引导了市场向优质、优价方向转变。总体而言，2024年的标准化工作更突出节能降耗、环境保护和高质量发展的战略定位，为产业转型升级提供了重要支撑，推动行业向绿色、高端、智能方向稳步迈进。

《建筑卫生陶瓷和耐磨氧化铝球单位产品能源消耗限额》（GB 21252—2023）由 GB 21252—2013《建筑卫生陶瓷单位产品能源消耗限额》和 GB 30181—2013《微晶氧化铝陶瓷研磨球单位产品能源消耗限额》两项标准整合修订而成，本次的整合修订，基于我国目前"双碳"背景下，为响应国家"3060"目标，适应国家绿色低碳发展的需要，进一步促进过剩产能的消化，提升供给侧结构性改革的效果，从技术层面服务行业转型发展，完善节能标准体系，提高并科学细化单位产品综合能耗限额指标要求，抑制低水平重复建设、盲目扩张，引领行业开展技术创新、提高节能降碳水平。

2024年，根据《以标准升级助力经济高质量发展工作方案》和《推动大规模设备更新和消费品以旧换新行动方案》的要求，实施新一轮标准提升行动，更好支撑设备更新和消费品以旧换新。行动方案要求，强化家居产品标准引领：制修订绿色建材评价标准，制定陶瓷砖等质量分级标准，助力提升家居产品消费档次。

在政策精神指引下，《消费品质量分级　陶瓷砖》，根据标准委要求，该项目应于2025年1月1日前完成组织起草；2025年3月30日前完成征求意见；2025年5月30日前完成技术审查；2025年6月30日前完成项目报批。《消费品质量分级　陶瓷砖》标准首次构建陶瓷砖质量分级框架，以防滑性、耐磨度、平整度、抗污性等核心指标划分产品等级，推动市场形成"优质优价"机制。该标准通过规范质量标识（如 AAAAA 级认证），帮助消费者清晰辨识高端产品与低价竞品，解决市场"以次充好"乱象。

《陶瓷岩板》（GB/T 44309—2024）国家标准于2024年8月23日正式发布。该标准的实施推动岩板从"建材"向"泛家居材料"升级，为家具消费品增品种、提品质、树品牌起到积极的引领作用。

2024年4月，中国建筑卫生陶瓷协会组织召开《建筑陶瓷数字化车间设计通用规范》研讨会，旨在统一智能制造标准，规范行业数字化改造方向，为更多企业提供参考路径。

五、上市公司运营情况

2024年，国内建筑陶瓷行业整体仍处于下行调整阶段，多家上市公司表现承压明显。由于房地产行业持续低迷、市场需求不足、供需失衡加剧，整体市场竞争加剧，迫使各企业聚焦内部管理提升、渠道优化和成本控制以维持经营稳定。从经营数据上看，各公司营业收入普遍下滑，部分企业出现明显亏损或盈利下滑的局面，整体行业进入了存量竞争阶段，行业盈利能力下降，盈利模式面临调整压力。

1. 主要财务数据

整体而言，2024年建筑陶瓷上市公司财务表现压力显著，行业处于盈利水平普遍下降阶段，企业需强化成本控制和精细化管理以实现经营稳健。

如表 8-4 所示，各上市公司 2024 年营业收入均出现不同程度下降，其中帝欧家居和悦心健康降幅最大（均达 −27.12%），体现了企业在终端需求萎缩下销售承压严重。

表 8-4　国内建筑陶瓷上市公司主要财务数据

公司名称	2024 年营业收入 / 元	营业收入比 2023 年增减 /%	2024 年归属于上市公司股东的净利润 / 元	归属于上市公司股东的净利润比 2023 年增减 /%	2024 年归属于上市公司股东的扣除非经常性损益的净利润 / 元	归属于上市公司股东的扣除非经常性损益的净利润比 2023 年增减 /%
东鹏控股	6469491045.17	−16.77	328461979.68	−54.41	299997275.49	−55.88
蒙娜丽莎	4630837053.19	−21.79	124961794.26	−53.06	102876140.03	−57.53
帝欧家居	2740584084.72	−27.12	−569068442.34	+13.53	−576229135.39	+9.78
天安新材	3100303743.39	−1.32	101004899.32	−16.49	90493268.16	+23.40
悦心健康	2740584084.72	−27.12	−569068442.34	+13.53	−576229135.39	+9.78

　　同时，盈利能力显著分化。东鹏控股、蒙娜丽莎盈利下滑显著：东鹏控股净利润同比下降超过一半，蒙娜丽莎降幅也超过 50%，均反映出收入下滑与成本压力对利润的挤压。帝欧家居、悦心健康持续亏损，尽管有所减亏，但仍表现出经营困难。天安新材相对稳健，尽管收入略有下降，但归属于上市公司股东的扣除非经常性损益的净利润实现同比增长，主要得益于非陶瓷业务对业绩的支撑。

2. 生产与销售数据

　　2024 年瓷砖上市公司生产与销售环境面临明显挑战，产销量及盈利水平多数下滑，立足海外市场的科达制造表现积极，成为行业中少数逆势增长企业之一。

　　如表 8-5 所示，从产量来看，除科达制造瓷砖产量显著增长（+17.62%）外，各上市公司瓷砖产量均出现不同程度的下降。其中，蒙娜丽莎和帝欧家居产量大幅下降（超过 20%），体现市场需求严重萎缩下的生产减量化策略。东鹏控股、悦心健康和天安新材产量相对稳定，微增或略降，表现较为平稳。

表 8-5　国内建筑陶瓷上市公司生产与销售数据

公司名称	2024 年瓷砖产量 / 万 m²	产量同比增减 /%	2024 年瓷砖营业收入 / 元	营业收入同比增减 /%	2024 年瓷砖毛利率 /%	毛利率相比 2023 年的变化幅度
东鹏控股	12806.31	−2.07	5387092141.51	−18.15	30.97	下降 2.51 个百分点
蒙娜丽莎	11064.55	−25.70	4550631031.68	−22.61	27.75	下降 1.72 个百分点
帝欧家居	6750.81	−22.12	2066214978.73	−31.44	18.17	下降 3.86 个百分点
天安新材	4560	+3	1456475926.18	−7.20	25.49	上升 1.72 个百分点
悦心健康	2879.78	+6.93	1015533923.66	−7.20	18.26	下降 0.98 个百分点
科达制造	17600	+17.62%	4715000000.00	+28.99	31.20	下降 4.49 个百分点

　　瓷砖营业收入表现较为疲软。除科达制造之外，其余企业瓷砖营业收入均下降，其中帝欧家居降幅最大（−31.44%），蒙娜丽莎紧随其后（−22.61%），反映出行业竞争激烈及价格压力严重。

　　毛利率处于 18% 到 32% 之间，较其他家居制品行业仍处于较高水平，但大多数公司毛利率相较上年均出现不同程度下滑，表明行业整体盈利空间受挤压。天安新材为例外，毛利率相较上年有所提升，说明其成本管控效果较好。

3. 总结

　　2024 年国内建筑陶瓷行业整体经营环境严峻，市场需求收缩及房地产行业的持续低迷直接影响上市企业的收入与利润。企业之间经营业绩明显分化，部分公司表现出较强的经营韧性，而大多数公司仍在调整中艰难前行。未来行业的发展需更加注重成本控制、渠道优化、创新产品与服务的开发，以应对市场需求的长期变化与挑战。

六、技术进步与创新应用

2024 年，面对国内外经济下行压力和房地产市场疲软的双重挑战，建筑陶瓷与卫生洁具行业正在加速迈入以智能化、绿色化、数字化、服务化为核心的高质量发展阶段。在"消费品以旧换新""绿色制造"与"产业数字化"的多重政策引导下，行业技术进步不断加快，创新应用层出不穷，标志着行业正在从传统制造向"新质生产力"全面转型。企业纷纷将科技创新作为穿越周期的突破口，从制造模式革新、材料工艺升级到空间解决方案优化，构建差异化竞争优势。以下将从智能制造与数字化转型、新材料与新工艺、设计趋势与功能产品、服务化转型四方面展开论述。

1. 智能制造与数字化转型进展

智能制造与数字化改造正成为行业企业提升效率、降低能耗、增强柔性响应能力的重要路径。以先进标准为引领，行业持续推进智能化转型。中国建筑卫生陶瓷协会牵头制定《建筑陶瓷数字化车间设计通用规范》研讨会，旨在统一智能制造标准，规范行业数字化改造方向，为更多企业提供参考路径。

东鹏控股持续迭代数字化战略，推进数字赋能 2.0 战略落地，通过构建数字化供应链协同平台和品质管理平台，深化隐形码技术应用，显著提升供应效率和产品品质。推进技术及配方创新、工艺精益化、节能减排降耗，打造智能生产线；利用工业互联网、5G 信息技术打造国际四级标准智能制造工厂；建设新零售系统平台，赋能经销商、门店、工长会员及设计师群体，确定"墙地一体化产品＋服务"的数字化解决方案。

科达制造在智能制造领域持续发力，全面推进数字化和精益建设工作，子公司德力泰高端窑炉零部件数字化智能生产车间通过佛山市数字化智能化示范车间评审，更推出甄陶MOM3.0 系统，整合工艺优化与能源管理功能，通过引入行业领先的大模型分析技术，帮助陶瓷企业实现精准控温、智能节能与最佳工艺路径推荐，大幅提升了能效水平与生产稳定性。

2. 绿色低碳进展

在"双碳"目标引领下，陶瓷行业绿色低碳转型持续加速。蒙娜丽莎集团在能源替代与低碳生产领域走在行业前列，主导开发了全球首条陶瓷工业氨氢零碳燃烧技术示范线。该产线采用 100% 氨燃料替代传统天然气燃烧，陶瓷砖年产量达 150 万平方米，该产品二氧化碳排放量降至几乎为零，预计全行业推广后每年可减少 66.5 万吨碳排放，具有极强的示范意义与推广价值。

东鹏控股在材料创新方面取得"多色堆叠半流延纹理布料免烧无机生态石"的技术成果，通过去烧成、轻量化设计，显著降低了制造能耗，同时实现了自然石材的质感和多样性，为绿色建筑及室内装饰提供了新型材料选择。

天安新材在绿色建材领域持续加码，推出符合 ENF 级环保标准的板材，并开发功能板材，满足医疗、交通等特殊应用场景的高要求。这些产品不仅通过了浙江省高新技术产品认定，还获得了日本、韩国等地 PCT 国际专利授权，进一步巩固了国际市场竞争力。

科达制造则聚焦装备端节能，开发了氢动力混合燃烧超宽体辊道窑、智能节能喷雾塔系统和高效连续球磨系统，显著推动了陶瓷装备向高能效、低排放方向发展，为整个产业链绿色转型提供了坚实的技术支持。

3. 新产品、新工艺成果

2024 年，建筑陶瓷行业在新产品、新工艺领域持续深化研发创新，既响应了绿色低碳发展的政策要求，又顺应了消费升级、空间美学提升的市场趋势。新材料、新工艺的不断涌现，推动行业产品结构加快向高端化、个性化方向演进，为企业塑造竞争新优势注入了强劲动力。

蒙娜丽莎深化与国际设计机构 Ego-design 的合作，推出 26 款不同颜色、质感、规格组合的陶瓷大板与岩板产品，积极推进陶瓷砖产品薄型化（厚度小于 3mm）、超大规格化（3200mm×1600mm 以上）与连纹整体化，为高端空间整体铺贴应用提供更多可能性。针对空间一体化铺贴需求，蒙娜丽莎加快了超薄、超大规格岩板技术壁垒建设，进一步巩固了其在高端岩板领域的领先地位。

功能性材料与新工艺也在不断拓展应用边界。防滑、自清洁等产品的推出，提升了建材系统的功能延展性与绿色性能，为建筑空间安全性与健康性赋能。综合来看，2024 年行业新品研发不仅在绿色、低碳方向持续突破，更在材质表达、空间融合、功能升级方面不断深化、创新，有力支撑了建筑陶瓷行业的价值跃升与应用领域扩展。

4. 服务化转型成果

服务化转型成为建筑陶瓷企业打造护城河的重要途径。从单一产品供应向整体解决方案输出，从"交货即完成"到"交付即使用"，企业价值链条不断延伸。

2024 年 10 月，《陶瓷砖密缝粘贴工程技术规程》的编制正式启动，推动瓷砖密缝铺贴技术规范化、标准化。该规程的制定将有助于行业整体施工水平提升，降低因铺贴失误带来的返工率与维权风险，为行业高质量交付体系建设提供了制度保障。

简一以其数字化成品交付平台为依托，打通设计、生产、仓储、运输、铺贴全流程数字化环节，助力成品交付标准化、透明化，提升了项目整体交付效率与客户满意度。

蒙娜丽莎推出"微笑铺贴，品质交付"服务体系，制定包括配送、开箱、排砖、铺贴、清洁、验收、售后在内的标准化服务流程，实现"施工 0 烦恼、验收 0 瑕疵、售后 0 距离"，有效提升客户体验。

天安新材等企业通过部署信息化系统架构，打通从研发设计、生产制造、营销服务全链条数据流，实现了设备互联与数据互通、流程优化与协同效率提升，在产业链运转中大大减少了冗余与失误，为定制化、柔性化生产提供了技术支撑。天安新材还在信息化基础上推动智能排产系统、制造执行系统（MES）与 ERP 系统深度融合，实现订单、排产、制造、仓储、交付的全过程数字化监控，显著提升了交付及时率与产品一致性。

帝欧家居旗下帝王洁具推出"全卫＋全屋"定制空间解决方案，以模块化产品体系和标准化施工体系赋能整装交付，满足用户一站式家装需求。2024 年，帝欧家居定制业务营业收入占总营业收入比例进一步上升，显示出强劲增长潜力。

七、总结与展望

2024 年，陶瓷砖产业在全球经济复苏乏力、国内房地产市场调整加速、绿色低碳转型提速的大背景下，整体运行呈现出稳中承压、结构调整加快、转型升级加速的特征。行业产量小幅下降，出口面临压力，但在新兴市场和以旧换新、局部改造等新需求拉动下，局部市场韧性显现，头部企业表现出较强的抗风险能力与调整能力。

产业集中度持续提升，大中型企业通过智能制造改造、绿色制造布局、产品创新及服务化转型，进一步巩固了市场地位。智能化、绿色化、数字化、服务化成为行业主旋律，带动行业整体技术水平向前迈进。

从产品结构看，大规格、薄型化、绿色环保、功能多样化产品成为市场主流，传统中低端同质化产能加速出清，消费升级趋势推动品牌化、定制化需求增长。渠道端，整装、局改、旧房翻新等新模式快速发展，倒逼企业从单一建材供应商向空间整体解决方案提供者转型，服务能力成为新的核心竞争力。

展望未来，陶瓷砖行业仍将面临国际环境复杂多变、国内市场消费分化、绿色低碳要求持续提高等多重挑战，但长期来看，随着以旧换新、绿色建材下乡、城市更新等政策持续落地，产业升级、技术创新、服务体系建设将成为推动行业发展的重要动能。企业唯有坚持创新驱动、深化数字化转型、强化绿色低碳布局、提升综合服务能力，方能在激烈的市场竞争中实现可持续发展，推动陶瓷砖产业迈向高端化、智能化、绿色化新阶段。

第二节　生态健康陶瓷领域发展报告

生态健康陶瓷作为一类具有绿色、环保、健康等特点的新品类，在我国建筑陶瓷行业转型升级实现高质量发展方面具有非常重要的作用，特别是在我国建筑陶瓷产业整体产能过剩、市场需求减弱、行业发展处于下行的背景下，生态健康陶瓷产业的发展为行业注入了新的活力，成为行业新的经济增长点。2024 年受整个大环境不景气影响，我国生态健康陶瓷行业的发展也同样困难重重，尤其是作为处于成长期的一个全新品类，产品在市场推广方面的压力尤为明显，特别是陶瓷透水砖产品企业、干挂空心陶板企业和陶瓷厚砖企业经营普遍比较困难，企业利润进一步压缩；而与此形成鲜明对比的是我国发泡陶瓷产业，在经历了几年的艰难发展后，从 2022 年下半年开始市场出现好转，到 2024 年仍然呈现出产销两旺的局面，无疑给处于困境的生态健康陶瓷产业增强了信心。

一、发泡陶瓷市场推广逐见成效

2018—2019 年是我国发泡陶瓷发展比较快速的时期，两年间全国多个产区有 18 条发泡陶瓷生产线批量上线投产。从 2020 年开始，发泡陶瓷发展速度开始放缓，2020—2023 年三年新投产 7 条生产线，分别是湖南孚瓯 1 条发泡陶瓷保温装饰一体板线、山东五莲宏邦科技 1 条发泡陶瓷隔墙板线、景德镇金意陶 2 条发泡陶瓷隔墙板线、江西中材 1 条发泡陶瓷隔墙板线、安徽科美 2 条发泡陶瓷保温装饰一体板线。

2024 年发泡陶瓷产能规模进一步扩大，先后河南宝丰圣诺、山东五莲宏邦科技、福建德胜、洛阳北玻各新增一条生产线，另外河南中兴环保科技建成一条利用城市飞灰生产发泡陶瓷的新线，迈出了发泡陶瓷处理危废的第一步。除此之外，江西高安界宸科技新改造一条瓷砖生产线生产发泡陶瓷，成为高安地区第一条发泡陶瓷生产线。

我国历年发泡陶瓷生产线条数及增长率见图 8-12、图 8-13。

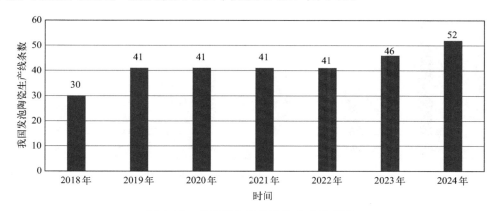

图 8-12　我国历年发泡陶瓷生产线条数

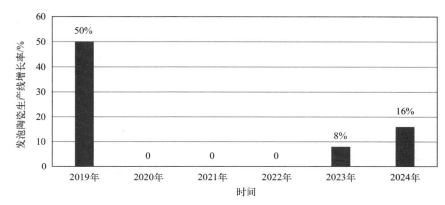

图 8-13　我国历年发泡陶瓷生产线增长率

　　截至 2024 年，我国发泡陶瓷相关的生产企业已有 38 家，已建成生产线 52 条。其中发泡陶瓷隔墙板企业有内蒙古建能兴辉、江西中材、河北恒钏、福建德胜、金意绿能、广西碳歌、山东五莲宏邦科技、山西宏厚、河南中兴环保科技、江西高安界宸科技等，保温板及保温一体板企业有一方科技、信阳科美、浙江孚瓯、湖南孚瓯、安徽隆达、浙江中正、洛阳北玻硅巢等，主要分布在广西、广东、福建、江西、浙江、江苏、安徽、河南、山东、河北、甘肃、重庆、山西、内蒙古、辽宁等省（自治区、直辖市）。

　　在市场销售方面，随着发泡陶瓷在构件市场的拓展延伸并进一步得到市场的认可，从 2022 年下半年开始，发泡陶瓷在装饰线条市场一直处于供需两旺的状态，发泡陶瓷隔墙板生产企业三分之二的产品主要用于装饰线条，特别是发泡陶瓷作为一类无机材料，且具有强度高、易加工等优点，在装饰线条构件市场的应用比重越来越高。近两年发泡陶瓷企业开窑率都在 80% 以上，未开窑部分主要是自身生产工艺的不稳定性导致不能正常生产，而非市场原因（图 8-14）。

　　发泡陶瓷雕刻板材作为墙体材料无法与加气块竞争，作为保温材料无法与有机材料竞争，但是发泡陶瓷具有非常优良的可塑性。这里所说的"可塑性"不是指类似黏土、塑料、金属之类的整体形变，而是指发泡陶瓷的雕塑性能、雕刻性能好。在现代科技高度发达的今天，水刀、多维雕刻机等现代装备赋予发泡陶瓷丰富的艺术表现形式，吊顶线条、仿古窗花、古建构件、形体雕塑，应有尽有。而其防水防潮功能，更不拘于室内，大量文旅项目塑造卡通人

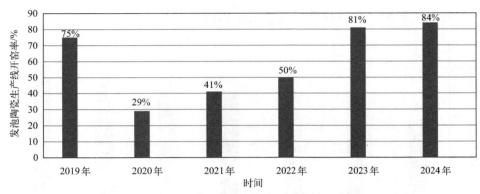

图 8-14　我国历年发泡陶瓷生产线开窑率

物、动物、户外造型，为增加人们的生活娱乐设施和提高艺术鉴赏力提供了新鲜素材。因此，发泡陶瓷良好的可塑性为其在构件市场迅速打开局面并得到市场的广泛认可发挥了重要作用。

与发泡陶瓷隔墙板不同的是，对于发泡陶瓷雕刻件的选材，密度已不那么重要，发泡孔径细腻度才是首选。有些雕刻件为了表现眉毛、胡须，甚至眼角的鱼尾纹，希望发泡孔径是小于 0.2mm 的微孔，这对发泡陶瓷原材料的选择及生产工艺提出了新的要求，因此在生产与销售基本平衡的基础上，目前发泡陶瓷企业的研发重点就是如何进一步生产出更加适合构件加工和使用的孔径细腻、可加工性更强的产品。

目前我国发泡陶瓷已建成生产线情况见表 8-6。

表 8-6　目前我国发泡陶瓷已建成生产线情况

序号	厂家名称	产品定位	生产线数量
1	河南科诚科技发展有限公司	A1 级保温板	隧道窑 3 条
2	郑州振东科技有限公司	A1 级保温板	隧道窑 2 条
3	信阳科美新型材料有限公司	釉面装饰板	辊道窑 2 条
4	一方科技发展有限公司	A1 级保温板	隧道窑 4 条
5	山东商海节能材料科技有限公司	A1 级保温板	隧道窑 2 条
6	广西碳歌环保新材料股份有限公司	隔墙板	隧道窑 2 条
7	广西超超新材股份有限公司	A1 级隔墙板	隧道窑 2 条
8	甘肃万特科技发展有限公司	A1 级保温板	隧道窑 1 条
9	山西安晟科技发展有限公司	A1 级保温板	隧道窑 2 条
10	辽宁沈阳罕王集团有限公司	A1 级隔墙板	隧道窑 1 条
11	安徽省隆达建材科技有限公司	外墙装饰板	辊道窑 2 条
			隧道窑 1 条
12	浙江孚瓯科技有限公司	外墙装饰板	辊道窑 1 条
13	江西上饶璞晶有限公司	装饰保温一体板	隧道窑 1 条
14	广东云浮华陶有限公司	A1 级隔墙板	辊道窑 1 条
15	洛阳北玻轻晶石技术有限公司	装饰保温一体板	辊道窑 2 条
16	浙江金华中正科技有限公司	外墙装饰板	辊道窑 1 条
17	内蒙古建亨能源科技有限公司	A1 级隔墙板	辊道窑 2 条
			隧道窑 2 条
18	河北恒钏建筑材料有限公司	A1 级隔墙板	辊道窑 1 条
			隧道窑 1 条

序号	厂家名称	产品定位	生产线数量
19	河南宝丰洁石有限公司	A1 级隔墙板	辊道窑 3 条
20	福建德胜新建材有限公司	A1 级隔墙板	辊道窑 2 条
21	山西宏厚建材科技发展有限公司	A1 级隔墙板	辊道窑 2 条
22	江西中材新材料有限公司	A1 级隔墙板	隧道窑 2 条
23	山东潍坊俱安科技有限公司	外墙装饰板	辊道窑 1 条
24	景德镇金绿能新材料科技有限公司	A1 级隔墙板	辊道窑 3 条
25	五莲宏邦科技有限公司	A1 级隔墙板	辊道窑 2 条
26	湖南孚瓯科技有限公司	外墙装饰板	辊道窑 1 条
27	湖北孚瓯科技有限公司	外墙装饰板	辊道窑 1 条
28	安徽蒙瑞科技有限公司	外墙装饰板	辊道窑 1 条
29	河南中兴环保科技有限公司	A1 级隔墙板	隧道窑 1 条
30	江西界宸科技有限公司	A1 级隔墙板	辊道窑 1 条

在新生产线放缓而市场逐步回暖的同时，发泡陶瓷行业标准化建设、科技创新和绿色生产方面更加完善。行业节能降耗方面成效显著，由中国建筑卫生陶瓷协会组织起草的《发泡陶瓷制品单位产品能源消耗限额》建材行业标准正式发布，在"双碳"背景下，该标准将在行业节能降碳方面发挥重要引导作用。《建筑用轻质隔墙条板》（GB/T 23451）国家标准完成修订并发布实施，其中标准内容新增了发泡陶瓷产品内容。在产品应用方面，除用于室内隔墙和外墙保温，产品根据不同的应用领域，细分出不同的产品标准及应用技术规范。中国工程建设标准化协会标准《发泡陶瓷装饰构件应用技术规程》《发泡陶瓷外墙挂板应用技术规程》正式发布。中国工程建设标准化协会标准《绿色建材评价　隔墙板》也正式发布，为发泡陶瓷企业申报绿色建材产品认证提供了标准依据。

发泡陶瓷产品在国内得到广泛应用的同时，开始走出国门，走向世界，陆续被"一带一路"国家采用，受到国际市场的高度认可，为提升我国建筑陶瓷行业国际影响力做出了重要贡献。

发泡陶瓷作为一种新材料，除用于室内隔墙、外墙保温维护和构件线条市场外，行业也开始研发通孔发泡陶瓷用于公路、铁路声屏障；同时，利用材料轻质、防水防潮、易雕刻的特性，通过艺术设计增加产品附加值，在许多建筑空间得到应用。如深浮雕背景墙、古建筑造型、轻质艺术天花、室内外立柱造型、隔热轻质艺术屋顶、艺术防水家用阳台鱼池、屋顶轻质蔬菜种植箱等。发泡陶瓷产品的艺术化不仅具有使用功能，还兼备审美功能，增加了产品附加值，拓宽了市场应用范围，并且在企业市场销售方面占据越来越大的比重。

据统计，我国建筑装饰构件市场规模大约 100 亿元，目前发泡陶瓷产品的市场规模只有不到 10 亿元。未来发泡陶瓷约占整个装饰构件市场的三分之一规模，发泡陶瓷产业规模将在现有基础上扩张近三倍的产能才能满足市场的需要，仅建筑构件市场就需要建成最少 60 条生产线才能满足市场需要，随着发泡陶瓷在建筑室内隔墙、外墙围护装饰、道路声屏障等领域的拓展应用，发泡陶瓷产业规模将进一步扩大。

发泡陶瓷作为一类新型绿色建筑材料，对实现固废综合利用、促进装配式建筑发展具有重要意义，随着生产工艺技术的不断进步及装备水平的不断提高、生产成本的降低，通过将应用美学融入产品设计创新，加强与建筑结构的有机结合，将提升发泡陶瓷层次和高度，更好地发挥产品自身优势，发泡陶瓷产业必将迎来美好的春天。

二、干挂空心陶板发展相对稳定

干挂空心陶板是以大自然的纯净陶土为原材料，添加少量石英、浮石、长石及色料等其他成分，通过高压挤出、低温干燥并经过 1200 ~ 1250℃的高温烧制而成，具有绿色环保、无辐射、色泽温和、不会带来光污染等特点。自从 1985 年第一个陶板项目在德国慕尼黑落成，至今陶板已有超过 30 年的历史，因其独特的魅力，在建筑立面上更是深受建筑设计师的热爱，被广泛应用在各类建筑之中。陶板行业在我国已经有十多年的生产历史，经过十多年的自我创新研发设计，我国陶板产业从过去几乎是一片空白，发展到现在不仅能满足国内建设的需要，还可以对外出口，技术日益成熟，产品质量、花色更加齐全，成为广受建筑师、业主以及政府部门高度关注的新型建材行业。

截至 2024 年，我国陶板生产企业维持在 12 家左右，其中江苏 4 家、福建 2 家、天津 1 家、安徽 2 家、江西 1 家、河南 1 家、山东 1 家，共有 26 条生产线，年总产能达 3000 万平方米，年产值 50 亿元左右。近年来我国陶板企业数量和生产线数量一直保持稳定，未再新建生产线。

在市场销售方面，行业竞争更加激烈，板材价格一般在 200 ~ 300 元/m²，在能源、原材料、人工、电力等普遍上涨的背景下，企业利润空间被进一步压缩。

目前陶板主要有红色、黄色、灰色三个色系，颜色非常丰富，按照表面效果分为自然面、喷砂面、凹槽面、印花面、波纹面及釉面，能够满足建筑设计师和业主对建筑外墙颜色的要求。

按照结构分类，目前陶板主要有单层陶板、双层中空式陶板、陶棍及陶百叶三类。其中单层陶板又称实心陶板，当承载力要求低时采用，实际工程中应用相对较少。主要应用于要求不高的局部装饰的建筑墙面。它的特点是没有空腔，截面为实心体。常规厚度为 20 ~ 30mm，板宽 150 ~ 600mm，最大板长 1200mm，单位质量为 45 ~ 65kg/m²。双层中空式陶板是最常见的建筑幕墙用陶板形式之一。其承载力高，自重轻，中空的内部结构有助于节能和隔声性能的提高。板面可根据设计需求做出各种个性化的表面肌理和进行色彩搭配。陶棍及陶百叶是陶板产品中的重要类型，应用十分广泛，有方形、矩形、圆形、三角形、菱形等众多的截面形状可供选择，安装方式也很多样化。它既可作为幕墙的外遮阳装置，减少阳光直接照射，提高建筑的舒适性和美观性，也可应用于室内装饰，使建筑更富有艺术气息。

陶板的安装方式可分为开放式和密闭式两种。开放式主要根据等压雨幕原理进行板缝设计，有防水胶条，具有很好的防水功能。在接缝处不用打密封胶，避免陶板受污染而影响外观效果。密闭式采用陶板专用密封胶嵌缝，系统的防水功能可得到更好的保障。陶板背后形成密闭的空气层，具有更好的保温节能功效。

在国家能耗双控的大背景下，陶板产品的能耗水平成为业内关注的重点，为引导企业不断通过改进生产工艺、研发更加节能的装备技术，进一步降低产品能耗，在中国建筑卫生陶瓷协会组织的《建筑卫生陶瓷和耐磨氧化铝球单位产品能源消耗限额》国家标准修订中，新增了对干挂空心陶板的能耗技术要求。该标准于 2023 年 11 月 27 日正式发布，并于 2024 年 12 月 1 日起正式实施。考虑到干挂空心陶板属于定制化产品，且产品属于空心结构（不同于陶瓷砖），因此标准对陶板产品的能耗采用重量进行计算。

干挂空心陶板产品单位能耗限额见表 8-7。

表 8-7 干挂空心陶板产品单位能耗限额

产品分类	单位产品综合能耗 / (kgce/t[①])		
	1 级	2 级	3 级
干挂空心陶瓷板	≤ 226	≤ 238 (≥ 226)	≤ 253 (≥ 238)

① kgce/t 表示每吨消耗的标准煤的千克数。

该强制性国标的发布对我国陶板产业的发展具有一定的推动作用，一方面可以促使生产企业不断改进生产工艺，改善产品配方，采用更加先进的节能降耗设备，加强管理，进一步降低能耗水平和生产成本，有利于行业的健康、持续发展；另一方面通过能耗标准的修订，将过去由按照面积统计能耗改为按照重量统计能耗，对于定制化的陶板产品企业来说，更加科学、合理，更加贴合生产企业实际，有利于企业根据自身实际状况调整、改进节能降耗水平。

在产业发展的同时，行业发展也存在生产方式还较为粗放的问题，产能不高、技术创新不足、人才短缺、低价竞争等也成为制约行业进一步发展的主要问题。这些问题可以分为以下三个方面。

一是在工艺技术方面：各家企业存在问题的侧重点可能有所不同。有的在原料处理方面存在问题，有的在湿坯方面存在问题，有的在干燥或者焙烧工艺上还有不足之处。归根到底，各种工艺技术问题最后都表现在产品质量和产品成品率上。

二是生产管理方面：熟练的技术人员和技工紧缺，人员流动过于频繁，已成为影响该行业正常生产的严重问题。

三是市场销售方面：产品同质化导致竞争激烈，相互压价、恶性竞争。

不同于石材瓷板的不可回收，陶板生产采用纯天然陶土为原料，100% 能循环回收利用，回收的破碎后的陶板可以用于其他建筑场景，如人行道和地基等处。同时具有质轻而坚、历久弥新等优势，符合人们的"绿色生活"追求，因此有着较好的发展前景。

下一步陶板行业需要紧密结合装配式建筑的发展，发展装配式陶板以及陶板的保温装饰一体化应用，同时要在产品上实现标准化和差异化，在生产技术方面要在快干快烧技术等方面取得突破，同时需要加强与大型地产商的合作，加大在设计院的推广力度。

在市场规模方面，目前全国市场需求约 80 亿元，按 2023 年建筑幕墙市场 4000 亿元产值算，面材约占 35%，归类后一共四种，分别是玻璃、金属板、石材、陶板，其中陶板占比不足 5%，增长空间巨大。主要是由于国家抓安全、环保、节能的力度不断加大，四种建筑幕墙材料中的石材和金属板的应用受到限制，而陶板这种新型幕墙材料可替代以上两种材料，将进一步拓展在陶板幕墙市场的应用空间。

陶板幕墙除了在国内市场有较大空间外，还可以在国际市场上抢占发展机会。在国外，尤其是欧洲，建筑外墙的装饰一般以朴素自然的格调为主，而陶板自然就是首选，而美国、韩国、日本等国市场上，陶板幕墙的发展相对比较成熟，但是这些国家的陶板规格小，色调也比较单一，而且售价十分昂贵。因此，只要我国的陶板生产企业能够在工艺水平和设备技术上不断提升，降低成本，那么我国的陶板将极有可能凭借着质优价廉的优势在与国外竞争中取得竞争优势。

三、陶瓷透水砖行业普遍经营困难

陶瓷透水砖是采用自动化的工艺、先进的窑炉设备，选用矿渣废料、废陶瓷为原料，经两次高温烧成的一种绿色环保产品，广泛适用于生态公园、广场、人行道、停车场、住宅区等领域，随着我国海绵城市建设的推进，近年来陶瓷透水砖行业也取得了较快发展。截至2024年，全行业不到30条生产线，年产能约2000万平方米，主要分布在广东、江西、山东、四川、江苏等地。主要生产企业有广西三环、广西金舵、佛山绿顺透、宜兴方诺、江西绿岛、江西爱和陶、山东宜景、山东悦鹏、山东绿澄、河南众光、晋江豪万、江西品美等。2024年由德力泰在福建省建成第一家烧结透水砖生产线，豪万陶瓷透水砖顺利投产，填补了我国福建陶瓷产区陶瓷透水砖的空白，为福建产区陶瓷废料的处理寻求了一个新的解决方案。

在市场销售方面，陶瓷透水砖主要以政府城市公建项目为主，受市场环境影响和地方政府财政等影响，市场需求下滑严重，市政工程新开工项目锐减，导致行业企业竞争加剧，低价竞争进一步导致企业利润下滑，全年行业普遍开工不足，仅有60%左右。同时，市场竞争加剧，个别企业不断降低产品质量进行低价竞争，导致行业劣币驱逐良币现象时有发生。因此，陶瓷透水砖在市场推广方面的阻力更加明显。究其原因，首先是陶瓷透水砖透水性能降低问题，由于施工不规范、后期养护不及时等影响，透水砖在路面上使用一年后，由于外界污水混合污物大量渗入，堵塞了孔道，其透水率降低，成为阻碍透水砖推广应用的瓶颈；其次是价格问题，透水砖的价格比普通水泥或混凝土路面砖贵，由于透水砖造价较高，用户一般不愿意采用，限制了其在一些经济欠发达地区及一些基础建设投资项目较少城市的应用；再次是施工技术及路面设计问题，施工中存在很大的技术水平差异，存在施工不规范、不合格等现象，路面基层处理不好，后期易出现塌陷，造成透水砖后期维护工作量大，影响了社会对透水砖的推广认可度。

针对陶瓷透水砖产品质量参差不齐的问题，为促进我国建筑卫生陶瓷行业的高质量发展，为消费者、市场推荐优秀品牌和优质产品，充分发挥标准引领产品质量提升作用，依据《中国建筑卫生陶瓷协会产品质量测评管理办法》的有关要求，中国建筑卫生陶瓷协会开展了行业产品质量测评活动。测评主要依据中国建筑卫生陶瓷协会标准《烧结透水砖》（T/CBCSA 13—2019）的要求进行，通过自愿申报和第三方检测机构的检测，最终有三家企业的四款产品达到协会标准要求，为市场和消费者选用优质产品和优质品牌提供了保障。

下一步陶瓷透水砖行业发展，企业不仅要提高陶瓷透水砖生产技术，改善透水砖性能，重点解决产品的抗压强度、抗衰减性与透水性能的协调，同时还需要进一步规范透水砖路面设计与施工技术要求。随着国家节能减排政策的进一步推进和绿色建筑材料的需求量的进一步增加，陶瓷透水砖的市场潜力会逐步得到释放，尤其是各个城市按照国家政策要求重视透水性铺贴材料，那么凭借卓越的产品性能，透水砖的市场将进一步扩大。

四、陶瓷厚砖成为行业又一新的增长点

陶瓷厚砖又称地铺石、石英砖、景观砖、自然石等，普遍用于园林景观、市政广场等户外空间，以及公共区域的室内空间，可替代麻石等天然石材的厚规格瓷砖产品，如今也拓展至幕墙领域。陶瓷厚砖爆发的一个主要原因是矿山开采受到限制，天然石材稀缺，为陶瓷厚砖产品的发展提供了广阔的市场空间。另一方面，厚砖属于高温烧制的瓷砖产品，抗折能力、装饰性、耐磨性、耐腐蚀性相比天然石材更加卓越，加工也更加简便，因此深受市场青睐。

截至2024年，全国陶瓷厚砖生产线共有153条，日总产能170.45万 m²，按照一年310天的生产周期来计算，年产能约为5.28亿 m²。过去4年时间，陶瓷厚砖品类生产线增加了

71 条，增幅达 86.6%，年产能更是增加了 3.54 亿 m²，增幅高达 203%。

目前陶瓷厚砖已形成单一产区绝对领先的品类格局。2024 年福建产区以 72 条陶瓷厚砖生产线、年产能 2.4 亿 m²，遥遥领先于排在第二位的河南产区（9 条陶瓷厚砖生产线、年产能 0.44 亿 m²）。此外，全国多个陶瓷产区如云南、新疆等都仅有 1 条陶瓷厚砖生产线，宁夏、贵州等产区甚至没有 1 条专烧陶瓷厚砖的生产线；而瓷砖产能最大省份广东仅有宏宇集团 1 家生产陶瓷厚砖，且只有 2 条生产线，日总产能 1.6 万 m²，瓷砖产能第二大省份江西也仅有 5 家企业生产陶瓷厚砖，合计 10 条生产线，日总产能 10.8 万 m²。

2024 年我国陶瓷厚砖产能前十产区见表 8-8。

表 8-8　2024 年我国陶瓷厚砖产能前十产区

序号	产区	生产线条数	日产能 / 万 m²
1	福建	72	77.25
2	河南	9	14.3
3	陕西	6	11.1
4	江西	10	10.8
5	湖北	9	9.9
6	四川	10	8.7
7	河北	4	6.6
8	重庆	6	5.2
9	山西	4	5.1
10	广西	5	4.9

据统计，2024 年陶瓷厚砖产能前十的陶瓷企业分别为：万利企业、国星陶瓷、银丰陶瓷、豪山建材、世博陶瓷、美艺陶、贝雅特陶瓷、广达陶瓷、鸿星陶瓷、力高陶瓷。上述陶瓷企业合计拥有 36 条陶瓷厚砖生产线，占全国 153 条的 23.5%；陶瓷厚砖日总产能 49 万 m²，占全国 170.45 万 m² 的 28.7%。上述陶瓷厚砖产能排名前十的陶瓷企业之中，8 家均来自福建产区，陕西、江西各有 1 家。其中，陕西银丰陶瓷 2 条生产线日总产能达到 5.5 万 m²，也是上述前十陶企之中平均单线日产能唯一超过 2 万 m² 的企业。2024 年，陶瓷厚砖产能第一的是福建万利企业，其 7 条生产线日总产能 10 万 m²，并且大幅领先其他陶瓷企业。不过，随着正在加紧建设的河北清峰绿能固废处置有限公司的"1000 万吨每年煤矸石综合利用项目"建成投产，未来陶瓷厚砖产能的企业格局或将改写。公开资料显示，该项目总投资 66 亿元，主要建设 40 条仿石材生产线、墙地砖生产线、景观砖生产线及公辅设施，生产仿石材、墙地砖、景观砖等多种绿色生态产品。

在市场销售方面，厚砖的主要市场仍在工程渠道，包含"园林景观、房地产、市政建设、城乡基础设施"等国内外工程项目。目前工程渠道的厚砖消化量，仍有较大的提升空间，全球各类工程项目已经逐渐接受厚砖代替天然石材，陶瓷厚砖的市场长期来看是比较好的，但是随着生产线的不断增加，也伴随着产能所带来的质量问题、价格战等诸多挑战。在产业发展初期，厚砖产品最高售价可达 70 ～ 80 元 /m²，但如今价格最低已经到了 30 ～ 40 元 /m²，个别企业售价降到 23 元 /m² 左右，企业利润发展空间受到严重压缩的同时，也进一步扰乱了市场环境。

2022 年，由中国建筑卫生陶瓷协会组织起草的《陶瓷厚砖》协会标准于 5 月 30 日发布，并于 2022 年 6 月 30 日正式实施。该标准的发布实施对我国陶瓷厚砖产品的质量提升具有重要的推动意义。2024 年，针对目前陶瓷厚砖行业产品良莠不齐的现象，中国建筑卫生陶瓷协会正式启动陶瓷厚砖产品的测评工作，测评活动依据协会发布的《陶瓷厚砖》协会标准进行，本次活动得到行业企业的广泛支持和积极响应，通过企业自愿申报和第三方检测机构的检测，最终有 6 家企业的 8 款产品达到标准一级要求（表 8-9）。

表 8-9　陶瓷厚砖质量测评一级产品名单

序号	单位名称	品牌名称	产品型号
1	福建省铭盛陶瓷发展有限公司	印美	HB4T04-18 400mm×400mm×18mm
2	福建省铭盛陶瓷发展有限公司	印美	HB33T04-18 300mm×300mm×18mm
3	南安协进建材有限公司	协进	HO36L453-18 300mm×600mm×18mm
4	佛山欧神诺陶瓷有限公司	OCEANO	YFZL8256015M 600m×600mm×15.0mm
5	福建七彩陶瓷有限公司	七彩	7H3623 297mm×597mm×18mm
6	广东宏威陶瓷实业有限公司	宏宇	ZMG60907L 600mm×600mm×18mm
7	广东宏威陶瓷实业有限公司	宏宇	ZYDG26008L 600mm×1200mm×18mm
8	福建省南安宝达建材有限公司	萨兰特	B101 200mm×400mm×20mm

下一步协会将通过定期组织开展测评活动，并加大对通过测评企业和产品的宣传力度，通过测评，向消费者、市场推荐优秀品牌和优秀产品，进一步引导陶瓷厚砖行业的健康发展。

五、健康功能类陶瓷发展潜力巨大

我国建筑陶瓷行业经过近三十多年的快速发展，行业影响力、竞争力、创新能力得到显著提高，产品的功能化、绿色化、个性化、多样化取得巨大进步，涌现出如负离子陶瓷砖、发热砖、防滑砖、抗菌砖、耐磨砖等满足消费者需求、改善生活质量的诸多健康陶瓷产品，极大地丰富了我国的建筑陶瓷品种。

我国健康陶瓷领域相较于国际市场起步较晚，国内企业对于健康陶瓷的研发可追溯到 2001 年左右，健康陶瓷投入市场最早可追溯到 2003 年，此时，外国企业在绿色建材方面已经有了较为成熟的应用。但国内各企业对健康陶瓷产品的研发及推广进程缓慢，据统计，2003 年至 2013 年，健康陶瓷产品相关专利申请数量增幅较低，每年相关专利申请数保持在 10 ～ 20，甚至出现专利增长个位数的情况，其根本原因可归结于以下几点。

① 外来技术相对成熟。我国绿色建筑材料的研发和应用虽起源于二十世纪七十年代，但其发展历程相对坎坷，直至 2020 年，在我国七部委联合发布《关于印发绿色建筑创建行动方案的通知》后，我国在绿色建筑材料研究领域才真正迎来发展契机，而英国在二十世纪九十

年代就已经开始尝试绿色建筑材料标准化和建筑业零能耗的实践，并涌现了一批经典案例；另一方面，二十世纪八十年代，国外的建筑材料生产技术、生产标准、环保标准均高于国内，这就导致我国早期的建筑材料绿色化实质是在追赶国外的生产技术、生产标准、生产工艺以及环保标准等，故企业在早期往往采购国外的仪器设备，从而对我国绿色陶瓷产业发展形成一定的冲击，而健康陶瓷的发展依托绿色建筑行业，这就导致早期我国在健康陶瓷方向上过分依赖国外企业的技术和设备，无法形成完整且稳定的产业链，不利于我国健康陶瓷产品的发展。

② 市场反响较差。进入 21 世纪以来，我国的市场经济一直呈现稳步上升的趋势，各类新兴行业兴起，消费多元化程度加强，这给传统制造业带来了不小的冲击。对于传统的建筑材料，消费者往往更关注的是五感可以感知到的陶瓷材料相关参数。但健康瓷砖的功能性参数大都无法直观地体现给消费者，且早期健康瓷砖产品质量参差不齐，导致健康陶瓷产品在消费者市场中反响不大。

③ 企业格局较为混乱。早期的建筑陶瓷企业较多且杂，产出的产品良莠不齐，企业规模相对较小，整个产业链大部分企业都属于中小型企业，企业自身资产总额不高，各企业为了抢占消费者市场，其研发投入更多的是向设计类研究倾斜，这也制约了健康陶瓷产品的发展；同时，整个建筑陶瓷行业无明显龙头企业，各中小企业间竞争关系激烈也限制了健康陶瓷的发展。

④ 企业和消费者意识不足。消费者对于新兴事物会有一个从认识到认知到接受的过程，在 2003 年后，消费者对健康瓷砖产品有了一定的认识，但对其性能、稳定性、时效性等都存在一定的质疑，错误预估了健康瓷砖带来的有利影响；另一方面，部分企业对健康陶瓷材料的未来市场有一个错误预估，健康陶瓷产品投入市场后并未大力宣传消除消费者顾虑，反而在市场反响不强烈的情况下延期、暂停，甚至取消健康陶瓷产品的研发计划，这导致产业链中的上下游企业在未来绿色建材市场中缺少了核心竞争力。

⑤ 相关技术成熟度不高。健康陶瓷的发展依赖整个产业链中所有关联企业，例如远红外陶瓷，其远红外发射率主要是靠关联企业提供的远红外材料，此时就会产生一系列问题：远红外材料在使用过程中是否稳定，远红外材料是否会失效，新的材料加入坯体或者釉料中后是否会对陶瓷产品本身的性能有所影响，新的材料是否匹配现有的制备工艺和烧成工艺等。所以相关产业和技术的不成熟也在一定程度上限制了健康陶瓷产业的发展。

⑥ 企业标准不统一。健康陶瓷产品直至 2020 年底都无明确的行业标准，甚至国家标准，导致大部分消费者虽然了解且接受了健康陶瓷产品，但对相关健康陶瓷产品的健康参数无参考标准，同时，缺少行业标准也会增加消费者疑虑，从而质疑产品的功能性，降低健康陶瓷产品的市场认可度。

⑦ 企业承受风险高。健康陶瓷产品属功能性陶瓷产品，其研发创新并不只是提高国家标准中要求的耐磨、强度、防腐等指标，而是在保留现有陶瓷产品所有优点的情况下给陶瓷产品赋予一定的利于人体健康的功能性，在技术研发上需要更大的投入，解决的问题更多，技术难点高且不利于实现。而健康陶瓷产品的市场存在较显著的未知性，这对于市场导向的企业来说，健康陶瓷产品的研发意味着企业要承担更高的投入风险，这就导致很多陶瓷企业为了规避风险，往往会降低甚至暂停健康陶瓷产品项目的研发投入。

所以，健康陶瓷产业早期的发展之路始终困难重重，但是近年来发展环境得到了改善。据统计，大部分人 90% 的时间是在室内度过的，室内环境质量对人体健康影响极大。健康舒适的居住环境不仅取决于住宅的外部环境和建筑物的结构设计，更取决于建筑材料的应用和相应配套装饰装修材料的应用。使用健康舒适功能建材对建设健康住宅、保证室内环境质量起着重要作用。健康功能建材，不仅使建筑物节能，而且使室内具有健康舒适的环境，可以保障居住者生理、心理和社会等多层次的健康需求。这也导致人们对室内家装有着更高的要求与期待。在市场需求和技术发展的带动下、绿色建材政策的支持下，功能性建筑材料迎来了发展的契机。

在市场、消费者、国家政策的三重作用下，功能性绿色建材及其相关产业链发展迅速，除早期出现的防滑、耐磨、高强、高硬等功能性绿色建材外，负离子瓷砖、远红外瓷砖、防静电瓷砖、发热瓷砖、除异味瓷砖、空气净化瓷砖等新型功能性绿色建材都已先后投入市场，并且各大建筑陶瓷企业也在不断加大研发投入，纷纷成立相应的健康陶瓷材料研发中心，例如2023年，中国建筑卫生陶瓷协会在东鹏控股成立了行业首个中国建筑卫生陶瓷行业健康瓷砖开发与生产应用研究中心以推动我国健康陶瓷产业的发展。

虽然我国健康陶瓷发展相对缓慢，但经过近二十年的发展，我国陶瓷砖产品除了国家标准功能的不断优化、提升外，各大陶瓷厂商还赋予了陶瓷产品更为强大的功能。

目前真正从事健康陶瓷产品研发的企业普遍是行业头部品牌企业，一方面品牌企业具有充足的资金及人才支撑产品的创新研发，另一方面品牌企业更加注重产品的创新。2022年，由新明珠集团股份有限公司推出的"基于石墨烯发热膜的电热陶瓷岩板制造及产业化应用"和"高耐污耐磨哑光陶瓷砖的关键技术研发与应用"、蒙娜丽莎集团股份有限公司推出的"具有远红外发射和抗菌功能陶瓷大板的开发与应用"、佛山欧神诺陶瓷有限公司推出的"防静电-抗菌陶瓷台面板制备技术与应用"、佛山市东鹏陶瓷有限公司推出的"抗菌瓷质抛釉砖及其关键技术研发"项目获得中国建筑卫生陶瓷行业科技进步二等奖。

2023年，广东特地陶瓷有限公司推出的负离子陶瓷砖的检测技术研究、蒙娜丽莎集团股份有限公司推出的陶瓷岩板表面功能化关键技术研究及产业化、重庆市东鹏智能家居有限公司推出的"青石渣综合利用与健康（抗菌-降醛）瓷砖/岩板开发"等项目获得了2023年度中国建筑卫生陶瓷行业科技创新奖二等奖。

2024年，广东宏宇新型材料有限公司推出的湿态防滑陶瓷砖，内蒙古建亨能源科技有限公司推出的利用粉煤灰、煤矸石等工业固废生产发泡陶瓷分别荣获行业科技创新奖二等奖、三等奖。

在取得成绩的同时，由于缺乏有效的行业监管，各类健康陶瓷产品鱼龙混杂，出现了劣币驱逐良币的现象，不仅扰乱了市场竞争环境，也打击了创新型企业在产品研发方面的热情。同时由于部分企业在健康陶瓷方面的过度宣传，消费者对健康陶瓷产品的健康功能产生质疑，也在一定程度上影响了健康陶瓷产业的健康发展。

为加强对我国健康陶瓷产业的引导，中国建筑卫生陶瓷协会生态健康陶瓷分会分别于2021年、2023年、2024年持续举办健康陶瓷产业论坛活动，得到行业企业的广泛响应，为健康陶瓷行业同仁加强合作与交流搭建沟通平台，为促进健康陶瓷产业发展发挥了重要作用。

2024年，中国建筑卫生陶瓷协会组织制定的《电热陶瓷砖（板）》团体标准得到行业企业的广泛支持，并于2024年3月1日发布，2024年4月1日正式实施。该标准的发布标志着我国电热陶瓷砖产品实现了有标准可依的目标，填补了行业空白，有利于行业的健康发展。

现阶段我国健康陶瓷产业还处于起步阶段，随着健康陶瓷产业的不断发展，未来健康陶瓷产品的种类、功能性、稳定性、多元化程度等特性都将大幅提升，健康陶瓷产业链也将逐步走向成熟，未来健康陶瓷产品的市场必定呈稳步扩张的趋势。原因可归纳总结为以下三个方面。

① 国家政策的扶持。进入 2020 年后，随着国家七部委联合发布《关于印发绿色建筑创建行动方案的通知》，健康陶瓷产业正式进入大力发展阶段，各省、自治区、直辖市政府积极响应，政策、资金双向支持，建立绿色建材产业链和完善绿色金融服务链，促进绿色健康陶瓷产业稳步、高效发展。随着国家"好房子"建设政策的推出，为好房子建设提供健康、环保的好材料成为我国健康陶瓷产业发展的又一利好政策。

② 消费者市场的认可。在疫情过后，消费者开始认识健康陶瓷类产品，对健康陶瓷有了一定的认识，伴随着健康陶瓷产业近二十年的发展，加之企业的不断宣传，消费者对健康陶瓷的概念有了一定程度的了解，消费者对健康类产品有了足够的认识和需求。《中国居民消费发展报告》显示，全国健康消费规模持续扩大，健康类消费支出占比快速增长，同比增长可达 11%，但在我国，健康产业目前仅占国民生产总值的 4% ～ 5%，而发达国家健康行业占 GDP 的比重超过 15%，我国健康陶瓷产业在未来市场中有着巨大潜力。

③ 跨界发展的优势。健康陶瓷产品在定义上属于绿色建材，理应享有建材市场的所有资源，同时，因其功效有助于人体健康，故健康陶瓷产品也可跨界享受大健康产业链及大健康市场所带来的优质资源。因此，健康陶瓷产业可借助绿色建材和大健康产业的双重市场快速发展壮大，再研发新型健康陶瓷产品，形成一个健康、高效的良性循环，也为未来健康家居生活筑起一道坚实的防线！

综上所述，生态健康陶瓷作为我国建筑陶瓷产业转型升级和高质量发展的一类新产品，其产品特点符合国家产业政策的要求，也符合行业的可持续发展方向，具有很好的发展前景，但是作为一类新产品还有很长一段路要走，需要各相关企业不断加强科技研发，提升产品质量，降低生产成本，提高产品附加值，同时要加大市场推广普及力度，才能在激烈的市场竞争中占有一席之地。因此，生态健康陶瓷产业尽管在发展中存在标准、检测方法不健全，市场推广不足等问题，但长远来看，随着人们生活水平的提高和对美好生活向往的需求的增长，行业发展前景依旧长期向好。

第三节　陶瓷瓦及琉璃制品领域发展报告

我国陶瓷瓦与琉璃制品产业承载着千年文明积淀与匠心传承，既是中华建筑文化的重要载体，也是现代建筑产业不可或缺的基础材料。一直以来，我国陶瓷瓦及琉璃制品产业始终与中华建筑美学、工程技术及社会发展同频共振，实现了从传统手工业向现代化制造的跨越式发展，形成了涵盖原料制备、产品设计、生产制造、工程应用的完整产业链，在全球市场占据举足轻重的地位，是我国建筑陶瓷行业的重要组成部分。

2024 年，受全球经济波动和国内外市场需求不振等因素影响，我国陶瓷瓦及琉璃制品行业经济运行困难加大，总体营业收入、经济效益明显下滑，产能过剩矛盾愈显突出，市场竞争加剧，企业经营面临巨大挑战。但总体而言，全年行业整体运行相对比较平稳，行业转型升级，淘汰落后产能得到进一步巩固，产业集中度得到进一步提高，行业自动化、智能化、绿色化发展水平持续提高，节能减排成果显著。

一、行业发展现状

（1）行业总产能过剩，总体呈下降趋势

在过去长达数千年间，我国传统民居建筑均覆以小青瓦，进入 21 世纪后，随着西瓦在江浙沪地区新建小区等诸多建筑物屋面上使用增多，并开始慢慢辐射影响到周边省份，以西瓦为代表的我国陶瓷瓦及琉璃制品行业发展进入新的发展时期。

2007—2010 年是我国陶瓷瓦及琉璃制品发展的高峰时期，陶瓷瓦及琉璃制品企业以迅雷之势"破土而出"。随后的近 10 年时间，借助房地产蓬勃发展的"风口"，全国陶瓷瓦及琉璃制品企业、生产线及产能高速扩增，即便是 2017—2020 年瓷砖产能处于萎缩的三年间，全国陶瓷瓦及琉璃制品产能依旧增长了 30% 以上，成为为数不多产能仍保持高速增长的建筑陶瓷品类。特别是在 2019 年，由于瓷片和外墙砖市场持续萎缩，部分陶瓷企业将外墙砖、仿古砖或瓷片生产线改产为陶瓷瓦及琉璃制品，彼时在湖北、湖南、江西、安徽等产区曾短暂掀起一股瓷砖生产线转产陶瓷瓦及琉璃制品的热潮。不同年份我国陶瓷瓦及琉璃制品生产线条数见图 8-15。

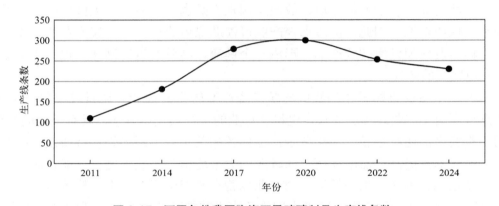

图 8-15　不同年份我国陶瓷瓦及琉璃制品生产线条数

如图 8-16 所示，2017 年至 2020 年三年间，全国陶瓷瓦及琉璃制品产能增长速度迅猛，与 2017 年相比，2020 年全国陶瓷瓦及琉璃制品产能增长率超过 30%。全国陶瓷瓦及琉璃制品产能在经历了十余年的高速发展后，在 2020 年登顶后开始回落。

2021 年市场开始显著下滑，由于产能过剩、恶性竞争、利润微薄以及政策利空等，全国不少陶瓷瓦及琉璃制品生产线转产地铺石、仿古砖、大板等产品，同时亦有相当数量的陶瓷瓦及琉璃制品生产线拆除退出，或者跨界转型生产锂电。

2022 年，受成本上涨以及市场需求萎缩等多重因素影响，陶瓷瓦及琉璃制品行业的发展困难重重，江西、四川等全国主要的陶瓷瓦及琉璃制品产区企业曾大面积停窑，彼时有陶瓷瓦及琉璃制品厂家甚至全厂停线。江西陶瓷瓦及琉璃制品生产线停窑率曾一度高达 60% 以上，作为全国最大的陶瓷瓦及琉璃制品产区，从 2020 年底至今，江西省共有 17 条陶瓷瓦及琉璃制品生产线技改或退出，减少的日产能合计达 273 万片，减幅达 29.2%。

2022 年我国陶瓷瓦生产线 253 条，相比 2020 年的 300 条减少了 47 条，减少幅度为 15.7%。日产能由 2020 年的 4060 万片减少到 3650 万片，日产能减少 410 万片，减少幅度为 10.1%（图 8-16）。

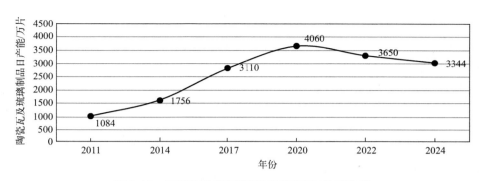

图 8-16　不同年份我国陶瓷瓦及琉璃制品日产能

2023 年，行业普遍期待的市场恢复活力局面并未出现，受房地产市场下行影响，我国陶瓷瓦及琉璃制品市场竞争更加激烈，企业普遍存在开窑率不足和库存积压严重的问题，全国陶瓷瓦企业开窑率仅七成左右。

2024 年，受市场下行影响，我国陶瓷瓦及琉璃制品产业整体呈现下滑趋势，产能进一步缩减，据统计，与 2022 年相比，全国生产线由 2022 年的 253 条减少到 230 条，减少 9%；日产能由 3650 万片减少到 3344 万片，减少约 10%；全年产能由 109.4 亿片减少到 100.3 亿片，减少约 8%（图 8-17）。在整体产能减少的同时，个别产区产能却进一步扩张，以江西产区为例，2024 年与 2022 年相比，陶瓷瓦及琉璃制品日产能增加了 136 万片，增幅达到 18.40%。

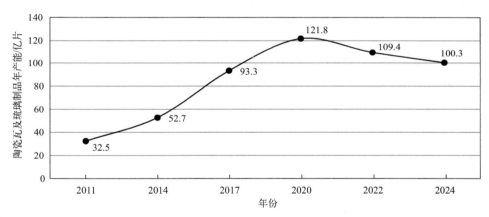

图 8-17　不同年份我国陶瓷瓦及琉璃制品年产能

究其原因，一是我国建筑陶瓷行业在绿色化、智能化、数字化的转型升级下，以及产品迭代升级的推动下，全国各大陶瓷产区的老旧生产线纷纷进行了技改升级，以大窑炉、大产能的生产线为主，单线产能得到显著提升；二是部分曾经转产锂电的原陶瓷企业也重新启动，回归生产陶瓷瓦及琉璃制品；三是受瓷砖行业市场下行影响，生产线开窑率进一步降低，许多企业产品价格降幅更是高达 20%，陶瓷瓦及琉璃制品产品相对于瓷砖类产品而言，在市场需求中是一种非常小众化的产品，单品附加值低，由于陶瓷瓦及琉璃制品生产线技术门槛不高，企业生产投入成本相对较低，部分瓷砖厂家转产陶瓷瓦及琉璃制品产品，以期规避瓷砖领域更严峻的内卷环境。

（2）市场先抑后扬，利润普遍偏低

在市场销售方面，虽然上半年陶瓷瓦行业销售普遍不景气，但是下半年，特别是进入第四季度，行业迎来短暂的销售旺季，部分产区呈现了产销两旺的局面。

陶瓷瓦及琉璃制品的消费市场也开始两极分化，一方面低端的消费市场依然以普通连锁瓦为主，普通连锁瓦产品激烈厮杀和内卷，由于陶瓷瓦及琉璃制品的产品高度决定了大部分产品面向农村市场，在有限且高度重合的市场半径内激烈厮杀，普通连锁瓦价格与高峰期相比，降幅达到25%～35%，基本没利润。另一方面，随着消费水平的提升，尤其是"80后"回农村建房、盖别墅的越来越多，他们对陶瓷瓦及琉璃制品的要求更高，高品质的异形瓦更受消费力强的年轻人青睐。因此，部分头部陶瓷瓦企业凭借多年市场沉淀和综合实力，通过装备技术提升、产品创新、品质升级来提升品牌影响力，在硬件装备和产品上与众多中小瓦企拉开差距，转向利润更高的大规格、不同形状设计的差异化高端瓦和异形瓦。

如图8-18所示，2024年我国陶瓷瓦及琉璃制品全年产量约80.2亿片，较2022年下降8.3%，产能利用率在80%左右，与陶瓷砖相比，行业产能利用率要更高。究其原因，一方面陶瓷瓦产品主要面向农村市场，而陶瓷砖产品主要面向城市市场，受房地产下行影响相对滞后；另一方面，与陶瓷砖产品不同，陶瓷瓦产品由于其特殊的使用场景，产品外形、颜色和质量相对变化不大，因此企业即使在市场淡季仍保持正常生产，积压库存待市场回暖仍不影响正常销售，因此陶瓷瓦企业产能利用率普遍高于陶瓷砖企业。

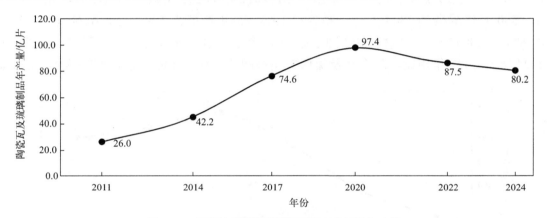

图8-18　不同年份我国陶瓷瓦及琉璃制品年产能

（3）各产区发展不均衡，区域品牌效益显著

我国陶瓷瓦及琉璃制品企业主要分布在江西、安徽、四川、湖北、湖南、广东、福建等地，呈现分布范围广、企业数量多的鲜明特色。近五年是行业发展经历了由高速增长到逐步回落的时期，各产区受大环境和各地政策的影响，除个别产区如云南、重庆变化不大外，全国大部分产区陶瓷瓦及琉璃制品生产线均有减少，尤其是四川、湖南等产区不少陶瓷瓦及琉璃制品、古建瓦生产线停产或转产。2024年陶瓷瓦行业排名前五的产区依然是江西、安徽、四川、湖北、湖南。其中安徽、湖南、广东、福建和江苏产区的产能下降比较明显；江西产区产能实现进一步增长，依然是我国最大的陶瓷瓦产区。2024年我国陶瓷瓦及琉璃制品前十产区日产能及生产线条数见图8-19、图8-20。

① 江西产区。江西一直是我国最大的陶瓷瓦及琉璃制品产区，在高安、宜丰、上高以及景德镇、萍乡等地，汇聚了一批产线数量多、产能规模大的龙头瓦企，如佳宇陶瓷。佳宇陶瓷是全国产能最大的陶瓷瓦及琉璃制品厂家，拥有3个生产基地，日产能超过200万片。同时，金阳陶瓷、国烽陶瓷、卡地克陶瓷以及金盛开等都是专业的老牌陶瓷瓦及琉璃制品厂家，日产能均达到70万片及以上。仅泛高安（高安、宜丰、上高）产区陶瓷瓦及琉璃制品总产能达到553万片，占江西总产能的65.21%。

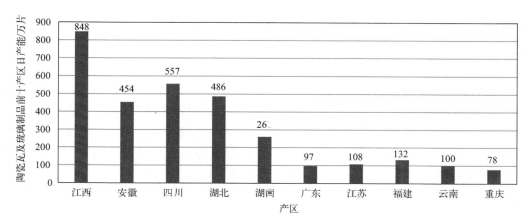

图 8-19　2024 年我国陶瓷瓦及琉璃制品前十产区日产能

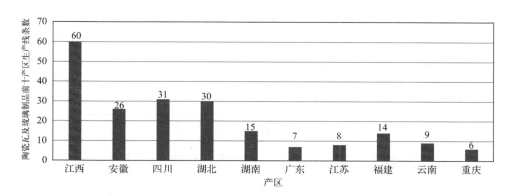

图 8-20　2024 年我国陶瓷瓦及琉璃制品前十产区生产线条数

　　如图 8-21 所示，2024 年，江西产区共有陶瓷屋面瓦生产线 60 条，日产能达到 848 万片，占全国总产能的 25%，与 2022 年日产能 712 万片相比，日产能增加了 136 万片，增幅达到 19.1%。

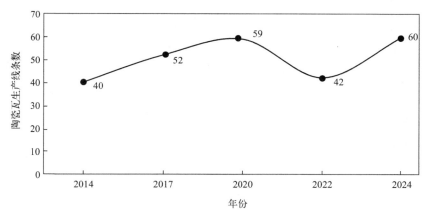

图 8-21　不同年份江西产区陶瓷瓦及琉璃制品生产线条数

　　随着锂电产品的颓势，以及瓷砖品类市场和价格的白热化竞争，让一部分此前转锂电的生产线重新做回陶瓷瓦及琉璃制品；同时部分瓷砖生产线也陆陆续续开始转入陶瓷瓦及琉璃制品领域。原有不少企业也对老旧生产线进行改造升级，通过技改大幅提升窑炉产能，新线日产能普遍在 20 万片以上，因此 2024 年江西产区陶瓷瓦产能不降反升，仍然是全国第一大产区。随着产能的进一步增加，江西产区陶瓷瓦企业竞争更加激烈，同时也给其他周边产区造成大的冲击。

② 四川产区。四川是我国陶瓷瓦行业第二大产区。如图 8-22 所示，2024 年，四川产区拥有陶瓷瓦及琉璃制品及配件生产线 31 条，日产能达 557.2 万片，占陶瓷瓦总产能的 16%。其中，陶瓷瓦及配件线 21 条，日总产能 349.2 万片；青瓦及配件线 10 条，日总产能 208 万片。受市场竞争加剧影响，部分企业转向异形高端瓦生产，传统小瓦需求萎缩，行业集中度进一步提高。丹棱曾以正元亨古建（日产能 200 万片）为核心形成西部最大青瓦基地，2024 年青瓦企业普遍面临市场萎缩压力，部分转向古建修复或工程定制化生产。

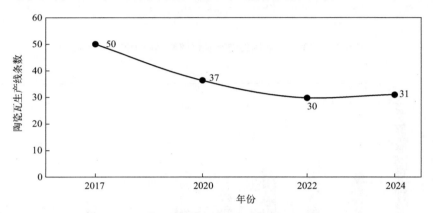

图 8-22　不同年份四川产区陶瓷瓦及琉璃制品生产线条数

2024 年四川产区由于天然气价格上涨（至 2.6～3 元 /m³）、限电及环保治理成本增加等原因，与云南、贵州等新兴产区相比，原料外购成本劣势凸显。部分中小陶瓷瓦及琉璃制品企业因抗风险能力弱，生产周期缩短至不足 4 个月。

2024 年四川陶瓷瓦及琉璃制品产能保持高位但竞争加剧，青瓦市场持续收缩。行业通过技术升级、产品高端化及渠道拓展寻求突破，未来头部企业优势将进一步扩大，中小企业需聚焦细分市场（如古建修复）维持生存。

③ 湖北产区。2024 年湖北产区现有陶瓷瓦及琉璃制品生产线 30 条（图 8-23），日总产能达 485.5 万片，占全国陶瓷瓦总产能的 14% 左右，位列中部地区第二（仅次于江西）。湖北产区陶瓷瓦企业主要分布在泛当阳和黄梅县，特别是黄梅县一直是湖北省的"屋面瓦之乡"，也是湖北省陶瓷企业比较集中的产区。尽管近几年产区企业在环保改造、技改投入、管理升级、

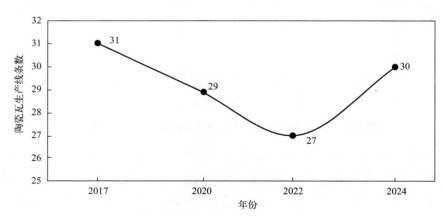

图 8-23　不同年份湖北产区陶瓷瓦及琉璃制品生产线条数

产品结构调整、节能减排等方面加大了投入，并且取得了较大成果，但是随着中部地区陶瓷瓦及琉璃制品产品的价格战愈演愈烈，湖北产区企业也面临价格战、低利润的严峻挑战。一方面产区本地竞争加剧，当阳、蕲春等地中小瓦企价格战激烈，同规格产品价差达 0.2 ～ 0.3 元 / 片；另一方面受外部挤压，江西高安产区凭借规模优势（日产能超 1000 万片）抢占湖北周边市场，导致湖北企业销售半径从 200 公里缩减至 100 公里以内，产区部分低端产品利润已跌破成本线，企业陷入"生产即亏损"困境。

目前湖北陶瓷瓦及琉璃制品产业面临产能过剩、同质化较高、成本高企、政策收紧等多重压力，行业正处于深度洗牌阶段。头部企业通过技术升级与差异化产品寻求突破，而中小产能企业则加速出清，特别是随着湖北产区"煤改气"提上日程，将极大提高湖北产区生产成本，或倒逼一部分竞争力弱的企业淘汰退出。

④ 安徽产区。安徽曾是全国陶瓷瓦及琉璃制品产能增长最快的产区之一，2017—2020 年日产能从 228.6 万片激增至 626.56 万片，增幅达 174.1%。但 2021 年后受房地产下行和农村建房政策收紧影响，产能大幅缩减。截至 2024 年底，安徽陶瓷瓦及琉璃制品生产线约 26 条，日产能降至 454 万片左右，占全国总产能的 13%。与 2022 年相比，生产线减少了 8 条（图 8-24），降幅为 23.5%，日产能减少 162 万片，降幅为 26.3%，部分企业因库存积压被迫转产仿古砖。

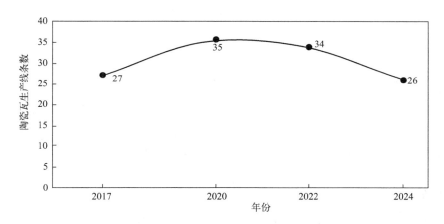

图 8-24　不同年份安徽产区陶瓷瓦及琉璃制品生产线条数

安徽陶瓷瓦企业主要集中在宣城市、六安市，其中宣城市主要分布在广德市、郎溪县和宁国市，其中宁国市最为集中。近年来，随着陶瓷瓦竞争不断加剧，宣城市大多数企业的销售压力也在不断增大。六安市有安徽龙钰徽派古建工艺制品有限公司（龙钰古建）与六安市新腾飞建筑陶瓷有限公司两家陶瓷瓦企业。近年来由于市场需求不断下行，陶瓷瓦的销售压力不断增大，尤其是在安徽省要求陶瓷企业 2025 年底实施"煤改气"的背景下，龙钰古建提前应对，在继续深耕古建瓦生产的同时，积极进军氢能源行业，氢能源项目可大大降低陶瓷企业燃气成本，并且对于建筑陶瓷行业的节能降耗，具有积极的推动作用。此外，根据公司规划，龙钰古建计划在 2025 年底再建一条隧道窑瓦产线，以此来满足市场的排产需求。近年来，龙钰古建在不断完善产品结构的基础上，逐渐摸索出了一种适合当下客户需求的发展模式。

⑤ 湖南产区。湖南曾是全国第四大陶瓷瓦及琉璃制品产区，2020 年有陶瓷瓦生产线 26 条，但 2021 年后受房地产下行和农村建房政策收紧影响，产能大幅收缩，到 2024 年陶瓷瓦生产线减少 11 条至 15 条（图 8-25），日产能 261 万片，占全国 10% 以上份额。湖南产区陶瓷瓦

企业主要集中在衡阳市和怀化市，其中衡阳阳光陶瓷作为湖南省最大的陶瓷瓦及琉璃制品和古建青瓦生产厂家，拥有 7 条生产线，日产能 145 万片，依托当地丰富的原材料优势和企业强大的工程和经销渠道，该企业近几年一直保持稳定的发展态势。

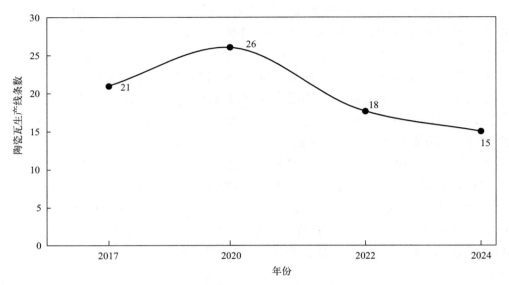

图 8-25　不同年份湖北产区陶瓷瓦及琉璃制品生产线条数

　　怀化市陶瓷瓦全部集中在中方县花桥镇，产品结构大部分是生产古建青瓦，另有一部分生产陶瓷瓦。截至 2024 年，中方县已经成为湖南陶瓷瓦生产最集中的产区，共建成 6 条古建青瓦、陶瓷瓦及琉璃制品生产线，各类瓦片日产能超过 80 万片。不过当地陶瓷瓦企业也面临一系列的难题，如生产设备陈旧、产能较小、产品档次不高、销售市场局限及受周边（如湖北、江西）产区冲击等，对当地企业发展形成一定的制约。

　　从近年发展来看，中方县大部分陶瓷企业的规模已经趋于稳定，大多数企业的生产线数量、产品结构及产能大小相比 2022 年未发生变化。不过早在 2017 年，当地的陶瓷企业全部生产陶瓷瓦及琉璃制品，而到了最近几年，其中的大部分陶瓷瓦及琉璃制品生产线都已转变为生产古建青瓦。其中的原因是：近几年来，全国陶瓷瓦及琉璃制品生产线快速增加，陶瓷瓦及琉璃制品产能快速扩增，周边的陶瓷产区快速崛起，对中方县陶瓷企业的市场形成了较大的冲击和挤压。加之怀化市位于湘西地区，周边有不少少数民族，因此古建青瓦拥有一定的市场需求，因此当地的大部分陶瓷瓦及琉璃制品生产线转产为青瓦。

　　最近几年，全国陶瓷屋面瓦产能严重过剩，不少产区都有瓦企退出或缩减生产线，中方县陶瓷企业同样饱受产能过剩、市场需求相对不足的困扰。特别是过去几年高速发展，周边农村地区的房屋建筑几乎都已用瓦翻新，未来的市场需求或进一步收窄。

　　（4）产品进出口量下降幅度较大，出口单价持续走低

　　随着我国陶瓷瓦及琉璃制品产业的不断发展壮大，行业中少数高档产品基于其产品质量、产品档次与国外产品相同或高于国外产品，在国际市场上（特别是在我国周边国家和地区）有一定市场，产业国际化步伐加快，产品出口量明显增加。2012 年到 2018 年我国陶瓷瓦及琉璃制品出口量在缓慢增长，2018 年到达高峰后开始逐步回落，2022 年后，出口量曾实现小幅度增加，随后从 2023 年开始再次回归正常水平。2024 年我国陶瓷瓦产品出口量为 105140 吨，较 2023 年下降 17%（图 8-26）；出口额为 3244 万美元，较 2022 年下降 36%（图 8-27）。

图 8-26　2012—2024 年我国陶瓷瓦产品出口量

图 8-27　2012—2024 年我国陶瓷瓦产品出口额

对比我国陶瓷瓦产品历年出口量和出口额发现，我国陶瓷及琉璃制品产品的出口额受国际环境等因素影响，出口额的下降幅度明显高于出口量的下降幅度，说明我国陶瓷瓦产品的出口单价在持续走低。

与出口相比，2015—2021 年间，我国陶瓷瓦及琉璃制品的进口不论是进口量还是进口额都保持小幅度增长趋势，到 2021 年达到顶峰后开始大幅度下降，到 2024 年已经降到历年最低水平。2024 年我国陶瓷瓦产品进口量为 4696 吨，较 2023 年下降 37%（图 8-28）；进口额为 171 万美元，较 2024 年下降 34%（图 8-29）。

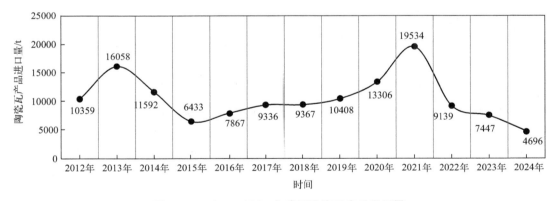

图 8-28　2012—2024 年我国陶瓷瓦产品进口量

我国陶瓷瓦及琉璃制品产品进口量一直不大，这主要是因为除个别高档别墅或特殊场景需要用到进口瓦，本土陶瓷瓦产品不论是质量还是价格完全可以满足国内消费市场的需求。

（5）行业环保治理和清洁生产水平稳步提升

国家环保治理的要求日趋严格（尤其是"煤改气"政策的落地），加快了行业向绿色制造、清洁生产发展的脚步，行业环保治理水平得到显著提升，各产区企业基本都能达到环保要求。

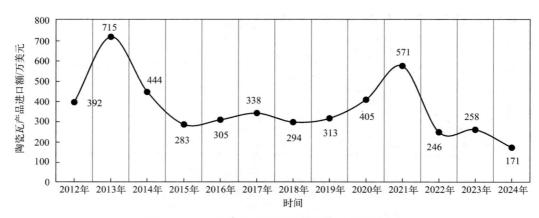

图 8-29　2012—2024 年我国陶瓷瓦产品进口额

同时也加速行业转型升级和淘汰落后产能的进程。

我国陶瓷瓦及琉璃制品行业使用天然气的比率由 2011 年不到 5% 增长到 2024 年的 57.9%，特别是浙江、四川、山东产区天然气的使用率排全国前三，分别达到 100%、97.8% 和 95.7%。

从图 8-30 可以看出，我国陶瓷瓦及琉璃制品行业在前期天然气使用率增长较快，2022 年以后开始逐步放缓，说明我国主要产区煤改气工作已经基本完成，未来随着湖南、湖北、江西、安徽等地煤改气工作的推进，天然气使用比例将进一步提高。

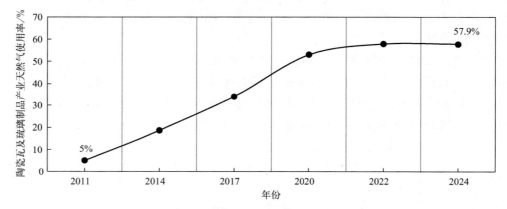

图 8-30　不同年份我国陶瓷瓦及琉璃制品产业天然气使用率

如图 8-31 所示，目前行业各产区中，浙江、四川、山东、河北、广东、江苏是天然气使

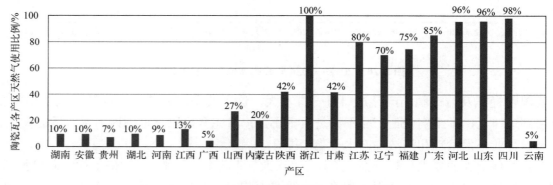

图 8-31　2024 年我国陶瓷瓦各产区天然气使用比例

用比例最高的产区，普遍在 80% 以上，最高到 100%。排名前五的陶瓷瓦及琉璃制品产区，除四川外，江西、湖北、安徽、湖南几个产区的天然气使用比例普遍较低。

（6）行业标准体系建设更加完善

随着我国陶瓷瓦及琉璃制品产业的发展，行业标准体系建设日趋完善。行业目前主要依据的标准为《建筑琉璃制品》（JC/T 765—2015）和《烧结瓦》（GB/T 21149—2019）。部分产区也有采用《陶瓷砖》（GB/T 4100）和《建筑材料放射性核素限量》（GB 6566—2010），检测方法普遍依据《屋面瓦试验方法》（GB/T 36584—2018）采用。

在标准应用的过程中，受限于目前国家标准和行业标准，技术指标过低，不利于行业产品质量的提升，同时随着新产品的不断涌现，国标已经不能完全满足市场的需要，因此，中国建筑卫生陶瓷协会组织制定了《陶瓷瓦》团体标准，并根据产品物理性能如抗弯曲强度、抗冻性等对产品质量进行了分级，达到优质优价的目的，同时也引导企业不断加大产品研发创新力度和提升质量水平，促进行业整体质量的提升和进步。

在"双碳"背景下，我国陶瓷瓦及琉璃制品作为烧结类产品同样面临着节能降碳的艰巨任务，为此，在由中国建筑卫生陶瓷协会组织修订《建筑卫生陶瓷和耐磨氧化铝球单位产品能源消耗限额》国家标准过程中，专门增加了对陶瓷瓦产品的单位能耗要求，通过国家标准的约束，进一步引导行业企业不断改进生产工艺，在降低生产用能源成本的同时，降低能源消耗和碳排放水平。

二、行业发展特点

（1）行业总体产值不高

目前我国陶瓷瓦及琉璃制品生产企业因环保、市场等因素已减少到现在的 300 多家左右，产值约 200 亿元；从规模上来看，目前生产企业仍然存在数量多、品牌企业少的问题，70% 的企业属于小型规模企业，国内生产企业主要分布在江西、四川、安徽、湖北、湖南、广东、江苏、重庆、甘肃、福建、山西、山东、河南、河北、云南、浙江、陕西、贵州等地，其中江西高安、景德镇，四川夹江等地较为集中，年产值上亿元的企业仅占 20% ～ 30%。

随着农村建房政策的调整，以及房地产市场的下行，加之行业总体产能过剩，企业为了维持生产经营，低价竞争日趋明显，一些经营良性的厂家选择减产保价，成本上涨也逼停了部分库存压力较大的陶瓷瓦生产线。对一些产能规模较大的陶瓷瓦及琉璃制品企业，即使产销量能够达到平衡，但是厂家的利润率却下滑严重。

截至 2024 年底，中国（除港、澳、台）共有陶瓷瓦生产线 230 条，日产能 3444 万片，一年按 310 天的生产周期计算，在满负荷生产的状态下，全国陶瓷瓦年产能在 107 亿片左右，按照每片瓦的出厂均价 2 元折算，全国陶瓷瓦行业的年产值粗略估计仅为 200 亿元，而一些"航母级"的瓷砖企业单个体量就有百亿元。

（2）行业整体产能过剩

陶瓷瓦及琉璃制品品类当前面临的最大困境还是产能过剩，以及市场红利消失。陶瓷瓦及琉璃制品的主要市场在农村，前几年陶瓷瓦及琉璃制品销售形势较好，主要是新农村建设以及美丽乡村建设带动市场增长，然而随着国家加快城镇化建设、限制农村自建房等政策红利逐步消失，再加上此前一直以来，陶瓷瓦及琉璃制品的产能均呈现不断扩增的状态，陶瓷瓦及琉璃制品市场面临的挑战和压力与日俱增。在过去十余年里，陶瓷瓦及琉璃制品品类一直处于"野蛮生长"状态，在市场形势乐观的年份里，产能曾"一窝蜂"式地盲目扩张、盲目转产，导致恶性竞争与价格战愈演愈烈。一直以来陶瓷瓦及琉璃制品产品均处于微利状态，每片的利润甚至以分计，产品单价因"同质化竞争"不但难以上涨，反而还有厂家降价，导致很多企业出现"生产一片、亏一片"的价格倒挂现象，部分企业利润跌破成本线，2024年全国行业平均利润率不足5%。

（3）研发创新能力显著提高

在技术创新方面，从"湿压成型"到"干压成型"是陶瓷瓦行业近十年最大的技术突破。现今我国陶瓷瓦行业，90%以上采用干压成型，湿压成型仅在局部区域尚有保留，如生产一些异形产品，湿压工艺可让产品表现得更立体、更厚重，差异化发展，这是干压成型难以完成和替代的部分。对比湿压成型，干压成型大大降低陶瓷瓦生产成本——在成型过程中，湿压至少需要8个小时，而干压仅需40分钟，大大提升生产效率，并且更节省能源和原料。正因如此，干压成型已成为国内陶瓷瓦行业的普遍生产工艺，湿压成型逐渐沦为传统工艺，仅在少数企业仍有保留。

目前，我国陶瓷瓦及琉璃制品行业在产能、工艺技术、品类等方面取得了全面进步。产品性能也大大提高，吸水率越来越小，陶质、炻质、瓷质产品应有尽有，强度高、热稳定性好、抗冻性能好，能更好地满足使用要求，且有防风、防水、保温、易于维修、装饰效果好等特征。

（4）环保治理水平提升显著

随着能源、环保、资源、土地、劳动力成本等制约因素的影响越来越大，原本的成本竞争优势不在，企业重新回到同一条起跑线，势必倒逼企业进行转型升级，调整发展方向。目前我国陶瓷瓦及琉璃制品行业企业通过不断提升装备和改造技术，企业环保治理水平显著提高。

三、行业未来发展趋势

随着我国社会经济发展进入新时期，我国陶瓷瓦及琉璃制品产业发展所面临的发展环境也将发生重大变化。在宏观层面，市场需求发生了重大变化，在国内外复杂多变的政治经济形势下，我国陶瓷瓦及琉璃制品行业将从增量市场转变为存量市场，从市场时代加速进入用户时代。同时受"双碳"政策影响，国家加大了对高能耗、高排放产业的监管力度，我国陶瓷瓦及琉璃制品产业面临的发展环境将更加严峻。

面对行业发展新变化、新形势、新挑战，我们需以标准为引领，以科技创新为新动力，以数字化、智能化推动产业布局，实现全产业链上下游联动，注重技术装备的创新，不断提升行业智能化制造水平，以实现行业高质量发展为目标，我国陶瓷瓦及琉璃制品的发展前景还是长期向好的。

（1）行业转型升级实现高质量发展的趋势不变

受市场需求、供需关系的变化影响，陶瓷瓦行业将由过去的粗放式发展，进入"剩者为王"的新时代，一批拥有产品优势、渠道优势、品牌优势的企业将在未来进一步得以发展壮大，行业集中度将会继续提升。对于重度依赖农村市场及国家政策支持的陶瓷瓦业，由于陶瓷瓦具有品牌辨识度不高，各生产厂家间价格差异小、产品技术相差不大等特性，因此在品牌推广方面难度更大，多数企业只能通过提升产品品质和管理效益、提高产品性价比来提高自身竞争力。但部分优秀企业能够通过常年在品牌建设方面的长期坚持与投入，并在全国各省市布局网点，逐渐形成全国性陶瓷瓦品牌。

（2）企业寻求差异化发展的趋势不变

随着"新农村建设"政策红利的消失、陶瓷瓦行业产能过剩和行业产业结构的调整，陶瓷瓦行业将重归常态，未来一段时间行业将处于洗牌与重新布局状态，在激烈的价格战、品质战及渠道战中，一些产能落后、综合生产成本过高、利润薄弱的瓦企不断被市场淘汰。

在市场竞争愈演愈烈的当下及未来，差异化定位与发展或将成为瓦企的突围方向。特别是在农村市场利好逐步消失的背景下，更多的瓦企将根据生产线的实际功能，寻求不同的转型方向和差异化。精耕细作、文化传承、出口渠道开拓、品牌化运营将是未来瓦企转型与发展的必然方向。

在传承传统产品的基础上，不断完善产品种类，研发更具特色的新产品。除实用功能外，在欣赏与享受传统的居住文化的前提下，开发出独具文化内涵的特色的产品，由此而形成巨大的市场需求，刺激和推动行业迅速发展，为我国古建筑翻新及楼、堂、馆、所、校舍、新型民房、新农村建设等提供方便。

（3）生产线的自动化、智能化趋势不变

随着资源、能源、人工等生产成本要素的增加，企业急需通过提升生产线的自动化、智能化水平来提高生产效率。由于陶瓷瓦及琉璃制品产品种类繁多，加之部分产品需要定制，自动化水平普遍不高，尤其是后期捡瓦和打包阶段多数企业还依赖人工，一定程度上制约了行业的发展。自动化、智能化在陶瓷瓦及琉璃制品行业的推广使用，需要广大生产企业、科研院校和装备企业共同研究，全面提升生产线水平，从原料供给，到自动练泥或干压、成型、干燥、施釉、烧成、捡瓦、打包等全线实现全自动化生产方式，全面提高质量，降低成本，提高市场竞争力。

作为我国传统建筑装饰的陶瓷瓦及琉璃制品，蕴含着我国几千年的文化内涵，在传承传统文化、树立文化自信方面有着不可替代的重要作用，随着中国式现代化的不断推进，我国陶瓷瓦及琉璃制品行业需以"双碳"目标为引领，加速低碳技术研发与循环经济模式探索；以数字经济为契机，推动智能制造与个性化定制深度融合；以文化自信为底气，构建传统工艺与现代设计的共生生态。唯有坚持创新驱动、协同发展，方能实现从"制造大国"到"智造强国"的跨越，让千年窑火焕发时代新辉，为全球建筑美学与可持续发展贡献中国智慧。

第四节　卫浴领域发展报告

2024年我国卫浴行业在多重因素影响下呈现多元化发展趋势，宏观政策方面，"双碳"目标推动绿色智能卫浴产品加速普及，行业标准趋严促进技术升级。国内需求呈现两极分化，高端定制化产品与性价比产品同步增长，三四线城市及县域市场在旧改政策推动下释放大量换新需求，适老化卫浴产品成为新增长点。同时房地产调控政策促使行业向存量房市场转型，"房住不炒"政策与保障性住房建设释放旧房改造需求，国内市场呈现下沉市场爆发与高端定制化并行态势。外贸领域面临结构性调整，RCEP深化促进东南亚市场拓展，但欧美市场受贸易壁垒影响，企业通过海外建厂和跨境电商寻求突破。跨界竞争加剧，家电、互联网企业通过智能产品切入市场。渠道变革显著，直播电商、社群营销占比提升，传统经销商加速向服务商转型。国外竞争环境中，东南亚本土品牌崛起，中国卫浴企业通过海外建厂规避贸易壁垒，同时欧洲品牌加速高端市场布局，竞争格局更趋复杂，总体来看，2024年中国卫浴行业呈现转型与波动并存的特征。

一、2024中国卫浴行业发展现状分析

（1）卫浴行业整体市场规模呈现稳中有增的趋势

2024年卫浴行业在宏观经济环境复杂多变的背景下，依然展现出一定的韧性与活力。整体市场规模持续扩大，这一增长主要得益于新兴市场的崛起、消费升级以及老旧小区改造等政策推动下的存量市场更新需求。

在国内市场，卫浴行业经历了深刻的变革。随着城镇化进程进入中后期，新建住宅市场逐渐趋于稳定，卫浴产品的新增需求增长平缓。然而，消费升级趋势愈发明显，消费者对卫浴产品的品质、功能、设计以及智能化水平提出了更高的要求。智能马桶、恒温花洒、浴室柜定制等高端产品市场份额持续扩大，成为行业增长的重要驱动力。

（2）2024年我国卫浴产品进出口情况分析

如图8-32所示，2024年，我国卫生洁具出口总额为156.37亿美元，同比下降4.69%，呈现"量增价跌"趋势。2019—2024年，出口量持续增长，但出口单价普遍下滑，市场竞争加剧，利润空间被压缩。淋浴房、水龙头等产品出口量增长显著，但高端市场失守，低价竞争成为主要挑战。我国卫生洁具出口主要流向美国、东南亚等市场，其中淋浴房、水龙头等产品出口集中在中国香港、美国、印度尼西亚等地。出口省份分布高度集中，广东、浙江、福建等产区，尤其是广东省在淋浴房和水龙头出口中占据主导地位。

卫生洁具产品出口分析内容如下。

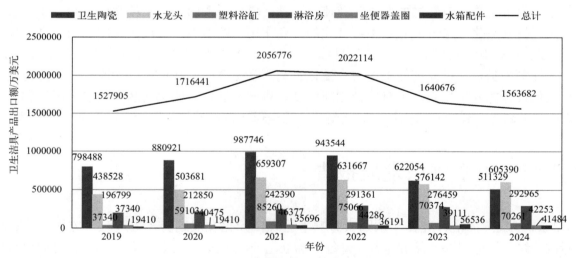

图8-32 2019—2024年我国卫生洁具产品出口额

近年来，我国卫生洁具企业出海投资呈现强劲增长态势，产能布局主要聚焦东南亚、非洲等新兴市场，一方面规避反倾销政策带来的贸易风险，另一方面也通过本地化生产运营更高效地拓展当地市场。与此同时，针对欧美成熟市场，企业更多采取品牌收购或设立销售公司等模式，以规避贸易壁垒，并提升品牌溢价能力。值得注意的是，在国际市场竞争加剧的背景下，全球头部品牌正加速并购扩张，进一步推动行业整合，倒逼中国卫浴企业加快全球化布局与高端化转型步伐。

① 卫生陶瓷。2024 年，我国规模以上卫生陶瓷企业数量为 397 家，较 2023 年增加 34 家。2024 年，我国卫生陶瓷产量为 1.81 亿件，同比小幅下跌 2.69%。2024 年，我国卫生陶瓷出口呈现"量增额减、单价承压"的态势。如图 8-33 所示，出口量达 1.10 亿件，同比逆势增长 15.04%，但由于出口单价从 64.85 美元/件下滑至 46.34 美元/件（−28.54%），创近十年新低，出口额从 62.21 亿美元降至 51.13 亿美元，降幅达 17.80%。这一变化表明，以量补价策略维持了市场总量，但利润空间被严重压缩。对比 2021 年峰值，2024 年出口额已缩水 48.2%，单价累计跌幅达 48.5%，凸显卫生陶瓷出口的结构性困境。

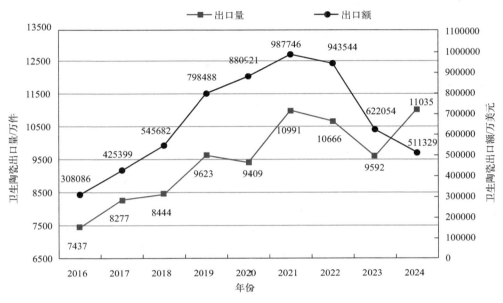

图 8-33　2016—2024 年卫生陶瓷出口量及出口额

② 水龙头。如图 8-34 所示，2024 年，我国共出口水龙头 10.00 亿套，同比增长 14.21%，出口额为 60.54 亿美元，同比增长 5.08%。如表 8-10 所示，水龙头出口前十大目的国依次为美国、印度尼西亚、菲律宾、墨西哥、俄罗斯、巴西、越南、沙特阿拉伯、泰国、土耳其，

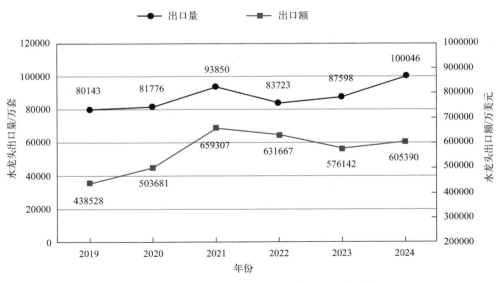

图 8-34　2019—2024 年水龙头出口量及出口额

合计出口量 4.27 亿套，占总出口量 43%，较 2023 年集中度进一步下降 2 个百分点。美国仍居首位，俄罗斯、土耳其、沙特阿拉伯等新兴市场增长显著，反映地缘贸易重构趋势。RCEP 关税减免推动东盟占比提升至 21%，而欧美受关税壁垒拖累，出口持续收缩。

表 8-10　2024 年向前十大出口目的国出口的水龙头出口量、出口额、出口单价

序号	国家	出口量/万套	出口额/万美元	出口单价/（美元/套）
1	美国	9299.16	115606.24	12.43
2	印度尼西亚	6668.02	11886.87	1.78
3	菲律宾	4178.99	9470.45	2.27
4	墨西哥	4144.07	14761.98	3.56
5	俄罗斯	3812.75	38512.71	10.10
6	巴西	3035.29	7677.13	2.53
7	越南	3005.54	15409.84	5.13
8	沙特阿拉伯	2972.84	14858.42	5.00
9	泰国	2850.46	8615.93	3.02
10	土耳其	2715	4163.34	1.53
	合计	100045.58	605389.77	6.05

　　③ 塑料浴缸。如图 8-35 所示，2024 年，塑料浴缸出口量为 14.82 亿吨，同比增长 19.07%，创近年来新高，出口额 7.03 亿美元，同比微降 0.16%。2024 年，塑料浴缸出口单价为 4.74 美元 /kg，同比降 16.15%，为 2019 年以来新低，反映出同质化竞争加剧。

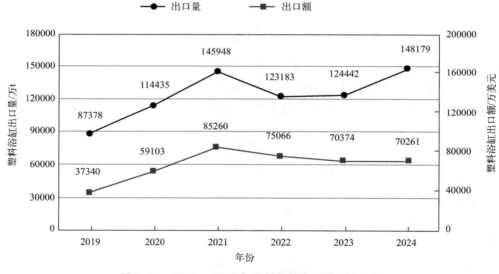

图 8-35　2019—2024 年塑料浴缸出口量及出口额

　　④ 淋浴房。如图 8-36 所示，2024 年，我国淋浴房的出口量为 150.81 亿吨，同比增长 10.66%；出口额为 29.3 亿美元，同比增长 5.97%。近年来，淋浴房的出口保持增长趋势，与 2019 年相比，淋浴房的出口量增长了 82.67%，出口额增长了 48.87%。2024 年淋浴房的平均出口单价为 1.94 美元 /kg，同比下降 4.43%。与 2019 年相比，平均出口单价下降了 25.95%（图 8-37）。这表明淋浴房的出口单价在近年来持续下降，这与市场竞争加剧以及产品结构变化有关。

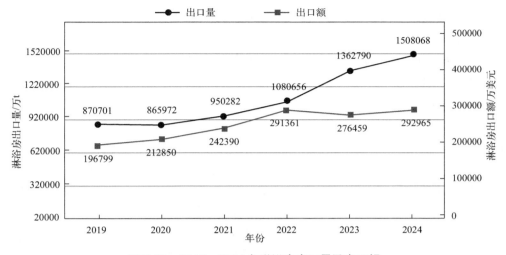

图 8-36　2019—2024 年淋浴房出口量及出口额

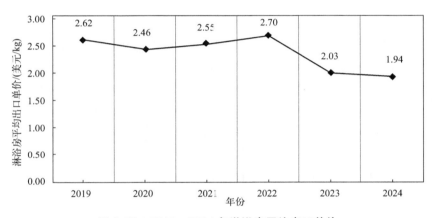

图 8-37　2019—2024 年淋浴房平均出口单价

⑤ 坐便器盖圈。2024 年，我国共出口坐便器盖圈 10.79 万吨，同比增长 18.91%，出口额为 4.23 亿美元，同比增长 8.03%。2019 年以来，坐便器盖圈的出口量总体呈现上升趋势，反映出我国在该产品领域的生产能力和国际竞争力。

⑥ 水箱配件。2024 年，我国水箱配件的出口量为 6.49 万吨，同比增长 19.14%；出口额为 4.15 亿美元，同比下降 26.62%。2019—2024 年间，水箱配件的出口保持强劲增长，与 2019 年相比，水箱配件的出口量增长了 98.78%，出口额增长了 113.75%。

2024 年卫生洁具进口总额为 4.18 亿美元，同比下滑 9.12%。如表 8-11 所示，分品类看，

表 8-11　2024 年我国卫生洁具产品进口量、进口额及平均进口单价

产品	进口量/万件	较 2023 年增长/%	进口额/万美元	较 2023 年增长/%	进口平均单价/（美元/件）	较 2023 年增长/%
卫生陶瓷	85.76	−18.19	6751.69	−22.02	78.73	−4.69
水龙头	1734.91	28.27	22611.91	−8.95	13.03	−29.01
塑料浴缸	1959.75	22.21	1899.74	26.37	9.69	3.40
淋浴房	4564.44	−26.45	8641.97	−1.12	18.93	34.45
坐便器盖圈	276.3	−16.15	528.23	−4.65	19.12	13.71
水箱配件	1010.32	−5.94	1317.4	−20.32	13.04	−15.29

卫生陶瓷进一步延续进口量价双降的趋势，显示本土企业在中高端市场逐步突破，替代效应进一步显现。水龙头延续量增价跌趋势，传统进口产品占据高端市场、国内产品瞄准中低端市场的格局逐渐被打破。淋浴房、塑料浴缸近年来平均进口单价保持增长或稳定，需求稳健，反映国内高净值群体对进口产品的依赖。

（3）国家政策精准落地，以旧换新成行业"新增长点"，为卫浴行业营造良好发展生态环境

2024年3月，国务院印发《推动大规模设备更新和消费品以旧换新行动方案》（简称《方案》），《方案》提出要推进重点行业设备更新改造，通过政府支持、企业让利等方式支持居民开展旧房装修、厨卫等局部改造，鼓励有条件的地方统筹使用中央财政安排的现代商贸流通体系相关资金等支持耐用品换新，同时积极培育智能家居等新型消费。

2024年7月，国家发展和改革委员会进一步提出了《关于加力支持大规模设备更新和消费品以旧换新的若干措施》，并拨出约3000亿元的超长期特别国债资金，加力支持大规模设备更新和消费品以旧换新。

2024年7月，国家发展和改革委员会等五部门联合印发《关于加快发展节水产业的指导意见》，其中提出，推动节水产品装备升级换代。支持企业加强研发、设计和生产，构建从基础原材料到终端消费品的节水产品装备供给体系，推动节水产品装备制造数字化、智能化、绿色化发展。定期发布《国家成熟适用节水技术推广目录》《国家鼓励的工业节水工艺、技术和装备目录》，制定国家节水产品认证目录并纳入绿色产品认证与标识体系。推广先进节水装备和产品，推动大规模节水设备更新和消费品以旧换新，加快淘汰落后的用水产品和设备。持续推进用水产品水效领跑者遴选等工作，树立节水产品水效标杆。

大规模设备更新和消费品以旧换新开展以来，通过"两新"政策，已推动各方面出台实施细则近300项。在政策支持下，消费者购买能力提升，为卫浴企业开辟了更广阔的市场空间，行业需求持续攀升，为卫浴市场注入了新的活力与动力。

各项政策落地，将巩固各地家装厨卫"焕新"全面实施的良好势头，顺应绿色、智能、适老发展趋势，扩品类、拓渠道、优服务，开展多种形式的供需对接、新品首发、联动促销等，持续释放家居消费潜力。

随着国家"以旧换新"政策发布、实施，多数卫浴企业收获颇丰，不少品牌均参与"以旧换新"系列活动，重回零售市场，斩获颇丰，主流品牌店面销售增长30%以上。其中，恒洁、箭牌、惠达等在以旧换新赛道已取得显著成效，在换新赛道持续释放消费潜力，发挥了重要的行业引领和示范作用。

国家税务总局最新增值税发票数据显示，2024年1月份至11月份，家具零售业、卫生洁具零售业销售收入同比分别增长16.8%和12.5%，较零售业总体增速分别高12.3个百分点和8个百分点，11月份更呈现出快速增长态势，同比分别增长36%和18.8%。

但卫浴企业该如何把握机遇，通过技术创新或优化服务，满足消费者对高质量、智能化、环保型产品的需求，这是企业必须关注的问题。

（4）卫浴企业加快出海步伐，拓展新市场，着眼于全球化竞争，挑战与机遇并存

在2024年两会发布的政府工作报告中，"品牌出海"的身影首次出现。似乎，2024年，品牌出海成为高质量发展关键之年，政府强调打造有国际影响力的品牌，支持跨境电商等新业态健康发展，广东、浙江、江苏包机为企业"走出去抢订单"甚至引发热议，而出海，也

成为卫浴企业的一步国际大棋。近年来，随着中国产业结构调整，特别是在中美贸易争端的背景下，不少中国企业加大了向海外的投资。

随着房地产下行，国内新装房需求量正在减少，因此出海实现国际化拓展就成为中国卫浴企业寻求增长的新路径。基于过去几十年来的技术积累和应用创新，中国卫浴企业此时"兵强马壮"，在舒适度、智能化等方面对海外市场形成了"代差"。同早前卫浴行业出海重视销售渠道和出口产品不同，如今中国卫浴企业更强调本土"深耕"，在当地建立本土化团队，强调品牌影响、设计研发等领域。

从早期粗放式的贴牌代工，到凝聚技术、产品、营销力的自主品牌出海，中国企业在国内市场对国际品牌上演过的追赶 - 超越戏码，如今正在海外市场上演。另一方面，这些头部企业的出海深度加强，以自主品牌逐渐实现全面出海，推动中国企业出海加速迈入新阶段。

在卫浴行业，"出海"也再度成为热门话题，越来越多卫浴企业开启了海外布局步伐，行业间甚至流传着"不出海，就出局"的说法。这股热潮之下，以越南为代表的东盟国家成为中国卫浴企业投资的重要目的地。

大企业加速设立越南生产基地。在这一波中国卫浴企业的出海中，除了在海外设立总部和专卖店外，还有一类比较突出的是供应链出海，包括建立海外基地、拓展仓储业务等，不断完善供应链，降低运输成本。仅是今年上半年，就有松霖科技、华艺卫浴、翰森卫浴等多个企业为越南生产基地举行了奠基仪式。

市场空间巨大，但挑战也很大。近年来，越南经济保持高速增长，年均 GDP 增速超过6%，带动了建材市场的繁荣，如今越南已是亚太地区建材业发展最快的国家之一。由于越南工业基础薄弱，生产工艺落后，新产品研发能力不足，价格竞争力较弱，目前为止，越南家装建材产品大多还需要依赖进口，这也是众多家居企业加速布局越南市场的原因之一。

不过，虽然中国企业投资越南进度在加速，但在当地仍面临不少挑战，其中一部分来自国外同行，TOTO、骊住、吉博力等国外卫浴巨头近年来都加速了在越南的布局。

此外，值得注意的是，对于希望在越南布局生产基地，进而布局欧美市场的企业来说，不确定的因素也在增多。2024 年，美国商务部裁定，在中国制造，但在马来西亚和越南进一步加工的木质橱柜、梳妆台及相关组件，应征收与中国直接进口的同类产品相同的反倾销税和反补贴关税。有分析表示，此举将直接中断在马来西亚和越南利用中国原材料及部件加工组装后再出口至美国的橱柜、浴室柜等产品的活动。

（5）卫浴品牌格局重塑，国内头部品牌整合力度加大，市场不确定性因素增加

近年来，本土头部品牌在品牌层的活动减少，营销活动加大，整合力度加大，整合速度加快，更关注市场实战。近几年有个明显差异，本土品牌在市场端的产品迭代和升级速度远远超过外资品牌，不仅是营销层面，更传导到市场和业绩上。这里面有很多影响因素，包括管理水平、管理效率、文化认同以及冲浪速度。所以从单品迭代角度综合来看，本土品牌会略胜一筹。

不过在生活方式的塑造上、颗粒度的呈现上，本土品牌对比外资品牌还是有所欠缺。例如定制品牌和高定品牌主打的场景更侧重西方文化和西方的仪式感，这一套显然是外资品牌更游刃有余，因此一些定制品牌在产品非常有调性和质感的基础上，浴室柜类产品放到一起会给人以同质化的感觉。

不少本地化的外资品牌从去年开始已经放松了销售政策，以获得更高业绩。外资品牌方

面，注意到以往较为低调的小众品牌开始高举高打，以及中国市场在其亚洲地区重心的上升。随着高端消费回流，小众和奢侈品牌加码大陆零售市场。除了开设首店之外，还看到一些进口品牌和本土高定品牌的"联姻"，可以看出，外资品牌都在探索新的模式。这些品牌皆在设计和调性上非常突出，可以预见接下去顶奢零售市场会有所变化。变化可分为以下几方面。

① 品牌竞争激烈：在 2024 年的市场竞争中，头部卫浴品牌凭借其强大的品牌影响力、广泛的市场渠道、雄厚的技术研发实力和完善的售后服务体系，进一步巩固了市场地位。这些品牌在高端市场占据主导地位，通过不断推出创新产品、拓展产品线、加强品牌营销等手段，持续提升品牌附加值和市场份额，引领着行业的发展方向。

国内外品牌在市场上展开了激烈的角逐，国际知名品牌如科勒、TOTO、汉斯格雅等凭借其悠久的历史、先进的技术和高端的品牌形象，在国内高端市场占据一席之地，并不断加大在二三线城市的市场拓展力度。国内品牌如九牧、恒洁、箭牌等通过多年的技术积累和品牌建设，逐渐提升了产品品质和品牌知名度，在国内中高端市场与国际品牌形成了有力竞争，同时积极开拓海外市场，取得了一定的成绩。

② 渠道竞争多元化：线上渠道在 2024 年继续保持快速增长态势，电商平台成为卫浴产品销售的重要渠道之一。各大卫浴品牌纷纷加大在电商平台的投入，通过直播带货、线上促销、社群营销等方式吸引消费者购买，一些家电企业、互联网企业凭借其在智能技术、渠道资源和品牌营销方面的优势，纷纷涉足卫浴领域，推出智能卫浴产品，给传统卫浴行业带来了新的挑战和机遇。一些新兴品牌凭借独特的产品定位和营销策略，如专注于智能卫浴的小米有品、主打年轻时尚的网易严选等，也在市场上崭露头角，加剧了品牌竞争的激烈程度。

新兴的卫浴品牌也在市场上崭露头角，这些品牌通常聚焦于某一细分市场或特定消费群体，通过创新的产品设计、精准的营销策略和灵活的市场运营，迅速赢得了部分消费者的青睐，为行业竞争格局增添了新的变数。此外，工程渠道、家装渠道、设计师渠道等也成为卫浴企业争夺的重要战场，与房地产开发商、家装公司、设计师等建立紧密的合作关系，对于提升品牌市场份额具有重要意义。

③ 市场需求不确定性：宏观经济环境的不确定性以及房地产市场的波动，导致卫浴市场需求存在一定的变数。为了应对市场需求的不确定性，企业加强了市场调研和分析，深入了解消费者需求的变化趋势和区域市场的差异，及时调整产品研发方向和营销策略。一方面，加大对新兴市场和细分领域的开拓力度，如农村市场、旧房改造市场、长租公寓市场等，挖掘潜在的消费需求；另一方面，通过产品创新和品牌升级，提高产品的附加值和吸引力，刺激消费者的购买欲望，以应对市场需求的波动，保持企业的稳定发展。

（6）改善型需求、二手房市场、局改旧改、消费者对质的升级成为卫浴行业增长的重要驱动力

经济的稳步增长带来了人们收入水平和生活质量的显著提升，进而促进更强的购买力。改善型需求、二手房市场潜力凸显、经济稳步增长提升了人们的购买力，但经济的不确定性也促使消费者支出更为谨慎。2024 年 6 月以来，二手房周均成交套数显著增长，房地产市场的成熟使得改善型需求和二手房市场成为卫浴行业新的增长点。消费者购房需求从数量转向品质，更加关注居住空间的改善，这为卫浴行业带来了持续发展的动力。2015—2023 年中国人均可支配收入和消费支出规模及增速数据显示，收入的增长为消费升级提供了支撑，而卫

浴作为家居装修的重要部分，受益于这一趋势。

目前全国二手房交易面积占住宅总交易面积的比例超过40%，其中大约有70%的二手房需要进行重新装修。在中国城镇住宅存量4.2亿套中，有翻新改装需求的住宅2.7亿套。

由此可见，局改正成为驱动卫浴行业迎来发展新局面的一剂强心针。于各个空间中，卫浴空间被提升到新地位，卫浴局改成为翻新改装的重中之重。可以说，卫浴局改的好与坏，深刻影响着厨卫"焕新"效果的成败，通过卫浴局改效果即可判断全家装修品位。在政策大力支持＋卫浴局改的巨大市场机会之下，卫浴全产业链上各方迎来新的机遇。

"局改"下卫浴企业要着重服务三类人群：年轻人、老年人、高端人群。面对年轻人，加强开发颜值高、智能化、轻奢风格产品；面对老年人，偏向开发智能化、安全性、舒适性产品；面对高端人群，以设计美学驱动，提供极致体验，塑造高端形象。鉴于"局改"驱动，卫浴企业还需要挖掘这三类人群各自的住房特征，从而更加有倾向性地选择适合企业的主攻人群，而不一定非要全面出击。

消费者积极参与卫浴"局改"的重要动力之一，莫过于享受到智能化的卫浴生活。卫浴企业要在"局改"中分得蛋糕，要考验的第一个基本功是把智能化做到位，包括产品的智能化、空间的智能化、生态的智能化，让卫浴空间尽可能与整个家庭空间实现连接，让卫浴生活赋予大家居生活多彩多姿。

卫浴空间在人们生活中的地位被提升到全新高度，改造卫浴空间成为提升生活品质的重要抓手，卫浴"局改"也成为国家推动消费升级的重要路径，卫浴行业迎来新"局面"。

（7）卫浴行业智能化趋势加速，个性化与定制化需求增加，线上线下融合快速发展

随着科技的进步和消费者需求的升级，随着物联网、大数据、云计算等技术的快速发展，智能化已成为卫浴产业的重要发展趋势，智能卫浴产品正逐渐成为市场的新宠，智能马桶、智能淋浴系统、智能浴室镜等产品的出现，不仅为消费者带来了更加便捷、舒适的卫浴体验，还为企业提供了新的市场增长点。未来，随着技术的不断创新和消费者对智能化需求的持续增加，智能化卫浴产品将进一步普及，功能也将更加多样化和人性化。

同时，人们对生活质量要求的提升，推动居住环境改善成为家庭支出的重要部分。在消费结构升级的趋势下，食品、烟酒和居住支出占比较高，交通通信和教育文化娱乐支出快速增长，反映出消费者对高品质生活、服务的追求。

随着消费者对生活品质要求的提高，个性化、定制化的卫浴产品越来越受到市场的欢迎。年轻消费者对个性化、智能化和设计美学的偏好，以及老龄化社会对卫浴产品安全性、便捷性和舒适性的要求，促使卫浴行业不断创新和升级，以满足不同人群的多元化需求。2022年与2023年中国人口年龄结构变化表明，老年人口的增长对卫浴产品提出了新的挑战和机遇。品牌通过提供多样化的产品选择、个性化的定制服务，满足消费者不同的需求和喜好。这一趋势不仅提升了产品的附加值，也增强了品牌的竞争力。

此外，随着电商平台的兴起和消费者购物习惯的变化，卫浴洁具行业线上线下融合的趋势日益明显。品牌通过线上渠道和线下体验店相结合的方式，提升消费者购物体验和品牌知名度。同时，线上销售占比逐年上升，成为行业新的增长点。在互联网技术的推动下，线上线下融合已成为卫浴产业营销的新常态。企业通过线上平台开展品牌推广、产品展示和销售活动，同时结合线下实体店提供体验和服务支持，实现线上线下互补和协同发展。这种营销模式的创新不仅有助于扩大企业的市场份额，还能提升消费者的购物体验。

（8）全卫定制，适老化卫浴产品成为潜在增长点

随着我国人口老龄化程度不断加深，医疗康养等适老化产品和服务需求旺盛，各细分赛道正加快布局适老养老产业，银发经济市场潜力正在释放。为积极应对人口老龄化国家战略，推动老龄产业高质量发展，国家制定了关于发展银发经济、推进适老化工作的系列工作方案。2024 年 5 月 27 日，工业和信息化部发布《关于组织开展 2024 年老年用品产品推广目录申报工作的通知》，凡在国内注册的开展老年用品研发、生产的企事业单位均可自愿申报老年用品产品推广目录。推广目录产品涵盖老年服装服饰、日用辅助产品、养老照护产品、健康促进产品、适老化家居产品、适老环境改善产品等 6 大领域 20 个品类。

老龄化的人口及养老缺口的扩大，带动了养老等相关产业的发展，这里就包括养老院、居家养老、社区养老、医院等场景改造需求。银发经济的本质是人群经济，主要是巨大的老龄化人口。近几年，建霖、箭牌、瑞尔特、东鹏整装卫浴等卫浴行业的领军企业，在适老卫浴领域已持续投入多年精力，创新打造全卫定制产品线，在 2024 年广州 SIC 老博会上，多家企业展示了针对老年人的康养卫浴解决方案，很多卫浴企业开始围绕健康家居布局，形成厨卫、净水等一站式整体家居解决方案。

二、中国卫浴行业发展趋势分析

未来对于卫浴行业而言，充满了变革与机遇。智能化程度会持续加深，适老化产品推陈出新，各类智能卫浴产品将不断涌现并优化功能，更好地满足消费者便捷生活的需求。同时，绿色环保技术创新加速，行业会积极践行环保理念，采用更环保的材料与工艺。产品设计与空间融合更为紧密，打造出更具整体美感和实用性的卫浴空间。线上线下融合营销模式也会进一步深化，为消费者提供全方位的购物体验。而且品牌集中度将进一步提高，优势品牌有望凭借品质与服务占据更大市场份额。

智能卫浴产品将朝着更加智能化、人性化、个性化的方向发展。全卫智能联动趋势，倒逼品牌智能化从单品智能升级到整个卫浴生态系统的互联互通。从智能马桶到淋浴系统，再到储物解决方案，通过智能技术的相互协作，打造个性化、自动化的用户体验，才能抢占更多用户。

卫浴产品适老化领域正经历着变革与蓬勃发展，持续推陈出新，展现出全新的活力与机遇。一是安全化与智能化融合，防滑抗菌材料、无障碍设计成为基础需求，智能卫浴（如 AI 跌倒监测、健康数据分析马桶）加速渗透；二是医疗级功能升级，康复浴缸、恒温助浴系统将进入居家和养老机构，推动"卫浴空间"向"健康管理终端"转型；三是政策与市场双轮驱动，政府适老化改造补贴带动家庭市场，而高端康养社区催生整体解决方案需求，预计2030 年适老卫浴市场规模将突破千亿元。企业需加快跨界合作（如联合医疗、物联网企业），以"精准适老"替代"通用设计"，抢占银发经济新高地。

产品设计与空间融合更加紧密，一体化、嵌入式、多功能组合式的卫浴产品将成为市场主流。"产品上做加法，空间上做减法"，满足消费者品类成套集成，以及空间高效利用的需求。嵌入式浴室柜、浴缸等产品可以与墙面、地面无缝衔接，使卫浴空间更加整洁、开阔；多功能组合式的淋浴系统可以将淋浴喷头、手持花洒、坐浴盆、按摩喷头等多种功能组合在一起，满足消费者不同的沐浴需求，同时提升空间的利用效率。

"体验＋便利性"双重需求下，线上线下渠道融合互补成为卫浴品牌开拓市场的不二法门。线上渠道将继续发挥其信息传播快、销售范围广、价格透明等优势，通过直播带货、社交电商、内容营销等方式吸引消费者购买；线下渠道则将更加注重体验式营销，通过打造沉浸式的卫浴体验空间，让消费者亲身感受产品的品质和功能，增强消费者的购买决策信心。同时，线上线下渠道将实现数据共享、库存共享、会员权益共享等，为消费者提供更加便捷、高效、一致的购物体验。

存量房时代带来焕新需求大释放：大家居建装行业进入存量市场，根据住房和城乡建设部等部门的统计，我国有 2.7 亿套住宅房龄已超 20 年，大大超过了马桶、浴室柜、淋浴房、水龙头 8 年左右的使用寿命，卫浴产品的迭代升级迫在眉睫。以二次翻新、适老改造为代表的存量房再装修市场成为驱动我国卫浴市场增长的主要力量。

整家融合与跨界合作：卫浴厂家向全卫定制、全屋定制业务进化，吸引非专业卫浴经销商跨界加盟，推动行业整合与跨界合作。未来我国卫浴行业在整家融合与跨界合作方面将呈现三大趋势：一是全场景一体化设计，卫浴空间与智能家居系统深度融合，形成"厨卫-卧室-客厅"联动的整体解决方案，满足消费者对风格统一和功能协同的需求；二是跨界生态合作加速，卫浴企业联合家电、建材、科技公司（如华为、小米）打造智能健康卫浴生态，实现数据互通与场景互联；三是定制化与整装趋势崛起，龙头品牌通过"卫浴+整装"模式提供一站式服务，推动从单一产品向空间解决方案转型，抢占大家居市场增量。

第五节　智能坐便器领域发展报告

智能坐便器主要由机电系统或程序控制，完成多项基本智能功能，如臀部清洗、妇洗等。此外，它还具有辅助智能功能和扩展智能功能，以提高产品的健康性能、卫生性能和使用舒适性。

在供应链方面，智能坐便器行业上游主要包括水路和电路组件、注塑件等供应商；中游主要是智能坐便器的代工厂商和品牌商；下游则是终端市场，B 端包括房地产精装修市场、线上电商平台、线下商超百货等，C 端主要为家庭新装修、家装换新、民宿等。

一、行业发展现状

（1）普及率

智能坐便器普及率最高、市场发展最成熟的国家是日本，市场普及率达到 80% 以上，其次是韩国，普及率接近 60%。中国的市场普及率目前还处于较低水平，不到 10%，一线城市普及率在 10%～15%，二三线城市普及率较低，其他城市未来普及率还有很大上升空间。

（2）市场规模

智能坐便器市场规模在全球范围内持续增长，特别是在亚洲、北美和欧洲地区。亚洲市场中，中国市场因消费升级、旧房改造、以旧换新和适老补贴等因素而表现出较好的增长。智能坐便器市场规模近年来保持两位数的年增长率。预计 2025 年全球智能坐便器市场规模将超过 500 亿元。

（3）市场特点

终端客户的消费偏向于一体机，加热方式选择即热式占比较高，智能便盖由于价格优势，受到部分客户的青睐；近两年轻智能坐便器的出现打破了消费格局，成交量迅速上升。

市场销售渠道多元化，固有的工程渠道受房地产下行的影响正在逐步缩减。电商平台和视频直播带货销售形势好于线下销售。

（4）贸易政策

当下世界贸易争端不断，以中美贸易尤为突出。全球多个国家的关税政策、技术法规、市场准入要求等，直接影响企业的出口成本、供应链布局和市场拓展策略。美国对中国进口商品长期维持较高关税，智能坐便器产品被纳入加征关税清单，中国企业面临 15%～25% 的额外税负。欧盟则实行严格的环保与品质规范，中国企业需投入更多资源进行产品升级与认证。东南亚及"一带一路"国家，关税较低且市场成长潜力大。中国与东协成员签订《区域全面经济伙伴关系协定》（RCEP）后，有利于降低关税壁垒并促进产能转移，有助于中国企业本地化生产，提升竞争力。

二、产业分布及企业类型

（1）产业分布

目前国内智能卫浴生产企业主要集中在浙江、福建、广东、江苏和河北。浙江地区的企业分布在台州、宁波、衢州等地；福建主要分布在泉州和厦门地区；广东主要分布在佛山、深圳、潮州地区；江苏主要分布在苏州地区；河北主要分布在唐山地区。其他省市也有部分生产企业。外资卫浴生产企业和运营商主要集中在上海地区。

（2）企业类型

我国智能卫浴生产企业大致分为智能卫浴专业企业、整体卫浴企业、家电企业和互联网科技型企业四类。智能卫浴专业企业偏重制造，实现产能，成本、品质为主要成长要素，主流销售渠道依赖整体卫浴企业，在电商渠道有少量的销售；整体卫浴企业有一定品牌知名度，市场渠道相对健全，产品的销售服务能力较强，占据主流市场，直接面对消费者，终端市场影响力强；家电企业和互联网科技型企业依托其强大的品牌影响力，根据自身发展需求，正在重塑智能坐便器行业的竞争格局。

智能坐便器的上游主要涉及陶瓷、亚克力板、塑料、橡胶等，以及水路系统，传感器、控制器、电路系统。陶瓷供应商主要分布在潮州、佛山、泉州、唐山等地，涉及电子元器件、芯片、集成电路等。

三、标准情况

标准是人类发展到一定程度后，为提高生产效率和能力而制定和循序的特定的规范和限制。标准对规范技术行为、提高生产效率具有重要意义，在目前社会分工高度发达的时代，标准成为维系产品生产、行业发展必不可少的技术基础。因此制定标准并不断完善修改对社会发展十分必要。以下是一些主要的智能坐便器相关标准。

（1）国际电工委员会（IEC）标准

IEC 60335-2-84：这是专门针对坐便器及其附属设备的电气安全标准。它规定了智能坐便器在电气方面的安全要求，如绝缘电阻、泄漏电流、接地等，以确保用户在使用过程中的电气安全。

（2）欧洲标准（EN）

EN 60335-2-84：这是欧洲地区针对智能坐便器的电气安全标准。它确保了智能坐便器在欧洲市场上的安全性和合规性。

（3）美国国家标准（ANSI/UL）

ANSI/UL 60335-2-84：美国针对智能坐便器的安全标准，通常与 IEC 和 EN 标准保持一定程度的一致性，但也可能包含一些特定的美国市场要求。

（4）日本工业标准（JIS）

JIS C 9335-2-84：日本针对智能坐便器（也称为温水洗净便座）的标准。它详细规定了产品的性能、安全性、耐用性等方面的要求。

（5）中国标准

GB/T 44460—2024《消费品质量分级导则　卫生洁具》、GB/T 34549《卫生洁具　智能坐便器》、GB 25502—2024《坐便器水效限定值及水效等级》、GB 38448—2019《智能坐便器能效水效限定值及等级》、T/CBCSA 15—2019《智能坐便器》、GB/T 23131—2019《家用和类似用途电坐便器便座》、GB 4706.53—2008《家用和类似用途电器的安全　坐便器的特殊要求》、GB 4706.1—2005《家用和类似用途电器的安全　第 1 部分　通用要求》、GB/T 4343.2—2020《家用电器、电动工具和类似器具的电磁兼容要求　第 2 部分　抗扰度》。

四、智能坐便器质量监督抽查情况概述

近年来，随着消费升级和智能坐便器的普及，国内智能坐便器的普及率明显提高。产品质量差异化显著，国家市场监督管理总局通过国家监督抽查（国抽）对智能坐便器进行质量监测。表 8-12 是 2020—2024 年的抽查数据，从抽查结果看，2020 年合格率高达 97.3%，但 2021 年骤降至 91.5%，主要受供应链不稳定、新品牌涌入等因素影响。2023—2024 年质量合格率进入了稳定期，后续我国智能坐便器的质量还有提升空间。

表 8-12　2020—2024 年智能坐便器国抽情况

抽查年份	抽查批次数	合格批次数	合格率
2020	75	73	97.3%
2021	106	97	91.5%
2022	126	122	96.8%
2023	96	89	92.7%
2024	126	117	92.8%

本次抽查工作在流通领域进行抽查，重点检查行业产品整体质量状况以及标准的执行情况。检验工作时间为 2024 年 7 月 1 日至 2024 年 9 月 19 日。抽查企业所在地区涉及北京市、河北省、上海市、江苏省、浙江省、福建省、江西省、湖南省、广东省、重庆市、四川省。本次工作计划抽查 126 批次产品，实际抽查了 88 家企业的 126 批次产品。126 批次的产品单价从 600 元到 6798 元，基本覆盖了智能坐便器高、中、低端价格区间。

智能坐便器生产企业约 140 家，本次抽查企业数量 88 家，约为生产企业数量的 62.9%。

经过检测，88 家企业的 126 批次产品中，79 家企业的 117 批次产品未发现不合格，9 家企业的 9 批次产品不合格。抽查企业不合格率为 10.2%，产品不合格率为 7.1%。涉及的不合格项目主要有：智能坐便器冲洗平均用水量，对触及带电部件的防护，接地措施，螺钉和连接，输入功率和电流，智能坐便器清洗平均用水量，智能坐便器能效水效限定值。

广东省、浙江省、福建省是智能坐便器重点产区，本次抽查了广东省 37 家企业的 49 批次产品，经检验，5 家企业生产的 5 批次产品不合格，产品不合格率为 10.2%；抽查了浙江省 19 家企业的 27 批次产品，经检验，1 家企业生产的 1 批次产品不合格，产品不合格率为 3.7%；抽查了福建省 12 家企业的 18 批次产品，经检验，2 家企业生产的 2 批次产品不合格，产品不合格率为 11.1%。

五、智能坐便器产销量统计

截至 2024 年，直接生产智能坐便器的企业有 160 多家，核心及辅助零配件供应商 120 多家。据中国建筑卫生陶瓷协会智能家居分会统计，2024 年国内智能坐便器企业及经销企业约 500 家，全年产量 1214 万台，同比增长 10%（表 8-13）；国内全年销量约为 1017 万台，同比增长 10%。

（1）智能坐便器产量统计

见表 8-13。

表 8-13　2015—2024 年智能坐便器年产量情况表

年份	年产量 / 万台	同比增长 /%	年份	年产量 / 万台	同比增长 /%
2015	290	190	2020	810	12
2016	430	48	2021	915	13
2017	530	23	2022	990	8
2018	650	23	2023	1108	12
2019	740	14	2024	1214	10

（2）智能坐便器销售量统计

见表 8-14。

表 8-14　2015—2024 年智能坐便器年销售量情况表

年份	年销售量 / 万台	同比增长 /%	年份	年销售量 / 万台	同比增长 /%
2015	180	350	2020	605	12
2016	320	78	2021	710	17
2017	410	28	2022	780	10
2018	470	15	2023	925	19
2019	540	15	2024	1017	10

六、智能坐便器线上价格走势

据奥维云网统计，2022—2024 年国内智能坐便器（一体机）不同销售价格占比见表 8-15。从表中可以看出，我国智能坐便器（一体机）整体呈现价格下滑趋势。从目前的销售价格占比分析，我国低端类智能坐便器（一体机）产品占据市场主流地位。如表 8-17、表 8-18 所示。

表 8-15　线上智能坐便器（一体机）销售价格（零售价格）占比

销售价格 / 元	2022 年占比 /%	2023 年占比 /%	2024 年占比 /%
0 ～ 1000	0.9	1.7	3.1
＞ 1000 ～ 2000	10.9	19.2	21.3
＞ 2000 ～ 3000	28.0	30.4	33.4
＞ 3000 ～ 4000	35.0	24.4	28.5
＞ 4000 ～ 5000	14.2	14.1	9.1
＞ 5000 ～ 6000	3.7	3.7	1.4
＞ 6000	7.2	6.5	3.3

线上智能坐便器盖销售价格（零售价格）占比见表 8-16。

表 8-16　线上智能坐便器盖销售价格（零售价格）占比

销售价格 / 元	2022 年占比 /%	2023 年占比 /%	2024 年占比 /%
0 ～ 500	0.9	1.0	1.7
＞ 500 ～ 1000	15.4	20.6	33.5
＞ 1000 ～ 1500	36.0	31.1	26.8
＞ 1500 ～ 2000	17.3	17.9	19.2
＞ 2000 ～ 2500	14.5	11.9	8.5
＞ 2500 ～ 3000	7.4	8.0	6.3
＞ 3000 ～ 3500	4.4	3.5	1.9
＞ 3500	4.1	6.1	2.1

表 8-17　线上智能一体机价格段分布（零售量）

价格段	2022 年 /%	2023 年 /%	2024 年 /%
0 ～ 999	3.7	4.9	8.5
1000 ～ 1999	20.4	35.1	33.9
2000 ～ 2999	32.5	30.1	31.4
3000 ～ 3999	29.7	18.0	19.6
4000 ～ 4999	9.5	8.2	5.0
5000 ～ 5999	2.0	1.8	0.6
6000+	2.3	1.9	1.0

表 8-18　线上智能坐便器盖价格段分布（零售量）

价格段	2022 年 /%	2023 年 /%	2024 年 /%
0 ～ 500	3.6	3.0	5.8
500 ～ 1000	25.2	33.1	47.3
1000 ～ 1500	41.6	34.7	25.4
1500 ～ 2000	13.7	14.4	13.0
2000 ～ 2500	9.0	7.4	4.5
2500 ～ 3000	3.8	4.0	2.7
3000 ～ 3500	1.9	1.5	0.7
＞ 3500	1.3	1.8	0.5

七、智能坐便器售后情况

根据鲁班到家提供的智能坐便器售后维修数据，智能坐便器售后维修的主要问题集中在水路系统、电路系统、机械方面及使用体验，主要包括冲水问题、清洗问题、翻盖/翻圈问题、主板/电机问题、加热器问题、按键/旋钮问题等（表8-19）。

表 8-19　智能坐便器质量问题

质量问题类型	具体质量问题
水路系统问题	冲水问题：冲水故障、冲水时漏水、更换冲水阀、更换水泵、更换上下冲泵、更换自动冲水部件、更换脉冲阀； 清洗问题：清洗器卡顿、更换清洗器、更换喷杆、更换分水阀、喷杆收缩失灵； 控制问题：更换水位计、更换陶瓷阀、更换水位开关； 其他问题：更换加热水箱、更换底冲进水软管、泡沫泵失灵、更换泡沫泵、更换发泡盒
电路系统问题	主板问题：更换主板、更换主板后盖； 电机问题：更换电机、更换翻盖电机、更换机芯； 加热问题：坐圈加热速度慢、坐圈温度不够热、更换加热器、更换烘干装置； 控制问题：更换开关电源、更换射频遥控器、更换接收头、更换电磁阀； 显示问题：更换夜灯、更换显示屏、语音模块故障； 其他问题：更换电源线
机械方面问题	翻盖/翻圈问题：翻盖故障、翻圈故障、更换盖板、更换坐圈、更换上盖连接板、更换盖板阻尼器、更换铰链、更换弯钩； 按键/旋钮问题：更换侧按键、更换侧边旋钮； 感应问题：脚感不灵敏、更换雷达； 其他问题：坐便器发出异响
使用体验问题	清洗水量小、冲水外溅、返臭问题

八、上市公司运营情况

（1）帝欧家居

2024年公司实现营业收入27.41亿元，同比减少27.12%；归属于上市公司的净利润 −5.69亿元，同比增长13.53%。其中，经销渠道实现业务收入20.64亿元，同比减少12.29%，工程渠道实现业务收入6.76亿元，同比减少51.93%。年报还显示，公司对存在减值迹象的各项资产共计提减值准备2.95亿元。截至2024年末，帝欧家居负债合计42.62亿元，资产负债率高达72.33%。

（2）惠达卫浴

2024年惠达卫浴实现营业收入34.62亿元，同比下滑3.93%；归属于上市公司股东的净利润为1.39亿元，同比下滑3.03%。惠达卫浴透露，2024年智能坐便器营业收入5.75亿元，同比增长23.48%；海外营业收入9.82亿元，同比增长39.48%。

（3）瑞尔特

瑞尔特2024年实现营业总收入23.58亿元，同比增长7.96%；归属于上市公司股东的净利润1.81亿元，同比减少17.17%。2024年瑞尔特智能坐便器及盖板收入14.35亿元，同比增长13.37%，占总营业收入比重为60.86%。

（4）东鹏控股

东鹏控股发布2024年业绩公告，实现营业收入64.69亿元，同比下降16.77%；实现净利润 3.28 亿元，同比下降 54.41%。

（5）建霖家居

2024 年公司实现营业收入 50.07 亿元，同比增长 15.53%；归母净利润 4.82 亿元，同比增长 13.44%。2025 年第一季度公司实现营业总收入 11.92 亿元，同比增长 3.37%，归母净利润 1.23 亿元，同比增长 0.46%。

（6）箭牌家居

2024 年，箭牌家居实现营业收入 71.31 亿元，2024 年末公司总资产 100.71 亿元，终端门店网点超过 20000 家。其中，智能坐便器销售 118.96 万台，销售收入约为 15.23 亿元。此外，箭牌家居还公布了 2025 年第一季度的营业收入，为 10.50 亿元。

（7）松霖科技

松霖科技 2024 年年度报告显示，该公司 2024 年营业收入 30.15 亿元，同比增长 1.06%，其中智能厨卫业务营业收入 25.32 亿元，同比减少 1.63%。全年净利润 4.46 亿元，同比增长 26.65%。对于 2025 年，松霖科技表示将践行"三三一"战略，聚焦机器人、大健康软硬件及智能厨卫三大领域，并加速全球化布局。

（8）骊住集团

2024 年 4 月至 2025 年 3 月，骊住实现销售额 15047 亿日元（约合人民币 728 亿元，以 2025 年 3 月 31 日收盘价换算，下同），同比增长 1.4%；营业利润 313 亿日元（约合人民币 15 亿元），同比增长 35.3%；税前折旧及摊销前利润（EBITDA）1145 亿日元（约合人民币 55 亿元），同比增长 9.6%。骊住预计 2025 财年销售额将达到 15400 亿日元（约合人民币 745 亿元），营业利润 350 亿日元（约合人民币 17 亿元）。

（9）唯宝

2024 年，唯宝销售额达到 14.21 亿欧元，较上一年的 9.02 亿欧元增长 57.5%，收入的显著增长主要得益于 2024 年 3 月对 Ideal Standard 集团的收购。2024 年，唯宝营业利润同比增长 10.0%，从上一年的 8870 万欧元增至 9760 万欧元。

（10）富俊集团

2024 年销售额 46.09 亿美元（约合人民币 336.43 亿元），与 2023 年持平，营业利润 7.38 亿美元，同比增长 20%。富俊集团表示对 2025 年充满信心，虽然预测全球市场规模增长率仅 −2% ～ 1%，但预测公司全年销售额将增长 3%，调整后的营业利润率预计在 16.5% ～ 17.5% 之间。

（11）吉博力

2024 年销售额达到 30.85 亿瑞士法郎（约合人民币 248.19 亿元），同比增长 0.03%。吉博力表示这是在充满挑战的行业环境下达成的，不过由于营销及产品研发费用增加，预计全年盈利略低于 2023 年。展望 2025 年，吉博力预计行业整体发展平稳，印度和海湾地区的需求保持高位，但中国楼市（尤其是新建住宅数量）的发展将持续疲软，公司发展重点将再次放在各种战略的实施上。

（12）TOTO

TOTO 公布的 2024 财年前三季（2024 年 4 月至 12 月）财报显示，前三季 TOTO 的包括半导体业务在内的"新领域"业务营业收入达到了 344 亿日元（约合 2.25 亿美元或 16.36 亿元），同比增长 31.8%，营业利润达 142 亿日元（约合 0.93 亿美元或 6.75 亿元），同比暴涨 84.4%。

（13）松下控股

松下控股发布了 2024 财年（2024 年 4 月 1 日至 2025 年 3 月 31 日）报告。报告显示，集团整体实现营业收入 84582 亿日元，约合人民币 4176 亿元，同比微降 0.5%；但净利润同比下滑 17.5%，录得 3662 亿日元，约合人民币 181 亿元。此外，2024 财年，松下中国东北亚公司报告营业收入 7459 亿日元，约合人民币 368 亿元，同比出现 0.95% 的下滑。

（14）海鸥住工

2024 年，海鸥住工实现营业收入 28.54 亿元，同比减少 1.73%；归属于上市公司股东的净利润为 −1.24 亿元，同比增加 46.75%。按品类划分，2024 年五金龙头类产品营业收入 16.12 亿元，同比增长 10.69%，占总营业收入的 56.50%；智能家居类产品营业收入 2.43 亿元，同比减少 9.35%，占总营业收入的 8.51%；浴缸陶瓷类产品营业收入 1.32 亿元，同比减少 31.09%，占总营业收入的 4.64%；整装卫浴营业收入 0.24 亿元，同比减少 65.53%，占总营业收入的 0.84%；定制橱柜营业收入 0.66 亿元，同比减少 56.35%，占总营业收入的 2.31%；瓷砖产品营业收入 6.80 亿元，同比减少 1.17%，占总营业收入的 23.81%。

（15）乐家集团

2024 年乐家集团实现营业额 19.48 亿欧元（约人民币 162.16 亿元），较上年下降 5%，实现营业利润 1.08 亿欧元（销售回报率 5.6%）。剔除俄罗斯业务及通胀影响后，净利润达 8640 万欧元；若计入这两项因素，则亏损 6100 万欧元（主因 2022 年启动俄罗斯资产剥离）。尽管面临挑战，乐家集团仍保持较大的投资力度：2024 年投资金额为 1.55 亿欧元（略高于 2023 年的 1.53 亿欧元），重点投向数字化、安全生产、成本优化、新品研发、可持续发展路线及工厂升级。

九、政策与法规

① 强制性产品认证（3C 认证），市场监管总局关于对电子坐便器实施强制性产品认证管理的公告，实施时间是 2025 年 7 月 1 日起。实施内容为：电子坐便器必须通过 3C 认证才能上市销售。检测范围包括安全性能（GB 4706.1、GB 4706.53）和电磁兼容性（EMC）。认证模式为"型式试验 + 获证后监督"，确保产品持续符合标准。

② 绿色产品评价与节能标准。GB/T 35603—2024《绿色产品评价　卫生陶瓷》，实施时间：2025 年 1 月 1 日。主要内容：首次将一体式智能坐便器纳入绿色产品评价体系，对能耗、节水、环保材料等提出要求。

GB 25502—2024《坐便器水效限定值及水效等级》，实施时间：2025 年 5 月 1 日。主要内容：修订水效等级，推动智能坐便器节水技术升级。

③ 为促进全社会形成节约用水意识，国务院公布了《节约用水条例》（以下简称《条例》）。这是中国首部节约用水行政法规，于 2024 年 5 月 1 日起正式施行。《条例》提出，国家对节水潜力大、使用面广的用水产品实行水效标识管理，逐步淘汰水效等级较低的用水产品。国家鼓励对节水产品实施质量认证，通过认证的节水产品可以按照规定使用认证标志。

④ 2024 年底，经国务院同意，国家发展和改革委员会修订出台《西部地区鼓励类产业目录（2025 年本）》（以下简称《目录》），自 2025 年 1 月 1 日起施行。西部地区鼓励类产业政策的适用范围包括重庆、四川、贵州、云南、广西等西部 12 省（自治区、直辖市），面积占全国国土面积的 72%。《目录》称，西部地区新增鼓励类产业按省、自治区、直辖市分列，适用于在相应省、自治区、直辖市生产经营的内资企业，并根据实际情况适时修订。有产能政策要

求的行业，须落实产能置换相关规定。如所列产业被《产业结构调整指导目录》等国家相关产业目录明确为限制、淘汰、禁止等类型产业，其鼓励类属性自然免除，不再作为西部地区鼓励类产业。

⑤ 商务部等 14 部门联合发布《推动消费品以旧换新行动方案》（以下简称《行动方案》），组织在全国范围内开展汽车、家电以旧换新和家装厨卫"焕新"。

⑥ 近两年多地政府推出居家适老化改造补贴政策，其中智能坐便器作为改善老年人如厕安全的重要产品，被纳入多个地区的补贴目录。这些政策不仅降低了老年家庭的购买门槛，也为智能坐便器行业带来新的增长机遇。申报实施地区有北京、浙江、深圳等地区。补贴范围覆盖智能便盖、一体式智能坐便器。多地采用线上申请（如"浙里办""云闪付"），部分支持线下门店直补。

⑦ 为贯彻落实《国务院办公厅关于发展银发经济增进老年人福祉的意见》（国办发〔2024〕1 号）、工业和信息化部等五部门《关于促进老年用品产业发展的指导意见》（工信部联消费〔2019〕292 号）有关要求，加大优质老年用品推广力度，组织开展了 2024 年老年用品产品推广目录申报工作。

十、发展趋势

智能坐便器作为现代卫浴科技的代表，其未来发展趋势将紧密围绕技术创新、用户体验、环保节能以及智能化、个性化等方向展开。以下是对智能坐便器未来发展趋势的一些展望。

（1）技术创新引领发展

新材料应用：随着材料科学的进步，智能坐便器将采用更多高性能、环保、抗菌的新材料，以提升产品的耐用性和卫生性能。

智能感应与识别技术：更加精准的感应与识别技术将应用于智能坐便器，如人体接近感应、手势控制、面部识别等，提供更加智能化的使用体验。

健康监测与数据分析：智能坐便器将集成更多的健康监测功能，如血压、心率、体重等数据的实时监测与分析，为用户提供个性化的健康管理建议。

（2）用户体验持续优化

个性化定制：智能坐便器将提供更加丰富的个性化设置选项，以满足不同用户的偏好和需求。

舒适性与便捷性提升：通过优化产品设计、改进操作流程等方式，智能坐便器将进一步提升使用的舒适性和便捷性。

无障碍设计：针对老年人、残疾人等特殊群体，智能坐便器将加强无障碍设计，提供更加友好、安全的使用体验。

（3）环保节能成为焦点

能源管理：通过优化电路设计、采用低功耗元件等方式，智能坐便器将降低能耗，更加环保。

废弃物处理：智能坐便器将探索更加环保的废弃物处理方式，如生物降解、自动收集与分类等，以减少对环境的影响。

（4）智能化与物联网融合

智能互联：智能坐便器将实现与智能家居系统的无缝连接，如通过 WiFi、蓝牙等无线技术，将使用数据上传至云端或手机 APP，方便用户随时查看和管理。

场景联动：智能坐便器将与其他智能家居设备实现场景联动，如与灯光、音乐、空调等设备协同工作，营造更加舒适、个性化的使用环境。

（5）市场细分与品牌竞争

市场细分：随着消费者对智能坐便器需求的多样化，市场将进一步细分，针对不同消费群体（如高端用户、年轻用户、老年用户等）推出定制化产品和服务。

品牌竞争：智能坐便器品牌间的竞争将更加激烈，品牌将通过技术创新、品质提升、服务优化等方式，提升品牌影响力和市场份额。

综上所述，智能坐便器的未来发展趋势将呈现用户体验优化、智能化与物联网融合以及市场细分与品牌竞争等特点。随着轻智能坐便器的产销量不断提高，市场呈现高端产品与普及产品并存的格局，技术创新和跨界融合将成为主要驱动力。

第六节　建筑卫生陶瓷机械装备领域发展报告

建筑卫生陶瓷作为建筑装饰材料和卫生设施的重要组成部分，广泛应用于建筑、家居等领域。建筑卫生陶瓷机械装备作为生产建筑卫生陶瓷的关键设备，其技术水平和性能直接影响建筑卫生陶瓷的生产效率、产品质量和生产成本。因此，建筑卫生陶瓷机械装备行业在建筑和陶瓷产业中占据着至关重要的地位。

我国的建筑卫生陶瓷机械装备行业起步相对较晚，在改革开放初期，国内的陶瓷机械装备技术水平较为落后，主要依赖进口设备来满足生产需求。然而，随着改革开放的深入推进，国内企业积极引进国外先进技术和设备，并通过不断消化、吸收和创新，逐渐掌握了核心技术，实现了从依赖进口到自主研发制造的转变。一些国内企业开始崭露头角，它们通过持续加大研发投入，不断提升产品技术水平和质量，逐渐在国内市场占据了重要地位，并开始向国际市场拓展。如今，我国已成为全球重要的建筑卫生陶瓷机械装备生产国和出口国之一，在国际市场上的影响力日益增强。

一、全球市场规模与发展趋势

近年来，全球建筑卫生陶瓷机械装备市场规模呈现出一定的波动发展态势。根据相关市场研究机构的数据综合分析，全球建筑卫生陶瓷机械装备市场规模每年为 $2 \times 10^{10} \sim 2.8 \times 10^{10}$ 元。尽管在某些年份受到全球经济形势、贸易摩擦等因素的影响，市场规模出现了短暂的下滑，但长期来看，随着全球建筑卫生陶瓷行业的持续发展，对机械装备的需求也在不断增加，推动了市场规模的稳步增长。

在发展趋势方面，预计未来几年全球建筑卫生陶瓷机械装备市场将保持稳定增长。一方面，新兴市场潜力释放，例如，东南亚、中东、非洲等地区城市化进程加快，房地产和基础设施建设推动建筑卫生陶瓷需求增长，带动陶瓷机械装备发展。另一方面，技术的不断进步促使陶瓷机械装备不断升级换代，高效、节能、智能化的设备越来越受到市场的青睐，这也为市场规模的增长提供了有力支撑。

二、区域产业与市场分布

全球建筑卫生陶瓷机械装备产业在区域分布上呈现出明显的不均衡态势。欧洲和亚洲是全球最大的两个产业区,其中欧洲陶瓷机械装备企业以其成熟的陶瓷产业和先进的技术水平,占据了全球市场 54%～67% 的份额。意大利作为欧洲陶瓷机械装备的核心产区,拥有众多知名企业,其产品在全球高端市场具有很强的竞争力,不仅技术先进,而且质量可靠,广泛应用于建筑卫生陶瓷生产的各个环节。

根据公开数据整理分析,意大利陶瓷机械装备行业数据汇总(2019—2024 年)如表 8-20 所示。

表 8-20　意大利陶瓷机械装备行业发展情况

年份	销售额 / 亿欧元	同比增长率 /%	出口占比 /%	本国市场表现	关键事件与市场动态
2019 年	18.0(修正后)	-19.8	73.0	需求疲软	全球经济波动、建筑行业低迷;行业规模回落至 18 亿欧元(原始数据矛盾,定为基准年)
2020 年	14.8	-14.5	76.9	投资放缓	全球供应链中断,3 至 4 月全国封锁重创陶瓷企业
2021 年	20.56	39	74.9	增长 31.2%	复苏,出口反弹(+41.8%);公司数量略减至 138 家,员工增至 7212 人(恢复至 2018 年水平)
2022 年	21.6	5	75	增长 6%	出口主导(16.18 亿欧元),南美市场崛起;行业持续恢复
2023 年	23.73	0.90	72.7	微降 1.2%	出口增长 1.8%,欧盟为主要市场,南美升至第二;增速显著放缓
2024 年	18	-24	73.3	下降 26%	多重危机叠加(通胀、地缘冲突),业绩回落至 2019 水平

根据 MECS/ACIMAC 研究中心发布的数据,2024 年意大利陶瓷机械装备销售额为 18 亿欧元(折合人民币 139 亿元),与 2023 年相比下滑 24%。意大利国内市场和出口市场均受到了经济放缓的影响。国内陶瓷机械市场的销售额为 4.8 亿欧元,同比减少了 26%,而出口额则下降至 13.2 亿欧元,降幅为 23.4%,反映出全球需求的普遍减弱。

2016—2024 年意大利陶瓷机械装备营业收入见图 8-38。

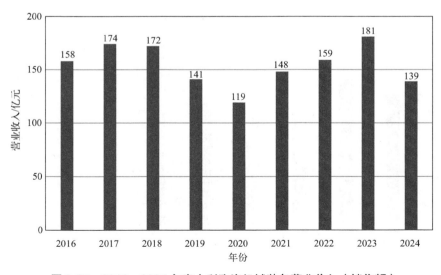

图 8-38　2016—2024 年意大利陶瓷机械装备营业收入(销售额)

亚洲陶瓷机械装备产业和市场近年来发展迅速，凭借庞大的人口基数和快速的经济发展，市场规模为全球市场份额的33%～46%。中国作为亚洲最大的建筑卫生陶瓷生产国和消费国，同时也是陶瓷机械装备的重要市场，占据了亚洲市场的主导地位。此外，印度、东南亚等国家和地区的陶瓷产业也在快速崛起，对陶瓷机械装备的需求不断增加，成为推动亚洲市场增长的重要力量。这些地区的市场特点主要表现为对中低端设备的需求较大，同时对性价比和售后服务的要求也较高。

科达制造作为亚洲第一、全球第二的陶瓷机械供应商，根据公开数据整理分析，其陶瓷机械板块近年来发展情况如表8-21所示。

表 8-21　科达制造陶瓷机械板块发展情况

年份	营业额/亿元	同比变化/%	情况说明
2019	29.05	−18.06	受中美贸易摩擦、国际反倾销政策等政治经济因素的影响，全球经济贸易增速显著放缓。国内受新旧动能转换的结构性改革、去杠杆、控楼市等政策因素影响，制造业增速放缓。同时，随着环保政策及督导的深入推进，下游建筑陶瓷行业依旧面临产能过剩、需求不足、开工率不足、原材料成本上升等问题，行业竞争激烈
2020	37.60	+29.44	下游市场需求带动国内建材机械产品销售收入大幅增长，岩板市场爆发，建筑陶瓷机械产品生产量和销售量显著提升
2021	57.64	+53.30	受下游市场需求影响，公司建材机械产品销售收入大幅增长
2022	56.08	−2.71	受下游房地产市场影响，国内陶瓷机械业务同比存在一定下滑。而因国外城镇化发展带来的增量需求，公司海外陶瓷机械业务接单占比首次超过55%，其中，东南亚、中东及非洲等带来较好助力
2023	44.77	−20.16	全球经济增长放缓及国内房地产市场大环境影响所致
2024	56.05	25.20	公司海外市场销售规模增长

2025年3月26日，科达制造公布2024年年度报告。报告期内，公司实现营业收入126亿元，同比增长29.96%。其中建材机械实现营业收入56.05亿元，同比增长25.20%。

中国建筑卫生陶瓷机械装备企业2016—2024年营业收入如图8-39所示。

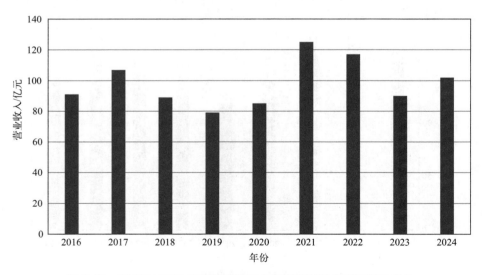

图 8-39　2016—2024 年中国建筑卫生陶瓷机械装备企业营业收入

2018 年，建筑陶瓷行业进入淘汰赛，在"煤改气"和环保督察的考验下，建筑陶瓷企业环保成本加大，加之生产材料成本攀升，利润空间进一步被挤压，建筑陶瓷企业面临着行业洗牌整合、战略调整、淘汰落后产能的激烈变革。2019 年，严格的环保政策和环保督察淘汰了大量落后和不规范产能，受全国房地产调控政策、市场需求饱和等因素影响，行业零售市场下滑，而工程市场放量又促进了注重工程渠道建设的品牌企业的发展，行业集中度进入了快速提升阶段，陶瓷企业在逐步转型中进入成熟化、规范化、绿色制造、智能制造的高质量发展阶段。

2020 年，随着岩板产品被广泛应用于家居面板、厨卫定制等领域，建材和家居两大市场的叠加使岩板产品在 2020 年全面爆发，陶瓷行业在逆势中出现一股"增产潮"。建筑陶瓷企业纷纷抓住行业机遇升级高端陶瓷机械装备，部署岩板等智能生产线，进而带动了建筑陶瓷机械的市场需求，至 2021 年下半年，行业新建投资需求降温。2022—2023 年，受下游房地产市场低迷影响，建筑卫生陶瓷市场下行传导到陶瓷机械装备企业，营业收入进一步下降。

2024 年，中国陶瓷机械装备企业在国内市场行业面临市场需求下行、成本攀升等多重压力下，紧抓政策驱动、智能化升级与行业结构优化的机遇，通过数字化、柔性化、绿色化等装备及整体解决方案，聚焦存量市场，对高效低耗、灵活生产模式的设备更新与效率提升需求。在海外市场，面对全球经济疲软与不确定性加剧的双重挑战，"性价比优势明显，配套服务齐全"的中国陶瓷生产模式受到更多青睐，中国陶瓷机械装备企业积极把握中高端市场老旧产线升级改造需求，亦深度挖掘新兴市场城镇化进程中的增量机遇，并协同配件耗材服务的开展，实现逆势增长。

三、中国建筑卫生陶瓷机械市场现状

公开信息显示，2024 年全国新增建筑陶瓷生产线不少于 60 条。以 2024 年新增 60 ~ 80 条生产线、单条线平均设备投资一亿元计算，新建生产线直接拉动陶瓷机械装备市场规模 6×10^9 ~ 8×10^9 元。

其中：压机、窑炉、喷墨打印机等核心设备占比约 70%，市场规模 4.2×10^9 ~ 5.6×10^9 元。

辅助设备、环保设备占比约 30%，市场规模 1.8×10^9 ~ 2.4×10^9 元。

2024 年陶瓷行业技改项目投资显著增加，如湖北亚细亚投入 1.055 亿元更新 160 台设备，陕西康特陶瓷 5 亿元技改项目引入全自动化生产线。按行业平均技改投资强度估算，全年技改市场规模 3×10^9 ~ 4×10^9 元，总市场规模达 9×10^9 ~ 1.2×10^{10} 元。

中国建筑卫生陶瓷机械装备市场在过去几十年中取得了长足的发展。近年来，随着国内建筑卫生陶瓷行业的不断壮大，陶瓷机械装备市场规模也呈现出快速增长的趋势。

与全球市场相比，中国市场在规模和增长速度上都占据重要地位。中国作为全球最大的建筑卫生陶瓷生产国和消费国，拥有庞大的陶瓷生产企业群体，对陶瓷机械装备的需求量巨大。同时，国内企业在技术研发和产品创新方面不断投入，逐渐缩小了与国际先进水平的差距，产品性价比优势明显，不仅满足了国内市场的需求，还大量出口到国际市场，进一步推动了市场规模的增长。

中国市场规模增长的驱动力主要来自以下几个方面：一是国内陶瓷企业对生产效率和产品质量的要求不断提高，促使企业加大对先进陶瓷机械装备的投入，推动了设备的更新换代；

二是国家政策的支持，如对制造业的扶持政策、环保政策的推动等，为陶瓷机械装备行业的发展创造了良好的政策环境。

然而，市场增长也面临一些制约因素。一方面，近年来房地产市场的调控政策对建筑卫生陶瓷行业产生了一定的影响，房地产市场下行导致建筑卫生陶瓷市场需求下降，进而影响了陶瓷机械装备市场的增长；另一方面，国际贸易摩擦的加剧，对我国陶瓷机械装备的出口造成了一定的阻碍，限制了市场规模的进一步扩大。此外，原材料价格的波动、行业竞争的加剧等因素也给市场增长带来了一定的压力。

四、陶瓷机械装备技术进步

（1）陶瓷压机

科达制造在 2024 年意大利里米尼陶瓷工业展上推出全新 18 系列压机，最大压力达 18000t，适配 1600mm×3200mm 规格岩板生产，单机日产能突破 30000m²。该系列压机采用航天级合金钢框架及分布式液压控制系统，压制精度达 ±0.5%，较传统机型能耗降低 23%。恒力泰则通过模块化设计实现压机吨位灵活扩展，其 YPL 系列铝型材挤压机已覆盖 1100～12500t 全规格，2024 年海外订单占比达 40%，并为长安集团打造 4500t 全自动底盘结构件生产线，成品率较行业平均水平提升 15%。

2024 年陶瓷压机技术突破体现了高端化、智能化、全球化三大特征：大吨位压机支撑岩板等新品类生产，智能化系统重构生产流程，绿色技术响应"双碳"目标，而国际市场的技术输出则验证了中国陶瓷装备的全球竞争力。这些进展不仅推动行业效率提升与成本优化，更为全球陶瓷工业的可持续发展提供了创新范式。

（2）高压注浆成形

2024 年，贺祥智能和金马领科分别推出的轻量化卫生陶瓷高压注浆设备得到推广和应用。轻量化的高压成形设备对厂房的承重要求较低，企业在建设新厂房时可以减少对厂房结构的加固和改造工作，降低厂房的建设成本。对于多层老旧工厂，无须进行大规模的厂房结构改造就可以安装和使用该设备，大大降低了老旧工厂技术改造的成本和难度，使企业能够以较低的投入实现生产设备的升级换代。

（3）陶瓷施釉

新景泰在 2024 年推出施釉线一体化解决方案，将施釉、喷墨、干燥等工序整合为智能整线系统，实现全流程数据闭环管理。该方案在简一广西大理石瓷砖生产基地、诺贝尔生产基地等标杆项目中应用，通过速度总控系统实现 300 余台电机的协同控制，转产时间从传统的 8 小时压缩至 25 分钟，釉料损耗降低 12%。系统内置的恒压控制模块可精准调节喷釉压力（误差＜0.5%），在蒙娜丽莎广西基地项目中实现釉层厚度均匀性达 99.2%，较人工操作提升 40%。

新景泰在 2024 年意大利里米尼陶瓷工业展推出 K 系列多通道喷墨施釉一体机，集成 16 通道喷头与高压喷釉系统，支持 0.1～2mm 釉层厚度的动态调节。该设备采用 AI 视觉检测系统，可实时识别坯体缺陷并自动补偿喷釉量，在大将军瓷砖仰望系列生产中，釉面针孔率从 3.2%降至 0.8%，优等率提升至 98.7%。此外，新景泰开发的隐形墨水喷墨打码机已在多家品牌厂商应用，通过紫外线激发实现产品溯源防伪，同时兼容釉下彩工艺，解决了传统喷码与釉面结合不牢的行业难题。

（4）陶瓷窑炉

2024 年 1 月，中鹏科技为云南国星打造的智联节能辊道窑能耗降低近 30%，生产稳定性显著提高。2025 年 4 月 25 日点火的为广西藤县国星陶瓷有限公司定制的新一代"基于数字孪生的流线包覆式节能辊道窑"，集成了多项行业领先技术，如火眼视觉系统，依托 AI 算法与数字孪生技术，实时监测窑内状况，精准预警故障；搭载中鹏云控平台的最新一代工控系统，可远程调控参数、进行数据可视化分析及智能切换烧成曲线。

摩德娜在 2024 第 18 届印度国际陶瓷工业展上，展示了前沿的纯氧燃烧技术，自主研发适应于梭式窑、隧道窑和辊道窑的纯氧燃烧系统及智能控制系统，为陶瓷行业的烧成提供了新的可能性。

德力泰在 2024 年推出新一代 DFC-Alpha 烧成窑，集成多项创新技术：采用自主研发的混氢/氨燃烧器，支持 0～100% 氢氨燃料适配，火焰稳定性提升 30%，燃烧效率达 98% 以上；DHR 余热回收系统与 3HP 自清洁换热器结合，将窑炉尾部余热利用率从传统的 60% 提升至 85%，在蒙娜丽莎广西基地项目中实现全线综合能耗 $1.62 Nm^3/m^2$（含干燥），创行业新低；流线包覆式窑体结合航天级纳米保温材料，散热损失降低 40%，窑炉表面温度控制在 50℃ 以内，显著改善车间环境。

在 2024 潭洲装备展上，科达机电携氢动力高效节能超宽体窑亮相展会，其自主研发的节能高速燃烧器，适合各种氢比例，具备混氢燃烧、全智能管控技术，可实现生产精准控制、超低碳排放。

中亚窑炉与西门子、欧姆龙、三菱等厂家及配套的 SCADA 供应商达成深度合作。其自动控制系统涉及传感器技术、自动化仪表、控制算法等多个领域，能实现窑炉内部参数的实时监测和精确调控。借助物联网技术，开发的控制系统能将窑炉数据参数发送至工厂的制造执行系统中，还可实现设备远程维护及设备的程序参数维修。2024 年 12 月，该公司取得一种窑炉自动运料装的专利，可提高清洁效率，解决了常见的窑炉自动运料装置烧制完成之后，会有一些碎屑或残料落在运料装置上方，再次使用的时候，需要费力清扫的问题。

（5）磨边抛光

纳德新材料在 2024 年通过弹性磨块技术革新和数字化系统集成，推动磨边抛光技术向高精度、高效率方向演进。全贴合弹性磨块通过在弹性垫的连接柱间设置形变空隙，并采用圆柱结构的抛光磨齿，实现对砖面凹凸部位的高效仿形抛光。远程数字化陶瓷磨边抛光防污智能制造系统通过物联网技术实现设备状态实时监控、工艺参数远程调整和故障预警，提高了生产效率，减少了人工干预。结合 3D 扫描和 AI 算法，纳德新材料开发出动态路径规划技术，可根据砖面纹理自动调整抛光压力和速度。

五、结语

2024 年，建筑卫生陶瓷机械装备行业在复杂多变的市场环境中砥砺前行。从市场规模来看，全球产业区域分布不均，欧洲凭借深厚底蕴占据较大份额，亚洲则因快速发展而紧追不舍，中国企业在国内市场承压下，通过聚焦存量市场需求实现营业收入约 102 亿元，全球市场规模约达 241 亿元。在技术发展上，智能化、数字化、绿色化成为显著趋势，企业积极投入研发，推出一系列创新装备与解决方案，以满足陶瓷生产企业对高效、低耗、灵活生产模式的追求。在竞争格局方面，国内企业在性价比和服务优势的加持下，市场份额逐步扩大，但与发达国家相比，技术水平仍存在一定差距。

展望未来，建筑卫生陶瓷机械装备行业机遇与挑战并存。随着非洲等新兴市场的崛起以及国内环保要求的日益严格，智能化、绿色化、数字化将持续引领行业发展。一方面，企业需要进一步加大技术创新投入，突破核心技术瓶颈，提高产品质量和性能，缩小与国际先进水平的差距；另一方面，要积极拓展国内外市场，加强品牌建设，提升服务水平，以应对激烈的市场竞争。此外，行业内企业还应加强合作，共同推动行业标准的完善和规范，促进行业的健康、可持续发展。相信在行业各方的共同努力下，建筑卫生陶瓷机械装备行业将迎来更加繁荣的发展时期，为建筑卫生陶瓷产业的升级提供坚实支撑。

第七节　建筑陶瓷色釉料领域发展报告

一、行业概述

（1）行业发展背景

① 2024 年，受国内房地产下行压力和出口疲软等多方面的影响，国内陶瓷色釉料及原辅材料行业整体产值下滑 12% ～ 15%，特别是受陶瓷企业开窑率不足以及国内瓷砖市场销售滞压影响，预估陶瓷墨水色釉料及辅料总的产值在 160.39 亿元左右，其中陶瓷添加剂产值为 75.39 亿元左右，陶瓷墨水、色釉料、熔块、干粒等产值合计为 85 亿元左右。

② 在这一背景下，陶瓷色釉料行业也面临着诸多挑战。首先，环保政策的日益严格对色釉料的生产提出了更高的要求，促使企业加大环保投入，提升生产工艺。其次，随着国际市场的竞争加剧，国内企业需要不断提高产品质量和附加值，以增强市场竞争力。最后，技术创新和人才培养成为色釉料行业可持续发展的关键。

③ 近年来，随着新材料、新技术的不断涌现，陶瓷色釉料行业朝着绿色、环保、节能、高性能的方向发展。这些变化不仅满足了市场对色釉料性能的需求，也为陶瓷色釉料行业带来了新的发展机遇。

（2）行业政策环境

① 中国陶瓷色釉料行业政策环境呈现出多方面的特点。一方面，政府高度重视陶瓷产业的发展，出台了一系列扶持政策，如财政补贴、税收优惠等，以促进产业升级和技术创新。另一方面，针对陶瓷色釉料行业的环保问题，政府实施了一系列严格的环保法规和标准，如《陶瓷工业污染物排放标准》等，以保障生态环境和公众健康。

② 在产业政策方面，国家明确提出要推动陶瓷产业向高端化、智能化、绿色化方向发展。为此，政府出台了一系列产业政策。此外，政府还鼓励企业参与国际竞争，提升中国陶瓷色釉料在国际市场的竞争力。

③ 在贸易政策方面，中国陶瓷色釉料行业也受到了一定的影响。一方面，随着中国加入世界贸易组织（WTO），陶瓷色釉料出口面临更多的国际竞争，企业需要适应国际市场规则。另一方面，政府对出口陶瓷色釉料实施了一定的关税和非关税措施，以保护国内产业。同时，政府也积极参与国际贸易谈判，争取更有利的贸易环境。

（3）行业竞争格局

① 中国陶瓷色釉料行业的竞争格局呈现出多元化的发展态势。一方面，行业内企业规模

差异较大，既有大型上市公司企业，也有众多中小型民营企业，形成了较为分散的市场结构。另一方面，随着市场的不断开放，国际知名品牌也进入中国市场，加剧了行业竞争。

② 在市场竞争中，技术实力和品牌影响力成为企业竞争的核心要素。一些具有较强研发能力和品牌优势的企业，通过技术创新和品牌建设，在市场中占据了一席之地。同时随着市场竞争的加剧，企业间的合作与并购现象也日益增多，行业集中度有所提高。

③ 区域市场方面，中国陶瓷色釉料行业的竞争格局也呈现出明显的地域特点。东部、南部沿海地区由于产业基础较好，市场竞争相对激烈；而中西部地区由于产业起步较晚，市场竞争相对缓和。此外，随着国家"一带一路"等战略的推进，中国陶瓷色釉料企业也在积极拓展海外市场，进一步加剧了国内外市场的竞争。

二、市场供需分析

（1）市场需求分析

① 2024 年，建筑陶瓷市场对色釉料的需求量随着城镇化进程的加快，新建住宅、商业地产份额虽然有所下降，但是对二三线城市及城镇居民旧改房屋的装修需求有所增加，为色釉料市场提供了一些发展空间。此外，随着人们生活水平的提高，对陶瓷产品的审美需求和功能性需求也在不断增长，进一步推动了色釉料市场的扩大。

② 中国陶瓷企业海外投资建厂的出海行为，也为色釉料行业提供了一个广阔的海外市场发展空间，除为本土出海陶瓷企业提供配套服务外，同时也在努力拓展更广阔的海外市场，寻求与海外陶瓷企业的跨境合作。

（2）产能分析

① 中国陶瓷色釉料行业产能已占全球总产能的相当比例，成为全球最大的陶瓷色釉料生产国。从地区分布来看，产能主要集中在广东佛山、福建晋江、江西高安、山东淄博等陶瓷产业发达的地区，这些地区拥有众多的大中小型陶瓷色釉料生产企业。

② 产能扩张主要得益于企业对技术创新和生产效率提升的投入。许多企业通过引进先进的生产设备和技术，提高了色釉料的生产效率和产品质量。同时，随着行业整合的加深，一些企业通过并购重组，进一步扩大了产能规模。然而产能过剩问题也逐渐凸显，部分地区出现供大于求的现象。

③ 产能分布方面，中国陶瓷色釉料行业呈现出一定的区域集中性。沿海地区由于产业基础较好，技术相对先进，产能规模较大；而中西部地区由于产业起步较晚，产能规模相对较小。尽管如此，随着国家西部大开发等战略的实施，中西部地区色釉料产能也在逐步提升。

（3）市场供需缺口分析

① 中国陶瓷色釉料市场供需缺口在一定程度上反映了市场的紧张状态。尽管国内产能规模庞大，但受限于部分高端色釉料的生产技术和环保要求，国内市场对高端色釉料的需求未能完全满足。在建筑陶瓷领域，高端色釉料的市场需求缺口较大，许多高端产品仍需依赖进口。

② 另外，随着国内陶瓷产业对环保、节能、健康等性能要求的提高，对高品质色釉料的需求也在不断增长。环保和节能技术的限制，导致部分陶瓷企业在生产过程中对色釉料的需求未能得到充分满足，这也导致了市场供需缺口的存在。

③ 从区域分布来看，东部沿海地区陶瓷产业发达，对色釉料的需求量大，但受限于产能

分布，部分地区存在供需不平衡的情况。而中西部地区虽然色釉料产能相对较低，但市场需求增长迅速，供需缺口问题同样突出。因此，从整体来看，中国陶瓷色釉料市场供需缺口问题不容忽视，需要企业加强技术创新和产业链协同，以优化市场供需结构。

三、产品结构分析

（1）色釉料产品种类

① 色釉料产品种类繁多，根据其性能、用途和成分的不同，可以分为多种类型。其中，基础色釉料是最基本的色釉料产品，如氧化锆、氧化铝、氧化硅等，主要用于提高陶瓷产品的强度、耐热性和耐化学性。此外，还有装饰色釉料，如透明釉、乳浊釉等，主要用于陶瓷产品的外观装饰。

② 按照色釉料的功能，可分为功能性色釉料和装饰性色釉料。功能性色釉料具有特殊的功能，如抗菌色釉料、自洁色釉料、防滑釉料、环保色釉料等，这些色釉料在满足装饰需求的同时，还有改善陶瓷产品性能的作用。

③ 随着科技的发展和市场需求的变化，色釉料产品种类不断丰富。这些产品不仅具有优异的性能，还具有环保、节能的特点。此外，随着个性化、定制化需求的增长，定制色釉料也逐渐成为市场的新宠，为企业提供了更多的市场机遇。

（2）产品结构占比

① 在中国陶瓷色釉料产品结构中，基础色釉料占据较大的比例，这是由于基础色釉料是陶瓷生产的基础材料，广泛应用于各类陶瓷产品中。其中，氧化锆、氧化铝、氧化硅等基础色釉料因其良好的物理和化学性能，在市场中的占比相对稳定。

② 功能性色釉料虽然占比相对较小，但近年来增长迅速，特别是在环保、健康、节能等方面，表现出显著的市场潜力。抗菌色釉料、自洁色釉料、环保色釉料等产品的需求不断增加，这些色釉料在陶瓷产品中的应用有助于提升产品的整体性能，满足消费者对高品质生活的追求。未来，功能性色釉料在产品结构中的占比有望进一步提升。

（3）主导产品分析

① 在中国陶瓷色釉料行业中，主导产品主要包括基础色釉料和装饰色釉料。基础色釉料如氧化锆、氧化铝、氧化硅等，因其优异的物理和化学性能，成为陶瓷生产中的核心材料。这些基础色釉料在提高陶瓷产品的强度、耐热性和耐化学性方面发挥着重要作用。

② 随着陶瓷行业的不断发展，功能性色釉料也逐渐成为市场的主导产品之一。抗菌色釉料、自洁色釉料、防滑釉料、环保色釉料等新型色釉料产品，凭借其独特的性能，在市场上受到青睐。这些功能性色釉料的应用不仅提升了陶瓷产品的附加值，还满足了消费者对健康、环保生活的追求。未来，随着技术的进步和市场需求的增长，功能性色釉料有望成为色釉料行业的新主导产品。

四、技术发展趋势

（1）关键技术分析

① 陶瓷色釉料行业的关键技术主要包括色釉料配方设计、生产工艺和环保技术。色釉料配方设计是色釉料研发的核心，涉及原料的选择、配比以及色釉料性能的优化。在这一过程

中企业需要掌握多种原料的特性，以及它们在高温下的化学反应规律，以确保色釉料在陶瓷产品上的良好表现。

② 生产工艺技术是确保色釉料质量和生产效果的关键。色釉料制备、施釉、烧成等环节，每个环节都需要精确控制温度、时间等因素。先进的制备技术可以提高色釉料的均匀性和稳定性，而高效的施釉和烧成工艺则有助于降低生产成本、提高产品合格率。

③ 环保技术是陶瓷色釉料行业面临的重要挑战之一。随着环保法规的日益严格，企业需要不断改进生产工艺，减少污染物排放。例如，开发低排放、低能耗的色釉料生产工艺，以及使用环保型原料替代传统有害物质。这些环保技术的应用不仅有助于企业降低生产成本，也符合可持续发展的要求。

（2）技术创新动态

① 近期，陶瓷色釉料行业的技术创新动态主要集中在新型色釉料研发上。企业纷纷投入资金进行技术创新，以开发出具有更高性能、更环保的色釉料产品。例如，纳米色釉料因其在强度、耐磨损和抗菌性能方面的优势，成为研究热点。此外，通过引入新型材料和技术，如纳米技术、生物陶瓷等，色釉料的性能得到了显著提升。

② 在生产工艺方面，技术创新也取得了显著进展。例如，陶瓷色釉料的制备过程中，企业采用了自动化、智能化的生产设备，提高了生产效率和产品质量。同时，通过优化烧成工艺，减少了能源消耗和污染物排放，实现了绿色生产。此外，新型施釉技术的应用，如静电施釉、激光施釉等，也为陶瓷色釉料行业带来了新的发展机遇。

③ 教育和科研机构在陶瓷色釉料技术创新中也发挥着重要作用。它们通过开展基础研究和应用研究，为行业提供了技术支持。此外，国内外陶瓷展会也促进了陶瓷色釉料行业的不断学习和技术创新及发展。

（3）技术发展趋势预测

① 预计未来陶瓷色釉料行业的技术发展趋势将更加注重环保和可持续性。随着环保法规的日益严格，企业将更加倾向于开发低铅、低镉等环保型色釉料，以满足市场对绿色产品的需求。同时，环保型生产工艺和设备的研发也将成为行业技术发展的重要方向。

② 新型功能色釉料的研究和应用将是陶瓷色釉料行业技术发展的另一个重点。随着消费者对陶瓷产品功能和性能要求的提高，新型功能色釉料将得到进一步开发。这些色釉料的应用将有助于提升陶瓷产品的市场竞争力，并推动行业技术水平的提升。

③ 技术发展趋势还将体现在智能化和自动化方面。随着物联网、大数据、人工智能等技术的不断发展，陶瓷色釉料的生产和管理将更加智能化和自动化。通过引入这些先进技术，企业可以提高生产效率、降低成本，并实现产品质量的稳定控制。此外，智能化技术的发展还将有助于陶瓷色釉料行业实现绿色、低碳的可持续发展。

五、主要生产企业分析

（1）企业规模及分布

① 中国陶瓷色釉料行业的企业规模呈现多元化特点，既有大型上市公司，也有众多中小型民营企业。大型企业通常拥有较强的研发能力和生产规模，产品线丰富，市场覆盖面广。而中小型企业则多以专业化生产为主，产品定位明确，市场竞争力较强。

② 企业分布方面，陶瓷色釉料行业的企业主要集中在陶瓷产业发达的广东省、福建省、

江西省、山东省等地区。这些地区拥有完善的产业链和较高的市场需求，吸引了大量企业入驻，这些地区因陶瓷产业基础良好，成为原创力陶瓷色釉料企业的重要聚集地。

③ 近年来，随着国家西部大开发战略的实施，中西部地区陶瓷色釉料企业数量和规模也在逐步扩大。这些地区的企业在享受政策红利的同时，也面临着市场竞争和产业升级的挑战。未来，随着区域经济的协调发展，陶瓷色釉料行业的企业规模和分布有望进一步优化。

（2）企业竞争能力分析

① 陶瓷色釉料企业的竞争能力主要体现在技术实力、产品质量、品牌影响力和市场占有率等方面。技术实力是企业竞争力的核心，拥有自主研发能力和创新技术的企业能够在市场上占据优势地位。同时，产品质量是企业赢得客户信任和市场份额的关键，高品质的色釉料产品能够满足不同客户的需求。

② 品牌影响力是企业竞争的另一重要因素。具有良好品牌形象的企业能够获得更高的市场认可度和客户忠诚度。通过品牌建设，企业可以提升产品附加值，增强市场竞争力。此外，品牌影响力也有助于企业在国际市场上树立形象，扩大出口规模。

③ 市场占有率是企业竞争能力的直接体现。企业通过不断拓展市场、提高市场份额，从而实现规模经济、降低生产成本。在激烈的市场竞争中，具备较高市场占有率的企业往往具有较强的议价能力和抗风险能力。因此，企业需要通过提升产品竞争力、优化营销策略等手段，持续提高市场占有率。

六、近五年我国各主要产区陶瓷色釉料产业发展情况

近年来，中国建筑陶瓷色釉料行业正处于从"规模扩张"向"质量升级"转型的关键期。环保高压、技术创新与市场需求变化推动行业洗牌，具备技术储备、资金实力和绿色生产能力的企业有望占据先机，而中小企业的生存空间将进一步收窄。近五年中国陶瓷色釉料企业数量经历了从低端扩张到环保倒逼出清的剧烈调整，行业加速向头部集中。未来，技术壁垒、环保成本和产业链协同能力将成为决定企业存亡的关键，中小企业需通过差异化创新或融入头部生态链寻求生存空间。近几年色釉料行业企业数量呈现"先增后减、逐步集中"的演变趋势，2018—2020年，短期扩张后分化，受建筑陶瓷市场需求拉动（如岩板热潮），部分中小企业涌入低端色釉料市场，2019年企业数量曾一度达到阶段性高峰，约500家。除广东、山东传统产区外，江西、广西等新兴陶瓷产区出现小型色釉料配套企业。2023年企业数量缩减至约200家，较2019年减少60%。头部企业集中度明显提升，广东产区的道氏、康立泰两家上市企业的国内陶瓷墨水市场占有率已经超过70%，很多中小企业退出或转型。国家"双碳"政策、《陶瓷工业大气污染物排放标准》等法规加码，中小企业在环保设备改造（如脱硫脱硝）上成本承压，技术落后企业被迫关停。2021年广东、山东等地对"散乱污"企业进行专项整治，淘汰产能约20%。房地产下行导致传统建筑陶瓷需求萎缩，低端色釉料产能过剩，同质化企业生存困难。高端化、功能性产品需求上升，技术门槛淘汰部分研发能力弱的企业。头部企业通过并购扩大规模，区域性小厂被整合或转型为代工厂。数码喷墨技术普及后，传统丝网印刷色釉料企业大量退出，喷墨墨水企业数量增长，但总量有限。2021—2022年锆英砂、钴料等进口原材料价格暴涨（如锆英砂价格翻倍），资金链脆弱的中小企业难以为继。物流受阻、依赖单一区域市场的小型企业抗风险能力不足。广东佛山、山东淄博等传统产区企业数量减少，但产值占比上升（头部企业扩产）；江西高安、福建晋江等新兴产区部分配套企

业因成本优势留存，但整体规模有限。截止到 2024 年底，色釉料行业企业整体数量变化不明显，市场整体存量生产型企业依旧保持在 170 家左右。预计 2025 年底全国色釉料生产企业数量将进一步收缩，或将降至 150 家。

国内陶瓷色釉料产业分布图见图 8-40。

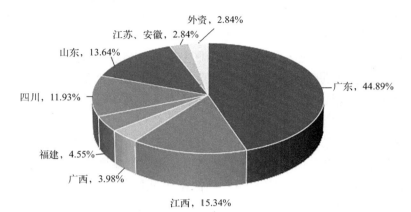

图 8-40　国内陶瓷色釉料产业分布图

我国陶瓷色釉料及辅料产业企业分布图见图 8-41。

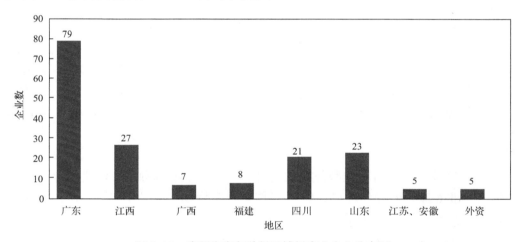

图 8-41　我国陶瓷色釉料及辅料产业企业分布图

（1）广东产区

广东产区的陶瓷色釉料、墨水等企业数量最多，其中色料、抛釉及陶瓷墨水和硅酸锆减水剂企业集中度高，具有一定规模的相关生产型企业 79 家。其中陶瓷色釉料及墨水企业 63 家，陶瓷添加剂企业 16 家。色料年产能 23 万～25 万 t；能够正常使用的熔块窑炉不足 20 台，年产能不到 20 万 t；生料釉因为工艺简单，大部分企业只配备混合机即可，只要有市场需求，产能可以随时提高，目前年产能有 100 万 t 以上。两家上市企业的价格战所引发的墨水行业内卷加剧，导致一些中小微陶瓷墨水企业被淘汰出局。目前国内陶瓷墨水企业不足 20 家。广东产区是国内最大的陶瓷色釉料产区。广东产区作为传统的陶瓷产区和国内陶瓷先进技术研发创新的产区，在国内的地位一直是首屈一指的，广东产区的色釉料技术在行业内同样占据着国内领先地位。巨大的陶瓷色釉料和原辅材料的需求市场造就了一批比较优秀的色釉料企业。

（2）江西产区

江西产区陶瓷色釉料及墨水企业20家，陶瓷添加剂企业7家。色料年产能5.0万～6.0万t；能够正常生产的熔块窑炉不足10台，年产能不足10万t，釉料及熔块年总产能45万～50万t，按照江西陶瓷产业规模，生料釉需求巨大，应该与厂家自行配料有关；陶瓷墨水年产能0.3万～0.4万t；添加剂年产能55万～60万t。广东陶瓷行业主要迁入产区之一的高安陶瓷产区步入高速发展期，色釉料及原辅材料行业相继进入江西市场。其中除了传统的熔块产区山东淄博的熔块、釉料产品之外，广东地区的色釉料行业主要以陶瓷墨水和坯体以及釉用色料为主要产品结构，江西陶瓷产区前期对熔块的需求旺盛，后期转入陶瓷墨水和坯体色料的需求上面。除了外省流入的色釉料产品之外，高安本土色釉料企业发展势头良好，前后涌现出了一些具有一定规模和市场占有率的本地化色釉料企业。

（3）广西产区

广西产区陶瓷色釉料及墨水企业7家，主要集中在梧州市藤县，色料年产能3.0万～4.0万t，釉料及熔块年产能10万～15万t。广西陶瓷相关配套园区的建设以及招商在很久之前就已经开始，佛山地区的不少色釉料企业很早就关注到了广西陶瓷产业招商的资讯和信息。因此有些佛山的色釉料企业在广西藤县设厂。色釉料企业在广西设厂除基于靠近客户陶瓷厂家之外，还有部分原因是广西新兴陶瓷产业区的相关的环保政策和土地等优惠政策。

（4）福建产区

福建产区陶瓷色釉料墨水及原辅材料企业8家，主要集中在晋江、漳州等地区，色料年产能4.0万～5.0万t，釉料及熔块年产能10万～15万t。福建地区的色料企业也是跟随陶瓷厂家周边地区建设，比如泉州地区的南安、官桥，还有晋江的磁灶等陶瓷厂家相对集中，因而不少色釉料企业在周边聚集。另外，漳州地区的平和工业园聚集了3～4家陶瓷色釉料生产企业，而且漳州地区陶瓷企业多以仿古砖、抛釉砖、地铺石等色釉料相对需求量较大的企业为主。

（5）山东产区

山东的陶瓷色釉料及辅料企业数量在国内排名第三，主要以釉料、熔块企业为主，陶瓷墨水及色料生产企业6家，陶瓷色釉料、辅料等具有一定规模的企业23家。由于当地政府政策变动较大，在用熔块窑炉数量波动较大，目前大约有30台窑炉在正常生产，年产能约30万t，生料釉及熔块年产能50万～60万t，陶瓷墨水年产能4.0万～4.5万t。此前山东在产的70台熔块熔化炉主要集中在淄博、滨州、潍坊、济南、临沂等地，以附近焦化厂产生的焦化煤气为燃料来生产。

（6）四川产区

四川产区陶瓷色釉料及墨水企业21家，釉料及熔块年产能30万～35万t。四川省内陶瓷企业主要集中在夹江，以及周边地区。但是就色釉料企业来看，结合网络查询的数据，四川省内除了一些熔块釉料公司之外，大部分色釉料企业的设立模式是：由广东产区或山东产区的色釉料企业在四川设立分公司。

七、我国陶瓷色釉料产品进出口数据及分析

（1）我国陶瓷色釉料产品进出口数据

见图8-42～图8-51和表8-22、表8-23。

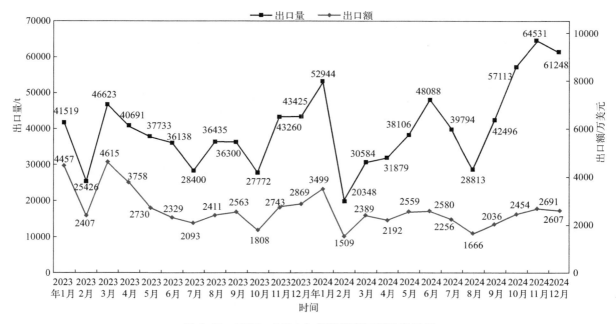

图 8-42　2023—2024 年色釉料出口额及出口量

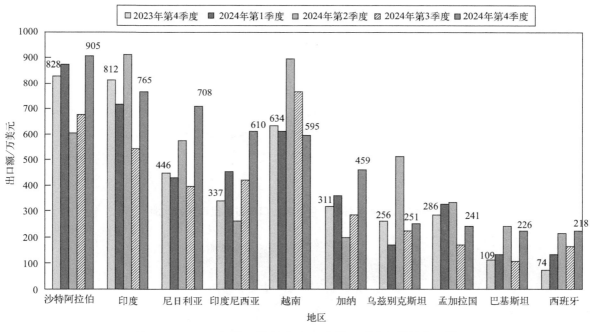

图 8-43　2023 年第 4 季度至 2024 年第 4 季度色釉料出口额

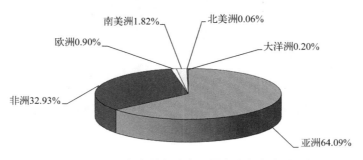

图 8-44　2024 年色釉料（出口量）流向各大洲比例

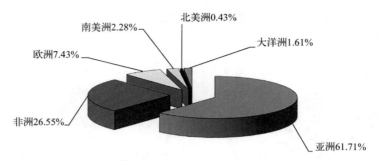

图 8-45　2024 年出口各大洲的色釉料的出口额占总出口额的比例

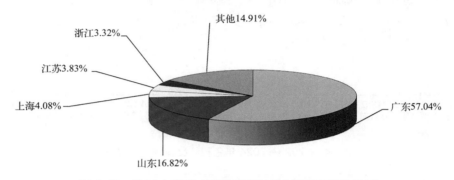

图 8-46　2024 年各省市色釉料出口量占总出口量的比例

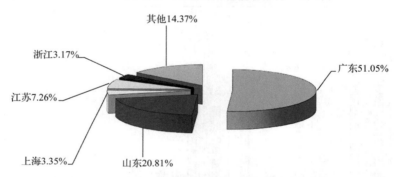

图 8-47　2024 年各省市色釉料出口额占总出口额的比例

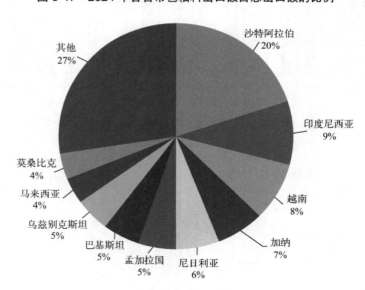

图 8-48　2024 年色釉料产品出口流向

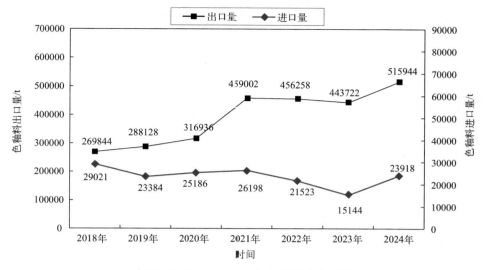

图 8-49 2018—2024 年色釉料进出口量

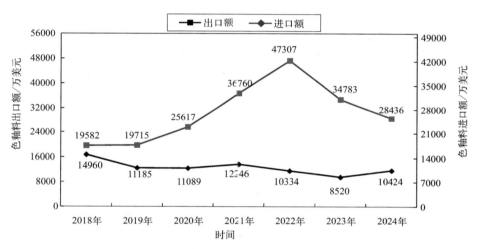

图 8-50 2018—2024 年色釉料进出口额

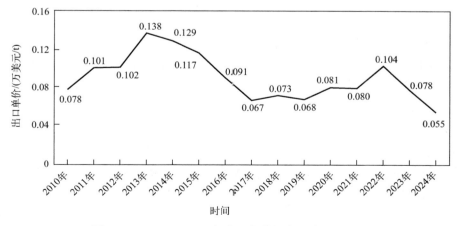

图 8-51 2010—2024 年我国色釉料出口单价折线图

表 8-22　2024 年中国色釉料出口流向排名前十国家统计表

序号	国家	数量/t	金额/万美元	出口单价/(万美元/t)
1	沙特阿拉伯	103025	3063	0.030
2	印度尼西亚	46548	1747	0.038
3	越南	43218	2867	0.066
4	加纳	34326	1296	0.038
5	尼日利亚	30683	2103	0.069
6	孟加拉国	26809	1068	0.040
7	巴基斯坦	26373	705	0.027
8	乌兹别克斯坦	24970	1156	0.046
9	马来西亚	19254	860	0.045
10	莫桑比克	19183	783	0.041

表 8-23　2010—2024 年我国色釉料出口统计表

年份	出口量/t	出口额/万美元	出口单价/(万美元/t)
2010	206467	16187	0.078
2011	196845	19957	0.101
2012	178507	18204	0.102
2013	212548	29251	0.138
2014	266325	34444	0.129
2015	263574	30805	0.117
2016	274098	24970	0.091
2017	298666	20103	0.067
2018	269844	19582	0.073
2019	288128	19715	0.068
2020	316936	25617	0.081
2021	459002	36760	0.080
2022	456258	47307	0.104
2023	443722	34783	0.078
2024	515944	28436	0.055

（2）色釉料进出口数据分析

① 进出口方面。

a. 出口量增价跌：2024 年，我国共出口色釉料产品 51.59 万 t，同比上涨 16.28%；出口额 2.84 亿美元，下降 18.25%；出口平均单价为 0.055 万美元/t，同比下降 29.69%。出口市场呈现分散趋势。

b. 进口量增价跌：色釉料产品进口量为 2.39 万 t，同比大涨 57.94%；进口额 1.04 亿美元，上涨 22.35%；进口平均单价同比下降 22.54%，为近年来新低。

② 市场竞争方面：陶瓷行业整体面临大洗牌，规模大幅缩减，落后产能与企业持续出清。瓷砖产能过剩，供需失衡，价格战持续升级，在摊薄企业利润的同时倒逼企业转型升级。

③ 成本方面：原料成本持续攀升，叠加国内原料涨价，釉料成本上升。高岭土价格暂稳，但区域供应分化，部分产区受环保政策影响趋紧。

八、产业链分析

（1）产业链上游分析

① 陶瓷色釉料产业链上游主要包括原料供应商和辅助材料供应商。原料供应商提供生产色釉料所需的氧化锆、氧化铝、氧化硅等基础原料，以及各种化工原料。这些原料的质量直接影响色釉料产品的性能。辅助材料供应商则提供色釉料生产过程中所需的黏合剂、助剂等，它们对色釉料的加工和最终产品的性能也具有重要作用。

② 上游产业链的稳定性和成本直接影响着陶瓷色釉料行业的整体成本。原料价格波动、供应稳定性以及环保政策等因素都会对上游产业链产生较大影响。为了降低成本和风险，一些陶瓷色釉料企业会选择与上游原料供应商建立长期、稳定的合作关系，甚至通过投资建厂等方式直接控制原料供应链。

③ 上游产业链的技术进步和创新也是推动陶瓷色釉料行业发展的重要动力。随着新材料、新技术的不断涌现，上游产业链企业也在不断研发和生产更环保、性能更优的原料和辅助材料。这些技术创新不仅有助于提高色釉料产品的质量，也为陶瓷色釉料行业的技术升级提供了支持。

（2）产业链中游分析

① 陶瓷色釉料产业链中游主要包括色釉料生产企业，这些企业负责将上游的原料和辅助材料加工成各种色釉料产品。中游企业的规模和实力直接影响着整个产业链的效率和市场竞争力。中游企业通过技术创新和工艺改进，不断提升色釉料产品的性能和品质，以满足下游陶瓷生产企业对色釉料的不同需求。

② 中游企业的生产成本、生产效率和市场响应速度是衡量其竞争力的关键指标。为了降低成本，企业需要优化生产流程，提高自动化程度，并合理规划原材料采购。同时，快速响应市场变化、及时调整产品结构也是中游企业保持竞争力的必要条件。

③ 中游产业链的整合和协同发展也是行业关注的重点。通过产业链上下游企业之间的合作，可以实现资源共享、风险共担，共同推动行业的技术进步和产业升级。例如，中游企业与上游原料供应商建立战略合作伙伴关系，共同开发新型色釉料产品，满足市场需求。同时，中游企业之间的合作也有助于优化资源配置，提高整体产业链的竞争力。

（3）产业链下游分析

① 陶瓷色釉料产业链的下游主要包括陶瓷生产企业，这些企业将色釉料应用于陶瓷产品的生产。下游企业对色釉料的需求量大，且种类多样，这要求上游和中游企业能够提供符合下游产品性能要求的釉料。

② 下游企业的市场变化直接影响陶瓷色釉料行业的发展。随着消费者对陶瓷产品功能和美观性的要求提高，下游企业对色釉料产品的性能要求也越来越高。这促使上游和中游企业不断研发新型色釉料，以满足下游市场的新需求。同时下游企业的市场拓展策略也会对色釉料行业的发展产生影响。

九、市场风险与挑战

（1）市场竞争风险

① 市场竞争风险是陶瓷色釉料行业面临的主要风险之一。随着市场竞争的加剧，企业面

临着来自国内外同行的激烈竞争。从国内市场来看，各企业之间的竞争尤为激烈，而国际市场上，中国陶瓷色釉料企业需要应对来自国际品牌的挑战，这种竞争压力可能导致国内企业市场份额下降，影响盈利能力。

② 市场竞争风险还体现在产品同质化严重的问题上。技术门槛相对较低，许多企业倾向于生产同质化的产品，导致市场供应过剩，价格竞争激烈。这种竞争环境不利于企业通过技术创新和品牌建设提升产品附加值，从而增大了企业的生存压力。

（2）技术创新风险

① 技术创新风险是陶瓷色釉料行业面临的另一重要风险。尽管技术创新是推动行业发展的关键，但研发过程中可能遇到的技术难题和不确定性也给企业带来了风险。例如，新技术的研发周期长、成本高，且存在失败的可能性。此外，技术突破的成功率不高，可能导致企业投入大量资源却无法获得预期的回报。

② 技术创新风险还体现在技术保密和知识产权保护方面。陶瓷色釉料行业的技术研发往往涉及核心技术的保密，一旦技术泄露，可能被竞争对手模仿，导致企业失去竞争优势。同时，知识产权保护不力也可能导致技术成果被侵权，损害企业的合法权益。

③ 此外，技术创新风险还与市场接受度有关。即使企业成功研发出新技术，如果市场不接受或需求不足，也可能导致产品滞销，影响企业的经济效益。因此，企业需要在技术创新的同时，密切关注市场动态，确保技术成果能够转化为实际的市场需求。同时，通过有效的市场推广和品牌建设提升新技术的市场接受度，也是降低技术创新风险的重要策略。

（3）政策风险

① 政策风险是陶瓷色釉料行业面临的重要外部风险之一。政策变化可能对企业的生产经营产生重大影响。例如，环保政策的调整可能要求企业增加环保设施投入，提高生产成本；税收政策的变动可能影响企业的利润空间；贸易政策的调整可能影响企业的出口业务。

② 政策风险还体现在国家对陶瓷色釉料行业的扶持力度上。政府可能会出台一系列扶持政策，如补贴、税收优惠等，以促进产业发展。然而，政策扶持的力度和持续时间的不确定性，可能使企业对未来市场的预期产生波动，影响企业的长期投资决策。

③ 此外，国际政治经济形势的变化也可能对陶瓷色釉料行业产生政策风险。例如，国际贸易摩擦、地缘政治紧张等可能导致原材料价格波动、贸易壁垒增加，进而影响企业的生产和出口。因此，企业需要密切关注政策动态，及时调整经营策略，以应对潜在的政策风险。

十、发展机遇与建议及市场拓展策略

（1）发展机遇

① 中国陶瓷色釉料行业的发展机遇主要来自国内市场的持续增长。随着城镇化进程的加快和消费升级，陶瓷产品在建筑、家居、装饰等领域的需求不断上升，为色釉料行业提供了广阔的市场空间。此外，政府对绿色、环保陶瓷产品的支持，也为行业带来了新的发展机遇。

② 国际市场的拓展是陶瓷色釉料行业另一个重要的机遇。随着"一带一路"等国家战略的推进，中国陶瓷产品出口到海外市场的机会增加，色釉料行业也得以分享这一红利。国际市场的开放和全球化趋势，为陶瓷色釉料企业提供了更广阔的舞台，有助于提升企业的国际竞争力。

③ 技术创新和产业升级是陶瓷色釉料行业发展的关键驱动力。随着新材料、新技术的不

断涌现，企业有机会通过技术创新提升产品性能，满足市场对高端、功能性色釉料的需求。同时，产业升级有助于企业提高生产效率、降低成本、增强市场竞争力，从而抓住行业发展的机遇。

（2）发展建议

① 针对陶瓷色釉料行业的发展，建议企业加强技术创新以提升产品竞争力。企业应加大研发投入，引进和培养专业人才，加强与高校和科研机构的合作，加快新技术、新产品的研发进程。同时，通过技术创新，提高色釉料产品的环保性能、功能性和美观性，以满足市场对高品质产品的需求。

② 企业应积极拓展国内外市场，提升国际竞争力。一方面，通过参加国际展会、建立海外销售网络等方式，提高产品在国际市场的知名度和市场份额；另一方面，加强与国际品牌的合作，学习先进的管理经验和技术，提升自身的品牌形象和市场影响力。

③ 政策支持和行业自律也是推动陶瓷色釉料行业发展的关键。企业应关注国家政策导向，充分利用政策红利，如税收优惠、环保补贴等。同时，行业内部应加强自律，共同维护市场秩序，反对不正当竞争，共同推动行业的健康、可持续发展。

（3）市场拓展策略

① 陶瓷色釉料企业应制定多元化的市场拓展策略，以适应不断变化的市场需求。首先，加强国内市场的深耕，通过提高产品质量、优化售后服务等方式，巩固现有市场份额。同时，针对不同地区和客户群体的特点，制定差异化的市场策略。

② 积极拓展国际市场是陶瓷色釉料企业的重要战略。企业可以通过参加国际陶瓷展览会、与国外经销商建立长期合作关系等方式，拓宽国际销售渠道。此外，针对不同国家和地区的市场需求，开发符合当地文化和审美习惯的色釉料产品以提高产品的国际竞争力。

③ 利用电子商务和社交媒体等新兴营销手段，是陶瓷色釉料企业拓展市场的新途径。通过建立企业官方网站、开设线上商城、利用社交媒体平台进行宣传推广，可以降低营销成本，扩大市场覆盖面。同时，通过线上互动，收集客户反馈，及时调整产品和服务，提升客户满意度。

十一、行业展望

2024 年，中国建筑陶瓷色釉料行业将进入"提质换挡"阶段，绿色化、功能化、智能化成为突围关键。企业需在技术研发、供应链韧性及全球化布局中构建核心竞争力，以应对周期性波动和结构性挑战。

（1）技术创新

技术创新是陶瓷色釉料行业持续发展的关键。未来，企业应加大研发投入，推动纳米技术、生物陶瓷等新技术的应用，开发出更多具有高端性能和环保特点的色釉料产品。此外，智能制造和绿色生产也将成为行业发展的趋势，有助于提高生产效率和产品质量。

（2）"一带一路"倡议

国际市场的拓展将是陶瓷色釉料行业未来发展的另一个重要方向。随着"一带一路"等国家战略的推进，中国陶瓷产品有望进一步打开国际市场。企业应充分利用这一机遇，加强与国际市场的对接，提升品牌影响力和市场竞争力。同时，通过国际合作和技术交流，促进陶瓷色釉料行业的共同发展。

第九章
市场与营销

第一节　2024 年建筑陶瓷、卫生洁具行业经营情况

一、概况

国家统计局数据显示，2024 年全国新建商品房销售面积 9.74 亿平方米，同比下降 12.9%，自 2021 年达到顶峰后已连续 3 年下降，新房市场未来很难再有大的增量反弹空间。

根据亿欧智库数据，2024 年装修占比中，二手房装修、存量房翻新、旧改房装修合计占比已超过 60%，存量房市场博弈已成为未来家居家装的主旋律。二手房、存量房装修需求上涨，将为建筑陶瓷、卫生洁具行业发展提供新的空间。

面对外部压力加大、内部困难增多的复杂严峻形势，我国建筑陶瓷与卫生洁具行业在绿色转型与市场深度调整中艰难突围。

在市场端，推动消费品以旧换新相关政策的出台，为家居消费注入活力，尤其对以智能坐便器为代表的卫生洁具消费起到明显的带动作用；国内市场需求分化与渠道调整并行，整装快速崛起，冲击传统终端渠道；国际贸易挑战加剧，全年建筑陶瓷与卫生洁具出口额同比下降，出口"量增价降"特征显著，陶瓷砖、卫生陶瓷等品类单价普遍下滑，叠加欧盟、海合会反倾销税高企，年末出口退税率下调，进一步挤压企业利润空间。

企业主营业务收入、利润总额、利润率全面下滑，主营业务收入下滑加剧，利润率下滑幅度收窄。不同于 2023 年企业业绩分化表现，2024 年行业运营走势普遍偏弱，亏损企业数量增加，企业亏损面扩大，亏损额增加。同时，库存金额有所降低，企业负债减少，表明在市场下行的环境下，企业倾向于采取更加稳健的经营策略。

2024 年，我国卫生陶瓷产量为 1.81 亿件，同比小幅下跌 2.69%。近年来，尽管受房地产市场下行影响，卫生陶瓷产量整体呈下滑趋势，但整体市场需求保持韧性，近三年产量稳定在 1.8 亿件至 1.9 亿件。

2024 年，我国规模以上卫生陶瓷企业数量为 397 家，较 2023 年增加 34 家。企业主营业务收入小幅增长，但利润总额、利润率略有下滑，行业整体面临增收不增利的挑战。同时，亏损企业数量增加，亏损面扩大，亏损额加大，经营压力增大。

水暖管道和建筑金属装饰材料工业规模以上企业主营业务收入略有上涨，但盈利能力有所下滑。相较建筑卫生陶瓷企业，水暖管道和建筑金属装饰材料工业企业亏损面收窄，亏损企业数量减少，但亏损额增加。企业负债、库存金额均有上涨。

二、年度市场运行趋势

1. 精装渠道进一步萎缩，智能坐便器配套率上升

2024 年，我国房地产市场整体仍呈现调整态势，精装修市场新开盘项目 1222 个，同比下滑 21.9%，市场规模 66.41 万套，同比下滑 28.9%。

随着 2024 年 9 月 26 日中共中央政治局会议提出，要促进房地产市场止跌回稳，为市场注入信心，第四季度以来，市场出现明显回升，精装规模为 21.76 万套，环比三季度上升 46%。

奥维云网（AVC）监测数据显示，在产品配套方面，瓷砖和卫生洁具等产品的配套规模也受到市场整体下行的影响继续下滑。智能坐便器的配置率持续上升。2024 年上半年，精装修市场智能坐便器的配套率达到 54.2%，较 2023 年的 42.2% 有显著提升。在品牌占比方面，科勒、TOTO 和杜拉维特等外资品牌在工程市场中占据主导地位，分别占据 24.0%、15.0% 和 9.2% 的市场份额。国产品牌如箭牌、恒洁和九牧则在零售渠道表现突出，尤其在电商平台上，凭借性价比优势获得了较高的市场份额。

2. 零售渠道快速重构，整装渠道强势崛起

近年来，随着我国居住消费市场总规模达到 7.9 万亿元，大家居产业链迈向 5 万亿元级别，家装行业产值突破 2.5 万亿元，行业格局正在经历一场深刻变革。传统以经销商和建材市场为核心的渠道体系逐步被整装、数字化平台和服务闭环所取代。整装模式的快速渗透已使其市场占比超过 60%，整体市场规模突破 1 万亿元，并预计在未来三年继续保持两位数增速。这一趋势直接推动了建筑陶瓷与卫生洁具等主材类产品渠道的重构，使其不再只是材料的堆叠，而成为整体方案价值链中的关键组成。

一体化、一站式解决方案催生跨界竞争。贝壳家装业务的快速增长正是这一行业大变局的缩影。2024 年，贝壳家装家居板块实现净收入 148 亿元，同比增长 36.1%，利润率提升至 30.7%，实现家装全流程一体化，并持续推进渠道下沉，代表了家装渠道从"商品流通"向"用户连接"与"方案集成"的演变。

总体来看，建筑陶瓷与卫生洁具行业正处于渠道重构与价值链再分配的关键阶段。整装崛起推动行业从"单品销售"向"整体解决方案"转型，渠道角色从"商品流通"走向"用户连接"。企业唯有主动适应这一变局，构建面向整装、聚焦用户、强化服务的渠道体系，方能在竞争激烈的市场中赢得先机，实现可持续发展。

3. 国家政策与市场需求共同推动服务化转型

根据《关于全面推进城镇老旧小区改造工作的指导意见》，全国老旧小区改造计划催生了大量存量房改造需求和家居适老化改造需求。同时，《推动大规模设备更新和消费品以旧换新行动方案》提出通过"以旧换新"补贴政策激活存量市场焕新需求，例如节水型卫浴产品、智能马桶等被纳入重点推广范畴。

在存量市场主导的背景下，国家政策与市场需求共同推动建筑陶瓷、卫生洁具行业向服务化转型升级。当下，适老化改造和二手房装修占比提升，传统产品与精细化需求的矛盾持续存在，进一步倒逼瓷砖、卫浴企业投入服务运营，延伸服务链条，从服务入手，以树立品牌口碑，占领市场份额。同时，部分生产企业与整装企业深度协同，通过数字化转型、产品服务创新等，提供从设计、研发到安装的一站式解决方案，解决旧改市场施工工期长、拆旧处理难的问题，匹配存量市场个性化改造需求。

与此同时，行业积极推进服务标准体系建设，打通产品、施工、辅材等领域的壁垒，以先进的服务标准，规范服务市场，提升工程质量，促进行业从"卖产品"向"卖空间"转型。

4.传统卖场经济持续下行，艰难探索新模式、新业态

根据2024年财报数据，红星美凯龙、居然智家、富森美三大卖场营收与净利润均呈现下滑趋势。面对压力，三大卖场通过业态融合、数字化转型和商户赋能寻求突破。红星美凯龙推进"3+星生态"战略，引入家电、汽车、餐饮等新业态，并通过"以旧换新"政策拉动四季度销售额；居然智家采用"一店两制"招商模式，并借助数字化平台洞窝覆盖1016家卖场；富森美发力线上营销，通过抖音、小红书实现销售额3.2亿元，但营销费用激增。卖场经济需平衡高分红与长期投入，深化全渠道融合以应对低频消费和流量碎片化挑战。

受卖场经济下行影响，建筑陶瓷与卫生洁具品牌撤店已成为较普遍的现象，尤其是品牌力较弱的品牌，卖场瓷砖卫浴品牌种类减少，但龙头企业、高端品牌仍通过入驻卖场，尤其是核心地段的地标性卖场，强化品牌形象，并通过店面升级提升消费体验。

5.智能化、绿色化为行业发展带来新机遇

根据亿欧智库数据，智能家居市场预计到2025年市场空间有望达到10170亿元，2022年至2025年复合增长率约12%。随着市场的不断扩大，越来越多的企业进入智能家居领域，人工智能、物联网、大数据等技术的不断发展，为智能家居行业带来了更多的创新和发展机遇，各大企业纷纷构建自己的智能家居生态系统，通过整合产业链资源，提供更加完善的智能家居解决方案，消费者对智能家居产品的需求越来越多样化，不仅关注产品的功能和性能，还注重产品的设计和用户体验。

2024年，国家通过财政补贴刺激绿色消费，相关政策红利下，家居企业在绿色制造体系构建、核心技术革新、产品生态升级、产业链协同优化等方面多点发力，绿色家居发展受到政策面、供给端、需求端三位一体的全面认可。智能坐便器、防滑瓷砖、节水型卫浴产品等高性能、绿色、智能、健康的产品深受消费者青睐。

第二节　家装与卖场

一、家居建材卖场运行情况

2024年家居建材行业面临复杂环境，2024年下半年，随着国家持续推动家居家装消费系列政策，建材家居消费在政策红利与市场压力交织中有所回暖。

根据商务部流通业发展司、中国建筑材料流通协会共同发布的数据，全国规模以上建材家居卖场2024年全年累计销售额为14908.26亿元，同比下跌3.85%。

2024年，全国规模以上建材家居市场面积约为20495万平方米，同比增长率为−9.55%。近年来，规模以上建材家居市场面积增长率逐年递减；尤其近3年，其为负值。市场竞争愈发激烈，整体市场空置率上升。全国建材家居市场行业95%以上为民营企业，在"无形的手"调控下，行业整体仍在不断优胜劣汰、自我完善。其他影响BHEI（中国城镇建材家居市场饱和度预警指数）的关键因素继续分化：部分城市城镇人口、人均GDP/收入水平等出现回落。

红星美凯龙全年营收78.21亿元，同比下降32.08%，净利润亏损29.83亿元。居然智家营收 129.66 亿元，同比下降 4.04%，净利润 8.83 亿元，同比下降 32.08%，主因是为商户减免租金及管理费。富森美营收 14.3 亿元，同比下降 6.18%，净利润 6.9 亿元，同比下降 14.39%，核心业务市场租赁及服务毛利率 72.26%，下降 4.66 个百分点。

2012—2024 年建材家居市场面积及其增长率见图 9-1。

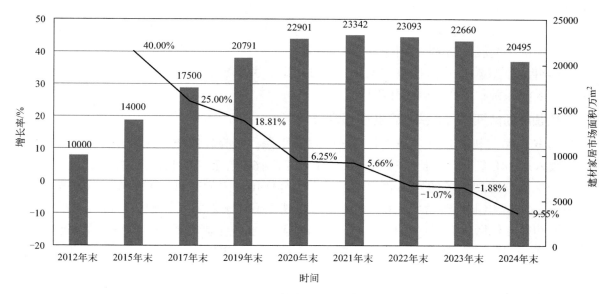

图 9-1　2012—2024 年建材家居市场面积及其增长率

2024 年全国 BHEI 为 126.31，较 2023 年出现一定程度下降，全国建材家居市场整体仍处于饱和状态（图 9-2）。

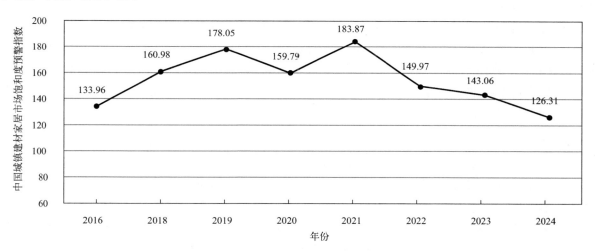

图 9-2　2016—2024 年中国城镇建材家居市场饱和度预警指数（BHEI）

选取全国 70 个大中城市为样本，2024 年，全国 70 个大中城市 BHEI 中位数、平均数仍呈下降趋势。

一线城市中，北京迈入"绿色区域"，上海连续多年处于"绿色区域"，即未饱和状态。上海、北京、深圳和广州四个一线城市房地产投资吸引力优势明显，稳居全国前四。建材家居行业渠道仍在向三四线城市以及县域下沉。市场竞争已逐渐完成从高线城市向中低线城市转移，市场竞争愈演愈烈。

二、家居装饰行业运行情况

据中装协住宅产业分会数据，中国居住消费达 7.9 万亿元，其中据不完全统计，整个"大家居"产业链市场规模已达 5 万亿元，其中家装行业产值超过 2.5 万亿元。在中高端市场，全国家装的平均客单值约 19.51 万元，平均每平方米价位为 1525 元。

近年来，整装市场渗透率在快速提升，市场规模突破 1 万亿元，未来三年仍将保持两位数以上的年增速发展。高端个性化整装快速发展。

2024 年家居装饰行业呈现整装主导、科技驱动、并购整合三大主线，头部企业通过数字化工具、区域深耕和用户体验优化巩固优势。

1. 整装市场持续扩容，头部企业引领增长

2024 年，整装模式进一步成为行业核心增长引擎。贝壳控股年报显示，其家装家居业务全年净收入达 148 亿元，同比增长 36.1%，总交易额 169 亿元，同比增长 27.3%。这一增长得益于房产交易与家装业务的协同效应，以及供应链优化带来的交付周期缩短。天坛整装作为行业黑马，2024 年上半年营收突破 10 亿元，通过"整装 + 新零售"模式（如天津智慧家居体验馆）和差异化区域布局（北京、杭州、天津等），实现了高速扩张。此外，圣都装饰与索菲亚的合资公司通过渠道整合，计划未来 4 年完成 6 亿元采购目标，进一步推动整装与定制家居的深度融合。

2. 数字化赋能，提升运营效率，优化用户体验

用户满意率是制约整装市场发展的重要因素。据调研，近七成表示不满意或有缺憾，其中不满意 40.6%，有缺憾 28.4%，满意 25.3%，十分满意 5.7%。消费者对交付质量的关注倒逼企业运用数字化工具、提升终端交付能力、优化供应链管理等方式优化服务体验。

贝壳通过数字化工具（如 Home SaaS 系统）实现设计、施工和供应链全链路打通，家装业务贡献利润率从 2023 年的 29% 提升至 2024 年的 30.7%。天坛整装开发了可视化 APP，让业主实时监控装修节点，并通过数字化营销（如腾讯广告合作）将客户到店转化率提升至 33%，显著高于行业平均水平。爱空间则通过标准化信息系统和产业工人管理模式，缩短工期至 48 天，优化用户体验。

3. 区域化、差异化运营策略并行

区域型装企仍占据主导地位。据优居研究院数据，2024 年区域型装企市占率达 65%，远高于装饰游击队（25%）和连锁型装企（10%）。家装业务服务属性重，建材和人工偏向就地取材，本地装企更具有相对市场优势。

从头部 100 强装企的区域分布可以看到，华东、华北、华中、华南、西南汇集的区域头部装企最多，这些区域的整装模式发展也较快、较成熟。连锁型装企的布局也呈现出区域化特征，例如，天坛整装在华北地区，尤其是北京、天津地位强势，在杭州主攻新房市场，不同地区的门店根据本地需求定制化运营。

客群差异化是整装市场的又一特点。据优居研究院数据，70 后群体更期待房子的实用性和用材的环保健康；而 90 后群体则对智能家居、潮流设计有更高追求，个性化表达需求更强烈。例如，一起装修网早期通过建材团购积累 700 万用户，2016 年转型互联网整装后，以"标准化 + 模块化"策略适配 85 后、90 后消费群体，但近年扩张趋缓。

未来，家装行业向智能化、个性化、绿色化方向迭代，建筑陶瓷、卫生洁具企业作为关

键的装饰主材提供商，一方面需要与装企协同合作，提升交付质量和效率，共同面对市场挑战，另一方面还需要在产品、模式、服务上积极创新，延伸价值链条，满足消费者对家居装饰的个性化需求。

第三节 2024年佛山陶瓷价格指数

一、行情综述

2024年，伴随着房地产市场下行压力加大、瓷砖消费市场需求萎缩与产能过剩矛盾进一步突显，佛山陶瓷卫浴产业发展前景堪忧。受此大环境影响，2024年佛山陶瓷价格总指数继续呈低迷下行态势，全年指数在73.37至80.23之间波动，低于2023年指数78.01至86.50的波动区间，建筑及卫生陶瓷系列指数震荡下跌，各分类指数下跌，市场行情进一步低迷（图9-3）。

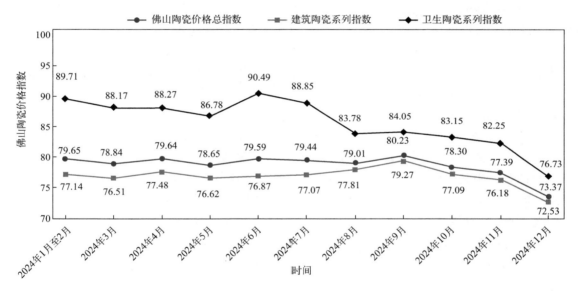

图9-3 佛山陶瓷价格指数走势

二、2024年全年佛山陶瓷价格指数走势分析

1.佛山陶瓷价格总指数走势分析

2024年，佛山陶瓷价格总指数与建筑卫生陶瓷系列指数走势一致，全年总指数在73.37至80.23之间波动。2024年1月至2月，由于春节临近，佛山陶卫交易市场歇业过年，市场流动性明显收紧，指数处于较高水平；3月至8月，随着生产的稳定，市场供应充足，价格回归理性范围，指数惯性下探；9月，随着"金九银十"促销旺季的到来，部分厂商新品面市，推动指数上涨至80.23；10月，受下游需求限制，指数持续小幅下行，截至12月，受年末厂商停窑检修、库存积压高企影响，厂商以促带销提利润，指数小幅下滑至73.37。

2023—2024年佛山陶瓷价格总指数走势图见图9-4。

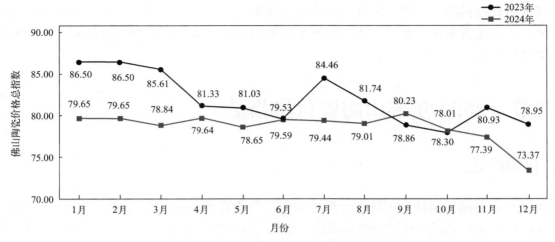

图 9-4 2023—2024 年佛山陶瓷价格总指数走势图

2. 建筑陶瓷系列指数走势分析

2024 年建筑陶瓷系列指数继续低迷下行，全年指数在 72.53 至 79.27 之间波动，低于 2023 年指数值 75.37 至 83.82 的波动区间。1 月指数从 77.14 起步，3 月指数跌至 76.51，之后保持稳势至 11 月，12 月指数跌至全年最低 72.53。

从分类指数走势情况来看，哑光仿古砖、抛釉类瓷砖、外墙砖三类权重产品全年走势情况较好，减缓了总指数下滑幅度。特别是全抛釉 800mm×800mm、现代仿古砖 600mm×1200mm、釉面外墙砖 45mm×45mm 等三类产品持续发力，推动市场成交额大幅提升。瓷片 400mm×800mm、抛光砖 1200mm×1200mm、木纹砖 200mm×1200mm 市场需求下滑明显，虽有跌价，但厂商出货订单量锐减，年末成交量惨淡收官。负离子瓷砖、空气净化砖、地铺石、中瓦 20mm×20mm 等小类产品差异化竞争优势明显，全年销量比较乐观，市场前景广阔。整体来看，2024 年全年建筑陶瓷系列指数走势呈低迷下行态势，随着房地产市场的低迷下行，建筑陶瓷供需矛盾进一步凸显，终端建材需求萎靡不振，未来的一段时间内，市场成交将延续惨淡的局面。

2023—2024 年建筑陶瓷系列指数走势图见图 9-5。

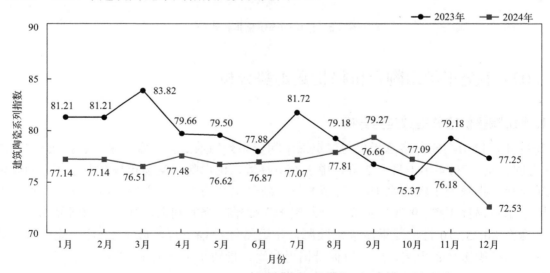

图 9-5 2023—2024 年建筑陶瓷系列指数走势图

3. 卫生陶瓷系列指数走势分析

2024年卫生陶瓷系列指数整体呈下跌走势，全年指数在76.73至90.49之间波动。2024年1至5月，系列指数持续处在较低水平，受楼市低迷及原材料涨价影响，建材市场需求下滑，指数从89.71跌至86.78；6月，部分厂商以技改来提升竞争力，提升产品售价，推动指数涨至全年最高90.49；7至12月，系列指数受市场需求下滑影响一路下滑，12月跌至全年最低76.73。

其中，坐便器、小便器指数跌幅居首位，分别跌7.35%、6.24%，市场成交呈现缩量阴跌态势；连体式非智能落地坐便器、落地式小便器降幅最明显，市场缺乏有力的提振因素，年度交易量全盘下滑。连体式智能落地坐便器、台下洗面器两类产品量价齐升，降低了总指数的下跌幅度。壁挂式小便器、分体式非智能落地坐便器等产品提升了使用功能，全年出货量持续走高；蹲便器受需求影响，买卖气氛明显减弱，厂商库存积压高企。综合来看，2024年卫生陶瓷系列指数大幅下跌，主要受房地产市场低迷下行影响，另外随着消费需求降级，市场需求进一步下滑，预测2025年洁具市场交易企稳，具有品质保障和优质服务的中高端品牌比较受消费者青睐，持续走低端路线以促带销的品牌比较难盈利。

2023—2024年卫生陶瓷系列指数走势图见图9-6。

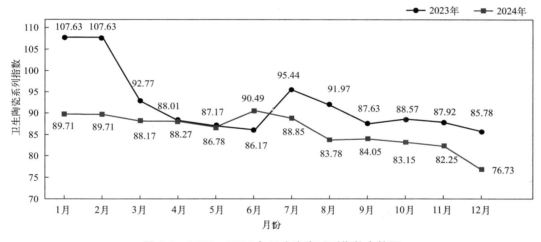

图9-6　2023—2024年卫生陶瓷系列指数走势图

三、2024年佛山陶瓷价格指数走势原因分析及未来展望

2024年佛山陶瓷价格总指数整体走势弱于2023年，建筑陶瓷与卫生陶瓷指数走势均在2023年指数走势图下方，多数代表品指数呈跌势，市场销售持续低迷。

2024年佛山陶瓷价格指数走势与市场行情发展情况基本吻合。国家统计局网站发布的消息称，2024年，全国房地产开发投资100280亿元，比上年下降10.6%，其中，住宅投资76040亿元，下降10.5%；2024年，新建商品房销售面积97385万平方米，比上年下降12.9%，其中住宅销售面积下降14.1%。这说明整体的房地产市场仍然处于不景气的境地，与佛山陶瓷价格指数低迷走势相符。另一方面，从2024年的行业发展情况来看：大量生产线产能闲置，但仍难以实现行业产销平衡，不少企业处于夹缝求生的状态，陶瓷行业产销低谷逐渐到来，佛山陶瓷价格指数受此大环境影响逐年下降，2024年更是跌至历史新低。

展望 2025 年，行业低迷形势将进一步蔓延，看似形势愈发严峻，但实际上也在倒逼行业变革与创新。越来越多的新产品、新模式、新渠道、新业态将在陶瓷行业诞生，追求质量和品质的陶瓷企业，在逆势中仍然保持稳健发展。反之，缺乏信誉、品质，大打价格战的陶瓷企业，将在这一轮洗牌中加速出局。

第十章
建筑陶瓷、卫生洁具产区

第一节　建筑陶瓷产区

2024年，按产量排序，全国十大（省级）建筑陶瓷产区依次是江西、广东、福建、广西、四川、山东、湖北、辽宁、河北、湖南，十大产区合计产量占全国总产量的86.11%，与2023年基本持平。

2024年，按产能排序，全国产能十大（省级）陶瓷产区依次是广东、江西、福建、广西、山东、四川、河南、河北、湖北、辽宁，合计产能占全国年总产能（122.1亿平方米）的86.4%，较2022年略有增长。

当前，我国建筑陶瓷各产区区域发展不平衡与产能普遍过剩两大问题并存。产区运行呈现明显分化，部分产区保持相对稳定。传统主产区中，广东、江西、山东产量下滑幅度接近或超过两位数。出口受阻对广东产区运行影响较大，江西产量下降主要受其他产区订单回流或转移的影响。福建、广西产区运行保持稳定，产量较2023年基本一致。黑龙江、安徽等新兴产区虽然增速显著，但基数较小，对全国产量影响有限。整体而言，南方产区开窑率和产能利用率优于北方产区。市场需求支撑、能源成本差异、环保政策环境是造成分化的主要原因。

一、广东产区

1. 概况

2024年，广东建筑陶瓷产业在经历2023年市场低迷后，企业复产节奏较慢，至3月中旬才基本恢复生产。尽管观望情绪浓厚，但得益于天然气价格下降及"广东制造，假一赔十"营销策略的推动，广东产区产销形势较2023年有所改善。部分闲置产能被福建、温州资本盘活，推动产量增长，例如清远、江门等地通过技改升级提升了单线产能。

然而，产能闲置问题依然严峻。全省约150条生产线处于闲置状态，另有30条因改造或租赁未计入正常生产，合计涉及45%的总产能。中小型企业生产周期普遍较短（4～5个月），仅35%的有效产能维持7个月生产周期，反映出市场需求不足与成本压力并存。

广东省不同年份建筑陶瓷企业、生产线及瓷砖日产能概况见表10-1。

在产品结构方面，2024年，抛釉砖（含大理石瓷砖）仍是广东陶瓷砖第一大品类，对比2022年，广东省抛釉砖生产线减少17条，日产能反而增加68.11万平方米，主要是因为广东部分陶企对生产线进行了技改升级，单线日产能有所提升。此外，广东产区抛光砖、瓷片生产线数量及产能仍在持续萎缩，对比2022年，抛光砖生产线减少18条，日产能减少23.05万

表 10-1　广东省不同年份建筑陶瓷企业、生产线及瓷砖日产能概况

年份	建筑陶瓷企业数	建筑陶瓷生产线数	瓷砖日产能 / 万 m²
2024	136	565	1034.58
2022	164	680	1091.31
2020	174	741	1014.19
2017	211	962	1245.81
2014	223	1062	1328.82
2011	214	1079	1117.96

平方米；瓷片生产线减少 22 条，日产能减少 61.53 万平方米。市场需求进一步向大规格、高耐磨性产品倾斜。

2024 年，广东共出口陶瓷砖 3.79 亿平方米，较 2023 年下滑 1.02%，由于出口平均单价从 2023 年的 4.95 美元每平方米下滑至 4.36 美元每平方米，出口额同比下滑 12.79% 至 18.75 亿美元。

分产区来看，佛山作为传统核心产区，近年来发展呈现规模外迁和高附加值突围两大特点。2024 年陶瓷厂数量降至 27 家，生产线缩减至 138 条，瓷砖日产能 172.8 万 m²，年产能仍居全国地级市第六位。其转型路径凸显"高成本倒逼升级"特征，由于天然气价格高于周边产区，原材料运输成本高企，迫使企业聚焦抛釉砖、岩板等高端产品。与此同时，从 2014 年到 2024 年，佛山陶瓷企业数量减少 20 家，淘汰产能集中于低端瓷砖品类。

肇庆以 42 家陶瓷企业、158 条生产线、日产能 315.59 万 m² 位居广东之首，但两年内退出 9 家陶瓷企业，高要区 7 家企业生产线完全拆除并转租他业。价格战压力下，当地企业通过扩产降本，单线日产能最高达 4 万 m²，但部分企业负责人指出"盲目扩产难以为继"，需转向品质与品牌价值竞争。

作为佛山产能外迁的主要承接地，清远 2024 年陶瓷企业数量减至 21 家，日产能 178.29 万 m²，较 2022 年仅微降 1.5%。煤改气推高成本后，低附加值产品线（如抛光砖、瓷片）加速退出，部分企业转向贴牌代工，如禾云镇某陶瓷企业停产数月后转型为品牌运营商，聚焦渠道建设。此外，技改升级使单线产能提升，抵消了生产线数量减少的影响。

江门抛釉砖日产能 140 万 m²，占总产能 75.7%，单线平均产能 3.04 万 m²，依托稳定气价（LNG 4 元 /m³、管道气 3.5 元 /m³）形成成本竞争力。云浮则以水煤气为主燃料，在燃料价格平稳期具备成本优势，产品结构多元化，覆盖抛釉砖、仿古砖、西瓦（陶瓷玻璃瓦）等，辐射大湾区及东盟市场。河源、韶关、阳江、东莞、珠海现有建筑陶瓷生产企业 8 家，陶瓷砖生产线 38 条，日总产能 42.9 万 m²。

受市场需求的减少以及市场竞争白热化的影响，截至 2024 年 11 月，湛江、广州各自仅有的 1 家陶瓷企业均已退出。韶关也有 1 家陶瓷企业退出，共减少陶瓷砖（瓦）生产线 7 条。

2024 年，广东产区在政策和技术创新驱动下加快数字化、绿色化转型，并在质量提升、品牌建设方面持续突破。蒙娜丽莎投产全球首条氨氢零碳燃烧示范量产线，为建筑陶瓷绿色化转型开辟了新的技术路径。2024 年，欧神诺、鹰牌、马可波罗、蒙娜丽莎、新明珠等 23 家陶卫及相关企业的 30 个商标入选广东省重点商标保护名录。佛山、清远等地市场监督管理局对知识产权优势企业进行了奖补。

2024 年广东建筑陶瓷产业在成本优化与政策驱动下局部回暖，但结构性矛盾（产能过剩、

出口利润率下滑）仍制约全局复苏。区域分化、产品升级与绿色转型成为主旋律，行业洗牌加速倒逼企业从"规模扩张"转向"价值创造"，通过技术创新、市场多元化与产业链协同，进一步塑造广东建筑陶瓷在全球竞争中的优势。

2. 2024 年相关大事记

1 月 11 日，广东肇庆市高要区通报表扬 2023 年度纳税百强企业。其中，陶瓷行业有新明珠、圣晖、来德利等 14 家企业上榜。

3 月 1 日，江门市发展和改革局发布《关于下达江门市 2024 年重点建设项目计划的通知》。其中包括 19 个卫浴、瓷砖胶项目，其中，有 4 个为可实现 2024 年投产项目，有 3 个新开工项目，1 个前期预备项目，其余 11 个为续期项目，2024 年计划投资总额为 26.9802 亿元。

4 月，清远市工业和信息化局在清远市陶瓷行业企业家沙龙上表示，2023 年，清远市陶瓷行业工业总产值 121.93 亿元。

据佛山市陶瓷行业协会透露，2024 年 4 月中旬起，佛山市辖区内陶瓷企业天然气价格下调至 3.6 元 /m³，对比 2023 年 4 月 4.2 元 /m³ 的气价，下降了 14.3%。同时，4 月至 7 月，对比上年同期所增加产能的用气量，按 2.6 元 /m³ 执行，具体以各区燃气公司实际价格为准。

4 月，广东商标协会对拟省重点商标保护名录的延续纳入名单和新申请纳入名单进行公示。其中，欧神诺、鹰牌、法恩、安华、恒力泰、金舵、天纬、冠星、家美、简一、金意陶、利家居、玫瑰岛、能强、欧文莱、强辉、特地、箭牌、科达、马可波罗、蒙娜丽莎、新明珠等 23 家陶卫及相关企业的 30 个商标将延续纳入广东省重点商标保护名录，法恩、安华、宏海、宏陶、宏威、宏宇新材、纳德新材料、科达制造 8 家陶卫及相关企业的 14 个商标获新纳入广东省重点商标保护名录。

5 月 27 日，清远市市场监督管理局（知识产权局）对 2024 年清远市知识产权专项资金拟扶持项目名单进行公示。其中，陶瓷行业有宏宇新型材料、蒙娜丽莎建陶、家美陶瓷、简一陶瓷、宏海陶瓷、宏威陶瓷、新一派建材、昊晟陶瓷 8 家陶瓷企业上榜，共计获得 31.62 万元资助金。

5 月 28 日，佛山市市场监督管理局发布对佛山市 2022 年度新增国家知识产权优势示范企业进行后补助的企业名单。根据名单，佛山市缇诺卫浴有限公司、佛山希望数码印刷设备有限公司、佛山市恒力泰机械有限公司 3 家陶瓷卫浴及相关企业入选，每家企业将获 5 万元补助。

5 月 29 日，佛山市 2024 年工业产品质量提升扶持资金（标准化）拟扶持项目名单公示。其中，摩德娜、纳德、中鹏热能、中窑技术、科达制造、德力泰科技 6 家企业 7 项产品入选，每项产品将获得 12 万元扶持资金，共计 84 万元。

5 月 29 日，2024 年拟立项佛山市地方标准制修订计划项目公示，由佛山市质量和标准化研究院承担，佛山市陶瓷行业协会、佛山市陶瓷学会制定的地方标准《建筑卫生陶瓷碳足迹核算方法》将获得立项，完成期限为 2025 年 11 月。

6 月 18 日，广州海关官网公布了广州、佛山最新出口数据。今年 1 月至 5 月，佛山出口累计 1649.3 亿元，同比下降 35.6%。出现明显负增长情况的商品包括陶瓷产品、家具及其零件、灯具和照明装置及其零件，以及部分家用电器等。其中，家具、陶瓷等佛山优势产业出口总额降幅达 50.77%、67.62%。

8 月 6 日，佛山市陶瓷行业协会发布 2024 上半年佛山市辖区陶瓷行业统计数据。上半年，佛山陶瓷墙地砖总产量 3.46 亿平方米，同比减少 9.8%；佛山卫生陶瓷总产量 993.40 万件，同比增加 8.5%；佛山陶瓷墙地砖出口总额 44.87 亿元，同比减少 23.3%；佛山卫生陶瓷出口总额 8.69 亿元，同比减少 75.1%。

11 月 14 日，2024 年广东省创新型中小企业名单公布，大角鹿、能强、恒力泰科技、吉事得卫浴、新锦成、道氏、冠星、九好卫浴等 28 家建陶、卫浴企业上榜。

二、江西产区

1. 概况

2024 年，江西省建筑陶瓷产业呈现产能扩张与市场收缩并行的运行态势。尽管新建生产线、技改升级及转锂生产线回归推动产能显著提升，但受需求疲软影响，全年企业平均开窑率较 2023 年大幅下降，35 条生产线全年未投产，涉及日产能约 80 万 m²，其余生产线平均生产周期仅 7.5 个月。市场端价格竞争加剧，中板出厂价跌破 5 元 / 片，抛釉砖、大板等主流产品价格同步下挫，企业普遍采取"去库存保生存"策略。产能过剩背景下，高安等产区提前进入淡季停产周期，叠加天然气价格高位运行，企业经营压力持续攀升。

产业转型升级步伐明显加快，智能化、绿色化发展成为主攻方向。全省推进工业设备更新改造，重点淘汰陶瓷行业老旧低效设备，萍乡建成华中首条绿色低碳 LNG 西瓦生产线，高安启动"建筑陶瓷产业大脑"建设，推动数据驱动型智能制造。产品结构调整持续深化，宜丰透水砖生产基地投产，多家企业转产西瓦及仿古砖，形成差异化竞争格局。值得注意的是，此前转产锂电焙烧的企业出现"回流潮"，多家企业重新调整产线回归陶瓷领域，反映出行业在新能源与建材市场波动中的战略再平衡。

政策调控与环保约束持续强化。江西省密集出台产销分离激励政策，通过税收优惠、入规奖励等措施引导企业优化经营模式，全年新增 11 家独立销售公司。严格实施"两高"项目管控，将建筑陶瓷纳入重点监管目录，同步推进大气污染深度治理。在《空气质量持续改善行动计划》框架下，行业面临更严苛的排放标准，倒逼企业加速绿色技术应用。系列政策组合拳既为产业升级提供制度支撑，也进一步重塑了行业发展生态。

2024 年，江西产区产销形势较 2023 年有较大幅度下滑。由于新建多条生产线、原有生产线的技术改造，以及部分转锂生产线回归，产能大幅提升，因此尽管 2024 年企业平均开窑率大大低于 2023 年，但产量下滑并不明显。

截至 2024 年 10 月，江西共有建筑陶瓷生产企业 97 家，生产线 320 条（陶瓷砖 256 条，陶瓷瓦 60 条，发泡陶瓷 4 条），陶瓷砖日产能 605.78 万 m²，陶瓷瓦日产能 848 万片，发泡陶瓷日产能 1050m³。

江西省不同年份建筑陶瓷企业、生产线及瓷砖日产能概况见表 10-2。

表 10-2 江西省不同年份建筑陶瓷企业、生产线及瓷砖日产能概况

年份	建筑陶瓷企业数	建筑陶瓷生产线数	瓷砖日产能 / 万 m²
2024	97	320	605.78
2022	96	319	566.93
2020	126	356	559.88
2017	129	372	546.18
2014	134	342	460.89
2011	115	226	331.61

细分产品品类来看，江西产区拥有抛光砖生产线 10 条，日产能 18 万 m²；抛釉砖生产线 120 条，日产能 296.03 万 m²；中板生产线 43 条，日产能 128 万 m²；仿古砖生产线 30 条，日产能 67.45 万 m²；瓷片生产线 12 条，日产能 35.75 万 m²；外墙砖生产线 3 条，日产能 5 万 m²；地铺石生产线 10 条，日产能 10.8 万 m²；大板/岩板生产线 12 条，日产能 14.35 万 m²；西瓦生产线 60 条，日产能 848 万片；发泡陶瓷生产线 4 条，日产能 1050m³；其他生产线 16 条（小地砖 12 条，楼梯踏步砖 2 条，透水砖 2 条），日产能 30.4 万 m²（小地砖 26.7 万 m²，楼梯踏步砖 3.2 万 m²，透水砖 0.5 万 m²）。

江西建陶产业集群主要分布在宜春、萍乡、九江、景德镇、上饶等地以陶瓷产业为主的工业园区。其中，宜春下辖的高安、宜丰、上高以及丰城撑起了江西建陶产业集群的中心，宜春市现有建筑陶瓷生产企业 66 家，陶瓷砖（瓦）生产线 240 条，陶瓷砖日产能 481.85 万 m²，占全省总量的 80%，西瓦日产能 553 万片，占全省总量的 65%。

过去两年，江西有多家建筑陶瓷生产企业退出，但企业总量却净增加 1 家，生产线净增加 1 条，原因系 2022 年宜春市多家转锂陶瓷企业（不再生产瓷砖）未纳入统计，而 2024 年这些转锂陶瓷企业中，部分又重新转回生产瓷砖。此外，过去两年间，江西陶瓷砖日产能增加 38.85 万 m²，陶瓷瓦日产能增加 136 万片，按 310 天生产周期计算，陶瓷砖年产能增加 1.2 亿 m²。

2022 年以来，江西产区新扩建（对原有生产线拆旧建新或技改升级）陶瓷生产线 11 条，主要以抛釉砖、中板、岩板、发泡陶瓷以及西瓦等品类为主。全省陶瓷砖平均单线日产能从 2022 年的 2.12 万 m² 上升至 2.37 万 m²。

2. 2024 年相关大事记

1 月，江西乃至华中首条绿色低碳 LNG 西瓦生产线在萍乡上栗金朝龙陶瓷投产运营。

2 月 21 日，江西宜丰发布《宜丰县陶瓷企业产销分离工作实施方案》（以下简称《方案》），鼓励陶瓷企业实施产销分离。《方案》提出，鼓励符合条件的陶瓷企业成立独立的销售法人企业，到 2023 年 12 月底，全县陶瓷企业完成产销分离，设立的销售企业 8 家以上；到 2024 年 3 月底，达到 11 家。具体措施包括：对现有生产型陶瓷企业实施产销分离的，原则上尽量不增加分离后的综合税收成本；对 2024 年内完成产销分离且销售公司入规的，在原有入规奖励基础上再奖励 10 万元；对产销分离后的规上销售公司给予上台阶奖励，支持其做大做强；支持陶瓷企业拓展线上销售，给予政策扶持。

3 月 8 日，江西产区有经销商发来一企业的最新报价，该企业的中板正常出厂价回落至 5.5 元/片，最低价格已经逼近 5 元/片。而其他品类也有较大幅度下挫。有业内人士认为，陶瓷厂对今年市场走势预判悲观，在市场相对较好的上半年，应紧抓机遇消化库存，确保产销正常。为此，有产区头部企业喊出了"生存比利润更重要"的口号。

4 月，高安市组织召开了"关于开展江西省建筑陶瓷产业大脑建设揭榜挂帅工作"推进会。会议强调，高安市将全力以赴建设"江西省建筑陶瓷产业大脑"平台，打造建筑陶瓷"数智工厂"，推进数据汇聚互通、应用系统融合联动，以数据驱动赋能建筑陶瓷产业高质量发展，推动建筑陶瓷产业高端化、智能化、绿色化发展。

据报道，进入 5 月，传统营销淡季尚未到来，高安陶瓷产业园多家企业的多条窑炉已经或者计划停产，比往年同期和周边产区都要更早。据了解，在产能过剩和行业内卷的大局下，在相对高气价的影响下，高安陶瓷的经营压力比往年更大。

5 月 24 日，狒狒户外瓷砖重点投资项目——品美陶瓷透水砖江西宜丰生产基地举行点火开窑仪式。点火的生产线为单线日产 5800 平方米透水砖的生产线。

6 月 28 日，江西印发《江西省工业设备更新和技术改造实施方案》，该文件明确，针对陶瓷等传统优势产业，加快推动老旧低效设备更新和技术改造。陶瓷行业支持更新原料、成型、烧炼、彩绘等生产设备。严格落实能耗、排放、安全等强制性标准和设备淘汰目录要求，依法依规分类加快老旧设备替代和不达标设备淘汰。

7 月 25 日，江西省发布《关于进一步加强"两高"项目和节能未批先建管控的通知（征求意见稿）》（简称《通知》）。《通知》所指的"两高"项目范围依据《江西省"两高"项目管理目录（2023 年版）》确定，建筑、卫生陶瓷行业均在名单内。

近一年多来，高安产区瓷砖线转锂电焙烧生产线的企业大面积停产。据了解，拿出一两条线转锂焙烧、大部分产能仍做瓷砖产品的企业，从去年开始把已经或准备技改的转锂瓷砖线转回了陶瓷。今年开年，家乐美陶瓷率先收回厂区租赁权并把 2 条线技改生产地铺石等，家乐美董事长黄正春表示将挺进西瓦赛道，首条新改线拟于 12 月中旬投产。根据行业人士的消息，金丽陶瓷现有两条线正在全面拆除重建，拟生产西瓦品类；另一家从转锂电焙烧重回瓷砖领域，且生产西瓦的还有原东阳陶瓷。有消息称，同样转为锂电焙烧的铭瑞陶瓷也极有可能回归。

12 月 25 日，江西省人民政府印发《江西省空气质量持续改善行动计划实施方案》，该文件明确提到，将推进产业结构调整，严格执行《产业结构调整指导目录》要求，依法依规淘汰陶瓷等重点行业落后产能；推进陶瓷等行业深度治理，确保工业企业全面稳定达标排放污染物。

三、福建产区

1. 概况

2024 年福建陶瓷行业整体呈现分化发展态势：一方面，受出口萎缩、地铺石价格战加剧及木纹砖需求下滑影响，多地企业停窑数量创历史新高；另一方面，通过政策扶持与技术创新实现持续推进智能化改造和产品结构优化，部分企业通过高质仿古砖、外墙整装等差异化产品维持稳定发展。全行业在环保升级与市场收缩中加速洗牌，呈现"稳中有压、创新突围"的特征。

2024 年福建陶瓷砖产量与 2023 年相比小幅下滑，产销形势不容乐观，尤其是外墙砖、地铺石领域，产能利用率不及 2023 年。除闲置的生产线外，正常运转的生产线复产较晚，且 7 月份以后，因受高温天气、产销形势、环保因素等影响多有 1 至 2 个月的停产期。

福建省不同年份建筑陶瓷企业数、生产线数及瓷砖年产能概况见表 10-3。

表 10-3　福建省不同年份建筑陶瓷企业数、生产线数及瓷砖年产能概况

年份	建筑陶瓷企业数	建筑陶瓷生产线数	瓷砖年产能 / 亿 m²
2024	193	354	12.5
2022	198	392	12.6
2020	196	435	13.4
2017	235	537	16.0
2014	246	554	17.3

截至 2024 年 10 月，福建省共有建筑陶瓷生产企业 193 家，生产线 354 条。其中，陶瓷砖生产线 338 条，陶瓷砖日产能 403.54 万平方米。其中，仿古砖（含木纹砖）生产线 80 条，日产能 105.95 万平方米；地铺石（幕墙板、厚板）生产线 72 条，日产能 77.25 万平方米；外墙砖生产线 58 条，日产能 57.8 万平方米；瓷片生产线 22 条，日产能 37.5 万平方米；外墙中板生产线 24 条，日产能 32.8 万平方米；抛釉砖生产线 11 条，日产能 23.5 万平方米；小地砖生产线 12 条，日产能 14.1 万平方米；大板 / 岩板 / 薄板生产线 8 条，日产能 14 万平方米；罗马柱艺术砖生产线 10 条，日产能 11.3 万平方米；中板生产线 4 条，日产能 7.1 万平方米；外墙薄板生产线 4 条，日产能 4.5 万平方米；其他瓷砖（艺术花砖、腰线、马赛克、泳池砖、楼梯踏步砖、劈开砖、抛晶砖、陶板、广场砖、砖坯）生产线 33 条，日产能 17.74 万平方米；此外，西瓦及配件生产线 11 条，日产能 85 万片（件）；青瓦及配件生产线 3 条，日产能 47 万片（件）；发泡陶瓷生产线 2 条，日产能 440 立方米。

2022 年至 2024 年间，福建陶瓷厂家数量净减少 5 家，但不少厂家有减少生产线的情况，以致生产线净减少 38 条；同时受技改升级和产品结构调整的影响，单线日产能略有提升，从 1.09 万平方米上升至 1.19 万平方米，因此 2024 年福建陶瓷砖产能几乎与 2022 年持平。与此同时，产品结构变化明显。地铺石、仿古砖产能大幅提升，传统小规格外墙砖、瓷片、抛釉砖生产线持续减少，外墙中板、外墙薄板、罗马柱艺术砖等新型外墙产品产能增长迅猛。

2024 年，福建陶瓷砖出口遭遇量价双跌，出口陶瓷砖 1.20 亿平方米，较 2023 年下滑 9.43%，出口额 5.59 亿美元，较 2023 年下降 24.17%，平均出口单价为 4.65 美元每平方米，较 2023 年下滑 16.27%。价格竞争对企业利润侵蚀严重，出口产品结构亟待优化。

分产区看，闽清地区截至 2024 年 10 月，当地 31 家陶瓷企业拥有 39 条生产线，但分布零散，未形成产业园区。近两年虽仅减少 2 家企业、4 条生产线，但产品结构显著变化：瓷片生产线从 19 条持续缩减，转向生产大规格产品；仿古砖生产线则从 3 条激增至 11 条。闽清地区依托地理优势，曾以出口导向型的小规格瓷片形成特色产业，高峰期 80% ～ 90% 产品出口至东南亚、南美和中东，当前，出口受贸易壁垒和海运费波动冲击，同时闽清籍企业在海外 10 余国建厂分流订单；国内生产成本高、环保投入大，叠加产能小、产品单一等问题，导致国内外市场竞争力有所削弱。

漳州陶瓷产业近年来凭借显著的成本优势快速发展，现已成为福建省第三大建陶产业集中区。截至 2024 年，漳州拥有 18 家陶瓷厂、48 条生产线，以仿古砖和地铺石为主。其中地铺石产能增长迅猛，生产线从 2022 年的 13 条增至 23 条，日产能大增近 20 万平方米，单线产能较泉州产区高出 30% 以上。成本优势主要来自大部分企业仍采用燃煤，原料资源丰富，单线产能大。然而，受市场环境影响，近两年产销有所下滑，扩张步伐放缓，外墙砖等品类产能利用率偏低。整体来看，漳州正通过产品结构调整巩固其相对于泉州等传统产区的成本竞争力。

泉州作为国内最早的建陶产业集群之一，截至 2024 年 10 月仍拥有 141 家陶瓷厂和 226 条生产线，主要分布在晋江、南安等地。其特点是企业规模小（单线平均日产能 1.07 万 m²，超 20 家日产能不足 1 万 m²）、生产灵活。但产区面临天然气成本高、生产线老旧、产能利用率低等挑战，与漳州等地成本差距显著，亟须转型升级以维持差异化竞争优势。

2. 2024 年相关大事记

2 月 27 日，中央第一生态环境保护督察组向福建省反馈督察情况，部分行业转型升级不力、污染防治不到位。其中，福州闽清县建筑陶瓷行业 2017 年完成"煤改气"的 32 家企业，有 31 家又改回煤气发生炉，且未设置含酚废水收集处理装置，下游梅溪断面的挥发酚检测指标时有超标。

晋江市召开 2024 年建筑陶瓷行业深度治理专题会，部署推进建筑陶瓷行业高质量发展、深度治理等重点工作。会议传达学习了《晋江市 2024 年建陶行业深度治理专项行动方案》，详细解读企业整合提升、绩效分级管控、物料堆场进仓入库、绿色运输试点、脱硝治理试点、热交换系统改造等重点工作。会议要求各建筑陶瓷企业按要求推进整治工作，强化污染防治设施运行管理，确保污染物稳定达标排放，提前做好碳排放管理和碳足迹研究工作。

晋江市工业和信息化局信息显示，为降低建筑陶瓷行业企业用气成本，缓解企业生产压力，促进晋江建筑陶瓷行业健康发展，泉州市燃气有限公司决定对建筑陶瓷行业企业用户管道燃气终端销售价格进行阶段性下调，每立方米降低 0.1 元，即由现行的 3.739 元每立方米调整到 3.639 元每立方米。该价格具体执行时间为 6 月 1 日起至 8 月 31 日，共 3 个月。

受市场持续低迷影响，福建产区自 6 月份以来仍有不少窑炉陆续停产减产。据《陶城报》不完全统计，截至 6 月 25 日，晋江产区停窑 22 条，南安产区停了 8 条。漳州产区因成本优势，目前还未出现停窑现象。泉州产区与去年相比，不仅停窑时间大幅提前，每月的产销量也有所减少。接下来，停窑数量还将增加，预计到 7 月停窑数量或将超过 40 条。

《海丝商报》记者走访了解，截至 6 月底，泉州产区有 20 条生产线停窑，其中，包含南安产区的 8 条。业内推测，7 月停窑数量或将达到顶峰。

《泉州晚报》8 月 2 日消息，近年来，以磁灶陶瓷为主的晋江建筑陶瓷产业实现逆势增长，规模、质量、效益不断提升，2023 年产值超 600 亿元。

四、山东产区

1. 概况

2024 年，山东产区陶瓷砖产量较 2023 年有较大幅度下降，产销不平衡的情况突出，部分企业减产。主要是因为佛山产区产品价格调整后，订单回流，山东周边需求下降，叠加天然气价格上涨，成本增加，产品价格竞争力削弱。

2024 年，山东产区有建筑陶瓷生产企业 69 家，较 2022 年净减少 6 家，建筑陶瓷生产线 113 条。其中，陶瓷砖生产线 110 条，日总产能 271.2 万 m^2；陶瓷瓦生产线 3 条，日总产能 65 万片。

山东不同年份建筑陶瓷生产线及瓷砖日产能概况见表 10-4。

表 10-4　山东不同年份建筑陶瓷生产线及瓷砖日产能概况

年份	建筑陶瓷生产线数	瓷砖日产能 / 万 m^2	年份	建筑陶瓷生产线数	瓷砖日产能 / 万 m^2
2024	113	271.2	2017	203	312.6
2022	120	261.6	2014	512	522.2
2020	143	247.4			

陶瓷砖生产线包括抛釉砖生产线 35 条，日总产能 101 万平方米；仿古砖（含工艺质感砖）生产线 22 条，日总产能 38.3 万平方米；瓷片生产线 14 条，日总产能 44.9 万平方米；大板生产线 6 条，日总产能 16.4 万平方米；岩板 / 家居岩板生产线 5 条，日总产能 11.1 万平方米；

中板生产线 12 条，日总产能 48.7 万平方米；地铺石 / 石英砖生产线 4 条，日总产能 2.7 万平方米；其他（耐酸砖、广场砖、艺术砖、K 金砖、红屏砖、烧结砖、透水砖、耐磨砖、庭院砖、楼梯踏步）生产线 12 条，日总产能 8.1 万平方米。

2024 年，山东出口陶瓷砖 2542.59 万平方米，同比下降 12.10%，由于出口单价从 2023 年的 15.57 美元每平方米大幅下挫至 6.43 美元每平方米，出口额下滑 63.68% 至 1.64 亿美元。

山东产区陶企主要集中于淄博、临沂两地，现有建陶生产企业 63 家。除淄博、临沂外，山东滨州现有 2 家陶企，济宁、泰安、潍坊、青岛各有 1 家陶企。

近两年虽净减少 5 条生产线，但整体日产能仍高于 2022 年，产品结构涵盖抛釉砖、大板 / 岩板、地铺石、中板、内墙砖、仿古砖与楼梯踏步等。为摆脱同质化竞争，超过 10 家陶企已将坯体升级为白坯并执行 3C 标准，通过技改提升品质；同时引入大型压机和超长节能窑炉，打造了智能化节能生产线，推动节能降耗；首条连续辊压生产线成功投产，可批量生产超大规格岩板。高附加值新品纷纷面世，以天鹅绒 / 金丝绒、质感石、抗污、厚板通铺及金属釉、超白釉等多种工艺创新，引领差异化升级和能效优化发展。

临沂产区现有建陶生产线 33 条，日均总产能 109.3 万 m^2：瓷片 8 条（26.2 万平方米每日），抛釉砖 9 条（37.6 万平方米每日），大板 3 条（11.5 万平方米每日），岩板 / 家居岩板 2 条（4 万平方米每日），仿古砖 2 条（6 万平方米每日），中板 5 条（23.5 万平方米每日），其他（艺术砖、K 金砖等）3 条（0.5 万平方米每日），西瓦生产线 1 条。近两年瓷片产能再度缩减，面对市场下行，企业普遍推行 3C 标准，强化坯体与原料管控，运用专利工艺，并持续丰富规格，以品质与功能创新破解同质化内卷，正加速构建以综合平台实力为核心的差异化竞争新格局。

除淄博、临沂外，山东滨州、青岛、潍坊、济宁、泰安等 5 地市均有建陶生产企业分布，5 地市现有陶瓷生产线 9 条，瓷砖日产能 19.8 万 m^2。其中，瓷片生产线 2 条，日产能 8 万 m^2；抛釉砖生产线 2 条，日产能 5.9 万 m^2；仿古砖生产线 2 条，日产能 3.2 万 m^2；耐火砖生产线 2 条，日产能 2.5 万 m^2；其他（烧结砖）生产线 1 条，日产能 0.2 万 m^2。釉面瓦生产线 1 条，日产能 10 万片。

2.2024 年相关大事记

1 月 12 日，齐鲁股权交易中心举行淄博市企业专场挂牌仪式。淄川区的山东华澳陶瓷科技有限公司等 5 家企业在专精特新专板成功挂牌。华澳陶瓷成立于 2011 年，是一家专业生产超高温锆铝复合陶瓷辊棒、硅酸锆、锆英粉、氧化锆研磨珠等系列产品的企业，其产品用于建筑陶瓷、卫生陶瓷、日用陶瓷、工艺陶瓷生产中。

1 月 16 日，山东省工业和信息化厅发布《绿色建材产业高质量发展实施方案》解读文章。其中，涉及陶瓷产业的内容有：一个建材行业总体改造提升计划，加水泥、玻璃、陶瓷三个分行业计划，同时指导砂石、防水材料等行业制定改造提升计划。在建筑陶瓷、石膏板等与终端市场联系紧密的建材子行业加快服务型制造业建设，通过"增品种、提品质、创品牌"，提升产品的市场竞争力，增加企业效益。

2024 年年初，山东淄博产区很多陶瓷企业都在对生产线进行维护和检修，除了针对常规瓷砖产品进行改造外，也有企业针对陶瓷家居板产品。家居板，在厚度上主要分为 11mm 和 6mm，主要有五个规格，即 800mm×1400mm、800mm×2000mm、700mm×1300mm、900mm×1800mm、1200mm×1200mm。

2024年年初，山东淄博产区各企业技改已基本完成，主要进行技改的企业包括金狮王、亚行、鼎瓷、锦昊、顺为、新强强、统一等企业。常规的技改项目包括加长窑炉、设备检修等，同时，多个企业引进了数码喷釉机、数码喷釉柜、胶水干粒机等设备。

经过2023年的技改，山东淄博产区中板产能激增，《陶城报》走访了解，淄博产区已有十余家企业具备中板生产条件，高峰时日产能将达40万平方米。由于市场行情不热，产品价格较2023年下滑，降价企业的中板产品主要以平面、亮面、通体坯为主。

4月23日，《淄博日报》报道，2023年，淄博建陶企业营业收入49.4亿元，同比增长26%；利润总额2.7亿元，增幅达27.4%。截至2023年底，淄博有42家规模以上建筑陶瓷生产企业，共75条生产线，建筑陶瓷砖产量也显著增长，达到2.49亿平方米，与2022年同比上涨36.8%。2024年，淄博产区部分陶企的产销量自3月中旬起逆势上扬。截至目前，包括狮王陶瓷、强强建陶、新博陶瓷、鼎瓷陶瓷、力豪陶瓷、远丰集团、尚同陶瓷、华岳陶瓷在内的多家陶企保持了70%以上的瓷砖产销率，其中一些厂家甚至达到或超过了110%。

5月底，临沂市工业和信息化局发布制造业数字化转型标杆企业典型案例。山东东宇建陶有限公司通过部署生产原料智能喂料系统，临沂坤宇建陶有限公司通过构建生产数据化运营平台，入选其中的建陶企业信息化和数字化建设案例。

2024年开年以来，山东淄博K金产品一直占据出口产品的主要份额。《陶城报》记者走访了解到，淄博产区华岳、润鹏、金斯威、名宇、新博、舜元、远丰、远鹏、宏狮、万豪、东岳等一众企业，要么已经在做K金产品，要么有计划生产K金产品。K金产品的销售市场主要涵盖中东、中亚、东南亚、非洲等国家和地区。以往淄博产区K金产品规格多集中在300mm×800mm、400mm×800mm、800mm×800mm，当前已覆盖至480mm×1200mm楼梯踏步和600mm×1200mm、600mm×1350mm、750mm×1500mm等稍大的产品规格。淄博K金产品之所以走俏国外市场，除了工艺上的细致，更重要的是淄博目前生产企业的转产灵活。

6月28日，山东省印发《山东省建材行业改造提升行动计划（2024—2026）》（以下简称《计划》），并附水泥、平板玻璃、建筑卫生陶瓷三大行业《改造提升工作方案》（以下简称《方案》）。《计划》提出，2024年至2026年，全省建材行业保持平稳增长。加快数字化转型，主要行业关键工序数控化率达到70%以上，陶瓷行业能效标杆水平以上产能占比达到30%。《方案》明确，低于能效基准水平的全部完成更新改造，不能按期完成节能改造或改造后能效仍低于基准水平的生产线淘汰退出。

《陶城报》报道，截止到8月，山东淄博产区生产企业开窑率在7成上下。相比周边的临沂，河北高邑、赞皇，河南内黄等产区，淄博产区的开窑率已属较高。原因在于：一是周边产区出于政策或环保问题停产，因此有订单流入淄博；二是淄博有着完善的产品结构和稳定的客户群体。

五、广西产区

1. 概况

截至2024年7月，广西拥有44家陶企、112条生产线（含2条发泡陶瓷生产线）；陶瓷砖日总产能达300.6万m²，较2022年净增18.48万m²；相较2022年瓷砖年产能，2024年新增产能0.57亿m²。产能提升主要得益于技改升级，单线日产能从2.45万m²升至2.73万m²，抛釉砖、中板、地铺石等品类成增长主力（产能增幅分别达26.52%、49.09%、104.17%），而瓷片、外墙砖产能持续萎缩（降幅 20.29%、38.14%）。未来 2 至 3 年产能仍将温和扩张，贺州恒希、桂平冠陶等企业规划新建 3 条大线（单线日产能超 4 万 m²），另储备 23 条待建线，聚焦中板、抛釉砖等常规产品规模化生产。

政策驱动产业向绿色化、高端化加速转型。广西发布《绿色建材产业高质量发展实施方案》，以"三品行动"推动高端产品占比提升，目标到 2030 年建成一批减污降碳生产线；同步推进"煤改气""以电代煤"及屋面光伏项目。藤县引入高端卫浴项目扩展产业链，蒙娜丽莎等头部企业带动园区清洁生产。此外，废止旧版产业目录后，政策转向严控能耗与环保标准，倒逼陶企淘汰落后产能，强化低碳竞争力。广西凭借产能迭代与政策协同，正从规模增长向质效双升的新阶段转型。

广西产区不同年份建陶企业数、生产线数及瓷砖年产能概况见表 10-5。

表 10-5　广西产区不同年份建陶企业数、生产线数及瓷砖年产能概况

年份	企业数	生产线数	瓷砖年产能 / 亿 m²
2024	44	112	9.11
2022	47	116	8.54
2020	44	115	7.36
2017	47	105	6.39
2014	47	86	5.38
2011	18	26	1.31

2024 年，广西出口陶瓷砖 1106.05 万平方米，同比大增 96.22%，出口额 1.9 亿美元，反而下滑 37.05%，出口平均单价从 2023 年的 56.07 美元每平方米大幅下降至 17.99 美元每平方米，出口格局急剧变化。

藤县作为广西核心产区，2024 年陶瓷砖日产能 136.1 万 m²（占广西 45%），较 2022 年仅增 3.78 万 m²，增速放缓主因为市场低迷及土地资源限制。但高质量发展成效显著：8 家陶企建成屋面光伏（年发电量 2.42 亿千瓦时），中和陶瓷产业园入选国家清洁生产试点，并引入中和国际陶瓷交易中心延伸产业链。蒙娜丽莎、宏宇等头部企业规划新线建设，未来 1 至 2 年将新增高端产能，巩固"南国新陶都"地位。

岑溪经历企业破产重组后，通过租赁、收购盘活产能，完成生产线全面升级。现有抛釉砖、仿古砖、地铺石为主力品类，单线日产能提升至 4.5 万 m²，老旧生产线被高效低耗现代化生产线取代，形成以高峰陶瓷为代表的新格局，承接广东产能转移后发展势头强劲。

桂平 2024 年日产能达 43.3 万 m²，较 2022 年增长 9.8 万 m²。冠陶瓷业、家炜鑫等企业通过收购、技改实现扩张，新权业建成广西最大单体工厂（5 条生产线日产能 23.3 万 m²），产品转向仿古砖、地铺石等特色品类。破产企业灵海陶瓷被盘活后焕发新生，产区复苏态势明显。

南宁武鸣作为广西最早产区，现有 9 家陶企、13 条生产线，主产瓷片、抛釉砖等低端产品，单线日产能大多低于 2 万 m²，仅通过技改将瓷片生产线产能提至 3 万 m² 以上。受周边新兴产区挤压及城镇化逼近影响，企业面临环保成本上升与迁移压力，缺乏升级动力，在瓷片市场萎缩下艰难求生。

贺州以恒希陶瓷为核心，2024 年筹建 1 条大产能抛釉砖生产线（预计 2025 年投产），现有 15 条生产线，日产能 43.9 万 m²。挺进陶瓷坚守外墙砖（日产能 10 万 m²），虽市场萎缩，但利润稳定；恒希通过技改将中板生产线日产能提至 7 万 m²。区位上承接广东订单，但运输

成本较高（煤炭成本比梧州高 50 元 / 吨），依赖渠道优势维持发展。

玉林产业规模小且分散，4 家陶企零落于北流、博白，仅新瑞福及惠达瓷砖代工厂新高盛较稳定，其余企业面临老旧生产线及外墙砖市场下滑挑战，缺乏集群效应，增长乏力。

2. 2024 相关大事记

1 月，广西壮族自治区工业和信息化厅发布《绿色建材产业高质量发展实施方案》解读文章，提出：以三品行动（开展品种培优、推动品质强基、扩大品牌影响）为引领，加速产业高端化发展。其中，建筑陶瓷领域通过引进龙头企业，带动广西建筑陶瓷产业迭代升级，大理石瓷砖、抛釉砖等高端产品占比逐步提升。引导建材行业向轻型化、集约化、制品化转型，目标到 2030 年，原燃料替代水平大幅提高，在水泥、玻璃、陶瓷等行业改造建设一批减污降碳协同增效的绿色低碳生产线。同时，还提出推动建材行业智改数转赋能，促进绿色建材智能化生产、规模化定制、服务化延伸；拓展绿色建材产品应用，帮助绿色建材产品开拓市场。

4 月 15 日，由佛山市羽洁高分子材料科技有限公司投资的藤县亚克力高端卫浴洁具生产项目在藤县经开区签约。该项目主要生产高端卫浴洁具，拟投资 3000 万元，租赁厂房面积约 7400 平方米，项目全部投产后，年产值可超 5000 万元。

5 月 17 日，广西壮族自治区工业和信息化厅发布通知，决定废止《广西工业产业结构调整指导目录（2021 年本）》（以下简称《目录》），自通知印发之日起执行。建筑卫生陶瓷方面，该本《目录》明确，限制"新建建筑卫生陶瓷项目"，淘汰"陶瓷等行业单位产品能耗未达到国家标准限定值的'两高'项目"以及"未完成'煤改气'改造的陶瓷生产线（2025 年底）"，禁止"未使用管道燃气的新建、改扩建建筑卫生陶瓷项目"。

7 月 8 日，《广西空气质量持续改善行动实施方案》（以下简称《方案》）发布。《方案》提出，实施工业炉窑清洁能源替代。在冶金、玻璃、水泥、陶瓷等行业有序推进以电代煤，积极稳妥推进以气代煤，鼓励高效利用可再生能源。

8 月 20 日，生态环境部办公厅公布第一批通过评估的清洁生产审核创新试点项目名单，藤县中和陶瓷产业园清洁生产审核创新试点项目上榜"工业园区"类。

《梧州日报》2024 年 10 月 10 日报道，自 2021 年以来，藤县大力推动陶瓷企业屋面光伏项目建设。目前，蒙娜丽莎、欧神诺、协进、新舵等 8 家陶瓷企业屋面光伏项目已建成并网发电，年总发电量 2.42×10^8 千瓦时。协进（二期）、宝富利、永盈等陶瓷企业屋面光伏项目也在规划或建设中。此外，陶瓷产业园已建成 3 家陶瓷废料、废渣利用企业，实现固废不出园，工业废水循环利用率达 100%。

六、四川产区

1. 概况

2024 年，四川省建筑陶瓷产业呈现产能优化与结构调整并行的运行特征。全省建筑陶瓷生产企业缩减至 91 家，生产线减少 20 条至 145 条，陶瓷砖年产能比上年减少 4888.7 万平方米，折射出行业整合加速态势。产品结构深度调整，大板 / 岩板因市场遇冷减少 6 条生产线，瓷片、外墙砖产能分别缩减 10.3 万平方米、4.4 万平方米，而地铺石逆势增长，新增 4 条生产线并扩产 3.65 万平方米。值得注意的是，生产线平均单线日产能提升 11% 至 2.11 万平方米，通过技改增效成为普遍选择，反映出行业向集约化发展的转型趋势。

四川省不同年份建陶企业数、生产线数及瓷砖年产能概况见表 10-6。

表 10-6　四川省不同年份建陶企业数、生产线数及瓷砖年产能概况

年份	企业数	生产线数	瓷砖年产能（年产能生产周期按 310 天计算）/ 亿 m²
2024	91	145	7.45
2022	102	165	7.94
2020	112	186	7.68
2017	146	224	8.34
2014	147	241	8.27
2011	136	276	7.78

过去两年，四川省建筑陶瓷行业经历了显著的调整与收缩，但通过技改升级提升了生产效率，同时市场集中度进一步提高，头部企业竞争力增强，而缺乏特色的小微企业则面临更大的生存压力。

乐山作为四川最大的陶瓷产区，以夹江为核心，产能占据全省陶瓷砖产能的 54%，但企业和生产线均有所减少。据夹江官方数据，夹江有陶瓷企业 53 家、生产线 82 条，年产能 4.5 亿平方米，陶瓷砖总产能在全国县级陶瓷产区中排名第五。全县陶瓷产业集群产值超过 300 亿元。当前，该地区面临原料外购成本高、能源价格攀升、环保要求趋严等多重挑战，尤其是天然气价格从 2 元 /m³ 上涨至接近 3 元 /m³，进一步削弱了其成本优势。同时，云贵等周边产区凭借低价燃煤和原料优势，对夹江陶瓷形成竞争，导致其销售半径萎缩。为应对市场变化，头部企业加快产品提质创新，加强与一线品牌的代工合作，并拓展工程渠道，而小微企业则因同质化严重、抗风险能力弱加速退出。

眉山产区企业分布零散，规模普遍较小，以丹棱为主要集中地，保留了一定的青瓦和西瓦特色产能，整体发展相对平稳，但缺乏规模化集群效应。威远曾是西南重要的陶瓷产业集群，如今仅剩 3 家企业，受环保和市场双重挤压，未来可能进一步收缩。自贡的建筑陶瓷产业已完全退出，企业转型生产艺术陶瓷或彻底关停。宜宾受限于长江沿岸环保政策，新建产能计划搁置，产业规模难以增长。泸州虽然仅有两家陶瓷企业，但凭借地铺石和西瓦等细分市场保持稳定发展。达州和广安的陶瓷产业规模较小，企业通过产品调整（如瓷片转产中板、仿古砖）勉强维持，但整体竞争力有限。

总体来看，四川陶瓷产业正经历深度调整，市场向头部企业集中，传统低端产能逐步被淘汰。未来，行业需通过技术创新、差异化产品开发和渠道优化来应对成本上升和外部竞争，而环保政策和能源价格波动将继续影响产区格局，中小企业的生存空间可能进一步收窄。

2.2024 年相关大事记

四川西瓦生产企业集体发布调价通知，宣布自 1 月 17 日起，所有品类产品价格上调 0.05 元 / 片。此次调价主要受冬季天然气及电力价格上涨、原材料成本攀升等因素影响。3 月 20 日，四川省生态环境厅公布《陶瓷工业大气污染物排放标准》（DB51 3165—2024）。本标准将于 2024 年 10 月 1 日起实施。以 2020 年全省陶瓷工业大气污染物排放量为基准，标准实施后全省陶瓷企业将减排 0.22 万吨 PM10、0.08 万吨 PM2.5、0.55 万吨 SO₂、2.6 万吨 NOₓ，减排比例分别为 50.0%、50.0%、40.0%、44.4%。

7 月 1 日，四川省生态环境厅发布了 2024 年度清洁生产审核评估和验收结果（第一批）的通报。四川珠峰瓷业有限责任公司通过评审，峨眉山金陶瓷业发展有限公司通过验收。

9月25日，四川天府新区第三次建筑新技术、新工艺、新材料施工现场座谈研讨会召开。

10月24日，知名企业西部瓷都行活动在四川夹江举行，来自全国的46家央企、四川省属国企、成都市属国企共同走进夹江，开展精准对接、贸易洽谈。会上，举行了战略合作协议签约仪式。蜀道城乡投资集团有限责任公司与米兰诺、索菲亚、盛世东方、建辉陶瓷签订战略合作协议。天府新区建设行业协会与夹江陶瓷协会和夹江县陶瓷商会签订战略合作协议。

12月31日，2024年四川省第二批重污染天气重点行业企业绩效评级结果公布，新增A级企业10家、B级企业70家、绩效引领性企业124家。

七、河南产区

河南省不同年份建筑陶瓷生产企业、生产线及瓷砖年产能概况见表10-7。

表10-7　河南省不同年份建筑陶瓷生产企业、生产线及年瓷砖年产能概况

年份	企业数	生产线数量	瓷砖年产能 / 亿 m²
2024	34	65	4.8
2022	46	85	6.8
2020	58	108	7.7
2017	71	128	8.6
2014	67	112	6.9
2011	47	96	3.8

八、河北产区

1. 概况

截至2024年11月，全省共有建筑陶瓷生产企业22家（不含1家在建企业），生产线40条，较2022年减少了8家企业、13条生产线，日产能下降16.91%至135.6万平方米。

河北省不同年份建陶企业、生产线及产能概况见表10-8。

表10-8　河北省不同年份建陶企业、生产线及年产能概况

年份	企业数	生产线数	瓷砖年产能（年产能生产周期按310天计）/ 亿 m²	陶瓷瓦年产能 / 亿片
2024	22	40	4.20	1.24
2022	30	53	5.06	1.86
2020	45	72	5.12	2.325
2017	53	81	5.59	3.317
2014	51	89	4.80	0.4774
2011	38	62	2.62	0.465

从产品结构来看，抛釉砖（通体大理石瓷砖）占据主导地位，共有14条生产线，日产能64.1万平方米；中板、抛光砖和地铺石分别拥有4条、3条和4条生产线；此外还涵盖瓷片、岩板、大板、仿古砖、透水砖等多元化产品品类，满足不同市场需求。

高邑县作为河北核心产区，拥有13家企业和21条生产线，通过智能化改造和环保升级

实现产业升级，多家头部企业已实现从原料到成品的全流程自动化生产，并积极争创环保绩效 A 级。赞皇县作为北方重要生产基地，保有 5 家规模型企业和 12 条生产线，在抛光砖等传统产品领域保持优势，同时通过研发创新推动产业升级。邯郸永年区产业规模大幅萎缩，仅剩 1 家企业维持生产。值得注意的是，武安市在建的清峰绿能项目规划投资 66 亿元建设 40 条固废利用生产线，建成后将成为全球最大的环保生态陶瓷项目，年处理固废 1000 万吨，展现河北陶瓷产业向绿色化、循环经济转型。

2. 2024 年相关大事记

5 月 16 日，河北产区正遭遇环保管控。产区人士透露，当地要求所有陶瓷企业 0 时至 6 时停止所有干燥塔工序，为此导致企业现在粉料严重供应不足，企业已经停线或减产。

受房地产市场影响，建筑陶瓷市场持续低迷，供大于求的矛盾日渐凸显，河北产区 2024 年开工较晚，在 6 月初由于一些原因大面积停产。至 8 月初，高邑、赞皇等地的陶瓷企业已陆续点火复产。

8 月 18 日，2024 河北·高邑赞皇陶瓷博览交易会在高邑县轻工产业小镇开幕，吸引了来自河北、广东、山东等十多个省份 200 多家陶瓷产业链上下游企业和品牌参展，展会上抛釉砖、大理石瓷砖、中板、抛光砖、大板、透水砖等花色丰富的主流全品类陶瓷砖，超过 3000 款展品进行了展示。

九、湖北产区

1. 概况

截至 2024 年底，湖北省共有建筑陶瓷生产企业 41 家，建筑陶瓷生产线 92 条。其中，陶瓷砖生产线 62 条，陶瓷瓦生产线 30 条，陶瓷砖日产能 135.6 万平方米，陶瓷瓦（含西瓦、青瓦等）日产能 485.5 万片。

2024 年湖北产区各建陶品类生产线及日总产能统计情况见表 10-9。

表 10-9　2024 年湖北产区各建陶品类生产线及日总产能统计情况

产品类别	生产线数	日总产能
抛釉砖（大理石瓷砖）	22	57.3 万 m²
中板	10	23.6 万 m²
仿古砖	7	13.5 万 m²
地铺石	9	9.9 万 m²
瓷片	5	16.5 万 m²
岩板／大板	3	3.2 万 m²
抛光砖	2	5.8 万 m²
其他（外墙砖、小地砖、耐火砖、梯步砖）	4	5.8 万 m²
陶瓷瓦	30	485.5 万片
合计	92	135.6 万 m²、485.5 万片

对比 2022 年湖北 41 家陶瓷厂、101 条生产线、134.3 万平方米瓷砖日产能、419.5 万片陶瓷瓦日产能的产能规模，过去两年间，湖北的陶瓷厂数量未发生变化，但生产线缩减 9 条（缩减的主要为无效产能），瓷砖总产能由于技改（小线改大线），反而略有增加。

湖北是全国十大建陶产区之一，瓷砖年产能常年保持在 4 亿平方米左右。全省建陶企业处于较为分散的状态，41 家建筑陶瓷企业分布在 14 个县（市、区），除了当阳、蕲春、黄梅等地较为集中外，其他 11 个县（市、区）均有零散的陶瓷企业分布。

单从陶瓷产业发展的优势角度而言，湖北产区的综合优势较为突出。这也是过去几年，陶瓷行业洗牌淘汰加速，而湖北陶瓷企业数、生产线数增减变化较小的重要原因。

自 2017 年以来，湖北虽然也有多家陶瓷企业因经营不善倒闭、退出，但通常很快能够找到接盘方，通过租赁、收购、控股等方式被重新盘活，因此湖北真正退出的陶瓷企业极少，只是更换了经营者。

不过，在未来，湖北建陶亦将面临较大的发展挑战。据当地陶瓷企业介绍，湖北陶瓷的"煤改气"已经提上日程，全省建陶企业需在 2025 年底前完成"煤改气"，该政策要求将极大提升湖北陶瓷的生产成本，或倒逼一部分竞争力弱的陶瓷企业淘汰退出。

2. 2024 年相关大事记

湖北省发展和改革委员会 2024 年 3 月将陶瓷产业纳入"传统产业焕新工程"，安排 2 亿元专项资金用于节能技术改造补贴。

当阳市政府官网报道，2024 年 6 月完成"陶瓷产业数字化改造三年计划"，产区 80% 以上企业实现窑炉智能控制系统全覆盖，单位产品能耗同比下降 12%。

6 月 25 日，湖北新明珠陶瓷销售有限公司揭牌成立暨浠水冠珠瓷砖精品店开业。

7 月武汉理工大学与当阳陶瓷产业协会共建"绿色建材研究院"，重点开发固废利用技术，已实现煤矸石掺比提升至 40% 的产业化应用。

8 月 2 日，湖北省生态环境厅答复省政协提案，称通过出台省级标准、推进"绿色"改造（技术帮扶、争取资金、打造品牌）、加大资金投入（安排专项资金、促进成果转化、编制整治方案）等举措，推进湖北陶瓷行业转型升级与高质量发展；并表示后续将加强指导，健全标准体系，加强统筹以支持陶瓷企业项目。

11 月，投资 5.2 亿元的湖北宝加利陶瓷大板智能生产线在当阳投产，可生产 1.2m×2.4m 岩板，填补省内超规格岩板空白。

12 月 24 日，湖北省发展和改革委员会发布关于湖北新明珠年产 3300 万平方米建筑陶瓷生产线扩建项目节能审查的意见，原则同意该项目修订后的节能报告。

十、辽宁产区

1. 概况

作为东北地区建陶产业发展相对较好的省份，辽宁省经过 20 余年发展，逐步形成了以沈阳市的法库县，朝阳市的建平县、喀左县为核心的三个建陶产业集群。

截至 2024 年底，辽宁省共有存续状态正常的建陶生产企业 40 家，相比 2022 年减少 1 家；建成各类陶瓷砖（瓦）生产线 64 条，相比 2022 年减少 5 条；瓷砖日产能 117.3 万平方米，结合东北地区气候特点，按照年均 300 天生产时间计算，辽宁省年瓷砖总产能约为 3.52 亿平方米，相比 2022 年略有增加。

这表明，在过去两年间，辽宁省的陶瓷工业企业，一方面在市场竞争加剧的背景下，有企业退出，也有生产线关停；另一方面，存活下来的企业则不断通过技改升级等手段，进一步拉高单线产量，以期降本增效，提高市场竞争力和企业存活概率。

2024 年辽宁各建陶品类生产线及日产能统计情况见表 10-10。

表 10-10　2024 年辽宁各建陶品类生产线及日产能统计情况

产品类别	生产线数	日产能	产品类别	生产线数	日产能
瓷片	19	39.4 万 m^2	广场砖	5	2.2 万 m^2
大理石瓷砖	23	54.5 万 m^2	岩板	2	2.0 万 m^2
仿古砖	6	7.9 万 m^2	陶瓷瓦	2	35 万片
全瓷中板	3	7.6 万 m^2	合计	64	117.3 万 m^2、35 万片
地铺石	4	3.7 万 m^2			

2. 2024 年相关大事记

在法库县人民政府以及开发区管委会积极斡旋下，从 2024 年 8 月 1 日起，为法库陶瓷生产企业提供天然气的沈阳沈法燃气、奥德燃气、昆仑奥德能源三家燃气公司相继下调燃气价格，供气价格由 3.16 元每立方米下降至 3.0 元每立方米，初步核算，每月为企业节约燃气成本约 500 万元，每平方米瓷砖生产成本降低 0.35 元。

9 月 29 日，第 20 届沈阳法库陶瓷博览交易会盛大开幕，辽宁法库经济开发区成功通过国家标准化管理委员会验收，"国家家居装饰装修产品（陶瓷）标准化示范区"在会上揭牌。本届陶瓷博览交易会期间，共有 3 大类 15 个合作项目签约，直接达成交易 32 笔，意向交易额达 8.2 亿元，在省、市有关部门的大力支持下，法库陶瓷将被列入第二批新技术推广目录，纳入老旧小区改造、保交楼产品目录。

十一、其他产区

1. 湖南产区

截至 2024 年 11 月，湖南省共有建筑陶瓷生产企业 21 家，生产线 54 条（陶瓷砖 39 条，陶瓷瓦 15 条），陶瓷砖日产能 95.15 万平方米，陶瓷瓦日产能 261 万片。过去两年间，湖南省净减少 4 条陶瓷砖生产线、3 条陶瓷瓦生产线，但瓷砖日总产能由于技改反而略有增加。

2024 年湖南产区各建陶品类生产线及日产能统计情况见表 10-11。

表 10-11　2024 年湖南产区各建陶品类生产线及日产能统计情况

产品类别	生产线数	日产能
抛釉砖（含通体大理石瓷砖）	18	49 万 m^2
仿古砖	6	13.7 万 m^2
外墙砖	6	11 万 m^2
中板	6	15.75 万 m^2
地铺石（景观厚砖）	1	1.5 万 m^2
岩板	1	1.1 万 m^2
瓷片	1	3.1 万 m^2
陶瓷瓦	15	261 万片
合计	54	95.15 万 m^2、261 万片

在产品结构变化方面，过去两年间，湖南省抛釉砖生产线增加2条，同时日产能增加9.42万平方米，中板生产线增加1条，日产能增加2.8万平方米；岩板、瓷片、外墙砖生产线与2022年保持一致，但产能略有增加；仿古砖生产线及产能均有所缩减；抛光砖品类从湖南产区全面退出生产。

湖南省现有建陶生产企业从业人员10298人，其中一线生产工人8651人。

2. 重庆产区

重庆现有12家建筑陶瓷生产企业，建筑陶瓷生产线26条。其中陶瓷砖生产线20条，日总产能37.4万平方米。

2024年重庆产区各建陶品类生产线及日产能统计情况见表10-12。

表10-12　2024年重庆产区各建陶品类生产线及日产能统计情况

产品类别	生产线数	日产能	产品类别	生产线数	日产能
抛釉砖	12	29.2万 m²	西瓦	4	45万片
地铺石	6	5.2万 m²	青瓦	2	33万片
仿古砖	2	3万 m²	合计	26	37.4万 m²、78万片

相较于2022年，重庆生产线数量净增4条，陶瓷砖日总产能大增13.6万平方米。尤其是抛釉砖生产线数量翻倍增长至12条，日产能增长15.7万平方米，增幅达116.3%；地铺石生产线数量也增加2条，日产能增长1.3万平方米；仿古砖生产线数量不变，但日产能略增0.6万平方米。

从2022年至今，在全国陶瓷产区均受到房地产需求减少的影响下，重庆产区在近两年仍然净增4条生产线，而且陶瓷砖日总产能大增13.6万平方米，成为全国少有的生产线和产能双增长的陶瓷产区。

上述净增的4条陶瓷砖生产线，分别来自东鹏控股、唯美集团、榆壁陶瓷、新金联。其中前两者各自新增1条日产能超3万平方米的抛釉砖生产线，后两者各自新增1条日产能约1万平方米的地铺石生产线。和抛釉砖一样，重庆产区的地铺石在过去两年间也实现了生产线数量和产能（日产能增长了1.3万平方米）的双增长。

地铺石之所以能成为重庆陶瓷产区的第二大品类，主要得益于地理优势和政策优势。其中地理优势在于重庆身处内地，地铺石产品又非常厚重，因此其他陶瓷产区的同类型产品抵达重庆的运输费用较高，无法在价格上和当地的地铺石产品竞争。政策优势则在于近年来重庆携手四川打造成渝地区双城经济圈，进一步推动了城市建设。

截至2024年11月，重庆陶瓷企业直接就业人员约2530人，其中一线工人约2124人。

3. 山西产区

山西现有建陶生产企业21家，各类生产线30条，陶瓷砖日总产能58.7万平方米，陶瓷瓦日产能9万片。

2024年山西产区各建陶品类生产线及日产能统计情况见表10-13。

表 10-13　2024 年山西产区各建陶品类生产线及日产能统计情况

产品类别	生产线数	日产能	产品类别	生产线数	日产能
岩板	1	0.9 万 m²	仿古砖	2	2.5 万 m²
中板	9	23.7 万 m²	地铺石	4	5.1 万 m²
瓷片	3	5.3 万 m²	透水砖	1	0.3 万 m²
外墙砖	1	1.2 万 m²	陶瓷瓦	2	9 万片
抛釉砖	7	19.7 万 m²	合计	30	58.7 万 m²、9 万片

对比 2022 年的 26 家建陶生产企业、37 条生产线、69.1 万平方米瓷砖日总产能，两年间，山西退出 5 家陶企、7 条生产线、10.4 万平方米日产能。其中岩板由 3 条生产线、日产能 5.2 万平方米缩减至 1 条生产线、日产能 0.9 万平方米，降幅分别为 66.67%、82.69%；中板生产线数量没有变化，日产能由 23.2 万平方米增加至 23.7 万平方米，增幅为 2.16%；瓷片由 5 条生产线、日产能 11 万平方米减少至 3 条生产线、日产能 5.3 万平方米；外墙砖由 2 条生产线、日产能 3.2 万平方米缩减至 1 条生产线、日产能 1.2 万平方米，降幅分别为 50%、62.5%；抛釉砖由 8 条生产线、日产能 19.9 万平方米缩减至 7 条生产线、19.7 万平方米，降幅为 12.5% 与 1%。陶瓷瓦由 3 条生产线、日产能 19.5 万片缩减至 2 条生产线、日产能 9 万片，降幅为 33.33% 与 53.85%。

两年间，山西省新增仿古砖、地铺石及透水砖三类产品的生产，而小地砖、耐磨砖、古建地砖等产品则从山西建陶生产版图消失。

4. 陕西产区

陕西省已建成各类建陶生产线 27 条，陶瓷砖日总产能 56.8 万平方米，陶瓷瓦（西瓦）日总产能 15 万片（表 10-14）。

表 10-14　2024 年陕西省各建陶品类生产线及日产能统计情况

产品类别	生产线数	日产能	产品类别	生产线数	日产能
中板	2	7 万 m²	地脚线	1	1.6 万 m²
抛釉砖	4	11 万 m²	地铺石	6	11.1 万 m²
瓷片	6	14.5 万 m²	色砖	1	1.5 万 m²
抛光砖	1	2 万 m²	劈开砖	2	1 万 m²
仿古砖	2	5.6 万 m²	西瓦	1	15 万片
外墙砖	1	1.5 万 m²	合计	27	56.8 万 m²、15 万片

对比 2022 年，陕西省建陶产业发生了较大变化。两年内，陕西全省生产线由 2022 年的 35 条减至 2024 年的 27 条，降幅为 22.9%，瓷砖日总产能由 2022 年的 68.7 万平方米降至当前的 56.8 万平方米，降幅为 17.3%。

其中，瓷片由两年前的 10 条生产线、日产能 24.2 万平方米减至如今的 6 条生产线、日产能 14.5 万平方米，降幅分别为 40% 与 40.08%；抛釉砖生产线数量无变化，日产能却由 2022 年的 10.7 万平方米增至如今的 11 万平方米，增幅为 2.8%；中板由 2022 年的 5 条生产线、日产能 13 万平方米减至如今的 2 条生产线、日产能 7 万平方米，降幅为 60% 与 46.15%；仿古砖由原来的 5 条生产线、日产能 8.4 万平方米减至当前的 2 条生产线、日产能 5.6 万平方米，降幅分别为 60% 与 33.33%；外墙砖日产能由 2022 年的 2 万平方米降至当前的 1.5 万平方米，降幅为 25%；地铺石由原来的 3 条生产线、日产能 2.8 万平方米增长至 2024 年的 6 条生产线、日产能 11.1 万平方米，增幅分别为 100% 与 296.43%；抛光砖、地脚线、劈开砖、色砖、西瓦没有变化，与 2022 年持平；小地砖这一品类从陕西建陶生产版图消失。

第二节　卫生洁具产区

2024 年，我国卫生陶瓷产业区域格局呈现显著分化态势，头部集聚与结构重组并行。按产量排序，全国卫生陶瓷主要产区（省级）是广东、河南、河北、福建、山东、湖北、江西等，产量合计占全国总产量接近 95%，与 2023 年基本持平。

广东省凭借成熟的产业链与产业集群优势，产量保持两位数以上的高速增长，进一步巩固其绝对龙头地位，河北省作为北方卫生陶瓷代表产区，产量增速接近 8%，两大产区成为全国重要增长极。传统主产区河南省受环保升级与转型滞后影响，产量跌幅超过 10%，凸显产业升级压力。湖北省因环保整治力度持续加码，产能大幅收缩，区域洗牌加速。整体来看，产业资源加速向政策灵活、产业链完备的头部区域集中，环保标准提升与区域竞争加剧倒逼传统产区绿色转型，行业马太效应持续强化。

2024 年，我国卫生洁具产品出口主要集中在广东、浙江、福建、山东、江苏等省（自治区、直辖市），这些省（自治区、直辖市）在各类产品出口中均占据重要地位，展现出明显的产业集聚效应。其中，广东省凭借规模和高单价在国际市场上具有竞争力，福建省在水箱配件、坐便器盖圈等品类中展现出高附加值产品优势，浙江等产区出口量大，但单价较低。

2024 年，广东、河北、福建、山东、浙江前五省份出口卫生陶瓷总量达 8904.43 万件，占全国总量的 79.88%，与 2023 年持平。浙江、福建、广东、上海、山东水龙头出口量合计占全国 90% 以上。塑料浴缸的出口集中度保持稳定，浙江、广东、江苏、上海、安徽的合计出口量占全国出口总量的 88%，与 2023 年持平。淋浴房出口主要来自广东、浙江、山东、江苏和上海，合计出口量占全国出口总量的 77.11%，集中度较 2023 年有所回升。在坐便器盖圈领域，福建、广东、浙江、江苏、河北的合计出口量占全国出口总量的 92.7%，与 2023 年持平。我国水箱配件的出口主要集中在浙江、福建、广东、上海和江苏，合计出口量占全国总量的 84.68%，相比 2023 年略有下滑，出口格局基本稳定。

一、广东产区

1. 概况

2024 年，广东产区共生产卫生陶瓷 8275.02 万件，同比增长 11.15%，头部优势进一步凸显。广东产区的卫生洁具产业规模大、品类全、产业链配套完善，形成了强大的产业链聚集优势。广东产区不仅是我国卫生陶瓷的第一大产区，也是水龙头、塑料浴缸、淋浴房、坐便器、水箱配件等五金塑料卫浴产品的主产区。

广东地区卫生陶瓷企业分布在潮州、佛山、清远、江门、韶关等城市，其中产能主要集中在潮州和佛山两地。五金塑料卫浴产业在佛山、开平、中山、潮州等地均有聚集。

广东省作为全国卫浴出口的龙头省份，在多个品类中占据重要地位。卫生陶瓷出口量达 4392.23 万件，出口额 17.01 亿美元，单价 38.72 美元 / 件。水龙头出口量 9132.76 万套，出口额 11.48 亿美元，单价高达 12.57 美元 / 套，为全国最高。淋浴房出口量 37.54 万吨，出口额 6.28 亿美元；塑料浴缸出口量 3.79 万吨，出口额 1.82 亿美元；水箱配件出口量 1.50 万吨，出口额 8955.87 万美元；坐便器盖圈出口量 2.43 万吨，出口额 9076.56 万美元。广东省在卫生陶瓷、淋浴房等高端产品上占据绝对优势，出口单价普遍较高，显示其产业升级成效显著。

佛山是广东省卫生洁具主要产区之一，佛山地区的卫生洁具企业保持行业能效先进、品质稳定的特点，已经发展成为一个兼具规模大、档次高、配套齐全等多重特点的综合产区。据佛山市卫浴洁具行业协会信息，佛山拥有 1500 ～ 2000 家卫浴洁具生产型企业，从业人员近 20 万，区域产值达 500 亿元以上。佛山也是国内卫浴企业研发中心、营销中心、设计中心、国际贸易中心的聚集地，拥有多家优质整体卫浴、浴室柜、淋浴房、五金、龙头、配套产品等生产企业。

中山是淋浴房主要生产基地，共有淋浴房生产企业 230 多家、核心配套企业 150 多家，形成了集研发、设计、生产、销售于一体，涵盖玻璃、五金、胶条、型材等上下游产品的 100 亿元产业集群，产业产值占全国淋浴房中高端市场的 70%，占全国淋浴房出口额的 40%。其中，阜沙镇淋浴房产业链上下游占据中山淋浴房产业规模的 30%，目前正围绕智能化和整装定制方向，加速推动淋浴房产业集聚和转型升级。

潮州是卫生陶瓷重要生产基地，目前拥有注册卫浴陶瓷市场主体近 1500 家，卫生陶瓷工业总产值达 150 亿元。特别是潮安区的卫生陶瓷产量占全国三分之一，其产业链完整度、出口规模均居全国前列。近年来，潮州市锚定"智造赋能"发展方向，推动陶瓷产业向"智能＋绿色＋服务"全链条跃升。此外，潮州市有浴室柜生产企业 200 余家，水箱配件、五金、盖板、模具及纸箱等生产配套企业 250 余家，瓷泥及釉料生产供应企业 400 余家，产业配套完善，聚集优势明显。《潮州市智能卫浴产业发展规划》提出，力争到 2025 年，潮州市形成以智能坐便器、智能浴室镜柜及整装智能卫浴为主导，专业化配套产业及生产性服务业协同发展的智能卫浴现代产业体系，推动全市卫浴产业总产值突破 400 亿元，其中智能卫浴总产值 250 亿元；力争到 2030 年，智能卫浴及相关产业产值达到 400 亿元以上。

开平市是全国主要水暖卫浴生产基地之一，经过三十多年的积淀发展，已逐步形成集原料供应、生产、研发、销售、服务、物流于一体的产业集群。开平市积极推进产品向一体化、智能化、绿色化方向发展，建有多个公共服务平台，产业集群现有省级专精特新中小企业 15 家、省级创新型中小企业 24 家、国家高新技术企业 32 家。《开平市水暖卫浴产业发展规划（2022—2030 年）》显示，水暖卫浴是开平市的传统支柱产业，产业规模占比达 50%。

鹤山市是我国重要的卫浴生产基地和出口基地之一，拥有行业企业近两千家。水暖卫浴产业是鹤山市的六大支柱产业之一，从业人员近两万人，逐步形成完备的产业链。

2.2024 年相关大事记

1 月，江门市生态环境局公示广东缇派卫浴有限公司产、销、研为一体的高端智能配套水暖卫浴产品生产建设项目环境影响报告书受理公告。缇派卫浴拟投资 6 亿元，规划高端智能配套水暖卫浴产品生产建设项目，项目总占地面积 90032.34 平方米，总建筑面积约 236765.41 平方米。

3 月 26 日至 30 日，2024 潮安智能卫浴产业大会在广东潮州举行。大会以"智造赋能，新质生活"为主题，展馆总占地面积 20000 平方米，参展企业、品牌 179 家。展品涵盖整体卫浴、智能卫浴、浴室柜、五金水暖、卫浴配件、卫浴设备等板块。大会期间，举行了共建

"中国智能坐便器专业镇"签约仪式，中国建筑卫生陶瓷协会与潮州市潮安区古巷镇人民政府完成战略合作签约。

3月30日，广东利多邦卫浴开平高端智能制造基地投产仪式举行。该项目总投资6亿元，总建筑面积约24万平方米，预计年产量达65万套，年产值超12亿元。

5月27日，潮州市2024年"优大强"企业名单公示，三华陶瓷、枫树陶瓷原料、樱井科技、安彼科技、乐贤卫浴、恒洁卫浴6家卫浴及相关配套企业上榜。

5月末，江门市4个超亿元卫浴项目用地成功摘牌，总投资达9.3亿元，占地面积约103200m²。其中，开平市的瑞霖智能卫浴项目总投资5亿元，年产值预计达8亿元；库兰卫浴高端智能龙头项目总投资1.5亿元，年产值预计2亿元；博美智能卫浴项目总投资1.2亿元，年产值预计1.28亿元；蒙倍纳卫浴产品制造项目总投资1.6亿元，年产值预计2.85亿元。

6月6日，潮州市潮安区政府发布的环境影响评价文件显示，宾卫卫浴科技有限公司的浴室柜生产项目顺利获批。该项目占地2066.6平方米，建筑面积10334平方米，预计年生产免漆浴室柜和喷漆浴室柜各4000套。

7月16日，2024年度广东省中小企业特色产业集群名单公布，开平市水暖卫浴产业集群入选。

10月，欧贝特智能卫浴生产基地项目迎来封顶仪式。项目占地约12400m²，投资总额2亿元，建筑面积约3.1万平方米，达产年产值约4亿元。

10月31日，佛山第六批工业优质产品目录发布，28个产品入选。其中，佛山市高明安华陶瓷洁具有限公司的普通坐便器NL1367U-S、佛山市法恩洁具有限公司的单把挂墙明杆（三功能）淋浴龙头F2M9069、箭牌家居集团股份有限公司的淋浴房和坐便器共计4个产品入选。

11月8日，肇庆金马领科智能科技有限公司年产卫浴模具205套扩建项目备案复核通过，扩建一条模具生产线，主要为原有高压注浆生产线配套生产设备模具。

11月18日，恒洁卫浴营销运营总部项目开工，项目规划总用地面积约9000平方米，总建筑面积约6万平方米。

据广东省投资项目在线审批监管平台公开信息，2024年第四季度，13个和卫浴相关的生产项目通过了审批，总投资金额达到8.36亿元。

二、河南产区

1. 概况

2024年，河南产区共生产卫生陶瓷3600万件，同比下降14.29%，跌幅超过2023年。

河南现有卫生陶瓷企业80余家，其中以长葛最为集中，在南阳、新郑、洛阳等地也有少量企业分布。

长葛卫生陶瓷年产量占河南产量的六成以上；长葛同样以浴室柜产品著称，产品除供应国内，还出口到海外多个国家和地区。近十年，长葛卫生陶瓷企业快速洗牌，企业数量缩减幅度近2/3。长葛陶瓷企业目前面临两个主要问题：天然气成本消费占总生产成本的比例达到40%以上；每年冬季因环保管控要停产近3个月，时间太长。

针对产区发展面临的问题，长葛市卫生陶瓷行业协会提出，要发挥本地优质企业的引领作用，注重品质提升和产品创新；调整产品结构，积极参与国内中档卫浴产品的市场竞争；重视新零售及电商渠道建设；关注国内卫浴产业技术升级、装备升级，走绿色低碳的高质量发展道路。

近年来，河南卫浴产区生产技术装备也有很大进步。伴随河南卫生陶瓷产业的规模化发展，产业集群优势日益突出。此外，河南卫生陶瓷企业在自动化、智能化设备方面不断更。受环保、双碳政策和市场下行的影响，河南卫浴正在经历由高速度发展向高质量发展的转型周期，部分企业在本轮产业升级中加大对品质、管理、标准化、品牌化方面的投入，创新产品和营销模式，加快供应链融合，提高品牌的市场竞争力。

2.2024 年相关大事记

3 月 22 日，长葛市市场监督管理局组织召开卫生陶瓷行业企业集体约谈会暨质量技术培训会。长葛地区近 50 家卫生陶瓷企业参会。

4 月 12 日，长葛市中部卫浴产业基地多家陶瓷企业到长葛蓝天新能源有限公司抗议，联名发出"关于中部卫浴陶瓷企业天然气成本过高与全市公平竞争发展"的建议，要求天然气按规定降价。据了解，一直以来，中部卫浴陶瓷企业的用气价格都高于本地区、国内同省其他产区价格水平。

5 月 10 日上午，由长葛市万人助企活动办组织开展的"破解发展难题，优化营商环境"主题调研活动在蓝健陶瓷举行。会上，长葛市卫生陶瓷行业协会多位代表发言，指出长葛市卫浴企业面临天然气成本高企、环保停产期过长、潮州低价产品冲击等核心问题，呼吁政府调控气价、优化环保政策并扶持物流与产业升级。

8 月 14 日，平顶山学院陶瓷学院赴长葛中部卫浴产区，对麒龙卫浴、蓝健陶瓷、洛多卫浴三家卫浴陶瓷企业开展产业调研与交流活动，以此进一步加强校企合作，拓宽毕业生就业渠道，推动产教融合深度发展。

三、河北产区

1.概况

河北是我国卫生陶瓷重要产区，2024 年卫生陶瓷产量 2370 万件，较 2023 年上涨 7.85%，连续两年保持增长。

2024 年河北省在卫生陶瓷领域表现突出，但其他品类出口规模相对较小。卫生陶瓷出口量 2186.68 万件，出口额 5.61 亿美元，占全国总量的 19.8%，单价 25.65 美元/件，低于广东。淋浴房出口量 6.48 万吨，出口额 1.19 亿美元；坐便器盖圈出口量 4070.87 吨，出口额 1349.85 万美元；水龙头出口量 302.74 万套，出口额 2909.01 万美元。河北省以卫生陶瓷为主要出口产品，但整体单价较低，产业以中低端为主，需向高附加值方向转型。

河北卫浴产业主要集中在唐山。唐山是我国卫生陶瓷重要生产基地，拥有惠达、梦牌、唐陶、意中陶卫浴企业和以贺祥为代表的装备企业。

唐山卫生陶瓷产业产品类别齐全，多达 20 多个类别、1000 多个品种。工艺装备达到国内一流水平。全行业实现现代化装备应用率 80% 以上，基本实现了卫生陶瓷装备的轻量化、智能化、配套化和个性化。注浆施釉、干燥、模具制造、检验检测等大部分都实现了自动化、智能化。惠达、梦牌等企业全自动化智能工厂处于国内领先水平。

据唐山市工业和信息化局介绍，截至 2023 年底，唐山全市有陶瓷生产及配套企业 386 家，2023 年营业收入 141 亿元，集群效应愈发显现。2023 年以来唐山市累计实施陶瓷产业转型升级项目 24 项，总投资 40.8 亿元，2024 年预计完成投资 12.0 亿元，目前已完成投资 3.8 亿元，项目达产后可新增产值 41 亿元。

近年来，唐山卫浴产业不断优化产业结构，发展成卫生陶瓷、浴房浴柜、五金配件、智能马桶等卫浴产品生产研发的综合家居产业基地，完善了材料供应、研发生产、技术装备、营销展示、物流运输产业链，逐步向高技术附加值、高品牌附加值升级转型。

2. 2024 年相关大事记

8 月 27 日，河北省工商联揭晓 2024 年度河北省民营企业 100 强系列榜单，惠达卫浴入选"2024 河北省民营企业研发投入 100 强榜单"及"2024 河北省民营企业发明专利 100 强榜单"。

12 月 26 日，河北省工业和信息化厅公布"2024 年河北省工业互联网标杆案例"名单，惠达卫浴凭借"营销数字化管理"项目入选。该项目围绕新业务 CRM（顾客关系管理）系统深度优化、整合瓷砖营销和供应链平台、售后服务数字化提升等板块展开，为企业降本增效、提高市场响应速度提供了有力支撑。

2024 年，商务部外贸发展事务局通过中国绿色贸易公共服务平台，正式公布了最佳实践案例，惠达卫浴成为河北省唯一被选中的企业，同时也是中国陶瓷卫浴行业中唯一入选"绿色制造案例"的企业。

四、福建产区

1. 概况

2024 年，福建产区共生产卫生陶瓷 1137 万件，同比微涨 3.79%。福建是我国重要的卫生陶瓷产区之一。截至 2021 年，福建卫生陶瓷企业有 11 家，全部为规模以上企业。同时，福建也是水龙头、坐便器盖圈、水箱配件、软管等五金塑料卫浴产品的重要产区。

福建省在坐便器盖圈、水龙头等领域具有较强竞争力。2024 年，福建坐便器盖圈出口量 3.82 万吨，出口额 1.56 亿美元，占全国总量的 35.4%，居全国首位。水龙头出口量 1.33 亿套，出口额 12.26 亿美元，单价 9.24 美元／套；卫生陶瓷出口量 842.41 万件，出口额 3.36 亿美元；水箱配件出口量 1.67 万吨，出口额 1.18 亿美元。福建省在坐便器盖圈领域占据主导地位，水龙头出口量大，但单价中等，整体产业链较为均衡。

福建卫生洁具产业主要分布在漳州、泉州、厦门等沿海地区。2022 年，泉州卫浴卫生陶瓷产能 609 万件，卫生陶瓷工厂主要分布在南安、永春及惠安。泉州卫生陶瓷起步较晚，但发展势头及规模化、智能化水平较高。泉州卫浴企业早期以五金卫浴为主，随着市场需求及品牌扩张需求的扩大，延伸产品线、完善产业链、向整体卫浴发展成为泉州卫浴品牌的必由之路。据统计，截至 2023 年底，南安市水暖厨卫产业拥有企业 700 多家（其中，规上企业 60 家）、产业工人 10 万名，2023 年水暖厨卫产业工业产值约 700 亿元。

漳州是福建重要建筑卫生陶瓷产区之一，也是福建卫生陶瓷规模化生产的先驱，航标卫浴、TOTO 福建工厂都位于该产区。

厦门在智能制造、工业设计、科技研发、产品认证、绿色制造等方面均具有领先优势。据《厦门日报》报道，厦门水暖卫浴产业总产值超过 330 亿元，其中，出口额占全国五金塑料出口额的两成以上，产品远销全球 180 多个国家和地区。

近年来，福建卫生陶瓷规模、品种、档次、品牌、智能化程度大幅提升，促进了福建卫生陶瓷产业的快速发展。

2. 2024 年相关大事记

2 月 18 日，福建泉州市民营经济发展大会召开。会上，48 个重大招商项目集中签约，总投资 1432.5 亿元。其中，南安包括南安市智能卫浴产业园项目在内的 5 个项目上台签约，总投资 170 亿元。据悉，南安市智能卫浴产业园项目总投资 30 亿元以上，预计新增 200 万套高端智能卫浴产能，年产值达 50 亿元，新增就业人员 3000 人。

3 月，由厦门融技精密科技有限公司投资的厦门融技智能卫浴产业园项目正式开工。项目将于 2025 年 10 月投用，达产后年产值预计将突破 4.5 亿元。

6 月 25 日，九牧集团全球总部暨家用机器人产业园项目开工。该项目总投资 58 亿元，规划用地 220000m²，项目建成后，预计年销售趸 200 亿元，提供就业岗位超 6000 个。

6 月 28 日，厦门建霖健康家居股份有限公司大健康产业园项目开工，项目预计总投资 5 亿元，建设总用地 3.8 万平方米，总建筑面积 12.35 万平方米，预计于 2026 年建成投产。

6 月 28 日至 30 日，南安市商务局与南安市水暖协会携手 106 家精英企业亮相义乌厨房、卫浴设施展览会，展示最新技术成果。据悉，南安水暖企业与客商最终达成了高达 1.8 亿元的意向金额。

12 月，厦门瑞尔特卫浴科技股份有限公司装配式智能卫浴产品项目正式开工。项目规划总用地面积约 6.66 万平方米，总建筑面积约 19.08 万平方米，拟投资 7.42 亿元。

五、湖北产区

1. 概况

2024 年，湖北产区共生产卫生陶瓷 500 万件，同比大幅下跌 53.9%。

宜都市是湖北传统的卫生陶瓷主产区。近年来，宜都市着力解决产区品牌度不够、同质化严重、价格竞争激烈、产业集群发展不够等问题，加大招商引资的力度，引进品牌企业落户湖北，形成新的产业园区和产业集群。

湖北十堰竹山县是在承接产业转移过程中快速崛起的卫生洁具重要产区。该产区年销售收入 5000 万元以上的企业 31 家。其中，销售收入 5000 万元至 1 亿元的卫浴企业 13 家，1 亿元以上的卫浴企业 18 家。十堰市卫浴产业产值占全省产值的 71%，其中竹山卫浴产业产值占十堰全市卫浴总产值的 90% 以上。经过 4 年的发展，产区初步形成了以丰泉铜业、舞凰卫浴、欧洁佳卫浴为代表的卫浴阀门产业链条。2024 年全县卫浴产业计划实现产值 150 亿元。2023 年，竹山县卫浴企业共实现销售收入 130 亿元，税收 8 亿元。力争用 3 至 5 年时间，全产业规模达到企业 400 家以上，总产值达到 500 亿元以上，实现税收 20 亿元以上。

湖北卫生陶瓷行业正在以全国先进产区为目标，积极探索新的发展模式、新的发展方向，积极参与我国双循环经济新机制，促进湖北卫生洁具产业高质量、可持续发展。

2. 2024 年相关大事记

1 月，武汉星泉管业科技有限公司正式投产。项目总投资 3 亿元，占地 33333m²，总建筑面积 2.43 万 m²，预计 6 条生产线全部达产后，年生产环保节能水管道 3 万吨，智能马桶 10 万个。

2024 年，竹山县卫浴产业先后被省经济和信息化厅、省发展和改革委员会评为"湖北省重点成长型产业集群""湖北省重点培育县域特色产业集群"。截至 2024 年，竹山县累计签约卫浴产业项目 152 个，入驻投产企业 92 家，其中规上（限上）企业 55 家、高新技术企业 15 家，逐步形成集研发、制造、营销等于一体的全产业链条，向打造"中国第四大卫浴基地"迈出了坚实的步伐。

2024 年竹山县卫浴产业产值实现"三级跳"，从最初的 1 亿元、10 亿元到突破 130 亿元，其中 1 月至 9 月实现销售收入 85.08 亿元，1 月至 11 月销售额达 130 亿元，同比增长 11.6%。

2024 年，竹山县建成全省唯一一家省级卫浴五金质量检验检测机构。

12 月 22 日，由十堰市卫浴产业协会主办的年会在宝丰卫浴产业园举行。年会以"水'沐'芳华·'浴'见竹山"为主题，吸引了数百位行业人士，百余家国内知名卫浴品牌携带产品组团参展。会上宣布竹山县卫浴年产值已突破 130 亿元，实现税收 8 亿元。现场发布了《竹山县支持企业高质量发展十条政策》，启动上线了竹山县轻工卫浴供应链平台。同时，临沂欧派木业有限公司、浙江诺洁管业有限公司等 12 个项目完成集中签约，总投资 40 亿元，园区企业还与 27 家经销商、代理商签订购销协议，总金额 13.8 亿元。

六、湖南产区

2024 年，湖南产区共生产卫生陶瓷 150 万件，较 2023 年下降 50%。

七、浙江产区

浙江产区是我国五金塑料卫浴的主要产区，在水龙头、塑料浴缸、坐便器盖圈、水箱配件等领域产量和出口量均居全国前列，产业集群优势明显。

浙江省在塑料浴缸、水龙头等品类上表现突出。塑料浴缸出口量 6.19 万吨，出口额 2.82 亿美元。水龙头出口量 6.43 亿套，出口额 26.17 亿美元，但单价较低，为 4.07 美元/套；淋浴房出口量 35.74 万吨，出口额 7.23 亿美元；卫生陶瓷出口量 667.97 万件，出口额 3.06 亿美元。浙江省在塑料浴缸领域占据绝对优势，但水龙头等产品单价偏低，需提升产品附加值。

第十一章
全球建筑陶瓷、卫生洁具产业发展情况

第一节　全球建筑陶瓷产业发展情况

一、概述

1. 全球陶瓷砖产量

据世界瓷砖论坛成员国官方数据，结合《陶瓷世界评论》补充数据（伊朗、越南、埃及），2023 年，全球主要陶瓷砖生产国合计产量为 142.9 亿 m²，较 2022 年下降 4.06%。

世界主要陶瓷生产国 / 地区产量见表 11-1。

表 11-1　世界主要陶瓷砖生产国 / 地区产量　　　　　　单位：亿 m²

国家		2020 年	2021 年	2022 年	2023 年
巴西		8.401	10.48	9.27	7.93
中国		85.69	81.74	73.1	67.3
印度尼西亚		3.04	4.1	4.39	4.13
越南		5.34	5.54	5.79	3.97
日本		0.15	0.14	0.14	0.12
马来西亚		0.89	0.6	0.56	0.56
伊朗		4.49	4.58	4.8	4.5
土耳其		3.7	4.38	3.84	3.72
欧盟 27 国	德国	0.42	0.43	0.38	0.23
	意大利	3.44	4.35	4.31	3.74
	葡萄牙	0.42	0.49	0.5	0.52
	西班牙	4.88	5.87	5	3.94
	其他欧盟国家	1.81	1.95	1.34	0.98
乌克兰		0.52	0.1	0.14	0.23
印度		23.18（调整前 11.5）	25.5（调整前 14.52）	23（调整前 28.37）	28.37
墨西哥		2.35	2.9	2.89	2.64
阿根廷		0.67	0.67	0.76	0.76
美国		0.84	0.85	0.87	0.84
摩洛哥		0.57	0.57	0.57	0.57
埃及		2.85	3.4	3.8	4
其他非洲国家		—	—	3.5	3.85
合计		—	—	148.95	142.9

注：以上数据主要由世界瓷砖论坛成员国提供。印度在 2024 年大幅调整了 2020—2022 年的产量数据，导致合计总产量与此前统计的有差异。越南、伊朗、埃及数据来自《陶瓷世界评论》。

2023 年全球陶瓷砖生产呈现出区域性变化特征，与 2022 年相比，不同国家和地区的产量变化差异明显。巴西和中国作为全球主要陶瓷砖生产国，2023 年产量均呈下降趋势。巴西的产量从 2022 年的 9.27 亿 m^2 下降至 7.93 亿 m^2，降幅达 14.46%；中国的产量则从 73.1 亿 m^2 降至 67.3 亿 m^2，降幅为 7.93%。这一变化反映出在经济增长放缓、环保政策趋严以及市场需求疲软的背景下，传统生产大国正面临产量下滑的挑战。

在东南亚地区，越南的产量降幅尤为显著，从 2022 年的 5.79 亿 m^2 下降至 3.97 亿 m^2，降幅达 31.43%，显示出市场需求波动和产业升级过程中遇到的挑战。印度尼西亚的产量在 2023 年也出现下降，从 2022 年的 4.39 亿 m^2 减少至 4.13 亿 m^2，降幅为 5.92%。这表明东南亚部分国家在全球市场竞争中面临较大压力，市场开拓不足。

在南亚，印度继续保持增长势头，产量从 2022 年的 23 亿 m^2 上升至 28.37 亿 m^2。因印度对 2020 年以来的产量数据作出了大幅修正，且未说明修正原因，这一显著增长产生的原因还有待进一步的信息支撑。但总体而言，印度在全球陶瓷砖市场中仍占据重要地位。

在中东地区，土耳其的产量略有下降，从 2022 年的 3.84 亿 m^2 减少至 3.72 亿 m^2，降幅为 3.13%。这一变化反映了土耳其在成本压力和市场调整中的挑战。伊朗的产量也小幅减少，从 2022 年的 4.8 亿 m^2 降至 4.5 亿 m^2，降幅为 6.25%，显示出在国际贸易环境不稳定的背景下，其陶瓷砖产业的发展受到一定影响。

欧洲地区的陶瓷砖生产继续呈现萎缩态势。欧盟 27 国总体产量在 2023 年减少 4.06%，其中西班牙作为主要生产国之一，从 2022 年的 5 亿 m^2 下降至 3.94 亿 m^2，降幅 21.20%。意大利的产量也有所下滑，从 2022 年的 4.31 亿 m^2 减少至 3.74 亿 m^2，降幅 13.23%。德国作为传统生产大国，降幅最为明显，从 2022 年的 0.38 亿 m^2 减少至 0.23 亿 m^2，降幅达 39.47%。这一趋势主要受到欧洲经济疲软、能源成本上升以及环保政策趋严的综合影响。然而，乌克兰陶瓷产业因战争导致的人口迁移引发了新的建筑需求，产量从 2022 年的 0.14 亿 m^2 增加到 0.23 亿 m^2，增幅 64.29%。

美洲地区的生产形势较为稳定。墨西哥的产量从 2022 年的 2.89 亿 m^2 降至 2.64 亿 m^2，降幅 8.65%；阿根廷稳定在 0.76 亿 m^2；美国的产量基本持平于 0.84 亿 m^2。摩洛哥产量持平；埃及的产量则维持增长，埃及在非洲市场中的地位愈加突出。

2. 全球陶瓷砖出口情况

据 MECS 发布的《世界瓷砖生产与消费》数据，2023 年，全球瓷砖出口延续了前一年的下降趋势，但降幅有所放缓。

2021—2023 年全球主要陶瓷砖出口国出口量见表 11-2。

2023 年，全球主要陶瓷砖生产国的出口量总体呈现下降趋势，多个主要出口国的出口量继续下降。

与 2022 年相比，出口总量继续萎缩，反映出全球经济复苏缓慢和市场需求疲软的现状。首先，从主要生产国来看，巴西 2023 年的出口量下降至 0.9 亿 m^2，较 2022 年减少 20.35%。作为全球陶瓷砖生产和出口大国，巴西的出口量下降与其国内市场需求下降和国际市场竞争加剧密切相关。中国在 2023 年出口量达 6 亿 m^2，同比增长 3.27%，是少数几个实现增长的主要生产国之一，然而，国际市场的不确定性仍在影响出口表现。土耳其作为欧洲和亚洲市场的连接点，其 2023 年出口量为 0.76 亿 m^2，较 2022 年减少 38.21%。

意大利作为传统主要生产国和出口国，2023 年出口量减少至 2.84 亿 m^2，降幅为 20.22%，

表 11-2　2021—2023 年全球主要陶瓷砖出口国出口量

国家	2021 年出口量 / 亿 m^2	2022 年出口量 / 亿 m^2	2023 年出口量 / 亿 m^2
巴西	1.30	1.13	0.9
中国	6.01	5.81	6.0
印度尼西亚	0.15	0.14	0.11
马来西亚	0.16	0.22	0.22
土耳其	1.52	1.23	0.76
德国	0.26	0.24	0.24
意大利	3.64	3.56	2.84
葡萄牙	0.32	0.33	0.26
西班牙	4.95	4.31	3.35
乌克兰	0.18	0.05	0.05
印度	4.94	4.22	5.89
墨西哥	0.43	0.47	0.48
阿根廷	0.05	0.09	0.09
美国	0.04	0.05	0.05

反映出欧洲整体市场萎缩和生产成本上涨对出口的不利影响。西班牙的出口表现同样不容乐观，2023 年出口量为 3.35 亿 m^2，同比下降 22.27%。西班牙陶瓷砖行业深受能源价格上涨和生产成本攀升的影响，导致出口竞争力降低。葡萄牙的出口量也有所减少。德国的出口量则保持稳定，为 0.24 亿 m^2，这与其本身较小的生产和出口规模有关。

在美洲市场，墨西哥的出口量从 0.47 亿 m^2 增长至 0.48 亿 m^2，增幅为 2.13%，显示出其市场份额的微弱增长。

从整体趋势来看，2023 年全球陶瓷砖出口市场延续了 2022 年的下降态势，特别是在巴西等传统生产大国中表现尤为明显。全球经济复苏进程缓慢，加之能源和原材料价格高企，使得这些国家在国际市场上的竞争力明显削弱。相比之下，亚洲尤其是中国和印度，凭借相对稳定的制造业基础和较低的生产成本，成为稳定国际贸易局势的重要力量。

综合分析 2021 年至 2023 年的趋势可以发现，全球陶瓷砖出口市场面临较大的挑战，主要体现在传统出口大国产量下降和出口份额萎缩，而新兴经济体则逐步扩大市场份额。尤其是印度和墨西哥等国家，凭借较低的生产成本和灵活的市场策略，逐步在国际市场上站稳脚跟。

3. 全球陶瓷砖消费情况

2023 年，全球瓷砖消费量较 2022 年下降。

2019—2023 年各国陶瓷砖人均消费量见表 11-3。

2023 年，各国陶瓷砖人均消费量呈现出显著差异，反映出不同国家在经济发展水平和城镇化进程中的差异。

2023 年，传统发达国家市场趋于饱和，需求减弱，人均陶瓷砖消费量普遍下降。意大利从 2022 年的 2.1m^2/ 人降至 1.9m^2/ 人，西班牙从 2022 年的 3.3m^2/ 人降至 3m^2/ 人，德国从 2022 年的 1.57m^2/ 人降至 1.12m^2/ 人，美国从 2022 年的 0.9m^2/ 人降至 0.8m^2/ 人。

相比之下，城镇化进程中的国家表现则有所分化。印度从 2022 年的 1.53m^2/ 人骤降至 0.53m^2/ 人，而葡萄牙则从 2022 年的 2.63m^2/ 人上升至 3.27m^2/ 人，土耳其从 2022 年的 3.03m^2/ 人

表 11-3　2019—2023 年各国陶瓷砖人均消费量　　　　　　　　单位：m²/人

国家	2019 年	2020 年	2021 年	2022 年	2023 年
巴西	3.79	3.87	4.21	3.79	—
中国	4.8	6.05	5.26	4.53	4
印度尼西亚	1.56	1.3	1.74	2	1.78
日本	0.3	0.2	0.24	0.24	0.22
马来西亚	0.003	0.003	2.60	2.51	—
土耳其	2.3	2.3	3.43	3.03	3.1
德国	1.5	1.6	1.60	1.57	1.12
意大利	1.79	1.5	2.00	2.1	1.9
葡萄牙	2.28	2.33	2.51	2.63	3.27
西班牙	3.2	3	3.80	3.3	3
乌克兰	1.05	1.03	1.03	0.6	—
印度	0.57	0.59	0.64	1.53	0.53
墨西哥	1.6	1.7	1.60	1.95	1.8
阿根廷	2.1	1.38	1.38	1.8	—
美国	0.83	0.8	0.90	0.9	0.8
摩洛哥	2.3	2.3	2.30	2.3	2.3

增至 3.1m²/人。整体看，发达国家需求趋缓，新兴市场则在扩张中波动。

4. 全球陶瓷砖进口情况

全球十大瓷砖进口国 2023 年总进口量下降 3% 至 10.14 亿 m²（占全球贸易量 36.8%）。伊拉克、印度尼西亚和俄罗斯是前十进口国中仅有的增长市场，俄罗斯主要进口来源为印度（2300 万 m²）和白俄罗斯（1900 万 m²）。

美国虽保持全球最大进口国地位，但 2023 年进口量下降 4.8% 至 1.95 亿 m²，85.5% 的陶瓷砖进口量集中于六大来源国：印度、西班牙、墨西哥、意大利、巴西和土耳其。

2024 年上半年海关数据显示，美国陶瓷砖进口量价持续走低，印度仍为第一大供应国。西班牙和意大利出现复苏迹象，而墨西哥、土耳其、秘鲁和巴西对美出口均呈下滑趋势。

二、建筑陶瓷主要生产国、消费国产业情况

1. 印度

2023 年，印度继续稳居全球第二大瓷砖生产国的位置。尽管印度瓷砖需求表现平淡，印度的生产量却上升至 28.37 亿 m²，与 2022 年相比增长 23.35%。生产复苏主要得益于出口量激增，出口量从 4.22 亿 m² 跃升至 5.89 亿 m²，增长 39.6%，位居中国之后。

印度出口总额达到 22.54 亿欧元，平均销售价格为 3.8 欧元 /m²，是主要出口国中价格最低的。2023 年，亚洲市场仍然是印度出口量最大的地区，占总出口量的 42.3%，但印度在亚洲以外地区的增长尤为显著。非洲是第二大出口区域，出口量增长 68.8%，出口额增长 45.5%；其次是北美（出口量 6540 万 m²），以及欧盟市场，出口量接近 6000 万 m²；出口到南美和非欧盟欧洲的数量翻了一倍以上。

与2022年相比，2023年印度主要出口匿的排名发生了一些变化。前十名中，美国仍位居首位（3530万m²，+25.5%），其次是阿联酋（3400万m²，+36%）、伊拉克（3260万m²，+26%）、墨西哥（2700万m²，+128.5%）和科威特（2500万m²，+27%）。一年之内，印度对俄罗斯、以色列和南非的出口量分别增长了127.7%、145.6%和123%，使其在出口国排名中分别位列第六、第七和第九。印度主要出口市场中，出口量唯一出现下降的是沙特阿拉伯（1800万m²，-26%），因为沙特阿拉伯对印度瓷砖的进口关税已实施三年。

关于关税，美国联邦政府目前正在调查一份由陶瓷瓷砖公平贸易联盟于去年4月提交的请愿书，要求对印度瓷砖进口征收反倾销税（税率在400%到800%之间）和反补贴税，且追溯至2024年5月。

2. 巴西

2023年，巴西GDP增速为2.92%，失业率为7.9%，与2022年基本持平，为2016年以来的最低水平。

2023年，巴西陶瓷砖行业面临显著挑战，产量和出口量均呈现下降趋势。作为世界第三大陶瓷砖生产国和消费国，巴西在全球陶瓷砖市场中占据重要地位。

2023年巴西陶瓷砖总产量为7.93亿m²，相比2022年的9.27亿m²减少了14.46%（图11-1）。这一下降主要归因于国内市场需求疲软，消费量从7.36亿m²下降至6.4亿m²，减少13.04%。

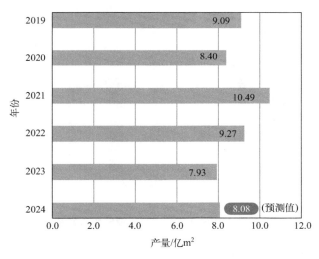

图 11-1　2019—2024 年巴西陶瓷砖产量（2024 年为预测值）

在巴西国内市场上，陶瓷砖仍为主要铺贴材料。2023年，陶瓷砖销量为5.38亿m²，较2022年的5.60亿m²下降3.9%；天然石材销量小幅增长，纺织品销量从0.08亿m²降至0.06亿m²，下降25%；而乙烯基材料销量显著增长（表11-4）。

表 11-4　巴西陶瓷砖及其他地面装饰材料销量

类别	2022年销量/亿m²	2023年销量/亿m²	类别	2022年销量/亿m²	2023年销量/亿m²
陶瓷砖	5.60	5.38	纺织品	0.08	0.06
天然石材	0.33	0.35	乙烯基	0.03	0.09
木地板	0.21	0.20			

巴西在出口方面,出口量从 2022 年的 1.13 亿 m² 下降至 0.9 亿 m²,降幅达到 20.35%。美国依然是巴西最大的出口市场,2023 年的出口量为 2000 万 m²,但这一数据较上一年下降了 7%。尽管出口量减少,巴西陶瓷砖出口额却有所提升,达 4.9 亿欧元,平均单价从每平方米 3.2 欧元上升至 4.3 欧元,这表明巴西在出口量减少的同时,产品附加值有所提高。然而,这一增长难以抵消出口数量减少带来的经济压力。

在生产工艺方面,巴西陶瓷砖生产结构仍以干法制粉为主,占比 60%,湿法制粉比例为40%,湿法工艺产品占比有所提升,增长了 11.3 个百分点。

2023 年,巴西共有 60 家陶瓷企业、80 个陶瓷工厂,经营 137 个品牌,产业结构较为稳定。

为了应对能源成本上升和可持续发展的需求,巴西正在大力推进生物甲烷项目,计划到2030 年用生物甲烷替代 50% 的天然气消耗。该项目通过过滤甘蔗渣生成沼气,再进行纯化和管道输送,为陶瓷砖生产提供燃料。项目试点将于 2025 年在圣保罗州圣塔格特鲁德斯启动,涉及 10 家陶瓷工厂、1 个乙醇发电厂和 1 个甘蔗发电厂。初步测算显示,生物甲烷燃料成本将低于大部分陶瓷产区的天然气价格,且具有较高的成本可预见性。通过这种转型,巴西陶瓷砖行业希望在降低成本的同时,提升生产的环保性和可持续性。

3. 西班牙

根据西班牙国家统计局(INE)和西班牙银行的数据,2024 年,西班牙 GDP 增速为 2.8%,同比上涨 0.5 个百分点,预计 2025 年和 2026 年 GDP 增速将回落。

2013—2023 年西班牙建筑行业销售总额及年度变化率见图 11-2。

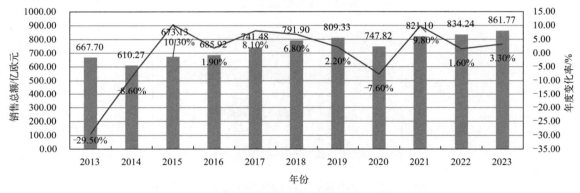

图 11-2 2013—2023 年西班牙建筑行业销售总额及年度变化率

据西班牙建筑行业观察站数据,2023 年,西班牙建筑行业销售总额达到 861.77 亿欧元,同比增长 3.3%,相较于 2022 年 1.6% 的增长率,2023 年的增速有所加快,反映出市场需求的逐步复苏。然而,西班牙建筑行业中年轻人就业比例较低,仅占就业人口的 10.4%,而 60 岁及以上人群的就业比例为 9.3%。

2022 年和 2023 年西班牙陶瓷行业基本数据见表 11-5。

2023 年,西班牙陶瓷砖行业整体表现下滑,产量为 3.94 亿 m²,同比下降 21.2%;总销量为 4.70 亿 m²,下降 19.8%;总营业额为 52.59 亿美元,下降 11.0%;出口额为 38.53 亿美元,下降 15.4%;西班牙国内销售额为 13.49 亿美元,下降 4.1%;进口量为 0.07 亿 m²,下降12.5%;进口额为 1.21 亿美元,下降 31.8%。总体来看,行业主要指标均出现不同程度的下降,反映出市场需求疲软及出口受阻。2024 年预计形势有所缓解,部分指标出现回暖迹象。

西班牙铺贴装饰材料中,瓷质砖和陶质砖在墙面和地面铺设中均占据主导地位,尤其在

表 11-5　2022 年和 2023 年西班牙陶瓷行业基本数据

项目	2022 年	2023 年	项目	2022 年	2023 年
产量 / 亿 m²	5.00	3.94	出口额 / 亿美元	45.57	38.53
直接就业人数	16800	14934	国内销售额 / 亿美元	14.06	13.49
总销量 / 亿 m²	5.86	4.70	进口量 / 亿 m²	0.08	0.07
总营业额 / 亿美元	59.07	52.59	进口额 / 亿美元	1.774	1.21

资料来源：西班牙陶瓷砖制造商协会提供。

商业建筑中，瓷质砖的比例更高，显示出其在耐用性和经济性方面的优势。

如表 11-6 所示，在墙面材料中，瓷质砖（42%）和陶质砖（35%）合计占比达到 77%，占据主导地位。在商业建筑墙面材料中，瓷质砖占比略增至 44%，而陶质砖占比升至 38%，反映出商业空间对陶瓷砖耐用性和美观性的更高需求。而石材占比仅 6%，表明商业环境更加注重成本控制和维护便利性。

表 11-6　西班牙陶瓷砖及其竞品材料在市场上的占比

材质	在墙面材料中的占比	在商业建筑墙面材料中的占比	在地面材料中的占比	在商业建筑地面材料中的占比
瓷质砖	42%	44%	45%	50%
陶质砖	35%	38%	28%	30%
石材	8%	6%	8%	7%
层压板	7%	7%	10%	7%
其他（复合板、乙烯基地板、地毯等）	8%	5%	9%	6%

资料来源：尼尔森提供。

在地面材料中，瓷质砖（45%）占据主要地位，其次是陶质砖（28%），两者合计占比 73%，与墙面材料相似，表现出陶瓷砖在地面应用中的重要性。在商业建筑地面材料中，瓷质砖占比进一步上升到 50%，显示出在高流量、耐磨性要求高的场所，瓷质砖的优势明显。

如表 11-7 所示，住宅装修中地面材料以陶瓷砖为主，市场占比 54.50%，远高于其他材料。其次是层压板（21.70%）和实木地板（17.30%），而 LVT 地板（4.20%）和微水泥（1.00%）占比较小。如表 11-8 所示，厨房台面材料中，合成材料（36.00%）和瓷质砖（32.70%）占据主要地位，天然石材（24.80%）次之，木材（6.50%）最少。

表 11-7　西班牙住宅装修中使用的地面材料占比

材料	陶瓷砖	层压板	实木地板	LVT 地板	微水泥	其他
占比 /%	54.50	21.70	17 30	4.20	1.00	1.40

表 11-8　西班牙住宅装修中使用的厨房台面材料占比

材料	合成材料	瓷质砖	天然石材	木材
占比 /%	36.00	32.70	24.80	6.50

资料来源：GFK 提供。

4. 意大利

2023 年，意大利 GDP 增长率为 1.0%，2024 年预计略有下降至 0.8%，显示经济增速放缓。工业生产增速在 2023 年为 −2.1%，2024 年预计进一步下降至 −3.0%，反映出工业部门仍面临挑战。通货膨胀率从 2023 年的 5.7% 显著下降至 2024 年的 1.2%，物价涨幅得到控制（表 11-9）。

表 11-9　意大利主要经济指标变化情况

指标	2023 年	2024 年（预估）
GDP 增长率	1.0%	0.8%
工业生产增速	−2.1%	−3.0%
通货膨胀率	5.7%	1.2%
名义工资增长率（总行业）	3.7%	3.8%

2023 年，意大利建筑投资总额相较 2021 年增长 2.7%，其中住宅投资下降 3.8%，而非住宅投资和市政工程投资分别增长 1.2% 和 19.8%。市政工程投资的显著增长成为主要拉动因素，显示出政府在基础设施建设方面的积极投入，而住宅投资则面临较大压力。

如表 11-10 所示，2023 年，意大利陶瓷产业生产量为 3.737 亿 m^2，同比下降 13.3%。尽管如此，投资金额从 4.41 亿欧元上升到 4.738 亿欧元，同比增长 7.4%。

表 11-10　意大利陶瓷行业 2022 年和 2023 年基本数据

指标	2022 年	2023 年	指标	2022 年	2023 年
公司数量	128	125	国内销售额 / 亿欧元	12.15	11.26
员工人数	18639	18432	出口额 / 亿欧元	59.71	50.49
生产量 / 亿 m^2	4.31	3.737	进口量 / 亿 m^2	0.34	0.29
投资金额 / 亿欧元	4.41	4.738	进口金额 / 亿欧元	3.09	2.71
总销售量 / 亿 m^2	4.49	3.692	消费量 / 亿 m^2	1.26	1.14
国内销售量 / 亿 m^2	0.93	0.844	消费金额 / 亿欧元	15.24	13.97
出口量 / 亿 m^2	3.562	2.848	人均消费量 /m^2	2.11	1.90
总销售额 / 亿欧元	72	61.75			

销售方面，总销售量为 3.692 亿 m^2，同比下降 17.8%。其中，意大利国内销售量虽有所回落，但下降幅度较小，为 9.2%，表明本土市场相对稳定。然而，出口量降幅显著，从 3.562 亿 m^2 减少至 2.848 亿 m^2，同比下降 20.0%，反映出意大利陶瓷在国际市场上需求下降。

2023 年，意大利陶瓷砖总销售额为 61.75 亿欧元，同比下降 14.2%。其中，出口额降至 50.49 亿欧元，下降 15.4%，而意大利国内销售额也有所下滑，为 11.26 亿欧元，下降 7.3%。

消费方面，2023 年消费量为 1.14 亿 m^2，较 2022 年下降 9.5%，市场整体需求有所萎缩。消费金额为 13.97 亿欧元，下降 8.3%，人均消费量下降 10% 至 1.90m^2。综合来看，意大利陶瓷产业在 2023 年面临双重压力，国际市场不振和国内需求疲软同时影响产业表现。

意大利陶瓷企业情况见表 11-11。

表 11-11　意大利陶瓷企业情况

指标	本土企业	国际化企业	全球
公司数量	125	16	141
员工人数	18432	3055	21487
生产量 / 亿 m^2	3.737	0.805	4.542
总销量 / 亿 m^2	3.692	0.807	4.499
总营业额 / 亿欧元	61.75	9.75	71.50

尽管有国家复苏与复原计划（NRRP）的资金支持，但建筑行业仍将面临严峻挑战——住宅翻新激励政策的到期，住宅领域需求持续萎缩，导致行业整体承压。与此同时，投资重心正从建筑翻新逐步转向市政工程领域。

5. 印度尼西亚

2024 年印度尼西亚建筑业产值预计增长 5.2%，主要受益于政府大规模基础设施投资，国家预算从 2023 年的 392 万亿印度尼西亚盾（约 220 亿美元）增至 422.7 万亿印度尼西亚盾（约 277 亿美元）。行业增长的主要驱动力来自采矿业和新首都建设，这个位于东加里曼丹、占地 2560 平方公里的大型项目总投资达 350 亿美元，分五个阶段建设，预计 2045 年全面竣工，旨在缓解雅加达人口过剩、交通拥堵和地面沉降等问题。

与此同时，政府推出多项刺激政策推动住宅建设发展，包括在万丹省划拨 1000 万平方米土地用于建造 300 万套住房，并计划为不同收入群体建造总计 344 万套住宅。为支持购房需求，政府提供 16% 的税费减免，并将房贷期限从 15 年延长至 25～30 年。尽管这些措施为行业注入活力，但建筑翻新激励政策的到期可能导致住宅领域短期承压，投资重点正逐步转向市政工程和大型基础设施项目。

2020—2023 年印度尼西亚陶瓷行业基本数据见表 11-12。

表 11-12　2020—2023 年印度尼西亚陶瓷行业基本数据

指标名称	2020 年	2021 年	2022 年	2023 年
总产能 / 亿 m²	5.38	5.51	5.58	5.98
实际产量 / 亿 m²	3.17	4.1	4.4	4.13
产能利用率 /%	59	74	79	69
进口量 / 亿 m²	0.73	0.84	0.7	0.93
出口量 / 亿 m²	0.19	0.11	0.13	0.11
国内需求量 / 亿 m²	3.6	4.71	4.84	4.95
印度尼西亚人口 / 亿人	2.68	2.7	2.76	2.79
人均消费量 / m²	1.34	1.74	1.75	1.78
进口量占国内需求量的比例 /%	20.10	17.90	14.50	18.90
产量占国内需求量的比例 /%	87.80	87.10	90.90	83.30

2023 年印度尼西亚陶瓷砖产业呈现产量收缩与进口回升并存的局面。全年产量 4.13 亿 m²，较 2022 年下降 6.1%，产能利用率从 2022 年的 79% 下滑至 69%，产能过剩压力逐步显现。与此同时，进口量攀升至 0.93 亿 m²，占国内需求的 18.9%，国际产品与本土产品相比具有差异化竞争优势。尽管出口量持续萎缩至 0.11 亿 m²，但国内需求量增长 2.3%，达到 4.95 亿 m²，人均消费量提升至 1.78m²。

2020 年至 2023 年，印度尼西亚陶瓷砖产业呈现出明显的阶段性特征。总产能从 5.38 亿 m² 稳步扩张至 5.98 亿 m²，但产能利用率从 59% 攀升至 79% 后又回落至 69%。

国内需求也在稳定增长，四年间人均消费量累计增长 32.8%。产量占国内需求量的比例长期维持在 83% 以上，2022 年更达到 90.90% 的高点，显示出本土供给能力的提升。

印度尼西亚陶瓷生产的坯体原料主要依赖本地供应，仅瓷质砖所需的黏土和长石需进口；釉料原料则高度依赖进口，熔块原料约 40% 本地采购，60% 进口，数码装饰墨水则完全从欧洲进口。

能源方面，工业用电平均价格为 0.081 美元每千瓦时（高峰时段 0.11 美元每千瓦时，常规时段 0.07 美元每千瓦时），天然气自 2020 年起执行优惠价格，但供应量从未达到 100%，超额部分需按 9.16 美元支付，东爪哇地区尤为突出。

物流成本显示，印度尼西亚国内运输（雅加达—泗水 900 公里）瓷砖运费达 0.36 美元 /m²，而同样距离的中国进口瓷砖运费仅 0.1 美元 /m²，这主要因中国瓷砖厚度较薄（7mm），印度尼西亚本土瓷砖厚度主要为 9mm，提升了单箱装载量。

根据印度尼西亚税收法案，原定实施的碳税政策已推迟至 2025 年执行，为行业提供了缓冲期。

6. 其他主要生产国

越南是陶瓷产品的主要生产国之一，2023 年，越南瓷砖产量相比 2022 年骤降 31.43% 至 3.97 亿 m²，内需同步下滑至 3.75 亿 m²，出口量 3850 万 m²，进口量 1700 万 m²。最新数据显示，2024 年越南瓷砖市场规模估计为 58.6 亿美元，预计到 2029 年将达到 111.1 亿美元。

伊朗 142 家活跃工厂总产量相比 2022 年下降 6.25% 至 4.5 亿 m²，国内消费不足 2 亿 m²，出口增长 4.5% 达 2.03 亿 m²（其中超 70% 销往伊拉克）。

土耳其作为全球第十大生产国，2023 年产量相比 2022 年下降 3.13% 至 3.72 亿 m²，基本满足 2.64 亿 m² 的国内需求，但出口量连续两年暴跌，相比 2022 年下降 38.21% 至 0.76 亿 m²，出口额 6.32 亿欧元（均价 8 欧元 /m²），主要流向欧洲（49%）、北美（23.5%）和中东亚洲（21.3%），前三大出口市场为美国（1520 万 m²）、德国（1000 万 m²）和英国（670 万 m²）。

三、海外头部建筑陶瓷企业产能情况

《陶瓷世界评论》与 MECS 合作，发布了更新至 2023 年 12 月 31 日主要陶瓷集团或公司的关键数据（表 11-13）。与往年一样，该表单中未统计中国企业数据。

2023 年，几乎所有顶级企业的产量普遍下降，部分企业仅有 RAK Ceramics 和 H&R Johnson（India）例外。

除少数来自公共来源或估算的数据外，大部分数据由公司直接提供。由于大型集团通常涉足多个工业领域，表中分别标明了瓷砖业务收入和集团总收入。收入数据由公司直接提供，单位为欧元或当地货币，按 2023 年 12 月 31 日的汇率进行换算。

由于缺乏若干大型集团的产量数据，排名并不完整。意大利跨国公司 Concorde 集团，旗下拥有 Atlas Concorde、Caesar、Marca Corona、Keope、Supergres、Refin、Mirage 和 Infinity 等意大利品牌（以及原材料领域的 Svimisa 和 Meta）；法国的 Novoceram、美国的 Landmark 和俄罗斯的 Italon 集团总陶瓷砖生产能力超过 7000 万 m²，集团年营业额超过 10 亿欧元。

科达非洲集团 Twyford 在 2023 年提升了其在加纳、肯尼亚、坦桑尼亚、塞内加尔和赞比亚五家工厂的生产能力，总产能达到 1.5 亿 m²，另外在喀麦隆和科特迪瓦还有两个在建工厂。2023 年，Twyford 总营业额达 4.67 亿欧元。

印度尼西亚公司 Platinum 和 Mulia，估计产量分别为 8000 万～9000 万 m² 和 4000 万～5000 万 m²。

埃及 Cleopatra 公司，2023 年生产量约为 7500 万 m²。

表 11-13　海外主要建筑陶瓷集团/公司生产、销售数据

集团/公司	国家	产量/亿 m²	产能/亿 m²	出口份额/%	瓷砖业务收入/亿欧元	总收入/亿欧元	瓷砖厂/地点
Mohawk Industries, Inc.	美国	3（估计）	>3（估计）		38.915(43美元)	100.77 (111亿美元，含瓷砖、地毯、层压板、木地板、石材、LVT地板)	27个工厂，位于美国、墨西哥、巴西、意大利、西班牙、波兰、保加利亚、俄罗斯
Grupo Lamosa	墨西哥	1.949	2.408	50	11.88	16.84 (瓷砖、粘接剂)	墨西哥9家，阿根廷2家，哥伦比亚2家，秘鲁3家，巴西3家，西班牙3家
SCG Ceramics	泰国	1.25	1.87	14	5.51	7.16	泰国4家，越南6家，印度尼西亚1家，菲律宾1家
RAK Ceramics	阿联酋	1.18	1.30	60	5.10	8.40	阿联酋9家，孟加拉国1家，印度1家
Grupo Fragnani	巴西	1.008	1.023	5			巴西3家
Ceramica Carmeloflor	巴西	0.936	0.984	22			巴西3家
STN Group	西班牙	0.847	1.13	69.50	5.60	5.60	西班牙3家
Kajaria Ceramics	印度	0.805	0.925	2	4.68	5.08	印度11家
Grupo Pamesa	西班牙	0.728	1.02	69	9.60	9.60	西班牙8家
Arwana Citramulia	印度尼西亚	0.621	0.797	0.5	1.428	1.428	印度尼西亚5家
Grupo Cedasa	巴西	0.6（估计）	0.7（估计）				巴西1家
Saudi Ceramics	沙特阿拉伯	0.60	0.70			3.173	沙特阿拉伯6家
Somany Ceramics	印度	0.498	0.80			2.887（瓷砖、洁具）	印度11家
Dynamacy Ceramic	泰国	0.488	0.82	4	2.13	2.13	泰国3家
Victoria Plc	英国	0.45	0.61		4.20(3.51亿英镑)	15 (12.6亿英镑，含瓷砖、地毯、地板、LVT地板等)	西班牙3家，意大利6家，土耳其1家
H&R Johnson (India)	印度	0.449	0.681	5	2.39	2.71（瓷砖、洁具）	印度12家
Celima Trebol Group	秘鲁	0.405	0.44	36	1.504	1.504	秘鲁3家
Interceramic	墨西哥	0.40	0.48	10	4.43	6.34（瓷砖、洁具等）	墨西哥5家
Purtobello Grupo	巴西	0.384	0.474	8	4.42	4.42	巴西2家，美国1家
Organizacion Corona	哥伦比亚	0.368	0.44	15	1.77	3.39（瓷砖、洁具）	哥伦比亚5家
Kale Group	土耳其	0.367	0.56	28	2.10	2.79（瓷砖、洁具等）	土耳其14家
Lasselsberger Group	奥地利	0.36	0.447				捷克5家，匈牙利2家，罗马尼亚1家，俄罗斯1家
Viglacera	越南	0.35（估计）	0.47（估计）				越南7家，古巴1家

第二节　全球卫生洁具产业发展情况

一、全球市场总体趋势与区域表现

2024 年，全球卫浴行业整体呈现增速放缓、区域分化的态势。在高通胀、地缘政治冲突和房地产低迷等因素影响下，发达市场需求疲软，而新兴市场则逐步回暖。

Grand View Research 和 Mordor Intelligence 的最新市场调研数据显示，2023 年全球卫生洁具市场规模达到约 500 亿美元。其中，亚太地区占据了市场的最大份额，约为 45%，其次是北美和欧洲市场，分别占据了 25% 和 20% 的市场份额。拉丁美洲和中东非洲地区的市场份额相对较小，但增长潜力巨大，年增长率分别达到了 7% 和 6%。

北美市场：受住房市场放缓影响，北美卫浴需求略有下滑。美国新屋开工下降使卫浴产品销售承压，相关企业业绩下滑，例如 Masco 公司 2024 年营收降至 44.6 亿美元，同比下降 2%。不过，由于翻新和维修需求存在韧性，以及高端卫浴产品在北美仍有稳定需求，一些企业通过创新产品保持了收益增长。

欧洲市场：欧洲是全球第二大卫浴市场，但 2024 年表现低迷。受通胀高企和房地产投资放缓影响，需求疲软。瑞士 Geberit 集团 2024 年营收 30.85 亿瑞士法郎，几乎与上年持平（+0.1%）。德国唯宝（Villeroy & Boch）等企业虽通过并购实现业务扩张，但若剔除收购因素，其在欧洲本土的销量基本停滞。不少欧洲企业试图提升高端产品占比以维持利润，但收效有限。总体来看，欧洲卫浴需求疲软已成为拖累行业增长的主要因素之一。

中国市场：中国作为全球最大卫浴生产国与消费国，市场规模略有增长，一方面，新房市场低迷仍令部分品类销量承压；另一方面，受消费品以旧换新政策的刺激，消费升级和存量房翻新需求释放。跨国企业和本土企业的竞争加剧，一些国际企业在华业绩下滑明显，如 TOTO 公司 2024 财年净利润同比大降 67%，主要归因于中国市场需求疲软和成本上升。不过中国本土品牌表现相对积极：箭牌、惠达、九牧等国产龙头不断推陈出新，智能马桶等中高端产品销量上升，为市场注入增长动力。整体而言，中国卫浴市场规模庞大且增势尚可，但外资品牌增速放缓，本土企业正加速品牌升级以抢占中高端份额。

印度市场：持续的城市化进程和居民生活水平提高，带动卫浴需求快速增长。印度本土厂商业绩稳步增长，例如 Cera Sanitaryware 公司 2024 财年营收同比增长 5.7%。国际企业也加大对印投资布局的力度，TOTO 和 LIXIL 近年在印建厂扩产，瞄准该国庞大的住宅和基建市场。印度正成为全球卫浴产业新的增长高地，其市场潜力和增速均位居前列。

中东及其他新兴市场：中东地区由于酒店和地产建设热潮，对卫浴产品需求旺盛，成为企业争夺的重点区域。科勒公司于 2024 年在沙特阿拉伯开设中东区域总部，旨在引入更多智能马桶、数字淋浴等创新产品，契合当地高端项目需求。中东和北非的厂商收益普遍上涨，例如埃及 Lecico 公司受惠于出口增长和本地需求，2023 年营收同比大增近 50%。海湾地区的大型建设项目（如沙特 Neom 等）有力拉动卫浴消费，带动该区域市场增速领跑全球。此外，东南亚、拉美等地市场也保持增长态势，全球卫浴消费的区域重心正向新兴经济体倾斜。

综上，2024 年全球卫浴行业在总体规模增长放缓的同时，各地区表现两极分化：欧美等成熟市场需求低迷，中国市场维持稳定，以印度、中东为代表的新兴市场增长强劲。这种区域分化格局也直接影响了各大卫浴企业的业绩表现和战略重心。

二、全球卫生洁具进出口情况

1. 概述

在 2010 年至 2023 年间，全球陶瓷卫生洁具的进出口量从 216 万吨增长到 345 万吨，增长了 59.7%。2023 年全球陶瓷卫生洁具出口量与 2022 年相比下降了 5.8%。除了北美自由贸易区（NAFTA）外，几乎所有生产区域都出现了下降趋势，该地区的强劲增长主要得益于墨西哥出口的推动。

世界各地区卫生洁具出口量见表 11-14。

表 11-14　世界各地区卫生洁具出口量　　　　　　　　　　　　　　单位：t

地区	年份								
	2010	2016	2017	2018	2019	2020	2021	2022	2023
亚洲	1100506	1603571	1506791	1988977	2222549	2129919	2534396	2444864	2334366
欧盟	522118	583409	570549	585034	541584	477931	539775	519758	433459
其他欧洲地区	132132	187805	203077	220127	237166	246162	291352	253113	199051
北美自由贸易区	268401	368326	366973	375412	365828	368508	402166	284032	336158
南美洲	100043	80315	79513	89375	86782	78814	89853	84479	69362
非洲	35861	71958	65933	66113	75238	64574	79216	79752	79769
大洋洲	1960	1084	411	583	580	315	364	867	902
总计	2161021	2896468	2793247	3325621	3529727	3366223	3937122	3666865	3453067

资料来源：MECS/ACIMAC 提供。

2. 出口总体情况

亚洲仍然是全球最大的卫生洁具出口地区，尽管 2023 年出口量下降了 4.5% 至 233 万吨，但其在全球出口量中的份额增加到 67.6%。中国和泰国出口量减少，印度、越南和伊朗出口量增加。

欧盟作为全球第二大出口地区，出口量也下降了 16.6% 至 43.3 万吨。该地区三个最大的出口国——波兰、德国和葡萄牙，三国合计出口量占欧盟出口量的一半，均出现约 16% 的下降。

继 2022 年出口量下滑后，第三大出口地区北美自由贸易区在 2023 年恢复了出口量增长，总量达到 336158 吨（增长 18.4%）。北美自由贸易区的出口量几乎全部来自墨西哥（302000 吨左右，增长 20%）。

非欧盟欧洲国家的出口量也经历了严重下滑（下降 21.4% 至 199000 吨左右），其中土耳其下降了 17.7%（约 153000 吨）。

排名最后两位的是南美洲和非洲，南美洲出口量为 69362 吨，下降近 18%，非洲的出口量保持在 80000 吨左右，基本稳定。

如图 11-3 所示，纵观 2010 年到 2023 年的十四年，各区域出口演变态势清晰可见，其中亚洲表现尤为突出——其出口量从 110 万吨跃升至 233 万吨。亚洲出口量占全球出口量的份额从 2010 年的 50.9% 攀升至 2023 年的 67.6%，几乎出口至所有其他地区。

相比之下，欧盟同期出口量呈现负增长，与全球出口量的份额从 24.2% 萎缩至 12.6%。北美自由贸易区虽实现 25% 的出口总量增长，但市场份额仍从 12.4% 降至 9.7%。南美洲 2010 年

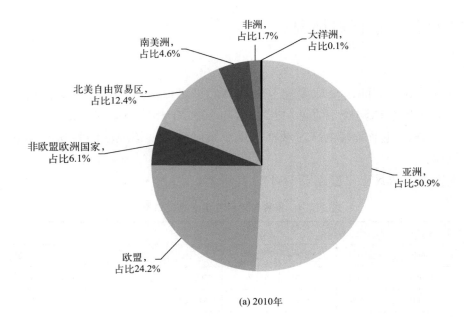

(a) 2010年

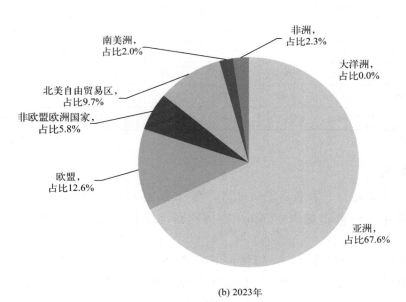

(b) 2023年

图 11-3　2023 年与 2010 年各地区卫生陶瓷出口量占全球出口量的比例对比

出口量占全球出口量的 4.6%，如今份额跌至 2%，但其实际出口量在过去 14 年保持稳定。例外是非欧盟欧洲国家和非洲地区：非欧盟欧洲国家凭借 50% 的出口增幅，14 年间维持约 6% 的全球份额；非洲出口量激增 122%，全球占比从 1.7% 提升至 2.3%。

3. 主要卫生洁具出口国

世界前十大卫生洁具出口国的出口量见表 11-15。

2023 年，中国以 1814565 吨的出口量（较 2022 年下降 5.4%）稳居榜首，独占亚洲出口总量的 78% 和全球出口量的 52.5%。2023 年，全球第二大出口国墨西哥出口量相较 2022 年增长 20.2% 至 302380 吨，占据 8.8% 的全球市场份额。印度则从 2022 年的萎缩中复苏，实现 5.5% 的增长，出口量达 265110 吨。

表 11-15　世界前十大卫生洁具出口国的出口量　　　　　　　　　　　　　　　　单位：t

国家	年份								
	2010	2016	2017	2018	2019	2020	2021	2022	2023
中国	901962	1238558	1378951	1532833	1747579	1698152	1968003	1917768	1814565
墨西哥	226569	322169	326289	342666	335997	333366	351835	251566	302380
印度	15076	135776	137717	182691	199371	171698	264253	251195	265110
土耳其	94354	127065	140759	154285	164809	166370	203467	186656	153647
波兰	67572	80323	76620	78617	77470	82537	91206	91397	76529
泰国	57189	81010	86512	96067	92094	87129	111703	88218	72382
德国	63742	79124	75478	81952	80382	75861	88863	84735	71424
葡萄牙	75049	93891	94164	101654	81574	65438	82200	82012	68165
越南	25895	35034	40457	41292	52982	51986	67565	57669	59698
伊朗	19590	33962	35206	46573	46469	48893	52869	57865	58728
总计	1546998	2226912	2392153	2658630	2878727	2781430	3281964	3069081	2942628

资料来源：MECS/ACIMAC 提供。

　　紧随其后的土耳其、波兰、泰国、德国和葡萄牙均出现 15% 至 18% 的跌幅。越南和伊朗分别以 3.5% 和 1.5% 的增幅跻身前十。总体而言，这十大卫生洁具出口国的出口量占据了全球出口总量的 85%。

4. 进口总体情况

　　世界各地区卫生洁具进口量见表 11-16。

表 11-16　世界各地区卫生洁具进口量　　　　　　　　　　　　　　　　单位：t

地区	年份								
	2010	2016	2017	2018	2019	2020	2021	2022	2023
亚洲	478338	793850	833259	926612	1024457	942443	1079385	1114922	1003768
欧盟	692328	812874	837139	880867	913292	838875	837865	769859	709482
其他欧洲地区	96507	70806	77761	90187	88302	96767	242811	208220	227830
北美自由贸易区	620716	819097	866815	948435	967417	986193	1154980	989033	930967
南美洲	119957	130758	140950	145579	158335	143521	217462	183174	192944
非洲	111952	199740	221986	259390	310865	288084	336648	316463	323416
大洋洲	41223	69343	65337	74551	67059	67629	77971	85194	64660
全球总计	2161021	2896468	3043247	3325621	3529727	3363512	3947122	3666865	3453067

资料来源：MECS/ACIMAC 提供。

　　如图 11-4 所示，2023 年各大洲的进口分析显示，亚洲和北美自由贸易区是卫浴产品进口量最大的两个地区，同时，这两个地区的进口量相对接近。亚洲进口量为 100 万吨，占全球进口量的 29.0%，比 2022 年下降 10%；北美自由贸易区进口量为 93.1 万吨，占全球进口量的 27%，比 2022 年下降 5.9%。相比之下，欧盟的进口量较少，占全球进口量的 20.5%，为 70.9 万吨，比 2022 年下降 8%。

　　剩余全球进口量则流向非洲、南美洲、非欧盟欧洲国家和大洋洲。

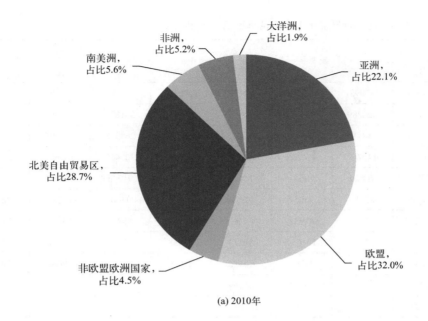

(a) 2010年

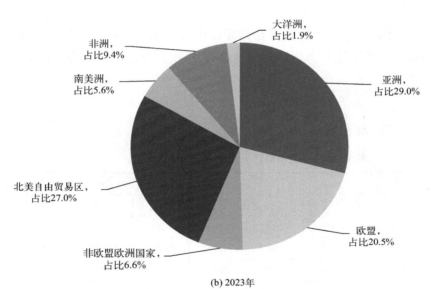

(b) 2023年

图 11-4　2023 年与 2010 年各地区卫生陶瓷进口量占全球进口量的比例对比

5. 主要卫生洁具进口国

世界十大卫生进口国的进口量见表 11-17。

总体来看，十大卫浴产品进口国进口量占全球进口总量的 47.8%。

2023 年，美国再次成为全球最大的卫浴产品进口国，进口量为 75.9 万吨（比 2022 年下降 8.7%），继续以 22% 的全球进口份额领先于其他所有进口国，并占北美自由贸易区进口量的 82%。这一趋势延续了长期传统，早在 2010 年，美国的进口量就已超过 50 万吨，占全球进口量的 23%。

法国以近 12.3 万吨（比 2022 年下降 5.6%）的进口量上升至第二位，超越了德国，德国进口量相比 2022 年下降 20.5%，为 11.9 万吨。接下来是英国（11.4 万吨，较 2022 年增长 1.2%），随后依次为加拿大、西班牙、韩国、沙特阿拉伯、意大利和菲律宾。

表 11-17　世界十大卫生洁具进口国的进口量　　　　　　　　　　　　单位：t

国家	年份								
	2010	2016	2017	2018	2019	2020	2021	2022	2023
美国	500415	690500	738424	811329	817904	837646	954238	831538	759348
法国	107509	107421	116870	125738	135313	125226	150811	130060	122806
德国	84543	147060	140282	148431	150445	144325	155328	149626	118988
英国	115108	145992	151904	138454	143764	119104	131784	112302	113609
加拿大	103815	108442	106137	103682	107464	107013	138487	108422	103977
西班牙	104680	93758	89036	108096	104981	86835	118467	103707	98572
韩国	83634	147756	142706	142732	142658	127185	156902	141505	98111
沙特阿拉伯	35592	67918	58100	51814	74034	82903	70855	88086	88828
意大利	3866	61716	63316	66391	63955	61044	75137	78660	73563
菲律宾	25667	41191	39507	49829	55205	49561	71708	81247	73124
总计	1164829	1611754	1646282	1746496	1795723	1740842	2023717	1825153	1650926

资料来源：MECS/ACIMAC 提供。

　　德国是唯一一个同时位列全球前十大卫浴产品出口国和进口国的国家，其进口量甚至高于出口量。

　　如图 11-5 所示，最后，有关主要出口目的地的分析显示，七大生产地区中的四个地区将绝大部分出口产品销售至本地区或本大洲：北美自由贸易区 96.5% 的出口产品（主要来自墨西哥）仍留在北美，基本流向美国；南美洲 84.1% 的出口产品仍在拉丁美洲销售；欧盟 78.2% 的出口产品销往欧盟市场；大洋洲 63.9% 的出口产品仍在大洋洲。

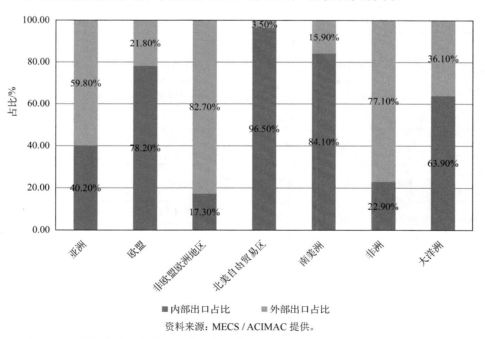

资料来源：MECS / ACIMAC 提供。

图 11-5　世界各地区向本地区出口与向其他地区出口的卫生洁具产品占比对比图

另一方面，非欧盟欧洲地区 82.7% 的出口产品销往其他地区，尤其是欧盟（土耳其的最大出口市场）。同样，77.1% 的非洲出口产品销往非洲以外地区，59.8% 的亚洲出口产品销往亚洲以外地区，这主要归功于中国能够将其产品销售至全球几乎所有地区。

三、全球头部卫生洁具企业产能情况

2024 年，MECS/ACIMAC 统计了全球主要卫生洁具生产企业的产能、产量和营业额等关键数据，如表 11-18 所示。数据统计截至 2023 年 12 月 31 日。需要注意，受限于数据来源，该表格并不完整。

表 11-18　全球主要卫生洁具企业生产、销售数据

排名	公司名称	国家	产能 / 亿件	产量 / 亿件	2023 年出口比例 /%	2023 年总营业额 / 亿欧元	卫生洁具工厂数量及位置
1	Roca Group	西班牙		0.24	80	20.57（卫生洁具及其他业务）	79 家（全球）
2	Kohler Group	美国	0.25*	0.17*			15 家在美国、墨西哥、巴西、摩洛哥、泰国、印度、中国、印度尼西亚、法国
3	Geberit Group	瑞士	0.145*	0.11*		33.387（30.84 亿瑞士法郎，其中 10.038 亿欧元为卫浴业务收入）	卫生洁具工厂在芬兰、瑞典、波兰、德国、瑞士、法国、葡萄牙、意大利、乌克兰
4	TOTO Ltd	日本		0.106		45.078（7023 亿日元，含浴室、瓷砖等）	4 家在日本，12 家在中国、印度尼西亚、印度、越南、泰国、美国、墨西哥
5	Corona	哥伦比亚	0.135	0.083		7.109（2.419 亿欧元来自卫生洁具，1.638 亿欧元来自瓷砖，3.052 亿欧元来自其他业务）	2 家在哥伦比亚，3 家在墨西哥，1 家在危地马拉，1 家在尼加拉瓜，1 家在美国
6	Villeroy & Boch	德国	0.1*(2024 年预计，含 Ideal Standard 的产能)	0.08～0.09*(2024 年预计，含 Ideal Standard 的产量)		Villeroy&Boch: 9.019（5.794 亿欧元来自卫生洁具，3.193 亿欧元来自餐具）	Villeroy & Boch 有 5 个工厂，位于德国、法国、匈牙利、罗马尼亚、泰国；2024 年收购的 Ideal Standard 有 4 家工厂，位于捷克共和国、保加利亚、英国、埃及
7	LIXIL Corporation	日本	0.1～0.12*	0.08*		91.54（卫生洁具及其他业务）	10 家在日本、中国、越南、印度尼西亚、泰国
8	Huida Sanitaryware	中国	0.1*	0.07*		4.559	2 家在中国
9	Arrow	中国	0.087*	0.065*		9.64（4.74 亿欧元来自卫生洁具）	5 家在中国
10	Cersanit	波兰	0.075*			4.783（卫生洁具、瓷砖）	1 家在波兰，1 家在乌克兰
11	Dexco	巴西	0.113*	0.056*		14.11（卫生洁具、瓷砖和其他业务）	4 家在巴西
12	Eczacibasi VitrA	土耳其	0.064	0.049	53	8.47（2.25 亿欧元来自卫生洁具，3.06 亿欧元来自瓷砖，2.21 亿欧元来自其他业务）	1 家在土耳其，1 家在俄罗斯

排名	公司名称	国家	产能 / 亿件	产量 / 亿件	2023 年出口比例 /%	2023 年总营业额 / 亿欧元	卫生洁具工厂数量及位置
13	RAK Ceramics	阿联酋	0.05	0.048	60	8.42（1.27 亿欧元来自卫生洁具，5 亿欧元来自瓷砖，2.15 亿欧元来自其他业务）	2 家在阿联酋，3 家在印度和孟加拉国
14	Lecico	埃及	0.067	0.042	73	1.417（0.927 亿欧元来自卫生洁具，0.396 亿欧元来自瓷砖，0.094 亿欧元来自其他业务）	4 家在埃及（包括瓷砖），1 家在黎巴嫩
15	Duravit	德国	0.042	0.04		6.557	3 家在德国，1 家在法国，2 家在埃及，3 家在中国，1 家在突尼斯共和国，1 家在印度
16	Turkuaz Seramik	土耳其	0.036	0.036	50		2 家在土耳其
17	Hindware Limited	印度	0.042*	0.03*		2.642	2 家在印度
18	Cera Sanitaryware	印度	0.033*	0.03*		2.085	1 家在印度
19	Ferrum	阿根廷	0.037	0.028		1.463（卫生洁具）	2 家在阿根廷，1 家在厄瓜多尔
20	Canakcilar Seramik	土耳其	0.026	0.026	60		2 家在土耳其
21	Isvea (Ece Holding)	土耳其	0.026	0.025	50		2 家在土耳其
22	Cisa SA	厄瓜多尔	0.045	0.024	55	0.86（0.4 亿欧元来自卫生洁具，0.06 亿欧元来自瓷砖，0.4 亿欧元来自其他业务）	2 家在厄瓜多尔，1 家在智利
23	Ceramica Cleopatra	埃及	0.025*	0.024*			2 家在埃及
24	Saudi Ceramics	沙特阿拉伯	0.036*	0.02*		3.173（2.159 亿欧元来自瓷砖和卫生洁具）	2 家在沙特阿拉伯
25	Ceramic Industries	南非	0.023*	0.019*			2 家在南非
26	SCG Deco	泰国	0.023	0.018	17	1.440（卫浴业务）	2 家在泰国
27	Viglacera	越南	0.022	0.018	18	5.380（瓷砖、卫生洁具和其他业务）	4 家在越南，1 家在古巴
28	Corporacion Ceramica SA Trebol	秘鲁	0.026	0.016	6.9	0.378（0.246 亿欧元来自卫生洁具，0.132 亿欧元来自其他业务）	1 家在秘鲁
29	Kale Group	土耳其	0.016	0.008	21.6	2.680（0.226 亿欧元来自卫生洁具，2.016 亿欧元来自瓷砖，0.439 亿欧元来自其他业务）	1 家在土耳其

注：1. * 标记的数值为预估值。

2. 2023 年 9 月 18 日，Villeroy & Boch 宣布收购 Ideal Standard，该收购于 2024 年 2 月 28 日完成。产能和产量的数据考虑了两家公司总和的估计值。2023 年 12 月 31 日的营业额仅指 Villeroy & Boch，因为 Ideal Standard 从 2024 年 3 月 1 日起才被合并。

第三节　国外建筑陶瓷、卫生洁具上市公司运营情况

2024 年海外主要上市陶瓷企业营业数据见表 11-19。

2024 年，全球主要陶瓷砖上市企业在宏观经济和市场需求变化的背景下，呈现出较为明显的分化趋势。企业的收入和盈利能力受到生产成本上升、出口市场变化和全球经济复苏缓慢等多重因素影响。尽管如此，部分企业仍依靠品牌优势和市场扩张取得了一定增长。

总体而言，全球陶瓷砖市场在 2024 年呈现出以下共性趋势：

大部分企业销售额增速放缓甚至下降，尤其是受国际经济复苏缓慢和能源成本上升影响，欧美和中东市场表现尤为明显。

具有区域市场主导地位的企业，如 Mohawk Industries 和 Kajaria Ceramics，凭借品牌优势和市场布局，保持了较高营收水平。

区域性或中小型企业，如 Arwana Citramulia 和 Dynasty Ceramic，由于市场依赖性强和成本控制能力有限，面临较大业绩压力。

品牌升级和市场多元化逐渐成为抵御市场波动的关键策略。

在营收表现方面，具有国际化布局的企业更具抗风险能力，呈现出稳中有升或小幅下滑的趋势。例如，Mohawk Industries 实现销售额 108.4 亿美元，虽然同比下降 2.7%，但仍全球领先。Grupo Lamosa 紧随其后，销售额 19.2 亿美元，同比增长 7.5%。而 RAK Ceramics 的销售额为 8.79 亿美元，同比下降 6.5%，主要受出口市场波动影响。

相比之下，印度的 Kajaria Ceramics 表现较为突出，销售额 5.49 亿美元，同比增长 4.5%，反映出印度内需市场的强劲动力。东南亚市场则表现平稳，如 Arwana Citramulia 和 Dynasty Ceramic 销售额分别为 1.63 亿美元和 2.04 亿美元，但增长幅度有限。

从共性来看，尽管部分企业销售额有所增长，但增速普遍放缓。品牌强势和国际化布局较为完善的企业，抗风险能力相对较强。区域性企业则更易受到经济和市场波动的冲击。

盈利能力方面，企业间差异较大，国际化企业整体盈利表现优于区域性企业。Mohawk Industries 的净利润达到 5.18 亿美元，盈利能力稳健；而 Grupo Lamosa 净利润仅为 741 万美元，同比减少 96%，反映出成本压力剧增。RAK Ceramics 和 Arwana Citramulia 分别实现净利润 6374 万美元和 2796 万美元，虽有所下滑，但总体盈利仍维持在较高水平。

相较之下，一些企业则陷入亏损或盈利能力严重下滑的困境，如 Portobello 净亏损 2045 万美元，Saudi Ceramics 则实现减亏，亏损减少至 2113 万美元。东南亚企业如 Dynasty Ceramic 则通过优化成本结构，实现盈利相对稳定。

共性分析显示，国际化布局和成本管控是决定盈利水平的核心要素。品牌效应明显的企业在市场波动中更具韧性，而区域性企业盈利则较为脆弱。

美国和墨西哥市场以 Mohawk Industries 和 Grupo Lamosa 为代表，市场集中度较高，国际化经营和品牌建设提升了抗风险能力。

印度市场则以 Kajaria Ceramics 为代表，内需旺盛，销售额和利润均保持增长，体现出较强的市场韧性。

东南亚市场，Arwana Citramulia 和 Dynasty Ceramic 营收较为稳定，但受原材料和能源价格上涨影响，盈利能力受限。

中东市场则波动较大，Saudi Ceramics 营收增长但盈利压力仍存在；RAK Ceramics 通过优

表 11-19 2024 年海外主要上市陶瓷企业营业数据

公司名称	财年结束时间	销售额	销售额（美元）	销售额同比增长	净利润	净利润（美元）	净利润同比增长	陶瓷砖收入	陶瓷砖产量	毛利率	毛利率变动幅度	净利率	净利率变动幅度
Mohawk Industries	2024 年 12 月 31 日	$10.84B①	$10.84B	-2.70%	USD 518M	$518M	不适用	USD 4.2B	—	24.8%	+10.5pp④	—	—
Grupo Lamosa	2024 年 12 月 31 日	MXN 33.95B	$1.92B	7.50%	MXN 131M	$7.41M	-96%	MXN 2.41B	—	—	—	—	—
SCG	2024 年 12 月 31 日	THB 511172M②	$14.71B	-2.25%	THB 6.34B	$182.4M	持平	THB 25563M（含瓷砖卫浴）	—	—	—	—	—
RAK Ceramics	2024 年 12 月 31 日	AED 3.23B	$879.26M	-6.50%	AED 234.1M	$63.74M	-27.00%	AED 1.86B	—	40.8%	+2.4pp	—	—
Kajaria Ceramics	2024 年 3 月 31 日	INR 45.78B	$549.36M	4.50%	INR 4.22B	$50.64M	23%	INR 15.57B	80.47M②m²	57.6%	-0.3pp	9.22%	+1.37pp
Arwana Citramulia	2024 年 12 月 31 日	IDR 2.63T③	$163.47M	7.4%	IDR 426B	$27.96M	-4.30%	—	—	34.3%	-1.6pp	16.20%	-2pp
Dynasty Ceramic	2024 年 12 月 31 日	THB 7.09B	$203.98M	-8.95%	THB 1.10B	$31.65M	-6.60%	THB 6.25B	14.31M m²（下滑 13%，产能利用率 43.44%）	39.7%	+1.7pp	15.70%	+0.4pp
Saudi Ceramics	2024 年 12 月 31 日	SAR 1.35B	$359.91M	2.58%	SAR -79.25M	$-21.13M	减亏 66.6%	—	—	18.20%	+0.8pp	—	—
Somany Ceramics	2024 年 3 月 31 日	INR 25.78B	$309.36M	4.60%	INR 968.9M	$11.63M	35.53%	—	—	—	—	4.10%	+0.1pp
Victoria PLC	2024 年 3 月 30 日	GBP 1.26B	$1.57B	-14%	GBP 73.6M	$91.56M	-38%	—	43.6M m²（下滑 19.11%）	32.8%	-1.0pp	9.10%	-8pp
Portobello	2024 年 3 月 31 日	BRL 2.4B	$480.96M	9.90%	BRL -102.04M	$-20.45M	亏损增加 190.46%	—	38.4M m²	31.80%	-7.2pp	—	—

① 1B=10 亿。
② 1M=100 万。
③ 1T=10000 亿。
④ pp 表示百分点。

化产品结构，在区域市场中保持了盈利能力。

综上所述，海外主要陶瓷砖上市企业在 2024 年面临复杂市场环境，实施品牌升级、成本控制和国际化布局的企业更具可持续发展潜力。

2024 年海外卫生洁具类主要上市公司关键数据见表 11-20。

2024 至 2025 财年，全球主要卫浴上市企业在复杂的宏观经济环境中表现出较为明显的分化态势。受到高通胀、地缘政治冲突、房地产市场低迷等多重因素影响，部分企业营收和利润增速显著放缓，尤其是在欧洲和中国市场。然而，一些企业通过成本优化、产品创新和市场拓展，依然在一定程度上实现了稳健增长和盈利能力提升。从整体趋势来看，卫浴行业在这一财年表现出市场格局调整和产品结构优化的特征，部分企业在新兴市场取得一定突破，而发达市场的挑战依然存在，盈利能力普遍承压，但保持一定韧性。

在营收表现方面，全球主要卫浴上市企业整体呈现增长放缓或轻微下滑的趋势，尤其是在发达市场表现不佳，而新兴市场呈现回暖态势。LIXIL Corporation 在本财年实现营收 15047 亿日元，同比增长 1.4%，得益于日本本土装修市场需求的推动，同时其在欧洲市场的恢复也为营收增长带来助力。TOTO Ltd 的营收为 7244.5 亿日元，增长 3.16%，主要是受美洲和亚洲（不含中国）市场增长的推动。Lecico 则在埃及本地和中东市场需求带动下，营收达到 66.45 亿埃及镑，同比增长 37%，尤其是出口到欧洲的订单有所恢复。Fortune Brands Innovation 市场表现稳定。Villeroy & Boch 通过收购 Ideal Standard 集团带来业务扩展，全年营收达 14.2 亿欧元，同比增长 57.6%，其增长主要来自对 Ideal Standard 卫浴的收购。RAK Ceramics 的营收为 32.3 亿阿联酋迪拉姆，同比下降 6.5%，其下滑主要受欧洲市场需求疲软和孟加拉国市场需求下降的影响，特别是孟加拉国市场因政治不稳定和天然气短缺导致产量减少和销售萎缩。Geberit Group 在欧洲市场房地产项目放缓背景下，全年营收仅为 30.85 亿瑞士法郎，几乎持平（增长 0.1%），显示出欧洲市场建筑需求低迷对营收的显著影响。Masco Corporation 则因北美市场住宅需求疲软，全年营收 44.6 亿美元，下降 2%。整体来看，发达市场（尤其是欧美地区）的需求减弱，拖累了企业营收表现，而在印度、中东等新兴市场，建筑业复苏则带动相关企业取得营收增长。区域市场分化成为影响企业营收的主要原因之一。

盈利表现方面，各企业 2024 至 2025 财年的利润数据出现较大分化。LIXIL Corporation 表现出较强的盈利修复能力，营业利润为 313 亿日元，同比增长 35.3%，主要受益于成本控制和价格优化措施的实施，特别是在本土市场的销售结构调整使高附加值产品贡献了更多利润。Lecico 的净利润增长幅度也非常显著，达到 8.9 亿埃及镑，增幅为 99.48%，受益于出口产品在汇率贬值中的竞争优势，以及本地市场需求旺盛带来的稳定盈利。Fortune Brands Innovation 在品牌优化和成本管理推动下，营业利润为 7.81 亿美元，同比增长 5.83%，这主要得益于高利润率的水创新产品在北美市场的畅销。

另一方面，一些企业的盈利状况不容乐观。TOTO Ltd 的净利润为 121.68 亿日元，同比下降 67.3%，其主要原因在于中国市场需求疲软和成本上升。Geberit Group 由于欧洲市场需求疲软和固定成本增加，净利润下降 3.2%，但其毛利率仍接近 30%。RAK Ceramics 因物流成本上升和市场需求减弱，净利润下降 27%，反映出其欧洲市场恢复乏力的问题。整体而言，原材料价格上涨、物流成本提升和税收政策变化，使得部分企业的毛利率和净利率有所下滑，尤其是那些在欧洲市场占比较高的企业受到较大冲击。而一些企业则通过提升高附加值产品比例、控制生产和管理成本，有效缓解了外部经济环境的不利影响。

面对复杂的市场环境，全球主要卫浴上市企业纷纷调整战略，通过产品、品牌、渠道、

表 11-20　2024 年海外卫生洁具类主要上市公司关键数据

企业名称	国家	财年结束时间	销售额	销售额同比增长	利润	利润同比增长	卫浴业务收入	卫浴业务毛利率	卫浴业务毛利率变动幅度	净利率	净利率变动幅度
LIXIL Corporation	日本	2025 年 3 月 31 日	JPY 15047 亿	1.40%	营业利润 JPY 313 亿	35.3%	JPY 4350 亿（同比增长 3.4%）	—	—	—	—
TOTO Ltd	日本	2025 年 3 月 31 日	JPY 7244.5 亿	3.16%	归母净利润 JPY 121.68 亿	−67.30%	未披露	35.07%	持平	1.68%	−3.62pp
Geberit Group	瑞士	2024 年 12 月 31 日	CHF 30.85 亿	0.1%	CHF 5.97 亿	−3.20%	未披露	29.60%	−0.3pp	19.40%	−0.6pp
Villeroy & Boch	德国	2024 年 12 月 31 日	EUR 14.2 亿	57.60%	息税前利润 EUR 0.98 亿	10.03%	EUR 10.99 亿（同比增长 89.7%）	整体 39.5%	−4.3pp	未披露	未披露
Cera Sanitaryware	印度	2025 年 3 月 31 日	IDR 1926.15 亿	2.49%	净利润 IDR 246.48 亿	3.13%	—	未披露	未披露	12.40%	持平
RAK Ceramics	阿联酋	2024 年 12 月 31 日	AED 32.3 亿	−6.50%	AED 2.34 亿	−27.00%	卫生陶瓷 AED 4.68 亿，水龙头 AED 4.47 亿	卫生陶瓷 31.1%，水龙头 28.0%	卫生陶瓷 −3.2pp，水龙头 +2.0pp	未披露	未披露
Lecico	埃及	2024 年 12 月 31 日	EGP 66.45 亿	37%	EGP 8.90 亿	99.48%	EGP 11.09 亿	整体 53.0%	−1.5pp	整体 13.4%	+4.2pp
Fortune Brands Innovation	美国	2024 年 12 月 28 日	USD 45.33 亿	−3.48%	营业利润 USD 7.81 亿	5.83%	USD 26 亿	23.4%	未披露	未披露	未披露
Masco Corporation	美国	2024 年 12 月 31 日	USD 44.6 亿	−2%	USD 4.05 亿	7%	USD 26 亿	整体 36.5%	+0.5pp	整体 9.1%	+0.8pp

产能多方面优化来保持竞争优势。

产品结构调整：企业普遍提高高附加值和创新产品的比例，优化产品组合以提升盈利能力。当市场增速放缓时，发展智能化、高端化产品线成为共识。例如，日本LIXIL Corporation集团聚焦高技术含量的卫浴产品，在本土推出节水节能的新型坐便器系列，以满足消费升级需求；同时优化销售结构，使高毛利产品贡献更多利润。又如瑞士Geberit Group努力提高其隐藏水箱、感应冲水等高端系统产品比例，希望借此缓冲传统产品销售放缓的影响。中国企业方面，九牧、恒洁等则发力智能马桶、智能淋浴房等领域，实现由中低端向中高端产品的跃升，产品结构明显升级。

品牌升级与整合：强化品牌价值、打造多品牌矩阵是龙头企业的重要策略。一方面，自身品牌形象升级：不少传统厂商通过设计创新、提高服务水平来提升品牌高级感，如科勒、TOTO Ltd等纷纷在展会上展示智能豪华浴室概念，塑造领先科技品牌形象。另一方面，并购拓展品牌组合：企业通过收购知名品牌，覆盖不同细分市场。例如，德国Villeroy & Boch在2024年收购Ideal Standard集团后，集团旗下新增Ideal Standard、Armitage Shanks等知名卫浴品牌，实现了品牌和产品线的扩充，巩固了其在欧洲各细分市场的地位。西班牙乐家(Roca)近年连续收购德国卫浴高端品牌Alape以及瑞士适老卫浴公司Nosag、IneoCare，既挽救了优质品牌，又将自身产品线延伸至老年人无障碍卫浴领域。这些举措都体现了领先企业通过品牌升级与整合来提高竞争力的战略眼光。

渠道拓展与市场下沉：面对市场区域分化，企业在渠道布局上采取"双线并举、全球扩张"方式。一方面，深耕本土多元渠道：如国内箭牌家居等在巩固经销商、家装公司渠道的同时，大力拓展电商、新零售渠道，实现线上线下融合，以覆盖更多消费人群。另一方面，开拓海外新兴市场：不少企业把目光投向增长迅猛的区域，通过设立本地子公司、展厅或区域总部，深入开拓当地市场。科勒在中东新设区域总部就是一个例子，表明其对中东市场的重视。

产能优化与效率提升：在生产端，上市企业一方面优化产能布局，另一方面提升制造效率，以控制成本、适应市场变化。许多企业选择在需求增长地区新建或扩建工厂，同时关停落后产能，实现全球产能再平衡。例如，日本TOTO Ltd近年来在越南、印度新建工厂，满足当地及周边市场需求。智能制造被广泛应用于产线改造：不少领先企业投入建设数字化工厂，用机器人和物联网系统提高生产效率和质量一致性。这既优化了产能，也增强了供应链韧性。在成本压力上升的形势下，通过产能优化和技术改造来降本增效，已成为卫浴企业提升盈利能力的共同选择。

综上所述，全球主要卫浴企业在2024年通过调整产品结构、强化品牌、拓展渠道和优化产能等全方位策略，积极应对市场挑战。这些举措帮助部分企业在营收放缓的环境中依然保持了一定的增长和盈利韧性。战略调整带来的成效已初步显现，行业正朝着高端化、国际化、精益化方向转型升级。

第四节　2024年中国建筑陶瓷、卫生洁具企业海外投资、建厂情况

一、海外投资、建厂信息汇总

截至2024年底中国建筑陶瓷、卫生洁具企业海外投资、建厂信息汇总见表11-21。

表 11-21　截至 2024 年底中国建筑陶瓷、卫生洁具企业海外投资、建厂信息汇总

序号	投资时间	企业名称	投资目的地	投资领域	产能	详情
1	2023 年	科达制造	加纳	卫生陶瓷	日产 4000 件	科达（加纳）陶瓷有限公司洁具一期卫生陶瓷洁具隧道窑成功点火，总占地面积约 60 亩（40000m²），主要生产蹲便器、坐便器、洗手盆等中高档洁具
2	2023 年	科达制造	印度尼西亚	陶瓷机械	—	成立科达印度尼西亚子公司
3	2023 年	科达制造	意大利	陶瓷机械	—	科达制造收购 F.D.S.Ettmar S.R.L. 70% 股权
4	2023 年	科达制造	坦桑尼亚	玻璃	—	投资 8676.27 万美元用于建设坦桑尼亚建筑玻璃生产项目
5	2023 年	科达制造	科特迪瓦	瓷砖	4×10⁴ m²/d	科达（科特迪瓦）陶瓷有限公司开工，一期规划建设 1 条建筑陶瓷生产线，预计 2024 年底投产
6	2023 年	科达制造	秘鲁	玻璃	600t/d	秘鲁浮法玻璃生产线项目，预计 2025 年初出产品
7	2022 年	科达制造	肯尼亚	瓷砖、卫生洁具	陶瓷砖 3.6×10⁴m²/d，洁具日产 4000 件	肯尼亚基苏木工厂总占地面积近 900 亩（600000m²），一条陶瓷砖生产线和一条卫生洁具生产线
8	2022 年	科达制造	喀麦隆	瓷砖	6×10⁴ m²/d	规划两条瓷砖生产线，预计 2023 年底至 2024 年初投产
9	2020 年	科达制造	意大利	陶瓷机械	—	收购意大利唯高公司
10	2020 年、2022 年	科达制造	赞比亚	瓷砖	日产量 5.5 万 m²	共建成 3 条生产线，2023 年 8 月 K3 线投产
11	2018 年	科达制造	印度	陶瓷机械	—	科达印度子公司开业
12	2018 年、2022 年	科达制造	塞内加尔	瓷砖	10×10⁴ m²/d	共建成 3 条生产线，新投资 K3 线产能 36000m²/d
13	2017 年	科达制造	土耳其	陶瓷机械	—	在土耳其设立子公司和配件仓，2023 年奠基 BOZUYUK 工厂
14	2017年、2019年、2021年、2022年、2023年	科达制造	加纳	瓷砖	年产量近 3000 万 m²	共投资 5 期陶瓷生产项目，建成 7 条生产线
15	2016 年、2019 年	科达制造	坦桑尼亚	瓷砖	—	—
16	2016 年、2018 年	科达制造	肯尼亚	瓷砖	年产量 2000 万 m²	共两条生产线，生产彩釉、瓷片、水晶砖等
17	2023 年	旺康控股集团	莫桑比克	瓷砖	—	蓝宝石（莫桑比克）陶瓷有限公司建成，总投资 1.4 亿美元
18	2022 年	旺康控股集团	沙特阿拉伯	瓷砖	—	蓝宝石沙特陶瓷有限公司 5#、6# 地砖生产线投产
19	—	旺康控股集团	尼日利亚	—	—	—
20	—	旺康控股集团	—	—	—	—
21	—	旺康控股集团	坦桑尼亚	瓷砖	—	—

序号	投资时间	企业名称	投资目的地	投资领域	产能	详情
22	—	旺康控股集团	坦桑尼亚	玻璃、卫生陶瓷	—	坦桑尼亚第一家蓝宝石浮法玻璃厂点火，规划建设陶瓷卫浴生产线
23	—	旺康控股集团	乌干达	瓷砖	—	—
24	2022 年	建霖家居	美国	卫生洁具	—	在美国北卡罗来纳州投资 200 万美元设立建霖科技（美国）有限公司
25	2019 年至今	建霖家居	泰国	厨卫和空气产品	—	泰国一期和二期项目投产，三期项目预计 2026 年投产
26	—	建霖家居	新加坡	卫浴	—	计划投资 4 亿元设立全资子公司
27	2024 年	松霖科技	越南	橱柜	—	总投资 8000 万美元，预计 2025 年下半年投产
28	2020 年、2022 年	九牧厨卫	德国	卫生洁具	—	收购德国博德宝卫浴品牌，投资 750 万欧元
29	—	九牧厨卫	法国	卫生洁具	—	收购法国 THG 品牌
30	2020 年	泛亚集团	泰国	橱柜、浴室柜	—	生产并销售橱柜、浴室柜、卫浴五金产品
31	2019 年	泛亚集团	越南	橱柜、浴室柜	—	投资 800 万美元，从事厨卫家具产品生产、销售
32	2020 年、2023 年	海鸥住工	越南	瓷砖、厨卫产品	—	收购越南大同奈公司 51.45% 的股权，2023 年加大水龙头工厂建设投资
33	2022 年	厦门优胜卫科技有限公司	美国	卫生洁具	—	在美国投资 100 万美元设立 Axent Intelligence 股份有限公司
34	2023 年	温州旭展投资有限公司	哈萨克斯坦	瓷砖	—	投资 398 万美元新建万盛陶瓷有限公司
35	2022 年	爱力蒙特	马来西亚	瓷砖	日产能 9 万 m²	Hafary Element 收购马来西亚第二大陶瓷企业
36	2022 年	福建归泰进出口贸易有限公司	约旦	瓷砖	年产能 1200 万 m²	新设金城环球陶瓷生产线，投资 1 亿美元
37	2022 年	福建闽塔科技有限公司	沙特阿拉伯	瓷砖	—	新建陶瓷生产线，总投资 1.2 亿元
38	2022 年	福建荣盛投资有限公司	沙特阿拉伯	瓷砖	—	增资邦扬实业发展有限公司
39	2022 年	福建省博羽国际贸易有限公司	秘鲁	瓷砖	年产能 1000 万 m²	新建 2 条陶瓷生产线，投资 763.82 万美元
40	2022 年	山东奥德美投资有限公司		瓷砖	年产能 2000 万 m²	在安哥拉设立奥德工业园有限公司，新建年产 2000 万 m² 陶瓷生产线项目
41	2022 年	山东岳鼎陶瓷有限公司	乌兹别克斯坦	瓷砖	年产能 900 万 m²	新建年产 900 万 m² 瓷砖制造厂

序号	投资时间	企业名称	投资目的地	投资领域	产能	详情
42	2022年	威海国际经济技术合作股份有限公司	刚果（金）	瓷砖	—	与阿联酋中天贸易有限公司合资设立蓝宝石陶瓷刚果（金）股份有限公司
43	2022年	淄博欧标模具有限公司	印度尼西亚	瓷砖	—	设立欧标陶瓷科技（印度尼西亚）有限公司
44	2021年、2022年	温州万红贸易有限公司	阿塞拜疆	瓷砖	—	新建阿塞拜疆万红陶瓷有限公司，总投资1500万美元
45	2020年	荣威实业有限公司	沙特阿拉伯	瓷砖	年产5500万 m²	新设温州沙特疆陶瓷工业公司，总投资1.38亿美元，建设智能化瓷砖生产线
46	2015年	马可波罗	美国	瓷砖	—	在美国田纳西州投资建设瓷砖生产基地，2017年投产
47	—	董氏集团	尼日利亚	陶瓷及其他建材	—	来自中国香港
48	—	新美陶瓷	哈萨克斯坦	瓷砖	—	并购 AO Keramika 陶瓷公司并扩建
49	—	福建佰利泰实业有限公司	菲律宾	瓷砖	—	—
50	—	福建钢铁产品制造商	加纳	瓷砖	—	—
51	—	福建兴业有限公司	沙特阿拉伯	瓷砖	—	—
52	—	皇冠陶瓷	尼日利亚	瓷砖	—	—
53	—	科特迪瓦佳美陶瓷有限公司	科特迪瓦	瓷砖	—	—
54	—	闽蓝天陶瓷	津巴布韦	瓷砖	—	—
55	—	闽清蓝天陶瓷	塞尔维亚	瓷砖	—	—
56	—	闽清欧雅陶瓷	塞尔维亚	瓷砖	—	—
57	—	闽清欧雅陶瓷	越南	瓷砖	—	—
58	—	森拓集团	肯尼亚	瓷砖	—	—
59	—	山东中洋集团	尼日利亚	瓷砖	—	—
60	—	山西扬帆物流有限公司、洛阳国邦陶瓷有限公司	津巴布韦	瓷砖	—	—
61	—	宋懋实业有限公司	柬埔寨	瓷砖	—	—

序号	投资时间	企业名称	投资目的地	投资领域	产能	详情
62	—	宋懋实业有限公司	尼日利亚	瓷砖	—	—
63	—	万达工业（集团）	赞比亚	瓷砖	—	—
64	—	温州星德投资有限公司	沙特阿拉伯	瓷砖	—	—
65	—	温州鹏迅贸易有限公司	沙特阿拉伯	瓷砖	—	—
66	—	温州市金盛贸易有限公司	乌兹别克斯坦	瓷砖	—	—
67	—	原陕西省进出口公司（现陕西赛高电子科技有限公司）	孟加拉国	瓷砖	—	—
68	—	中国荣光集团及香港华汇实业有限公司	南非	瓷砖	—	
69	—	中交产业投资控股有限公司	尼日利亚	瓷砖	—	
70	—	淄博福来特陶瓷合伙企业（有限合伙）	乌兹别克斯坦	瓷砖	—	
71	—	钻石陶瓷	哈萨克斯坦	瓷砖	日产4万m²	规划3条生产线，主要生产中高档墙地砖
72	—	时代陶瓷	尼日利亚	瓷砖	—	来自福建
73	—	建尼陶瓷	尼日利亚	瓷砖	—	来自福建
74	—	意达利陶瓷	尼日利亚	瓷砖	—	来自福建
75	—	皇家城堡	尼日利亚	瓷砖	—	来自福建
76	—	华尼卫浴	尼日利亚	卫生洁具	—	来自福建
77	—	新美陶瓷	尼日利亚	瓷砖	—	来自湖南
78	—	嘉丽陶瓷	尼日利亚	瓷砖	—	来自山东
79	—	立纬建材	尼日利亚	瓷砖	—	来自广东
80	—	江西雅星纺织实业有限公司	南非	—	—	—

二、趋势分析

近年来，中国企业在海外的投资活动日益频繁，从表 11-21 中的数据可以看出，中国企业的海外投资目的地覆盖了亚洲、非洲、欧洲和美洲的多个国家和地区。

1. 建筑陶瓷：规模化扩张与区域深耕

据不完全统计，中资企业海外建筑陶瓷（瓷砖）投资项目超 65 个，覆盖亚洲、非洲、欧洲及美洲的 20 余个国家，总年产能突破 4.5 亿 m^2。

非洲（占比 55%）：加纳（14 条生产线）、尼日利亚（11 项）、坦桑尼亚（7 项）为核心，科达制造在非洲 10 国建成 23 个项目，年产能达 1.76 亿 m^2；旺康控股集团在莫桑比克、沙特阿拉伯等地布局 8 条生产线，年产能超 2 亿 m^2。

非洲产能集中于低成本、大规模生产，科达加纳工厂单线日产能达 4 万 m^2，采用中国辊道窑技术，本地化率超 60%。

亚洲（占比 35%）：越南（6 项）、沙特阿拉伯（8 项）、印度尼西亚（5 项）为重点，福建闽塔科技、荣威实业在沙特阿拉伯新建智能化瓷砖厂，年产能合计超 6000 万 m^2。

中东项目注重智能化与绿色化，沙特荣威实业投资 1.38 亿美元建设全自动生产线，天然气利用率提升 30%；东南亚以并购整合为主，如淄博欧标模具在印度尼西亚设厂，配套本地釉料供应链，降低生产成本 15%。

美洲与欧洲（占比 10%）：秘鲁浮法玻璃项目（年产能 21.9 万吨）辐射南美市场；塞尔维亚、德国以高端瓷砖生产线为主，满足欧洲环保标准。

2. 卫生洁具：技术驱动与品牌升级

中资企业海外卫生洁具项目约 18 个，总投资超 3.5 亿美元，聚焦高端市场突破与新兴市场渗透。

欧洲（占比 40%）：九牧厨卫收购德国博德宝、法国 THG 品牌，获取 40 余项核心专利，并在德国建立研发中心，智能马桶欧洲市场份额升至 5%；建霖家居通过泰国智能工厂（三期 2026 年投产）配套欧洲高端浴室柜订单，不良率控制在 0.5% 以下。

东南亚（占比 35%）：松霖科技在越南投资 8000 万美元建设数字化卫浴基地，规划年产智能马桶 50 万套；海鸥住工收购越南大同奈公司后，水龙头产能扩至 2 万件每日，并配套欧盟标准电镀废水处理系统。

北美与非洲（占比 25%）：建霖家居在美国北卡罗来纳州设厂，主攻高端淋浴房市场；华尼卫浴在尼日利亚建成年产 100 万件的简易洁具生产线，填补低端市场空白。

不同品牌面对不同目标市场采取了不同的品牌策略。在高端市场，企业通过并购打破技术壁垒；新兴市场：以低成本＋本地化快速渗透，如尼日利亚华尼卫浴蹲便器单价低于 10 美元，以抢占市场。

数字化生产是卫浴企业海外工厂的重点布局方向。建霖泰国工厂引入制造执行系统，实现卫浴配件全流程管控，产能效率提升 20%。

三、总结

建筑陶瓷以非洲、亚洲为产能腹地，通过规模化与智能化巩固成本优势；卫生洁具则聚焦技术并购与品牌升级，在欧美高端市场与东南亚新兴市场双线突破，形成"高端技术＋中低端产能"的全球覆盖网络。

第五节　2024 年海外建筑陶瓷、卫生洁具行业投产、并购和重组

一、概述

建筑陶瓷（主要指建筑用瓷砖等）和卫生洁具（包括陶瓷卫浴产品、龙头五金等）作为建材行业的重要分支，在全球经济和房地产市场中扮演着举足轻重的角色。一方面，城镇化推进和基础设施建设带来庞大的建材需求，尤其是在新兴市场。另一方面，居民消费升级使得人们对居住环境的审美和品质要求提高，带动高端瓷砖、智能马桶等产品需求提高。此外，可持续发展趋势促使企业关注绿色制造和节水节能技术，加大相关投资。行业内部也出现整合动力：为了提升规模效应和竞争力，不少企业通过并购实现产业链纵向一体化或横向扩张。这些宏观驱动因素共同促成了近年来建筑陶瓷和卫浴领域投资与并购的活跃。总的来说，全球布局、消费升级、可持续和整合趋势，将持续塑造 2024 年的建筑陶瓷与卫生洁具行业版图。

1. 建筑陶瓷行业分析

在全球建筑陶瓷领域，企业投资的重要方向是产能扩张和布局优化。一些企业选择在新兴市场新建工厂或扩产，以贴近需求高增长区域和降低成本。例如，非洲、中东、南亚地区近年成为产能布局热点，旨在满足当地蓬勃发展的基建和住房需求。此外，尽管 2023 年全球瓷砖产销量一度受房地产下行影响而略有下滑，但龙头企业逆周期投入，以期在复苏时抢占更大市场份额。

建筑陶瓷行业近年来出现跨国整合大案，2024 年延续了这一趋势。拉美企业 Grupo Lamosa 就是典型的一个例子：该公司 2023 年斥资约 4.30 亿欧元收购了西班牙瓷砖制造商 Baldocer 及其旗下品牌，这笔在 2023 年 10 月完成交割的并购使 Grupo Lamosa 迅速切入欧洲市场，扩充了产品组合和产能版图。全球最大的瓷砖生产商之一 Mohawk Industries 过去通过收购多家欧洲和亚洲瓷砖企业实现了规模扩张。这类跨境并购表明大型建陶集团正通过收购海外优质资产，完善全球供应链和销售网络，从而巩固其国际市场地位。

部分企业选择剥离或收购品牌资产，以聚焦主业或拓展市场利基。2024 年 5 月，英国 Norcros 集团将旗下 Johnson Tiles 瓷砖公司出售给管理层团队。Johnson Tiles 是英国历史悠久的瓷砖品牌，Norcros 集团此举意在剥离非核心的瓷砖制造业务，把资源集中于卫浴等利润更高的领域。这反映出一些综合建材集团在行业成熟阶段的战略收缩与聚焦。早些年西班牙 Roca 集团曾出售其瓷砖业务给墨西哥 Grupo Lamosa，就是为了专注主业并获取资金扩张其他板块。这些品牌交易与整合使行业资源向优势企业集中，降低了低效产能在市场上的占比。

行业景气波动使一些中小瓷砖企业经营困难，也为行业整合提供了契机。2024 年出现了领先企业收购濒临破产对手的案例。例如，英国最大的瓷砖零售商 Topps Tiles 在 2024 年 8 月从破产管理中收购了 CTD Tiles 的部分资产，包括后者旗下 30 家门店、库存和品牌 IP 等。Topps Tiles 借此迅速扩大了工程渠道版图，填补了竞争对手倒下留下的市场空白。这类"救

援式并购"一方面避免了行业产能和渠道资源的浪费，另一方面也强化了收购方在当地市场的主导地位。

除了横向并购扩大版图，建陶行业也出现了以获取新技术为目的的并购和战略合作。有些大型瓷砖企业直接投资或收购陶瓷装备与软件供应商，例如工业机器人、AI瑕疵视觉检测系统研发公司等，将其技术内化以提升自身制造水平。虽然具体交易往往没有公开披露细节，但可以预见，随着数字化转型加速，"技术型并购"将在建陶行业扮演更重要的角色。此外，头部企业还通过参股材料创新企业（如功能釉料、环保原料公司）来掌握前沿技术。这一趋势表明并购不再局限于扩张规模，也用于补齐技术短板，支撑企业在未来竞争中胜出。

综上，2024年建筑陶瓷领域的并购重组活动呈现出全球化和专业化两大特点。一方面，跨国并购频繁，行业巨头通过收购海外同业或品牌实现全球布局；另一方面，围绕产品链各环节的整合加速，既包括对品牌、渠道的争夺，也涉及对先进技术和产能的并购。产业链上下游的整合和市场份额向龙头集中，正在重塑全球建筑陶瓷产业版图。

2. 卫生洁具行业分析

智能技术正深刻影响卫浴行业，推动企业加大相关投资。消费者对智能马桶、感应水龙头、恒温淋浴等"智慧卫浴"产品的接受度大幅提高，各大厂商纷纷布局这一蓝海市场。例如，日本TOTO作为智能马桶的先行者，这几年在全球持续扩张产能，以满足增长的需求。2024年TOTO在越南平福省新建的水龙头工厂正式投产，旨在加强其智能卫浴配件供应链。该厂耗资约8690万美元，产品不仅面向越南，还辐射整个亚太市场。通过本地化生产核心部件，TOTO提升了智能马桶等整机产品的供货能力和成本竞争力。不仅是TOTO，科勒（Kohler）、松下、美标等品牌也都加大了智能卫浴研发投入，发布新一代智能坐便器、音乐浴缸等产品。在中高端新楼盘和改善型住宅市场，智能卫浴逐渐成为标配，这进一步增强了厂商在该领域投资的信心。

居民消费水平的提高直接催生了高端卫浴市场的兴起。高端酒店式的浴室设计、定制化的整体卫浴方案，受到越来越多消费者青睐。对此，国际卫浴巨头通过投资高端产线和零售网络来把握商机。一方面，企业打造高端子品牌和产品系列，例如科勒推出的奢侈系列厨卫产品、Hansgrohe的Axor定位高奢水龙头花洒，以满足富裕阶层审美需求。另一方面，在新兴市场加密高端销售渠道。德国高端卫浴企业汉斯格雅（Hansgrohe）2024年宣布将在印度新增50家品牌店。截至2024年中，该公司已在印度78座城市运营170家门店，此次扩张计划将其触角延伸到100多个城市，包括二三线城市。Hansgrohe还于2024年第一季度在浦那建立了本地装配线，推出面向印度市场的陶瓷洁具产品线，以更好地服务当地高端客户。公司管理层表示，印度等地消费能力攀升、消费者对豪华家装的偏好增强是其深耕高端市场的动力。总体看，高端化投资让卫浴企业获得更高利润率，并树立品牌形象，培养忠诚客户群。

在碳中和大趋势下，卫浴制造企业也在加大环保和可持续领域的投资力度。陶瓷洁具的烧制能耗高、排放大，过去是减排难点。2023年底，Roca集团在其奥地利Laufen工厂成功试运行了全球首条纯电动隧道窑炉，用于洁具生产。这项投资通过与德国窑炉公司Ofenbau合作，实现以可再生电力替代天然气烧制卫生瓷，显著降低碳排放。Roca集团由此有望建成全球首家净零排放的卫生陶瓷工厂，并计划将该电窑技术推广到其他生产基地。TOTO近年来在泰国等地工厂引入太阳能发电，科勒在美洲的新厂采用高效能设备并获得LEED认证。这些绿色制造方面的投入不仅响应了各国环保政策和消费者对环保产品的诉求，也能降低长期能源成本，为企业带来可持续的竞争优势。在产品层面，节水型马桶、水效等级高的花洒龙头也成为研发重点，各大品牌积极参与各国节水认证计划（如美国 WaterSense）。由此可见，围绕"绿色"和"低碳"，卫浴企业在生产和产品两个层面同步发力，加大资本与技术投入。

为了更有效地满足全球市场需求，卫生洁具企业近年来持续进行产能扩充和区域布局优化。亚太和中东是当前投资热点区域：这些地区城市化快、人均卫浴配套提升空间大，被视作增量市场。除前述 TOTO 越南工厂外，科勒公司在 2024 年于沙特阿拉伯利雅得设立了中东地区总部，深化本地化经营。科勒高层表示，此举将助力公司在中东引入更多创新产品，包括智能马桶等，以契合沙特阿拉伯"2030 愿景"中高品质生活和智慧城市的发展方向。在印度市场，Hansgrohe 于 2024 年初在当地投产组装线；另一日本卫浴巨头骊住（LIXIL）也将印度、东南亚作为生产和销售重镇，不断增加投入。

总而言之，"制造跟随市场"成为趋势：哪片区域市场增长快，企业就在附近加码投资建厂，以降低物流和关税成本并提高响应速度。这不仅满足了区域市场的供应需求，也在全球范围内分散了生产风险。总体而言，2024 年卫生洁具行业在投资上体现出智能、高端、绿色三管齐下，同时通过区域产能布局来支撑全球化的发展战略。

近年来卫浴行业的并购多围绕"全品类卫浴解决方案"展开，2024 年尤为明显。大型企业通过并购将不同品类产品纳入麾下，提供一站式的完整卫浴产品线。例如，中东的 RAK Ceramics 过去主营瓷砖和卫生陶瓷，为了扩张品类，于 2022 年收购了德国顶尖水龙头厂商 Kludi，交易金额约 3900 万欧元。通过这笔并购，RAK Ceramics 补齐了龙头花洒产品线，实现从瓷砖、洁具到水龙头的全套供应。并购完成后，RAK Ceramics 借助自身在中东和亚洲的渠道，迅速推广 Kludi 的高端龙头，并实现协同生产，在欧洲、阿联酋和亚洲多地布局制造。再如，日本骊住（LIXIL）集团更是通过历年来一系列收购（如美标、高仪等）集齐了陶瓷洁具、龙头五金、淋浴房等全门类品牌，成为横跨亚洲、美洲、欧洲的卫浴巨头。这些案例表明，大公司倾向于通过并购将马桶＋浴室柜＋水龙头＋淋浴房等整套产品组合握在手中，以"整体卫浴"概念抢占市场。

细分领域整合：2024 年，多起并购直指卫浴行业的细分赛道，体现出专业化布局的战略考量。智能马桶领域虽然暂未出现巨额收购案，但一些卫企通过参股技术公司或并购小型创新企业来获取智能控制、冲洗技术，以提升自身产品竞争力。无障碍卫浴领域则有实质并购发生。Roca 集团看好老龄化社会对无障碍卫浴的需求，于 2024 年 5 月收购了瑞士 Nosag 公司及其波兰子公司 IneoCare。这两家公司专注于卫浴适老化产品（如助力扶手、无障碍淋浴座椅等）的制造，此举加强了 Roca 集团在欧洲养老卫浴市场的地位。Roca 集团 CEO 表示，此项战略并购使集团产品组合得到互补延伸，旗下 Roca 和 Laufen 品牌由此增加了"全护理"产品线，可更好地满足日益增长的银发族需求。安装系统领域亦出现重要收购。传统上，墙排水箱、隐蔽式水箱等卫浴安装系统由专业厂商提供，为拓展该领域，Roca 集团在 2024 年初收购了德国 Innotec 公司——一家模块化卫浴安装系统制造商。该收购通过 Roca 集团在德子公司完成，使 Roca 集团补强了隐藏式水箱、支架等幕后安装技术，并与自身陶瓷洁具协同。收购完成后，Innotec 公司每年约 2470 万欧元营收并入 Roca 集团，Roca 集团也借此在欧洲及中东提升了工程项目配套能力。瑞士吉博力（Geberit）早几年收购萨尼特克（Sanitec），将陶瓷洁具业务收入囊中，配合其原有的安装系统优势，打造出欧洲隐蔽水箱＋卫陶的一体化解决方案。这种围绕细分产品线的并购潮，反映出卫浴巨头为完善产品谱系、提供"从幕后到台前"全套系统所做的努力。

大型卫浴企业通过并购实现区域市场版图的快速扩张也是一大趋势。欧洲市场在 2024 年见证了标志性并购：德国 Villeroy & Boch（唯宝）集团收购 Ideal Standard 集团。2023 年 9 月双方签署协议，2024 年 2 月完成交割，交易金额据报道约为 6 亿欧元。此举使唯宝一举跻身欧洲卫浴产销规模最大的企业行列。Ideal Standard 集团在欧洲、中东拥有强势品牌和渠道，唯宝通过并购获得这些市场资源，实现区域互补。尽管短期内因并购融资费用等影响净利润有所下降，但从战略上看，这一并购奠定了唯宝在全球卫浴版图中的领先地位。

亚洲市场也出现区域整合案例：比如印度的 Cera 公司近年并购本土小型卫浴厂商以巩固国内市场。中东地区，RAK Ceramics 在收购 Kludi 龙头品牌后，又于 2024 年 6 月完成对旗下 RAK Porcelain 餐瓷公司剩余股权的收购，使其成为全资子公司。虽然餐瓷不属卫浴，但同属宽泛的"陶瓷生活产品"，这显示 RAK Ceramics 希望整合关联业务，提高集团综合实力。

通过上述并购活动可以发现，不同公司采取的品牌并购战略各有侧重：Roca 集团走的是"纵向一体化 + 多品牌"战略，既补齐功能组件（安装系统等），又覆盖不同定位品牌（Laufen 主攻高端、Roca 大众化）；骊住则采取"跨地域品牌收购"方式，将本土品牌与收购的国际品牌组合，形成全球布局；RAK Ceramics 侧重"品类拓展"，从瓷砖延伸到卫浴全品类；而 Norcros 等英国公司通过收购 Merlyn 淋浴房、Croydex 浴室配件、Grant Westfield 防水板材等，打造"一站式卫浴"集团。这些策略背后都有一个共性：通过并购获得原本不具备的产品线或品牌资源，实现规模经济和品牌协同。在市场增长放缓的成熟地区，并购也是获取现成市场份额的快捷方式。可以预见，围绕智能卫浴、节水技术、互联网家居等新兴领域的并购在未来将升温，因为企业希望通过外部并购迅速切入这些增量板块。总体来看，2024 年的卫生洁具行业并购重组呈现出横向做大、纵向做全的特点，贯穿着"全球化布局、产业链整合、技术与品牌并购并举"的主线。

3. 总结

综合以上分析，2024 年全球建筑陶瓷与卫生洁具行业的投资与并购活动体现出以下主要趋势。

全球化布局加速：无论是建筑陶瓷还是卫浴领域，领先企业都在通过新建产能和跨国并购谋求全球版图扩张。在产能投资上，亚太、中东等新兴市场成为重点，资本流向这些增长高地；在并购上，欧美亚跨境交易频繁，大型企业在全球范围内配置资源。例如瓷砖行业的拉美 - 欧洲并购、卫浴行业的欧盟内部整合等，都折射出企业全球化野心。可以预见，这种面向全球市场的布局将持续推进。

产业链整合与一体化：投资并购活动日益围绕产业链上下游整合展开。从建筑陶瓷看，企业不仅扩张同业规模，也涉足原材料、装备技术等环节以掌控供应链。从卫浴行业看，通过并购将陶瓷洁具、龙头五金、安装系统、附件配套等集于一身，提供全套解决方案成为趋势。这种一体化有助于企业提高供应链协同性和议价能力，增强抗风险能力。2024 年的典型案例如 Roca 收购安装系统和适老产品公司、RAK Ceramics 收购水龙头品牌等，都体现出产业链横向 + 纵向整合的思路。

技术导向的并购上升：随着数字化、智能化、绿色化成为行业关键驱动力，围绕技术的投资与并购显著上升。一方面，企业加大内部研发和技改投入，打造智能工厂，开发环保工艺；另一方面，通过收购科技型公司来快速获得所需技术正变得常见。报告指出智慧城市和可持续基础设施的发展正推动高级卫浴系统需求增长，这也促使厂商寻求技术突破。可以预计，未来涉及 AI 物联网、节能环保材料等领域的并购合作将更多，技术将是重塑行业格局的重要砝码。

智能化与绿色驱动：纵观全年，几乎所有重大投资和并购都与"智能化"或"绿色可持续"密切相关——要么是为了布局智能产品线，要么是为了推动绿色转型。科勒高层的表态也印证了这一点：公司在中东设立区域总部正是为引入更多智能马桶等创新产品。绿色方面，乐家电窑项目等投资开行业先河。可以说"智慧"和"低碳"已成为行业发展的两大风向标，资本也围绕这两点倾斜。展望未来，在"双碳"政策及消费升级双重作用下，智能、绿色相关的投融资活动将继续增加，推动行业技术迭代和产品升级。

总的来说，2024 年的建筑陶瓷与卫生洁具行业在机遇与挑战中不断演进。全球经济波动和房地产周期带来一定不确定性，但城市化和消费升级的长期趋势依然为行业提供增长动力。企业通过积极的投资和并购行动，进行战略布局和资源整合，旨在打造全球化、综合化、科技化的行业领军者。这一年所展现的版图重塑和创新转型，将为行业未来的发展定下基调：一个更集中、更创新、更注重可持续发展的建材子行业生态正在形成。随着这些趋势延续，行业有望在未来保持稳健增长，并不断涌现新的整合与投资案例，为全球建材市场注入活力。

二、投产、并购和重组大事记

印度第四大上市陶瓷公司 Asian Granito India 有限公司宣布与 AGL 卫浴私人有限公司合作，进军卫浴行业。根据公司备案文件，Asian Granito India 有限公司进军卫浴行业，预计在五年内，卫生洁具和浴室用品部门营收为 40 亿印度卢比。

2024 年，在 2 月份利雅得公共投资基金论坛期间，高仪宣布将与 Zamil Plastic Industries 公司合作在沙特阿拉伯开设一家水箱新工厂。

据 Argaam 消息，沙特阿拉伯陶瓷公司（Saudi Ceramics）宣布延长与土耳其 Eczacıbaşı Yapı Gereçleri A.Ş（EYAP）于 2023 年 10 月 8 日签署的初步非约束性协议的有效期至 2024 年 12 月 31 日。沙特阿拉伯陶瓷公司 2023 年 4 月与 EYAP 签署了一份不具约束力的意向书，研究在沙特阿拉伯设立一家合资公司，专门从事卫生洁具及配套产品的制造和销售。如果达成协议，沙特阿拉伯陶瓷卫生产品部门的全部资产和工厂将转移给新公司。

TOTO 越南分公司旗下位于永福省的水龙头工厂已于 2024 年 3 月投产。该工厂占地面积约 10 万 m²，建筑面积约 2.8 万 m²，总投资约 100 亿日元（约人民币 4.86 亿元），可年产 120 万个水龙头。TOTO 目前在越南已有 5 家工厂，此前的 4 家工厂均是卫生陶瓷工厂。

越南 VNHOME 公司就日产 250000 片西瓦整厂项目与力泰陶机成功签约，并正式启动。该新建项目为一条西瓦整线及一条配套配件瓦整线。其中，西瓦整线主要生产规格为 310mm×410mm 的高端产品，设计日产量 25 万片，可兼顾生产全规格的优质抛釉砖和地铺石等产品。

骊住宣布于 2024 年 3 月与日本爱信（Aisin）集团签署了一项收购协议，收购爱信在日本和中国的智能马桶业务，目前已于 2024 年 9 月 1 日完成了浙江爱信慧国机电有限公司和杭州爱信骊住机电有限公司的股权转让。

2024 年 5 月 27 日，日本爱信集团宣布，将对日本国内的淋浴房业务进行分割，与骊住集团签署协议，转让给骊住集团。截至 2024 年 3 月，爱信集团该业务的销售额为 156 亿日元（约人民币 7.2 亿元），预计将于 9 月 1 日完成移交。

乐家集团已完成对 Nosag 和 IneoCare 两家公司的收购，但未对外透露收购金额。乐家集团称，这是一项"战略性举措"，因为它们与乐家集团的产品组合互补，此次收购将加强其在中欧市场的地位。Nosag、IneoCare 致力于生产和销售无障碍卫浴产品，两家公司总部分别位于瑞士和波兰，其产品未来将在乐家和劳芬品牌销售。乐家集团计划将 Nosag 和 IneoCare 扩展到其运营的所有市场。

由 Abac Capital Manager SGEIC, S.AU. 旗下私募股权基金管理的厨房制造商 KBV 集团，已收购西班牙厨房制造商 DOCA 的多数股权。DOCA 拥有 40 多年的历史，已成为厨房、浴室和橱柜家具的标志性品牌。

2024 年 5 月 18 日，科勒公司在美国亚利桑那州的新制造工厂正式开业投产，公司高管主持了剪彩仪式。该工厂投资数百万美元，主要生产 STERLING 品牌的卫浴和淋浴设备，计划于未来进行扩建。

意大利萨克米（SACMI）全资子公司 BMR 收购了一家专注于机器视觉技术的公司 Italvision52% 的股权，此举将帮助 BMR 为陶瓷市场提供集成了先进机器视觉系统的表面处理解决方案。

阿联酋瓷砖制造商 RAK Ceramics 宣布，公司已完成对 RAK Porcelain 100% 股权的收购，使其成为全资子公司。

浴室和厨房上市集团 Norcros 宣布，经过战略评估后，其瓷砖业务 Johnson Tiles 已出售给其现有的管理团队。Johnson Tiles 主要从事设计、生产和采购陶瓷地砖和墙砖。Norcros 2022 年营收约 40.5 亿元。而在截至 2023 年 3 月 31 日的财年，该瓷砖业务创造的收入为 3.26 亿元，占集团收入的 8%，营业利润为 461.88 万元。

汉斯格雅计划 2024 年在印度新开设 50 家零售店。汉斯格雅在印度 78 个城市已设有 170 家门店。此次扩张背景是其在印度推出了一条新的陶瓷生产线，该生产线现已在印度当地组装，主要生产针对印度市场的卫浴产品。

2024 年 6 月，乐家集团宣布收购意大利企业 Idral，后者主要制造和销售公共空间水龙头产品，乐家此举旨在强化相关产品组合和增强在欧洲市场的行业地位。2023 年 Idral 营业额达 1030 万欧元（约合人民币 0.85 亿元）。

2024 年 8 月 19 日，英国大型瓷砖供应商 CTD Tiles 在陷入破产管理之后与 Topps Tiles 达成了救助协议，但仍要关闭 56 家门店并裁员 268 人。CTD Tiles 在英国拥有 86 家门店，员工 425 人，2023 年的营收约为 7500 万英镑，于 8 月 5 日宣布破产。Topps Tiles 是英国最大的陶瓷上市集团，2023 年营收约为 2.62 亿英镑。公司将以约 900 万英镑收购 CTD Tiles 的品牌、知识产权、库存和 30 家门店。

总部位于韩国的私募股权公司 STIC Investments 宣布，以 4500 亿韩元（约 3.36 亿美元）从美国投资管理公司 TPG 手中收购美国豪华乙烯基瓷砖制造商 Nox。

2024 年 9 月 3 日，乐家集团宣布，收购了德国制造商 Innotec Systemelemente，但收购金额并未透露。Innotec Systemelemente 2023 年营业额为 2470 万欧元。

骊住 2024 年 9 月 5 日披露，高仪沙特阿拉伯卫浴工厂的第一批隐藏式水箱投产。据悉，该工厂占地面积超过 26000m²，拥有 200 多名员工，完全由当地人员领导，并已成功开始出口第一批货物。

2024 年 8 月，土耳其最大的陶瓷制造商 Kale 集团宣布总额为 1500 万欧元的新投资，改造其现有的 1000mm×3000mm、1200mm×3600mm 岩板生产线，将生产能力提高 50%，产能从 160 万 m² 提高到 240 万 m²。该投资分两个阶段完成，计划均在 2025 年内完成。

2024 年 10 月，乐家集团完成西班牙浴室家具制造商 Royo 集团剩余 25% 股份的收购。此前的 2021 年，乐家集团已收购了其 75% 的股份。资料显示，Royo 集团在西班牙和波兰拥有三个生产工厂以及两个创新中心，每年生产约 100 万件浴室家具，2019 年的营业额为 9500 万欧元。

英国维多利亚集团宣布以 3680 万欧元的价格向 Akgün 集团售出旗下一家土耳其瓷砖制造商 Graniser，卖出价格比维多利亚 2 年前收购这个企业的价格低约 1000 万美元。

Altadia 集团宣布收购了印度最大的熔块生产商 Nahar Colours & Coating Pvt. Ltd，其拥有三家工厂，营业额接近 6000 万欧元。

第六节　海外建筑陶瓷、卫生洁具行业重点事件

（1）1 月

2025 年 1 月 10 日，科达承建的印度尼西亚铂金企业 PT. SURYA MULTI CEMERLANG 全新抛釉砖生产线成功点火。该生产线可生产 600mm×600mm、800mm×800mm 常规规格抛釉砖以及 750mm×1500mm、800mm×1600mm 等规格高品质大板产品。铂金企业创立于 1971 年，是印度尼西亚领先的瓷砖生产制造商，旗下拥有 Titanium、Infiniti、Platinum 和 Asia Tile 四个品牌，在印度尼西亚有多个生产基地，日产量超 25 万 m²。据悉，该条新线是铂金企业首次全线采用中国陶机品牌。

2024 年 1 月，RAK 孟加拉国公司宣布，由于其发电厂的维护，部分生产线需停产 30 天。据悉，RAK 在孟加拉国拥有四家瓷砖厂，此外，它还拥有年产 500 万件的卫生洁具生产线。在维修期间，总共四个机组中的两个机组将完全关闭，其余两个装置将分别以 50% 和 100% 的产能投入运营。洁具生产线将以 70% 的产能继续运营，维修完成后，将恢复运营。

越南统计总局公布的数据显示，越南人口在 2023 年底达到 1.03 亿人，成为全球第 15 个人口破亿的国家。随着人口规模增大和经济发展提速，不少企业都增加了对越南市场的投资。在卫浴行业，近段时间也有不少企业瞄准了越南，松霖和海鸥加快了在越南开店、建厂的步伐。

Prometeia 编制并由意大利陶瓷工业联合会在年终新闻发布会上公布的初步数据显示，与 2022 年相比，2023 年意大利陶瓷行业的产量和销量损失了约五分之一。总销量从 4.49 亿 m² 下降到 3.62 亿 m²（−19.4%），出口总量从 3.56 亿 m² 减至 2.77 亿 m²（−22.2%），国内销售量从 9300 万 m² 减至约 8500 万 m²（−8.6%）。预计总产量将下降至 3.41 亿 m²，比 2022 年减少 9000 万 m²。意大利陶瓷工业联合会主席乔瓦尼·萨沃拉尼（Giovanni Savorani）表示，预计 2024 年上半年市场形势依然严峻，但希望下半年有所改善。乔瓦尼·萨沃拉尼还指出，欧盟已经第三次延长对中国瓷砖进口的反倾销税，并将目前对印度进口瓷砖征收的反倾销税提高一倍。印度出口的快速增长也引起了美国的担忧，美国将于 2024 年底征收反倾销税，并从年初起追溯效力。

（2）3 月

2024 年 3 月 6 日，由新之联展览公司和慕尼黑（印度）展览公司共同主办的第十八届印度国际陶瓷工业展在印度古吉拉特邦甘地纳格尔展览中心举行。摩德娜、恒力泰、德力泰、

东海诺德、科达制造、奔朗新材、巨海科技、博樾新材、惠信泰新材、中科润商贸、司嘉来机械、正拓陶瓷、精陶机电、希望数码等中国企业参加展会。

自 2023 年 11 月 28 日，乐家集团奥地利工厂成功投产其第一条卫生陶瓷电隧道窑之后，乐家集团宣布，计划在 2025 年底之前新装 5 条电隧道窑。据透露，新装的前 3 条电隧道窑已经处于后期安装测试阶段，将于今年年底在该集团的欧洲三家工厂启动；另外 2 条电隧道窑计划于 2025 年在西班牙工厂启动。

2024 年 3 月 20 日，杜拉维特披露 2023 年业绩报告，2023 年公司全球销售额为 6.557 亿欧元（合人民币 51.51 亿元），同比下滑 7.3%。其中，德国市场下降尤为严重。

（3）4 月

2024 年 4 月，汉斯格雅（Hansgrohe）披露 2023 年度业绩。2023 年度，汉斯格雅营收实现 14.06 亿欧元（合人民币 108.38 亿元）。与 2022 年（15.50 亿欧元）相比，下降了 9.3%。经汇率影响调整后，比 2022 年下降了 6.2%。经营业绩降至 2.017 亿欧元（合人民币 15.55 亿元），与 2022 年（2.468 亿欧元）相比下降了 18.3%。由此产生的销售 / 收益比率也降至 14.3%（2022 年：15.9%）。息税折旧摊销前利润（EBITDA）下降至 2.568 亿欧元（合人民币 19.8 亿元），降幅为 13%。

2024 年 4 月 23 日，占美国瓷砖生产总量 90% 以上的美国瓷砖制造商联合向联邦政府提交反倾销关税和反补贴税请愿书，要求对从印度进口的瓷砖征收税率 408% 至 828% 的巨额反倾销关税（外加额外的反补贴税）。

由于美国、欧盟和阿拉伯半岛等战略性国际市场需求的复苏，西班牙瓷砖开始扭转颓势。2024 年 4 月份陶瓷产品的国外销量与去年 4 月相比增长了 9%。4 月份西班牙瓷砖行业的销售总额为 3.02 亿欧元（折合人民币约 23.48 亿元）。ICEX（西班牙对外贸易研究所）数据显示，4 月份，美国是第一大出口目的地，瓷砖销售额增长 23% 至 4218.7 万欧元（折合人民币约 3.28 亿元）。法国位居第二，销售额为 4161.7 万欧元（折合人民币约 3.24 亿元），增长了 1%。值得注意的是，以色列下降了 24%，土耳其和阿联酋下降了 40%，墨西哥下降了 24%。西班牙联合工会秘书长 Mariano Hoya 表示，预计陶瓷行业 2024 年利润将增加 14%。

（4）5 月

2024 年 5 月 9 日，印度尼西亚反倾销委员会（KADI）对原产于中国的瓷砖作出了反倾销终裁事实披露，税率介于 6.61% 至 155.48% 之间。KADI 最晚将于 2024 年 9 月给出终裁建议，并于 45 个工作日内决定是否征税，之后印度尼西亚财政部将在一个月内发布税令。

全球政治动荡、高通胀以及利率和能源市场的不确定性导致德国卫浴行业订单疲软。受此影响，德国卫浴制造商 Hemer 工厂将裁员 30 人，涉及所有岗位。

援引美媒 2024 年 5 月 8 日报道，2024 年前三个月，美国陶瓷砖进口总量为 3970 万 m^2，与 2023 年同期的 4490 万 m^2 相比下降 11.6%。

2024 年 5 月 10 日，应美国瓷砖公平贸易联盟于 2024 年 4 月 19 日提交的申请，美国商务部宣布对印度进口瓷砖发起反倾销和反补贴调查。美国国际贸易委员会（ITC）预计将最晚于 2024 年 6 月 3 日对此案作出产业损害初裁。

非洲喀麦隆矿业部宣布，位于喀麦隆南部地区 Bipaga 的 Keda 喀麦隆陶瓷厂的瓷砖生产已推迟至 2024 年 7 月。该项目由中国科达（Keda）的子公司 Keda 喀麦隆陶瓷公司牵头，该工厂预计耗资近 120 亿中非法郎（折合人民币约 1.41 亿元），计划年产 2000 万平方米瓷砖和其他陶瓷产品，预计创造 1200 个就业岗位。

唯宝发布了今年第一季度报告，该公司的综合收入为 2.771 亿欧元（约合人民币 21.73 亿元），同比增长了 20% 以上。该公司称，Ideal Standard 为其合并总收入贡献了 5710 万欧元（约合人民币 4.48 亿元）。该公司的卫浴康体事业部在今年第一季度创造了 2.041 亿欧元（约合人民币 16.00 亿元），同比增长 35%。

2024 年 5 月 22 日，日经中文网发文称，日本 TOTO 计划从 2024 年度开始，3 年内在美国把卫洗丽（Washlet）的销量提高到 2 倍以上，并以 19% 的年率扩大销售额。另一方面，预测中国的新房需求会持续低迷，将转向以重新装修为主，把年增长率目标定为 5%。虽然 2023 年度 TOTO 在美国的销售额仅为在中国的七成，但最早 2026 年度有可能反超中国。

西班牙瓷砖和地板制造商协会（Ascer）表示，陶瓷行业的复苏还很遥远。数据证实，2024 年第一季度西班牙地板和瓷砖的出口金额同比下降 10.4%，销量下降 10.5%。对欧洲大陆的出口占西班牙瓷砖销量的一半以上，是最大的市场。而 1 月至 3 月对欧洲出口量下降 12.6%，瓷砖、地板出口量为 4.56 亿片。2024 年第一季度，对北美国家的销售额总计 1.02 亿欧元，比上年同期增长 5%。沙特阿拉伯从西班牙采购的瓷砖量增加了 2.2%。沙特阿拉伯的销售额也增长了 12.6%。

2023 年，巴西瓷砖产量下降到 7.93 亿 m²，比 2022 年减少 1.3 亿 m²。其中，巴西国内瓷砖消费同比下降 5.8%，降至 7 亿 m² 以下，出口量下降 21.7% 至 8900 万 m²。巴西瓷砖制造商协会（Anfacer）副主席 Benjamin Ferreira 表示，预计 2024 年巴西的瓷砖需求会有小幅增长。与 2023 年第一季度相比，2024 年第一季度巴西瓷砖总销量增长 4%，出口量增长 5%，产量增长 6.8%。

富俊集团宣布，2024 年第一季度销售额达到 11 亿美元，同比增长 7%。营业利润为 1.554 亿美元，同比增长 18%。Fortune Brands 首席执行官 Nicholas Fink 表示，2024 年第一季度的销售额和利润率结果超出了预期，并预测全年中国市场下滑 7% ～ 9%。

2024 年 5 月 13 日，日本卫浴企业 KVK 发布 2023 财年年度报告。2023 年 4 月至 2024 年 3 月，KVK 的销售额达到 297.99 亿日元（约合人民币 13.80 亿元），同比增长 0.2%；营业利润 25.30 亿日元，同比增长 3.3%；归属于母公司股东的净利润 19.80 亿日元，同比增长 11.7%。KVK 在财报中分别列出日本、中国及菲律宾的销售数据。其中，中国部门面向外部客户的销售额为 6.65 亿日元，面向企业内部的销售额或流通额 62.67 亿日元（约合人民币 2.90 亿元）。

2024 年 5 月 31 日，美国国际贸易委员会一致认定，有合理迹象表明，从印度进口的瓷砖对美国瓷砖制造商造成了实质性损害或有可能造成损害，影响市场公平，该机构将就此开展反倾销调查。美国商务部报告称，其反补贴税初步裁定将于 2024 年 7 月 15 日前后作出。

吉博力发布 2024 年第一季度报告，2024 年 1 月至 3 月销售额 8.37 亿瑞士法郎（约合人民币 66.29 亿元），同比减少 6.2%，经汇率影响调整后为减少 1.4%；净利润 1.90 亿瑞士法郎（约合人民币 15.05 亿元），同比减少 11.4%。吉博力表示，预计 2024 年在中国的销量将出现下滑。在美国政府正式对印度进口瓷砖征收反倾销税之前，印度莫尔比的瓷砖制造商就已经感受到了预期征税的压力。他们声称，在美国政府宣布征收反倾销税后，至少有 25% 的美国订单被暂停，而且可能还会有更多订单被暂停。行业人士估计，向美国出口的瓷砖占莫尔比瓷砖出口总额的 8% ～ 9%。

（5）6 月

2024 年 6 月，据外媒报道，奥地利集团 Lasselsberger 计划扩大其在罗马尼亚的生产基地，建立新工厂，投资额为 1.66 亿欧元（约合人民币 13.01 亿元）。对于该项目，该公司根据罗马尼亚政府专门为建筑材料行业公司提供的计划申请了 2100 万欧元的国家补助金。据悉，在罗马尼亚市场，该集团通过 Lasselsberger 和 Sanex 公司开展业务。Lasselsberger 拥有罗马尼亚瓷砖品牌 Cesarom。

2024 年 6 月，西班牙 STN 陶瓷正对其新工厂进行生产测试。这是该集团的第四家工厂，占地面积约 5 万 m²。该工厂名为 Venux Slabs，将专注于为其国际市场（主要是美国市场）生产大规格陶瓷板，如 1200mm×2800mm 和 1600mm×3200mm 尺寸的各种厚度的岩板。集团称在国外的销售已经复苏，特别是在美国和阿拉伯国家。因此，它的 23 条生产线保持良好的运行状态。2022 年 STN 陶瓷营收约 43.5 亿元，产量约 8600 万 m²。

2024 年 6 月 15 日，越南建筑陶瓷协会发布多件提案，建议只允许瓷砖行业投资更换落后生产线，新项目不予颁发许可证等。2021 年至今，越南建陶产量和消费量均呈大幅下降趋势，平均产能仅达到设计产能的 50%～60%。尽管企业通过停产部分生产线主动降低产量，但国内库存仍然较高（占产量的 18%～20%）。2023 年，越南瓷砖产量约 3.865 亿 m²，同比下降约 15%，消费量约 2.915 亿 m²，同比下降 25%。卫生陶瓷产量近 1250 万件，同比下降约 25%。此外，该协会提议政府规划原材料区域，加严对进口商品的认证程序，允许对进口瓷砖产品进入国内市场进行上游检查，并建议提起对印度瓷砖的反倾销调查。

2023 年越南建筑卫生陶瓷行业出口总额达到 5.115 亿美元，其中瓷砖 2.314 亿美元，卫生陶瓷 1.64 亿美元，其余为原料出口额。2024 年第一季度，出口额达到 1.105 亿美元。2024 年前 6 个月，越南瓷砖消费量达到 1.88 亿 m²，卫生陶瓷 550 万件。目前瓷砖和卫生陶瓷产品的库存量都非常大。此外，大量低廉印度进口瓷砖进入越南市场。

2024 年 6 月 24 日，WTO 保障措施委员会发布印度尼西亚代表团向其提交的保障措施通报。2024 年 6 月 21 日，印度尼西亚保障措施委员会对进口瓷砖启动保障措施第二次日落复审调查。涉案产品的印尼税号为 6907.21.91、6907.21.92、6907.21.93、6907.21.94、6907.22.91、6907.22.92、6907.22.93、6907.22.94、6907.23.91、6907.23.92、6907.23.93 和 6907.23.94。利益相关方应于 2024 年 7 月 1 日前同时提交电子版和纸质的书面申请参与调查，听证会预计将于 2024 年 7 月 9 日进行，有意参加听证会的利益相关方应于 2024 年 7 月 1 日前提交书面证据材料。

西班牙岩板品牌 Neolith 宣布了 2024 年下半年的战略业务计划，其中包括推出六款新产品，并推出不含结晶二氧化硅的新表面系列。此外，Neolith 还宣布将继续其国际扩张战略，在瑞典、美国和新西兰开设三个新的配送中心。

德国卫浴集团 Schütte 宣布已收购土耳其阀门制造商 Adell。此次收购旨在优化生产流程、确保稳定的供应链和扩大产品组合。德国建材电商平台 Meta Wolf AG 披露，将通过其附属公司与德国联邦经济和技术部达成一项协议，收购 Deutsche Steinzeug Cremer & Breuer AG 及其子公司的重要资产和业务。此项收购，预计 2024 财年的销售额将超过 1 亿欧元，毛利润将超过 5000 万欧元，出口份额超过 40%。

多瑙河集团一位高管表示，该集团计划在迪拜建立一家工厂，该工厂将于 2025 年投入运营。新工厂将招聘约 100 名员工，工厂将为其米兰品牌生产产品。新工厂将从卫生用品开始生产，最初的成本至少为 1000 万美元。

日本骊住宣布提高部分商品的建议零售价，其中，龙头五金产品涨价幅度介乎 3%～50%，平均 12%，涉及单龙头、混合龙头、止水阀等产品，自 2024 年 10 月 1 日起实施；瓷砖产品涨价幅度 5%～20%，平均 18%，涉及内墙砖、地砖、外墙砖等产品，自 2024 年 10 月 1 日起实施。今年以来，包括 TOTO、KVK、Toclas、松下、永大产业、鹤弥等企业在内的卫浴及建材企业已陆续宣布、实施调价措施，当地企业提前开启集体涨价模式。

2024 年 6 月 13 日，英国卫浴企业集团 Norcros 公布 2023 年 4 月至 2024 年 3 月的 2023 财年业绩报告。报告期内实现总收入 3.92 亿英镑（约合人民币 36.05 亿元），同比减少 11.1%；营业利润 4320 万英镑（约合人民币 3.97 亿元），同比减少 8.7%。Norcros 是英国、欧洲和南非市场领先的高品质浴室和厨房产品设计商和供应商，拥有超 10 个品牌，在中国市场有超 120 家供应商伙伴。

据《印度尼西亚商报》报道，2024 年印度尼西亚贸易部长祖尔基弗利·哈桑（Zulkifli Hasan）表示，贸易部在泗水 PT Bintang Timur 仓库中查获 456.56 万件陶瓷产品，价值 798 亿印尼盾（折合人民币 3538.33 万元），因为它们不符合国家标准。6 月 28 日，祖尔基弗利·哈桑表示，印度尼西亚将对从鞋类到陶瓷等进口产品征收税率 100% 至 200% 的保障性关税，重启保护国内产业的计划。

（6）7 月

西班牙瓷砖和地板制造商协会主席 Vicente Nomdedeu 警告称，该行业尚未触底，尽管就业数据积极，预计 2024 年夏天工厂停工数量将比去年更多，工厂的关停将会很严重。数据显示，西班牙 2024 年 1 月至 4 月的全球销量与上一年相比下降了 5%，两年来产量下降了 33%，销售额也下降了约 28%。截至 2024 年 4 月，西班牙共有陶瓷企业 121 家，相比 2020 年减少了 23 家。

喀麦隆当地时间 2024 年 6 月 30 日，特福喀麦隆陶瓷项目 K2 线成功投产。据悉，特福喀麦隆陶瓷 K1、K2 两条生产线计划生产内墙、仿古、耐磨、亮光、全抛釉等系列产品。K2 线率先建成并点火投产，K1 线计划在今年第三季度投产。

2024 年，孟加拉国梅格纳工业集团（MGI）继续投资 4500 万美元提升其生产能力，以在不断增长的本土瓷砖市场中占据更大的份额。通过这项投资，MGI 已向其工厂投资了总计 1 亿美元，采用来自美国、德国、意大利和中国的技术。从每日 3.1 万 m² 的产能提升至每日 5.1 万 m²。孟加拉国陶瓷制造商和出口商协会（BCMEA）称，国内外公司已在陶瓷行业投资 15.8 亿美元，其中 62% 用于瓷砖生产。该国拥有 31 家瓷砖制造厂，年产能为 2070 万 m²。截至 2023 年，孟加拉国的瓷砖销售额估计为 6.33 亿美元。

欧洲第二大陶瓷生产商 STN 集团选择萨克米 Contiuna+ 连续式辊压机助力新工厂生产新的大板和大尺寸瓷砖产品。新工厂预计将于 2024 年第二季度投入运营，将为市场提供多尺寸规格的瓷砖产品以及 1600mm×3200mm 和 1200mm×2800mm 的高端大板。

外媒报道称，2023 年欧盟委员会对印度瓷砖实施的反倾销措施，还不足以阻止印度瓷砖在欧洲的销售。欧盟委员会于 2023 年 2 月宣布，印度陶瓷进入欧盟后将征收税率 6.7% 至 8.7% 的关税。西班牙瓷砖制造商协会提供的有关欧洲陶瓷进口的最新数据显示，印度 2024 年第一季度瓷砖出口到欧洲的总量较 2023 年同期增加了 5.4%。而 2023 年 3 月至 2024 年 3 月这一整年的时间，印度对欧盟的瓷砖出口量增加了 67%。当地业内人士表示，希望欧盟委员会提高关税，因为印度产品的价格远低于欧洲产品的价格，印度砖在欧洲大陆上没有商业障碍。

2024 年 7 月 27 日，莫霍克（Mohawk）公布 2024 年第二季度业绩。其中，全球陶瓷部门上半年净销售额为 21.6 亿美元（约合人民币 155.96 亿元）。

2024 年 7 月 25 日，汉斯格雅（Hansgrohe）母公司马斯科（Masco）公布 2024 上半年报告。

其中，公司上半年水暖业务销售额 24.45 亿美元，基本持平上年同期的 24.47 亿美元。该业务营业利润 4.72 亿美元，高于上年同期的 4.50 亿美元，营业利润率也从上年同期的 18.4% 提升至 19.3%。

意大利 ABK 集团从美国顶级市场参与者之一赢得了 2024 年 1000 万欧元的合同。在此之前，该公司推出了 FullVein3D 技术，该技术将专门用于生产浴室和厨房台面、灶台、桌子和家具。据悉，该技术在瓷砖和板材表面完美再现了天然材料的纹理。通过数码技术混合不同颜色的原材料，该技术在厚度为 12mm 和 20mm 的 163cm×323cm 的瓷砖表面上，通过表面和厚度之间的连续图形创造出贯穿静脉的效果。

科达土耳其 BOZUYUK 工厂的建设正在进行中，预计土耳其工厂有望于 2024 年年底前正式投入使用。据了解，BOZUYUK 是土耳其最早、产能最集中的陶瓷产区，陶瓷原料资源丰富，配套设施完善。科达土耳其 BOZUYUK 工厂占地面积 43000m²，它的建立是科达在欧亚市场的重要战略布局。

受高通胀率的影响，在 2023 年 7 月至 2024 年 5 月期间，孟加拉国陶瓷产品的出口量下降了约 25%。此外，过去两个月，该国 25 家陶瓷工厂一直面临天然气供气不足的问题。据预估，每天的生产损失高达 2 亿塔卡（约 1742 万元）。孟加拉国陶瓷制造商和出口商协会表示，由于天然气供应不足，一些工厂的产量下降了 40%。

据外媒报道，利比亚经贸部报告称，2024 年由旺康控股集团旗下的中国 Goodwill 陶瓷公司管理的"北非最大的陶瓷工厂"完工率已经达到 98%。据此前报道，该工厂用地 26 公顷，产能为 8 万 m²，将提供 400 个就业机会。

TOTO 披露 Q1（2024 年 4 月至 6 月）业绩，报告期内收入 1645.13 亿日元（折合人民币 78.88 亿元），同比增长 5%；营业利润 98 亿日元（折合人民币 4.7 亿元），同比增长 144.9%；归属于母公司股东的净利润 87.39 亿日元（折合人民币 4.19 亿元），同比增长 52.7%。其中，中国大陆收入 7.5 亿元，营业利润 2900 万元，减少 300 万元。翻新业务增长超过新房业务。TOTO 表示，集团将以洗脸盆和节水马桶为重点，把美洲、亚洲及大洋洲作为未来的增长动力。

意大利陶瓷企业 Florim 发布的消息显示，2023 年集团综合收入为 4.67 亿欧元（折合人民币 36.44 亿元），低于 2022 年的 5.84 亿欧元。集团表示，低迷与陶瓷产品需求的普遍下降有关，但经济低迷并没有令集团减少投资。2023 年集团投资额达到 1.21 亿欧元（折合人民币 9.44 亿元），2022 年至 2023 年期间投资额总计超过 2.7 亿欧元（折合人民币 21.07 亿元）。

印度瓷砖制造商 Kajaria Ceramics 公布 2025 财年 Q1（2024 年 4 月至 6 月）业绩，公司总收入为 111 亿印度卢比（折合人民币 9.5 亿元），同比增长 4.6%，税后利润为 9.23 亿印度卢比（折合人民币 7896.36 万元），同比下降 15.39%，利润率为 8.1%。其中瓷砖部门收入为 99 亿印度卢比（折合人民币 8.47 亿元），同比增长 3.4%。公司董事长 Ashok Kajaria 表示，尽管受选举影响，国内需求疲软，但公司一季度的瓷砖销量同比增长 7.8%，达到 2698 万 m²。

印度陶瓷企业 Somany Ceramics 公布 2025 财年第一季度业绩，公司营收 58.07 亿印度卢比（折合人民币 4.96 亿元），同比下降 1.4%，净利润 1.23 亿印度卢比（折合人民币 1050 万元），同比下降 15.72%，净利润率为 2.11%。

唯宝 2024 年上半年业绩报告显示，唯宝 1 月至 6 月营业收入同比增长 47.9% 至 6.47 亿欧元（约合人民币 50.40 亿元），营业利润 0.46 亿欧元（约合人民币 3.58 亿元），同比增长 20.6%。财报显示，由于收购 Ideal Standard，唯宝浴室和健康部门在 2024 年上半年创造了 5.14 亿欧元（约合人民币 40.04 亿元）的收入，同比增长了 71.8%。展望全年，唯宝预测市场特点依然是高度的不确定性，但由于收购效应，全年业绩仍将增长。

（7）8 月

伊朗是中东最大的瓷砖生产国，2024 年，伊朗有 146 家中型和小型生产商，每年产能近 8 亿 m²，但受制于出口市场的付款难题及国内需求不足，伊朗瓷砖生产商不得不面临产能利用率低下的挑战。

印度尼西亚陶瓷工业协会（ASAKI）的最新数据显示，印度尼西亚陶瓷产业正稳步前行，2023 年陶瓷产量达到 5.51 亿 m²，预计 2024 年将攀升至 6.25 亿 m²，产能利用率也有望从 78% 提升至 82%。截至 2023 年初，印度尼西亚已拥有 39 家瓷砖企业，年总产能近 6.7 亿 m²。人均瓷砖消费量为全球平均水平的 61%，预示着巨大的市场潜力与增长机遇。

8 月 15 日，吉博力发布的 2024 年上半年报告称，上半年公司销售额 16.38 亿瑞士法郎（约合人民币 132.35 亿元），同比减少 1.4%；净利润 3.50 亿瑞士法郎（约合人民币 28.28 亿元），同比减少 5.0%。

8 月 6 日，日本卫企 Cleanup 发布 2024 财年第一季度报告。2024 年 4 月至 6 月，Cleanup 销售额 316.43 亿日元（约合人民币 14.24 亿元），同比减少 0.7%，其中厨房业务 255.08 亿日元，减少 1.5%，卫浴业务 37.88 亿日元，减少 6.5%；净利润下滑 46.7% 至 1.83 亿日元（约合人民币 824 万元）。

日本卫企 Sanei 发布 2024 财年第一季度报告，该公司 4 月至 6 月销售额 67.86 亿日元（约合人民币 3.05 亿元），同比减少 0.4%；净利润 2.99 亿日元（约合人民币 1346 万元），同比增长 43.2%。

据意大利业内人士提供的数据，截至 2024 年上半年，该国陶瓷出口产品的平均价格与同期相比下降了 4.5% 左右，当前意大利瓷砖平均价格约为每平方米 16 欧元。可以预见的是，今年意大利瓷砖价格将继续下降。平均出口价格（不包括国内销售）降幅也超过 4%。意大利瓷砖价格下跌给西班牙瓷砖的市场带来了压力。西班牙瓷砖截至 2023 年的平均出口价格约每平方米 11 欧元，同比上涨了 7%。西班牙商界坚称，西班牙瓷砖的需求危机尚未结束，尽管生产成本下降给企业带来了喘息机会。截至 2024 年上半年，意大利瓷砖销量放缓。意大利瓷砖的销售面积达 1.94 亿 m²，价值超过 31 亿欧元，同比增长不超过 1%。出口方面，意大利瓷砖销售面积约为 1.5 亿 m²，销售额为 26 亿欧元，同比下降近 4%。其中，在亚洲，需求量为 1800 万 m²，销售额超过 3.4 亿欧元，销售面积同比增加了 6%，但销售额几乎没有变化。

2024 年 8 月 7 日，阿根廷经济部发布 2024 年第 691 号公告，对原产自中国的未上釉地砖和面砖作出反倾销第二次日落复审终裁，决定维持 2018 年第 124 号公告确定的反倾销措施不变，继续对中国涉案产品征收税率 27.7% 的反倾销税。措施自公告发布之日起生效，有效期为两年。同日，阿根廷经济部还发布公告，对原产自中国的釉面地砖和面砖作出反倾销第一次日落复审终裁，决定维持 2018 年第 77 号公告确定的反倾销措施不变，继续对中国釉面瓷砖基于 FOB（离岸价）征收 27.7% 的反倾销税，同时接受中国佛山市骏景实业有限公司的价格承诺。措施自公告发布之日起生效，有效期为两年。

8 月 12 日，WTO 保障措施委员会发布印度尼西亚代表团向其提交的保障措施通报。印度尼西亚保障措施委员会对进口瓷砖作出保障措施第二次日落复审终裁，建议继续对涉案产品征收为期两年的保障措施税，具体如下：2024 年 11 月 18 日至 2025 年 11 月 17 日税率为 12.72%，2025 年 11 月 18 日至 2026 年 11 月 17 日税率为 12.43%。

据外媒报道，2024年上半年，美国瓷砖进口总量为8840万m²，同比下降4.3%。下降是由于墨西哥、巴西、土耳其和西班牙的进口量下降。相反，印度进口量增长13.1%，意大利进口量增长6.6%，越南进口量增长了51%。进口量情况如下：印度位居第一，进口量为2060万m²；其次是西班牙1590万m²、意大利1410万m²、墨西哥1320万m²。

2024年8月12日，Kajaria Ramesh Tiles Limited（简称KRTL）首家海外工厂在尼泊尔成功点火。KRTL由印度Kajaria集团和尼泊尔Ramesh公司共同组建。此次KRTL项目聚焦于生产高端一次烧成墙地砖，年产能规划达到500万m²，涵盖300mm×450mm、600mm×600mm及600mm×1200mm等多种规格。

阿联酋瓷砖制造商RAK Ceramics发布2024年第二季度业绩报告。报告显示，2024年上半年集团收入同比下降11.20%至15.5亿迪拉姆（折合人民币30.13亿元），净利润1.139亿迪拉姆（折合人民币2.21亿元），同比下降26.60%，毛利率同比增长90个基点至39.4%。RAK Ceramics集团首席执行官Abdallah Massaad表示："受地缘政治紧张、供应链中断以及主要地区经济放缓等影响，各业务继续遭遇阻力。"

2024年8月21日，南非瑞雅工业3号窑大尺寸高档瓷砖生产线点火仪式举行。该生产线主要生产600mm×600mm、800mm×800mm、600mm×1200mm等规格高品质仿古砖及抛釉砖系列产品，日产量可达2.7万m²以上。

（8）9月

据外媒报道，2024年针对墨西哥当地农民对公司非法开采地下水资源的指控，墨西哥中资企业时代陶瓷（Time Ceramics）在一份声明中宣布，公司遵守当地在企业开始运营前要求的不同阶段的所有法律法规，通过国际公认的工业房地产经纪人购买Absormex公司约80公顷工业用地。

消息人士称，印度正在世界贸易组织与印度尼西亚就后者提出的将2024年11月起对进口瓷砖产品征收的保障性关税延长两年的建议进行磋商，因为此举可能会进一步打击印度对印度尼西亚的瓷砖出口。政府数据显示，印度对印度尼西亚的陶瓷产品出口额从2019至2020财年的7608万美元持续下降至2023至2024财年的2608万美元。尽管印度对印度尼西亚的陶瓷产品出口因保障性关税而受到打击，但其陶瓷产品出口总量仍在增长。2023至2024财年，印度出口额为30.4亿美元，同比增长18.59%。

2024年9月，Panasonic Housing Solutions有限公司宣布，新款Arauno S160系列智能马桶，建议零售价从目前的同类型产品中下调13%。

据外媒报道，2024年英国淋浴房制造商Aqualux因家装市场变化及通货膨胀压力，已被纳入破产管理程序，专业商业咨询公司FRP Advisory的Raj Mittal和Ben Jones被任命为联合管理人，相关资产正被考虑出售。Aqualux成立于1979年，2019年底被AQ集团收购。

根据2023财年销售额情况，媒体整理出日本住宅设备及建材行业10强企业。上榜的销售额门槛为1899亿日元（约合人民币95亿元），最高达84964亿日元（约合人民币4240亿元）。10强榜单中，有4家为卫浴企业或有制造卫浴产品的业务，包括知名企业松下、骊住、TOTO、Takara Standard，林内、能率等热水器制造商也榜上有名。

2024年9月16日，由中国企业投资的蓝宝石（莫桑比克）陶瓷有限公司正式建成。该工厂位于莫桑比克马普托省Moamba区，总投资约1.4亿美元，于2023年开始建设，主要生产瓷砖和其他陶瓷材料。

2024年9月17日，根据当地法院判定，成立于1978年的Channel Island Ceramics有限公司进入破产管理程序。该公司主营业务涉及室内和室外厨房、浴室、卧室，以及瓷砖领域。

2024 年 9 月 24 日，EFI（Electronics for Imaging, Inc.）宣布与 DPI（Digital Printing Innovation SL.）达成全球战略合作伙伴关系，标志着 14 年成功合作进入下一阶段。

2024 年 9 月 26 日，面对来自印度倾销进口的瓷砖产品，欧洲工业表示将在欧盟机构的支持下采取一切可能的行动，打击不公平贸易行为。在过去五年中，印度对欧盟的瓷砖出口量增长了 235%（自 2018 年以来），而同期欧洲瓷砖消费量仅增长 2%。2023 年，欧盟委员会对印度瓷砖进口实施了反倾销关税，但相关措施未能遏制印度在欧洲市场的渗透。关税实施后，2023 年印度对欧盟的进口量激增约 67%，而欧盟整体市场需求量缩减了约 20%。

2024 年 9 月 26 日，英国最大的线上建筑材料零售商 CMO Group PLC 公布了截至 2024 年 6 月 30 日的半年中期业绩。上半年公司总收入为 3030 万英镑，相比 2023 年上半年的 3690 万英镑下降 17.9%；毛利润 640 万英镑，比 2023 年上半年的 800 万英镑下降 20%。报告称，受几年来首次降息影响，消费者信心上升，抵押贷款批准率达到了三年最高，关键市场指标有改善迹象，公司的平均订单值稳步增加，从 Q1 到 Q2 增加 3.5%，Q2 到目前增加 6%。

（9）10 月

2024 年 10 月 14 日，印度尼西亚对华瓷砖反倾销税率正式发布。根据印度尼西亚反倾销委员会的调查，证明原产于中国的进口瓷砖产品存在倾销，造成国内产业损失，对印尼税号为 6907.21.24、6907.21.91、6907.21.92、6907.21.93、6907.21.94、6907.22.91、6907.22.92、6907.22.93、6907.22.94、6907.40.91、6907.40.92 的涉案产品，征收 14.324 ~ 94.544 印尼盾 /m² 的反倾销税。

2024 年 10 月 14 日，中国企业现代陶瓷卫生洁具（私营）有限公司宣布将在巴基斯坦旁遮普投资超过 80 亿印度卢比（约人民币 2 亿元）建立一个现代化制造工厂。该项目不仅满足当地不断增长的卫生洁具需求，还将出口到中东、非洲和其他地区的关键市场。

北美瓷砖协会（TCNA）发布最新报告，2024 年第二季度美国陶瓷市场消费量同比下降 6.6%，总消费量约 1.25 亿 m²；进口量下降 4.4%，约 0.88 亿 m²。第二季度，印度是美国最大瓷砖进口国，进口量同比增长 13.0% 至 0.21 亿 m² 左右；其次是西班牙和意大利，分别占据了 18% 和 16% 的份额。其中西班牙进口量约 0.16 亿 m²，同比下降 0.5%；意大利进口量约 0.14 亿 m²，同比增长 6.3%。

2024 年 10 月 26 日，莫霍克公布 2024 年第三季度净销售额为 27 亿美元，同比下降 1.7%；净利润为 1.62 亿美元，去年同期净亏损 7.6 亿美元。2024 年前三季度，净销售额为 82 亿美元，同比下降 3.8%；净利润为 4.25 亿美元，去年同期净亏损 5.79 亿美元。陶瓷业务方面，第三季度全球陶瓷业务净销售额为 10.58 亿美元，同比下降 3.1%。董事长兼首席执行官 Jeff Lorberbaum 表示：今年将投资约 4.5 亿美元用于专注于增长、降低成本和资产维护的资本项目。

2024 年 10 月 26 日，建霖家居披露：公司全资子公司新加坡建霖和其他子公司（以具体实施为准）拟在墨西哥共同投资设立子公司，并投建墨西哥生产基地。这是建霖家居泰国生产基地扩产后，海外市场拓展的又一重要举措。项目建设地点拟定墨西哥科阿韦拉州，预计投资总额不超过 4000 万美元（约合人民币 28482 万元）。

德国时间 2024 年 10 月 24 日，唯宝集团发布前三季度业绩，前三季度合并收入 10.078 亿欧元（上年同期 6.506 亿欧元），同比增长 54.9%，首次突破 10 亿欧元大关。其中，海外市场收入 7.82 亿欧元，同比增长 67.7%。尽管建筑行业的发展持续低迷，但在对并购进行调整后，前三季度浴室与健康事业部收入仍达到了上一年的水平，实现营收 7.995 亿欧元，比上年增长

83.5%。卫生陶瓷和配件业务收入增幅最大。前三季度，卫浴与健康事业部的营业利润达到了5230万欧元，比上一年增长14.4%。

TOTO披露2025财年两季度业绩（2024年4月1日至9月30日），报告期内营收3557.35亿日元，同比增长4.7%；营业利润241.42亿日元，增长58.1%；归属于母公司股东的净利润为169.49亿日元，增长1.6%。中国大陆收入371亿日元，同比下滑8.4%；营业利润8亿日元，同比下滑27.27%。其中，卫生陶瓷收入占总营收的46%，智能马桶收入占总营收的28%。

2024年，位于西班牙Villareal的Esmalglass-Itaca氢动力陶瓷熔块窑进行了首次中试。测试期间将以不同的百分比引入氢气，进行必要的技术调整并评估其可行性，最大限度地在釉料生产中利用氢气，减少二氧化碳的排放。Esmalglass-Itaca所属集团Altadia的目标是到2050年实现零排放的脱碳计划，初始投资超过700万欧元。

2024年，日本制品评价技术基础机构（NITE）公布调查结果，十年内日本国内被媒体公开、由智能马桶触发的事故达到69起，其中近八成事故的涉事智能马桶使用十年或以上。日本就对智能马桶标准JIS A 4422：2011进行了修订。

2024年，沙特阿拉伯陶瓷公司收到土耳其EYAP的通知，由于经济和政治不确定性加剧，加上欧洲和土耳其建筑业前景不明朗，决定停止在沙特阿拉伯成立合资企业的可行性研究。双方于2023年4月签署意向书，拟在沙特阿拉伯建立合资企业，各占50%股份，生产和销售卫生洁具及相关配件产品。

（10）11月

印度陶瓷集团Somany Ceramics公布2025财年第二季度业绩。公司第二季度营收为59.57亿印度卢比，而去年同期为60.05亿印度卢比，同比下降0.8%；净利润也大幅下降，同比下降41.28%至1.695亿印度卢比。

2024年11月5日，骊住发布调价通知，宣布提高部分商品的建议零售价。其中，马桶产品涨价1%～167%，平均23%；龙头五金产品涨价3%～53%，平均8%；整体浴室产品涨价1%～91%，平均6%；厨房产品涨价2%～34%，平均6%；洗面台产品涨价2%～156%，平均40%；门窗产品涨价幅度3%～12%。本次涨价措施将于2025年4月1日起实施。

2024年11月，英国最大的独立浴室家具制造商之一美尔雅卫浴已进入债权人自愿清算（CVL）程序，并于11月5日任命Benjamin Neil Jones和FRP咨询公司的Rajnesh Mittal处理该事务。

（11）12月

2024年12月，肯尼亚新税法拟对进口卫生洁具、陶瓷水槽、洗脸盆、浴缸、瓷砖等产品征收税率35%的附加税，引发当地建筑公司强烈反对。

据莫桑比克当地媒体报道，2024年12月6日，由中方投资的莫桑比克SAFIRA陶瓷厂发生严重工人暴力罢工事件，致使工厂管理层决定暂时停止运营。相关资料显示，SAFIRA陶瓷厂位于马普托省莫安巴区，9月才由莫桑比克总统Filipe Nyusi揭幕。该工厂投资高达1.4亿美元。

附录

附录 1 中国建筑卫生陶瓷协会组织架构

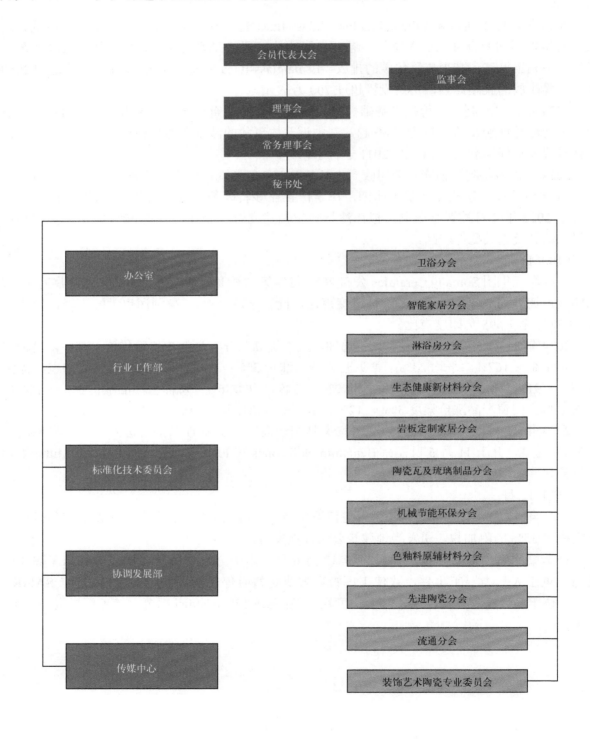

中国建筑卫生陶瓷协会第八届理事会驻会主要负责人及办事机构人员名单

会　　　长：缪斌（法人代表）

常务副会长：吕琴

驻会副会长：徐熙武

秘　书　长：宫卫（新闻发言人）

高级顾问：陈丁荣、孟树峰、宁钢、夏高生、尹虹

副 秘 书 长：朱保花、张译娴

办　公　室：张译娴、王丽丽、王玉文

行业工作部：张士察、马德隆

协会标准化技术委员会：徐熙武、张士察、马德隆

协调发展部：朱保花、张士察、王玉文、王丽丽

传 媒 中 心：马德隆、蒲瑶、庄志伟

卫浴分会秘书长：朱保花（兼）

智能家居分会秘书长：张译娴（兼）

淋浴房分会秘书长：朱保花（兼）

机械节能环保分会秘书长：张士察

生态健康新材料分会秘书长：王玉文

岩板定制家居分会秘书长：马德隆

陶瓷瓦及琉璃制品分会秘书长：王玉文

色釉料原辅材料分会秘书长：王丽丽

先进陶瓷分会秘书长：陈常祝（兼）

流通分会秘书长：刘勇（兼）

装饰艺术陶瓷专业委员会秘书长：吕琴（兼）

附录2 2024年中国陶瓷砖进出口数据

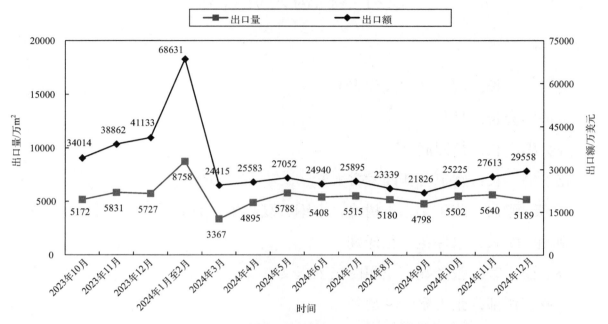

附图 2-1 2023 年 10 月至 2024 年 12 月陶瓷砖出口量与出口额

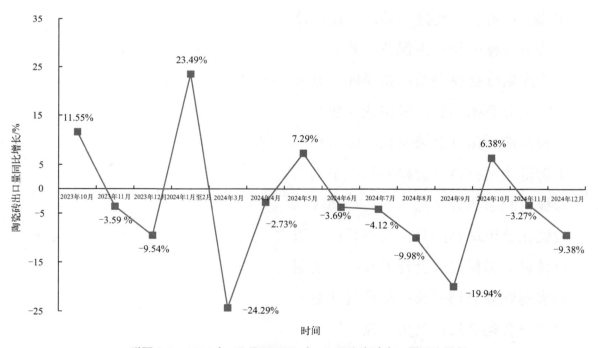

附图 2-2 2023 年 10 月至 2024 年 12 月陶瓷砖出口量同比增长

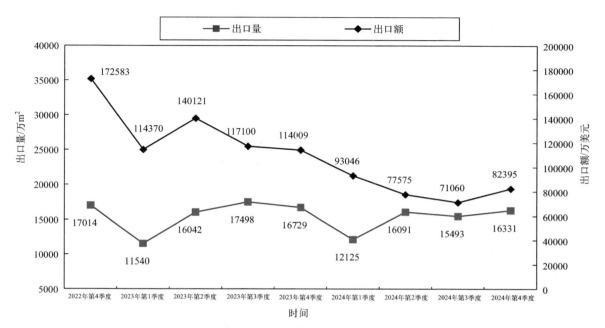

附图 2-3　2022 年第 4 季度至 2024 年第 4 季度陶瓷砖出口量与出口额

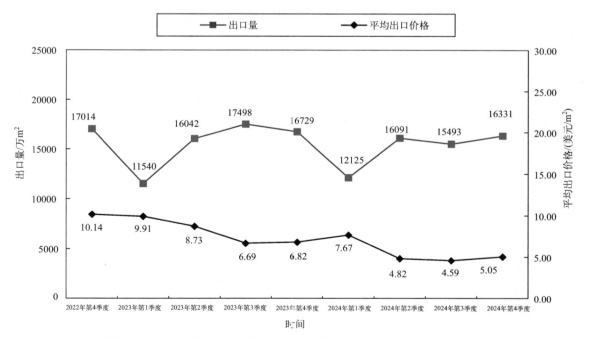

附图 2-4　2022 年第 4 季度至 2024 年第 4 季度陶瓷砖出口量及平均出口价格

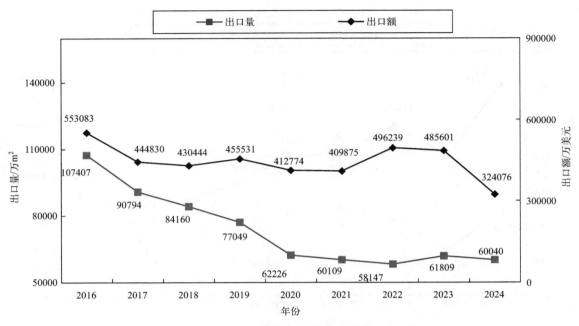

附图 2-5　2016—2024 年陶瓷砖出口量及出口额

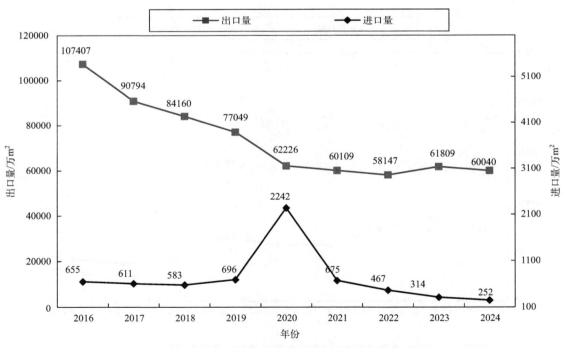

附图 2-6　2016—2024 年陶瓷砖进出口量

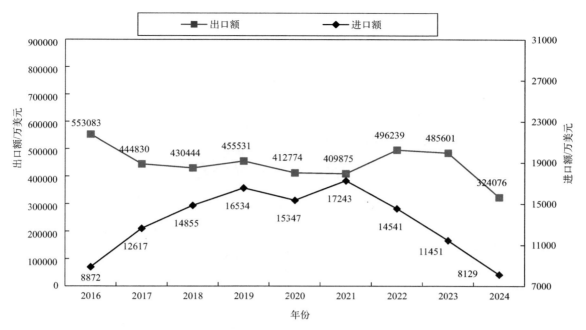

附图 2-7　2016—2024 年陶瓷砖进出口额

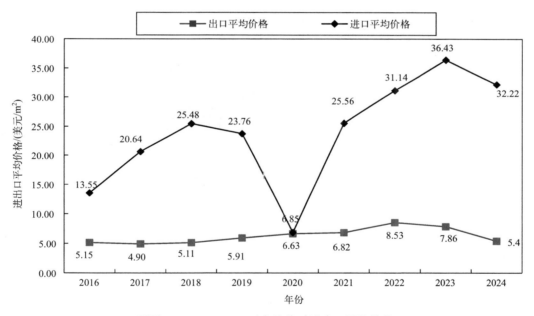

附图 2-8　2016—2024 年陶瓷砖进出口平均价格

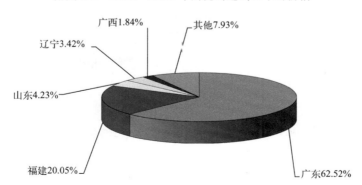

附图 2-9　2024 年各省（自治区、直辖市）陶瓷砖出口量占总出口量的比例

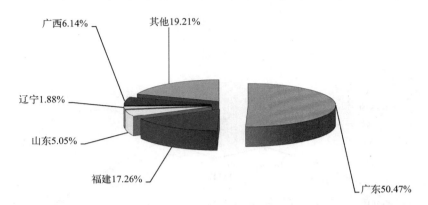

附图 2-10　2024 年各省（自治区、直辖市）陶瓷砖出口额占总出口额的比例

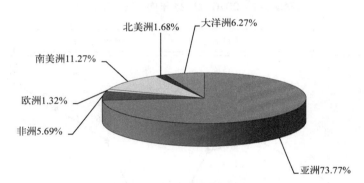

附图 2-11　2024 年陶瓷砖（出口量）流向各大洲的比例

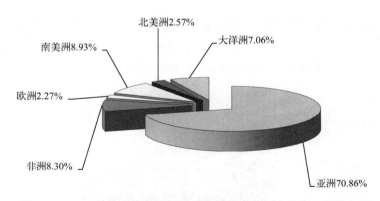

附图 2-12　2024 年出口各大洲的陶瓷砖的出口额占总出口额的比例

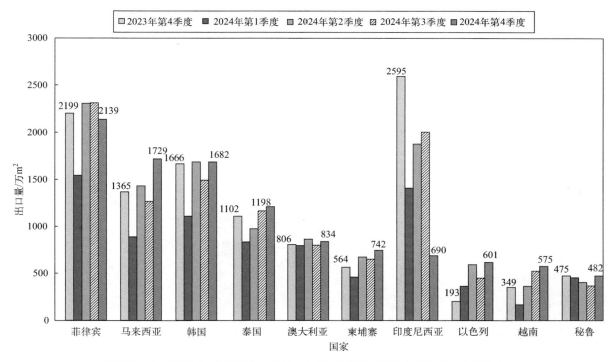

附图 2-13　2023 年第 4 季度至 2024 年第 4 季度陶瓷砖（出口量）主要流向

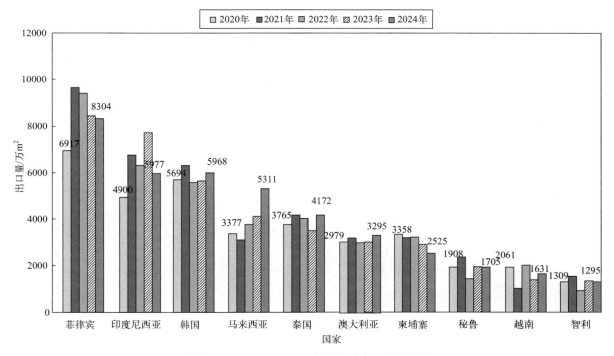

附图 2-14　2020—2024 年陶瓷砖出口主要流向

附录 3 2024 年中国卫生陶瓷进出口数据

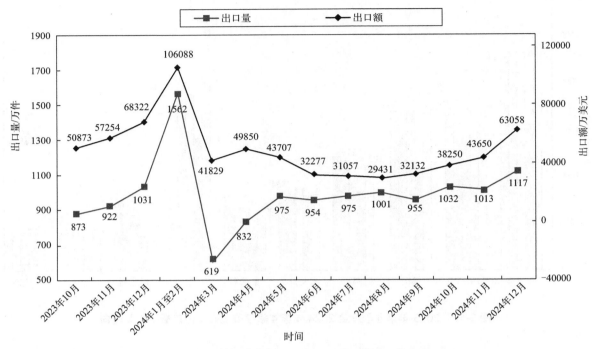

附图 3-1 2023 年 10 月至 2024 年 12 月卫生陶瓷出口量及出口额

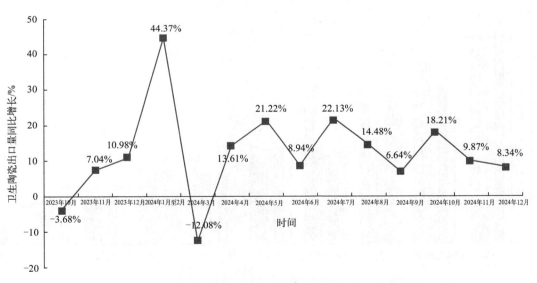

附图 3-2 2023 年 10 月至 2024 年 12 月卫生陶瓷出口量同比增长

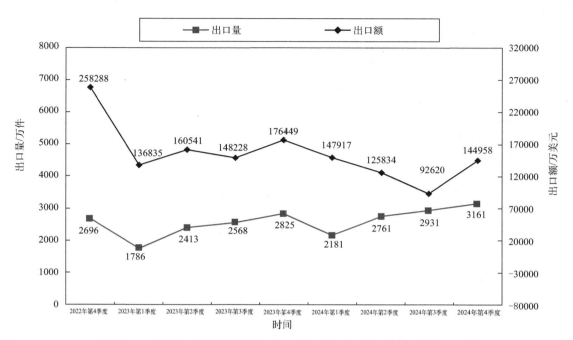

附图 3-3　2022 年第 4 季度至 2024 年第 4 季度卫生陶瓷出口量及出口额

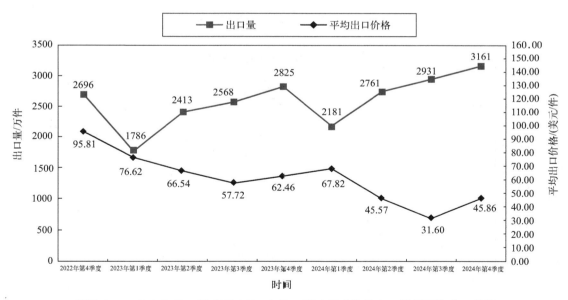

附图 3-4　2022 年第 4 季度至 2024 年第 4 季度卫生陶瓷出口量及平均出口价格

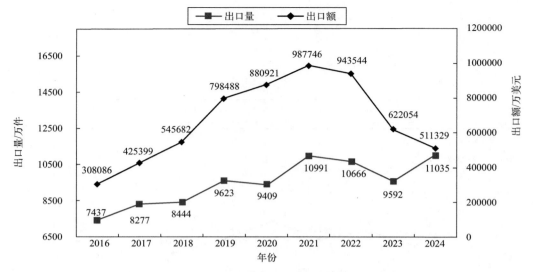

附图 3-5　2016—2024 年卫生陶瓷出口量及出口额

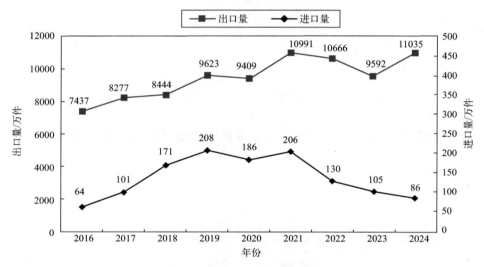

附图 3-6　2016—2024 年卫生陶瓷进出口量

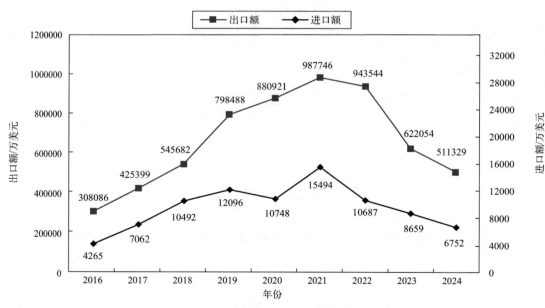

附图 3-7　2016—2024 年卫生陶瓷进出口额

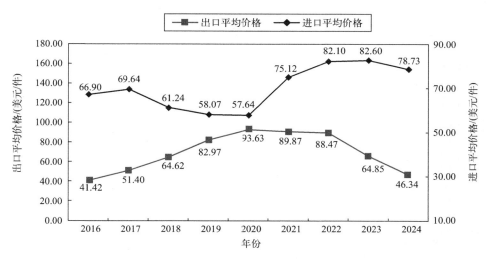

附图 3-8　2016—2024 年卫生陶瓷进出口平均价格

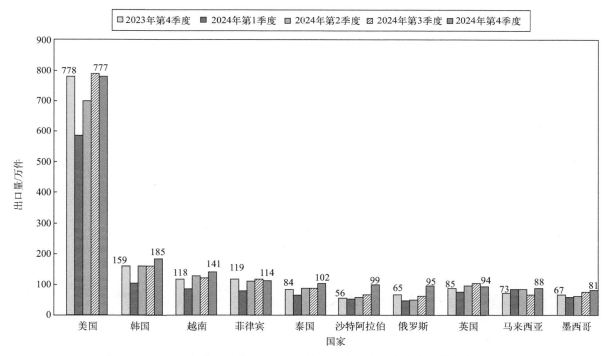

附图 3-9　2023 年第 4 季度至 2024 年第 4 季度卫生陶瓷（出口量）主要流向

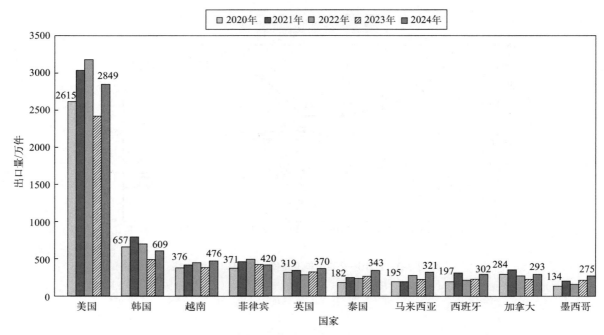

附图 3-10　2020—2024 年卫生陶瓷出口主要流向

附录 4　2024 年中国水龙头进出口数据

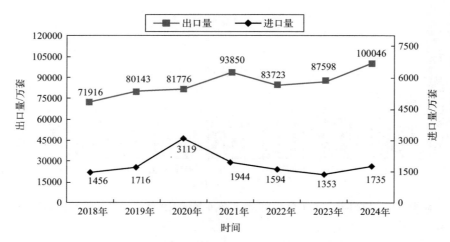

附图 4-1　2018—2024 年水龙头进出口量

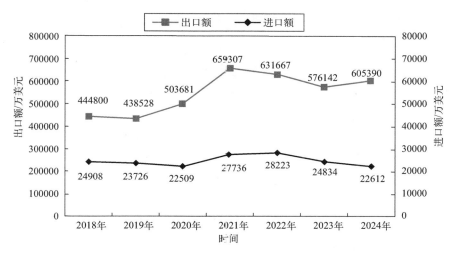

附图 4-2　2018—2024 年水龙头进出口额

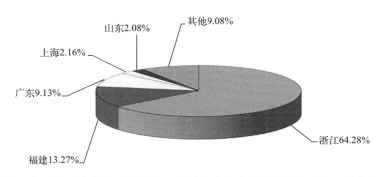

附图 4-3　2024 年各省（自治区、直辖市）水龙头出口量占总出口量的比例

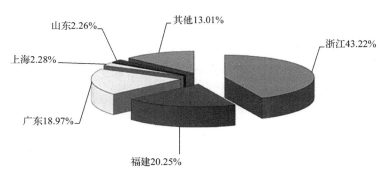

附图 4-4　2024 年各省（自治区、直辖市）水龙头出口额占总出口额的比例

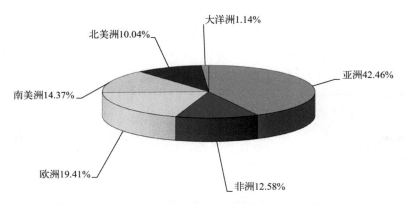

附图 4-5　2024 年水龙头（出口量）流向各大洲的比例

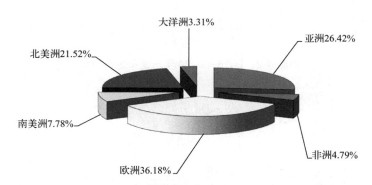

附图 4-6　2024 年出口各大洲的水龙头的出口额占总出口额的比例

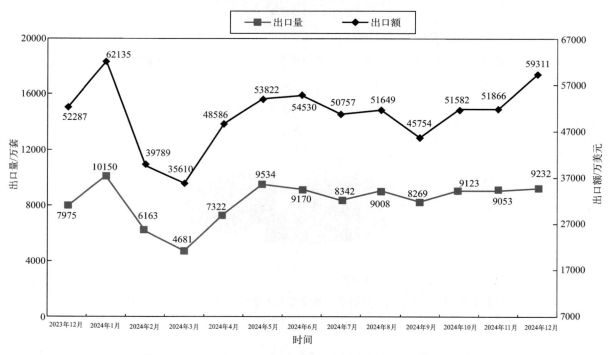

附图 4-7　2023 年 12 月至 2024 年 12 月水龙头出口量及出口额

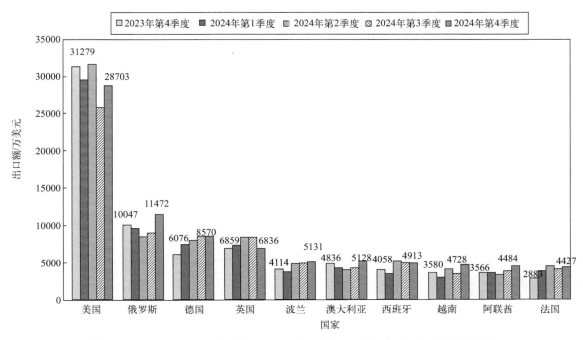

附图 4-8　2023 年第 4 季度至 2024 年第 4 季度水龙头出口至各国家的出口额

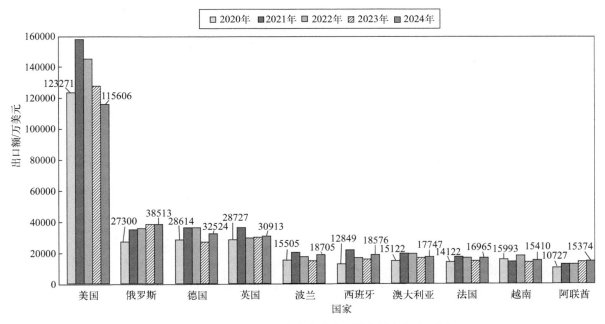

附图 4-9　2020—2024 年水龙头出口至各国家的出口额

附录 5 2024 年中国塑料浴缸进出口数据

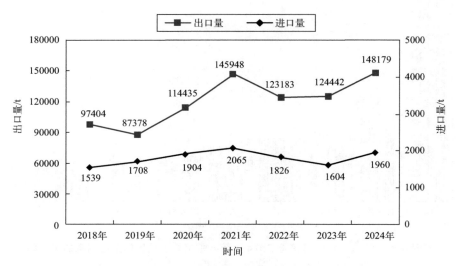

附图 5-1 2018—2024 年塑料浴缸进出口量

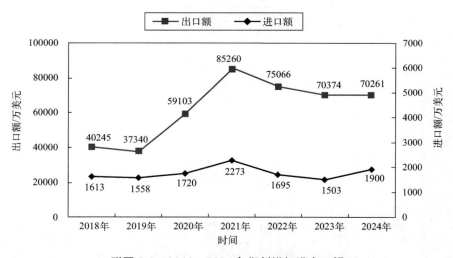

附图 5-2 2018—2024 年塑料浴缸进出口额

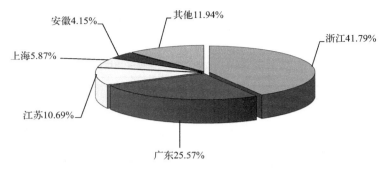

附图 5-3　2024 年各省（自治区、直辖市）塑料浴缸出口量占总出口量的比例

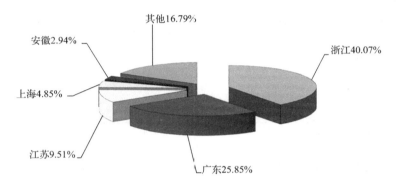

附图 5-4　2024 年各省（自治区、直辖市）塑料浴缸出口额占总出口额的比例

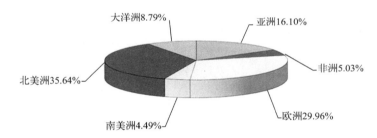

附图 5-5　2024 年塑料浴缸（出口量）流向各大洲的比例

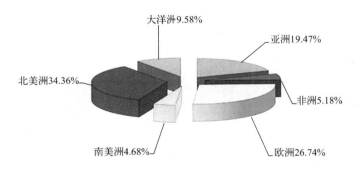

附图 5-6　2024 年出口各大洲的塑料浴缸的出口额占总出口额的比例

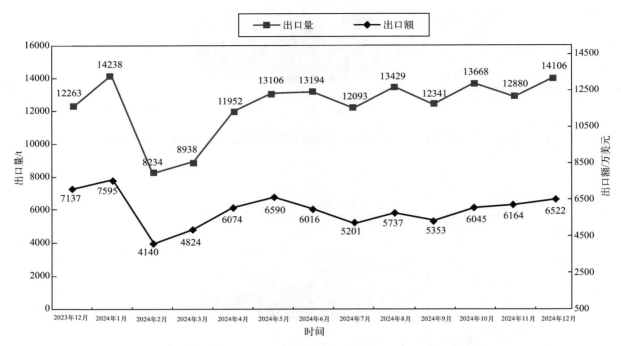

附图 5-7　2023 年 12 月至 2024 年 12 月塑料浴缸出口量及出口额

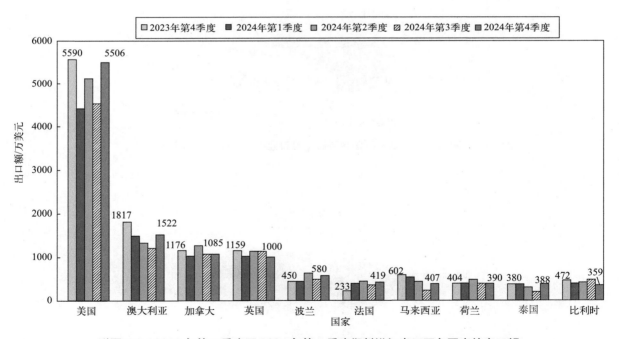

附图 5-8　2023 年第 4 季度至 2024 年第 4 季度塑料浴缸出口至各国家的出口额

附录 6 2024 年中国淋浴房进出口数据

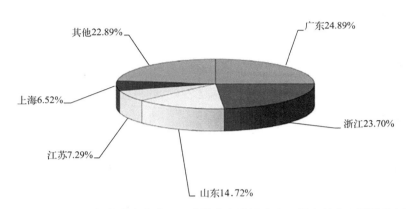

附图 6-1 2024 年各省（自治区、直辖市）淋浴房出口量占总出口量的比例

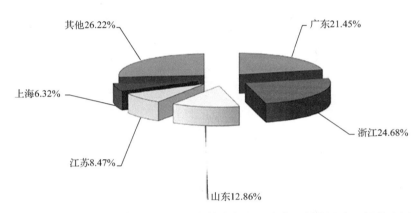

附图 6-2 2024 年各省（自治区、直辖市）淋浴房出口额占总出口额的比例

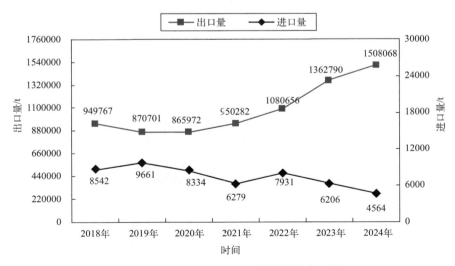

附图 6-3 2018—2024 年淋浴房进出口量

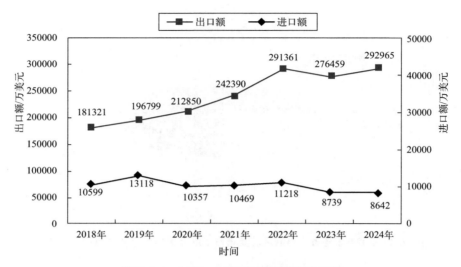

附图 6-4　2018—2024 年淋浴房进出口额

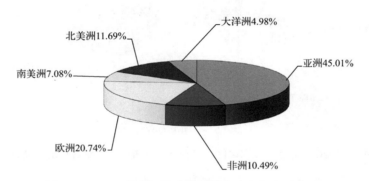

附图 6-5　2024 年淋浴房（出口量）流向各大洲的比例

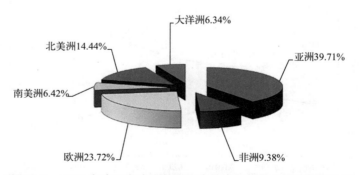

附图 6-6　2024 年出口各大洲的淋浴房的出口额占总出口额的比例

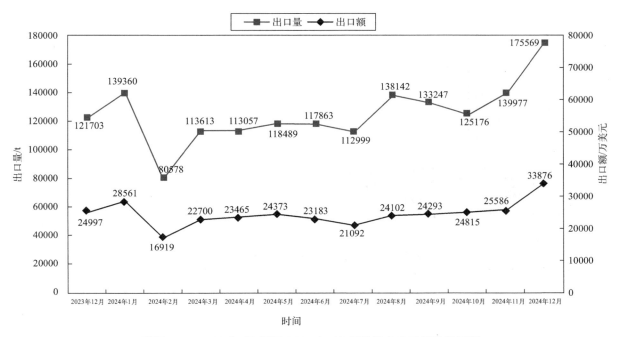

附图 6-7　2023 年 12 月至 2024 年 12 月淋浴房出口量及出口额

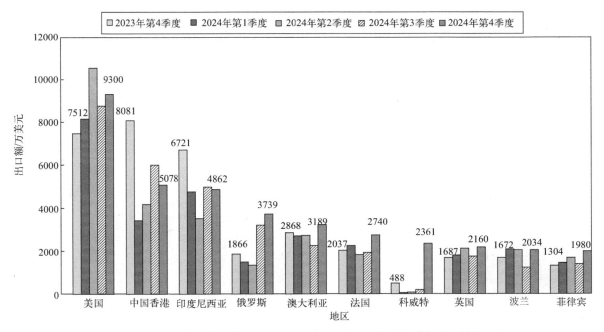

附图 6-8　2023 年第 4 季度至 2024 年第 4 季度淋浴房出口至各地区的出口额

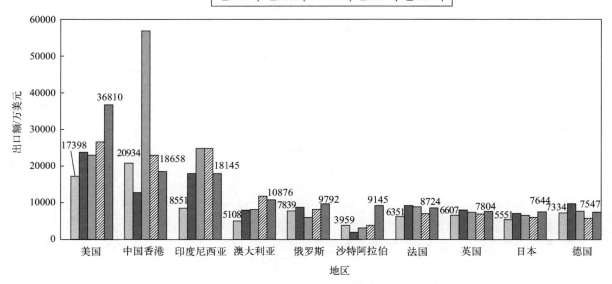

附图6-9　2020—2024年淋浴房出口至各地区的出口额

附录7　2024年中国坐便器盖圈进出口数据

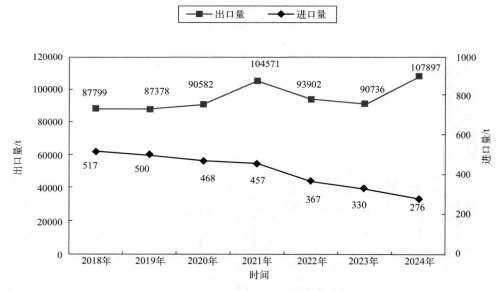

附图7-1　2018—2024年坐便器盖圈进出口量

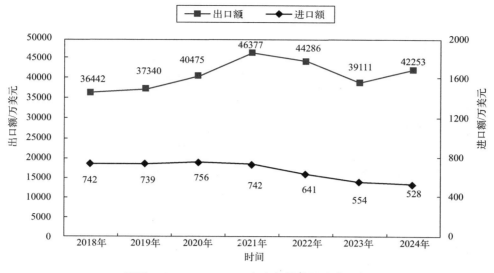

附图 7-2 2018—2024 年坐便器盖圈进出口额

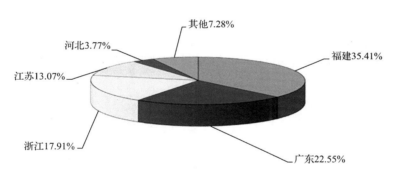

附图 7-3 2024 年各省（自治区、直辖市）坐便器盖圈出口量占总出口量的比例

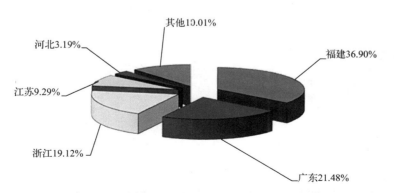

附图 7-4 2024 年各省（自治区、直辖市）坐便器盖圈出口额占总出口额的比例

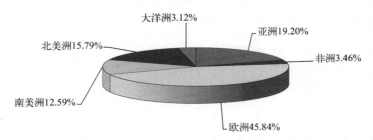

附图 7-5 2024 年坐便器盖圈（出口量）流向各大洲的比例

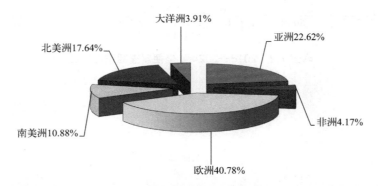

附图 7-6 2024 年出口各大洲的坐便器盖圈的出口额占总出口额的比例

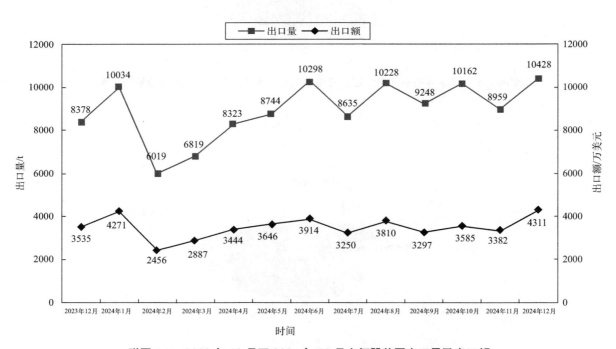

附图 7-7 2023 年 12 月至 2024 年 12 月坐便器盖圈出口量及出口额

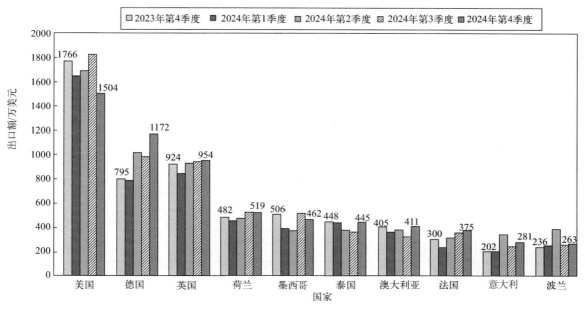

附图 7-8　2023 年第 4 季度至 2024 年第 4 季度坐便器盖圈出口至各国家的出口额

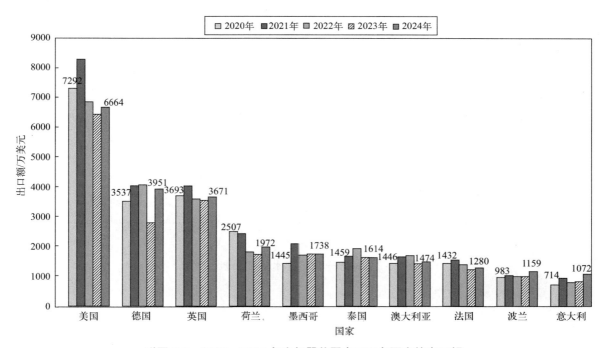

附图 7-9　2020—2024 年坐便器盖圈出口至各国家的出口额

附录 8 2024 年中国水箱配件进出口数据

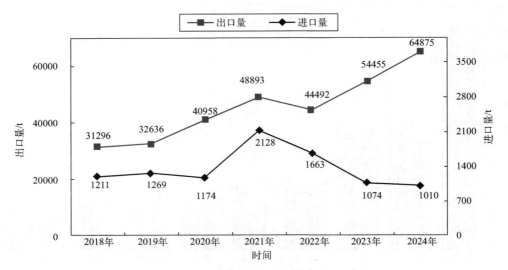

附图 8-1 2018—2024 年水箱配件进出口量

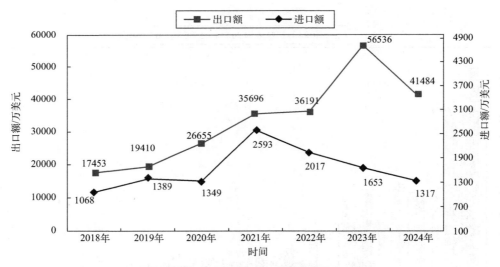

附图 8-2 2018—2024 年水箱配件进出口额

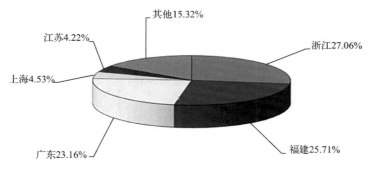

附图 8-3 2024 年各省（自治区、直辖市）水箱配件出口量占总出口量的比例

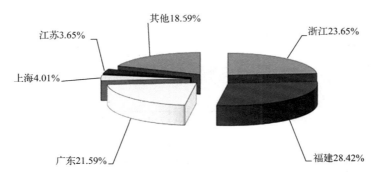

附图 8-4 2024 年各省（自治区、直辖市）水箱配件出口额占总出口额的比例

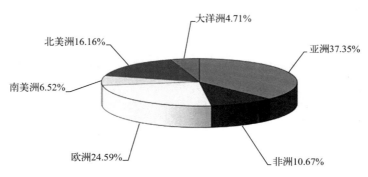

附图 8-5 2024 年水箱配件（出口量）流向各大洲的比例

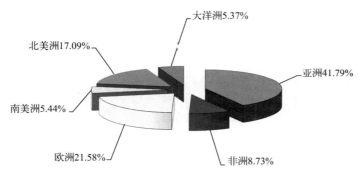

附图 8-6 2024 年出口各大洲的水箱配件的出口额占总出口额的比例

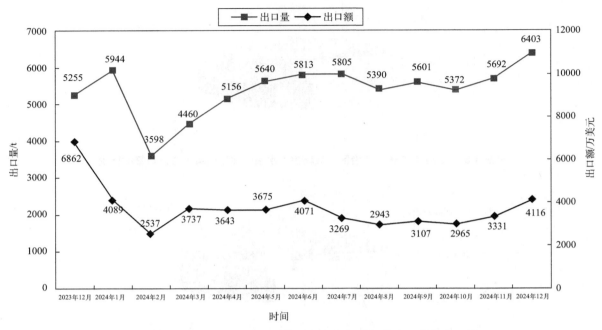

附图 8-7　2023 年 12 月至 2024 年 12 月水箱配件出口量及出口额

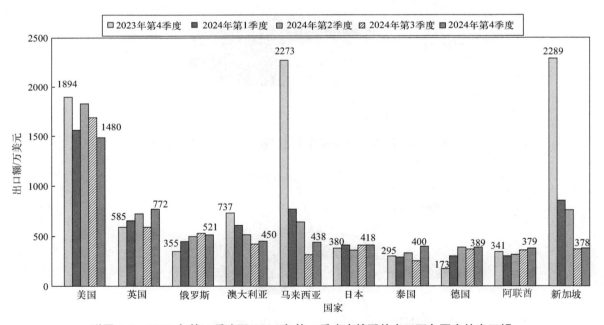

附图 8-8　2023 年第 4 季度至 2024 年第 4 季度水箱配件出口至各国家的出口额

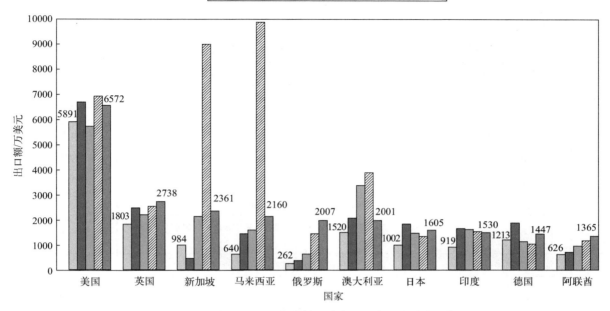

附图 8-9　2020—2024 年水箱配件出口至各国家的出口额

附录9　第十七批"中国建筑陶瓷、卫生洁具行业企业信用评价"结果公示名单

附表 9-1　第十七批"中国建筑陶瓷、卫生洁具行业企业信用评价"结果公示名单

序号	企业名称	等级
1	九牧厨卫股份有限公司	AAA
2	福建省晋江豪山建材有限公司	AAA
3	厦门瑞尔特卫浴科技股份有限公司	AAA
4	唐山惠达（集团）洁具有限公司	AAA
5	佛山康立泰数码科技有限公司	AAA
6	黄冈市华窑中亚窑炉有限责任公司	AAA
7	广东汉特科技有限公司	AAA
8	内蒙古建亨能源科技有限公司	AAA
9	佛山石湾鹰牌陶瓷有限公司	AAA

注：排名不分先后。

附录10 2024 年"中国建筑卫生陶瓷行业科技创新奖"获奖名单

附表 10-1 2024 年"中国建筑卫生陶瓷行业科技创新奖"获奖名单

序号	申报单位	项目名称	类型	等级
1	科达制造股份有限公司	基于 AI 视觉的建筑陶瓷墙地砖分级分色智能检测线关键技术研发及产业化	科技进步类	一
2	佛山东鹏洁具股份有限公司	全定制快装整体浴室的关键技术研究及产业化	科技进步类	一
3	箭牌家居集团股份有限公司	陶瓷坐便器自动化高压注浆成型关键技术和产业化应用	科技进步类	二
4	厦门颖锋科技有限公司	下沉式水箱排臭坐便器	科技进步类	二
5	湖口东鹏新材料有限公司	绿色低碳免烧无机生态石的关键技术研究及产业化	科技进步类	二
6	广东金牌陶瓷有限公司	具有金丝绒质感的超抗污易洁新型陶瓷岩板 / 陶瓷砖的研发	科技进步类	二
7	福建敏捷机械有限公司	全连续式球磨制浆装备的研发及产业化	科技进步类	二
8	蒙娜丽莎集团股份有限公司	陶瓷岩板烧结法表面隐形防伪技术研发	科技进步类	二
9	新明珠集团股份有限公司	高强陶瓷岩板的关键技术研究及应用	科技进步类	二
10	广东宏宇新型材料有限公司 广东宏陶陶瓷有限公司 广东宏威陶瓷实业有限公司 广东宏海陶瓷实业发展有限公司 广西宏胜陶瓷有限公司	湿态防滑陶瓷砖	科技进步类	二
11	科达制造股份有限公司	陶瓷行业重载高精度智慧导引车（AGV）与调度技术的研发及产业化	科技进步类	三
12	新明珠集团股份有限公司	色浆和数码复合装饰技术的研发及在大规格陶瓷岩板中的应用	科技进步类	三
13	佛山市三水区康立泰无机合成材料有限公司 山东国瓷康立泰新材料科技有限公司	数码微雕陶瓷砖产品开发及其产业化应用	科技进步类	三
14	厦门市欧立通电子科技开发有限公司	智能厨房龙头	科技进步类	三
15	佛山市恒洁凯乐德卫浴有限公司	E 系列美妆镜	科技进步类	三
16	威远县大禾陶瓷原料有限公司 重庆唯美陶瓷有限公司	高温钛白熔块的研发以及推广应用	科技进步类	三
17	厦门建霖健康家居股份有限公司	台上集成感应龙头研发	科技进步类	三
18	内蒙古建亨能源科技有限公司	利用粉煤灰、煤矸石等工业固废生产发泡陶瓷	科技进步类	三
19	厦门英仕卫浴有限公司	应用于健康厨卫龙头易安装装置	科技进步类	三
20	广东奔朗新材料股份有限公司	建筑陶瓷加工用金刚石圆锯片	科技进步类	三
21	福州锐洁源电子科技有限公司	新型多感应标识类抽拉水龙头	科技进步类	三
22	广东浪鲸智能卫浴有限公司	一种易洁超旋冲洗马桶	科技进步类	三
23	厦门建霖健康家居股份有限公司	水花脉冲强度可调节花洒	科技进步类	三

附录11 建筑卫生陶瓷行业现行标准

附表11-1 建筑卫生陶瓷行业现行标准一览表

序号	标准号	标准名称
一、国家标准		
1	GB/T 4100—2015	陶瓷砖
2	GB/T 3810.1—2016	陶瓷砖试验方法 第1部分：抽样和接收条件
3	GB/T 3810.2—2016	陶瓷砖试验方法 第2部分：尺寸和表面质量的检验
4	GB/T 3810.3—2016	陶瓷砖试验方法 第3部分：吸水率、显气孔率、表观相对密度和容重的测定
5	GB/T 3810.4—2016	陶瓷砖试验方法 第4部分：断裂模数和破坏强度的测定
6	GB/T 3810.5—2016	陶瓷砖试验方法 第5部分：用恢复系数确定砖的抗冲击性
7	GB/T 3810.6—2016	陶瓷砖试验方法 第6部分：无釉砖耐磨深度的测定
8	GB/T 3810.7—2016	陶瓷砖试验方法 第7部分：有釉砖表面耐磨性的测定
9	GB/T 3810.8—2016	陶瓷砖试验方法 第8部分：线性热膨胀的测定
10	GB/T 3810.9—2016	陶瓷砖试验方法 第9部分：抗热震性的测定
11	GB/T 3810.10—2016	陶瓷砖试验方法 第10部分：湿膨胀的测定
12	GB/T 3810.11—2016	陶瓷砖试验方法 第11部分：有釉砖抗釉裂性的测定
13	GB/T 3810.12—2016	陶瓷砖试验方法 第12部分：抗冻性的测定
14	GB/T 3810.13—2016	陶瓷砖试验方法 第13部分：耐化学腐蚀性的测定
15	GB/T 3810.14—2016	陶瓷砖试验方法 第14部分：耐污染性的测定
16	GB/T 3810.15—2016	陶瓷砖试验方法 第15部分：有釉砖铅和镉溶出量的测定
17	GB/T 3810.16—2016	陶瓷砖试验方法 第16部分：小色差的测定
18	GB/T 6952—2015	卫生陶瓷
19	GB/T 12956—2023	卫生间配套设备要求
20	GB 18145—2014	陶瓷片密封水嘴
21	GB/T 23266—2009	陶瓷板
22	GB/T 23447—2023	卫生洁具 淋浴用花洒
23	GB/T 23448—2019	卫生洁具 软管
24	GB/T 23458—2009	广场用陶瓷砖
25	GB/T 23459—2009	陶瓷工业窑炉热平衡、热效率测定与计算方法
26	GB/T 23460.1—2009	陶瓷釉料性能测试方法 第1部分：高温流动性测试 熔流法
27	GB/T 26539—2011	防静电陶瓷砖
28	GB/T 26542—2011	陶瓷砖防滑性试验方法
29	GB/T 9195—2023	建筑卫生陶瓷术语和分类
30	GB/T 26730—2011	卫生洁具 便器用重力式冲水装置及洁具机架
31	GB/T 26742—2011	建筑卫生陶瓷用原料 粘土
32	GB/T 26750—2011	卫生洁具 便器用压力冲水装置
33	GB/T 27969—2011	建筑卫生陶瓷单位产品能耗评价体系和监测方法
34	GB/T 27972—2011	干挂空心陶瓷板
35	GB/T 29758—2013	陶瓷用熔块

序号	标准号	标准名称
36	GB/T 31436—2015	节水型卫生洁具
37	GB/T 33500—2017	外墙外保温泡沫陶瓷
38	GB/T 34549—2024	卫生洁具　智能坐便器
39	GB/T 35603—2024	绿色产品评价　卫生陶瓷
40	GB/T 35610—2024	绿色产品评价　陶瓷砖（板）
41	GB/T 35153—2017	防滑陶瓷砖
42	GB/T 35154—2017	陶瓷砖填缝剂试验方法
43	GB/T 37214—2018	陶瓷外墙砖通用技术要求
44	GB/T 37216—2018	卫生洁具　便器用除臭冲水装置
45	GB/T 37798—2019	陶瓷砖防滑性等级评价
46	GB/T 38904—2020	陶瓷液体色料元素含量测定分析方法
47	GB/T 38910—2020	卫生陶瓷　标志试验方法
48	GB/T 38979—2020	卫生陶瓷　坐便器冲洗噪声试验方法
49	GB/T 38985—2020	陶瓷液体色料性能技术要求
50	GB/T 39156—2020	大规格陶瓷板技术要求及试验方法
51	GB/T 41059—2021	陶瓷砖胶粘剂技术要求
52	GB/T 41081—2021	陶瓷砖填缝剂技术要求
53	GB/T 41156—2021	外墙砖用弹性胶粘剂
54	GB/T 41661—2022	陶瓷盲道砖
55	GB/T 42350—2023	粉煤灰质陶瓷砖
56	GB/T 44309—2024	陶瓷岩板
57	GB/T 44460—2024	消费品质量分级导则　卫生洁具
二、行业标准		
58	JC/T 456—2015	陶瓷马赛克
59	JC/T 694—2008	卫生陶瓷包装
60	JC/T 758—2008	面盆水嘴
61	JC/T 760—2008	浴盆及淋浴水嘴
62	JC/T 764—2008	坐便器坐圈和盖
63	JC/T 765—2015	建筑琉璃制品
64	JC/T 932—2013	卫生洁具排水配件
65	JC/T 994—2019	微晶玻璃陶瓷复合砖
66	JC/T 1043—2007	水嘴铅析出限量
67	JC/T 1046.1—2007	建筑卫生陶瓷用色釉料　第1部分：建筑卫生陶瓷用釉料
68	JC/T 1046.2—2007	建筑卫生陶瓷用色釉料　第2部分：建筑卫生陶瓷用色料
69	JC/T 1047—2007	陶瓷色料用电熔氧化锆
70	JC/T 1093—2009	树脂装饰砖
71	JC/T 1094—2009	陶瓷用硅酸锆
72	JC/T 1095—2009	轻质陶瓷砖
73	JC/T 2115—2012	非接触感应给水器具

序号	标准号	标准名称
74	JC/T 2116—2012	非陶瓷类卫生洁具
75	JC/T 2117—2012	卫生洁具用流量调节器
76	JC/T 2118—2012	坐便器排污口密封装置
77	JC/T 2119—2012	卫生陶瓷生产用石膏模具
78	JC/T 2120—2012	卫生间便器扶手
79	JC/T 2193—2013	供水系统中用水器具的噪声分级和测试方法
80	JC/T 2194—2013	陶瓷太阳能集热板
81	JC/T 2195—2013	薄型陶瓷砖
82	JC/T 2331—2015	陶瓷抛光砖表面用防污剂
83	JC/T 2332—2015	坐便器移位器
84	JC/T 2333—2015	锆英砂
85	JC/T 2334—2015	陶瓷雕刻砖
86	JC/T 2395—2017	霞石正长岩粉（砂）
87	JC/T 2425—2017	坐便器安装规范
88	JC/T 2531—2019	陶瓷砖硬度试验方法
89	JC/T 2567—2020	户外装饰瓷砖
三、团体标准		
90	T/CBCSA 1—2018	浴室柜
91	T/CBCSA 2—2018	智能水嘴
92	T/CBCSA 3—2018	浴缸
93	T/CBCSA 4—2018	卫生间附属配件
94	T/CBCSA 5—2019	风扇式浴室电热器
95	T/CBCSA 6—2019	淋浴房
96	T/CBCSA 7—2019	卫生洁具　直角阀
97	T/CBCSA 8—2024	卫生洁具　淋浴器
98	T/CBCSA 9—2019	卫生洁具　软管
99	T/CBCSA 10—2024	卫生洁具　水嘴
100	T/CBCSA 11—2019	陶瓷板材
101	T/CBCSA 12—2019	发泡陶瓷隔墙板
102	T/CBCSA 13—2019	烧结透水砖
103	T/CBCSA 14—2020	可诱生空气负离子陶瓷砖
104	T/CBCSA 15—2019	智能坐便器
105	T/CBCSA 16—2016	溶剂型陶瓷喷墨打印墨水
106	T/CBCSA 17—2019	建筑陶瓷压制成形用粉料
107	T/CBCSA 18—2021	装配式整体卫生间
108	T/CBCSA 19—2020	薄型陶瓷洗面器
109	T/CBCSA 20—2020	无障碍卫生间洁具
110	T/CBCSA 21—2020	地面用陶瓷砖
111	T/CBCSA 22—2020	内墙用陶瓷砖

序号	标准号	标准名称
112	T/CBCSA 23—2020	外墙用陶瓷砖
113	T/CBCSA 24—2020	伊利石型水洗瓷土
114	T/CBCSA 25—2020	厨房和洗面器水嘴用抽取式喷头
115	T/CBCSA 26—2020	净水器水嘴
116	T/CBCSA 27—2020	卫生洁具　便器用重力式或冲水装置
117	T/CBCSA 28—2020	卫生洁具　排水配件
118	T/CBCSA 29—2020	陶瓷砖试验方法　抗冻性的测定
119	T/CBCSA 30—2020	陶瓷砖试验方法　抗热震性的测定
120	T/CBCSA 31—2020	陶瓷砖试验方法　耐化学腐蚀性的测定
121	T/CBCSA 32—2020	陶瓷砖试验方法　有釉砖抗釉裂性的测定
122	T/CBCSA 33—2020	陶瓷砖粘结强度的测定方法
123	T/CBCSA 34—2021	虹吸式坐便器
124	T/CBCSA 35—2022	陶瓷厚砖
125	T/CBCSA 36—2021	晶刚玉多晶板材
126	T/CBCSA 38—2021	智能坐便器用图形符号
127	T/CBCSA 40—2021	陶瓷岩板
128	T/CBCSA 41—2021	卫生洁具　淋浴用过滤花洒
129	T/CBCSA 42—2021	电加热水嘴
130	T/CBCSA 43—2021	水嘴用起泡器
131	T/CBCSA 44—2021	厨卫喷枪
132	T/CBCSA 45—2022	陶瓷数码釉
133	T/CBCSA 46—2024	陶瓷瓦
134	T/CBCSA 47—2024	岩板加工及验收规程
135	T/CBCSA 55—2024	卫生洁具　智能控制排水配件
136	T/CBCSA 56—2024	卫生洁具　转换开关
137	T/CBCSA 57—2024	速热式智能坐便器
138	T/CBCSA 58—2024	智能坐便器用遥控器
139	T/CBCSA 60—2024	电热陶瓷砖（板）

出版说明

　　一、《中国建筑陶瓷卫生洁具年鉴》（下称《年鉴》）由中国建筑卫生陶瓷协会组织编纂，是记载我国建筑陶瓷、卫生洁具行业发展情况的历史性文献和大型资料性实用工具书。其宗旨是全面反映我国建筑陶瓷、卫生洁具两大领域的发展历程、改革创新成果和发展成就，为行业和企业提供生产、科技、管理、流通等方面各类完整信息数据和翔实资料，是中国建筑陶瓷卫生洁具行业的"编年史"和"发展史"。

　　二、《年鉴》创刊于 2008 年，已出版 17 卷。本卷收录时限为 2024 年 1 月至 2024 年 12 月，记述了 2024 年度我国建筑陶瓷卫生洁具行业的发展概况、大事记、主要科技成果和标准专利、统计数据，以及全国各省、自治区、直辖市的主要工作、精英人物等。

　　三、本《年鉴》收集资料的范围是全国性的。在资料收集、数据核实、编辑出版过程中得到了全国建筑卫生陶瓷标准化技术委员会、各地方协会及产区政府、相关企业等方面的大力支持，《陶瓷信息报》《陶业要闻摘要》、陶卫网、中洁网、华夏陶瓷网、中国陶瓷网、陶瓷资讯、卫浴新闻、色釉料网等媒体为本《年鉴》提供了信息支持，谨致谢忱。

　　四、本《年鉴》暂未收入我国港澳台地区的相关资料，全国性的数据中也未包括我国港、澳、台部分。

　　五、为更好地为行业提供信息参考，提高《年鉴》的编写水平，诚请各界读者对本卷中的不足之处给予批评、指正。

中国建筑卫生陶瓷协会

2024 年 12 月